Droemer
Knaur®

Hans Joachim Störig

Knaurs Moderne Astronomie

Das Standardwerk
völlig neu bearbeitet

Mit 168 überwiegend farbigen Abbildungen

Droemer Knaur

Die Deutsche Bibliothek – CIP-Einheitsaufnahme

Störig, Hans Joachim:
Knaurs moderne Astronomie : das Standardwerk völlig neu bearbeitet / Hans Joachim Störig. – München : Droemer Knaur, 1992

ISBN 3-426-26462-5

Dieses Buch wurde auf chlor- und säurefreiem Papier gedruckt.

Für Hinweise auf Veränderungen und Ergänzungen ist die Redaktion dankbar.
Zuschriften an Droemer Knaur Verlag, Postfach 80 04 80, 8000 München 80.
Satz und Druck: Appl, Wemding
Aufbindung: Großbuchbinderei Sigloch, Künzelsau
Printed in Germany

ISBN 3-426-26462-5

Inhalt

Die farbigen Abbildungen F 1 bis F 20 stehen zusammengefaßt nach S. 240

1. Weißt du, wieviel Sterne stehen . . .

Eine Einführung in kosmische Dimensionen

1.1 Der Zeitraffer

Die Völker der Vergangenheit, ihre Denker, Gelehrten, Sterndeuter sahen die Bewegungen der Sonne und einiger ihrer Planeten vor dem Gewölbe des scheinbar unveränderlichen Fixsternhimmels. Sie verfolgten diese Bewegungen, suchten sie zu erforschen, zu deuten, und ihre Phantasie verknüpfte sie in mannigfacher, oft rührender Weise mit irdischem Geschehen und menschlichen Schicksalen. Den bestirnten Himmel dahinter sahen sie als ewig, unveränderlich, unverrückbar an.

Wer aber, ausgestattet mit einem göttlichen Auge, vor dem tausend Jahre sind wie ein Tag, ja besser noch mit einem Blick, der Millionen Jahre zu einem zusammenrafft, diesen Himmel betrachten könnte – was sähe der? Er sähe in den unermeßlichen Weiten des Raumes gigantische Massen mit unvorstellbaren Geschwindigkeiten sich bewegen, kreisen, einander durchdringen; er sähe Sterne aufflammen, strahlen, flackern, explodieren und verlöschen, und nicht nur Sterne, sondern Sternhaufen, geballt aus Tausenden, Zehntausenden, Hunderttausenden Sternen; er sähe ganze Welten – Spiralnebel – sich zusammenballen, wie riesige Mühlräder kreisen, sich auflösen, auch gegeneinanderstoßen. Er sähe überall rasende, turbulente Bewegung, Werden und Vergehen, Katastrophen kosmischen Ausmaßes. Von der ewigen und ehernen »stillen Pracht« des Sternhimmels bliebe so gut wie nichts, und nirgends fände er außerhalb seiner selbst einen festen Bezugspunkt, eine ruhende Mitte.

Wie konnte die Menschheit fast während ihres ganzen Bestehens die Welt, in der sie lebt, so total verkennen und mißdeuten? Woher dieses gigantische Mißverständnis – dem wir freilich die schönsten und bewegendsten Mythen und poetischen Bilder verdanken?

In einem Jahrmillionen umfassenden Zeitraum hat sich auf unserer Erde aus primitiven Anfängen das Leben zu immer höheren und differenzierteren Formen entwickelt. Alle diese Formen und auch der Mensch, der schließlich als Krone (wirklich als Krone?) des Lebens aus dieser Evolution hervorgegangen ist, sind unter den Bedingungen ihrer irdischen Umwelt entstanden, und die wichtigsten dieser Bedingungen wie Temperatur, Art und Intensität der Sonnenstrahlung, Zusammensetzung der Erde und der Atmosphäre sind während sehr langer Zeiträume nahezu gleichgeblieben. Diesen Bedingungen sind alle irdischen Lebewesen ein- und angepaßt. Ihre Körper, ihre Sinnesorgane, ihre Nerven- und sonstigen Steuerungssysteme sind dazu bestimmt und geeignet, den Kampf ums Dasein unter ebendiesen Bedingungen zu bestehen. Auch für den Menschen gilt das.

Es war für diese Wesen, für ihre Selbstbehauptung nicht lebenswichtig, etwa Organe zu entwickeln, mit denen sich das Geschehen in den Fernen des Sternhimmels hätte verfolgen lassen. Dieses Geschehen ist für die Irdischen während ihrer – kosmisch gesehen – winzigen Lebensspanne ohnehin kaum bemerkbar. Lebenswichtig war aus dem außerirdischen Bereich praktisch nur die Sonne, der in der einen oder anderen Form alle Energie entstammt, mit der alles irdische Leben kreucht und fleucht. Der Zufall hat es gewollt, daß diese Sonne sich während der ganzen Dauer der Evolution in einem chemisch-physikalischen Zustand befand, bei dem die Strahlung, die sie in allen Wellenlängen (von Milliardstelzentimetern bis zu Hunderten von Metern) abgibt, ihr Maximum, ihre stärkste Intensität, in einem ganz schmalen Bereich hat, der von vier Hunderttausendstel- bis sieben Hunderttausendstelzentimeter Wellenlänge reicht. So haben die meisten irdischen Wesen Organe entwickelt, die sie instand setzen, sich in ihrer Umwelt mit Hilfe dieser besonderen Strahlung zurechtzufinden. Wir empfinden sie als »Licht«. Für andere Wellenbereiche – mit Ausnahme der dem Licht benachbarten Wärmestrahlung – haben wir keine Organe.

Nun zurück zu unserer Frage! Der Mensch, als Produkt der Evolution betrachtet, ist offensichtlich nicht dazu geschaffen, auch nicht dazu befähigt und auch nicht darauf angewiesen, Vorgänge in den Fernen des Weltraums wahrzunehmen und auf sie zu reagieren – sein unbewehrtes Auge kann nur relativ wenige Sterne sehen, sie erscheinen ihm als Lichtpunkte und (mit Ausnahme der periodischen Helligkeitsänderungen bestimmter Sterntypen) als unveränderlich. Strahlung außerhalb des obengenannten Wellenbereichs kann er nicht wahrnehmen. Seine Lebenszeit ist so kurz, daß die Bewegungen und Veränderungen der Sterne für ihn unbemerkbar bleiben müssen.

Nun hat allerdings der Mensch – in mehreren Schritten, die Jahrhunderte umfassen, deren letzter, entscheidender aber erst in den letzten Jahrzehnten getan wurde – anscheinend die Schranken überwunden, die ihm als Naturwesen gesetzt waren. Er hat Vorrichtungen ersonnen und Instrumente gebaut, welche die Wahrnehmungsfähigkeit seiner Sinne und ebenso die Wirkungsmöglichkeiten seiner Glieder um das Tausend-, ja das Millionenfache verfeinern oder verstärken – aus diesem Grunde hat Sigmund Freud, der Begründer der Tiefenpsychologie, den Menschen einen »Prothesengott« genannt. »Prothesen«, die die Aktivität des Menschen verstärken und beschleunigen, gibt es nun auch für das Gehirn in Gestalt von Computern; der Mensch kann Instrumente heute auch weit weg von seinem Körper postieren: auf erdumkreisenden Satelliten und auf Sonden, die den Schwerebereich der Erde verlassen.

Mit Hilfe seiner Instrumente kann der Mensch in die fernsten Fernen sehen, kann er auch die Wellenbereiche wahrnehmen, die seinen Sinnen unzugänglich sind, ja, er kann sich aus dem Schwerebereich seiner Erde erheben und andere Weltkörper betreten, wenn auch, kosmisch gesehen, nur über ganz unbedeutende Entfernungen hinweg.

Er hat, Hand in Hand mit dieser Entwicklung, mit dem Instrument seines Denkens das auf diese Weise Beobachtete, obwohl es so ganz außerhalb seines natürlichen Lebensbereiches liegt, zu deuten verstanden und einiges von seiner Gesetzmäßigkeit erfaßt. Beides zusammen: die Erweiterung unseres Wahrnehmungsfeldes und die gedankliche Durchdringung des Wahrgenommenen in der Astrophysik, der Physik der Sterne, der Sternsysteme und des Kosmos (man weiß nicht, was man erstaunlicher finden soll), macht den Inhalt dessen aus, was man unter dem Stichwort »Moderne Astronomie« zusammenfaßt und was den Gegenstand dieses Buches bildet.

Den Schritt, den die Menschheit damit getan hat, werden spätere Generationen gewiß als eine der folgenreichsten Umwälzungen ihrer Geschichte erkennen. Aber wir können ruhig auf solche Superlative verzichten, denn die Tatsachen sprechen lauter als jedes schmückende oder rühmende Beiwort.

Wir können und müssen uns natürlich fragen, wie es möglich gewesen ist, daß der Mensch sich nun als »erster Freigelassener der Natur« (so Herder) gebärdet, daß er sich in neue Räume vorwagt, und was dies für den Menschen, für seine Zukunft bedeutet. Ich halte es aber für zweckmäßig, zuerst lieber einen Blick auf die Fakten zu werfen und diese philosophische Frage erst wiederaufzugreifen am Ende des Streifzugs durch die Wunder der modernen Astronomie, den ich in den folgenden Kapiteln gemeinsam mit meinen Lesern unternehmen will.

1.2 Maße für Entfernungen

Die Erde scheint uns zwar überall, auf dem Lande wie im Wasser, von Lebewesen bevölkert, aber in Wirklichkeit ist Leben nur in einer äußerst dünnen Kugelschale von einigen 1000 Metern Dicke möglich (Erddurchmesser 13000 Kilometer). Auf diese Sphäre, die sogenannte Biosphäre, ist alles Lebende angewiesen, auf das nur hier vorhandene komplizierte chemisch-physikalische Gleichgewicht (das vom Menschen, der sich ungehemmt vermehrt und die Natur rücksichtslos ausbeutet, heute bereits in einem Grade gestört ist, bei dem Störung in Zerstörung übergeht). Wir leben in einer dünnen Haut um unseren Erdball und sind damit beinahe nur »zweidimensionale« Wesen. Unsere Merk- und Wirkwelt erstreckt sich in der Horizontalen. Und aus ihr sind unsere Begriffe für Entfernungen zunächst entnommen. 100 Meter sind in der Horizontalen eine sehr bescheidene Distanz. 100 Meter Höhe können schon etwas Bedrohliches haben, und vielen Menschen schwindelt, wenn sie aus ihr hinunterblicken.

Unsere Maße sind ursprünglich vom menschlichen Körper abgeleitet, vom Fuß und von der Länge unseres Schrittes; die uralte Meile umfaßte 1000 Doppelschritte. Ein verbindliches, genau definiertes Maßsystem ist eine der Vorbedingungen für die wissenschaftliche Erforschung der Natur. Die Französische Revolution, aus ihrem Bestreben, das menschliche Zusammenleben rationaler und rationeller zu gestalten, hat den bedeutsamen Schritt getan, ein für die ganze Menschheit gedachtes, genau definiertes Längenmaß an die Stelle des bis dahin herrschenden Wirrwarrs zu setzen: das Meter, definiert als der 40millionste Teil der Länge eines Erdmeridians. 1795 wurde dieses Maß durch Gesetz der Revolutionsregierung in Frankreich eingeführt. Seit 1872 ist es in ganz Deutschland verbindlich. Großbritannien ist nach dem II. Weltkrieg zum metrischen System übergegangen. Die USA rechnen zwar im Alltag vielfach noch in Yards (= Schritten) und Statute miles (= Meilen), haben es für den Bereich der Naturwissenschaft jedoch längst übernommen.

Das in Breteuil bei Paris aufbewahrte »Urmeter«, ein Stab aus einer Platin-Iridium-Legierung, die auf Temperaturveränderungen nur in minimalem Ausmaß reagiert, genügt allerdings dem Genauigkeitsbedürfnis der heutigen Naturwissenschaft nicht mehr. Durch eine internationale Konferenz in Paris wurde 1960 das Meter neu definiert als das 1650763,73fache der Wellenlänge der orangeroten Spektrallinie des Edelgases Krypton im Vakuum, noch genauer: des Krypton-Isotops mit dem Atomgewicht 86 beim Übergang zwischen zwei Energieniveaus (von 5 d_5 nach 2 p_{10}).

Heute ist das Meter anhand der Lichtgeschwindigkeit definiert als die Strecke, »die das Licht in Vakuum während des Intervalls von 1/299792458 Sekunden durchläuft«. Die Geschwindigkeit des Lichts im leeren Raum, so läßt sich daraus entnehmen, beträgt 299792,458 km pro Sekunde. Freilich bedarf bei dieser Definition auch die Dauer einer Sekunde der Präzisierung. Dies geschieht heute anhand einer bestimmten Mikrowellenstrahlung des Cäsium-Isotops 133. Eine Sekunde entspricht 9192631770 Schwingungen dieser Strahlung. Atomuhren (vgl. Abb. F 3), die mit ihr arbeiten, erreichen Genauigkeiten in der Größenordnung von 1 zu 100 Billionen.

Für den Astronomen, der mit kosmischen Entfernungen umgeht, erweist sich das irdischen Verhältnissen entnommene Meter als unpraktisch, weil viel zu klein. Unser dezimales Zahlensystem bietet uns aber die Möglichkeit, Zahlen von »astronomischer Größe« in einer sehr praktischen Weise abgekürzt zu schreiben: in Zehnerpotenzen. Wir ersparen uns das Anschreiben vieler Nullen, wenn wir schreiben:

$1 = 10^0$
$10 = 10^1$
$100 = 10^2$
$1\,000 = 10^3$
$10\,000 = 10^4$
$100\,000 = 10^5$
$1\,000\,000 = 10^6$ usw.

So können wir die Entfernung Erde–Sonne, die abgerundet 150 Millionen Kilometer beträgt, einfach als $1{,}5 \cdot 10^{13}$ cm oder $1{,}5 \cdot 10^{11}$ m oder $1{,}5 \cdot 10^8$ km schreiben.

Aber auch ganz kleine Größen lassen sich abgekürzt als Potenz schreiben, in diesem Fall mit negativem Exponenten:

$10^{-1} = 0{,}1$ (ein Zehntel)
$10^{-2} = 0{,}01$ (ein Hundertstel)
$10^{-3} = 0{,}001$ (ein Tausendstel) usw.,

allgemein ausgedrückt: $a^{-n} = \frac{1}{a^n}$

Wenn es darum geht, Entfernungen innerhalb unseres Sonnensystems zu messen (also des Raumes, den die Sonne, die Planeten und die Kometen einnehmen, die sie umlaufen), so ist es praktisch, die eben genannte (mittlere) Entfernung Erde–Sonne einfach als Einheit zu wählen. Die Astronomen tun das auch und bezeichnen diese Distanz als Astronomische Einheit, abgekürzt AE (englisch AU = Astronomical Unit).

Für den eigentlichen von Sternen bevölkerten Weltraum ist aber auch diese Einheit noch zu klein. Hier bedient sich der Astronom zweier anderer Längenmaße, die viel größer sind als die Astronomische Einheit.

Auf der einen Seite geht er aus von der Geschwindigkeit, mit der das Licht den Raum durcheilt. Die Lichtgeschwindigkeit wurde zum erstenmal im Jahre 1676 annähernd richtig erschlossen durch den Dänen Olaus Römer anhand der Verfinsterungen der Jupitermonde; sie beträgt rund 300 000 Kilometer pro Sekunde (daß sich eine so runde Zahl ergibt, ist purer Zufall). Sie ist die höchste Geschwindigkeit, die im Universum vorkommt und – wie Albert Einstein uns gelehrt hat – auch die größte, die es überhaupt geben kann.

Nur der menschliche Gedanke ist schneller, könnte man sagen: Er durcheilt die Distanz von uns zur fernen Sternenwelt im Bruchteil einer Sekunde. Aber das ist ein Trugschluß: Der Gedanke durcheilt ja nicht den realen Raum, sondern er springt nur über zu dem Erinnerungsbild, zu dem Namen oder Begriff, den wir uns von jener Welt gebildet haben.

Mit seiner Geschwindigkeit braucht das Licht der Sonne rund 8 Minuten, um das irdische Auge zu erreichen. In einem Jahr legt das Licht 9,5 Billionen ($9{,}5 \cdot 10^{12}$) Kilometer zurück. Diese Strecke, das Lichtjahr (LJ), ist die eine der beiden in der Astronomie gebräuchlichen Einheiten, in der Entfernungen ausgedrückt werden.

Wie die zweite Einheit, Parsec genannt (abgekürzt Pc oder pc), definiert ist, lernen wir im Abschnitt 4.2 kennen, weil ihr Zustandekommen erst verständlich wird, wenn man sich der Frage zuwendet, wie Entfernungen im Weltraum überhaupt gemessen werden können.

Der Größenordnung nach unterscheiden sich Lichtjahr und Parsec nur unwesentlich: 1 Parsec entspricht etwa $3^1/_4$ Lichtjahren. Die drei wichtigsten Längenmaße der Astronomie:

		1 AE	$= 1{,}496 \cdot 10^8$ km (149,6 Millionen km)
	1 LJ =	$6{,}324 \cdot 10^4$ AE	$= 9{,}461 \cdot 10^{12}$ km (9,461 Billionen km)
1 pc	= 3,262 LJ =	$2{,}0626 \cdot 10^5$ AE	$= 3{,}086 \cdot 10^{13}$ km (30,86 Billionen km)

Vom Parsec, der gebräuchlichsten Einheit, sind gebildet:

1 kpc (Kiloparsec) = 1000 pc
1 Mpc (Megaparsec) = 1 Million pc

Von diesen Längenmaßen werden als Raummaße abgeleitet:

1 pc^3 (Kubikparsec) = Würfel von 1 pc Kantenlänge
1 kpc^3 (Kubikkiloparsec) = Würfel von 1000 pc Kantenlänge = 10^9 pc^3
1 Mpc^3 (Kubikmegaparsec) = Würfel von 1 Million pc Kantenlänge = $(10^6\ kpc)^3 = 10^{18}\ pc^3$

1.3 Das elektromagnetische Spektrum

Von den größten uns bekannten Entfernungen wenden wir uns jetzt zu den allerkleinsten. Der wichtigste Bote, den ferne Welten zu uns schicken, sind die elektromagnetischen Wellen und insbesondere das sichtbare Licht. Zusätzliche, freilich nicht einfach zu entschlüsselnde Botschaften können wir dem Strom der Neutrinos entnehmen, der Kosmischen Strahlung sowie (wenn es gelingt, sie eindeutig zu beobachten) den sogenannten Gravitationswellen. Auf diese Phänomene komme ich später zurück.

Die Eigenschaften und Wirkungen des Lichts können wir uns weitgehend verständlich machen anhand der Vorstellung, daß es sich hier um Schwingungsvorgänge handelt. Hier geraten wir allerdings zum erstenmal an einen Punkt, der dem Verständnis beträchtliche Schwierigkeiten bereitet! Dann nämlich, wenn wir die naheliegende Frage stellen: Was ist es denn – welcher Stoff oder welches Medium –, das hier Schwingungen ausführt?

Jeder weiß, daß wir einen Ton erzeugen können, wenn wir eine Saite, zum Beispiel in einem Klavier oder auf einer Violine, zum Schwingen bringen. Die schwingende Saite stößt Luftpartikeln an, die sie umgeben, diese stoßen die ihnen benachbarten Luftteilchen an, und schließlich erreicht die rhythmische Schwingung der Luftteilchen unser Trommelfell und löst dort einen Prozeß aus, der in unserem Bewußtsein eine Tonempfindung bestimmter Höhe, Klangfarbe und Lautstärke erzeugt. Wie das letztere wirklich vor sich geht, das ist allerdings ein Geheimnis. Immerhin, wir können die Saite schwingen sehen und uns von dem äußeren Vorgang eine anschauliche Vorstellung bilden. Die Luftteilchen bewegen sich übrigens in der Richtung vor und zurück, in der der Schall sich fortpflanzt. Man nennt solche Schwingungen Längs- oder Longitudinalwellen.

Was schwingt, wenn wir Lichtstrahlen von einem Stern empfangen, da sich doch zwischen ihm und uns nur leerer Raum befindet?

Die physikalische Wissenschaft lehrt uns, daß wir in die Irre gehen, wenn wir nach einem materiellen Medium suchen (analog den Luftteilchen beim Schall). Was hier schwingt, ist ein elektromagnetisches Feld – etwas, das nicht materiell, aber dessenungeachtet durchaus real ist: Energie.

Die Physik kann uns ferner darüber belehren, daß wir uns Lichtwellen nicht nach Art der Schallwellen vorzustellen haben – also nicht als Longitudinalwellen –, sondern als Schwingungen quer zur Fortpflanzungsrichtung, als Transversalwellen (Abb. 1 b).

Derartige Wellen entstehen zum Beispiel, wenn zwei Leute die beiden Enden eines einige Meter langen Seils in die Hand nehmen und der eine die Hand, die das Seil hält, rhythmisch auf und ab bewegt. Jeder Punkt des Seils bewegt sich rechtwinklig zur Längsrichtung, in der die Schwingungen sich fortpflanzen. Während das Seil in einer Ebene schwingt, schwingen Lichtwellen normalerweise in jeder beliebigen Ebene – senkrecht zur Fortpflanzungsrichtung. Lediglich sogenanntes polarisiertes Licht (das in der Natur entstehen oder vom Menschen mit technischen Mitteln erzeugt werden kann) schwingt in nur einer Ebene.

Den Ausschlag, den der einzelne schwingende Punkt relativ zur Lage des ruhenden

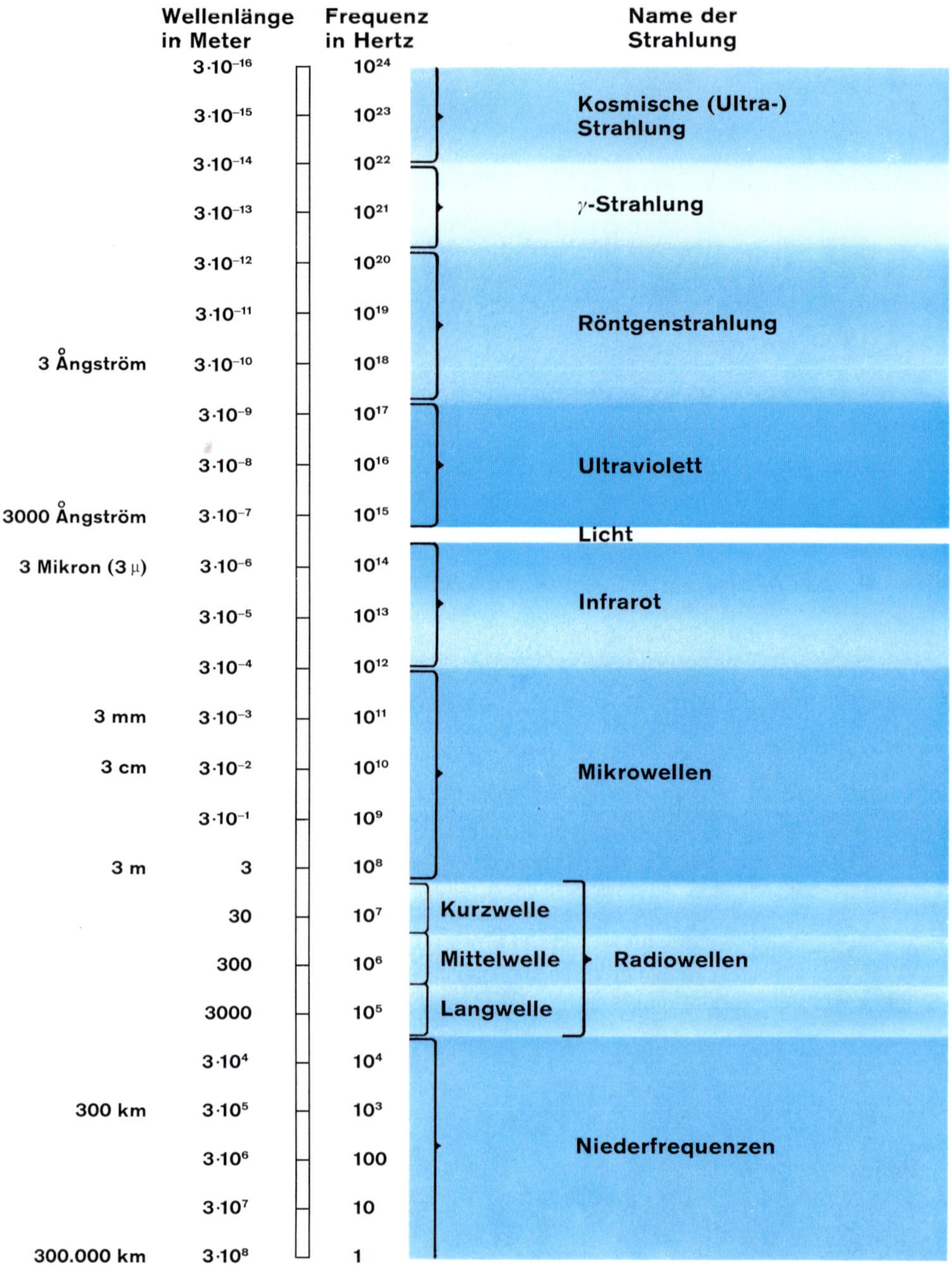

Abb. 1 a. Das elektromagnetische Spektrum. Daß die Klammern am oberen und unteren Ende nicht geschlossen sind, soll andeuten, daß das Spektrum hier nicht abrupt endet.

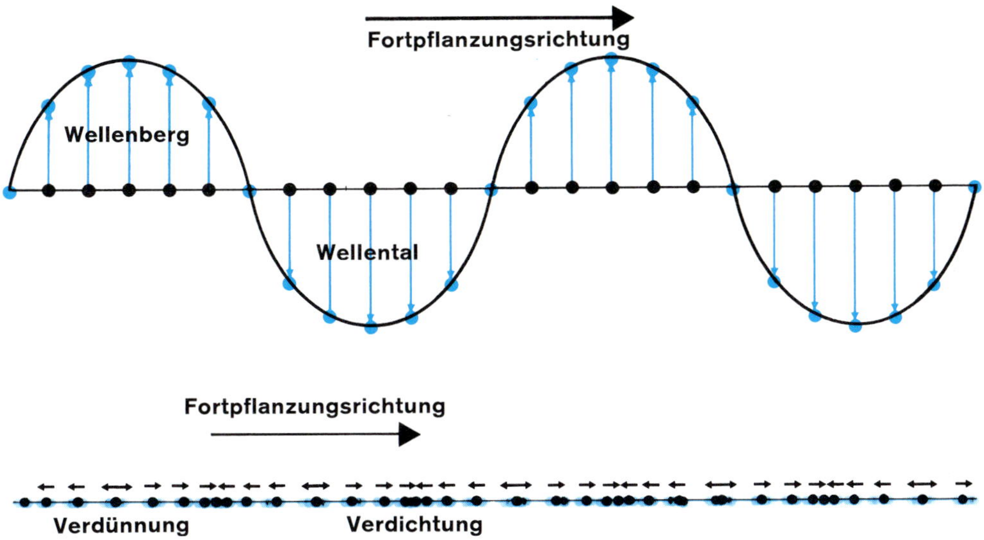

Abb. 1 b. Bei der Transversalwelle (Beispiel: Wellen der Wasseroberfläche) schwingen die Teilchen (hier: Wassermoleküle) senkrecht zur Fortpflanzungsrichtung der Schwingung auf und ab. Das Licht besteht aus Transversalwellen.
Bei der Longitudinalwelle (Beispiel: Schallwelle) schwingen die Teilchen (hier: Luftmoleküle) in der Fortpflanzungsrichtung der Schwingung vor und zurück.

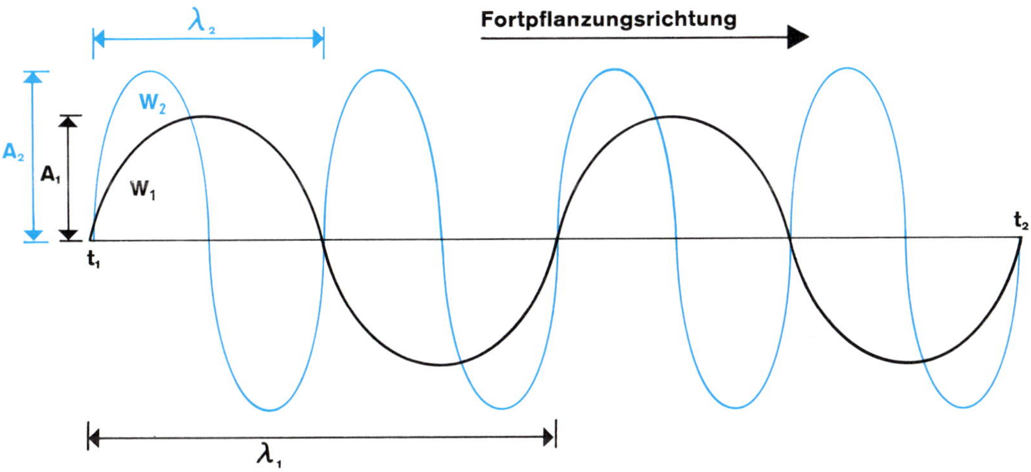

Abb. 1 c. Die Zeichnung zeigt zwei Wellenzüge. Die Wellenlänge λ_1 des flacheren Wellenzuges (W_1) ist doppelt so groß wie λ_2; dagegen ist die Amplitude A_2 des steileren Wellenzuges (W_2) größer als die von W_1 (A_1). In dem Zeitabschnitt von t_1 bis t_2 führt W_1 zwei volle Schwingungen aus, W_2 dagegen vier, d. h., W_2 hat gegenüber W_1 die halbe Wellenlänge und die doppelte Frequenz.

Seils ausführt, bezeichnen wir als Amplitude der Schwingung.

Den Abstand vom Beginn eines »Wellenbergs« (oder »Wellentals«) zum nächsten bezeichnen wir als »Wellenlänge«, die meist abgekürzt mit dem griechischen Buchstaben Lambda (λ) bezeichnet wird. Erweist sich unser Meter für astronomische Entfernungen als unpraktisch klein, so ist es andererseits viel zu groß, die Wellenlänge des Lichts auszudrücken. Zwar können wir die elegante abkürzende Schreibung in Zehnerpotenzen auch hier verwenden.

Die Wissenschaft hat sich aber auch im Bereich des Allerkleinsten eigene Maßeinheiten geschaffen. Am gebräuchlichsten war früher die nach dem schwedischen Physiker Anders Jonas Ångström benannte Einheit Ångström (abgekürzt Å), die ein hundertmillionstel Zentimeter (10^{-8} cm) groß ist. Die Wellenlängen des sichtbaren Lichts liegen zwischen 4000 Å (violettes Licht) und 7000 Å (rotes Licht). Eine zweite Einheit, das Mikron (geschrieben mit dem griechischen Buchstaben μ, gesprochen mü), umfaßt 10000 Å oder ein tausendstel Millimeter. Das Licht hat also Wellenlängen zwischen 0,4 und 0,7 μ. Seit 1973 werden aufgrund internationaler Übereinkunft auch im Bereich des Allerkleinsten nur noch auf das Meter bezogene Maße verwendet:

1 mm	= 1 Millimeter	= 1 tausendstel m
1 μ	= 1 Mikrometer	= 1 millionstel m
1 nm	= 1 Nanometer	= 1 milliardstel m

Allerdings wird es viele Jahre dauern, bis uns das Ångström nicht mehr in Büchern begegnet.

Das sichtbare Licht stellt nur einen schmalen (nämlich den unserem Auge wahrnehmbaren) Ausschnitt aus dem Gesamtbereich der elektromagnetischen Schwingungen dar, deren Wellenlängen von einem billionstel Zentimeter bis zu mehreren hundert Metern betragen können (Abb. 1 a).

Es besteht eine gesetzmäßige Beziehung zwischen der Wellenlänge, der Schwingungszahl (Frequenz) pro Sekunde, die in Hertz (= Zahl der Schwingungen pro sec) oder in Kilohertz (= Zahl der Schwingungen pro sec:1000) ausgedrückt wird, und der Lichtgeschwindigkeit. Von jetzt ab verwende ich für die Sekunde die international übliche Abkürzung »s«.

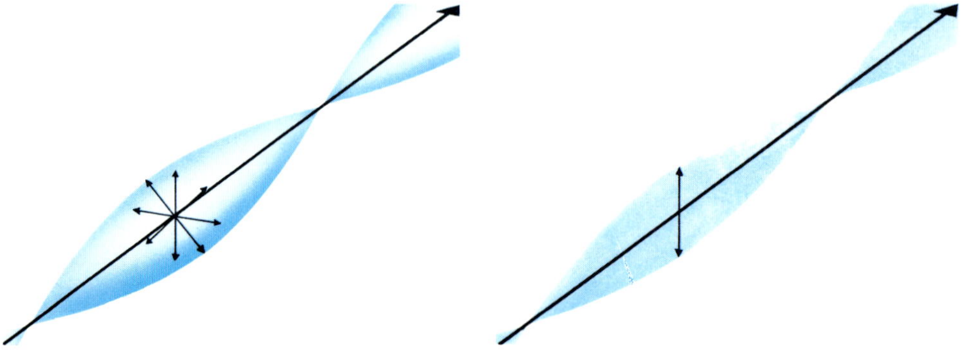

Abb. 1 d. Links: Unpolarisiertes Licht: Schwingungen in jeder beliebigen Richtung senkrecht zur Ausbreitungsrichtung. Rechts: Polarisiertes Licht: alle Schwingungen nur in einer Richtung senkrecht zur Ausbreitungsrichtung.

Bezeichnen wir die Wellenlänge mit λ, die Frequenz mit F und die Lichtgeschwindigkeit im Vakuum (in einem Gas oder in Glas bewegt sich das Licht langsamer) mit c, so gilt die Formel

$$c = F \cdot \lambda \quad \text{oder} \quad F = \frac{c}{\lambda}$$

Zwei Anwendungsbeispiele sollen diese Formel erläutern, eines für Radiowellen, das andere für Lichtwellen.

Radiowellen von 500 m Wellenlänge haben eine Frequenz von

$$F = \frac{300\,000\,000\,\text{m/s}}{500\,\text{m}}$$

= 600 000 Hz = 600 kHz = 0,6 MHz (1 Megahertz = 1 000 000 Hz).

Lichtwellen von 6000 Å = $6000 \cdot 10^{-8}$ cm = $6 \cdot 10^{-5}$ cm haben eine Frequenz von

$$F = \frac{3 \cdot 10^{10}\,\text{cm/s}}{6 \cdot 10^{-5}\,\text{cm}}$$

= $5 \cdot 10^{14}$ Hz = $5 \cdot 10^{11}$ kHz.

Licht dieser Wellenlänge führt in der Sekunde $5 \cdot 10^{14}$ = 500 000 000 000 000 = 500 Billionen Schwingungen aus.

1.4 Ortsbestimmungen im Weltall

Ehe wir darangehen können, Entfernungen zu messen, müssen wir einen Weg finden, die Lage eines Punktes oder eines Körpers, z. B. eines Sterns, im Raum eindeutig zu beschreiben.

Ein Geometer würde gewiß verzweifeln vor der Aufgabe, eine ihm unbekannte Gegend zu vermessen, wenn er seine Instrumente nur in der hin und her schwingenden Gondel eines Jahrmarkt-Riesenrades aufstellen könnte, das sich selber dreht und außerdem unter unregelmäßigen Windböen schwankt. Etwa in dieser Lage befindet sich aber der Astronom, der die wahren Orts- und Bewegungsverhältnisse im Weltraum ermitteln will! Denn die Erde rotiert, und zwar mit nicht genau gleichbleibender Geschwindigkeit; sie läuft gleichzeitig um die Sonne (die sich ihrerseits bewegt), und außerdem führt die Erdachse recht verwickelte Schwankungen aus. Wir müssen deshalb darauf gefaßt sein, daß das Stichwort »Ortsbestimmungen« uns in ziemlich komplizierte Erwägungen hineinführt.

Im dreidimensionalen Raum sind stets drei Angaben (Koordinaten) erforderlich, um die Lage eines Punktes zu definieren. Voraussetzung ist freilich ein Bezugssystem. Nur im Verhältnis zu einem Bezugssystem können wir überhaupt sinnvolle Ortsangaben machen. Der Raum, der sich ohne erkennbare Begrenzung nach allen Richtungen dehnt, gibt uns kein solches System an die Hand. Wir (bzw. die Gelehrten) müssen ein Bezugssystem auswählen und uns im Wege der Konvention darüber einigen, daß alle es benutzen.

Jeder von uns benutzt verschiedene Bezugssysteme je nach dem gerade verfolgten praktischen Zweck. Wir sprechen vom Feld F 3 auf einem Schachbrett oder vom rechten Vordersitz eines Autos und sehen dabei ganz davon ab, wie Schachbrett oder Auto im übrigen im Raume orientiert sind. In der darstellenden Geometrie benutzen wir gewöhnlich rechtwinklige Koordinatensysteme aus drei Achsen, die von einem gemeinsamen Nullpunkt ausgehen und senkrecht aufeinanderstehen. Die drei Koordinaten eines Punktes sind dann seine (rechtwinklig gemessenen) Abstände von den drei Achsen.

Um die Lage von Punkten auf der Erdoberfläche anzugeben, bedient sich der Geograph einer etwas anderen Methode, nämlich eines Gradnetzes, das er sich über die Erdkugel gelegt denkt. Dieses Netz geht aus von den beiden Punkten, in denen die Rotationsachse der Erde an ihre Oberfläche stößt, dem Nordpol und dem Südpol also, und einem Großkreis um die Erde, der von beiden Polen genau gleich weit entfernt ist, also die Erde in zwei Hälften teilt und deshalb »Äquator«, wörtlich Gleichmacher, genannt wird.

Die relative Lage eines Punktes P zwischen Pol und Äquator bezeichnen wir als geographische Breite. Sie wird angegeben durch den Winkel, den der Radius von P zum Erdmittelpunkt mit der Äquatorebene bildet. Die Breite wird vom Äquator aus nach N und S gezählt und kann zwischen 0° und 90° (am Pol) schwanken. Die nördliche Breite wird abgekürzt mit einem Pluszeichen, die südliche mit einem Minuszeichen gekennzeichnet. Alle Orte gleicher Breite verbindet jeweils ein Breitenkreis. Die parallel zum Äquator verlaufenden Breitenkreise werden vom Äquator nach den Polen zu immer kleiner und schrumpfen am Pol zu einem Punkt zusammen.

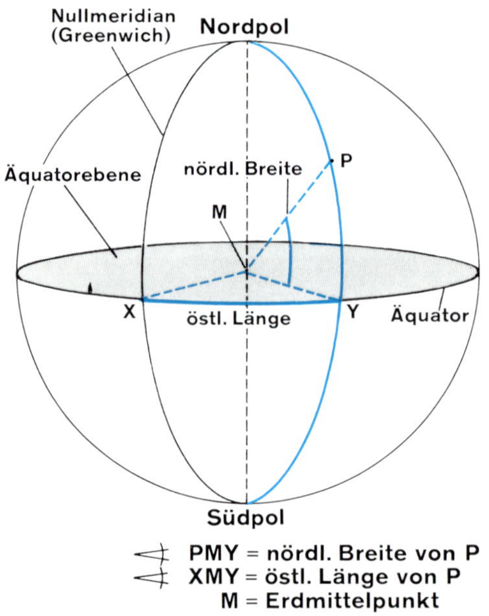

Abb. 1 e. Das Gradnetz der Erde ermöglicht es, die Lage jedes Punktes der Erdoberfläche durch zwei Koordinaten zu definieren: geographische Länge, d. h. Winkelabstand vom Nullmeridian nach Osten oder Westen, und geographische Breite, d. h. Winkelabstand vom Äquator nach Norden oder Süden.

Die geographische Länge ist, dies zeigt die Zeichnung 1 e, der Winkel, den die Meridianebene des Punktes P mit der Ebene des Nullmeridians bildet. Als Nullmeridian dient aufgrund internationaler Übereinkunft derjenige Meridian, der durch die Sternwarte von Greenwich bei London verläuft. Daß die Sternwarte inzwischen an einen anderen weiter von London entfernten Ort (Herstmonceux in Sussex) verlegt worden ist, bleibt dabei unberücksichtigt.

Die Länge wird von diesem Meridian aus nach Osten und Westen gezählt und kann zwischen 0° und 180° betragen.

Eine dritte Koordinate anzugeben erübrigt sich, solange vorausgesetzt bleibt, daß der Punkt P auf der Erdoberfläche (also nicht darüber oder darunter) liegt.

Alle in der Astronomie gebräuchlichen Koordinatensysteme ähneln dem geographischen Gradnetz. Man gibt stets zwei Winkel an, die der geographischen Breite und Länge entsprechen. Allerdings ist mit diesen beiden Winkelangaben nur erst eine Richtung bestimmt: Der Stern liegt auf einem Strahl, der vom Nullpunkt des Koordinatensystems aus in die durch die beiden Winkel definierte Richtung läuft. Es bleibt dabei offen, wie weit er entfernt ist. Für viele Zwecke – z. B. für das Auffinden eines Sterns am Himmel – genügt diese Richtungsangabe. Die alten Völker dachten sich übrigens den Sternhimmel tatsächlich als eine riesengroße kristallene Halbkugel, an der die Sterne angeheftet sind und die sich alle 24 Stunden einmal um die als ruhend angenommene Erde dreht. Dies nahm auch noch Kopernikus an, der lediglich die Sonne anstatt der Erde in den Mittelpunkt dieser Kugel setzte.

Um ein dem irdischen entsprechendes Gradnetz am Sternenhimmel zu gewinnen, brauchen wir uns nur vorzustellen, das irdische Netz werde gegen die Himmelskugel projiziert – etwa so, als wäre die Erde eine Glaskugel mit einer starken Lichtquelle in der Mitte und einem auf die Außenhaut in schwarzen Linien aufgetragenen Gradnetz.

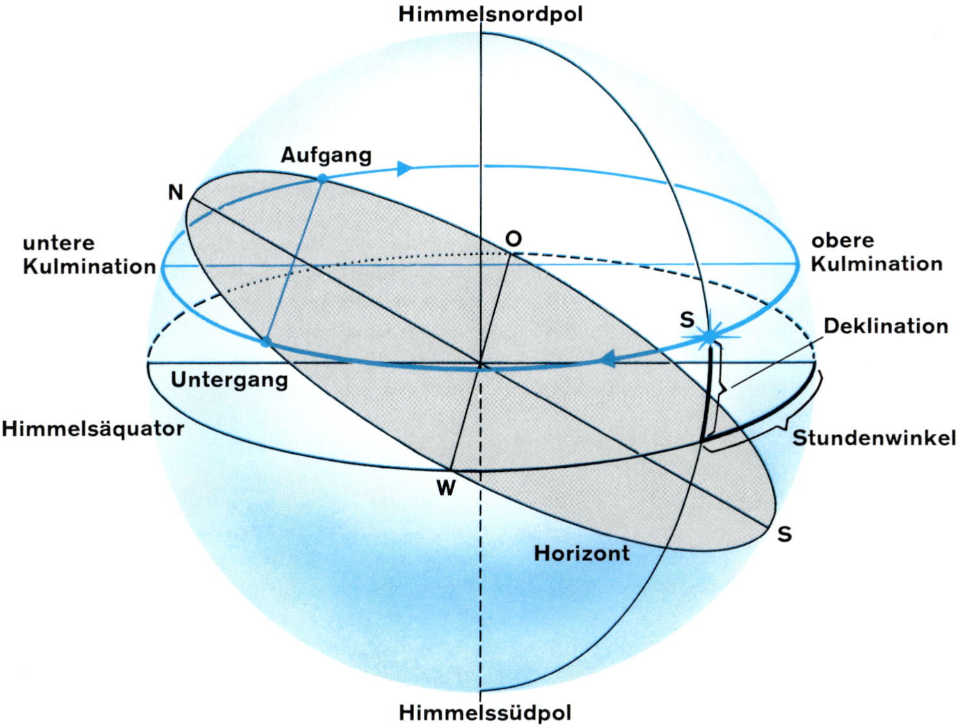

Abb. 1 f. »Festes« Äquatorialsystem. Für den im Zentrum der Zeichnung zu denkenden Beobachter, dessen Horizontebene als graue Fläche angegeben ist, bewegt sich der Stern S auf der blau gezeichneten Bahn vom Aufgangspunkt durch den oberen Kulminationspunkt zum Untergangspunkt. Sein Abstand vom Himmelsäquator – seine Deklination – bleibt dabei konstant. Sein Abstand vom (örtlichen) Himmelsmeridian (was dasselbe bedeutet wie Abstand vom oberen Kulminationspunkt) ist durch den Stundenwinkel bestimmt, der in jeder Stunde um 15° wächst und häufig nicht als Winkel (in Grad), sondern als Zeitmaß angegeben wird (1 h = 15°).

Auf der Innenseite einer Himmelskugel, die konzentrisch um die Erde läge, würde sich dann das Gradnetz als Schatten abzeichnen. Wir gewinnen dabei als Bezugspunkte in der Verlängerung der Erdachse nach Norden den Himmelsnordpol (in der Gegend des Polarsterns, wenn auch nicht genau mit diesem zusammenfallend), ihm gegenüber den Himmelssüdpol, und in der Mitte zwischen beiden den Himmelsäquator.

Natürlich dreht sich das gesamte Gradnetz in 24 Stunden mit der Erde einmal um 360°. Weil es mit der Erde fest verbunden ist, spricht man vom »festen« Äquatorialsystem (Abb. 1f), obwohl es ja täglich über den ganzen Himmel wandert. Infolge der Drehung des Systems verändern sämtliche Fixsterne ununterbrochen ihre Lage in diesem System, genauer gesagt: Jeder Stern beschreibt einen Kreis. Für die Sterne in der Nähe eines der Pole wird das auf dem Himmelsphoto F 1, das die Sternspuren der Zirkumpolarsterne zeigt, höchst anschaulich.

Da der Abstand jedes Sterns vom Pol und ebenso vom Äquator dabei unverändert bleibt, hat auch die »Breite« eines Sterns, die wie auf der Erde vom Äquator nach Norden und Süden gemessen wird (daher der Name Äquatorialsystem) und die in diesem System Deklination (abgekürzt δ = Delta) genannt wird, einen konstanten Wert zwischen 0° und + 90° im Norden, 0° und – 90° im Süden (natürlich abgesehen davon, daß über lange Zeiträume hinweg der Stern infolge seiner Eigenbewegung seinen Ort doch verändert).

Die »Länge« des Sterns ist dagegen in jedem Augenblick eine andere. Sie wächst in je 24 Stunden von 0° auf 360° an, d.h. jede Stunde um 15° (360 : 24 = 15).

Vom umgekehrten Denkweg geht das (wiederum höchst mißverständlich so genannte) bewegliche Äquatorialsystem aus. Bei ihm denken wir uns das an eine Himmelskugel projizierte irdische Gradnetz am Fixsternhimmel festgebannt. Für den Abstand der Sterne vom Himmelsäquator (also für die Breite = Deklination) ändert sich dadurch offensichtlich gar nichts; wohl aber für die Länge! In einem Bezugssystem, das nicht mit der sich drehenden Erde, sondern fest mit dem Fixsternhimmel verbunden ist, hat jeder Stern (von seiner langfristigen Eigenbewegung abgesehen) natürlich nicht nur eine konstante Breite (Deklination), sondern auch eine konstante Länge. Wir müssen uns lediglich auf einen Festpunkt einigen, von dem aus die Länge zu messen ist. Um die Wahl dieses Ausgangspunktes verständlich zu machen, müssen wir ein wenig ausholen:

Könnten wir das Sonnensystem von außen betrachten, so würden wir sogleich bemerken, daß die Bahnen der Planeten, die die Sonne umlaufen, grob gesprochen alle in einer Ebene liegen. Das Sonnensystem würde uns von außen als eine Scheibe erscheinen, in der sich die Planetenbahnen (vereinfacht) als konzentrische Kreise abzeichnen. Die Rotationsachse der Erde bildet mit der Hauptebene dieser Scheibe einen Winkel von rund $66^1/_2$°. Anders ausgedrückt: Die Ebene, die durch den Erdäquator bestimmt ist, bildet mit der Ebene, die durch die Erdbahn um die Sonne bestimmt ist (der Ekliptik), einen Winkel von $23^1/_2$°. Das wirkt sich für den irdischen Beobachter so aus, daß die Sonne für ihn 6 Monate lang einen sanften Bogen »oberhalb« der Äquatorebene – und 6 Monate lang einen gleichartigen Bogen »unterhalb« dieser Ebene – beschreibt. Zweimal im Jahr, im Frühlingspunkt und im Herbstpunkt, schneidet die Sonne auf ihrer scheinbaren, d.h. von der Erde aus gesehenen Bahn die Äquatorebene. Der Frühlingspunkt (mit dem uralten Zeichen des Widders ♈ bezeichnet) dient uns in dem »beweglichen (!) Äquatorialsystem«, das wir jetzt betrachten, als Ausgangspunkt für die Messung der »Länge« eines Punktes am Himmel (z.B. des Sternes S). Um deutlich zu machen, daß wir uns jetzt in diesem beweglichen (in Wirklichkeit aber am Sternhimmel fixierten) Koordinatensystem unterhalten, bezeichnen wir die Länge hier als Rektaszension (abgekürzt RA). Die Rektaszension – wie der Stundenwinkel – kann zwischen 0° und 360° betragen, und sie kann sowohl in Graden (Kreis = 360°) wie in Zeiteinheiten (15° = 1h) ausgedrückt werden. Wir messen die Rektaszension vom Frühlingspunkt – entgegen der täglichen scheinbaren Bewegung (Abb. 1g).

Ein weiteres Koordinatensystem der »sphärischen« Astronomie – der Zweig der Himmelskunde, der sich darum bemüht, »Sternörter« zu definieren und zu vermessen – geht nicht von dem in kosmischen Dimensionen unbedeutenden Gradnetz der Erde aus – und auch nicht von der Sonne –, sondern von der Milchstraße, dem Sternsystem, in dem unser Sonnensystem einen, kosmisch gesprochen, unbedeutenden Bestandteil bildet. Nach dem griechischen Wort galaxias kyklos für Milchstraße heißt es galaktisches Koordinatensystem.

Da die Milchstraße, von außen gesehen und stark vereinfacht, die Gestalt einer im Zentrum dickeren, nach den Rändern zu abgeflachten Scheibe hat, ist es relativ ein-

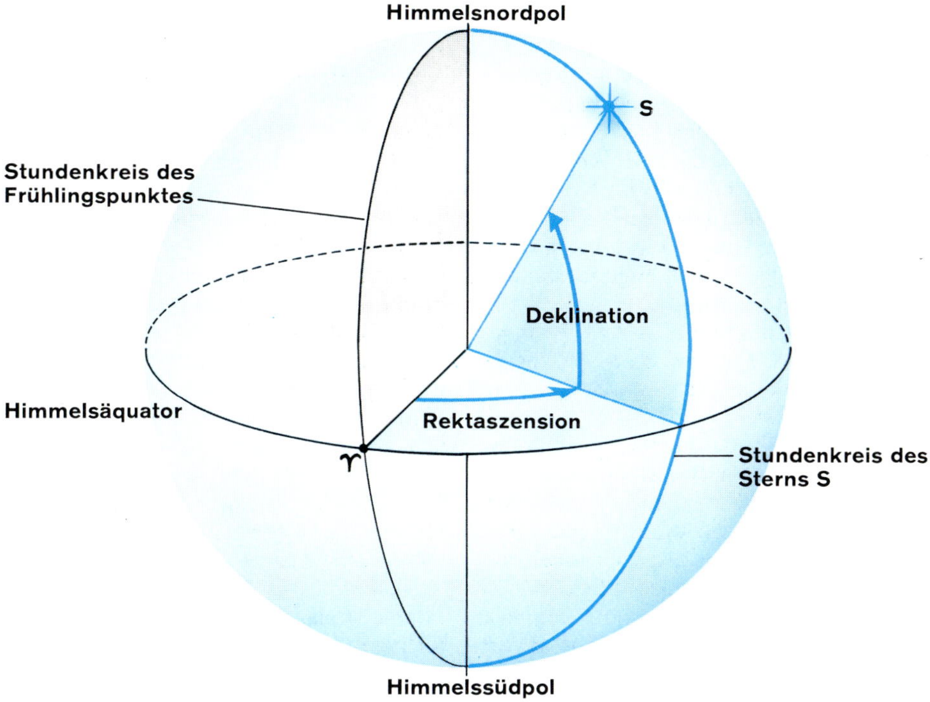

Abb. 1 g. »Bewegliches« Äquatorialsystem. Der Klarheit halber ist die Ekliptik, die den Himmelsäquator im Frühlingspunkt ♈ schneidet, hier fortgelassen. Die Koordinaten des Sternes S sind die Deklination (Winkelabstand vom Himmelsäquator, übereinstimmend mit dem festen Äquatorialsystem) und die Rektaszension (Winkelabstand zwischen dem Stundenkreis des Frühlingspunktes und dem Stundenkreis des Sternes).

fach, die Hauptebene dieses diskusartigen Gebildes als Äquatorebene der Milchstraße, den ihr entsprechenden Großkreis als »galaktischen Äquator« festzulegen. Die Linie, die wir uns im Mittelpunkt der Scheibe auf dieser senkrecht stehend vorstellen können, ist dann die »Polachse« – eine nicht unberechtigte Ausweitung dieses Begriffs, weil, wie wir später sehen werden, das Sternsystem der Milchstraße wirklich um diese gedachte Achse rotiert! Welches Ende dieser gedachten Achse wir als »Nordpol« der Milchstraße bezeichnen, ist im Grunde reine Willkür; wir nennen einfach diejenige Richtung dieser Achse die galaktische Nordrichtung, die in unserem herkömmlichen (durch Erdäquator und Erdpole) bestimmten Denkschema nach »Norden« weist.

Bis hierher reicht das theoretische Fundament, das zwar nicht einfach, aber jedenfalls eindeutig ist. Weil für die Darlegungen dieses Buches nicht unbedingt erforderlich, habe ich andere Systeme hier nicht beschrieben.

Soweit die Theorie. Aber die eigentlichen Schwierigkeiten und Komplikationen liegen (wie auch anderswo) in der praktischen Durchführung. Genauer gesagt in der scheinbar simplen Aufgabe, anzugeben, wo denn nun der Stern S – hier und jetzt gemessen – eigentlich liegt und wie er demgemäß in eines der mehreren gebräuchlichen Koordinatensysteme einzuordnen sei. Die Schwierigkeiten lassen sich mit vier Stichwörtern bezeichnen, die wir jetzt etwas näher betrachten wollen. Sie heißen Refraktion, Aberration, Präzession, Nutation.

Refraktion: Halten wir einen geraden Stab, etwa ein Lineal, mit einem Teil seiner Länge schräg ins Wasser, so sieht er plötzlich nicht mehr geradlinig aus; er zeigt an der Stelle, an der er ins Wasser eintaucht, einen deutlichen Knick. Wer sich in der Wissenschaft der Optik auskennt, wird das so ausdrücken: Der »Brechungskoeffizient« des Wassers ist anders als der der Luft. Der Knick erscheint uns verschieden stark je nach dem Winkel zwischen dem Lineal und der Wasseroberfläche.

Betrachten wir einen Stern, und zwar einerlei ob mit bloßem Auge oder ob mit einem Fernrohr, so bringen wir unser Auge in die Position, in der das Licht des Sterns, gesammelt durch die Linse des Auges, auf das Zentrum unserer Netzhaut trifft. Der von dem Stern ausgehende Lichtstrahl eilt durch den (nahezu) »leeren« Raum gradlinig (so nehmen wir an) auf uns zu, tritt aber, bevor er die Linse unseres Fernrohrs bzw. Auges trifft, in die Atmosphäre der Erde ein. Dabei wird er in ähnlicher Weise gebrochen, wie wenn er vom Medium »Luft« in das andersartige Medium »Wasser« eintritt. Er wird abgelenkt. Wie stark er abgelenkt wird, das hängt in erster Linie von dem Winkel ab, unter dem er in das andersartige Medium eintritt: Je »schräger« der Einfallswinkel, desto größer die Ablenkung (= Brechung = Refraktion). Für einen Stern, der senkrecht »über« uns steht, ist die Ablenkung aus optischen Gründen gleich Null. Je weiter der Stern vom Zenit entfernt ist – je näher er unserem (momentanen) Horizont steht –, desto größer die durch »Brechung« bedingte Ablenkung, desto größer also die Differenz zwischen der Richtung, aus der wir das Licht einfallen sehen, und der Richtung, in der der Stern sich in Wirklichkeit befindet.

Wäre nun unsere Erde von einer Gashülle umgeben, die sich vom Erdboden in gleichmäßiger Dichte und Zusammensetzung bis zu einer bestimmten Höhe erstreckte und dann »schlagartig« aufhörte wie etwa das Medium Wasser an der Oberfläche eines Sees, so ließe sich der Beobachtungsfehler, den die Brechung verursacht, relativ einfach unschädlich machen, d.h. herausrechnen oder eliminieren – relativ einfach, weil »Luft« ja ein Gemisch verschiedener Substanzen – Sauerstoff und Stickstoff in der Hauptsache, Kohlendioxid, einige Edelgase und allerlei Verunreinigungen dazu – darstellt. In der Realität türmen sich aber gleich drei weitere Schwierigkeiten auf:

Zum ersten ist die Dichte der Atmosphäre am Boden in der Regel am größten und nimmt mit zunehmender Höhe ab. Dieser Umstand ließe sich rechnerisch berücksichtigen, wenn wir die Atmosphäre von unten nach oben aus Schichten abnehmender Dichte zusammengesetzt denken und für jede Schicht den Brechungsindex gesondert errechnen.

Zum zweiten finden wir aber – eine Folge der Erdgravitation –, daß die Atmosphäre in ihren verschiedenen Schichten verschieden zusammengesetzt ist: In Erdnähe treffen wir die schwereren Bestandteile an, z. B. den Stickstoff; mit zunehmender Höhe besteht die Atmosphäre immer mehr aus den leichten Bestandteilen.

Der dritte Faktor kompliziert die Sachlage noch mehr: Die Schichtung der Atmosphäre nach Dichte und chemischer Zusammensetzung ist nicht nur über jedem Ort der Erdoberfläche ein wenig anders – sie ändert sich auch unter dem Einfluß klimatischer Faktoren (Temperatur, Luftdruck, Feuchtigkeit) unablässig.

Am Horizont ist der Effekt der Refraktion größer als der Sonnendurchmesser. Wir sehen deshalb die Sonne – und auch den Mond – noch, wenn sie schon untergegangen, und schon, bevor sie aufgegangen sind.

Des Zusammenhangs wegen – als Wirkung der Atmosphäre – sei hier die durch kleine Luftturbulenzen (Schlieren) verursachte Szintillation erwähnt, ein Flimmern, das z. B. bei der Planetenbeobachtung die Ergebnisse photographischer Beobachtung stark beeinträchtigt (stärker als die visuelle Beobachtung).

Leider ist die Refraktion nicht der einzige Störfaktor. Der zweite geht unter dem Stichwort »Aberration«. Um das zu verstehen, müssen wir (wenn wir uns auf Fixsterne beschränken, bei den Planeten und Kometen treten weitere Komplikationen hinzu) die Auswirkung von zwei Faktoren betrachten: der endlichen Geschwindigkeit des Lichts einerseits, der Bewegung der Erde andererseits.

Was Aberration ist, pflegt man sich klarzumachen am Beispiel eines Mannes, der mit aufgespanntem Regenschirm im Regen steht oder durch den Regen geht. Wir nehmen dabei an, daß Windstille herrscht und die Regentropfen genau senkrecht von oben herabfallen. Solange der Mann stillsteht, hält er, um bestmöglich geschützt zu sein, seinen Schirm senkrecht über sich. Sobald er sich in Bewegung setzt, wird er, um sich bestmöglich zu schützen, seinen Schirm etwas nach vorn, in Gehrichtung, neigen müssen – und dies um so stärker, je schneller er sich bewegt. Im Gehen hat er den Eindruck, daß die Regentropfen nicht mehr senkrecht von oben, sondern schräg von vorn oben auf ihn zufallen. Es besteht eine einfache, auch mathematisch ausdrückbare Beziehung zwischen der Fallgeschwindigkeit der Tropfen, der Vorwärtsbewegung des Mannes und dem Neigungswinkel des Schirmes – und damit der scheinbaren Fallrichtung der Tropfen.

Stellen wir uns jetzt einen Astronomen vor, der sein Fernrohr auf einen Fixstern richtet. Um die Analogie möglichst deutlich zu machen, soll sich der Stern ganz genau in einer Richtung befinden, die auf der Erdbahnebene (der Ekliptik) senkrecht steht, an einem Pol der Ekliptik also – dann fällt sein Licht gleichsam wie der Regen »senkrecht« auf uns herab. Stellt der Astronom das Fernrohr haargenau auf die Richtung zum Stern ein, so fängt er einen von diesem kommenden Lichtstrahl genau im Mittelpunkt des Objektivs ein. Dieser Lichtstrahl braucht, um das Fernrohr zu durchlaufen und an seinem unteren Ende, dem Okular, wieder auszutreten, eine winzige, jedoch (da Lichtgeschwindigkeit und Länge des Fernrohrs bekannt) berechenbare Zeit. In dieser Zeit bewegt sich die Erde auf ihrer Bahn ein Stück vorwärts (Geschwindigkeit rund 30 km/s). Der Lichtstrahl tritt auf-

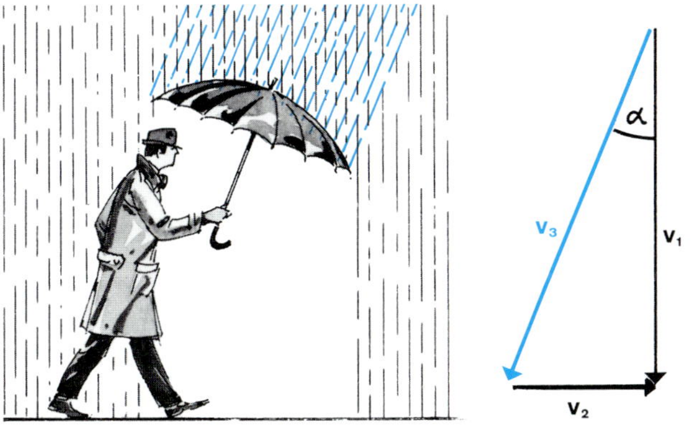

Abb. 1 h. Aberration. Links: Der Winkel zwischen der wahren (senkrechten) und der scheinbaren Fallrichtung der Regentropfen wird um so größer, je schneller der Mann geht. Rechts: In diesem Dreieck stellen dar: α den in der linken Zeichnung erläuterten Winkel; v_1 die wahre Fallgeschwindigkeit des Regentropfens; v_2 die Geschwindigkeit des Fußgängers; v_3 die scheinbare Fallgeschwindigkeit.

grund dessen am unteren Ende des Fernrohrs nicht genau in der Mitte des Okulars aus, er erscheint vielmehr gegenüber seiner wahren Position etwas versetzt, und der Astronom muß, um dem Rechnung zu tragen, sein Fernrohr ein wenig »nach vorn«, d. h. in Richtung der Erdbewegung neigen, um den Stern im Fadenkreuz zu haben – so wie unser Spaziergänger seinen Schirm vorwärts neigen muß. Wiederum besteht eine einfache Beziehung: diesmal zwischen der Eigengeschwindigkeit der Erde, der Lichtgeschwindigkeit und der dadurch notwendigen Neigung des Fernrohrs.

Man wird einwenden: »Dieser Aberrations-Effekt mag theoretisch vorhanden sein, kann aber doch praktisch keine Rolle spielen.«

Er spielt aber doch eine Rolle. Es läßt sich leicht errechnen – da die Erdgeschwindigkeit zur Lichtgeschwindigkeit etwa im Verhältnis 1:10000 steht –, daß der Neigungswinkel rund 20 Bogensekunden beträgt (genau 20″,47; dieser Wert wird Aberrationskonstante genannt).

Da die Erde sich angenähert auf einer Kreisbahn bewegt, wird der Astronom, wenn er genau sechs Monate später denselben Stern anvisiert, diesmal sein Fernrohr um denselben Winkel nach der entgegengesetzten Richtung neigen müssen, denn die Erde befindet sich nun am Gegenpunkt ihrer Bahn und bewegt sich in entgegengesetzter Richtung. Dieser Effekt wirkt sich – allgemeiner gesprochen – also dahin aus, daß der Stern im Laufe eines Jahres eine Kreisbewegung mit dem Radius a um seinen wirklichen Standort zu vollführen scheint. Je weiter ein Stern vom Pol der Ekliptik entfernt steht, desto mehr entfernt sich diese seine scheinbare Bewegung von der Kreisform und nimmt elliptische Gestalt an, bis sie schließlich für einen Stern, der genau in der Ekliptik-Ebene liegt, sich auf ein bloßes Hinundherpendeln auf einer Linie reduziert.

Die beschriebene Erscheinung der Aberration wurde übrigens bereits 1728 durch James Bradley entdeckt, ziemlich genau gemessen und zutreffend gedeutet. Ich habe bei dieser vereinfachenden Beschreibung von der Drehung der Erde um ihre Achse abgesehen. Tatsächlich tritt zu dem beschriebenen Effekt, der aus der Erdbewegung um die Sonne herrührt und jährliche Aberration genannt wird, noch ein weiterer, die tägliche Aberration. Zusätzlich zur Vorwärtsbewegung der Erde auf ihrer Bahn führt ja jeder Beobachter, der sich auf der Erdoberfläche befindet, mit der sich drehenden Erde eine weitere Bewegung aus. Sie ist am stärksten am Äquator, und sie ist gleich Null an den Polen, wo deshalb auch die tägliche Aberration gleich Null ist. Die Geschwindigkeit eines Beobachters am Äquator beträgt immerhin 465 m/s, ist damit aber im Verhältnis zur Umlaufgeschwindigkeit der Erde und erst recht zur Lichtgeschwindigkeit so gering, daß die tägliche Aberration bei den meisten Messungen außer acht gelassen werden kann (maximal 0″,32).

Um die Erscheinung der Präzession zu verstehen, gehen wir vom Modell eines Spielzeugkreisels aus. Je schneller er sich dreht, desto energischer sucht er die Lage seiner Rotationsachse im Raum beizubehalten – desto mehr Energie müssen wir aufwenden, wenn wir sie »mit Gewalt« ändern wollen. Auf dieser bekannten Erscheinung beruht sowohl die Erfindung des Kreiselkompasses wie der Umstand, daß ein Radfahrer seine Balance, je langsamer er fährt, desto schwieriger aufrechterhalten kann.

Wir können die Erde als frei im Raum schwebenden Kreisel ansehen, der aufgrund seiner großen Masse und seiner Rotationsgeschwindigkeit jedem Versuch, die Lage seiner Drehachse im Raum zu ändern, einen beträchtlichen Widerstand entgegensetzt. Im ganzen gesehen hat die Erde deshalb auch über sehr lange Zeiträume hinweg die Richtung ihrer Drehachse annähernd stabil halten können. Aber eben doch nur annähernd! Sind demnach Kräfte vorhanden, die danach trachten, die Stellung der Erdachse – gleichsam gegen den beharrlichen Willen der Erde – zu verrücken? Ja, und zwar gehen sie von der Sonne, vom Mond und von den übrigen Planeten aus. Daß sie die Stellung der Erdachse tatsächlich zu beeinflussen vermögen, beruht auf zwei Umständen.

Zum ersten hat unser Erdball, wie allgemein bekannt, nur annähernd Kugelgestalt. Seine Oberfläche weist Erhöhungen und Vertiefungen auf, auch sind die Massen im Innern nicht ganz gleichmäßig verteilt. Vor allem aber, und darauf kommt es hier an, bewirkt die Rotation der Erde, daß sie an den Polen etwas abgeplattet und am Äquator etwas verdickt ist. Der Erddurchmesser in der Äquatorebene gemessen ist rund 45 km größer als der Durchmesser von Pol zu Pol. Die Erde trägt rings um den Äquator sozusagen eine Aufbauchung, einen Wulst.

Zum zweiten: Sonne, Erdbahn, Mondbahn und die Bahnen der anderen Planeten liegen alle innerhalb einer flachen Scheibe, vereinfacht gesprochen, in einer Ebene – eben der Ekliptik. Die Erdachse steht schief zur Ebene der Ekliptik.

Kehren wir zu unserem Kreisel zurück. Wenn wir ihn genau senkrecht aufstellen und so in Drehung versetzen, dann bleibt er zunächst aufrecht. Die Anziehung der Erde wirkt auf alle seine Massenpunkte in gleicher Stärke, so daß die Gesamtwirkung der Erdanziehung sich aufhebt. Sobald der Kreisel aber (sei es durch einen Lufthauch, durch eine winzige Unebenheit im Boden oder weil er nicht perfekt gearbeitet ist) sich ein weniges zur Seite neigt, kann die Erdanziehung einseitig stärker angreifen: Der Kreisel gerät in eine taumelnde, torkelnde Bewegung, die wir als Kompromiß (als Resultante) ansehen können zwischen seinem »Bestreben«, seine Achse stabil zu halten, und dem »Bestreben« der Erde, ihn umzulegen. Da der Kreisel wegen der Reibung und des Luftwiderstandes an Rotationsenergie verliert, siegt schließlich die Erde. Er fällt um.

Die Anziehungskräfte von Sonne, Mond und Planeten wirken auf den Äquatorwulst der Erde in der Weise, daß sie ihn in ihre Ebene zu zwingen, d. h. die Drehachse in eine senkrechte Stellung zur Ekliptik aufzurichten suchen. Wie beim Kreisel entsteht aus diesen Kräften einerseits und der Beharrung der kreisenden Erde andererseits eine taumelnde Bewegung der Erdachse, die man Präzession nennt. Da Luftwiderstand und Reibung am Boden hier entfallen, geht die Präzession immer weiter. Sie verläuft allerdings recht langsam: Nach jeweils rund 26000 Jahren kehrt die Erdachse in dieselbe Stellung zurück.

Unser Versuch, am Himmel ein festes Bezugssystem zu schaffen, indem wir die Erdachse nach beiden Richtungen verlängert denken und den Erdäquator als Himmelsäquator ans Firmament projizieren, kann also nur sehr unvollkommen gelingen, denn die Erdachse schwankt beträchtlich, und der Punkt, den wir durch Verlängerung der Erdachse als Himmelsnordpol ermitteln, beschreibt in 26000 Jahren einen Kreis um den Nordpol der Ekliptik. Dies bedeutet aber gleichzeitig, daß der Frühlingspunkt – der Schnittpunkt von Himmelsäquator und Ekliptik – nicht fest steht, vielmehr binnen 26000 Jahren eine volle Wanderung von 360° um den Himmel herum vollführt. Er bewegt sich jährlich um 50″,371, und zwar entgegen der scheinbaren jährlichen Bewegung der Sonne.

Hier eine kleine Abschweifung: Da etwas mehr als 2000 Jahre vergangen sind, seit Sterndeuter des Altertums den Himmel entlang der Ekliptik in zwölf gleiche Abschnitte (»Häuser«) einteilten, und da der Frühlingspunkt in rund 26000 Jahren einmal um den ganzen Himmel wandelt, so hat er seither rund ein Zwölftel seiner Kreiswanderung zurückgelegt, so daß sich das Sternbild Widder heute im »Zeichen« des Stiers befindet, das Sternbild Stier im »Zeichen« der Zwillinge usf. Dieser Umstand allein sollte genügen, um allen astrologischen Spekulationen den Boden zu entziehen.

Da im himmlischen Koordinatensystem die »Länge«, hier Rektaszension genannt, vom Frühlingspunkt aus zu messen ist, bedeutet dies, daß für jeden Stern die Rektaszension sich im Zeitablauf ändert. Man muß also in Sternkatalogen u.ä. zur Rektaszension eines himmlischen Körpers stets das Jahr angeben, auf das sich diese Angabe bezieht. Auch die Deklination wird im Laufe der Zeit durch die Präzession verändert, und eines Tages wird die Wega »Polarstern« sein.

Die eben beschriebene Art der Präzession wird im wesentlichen durch die Gravitationskräfte der Sonne und unseres Mondes hervorgerufen und heißt deshalb Lunisolarpräzession. Eine weitere Komplikation entsteht dadurch, daß die von den Planeten ausgehenden Kräfte in etwas anderer Weise einwirken, und zwar mit dem Ergebnis, daß die allgemeine Präzession (= Resultierende aus Lunisolarpräzession und Präzession durch die Planeten) mit 50″,256 etwas kleiner ist als die erstere allein.

Der Umstand, daß die Mondbahnebene nicht genau in der Ekliptik liegt, sondern mit ihr einen Winkel von rund 5° bildet, wirkt sich in einer eigenen Präzession dieser Ebene um die Ekliptik aus. Das führt dazu, daß die anziehende Kraft des Mondes auf die Äquatorwülste der Erde im Zeitablauf wechselt. Die Erde reagiert darauf mit einer Schwankungsbewegung – einem »Nicken«, Nutation genannt –, deren Periode 18,6 Jahre beträgt. Sie ist der Präzessionsbewegung der Erdachse überlagert und wird ihrerseits noch überlagert durch minimale weitere Nutationsbewegungen, hervorgerufen durch die verschiedenen Stellungen, die die beteiligten Himmelskörper im Ablauf eines irdischen Jahres zueinander einnehmen.

Der Leser, der diese etwas schwierigen Erwägungen mitvollzogen hat, wird zugeben, daß der Vergleich zwischen dem Astronomen, der den Himmel vermessen soll, und dem Geometer, der die umgebende Landschaft von der schwankenden Gondel eines sich drehenden Riesenrades aus vermessen soll, durchaus berechtigt war. Und dabei haben wir bisher noch völlig davon abgesehen, daß die Fixsterne selbst, ihrem Namen zum Trotz, sich mit gewaltigen Geschwindigkeiten durch den Raum bewegen . . .

1.5 Über Zeit und Zeitmessung

Alles Messen ist ein Vergleichen. Wir vergleichen das noch Unbekannte, das zu Messende, mit einer uns bekannten Bezugsgröße. Sind wir nun – wie wir im Abschnitt 1.2 gesehen haben – beim Messen von Längen grundsätzlich völlig frei in unserer Entscheidung, ob wir die als Meter definierte Einheit verwenden wollen oder eine andere, die etwa 1,2678 heutige Meter lang und dann gleich 1 »Metron« zu setzen wäre, so scheint uns, wenn wir die Zeit messen wollen, die Natur selber die Hand zu bieten. Mit dem Wechsel von Tag und Nacht und mit dem jährlichen Umlauf der Erde um die Sonne haben wir, so scheint es, naturgegebene Zeiteinheiten. Beide stehen in einem festen Verhältnis zueinander, das sich aber nicht ganzzahlig ausdrücken läßt. Die Erde hat, wenn sie einen Jahresumlauf vollendet, nicht genau eine ganze Zahl von Eigendrehungen ausgeführt.

Wie können wir am einfachsten die Länge eines Tages feststellen? Wir stellen ein Beobachtungsinstrument, in dessen Okular sich ein vertikaler Faden befindet, so auf, daß seine Längsachse genau in der Ebene liegt, die durch die Erdpole und unseren Standort bestimmt ist, also in der Ebene des Ortsmeridians. So stellen wir sicher, daß wir genau in die Richtung blicken, in der sich am Himmel die Projektion unseres Ortsmeridians befindet, der örtliche Himmelsmeridian. Ein Tag dauert von dem Augenblick, in dem ein bestimmter Stern (man hat sich statt dessen auf den Frühlingspunkt geeinigt, was aber keinen prinzipiellen Unterschied ausmacht) den Faden in unserem Okular überschreitet, bis zu dem Augenblick, da dies sich zum erstenmal wiederholt. Der Zeitabschnitt zwischen beiden »Durchgängen« des Frühlingspunktes oder eines anderen Festpunktes am Himmel durch den örtlichen Meridian ist die Zeit, in der die Erde eine Umdrehung ausführt.

Haben wir eine gute mechanische oder elektrische Uhr zur Verfügung, so können wir sie im Augenblick des ersten Durchgangs auf 0 Uhr stellen und so einregulieren, daß sie beim nächsten Durchgang wieder 0 Uhr anzeigt. Sollte nun die so regulierte Uhr nach Ablauf einiger Wochen oder Monate vom beobachteten Durchgang abweichen, so können wir uns fragen, wem wir mehr vertrauen sollen: Geht die Uhr nicht exakt genug, oder unterliegt vielleicht die Erddrehung bestimmten Schwankungen? »Geht die Uhr falsch oder die Erde?« Gefühlsmäßig werden wir eher unserer Uhr mißtrauen, aber wir werden noch sehen, daß das Problem nicht so einfach liegt.

Die Zeit, die wir mit dem eben beschriebenen Verfahren festlegen, ist die für unseren Beobachtungsort (bzw. Meridian) gültige; sie steht aber mit der Zeit, die für den Nullmeridian von Greenwich gilt, in der einfachen, durch den Längenunterschied beider Orte ausgedrückten Beziehung. Wir können bekanntlich Längenangaben (auf der Erde wie am Sternhimmel) aus diesem Grunde sowohl in Zeiteinheiten wie in Winkelgraden ausdrücken:

1 Vollkreis	= 360° (Winkelgrade)
1°	= 60′ (Bogenminuten)
1′	= 60″ (Bogensekunden)

1 Vollkreis hat demnach 1 296 000 Bogensekunden. Andererseits ist

1 Tag	= 24^h (Stunden)
1^h	= 60 Min. (Zeitminuten)
1 Min.	= 60 Sek. (Zeitsekunden)

1 Tag hat demnach 86 400 Sekunden.

Da die Erde sich in 24 Stunden um 360° dreht, so entsprechen

24 Std.	= 360°	1 Min.	= 15′
1 Std.	= 15°	1 Sek.	= 15″

Für den Laien wird es wohl immer ein wenig verwirrend bleiben, daß man von »Minuten« und »Sekunden« sowohl als Zeitmaß wie als Winkelmaß spricht, ohne daß beide Einheiten einander in der Größe entsprechen.

Wir können also, falls die geographische Länge unseres Beobachtungsortes genau bekannt ist, die für ihn gültige Sternzeitdifferenz gegenüber Greenwich mühelos ausrechnen. Aber auch ohne einen Durchgang des Frühlingspunktes an Ort und Stelle beobachten zu müssen, können wir, wenn wir einen auf Greenwich-Zeit geeichten Chronometer besitzen und auf ihm den Zeitpunkt des örtlichen Meridiandurchgangs ablesen, aus der Zeitdifferenz die geographische Länge unseres Standortes bestimmen. (Noch einfacher geht es heute, da wir das Zeitzeichen aus Greenwich im Funkgerät hören können.)

Der Tag, von dem hier die Rede war, ist der sogenannte Sterntag: die Zeit zwischen zwei Durchgängen des Frühlingspunktes (genauer: oberen Durchgängen, denn bereits nach 12 Stunden überschreitet er unsere Meridianebene am anderen, »unteren« Ende). Daß man hier den Frühlingspunkt gewählt hat, mag unglücklich scheinen. Denn da dieser Punkt sich, wie im vorigen Abschnitt gesagt, infolge der Präzession im Jahr um 50″ der Sonne entgegenbewegt, weicht der eben bestimmte Sterntag um ein geringes ab von der Tageslänge, die man zwischen zwei Durchgängen eines Fixsterns messen würde. Die letztere Einheit ist um 0″,14 oder um 0,009 Sekunden (also rund $^1/_{100}$ sek.) länger als der Sterntag, sie wird »siderischer Tag« genannt.

Haben wir damit eine hinreichend genau definierte und in sich gleichförmige Einheit für das Messen von Zeit gewonnen? Leider ist das keineswegs der Fall! Da die Präzes-

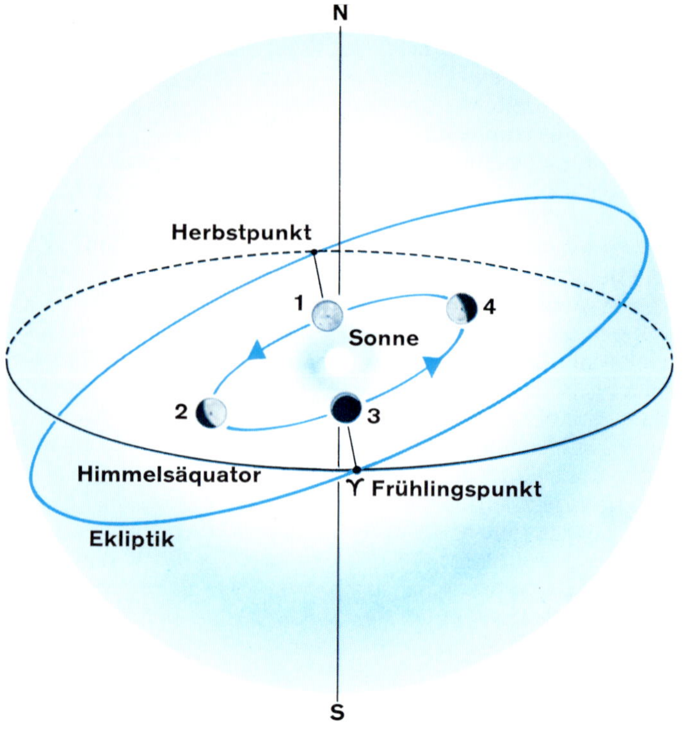

Abb. 1 i. Himmelsäquator und Ekliptik. Die Erde läuft auf der blauen Bahn um die Sonne. Für den irdischen Beobachter bewegt sich die Sonne scheinbar auf dem blau ausgezogenen größeren Kreis im Jahreslauf einmal um den ganzen Himmel. Die durch die Ebene der Erdbahn bestimmte Ebene der Ekliptik bildet mit dem Himmelsäquator einen Winkel von $23^1/_2°$. Am 21. März steht die Erde in Stellung 1, für den Erdbewohner steht die Sonne im Frühlingspunkt (♈).

sion nämlich von der Nutation überlagert ist, rückt der Frühlingspunkt während der 26000 Jahre seiner Wanderung um den Himmel nicht ganz gleichmäßig vor. Die hierdurch bedingte Schwankung in der Länge des Sterntags kann während eines Zyklus der Nutationsbewegung (18,6 Jahre) bis auf ± 1 Sekunde anwachsen. Man gewinnt, indem man diesen Störfaktor aus der am Beobachtungsinstrument gemessenen Sternzeit herausrechnet, die sogenannte mittlere Sternzeit. Sie enthält dann immer noch eine allerdings minimale Ungleichförmigkeit, weil sich die Schiefe der Ekliptik (der Winkel zwischen Äquatorebene und Ekliptik) im Laufe längerer Zeiträume ändert.

Es kommt aber noch ein weiterer Faktor ins Spiel. Die Gezeiten, welche Sonne und Mond zusammenwirkend seit Jahrmillionen täglich auf der Erde hervorrufen, bremsen die Erddrehung allmählich ab, wenn auch sehr langsam, so daß der Sterntag im Laufe von Jahrmillionen immer länger wird – vielleicht eines fernen, fernen Tages so lang, daß Rotationszeit und Umlaufzeit der Erde dann zusammenfallen und die Erde der Sonne stets dieselbe Seite zukehrt, wie es unser Mond in bezug auf die Erde bereits tut. Es gibt deutliche Anzeichen dafür, daß der Sterntag neben dieser allmählichen Abbremsung durch die Gezeitenströme noch weiteren Schwankungen unterworfen ist. Die Ursachen und Gesetzmäßigkeiten dieser Schwankungen sind erst teilweise bekannt.

Für die wissenschaftliche Astronomie bietet, wie man sieht, keiner der Vorgänge, die wir am Himmel beobachten, ein Zeitmaß von vollkommener Präzision. Sie ist deshalb zu einer zwar exakten, aber künstlichen Zeitrechnung übergegangen, der sogenannten Ephemeridenzeit (Ephemeriden sind vorausberechnete Örter der Himmelskörper), abgeleitet aus Gleichungen der Gravitationstheorie. Als Einheitsmaß dient die Sekunde, hier definiert als der 31556925,9747te Teil des tropischen (d. h. am Frühlingspunkt gemessenen) Jahres, das am 31. Dezember 1899 (= 0. Januar 1900) 12^h begann.

Sollen wir uns, entmutigt durch vielerlei Schwierigkeiten, vielleicht doch lieber auf möglichst genau gehende Uhren verlassen? Hier hat die Technik in letzter Zeit große Fortschritte gemacht. Pendeluhren sind seit dem 17. Jahrhundert im Gebrauch (Jost Bürgi, Christian Huygens). Sie wurden im Laufe der Zeit immer mehr verbessert, für Sternwarten baute man Uhren, deren Pendel aus einer besonderen Stahllegierung gefertigt ist, die auf Temperaturschwankungen kaum reagiert (»Invar-Metall«); man brachte sie erschütterungsfrei in unterirdischen Räumen unter, in denen die Temperatur konstant gehalten wurde, und in Gehäusen, aus denen die Luft soweit wie möglich herausgepumpt war, um den Luftdruck in ihnen konstant zu halten; die Gewichte wurden elektromagnetisch aufgezogen usw. Trotzdem waren solche Uhren nicht so genau, daß man sie benutzen konnten, um die genannten Zeitunterschiede zu kontrollieren.

Dieses Ziel ist erstmals erreicht worden in den sogenannten Quarzuhren, deren steuerndes (regulierendes) Element in den Eigenschwingungen von Quarzkristallen besteht. Über längere Zeiträume sind Uhren, deren gleichförmiger Gang auf den regelmäßigen Schwingungen von Molekülen (Ammoniak) oder von Atomen (Cäsium) beruht, allen anderen überlegen. Mit Hilfe solcher Atomuhren wird es möglich, Zeitmessungen von einer Genauigkeit auszuführen, von der die Physiker früherer Generationen nicht einmal zu träumen wagten, und winzigste Zeitdifferenzen zu messen, die u. a. in Zusammenhang mit bestimmten Konsequenzen und Voraussetzungen der Einsteinschen Relativitätstheorie von Bedeutung sind (Abb. F 3).

Die nach den Sternen orientierte Zeit, von der hier bisher ausschließlich die Rede war, braucht der Astronom für seine wissenschaftlichen Zwecke. Für den Alltag, für das sogenannte bürgerliche Leben, ist sie praktisch unbrauchbar. Würden wir nach Sternzeit rechnen, so müßten wir in Kauf nehmen, daß unser Arbeitstag, dessen Beginn an einem bestimmten Stichtag auf z. B. 8^h morgens Sternzeit festgelegt wäre, zwar zunächst mit dem Tagesanbruch, sechs Monate später aber mit dem Einbruch der Dunkelheit beginnt.

Um solche Mißlichkeiten zu vermeiden, ist die Zeit, die wir im täglichen Leben verwenden, nicht nach den Sternen orientiert, sondern nach der Sonne. Wir richten uns nicht nach dem Durchgang irgendeines Sternes durch unseren örtlichen Himmelsmeridian, auch nicht nach dem Durchgang des Frühlingspunktes, sondern nach dem Durchgang der Sonne. Die wahre Sonnenzeit für unseren Beobachtungsort können wir einfach ermitteln, nämlich mit Hilfe einer Sonnenuhr. Wir bezeichnen den Zeitpunkt, in dem der Stab der Sonnenuhr seinen Schatten genau nach Norden wirft (die Sonne also genau im Süden steht), als 12^h (nicht als 0^h, aus praktischen Gründen, damit der Tagesanfang auf Mitternacht liegt und damit wir nicht am Mittag eines jeden Tages das Datum wechseln müssen) und definieren den Zeitabschnitt zwischen diesem Augenblick und dem entsprechenden Augenblick am folgenden Mittag als einen Sonnentag.

Es ist leicht einzusehen, daß ein solcher Sonnentag nicht ebenso lang sein kann wie ein Sterntag. Die Sonne bewegt sich ja im Laufe des jährlichen Umlaufs der Erde scheinbar – auf die Fixsterne bezogen – immer weiter von Westen nach Osten. Wenn die Erde einen Umlauf beendet hat, hat sie sich, an der Sternsphäre gemessen, 366,2422 mal gedreht. 1 Jahr hat 366,2422 Sterntage. Auf die Sonne bezogen hat die Erde (so könnte man sagen) eine Umdrehung eingespart und sie dadurch ersetzt, daß sie einmal die Sonne umwandert hat. Ein Jahr hat deshalb 365,2422 Sonnentage – genau einen Tag weniger, wie man sieht. Anders ausgedrückt: 1 Sonnentag ist länger als ein Sterntag. Das Verhältnis beträgt genau:

1 Sterntag = $23^h 56^m 4^s,091$ mittlere Sonnenzeit
1 Sonnentag = $24^h 3^m 56^s,555$ mittlere Sternzeit

Haben wir in dem so bestimmten Sonnentag ein gleichförmig ablaufendes Zeitmaß gewonnen? Anders ausgedrückt: Ist ein Sonnentag exakt gleich dem anderen? Das ist ebensowenig der Fall wie beim Sterntag, genau betrachtet noch weniger!

Das hat zwei Ursachen. Die eine liegt darin, daß die Erde um die Sonne nicht auf einer Kreisbahn läuft, sondern auf einer Ellipse, in deren einem Brennpunkt die Sonne steht. Nach einem Gesetz, das Kepler 1609 formuliert hat, bewegt sich der umlaufende Körper im sonnennächsten Punkt seiner Bahn (dem Perihel) am schnellsten, im sonnenfernsten Punkt (dem Aphel, gesprochen meist »afeel«) am langsamsten, während seine Geschwindigkeit zwischen diesen Punkten alle möglichen Zwischenwerte annimmt. Von der Erde aus gesehen, bedeutet dies, daß die Sonne bald schneller, bald langsamer zu laufen scheint. Aufgrund dieser Unregelmäßigkeit schwankt die Länge des wahren Sonnentages zwischen Perihel und Aphel um rund 16 Minuten.

Die zweite Ursache liegt darin, daß die Sonne sich entlang der Ekliptik bewegt, die Zeit aber entlang dem Himmelsäquator gemessen wird, und daß diese beiden Kreise miteinander einen Winkel von $23^1/_2°$ bilden. Aus diesem Umstand – auf die Berechnung seiner Auswirkung im einzelnen sei hier verzichtet – erwächst eine weitere Schwankung in der Länge des wahren Sonnentages, die bis zu 20 Sekunden betragen kann.

Aus dem eben Dargelegten können wir ohne weiteres den Schluß ziehen, daß es so gut wie unmöglich ist, eine Uhr zu konstruieren, die diese wahre Sonnenzeit anzeigt, denn ihr Gang müßte ganz ungleichförmig sein und die genannten Schwankungen für jeden Tag und jede Stunde berücksichtigen.

Wir dürfen weiter folgern, daß es äußerst unpraktisch wäre, wollten wir die hier geschilderte wahre Sonnenzeit unserem täglichen Leben zugrunde legen.

Zwei wichtige Schritte müssen wir noch vollziehen, um von der eben beschriebenen Sonnenzeit, die die Natur leider für unsere alltäglichen menschlichen Bestrebungen so höchst unvollkommen eingerichtet hat, zu der Zeit zu gelangen, die unsere Uhren tatsächlich anzeigen.

Der erste Schritt besteht darin, daß die Astronomen für die Zwecke der Zeitberechnung an die Stelle der wirklichen Sonne, die sich so störend ungleichmäßig gebärdet (in Wirklichkeit ist es die Erde, die sich ungleichförmig bewegt), eine fiktive (angenommene) »mittlere Sonne« setzen, die sich mit gleichförmiger Geschwindigkeit, bezogen auf den Himmelsäquator, bewegt. Die wahre Sonnenzeit eilt gegenüber dieser (fiktiven, aber gleichförmigen) Zeit im Laufe des Jahres zeitweise vor, dann bleibt sie wieder gegen sie zurück, und bloß an vier Tagen im Jahr fallen beide Zeiten zusammen. Die Differenz zwischen wahrer und mittlerer Sonnenzeit heißt Zeitgleichung (Abb. 1 k).

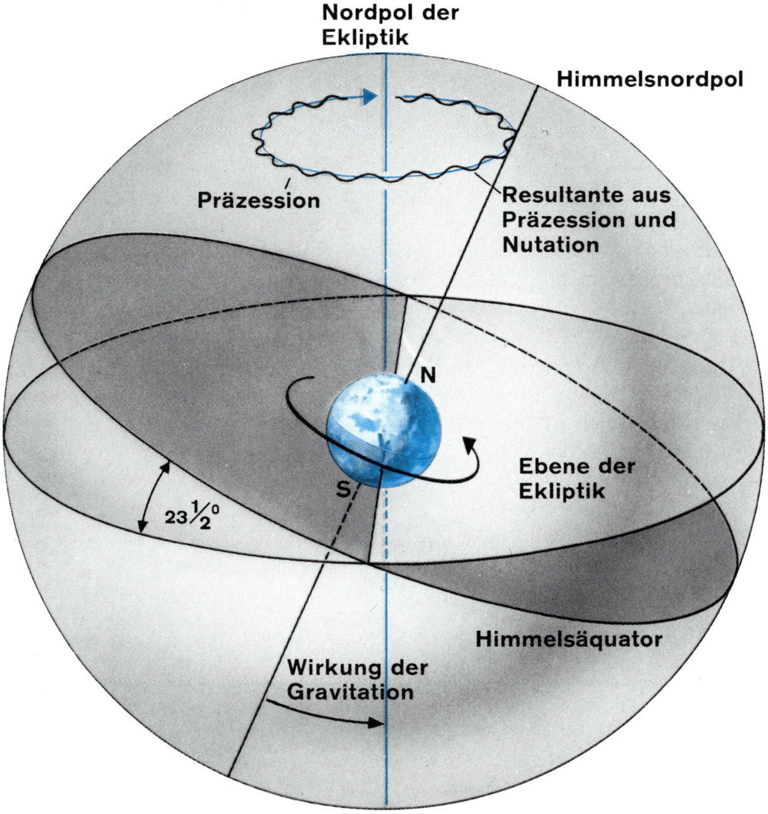

Abb. 1j. Präzession und Nutation. Unter dem Einfluß der Gravitationskräfte, welche die Erde »gleichzurichten«, d.h. die Erdachse in die Senkrechte zur Ekliptik zu rücken suchen, führt die Erdachse in je 26000 Jahren die blau eingezeichnete Präzessionsbewegung aus. Da die Erdachse gleichzeitig Nutationsbewegungen ausführt, die sich der Präzessionsbewegung überlagern, entsteht als Resultante beider Effekte die schwarz eingezeichnete Linie. Die Resultante ist stark vereinfacht gezeichnet; die Ausschläge infolge der Nutation sind in Wirklichkeit kleiner und viel zahlreicher.

Der zweite Schritt besteht darin, daß wir von der Sonnenzeit, die jeweils nur für einen bestimmten Ort (bzw. Meridian) gilt, zu Standardzeiten übergehen, die durch Übereinkunft festgelegt sind. Solange Reisende sich nur per Postkutsche oder hoch zu Roß bewegten und solange schnelle, große Entfernungen im Nu überbrückende Nachrichtenwege nicht vorhanden waren, spielte es keine Rolle, wenn jeder Ort sich nach seiner eigenen Ortszeit richtete. Es genügte, wenn man ungefähr wußte, daß man nach Osten wandernd dem Abend entgegenreiste, nach Westen reisend dagegen das Tageslicht etwas strecken konnte. Sobald Eisenbahn und Telegraph aufkamen, war das nicht mehr aufrechtzuerhalten. Durch internationale Übereinkunft wurden Zeitzonen festgelegt, von N nach S verlaufende Streifen, in denen jeweils eine

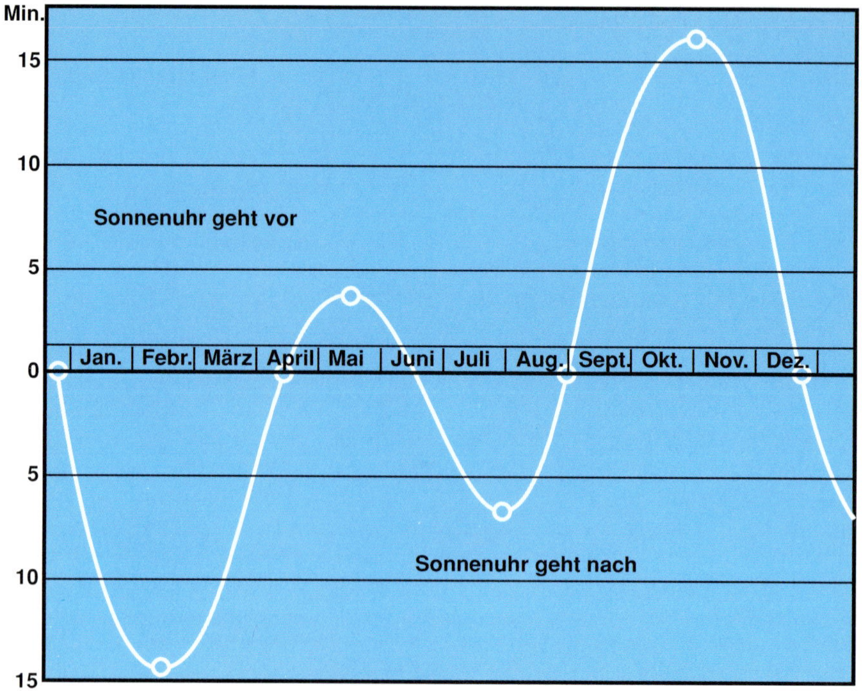

Abb. 1 k. Die Zeitgleichung in ihrem jährlichen Verlauf.

Standardzeit gilt. Jeder Streifen ist 15 Längengrade breit, und für ihn gilt die Zeit des Meridians, der mitten in ihm liegt. So gilt die Zeit des Nullmeridians (Greenwich) in einem Streifen, der sich von $7^1/_2°$ westlicher Länge bis $7^1/_2°$ östlicher Länge erstreckt. Aus praktischen Gründen (Sommerzeit, Vereinheitlichung innerhalb der EG und darüber hinaus) weicht die tatsächliche Einteilung zum Teil von diesem Prinzip ab.

Die Einteilung in Zeitzonen hat auch die Festlegung einer internationalen Datumsgrenze mit sich gebracht, die durch den Pazifik verläuft. Wer am 31. Dezember von San Francisco nach Japan fliegt, hat infolgedessen das Pech, den Neujahrstag nicht feiern zu können, er überspringt ihn. Wer in umgekehrter Richtung fliegt, kann den Neujahrstag dagegen gleich zweimal hintereinander feiern. Und wer so schnell fliegt, daß er die Erde in 24 Stunden umrundet, und zwar in der Richtung von Westen nach Osten, für den bleibt das Datum ständig stehen, und er wird überhaupt nicht älter. Wenigstens dem Kalender nach . . .

2. Die Sonne als Durchschnittsstern

Der Astronom ist gegenüber seinen Kollegen, die in anderen Bereichen der Naturwissenschaft forschen, in einer schlechten Ausgangsposition. Er kann die Körper, denen sein Interesse gilt, in keiner Weise beeinflussen, noch weniger kann er mit ihnen experimentieren. Mit Ausnahme des bescheidenen kosmischen Winkels, in dem wir beheimatet sind, unseres Sonnensystems also, können wir die Himmelskörper nur studieren anhand der Strahlung, die sie durch den Raum zu uns schicken. Himmelskörper, die keine Strahlung abgeben (Schwarze Löcher), bleiben uns ganz verborgen – es sei denn, sie verraten sich durch eine Schwerkraftwirkung auf Nachbarsterne oder durch Strahlung aus ihrer nächsten Umgebung; alle anderen sind sichtbar, aber dem Menschen unerreichbar.

Trifft das noch zu im Zeitalter der Weltraumfahrt? Dieses Wort ist eine maßlose Übertreibung, ebenso wie sein Synonym Astronautik. Es gibt eine Reihe von Vergleichen, die das anschaulich machen. Einer mag genügen: Wenn jemand am Alpenrand, etwa bei Grainau unweit Garmisch, in 900 m Höhe über dem Meeresspiegel steht und zum Gipfel der Zugspitze (2000 m über ihm) hinaufblickt, und wenn er seinen Hals reckt, um dort oben etwas zu erkennen, und wenn ihm dann ein hilfsbereiter Freund ein Blatt von 0,2 mm Stärke unter die Schuhe schiebt, »damit du etwas näher dran bist und besser sehen kannst«, so hat sich dieser Jemand damit dem Zugspitzgipfel nur um Zehnmillionstel der gegebenen Distanz genähert (1 km = 1 Million mm). Ein »Astronaut«, der den Mond betritt, hat mit der Reise von der Erde bis dorthin von der Entfernung, die uns vom sonnennächsten Fixstern trennt, noch weniger, nämlich 1 Hundertmillionstel, zurückgelegt. Andere Fixsterne sind millionen- und milliardenmal weiter entfernt.

Zu sagen, der Mensch »erobere« jetzt den Weltraum, ist eine Illusion. Mit der Geschwindigkeit von 40000 km/h, die unsere »Raumschiffe« zwischen Erde und Mond derzeit erreichen, würde eine Reise zum rund 4 Lichtjahre entfernten sonnennächsten Fixstern über 100000 Jahre dauern. Die Zeit, die erforderlich ist, um mit dieser Geschwindigkeit dasjenige unserer Milchstraße vergleichbare Sternsystem, das uns im Weltraum am nächsten liegt, zu erreichen (Spiralsystem im Sternbild Andromeda, rund 2 Millionen Lichtjahre entfernt), ist mehr als 10mal so lang wie die Zeitspanne, die seit der Entstehung unseres Sonnensystems verflossen ist, nämlich 60 Milliarden Jahre! Es ist also berechtigt, zu sagen, daß kein Sterblicher jemals die Tiefe des Weltraums betreten oder befahren wird.

Der Nutzen, den die Astronomie aus der Eroberung (nicht des interstellaren, aber) des interplanetaren Raumes zieht und ziehen wird, ist gleichwohl gewaltig, denn sie ermöglicht es, daß wir Beobachtungsinstrumente mittels Raketen, Satelliten und Sonden außerhalb der uns umgebenden irdischen Atmosphäre arbeiten lassen und damit zum erstenmal auch diejenigen Arten elektromagnetischer Strahlung messen können, die durch unsere Lufthülle normalerweise abgeschirmt werden.

Auch mit und nach dieser Erweiterung unserer Beobachtungsmöglichkeiten bleibt es aber wahr, daß wir von den Sternen in erster Linie etwas in Erfahrung bringen durch Messen und Analysieren der von ihnen ausgehenden Strahlung. Wenn die Astronomie trotzdem bereits heute – bevor noch die neuen Möglichkeiten recht genützt sind – eine schier unübersehbare Fülle von Tatsachen hat ansammeln und sichern können, so ist das im wesentlichen auf vier Faktoren zurückzuführen.

1. Im irdischen Bereich haben die Physiker, besonders in den letztvergangenen dreißig Jahren, als sie in die Welt des Atoms und des Atomkerns Einblick gewannen, grundlegende Erkenntnisse über das Verhalten der Materie gewonnen, und bis heute haben sich keine zwingenden Beweisgründe gegen die Annahme ergeben, daß das Weltall noch in seinen fernsten Winkeln aus derselben Materie besteht wie unsere Umgebung und daß sich die Materie dort grundsätzlich entsprechend den Gesetzen verhält, die wir für ihr Verhalten im irdischen Laboratorium ermitteln. Daß wir Erkenntnisse der irdischen (terrestrischen) Physik im Prinzip und in weltweitem Maßstab auf das Geschehen in anderen Gegenden des Universums anwenden dürfen und anwenden, ist einer der kennzeichnenden Züge der modernen Astronomie. Der Zweig der Naturwissenschaft, in dem dies unternommen wird, heißt Astrophysik, wörtlich Physik der Sterne. Der Vorstoß der Physik in den Weltraum ist eines der geistigen Abenteuer unseres Jahrhunderts.

2. Wenn der Astronom auch nicht experimentieren kann, so ist doch der unserer Beobachtung offene Weltraum so über alle Vorstellung groß, daß er uns Milliarden von Phänomenen vor Augen führt, ja daß möglicherweise alles, was irgendwann und irgendwo geschehen kann, auch in dem kurzen kosmischen Augenblick zu beobachten ist, in dem Menschen ihre Fernrohre und Antennen in den Weltraum richten.

3. Der durchdringende Verstand einzelner Menschen, ihre Denkkraft, Kombinationsgabe und schöpferische Phantasie haben zahlreiche Brücken geschlagen zwischen den uns auf Erden zugänglichen Phänomenen und den Vorgängen im Weltraum, ja sogar und gerade zwischen diesen und den Vorgängen, die sich weit unter der Sichtbarkeitsschwelle im Innern der Atome abspielen. So entsteht, in Ansätzen jedenfalls, ein Denkgebäude, das von der »Elementarlänge« (kleinste in der Natur mögliche Länge = »Durchmesser« eines Elektrons = ca. 10^{-13} cm) bis zur Größenordnung »Durchmesser des Universums« (angenommen mit 30 Milliarden Lichtjahren = $3 \cdot 10^{29}$ cm) reicht.

4. Last not least: Zwar sind uns die Sterne fern, aber ein Stern ist uns, kosmisch gesprochen, ganz nahe. In dem Ausschnitt des Weltraums, dessen Herrscherin unsere Sonne ist, indem sie ihn erleuchtet und erwärmt und mit ihrer ungeheuren Masse jegliche Materie in ihm zwingt, sie gleichsam demütig und gehorsam zu umkreisen – in diesem Raum ist unsere Erde der Sonne ganz nahe plaziert. Die Erde gehört zu den inneren Planeten; 100 Sonnenbälle, aneinandergereiht, würden schon die Strecke Sonne–Erde ausfüllen; und die Erde ist der Sonne so nahe (und so klein gegen sie), daß Astronomen, die sich etwa auf dem nächsten Fixstern (bzw. einem diesem zugehörigen Planeten) befänden, sie nicht ausmachen könnten, auch wenn sie über Fernrohre verfügten gleich dem stärksten irdischen Teleskop, das bisher in den Weltraum hinausblickt.

Die Sonne – ein »Durchschnittsstern«? Ja, durchaus. Unter den (wahrhaftig) »zahllosen« Sternen des Alls ist sie kein Extremfall, sondern nach Größe, Leuchtkraft, Lebensalter guter Durchschnitt. Es gibt viel heißere Sterne (die blauweißen) und kühlere (die roten), es gibt sehr viel größere, in deren Volumen Millionen von Sonnen Platz fänden; es gibt Sterne (wie Rigel), die mehr als 10000mal so hell strahlen wie die Sonne. Diese unterscheidet sich von den anderen Sternen nur in einem: ihrer Entfernung von uns. Die Nähe zur Sonne, die unser Leben möglich gemacht hat und täglich erhält, bewirkt, daß wir die Sonne als Scheibe von etwa 30′ Durchmesser erblicken, während fast alle übrigen Sterne auch im starken Fernrohr bloße Punkte bleiben. Unsere Vorfahren bis etwa zum Jahre 1600 wurden dadurch irregeführt; niemand wußte – auch Kopernikus und Kepler nicht –, daß die

Sonne und die fernen Fixsterne Gebilde gleicher Art sind.

Auf dieser Scheibe können wir mit unseren Instrumenten eine Fülle von veränderlichen Erscheinungen, von Prozessen wahrnehmen, die unter dem Stichwort Aktivität der Sonne – Sonnenaktivität – zusammengefaßt werden. Demgegenüber schicken uns alle übrigen Sterne nur ihr »integriertes«, unaufgelöstes Licht. Es besteht kein Zweifel, daß Prozesse, die der Sonnenaktivität vergleichbar sind, sich auch auf anderen Sternen abspielen. Beobachtungen deuten darauf hin, daß sie auf manchen Sternen ein Ausmaß haben, an dem gemessen die Sonne eher »ruhig« erscheint.

Noch mehr: Wir haben allen Grund anzunehmen, daß ein sehr großer Teil, ja wahrscheinlich die große Mehrzahl aller Sterne, der Sonne in vielen wichtigen Eigenschaften recht ähnlich ist.

So haben wir einen doppelten Grund, die Sonne ununterbrochen und mit höchstmöglicher Aufmerksamkeit zu beobachten und zu studieren. Auf der einen Seite hängt unsere Existenz von ihr ab – eine relativ geringe Veränderung ihrer Größe, ihrer Strahlung, ihrer Aktivität würde ausreichen, unser Leben und alles irdische Leben auszulöschen. Zum anderen bietet uns die Sonne in relativer Nähe eine Art kosmischen Laboratoriums. Was wir in ihm erkennen, läßt innerhalb weiter Grenzen Rückschlüsse auf Verhältnisse und Vorgänge in anderen Sternen zu.

2.1 Äußere Daten und äußeres Bild

Geht man davon aus, daß die schon früher genannte Entfernung Erde–Sonne mit 149,5 Millionen km bekannt ist, so kann man aus ihr und der scheinbaren Größe der Sonnenscheibe die Größe des Sonnenballs errechnen. Der Durchmesser der Sonne beträgt rund 1,4 Millionen km (also rund $^1/_{100}$ ihrer Entfernung von der Erde), ihr Radius 696 000 km, das ist soviel wie 109 Erdradien. Daraus ergibt sich als Volumen der Sonne $1{,}4 \cdot 10^{33}$ cm^3, das ist 1,3millionenmal das Erdvolumen. Man sieht, daß sich die Erde mitsamt dem sie umkreisenden Mond mit Leichtigkeit innerhalb des Sonnenballes unterbringen ließe (die Durchschnittsentfernung Erde–Mond beträgt 384 400 km).

Die mittlere Dichte der Sonne – also die Masse pro Volumeneinheit – ist wesentlich geringer als die der Erde; sie beträgt mit 1,41 g pro cm^3 nur knapp das Anderthalbfache der Dichte des Wassers. Aus Volumen und durchschnittlicher Dichte ergibt sich als Masse der Sonne $1{,}99 \cdot 10^{33}$ g (10^{27} t), das ist rund 333 000mal die Masse der Erde.

Aus Sonnenradius und Sonnenmasse läßt sich die Gravitationsbeschleunigung errechnen. Sie ist in der Gegend der Sonnenoberfläche 28mal so groß wie an der Erdoberfläche. Die Kraft, mit der eine bestimmte Masse, z. B. die des menschlichen Körpers, »auf« der Sonne in Richtung auf den Sonnenmittelpunkt im freien Fall beschleunigt wird, oder, anders ausgedrückt, die Kraft, mit der diese Masse auf ihre Unterlage »drückt«, beträgt das 28fache der entsprechenden Kraft auf der Erdoberfläche. Jeder Körper »wiegt« auf der Sonne (falls man ihn dort wiegen könnte) 28mal soviel wie auf der Erde. Ein Hochspringer, der in Söul 2,30 m hoch sprang, könnte auf der Sonne bei gleichem Kraftaufwand 8 cm hoch springen.

Wenn wir von der »Oberfläche« der Sonne sprechen oder von ihrem »genauen« Radius, so ist das mit einem Körnchen Salz zu nehmen. Auf der Erde können wir genau angeben, wo die feste Erdkruste endet und die Atmosphäre (die bei der Angabe des Erdradius von 6340 km nicht mitgerechnet wird) beginnt. Die Sonne als glühender Gasball hat keine feste Oberfläche in diesem Sinn.

Was wir sehen, ist die leuchtende äußerste Schicht des eigentlichen Sonnenkörpers, die Photosphäre. (Die Schichten, die weiter außen liegen und die man als Atmosphäre der Sonne bezeichnen kann, sind für uns durchsichtig.) Die Photosphäre ist es, und sie allein, die das Licht ausstrahlt, das wir empfangen. Sie hat die im Vergleich zur Größe der Sonne minimale Dicke von 350 km. An den (jeweiligen) Rändern der Sonne blicken wir schräg in diese Schicht hinein. Das Innere der Sonne können wir bisher nur mittelbar beobachten. Unser Wissen darüber stammt aus Rückschlüssen und Berechnungen.

Die durchschnittliche Temperatur in der Photosphäre beträgt 5785 K (Grad Kelvin: Temperatur gemessen in Zentigrad, d. h. in Einheiten der Celsiusskala, jedoch nicht vom Gefrierpunkt des Wasser aus, sondern vom absoluten Nullpunkt, der bei –273 °C liegt. Es gilt also stets: Temperatur in K = Temperatur in °C + 273). Die Temperatur der Photosphäre nimmt von innen nach außen ab von etwa 7500 K auf etwa 4200 K. Am äußersten Rand der Sonnenscheibe, an dem wir von der Seite in die oberste Schicht blicken, erscheint sie uns deshalb dunkler (Randverdunkelung). Der Druck innerhalb der Photosphäre nimmt ebenfalls von innen nach außen ab, und zwar von 0,12 auf 0,005 Atmosphären.

Aufnahmen der Sonnenoberfläche lassen eine gekörnte Struktur (Granulation genannt) erkennen. Der Durchmesser der einzelnen Granulen, die wir uns etwa wie die aufsteigenden Blasen an der Oberfläche kochenden Wassers vorstellen können, liegt in der Größenordnung von 1000 km, ihre Anzahl bei 2 Millionen. Granulen bleiben durchschnittlich 8 Minuten bestehen, dann lösen sie sich auf. Die Granulation wird überlagert durch ein großräumiges System (»Supergranulation«), dessen Zellen 30000 km Durchmesser erreichen und etwa einen Tag lang bestehenbleiben.

An die Photosphäre schließt sich als nächstäußere Schicht die Chromosphäre an, die wir normalerweise nicht sehen; sie zeichnet sich bei totalen Sonnenfinsternissen oder in Aufnahmen, bei denen die Sonnenscheibe im Fernrohr abgedeckt wurde, als intensiv rot leuchtende Schicht ab. Ihre Dicke beträgt einige tausend Kilometer, ihre obere Begrenzung verläuft unregelmäßig, sie wogt auf und ab, und aus ihr steigen Lichtspritzer nach oben auf, die wie kleine Spieße aussehen und Spikulen genannt werden.

Der Übergang zwischen Photosphäre und Chromosphäre ist die »kühlste« Stelle in der Sonne, denn nach oben zu steigt die Temperatur von den gut 4000 K, die am Übergang beider Schichten herrschen, wieder an.

Oberhalb der Chromosphäre zeigt die Sonne eine (dem bloßen Auge nur im Augenblick einer totalen Finsternis sichtbare) Strahlenkrone (Korona), die bis zur Entfernung von mehreren Sonnenradien, also mehreren Millionen Kilometer, in den Raum hinaus verfolgt werden kann, ohne irgendwo eine eindeutige Begrenzung zu haben. Man unterscheidet eine innere Schicht (K-Korona) und eine äußere (F-Korona). Die Temperatur in der inneren Korona erreicht Werte, die wir sonst nur im Innern der Sonne und anderer Sterne finden, nämlich 2 bis 3 Millionen Grad. Die auf den ersten Blick verblüffende Tatsache, daß die Temperatur mit wachsender Entfernung von der Sonne steil ansteigt, wurde lange Zeit hindurch damit erklärt, daß beim Platzen der Granulen gewaltige Schall- oder Stoßwellen erzeugt werden, die durch die Chromosphäre aufsteigen und die extrem dünnen Gase der Korona aufheizen. Diese These ist heute angezweifelt. Die Aufheizung gilt eher als Effekt des Magnetfeldes der Sonne, das sich überhaupt als Schlüssel zum Verständnis der Sonnenphänomene erweist.

Bei der enorm hohen Temperatur in der Korona können ihre Teilchen so hohe thermische Geschwindigkeiten erreichen, daß sie aus dem Schwerefeld der Sonne entweichen. Sie strömen als Korpuskularstrahlung (»Sonnenwind«) in den umgebenden Raum. Da ihre Bestandteile überwiegend ionisiert und damit elektrisch geladen sind, wird diese Strahlung durch Magnetfelder beeinflußt – auch durch das der Erde, wenn sie bei uns eintrifft (vgl. Abschnitt 3.6). Bei starker Sonnenaktivität erreicht diese Strahlung ein Vielfaches der Stärke, die sie bei ruhiger Sonne hat.

Die Sonnenflecken sind die auffälligste unter den Erscheinungen, die zusammenfassend als Sonnenaktivität bezeichnet werden. Sie wurden unmittelbar nach der Erfindung des Fernrohrs 1610 durch Galileo Galilei beobachtet und bald darauf schon durch den Jesuitenpater Christoph Scheiner gründlich studiert. Es handelt sich um dunkle Flecken auf der Sonnenscheibe, deren Lebensdauer zwischen einem Tag und etwa 70 Tagen liegt, ihr Durchmesser ist variabel, er kann von minimal etwa 2000 km bis maximal 200000 km betragen, so daß die Erde in einem der großen Sonnenflecken vielfach Platz fände. Die Flecken, deren Kerngebiet Umbra (Schatten) genannt wird und deshalb dunkler als die Sonnenscheibe erscheint, weil die Temperatur hier bis 1200 Grad niedriger liegt, treten häufig in Gruppen auf. Ihre Häufigkeit wechselt periodisch und erreicht alle 11 Jahre ein Maximum (Sonnenfleckenzyklus). Der zyklische Verlauf der Sonnenfleckentätigkeit wird seit über 200 Jahren laufend beobachtet und aufgezeichnet. Wahrscheinlich gibt es auch noch längerfristige Zyklen.

Anhand der Sonnenflecken, die er über die Sonnenscheibe hinwegwandern sah, schloß bereits Scheiner auf eine Rotation des Sonnenballes; er bemerkte auch, daß sich die Flecken in der Nähe des Sonnenäquators schneller bewegen als die Flecken in höheren Breiten, und folgerte daraus richtig, daß die Sonne nicht wie ein starrer Körper rotiert. Die dem Äquator näheren Teile haben vielmehr eine höhere Winkelgeschwindigkeit als die übrigen. Die siderische Rotationsdauer beträgt für den Äquator 25,03 Erdtage. Der Drehsinn stimmt überein mit den Umlaufbewegungen der Planeten wie auch mit der Eigendrehung der Mehrzahl der Planeten – ein nahezu zwingender Hinweis auf eine gemeinsame Entstehung.

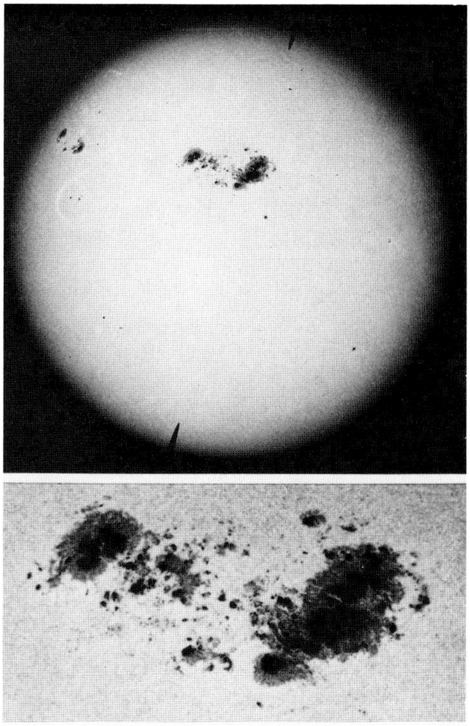

Abb. 2 a. Eine sehr auffällige, große Sonnenfleckengruppe, aufgenommen am 7. April 1947 (Hale Observatories); darunter die Fleckengruppe in starker Vergrößerung, die bereits die Granulation andeutungsweise erkennen läßt.

Während die Sonnenflecken ein Phänomen innerhalb der sichtbaren Photosphäre darstellen und deshalb seit Jahrhunderten laufend beobachtet werden, konnten Chromosphäre, Korona und die in ihnen ablaufenden Aktivitäten immer nur bei Gelegenheit von Sonnenfinsternissen beobachtet werden, bis es gelang, Instrumente zu entwickeln, die eine laufende Beobachtung dieser Phänomene ermöglichen. Zu diesen gehören der 1930 von Bernard Lyot erfundene Koronograph, ein Fernrohr, aus dessen Strahlengang das Bild der Sonnenscheibe selbst (bis zur Photosphäre) abgedeckt und das vom Objektivrand ausgehende Streulicht beseitigt wird, und das Spektrohelioskop des Amerikaners G. E. Hale, ein Gerät, mit dem man Photographien der Sonne nicht im integrierten weißen Licht erhält, sondern im Lichte einer einzigen Spektrallinie, z. B. Hα (Linie alpha des Wasserstoffs).

Mit den modernen Instrumenten können die Aktivitäten in der Chromosphäre – die sogenannten Eruptionen – und in der Korona – die sogenannten Protuberanzen – laufend beobachtet werden. In beiden Fällen handelt es sich um Vorgänge, deren elementare Gewalt den Beobachter immer wieder in Staunen versetzt.

1951 wurde ein Ausbruch in der Chromosphäre beobachtet, der mit einer Anfangsgeschwindigkeit von 700 km/sec emporschoß und eine Höhe von 60000 km erreichte. Derartige Eruptionen ereignen sich gehäuft in Verbindung mit erhöhter Sonnenfleckentätigkeit und werden auch mit dem englischen Wort flare (Aufflackern) bezeichnet. Flares dauern Minuten oder auch Stunden. Sie geben Strahlung in allen Wellenbereichen von Radiowellen bis zum Röntgenbereich ab; die dabei abgestrahlte Energie entspricht derjenigen von Milliarden Atombomben. Auch Materie (Elektronen, Protonen, Atomkerne) wird emporgeschleudert. Der komplizierte Prozeß, bei dem Magnetfeldenergie in Strahlungs- und Bewegungsenergie umgewandelt wird, wird von den Sonnenphysikern noch nicht vollständig durchschaut.

Ein speziell zur Sonnenbeobachtung gestarteter Satellit hat kürzlich das heißeste Gebiet eines 40 Minuten dauernden Ausbruchs (»Riesenflare«) beobachtet und eine Temperatur von 56 Millionen Grad gemessen. Der Ausbruch ereignete sich auf einer Fläche von mehr als 5 Milliarden Quadratkilometern und erzeugte einen neunstündigen geomagnetischen Sturm. Ein Teil der irdischen Radioverbindungen wurde gestört oder lahmgelegt.

Noch gewaltiger sind die Dimensionen bei den Protuberanzen, großen Materieansammlungen weit außerhalb der Sonnenoberfläche, die in den verschiedenartigsten Formen auftreten, fast stationär oder auch

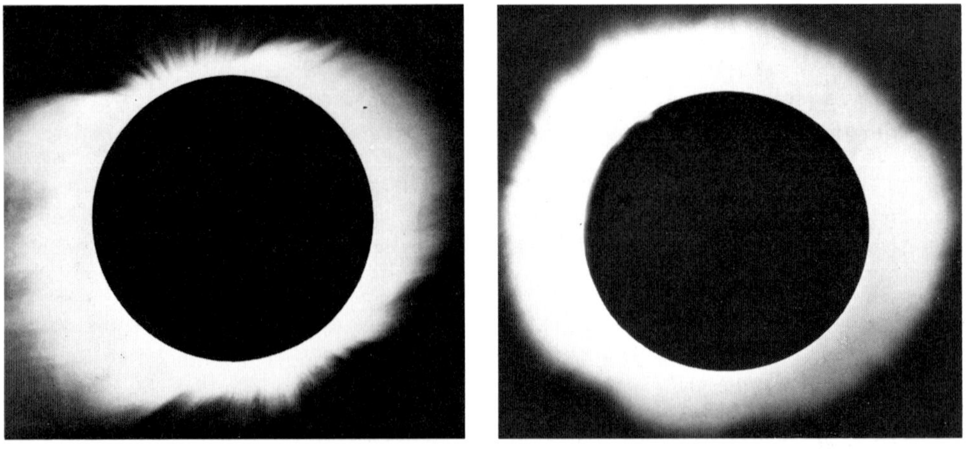

Abb. 2 b. Links: Sonnenkorona bei geringer Fleckentätigkeit am 28. Mai 1900 (Yerkes Observatory). Rechts: Die Sonnenkorona bei starker Fleckentätigkeit (Hamburger Sternwarte, 1925).

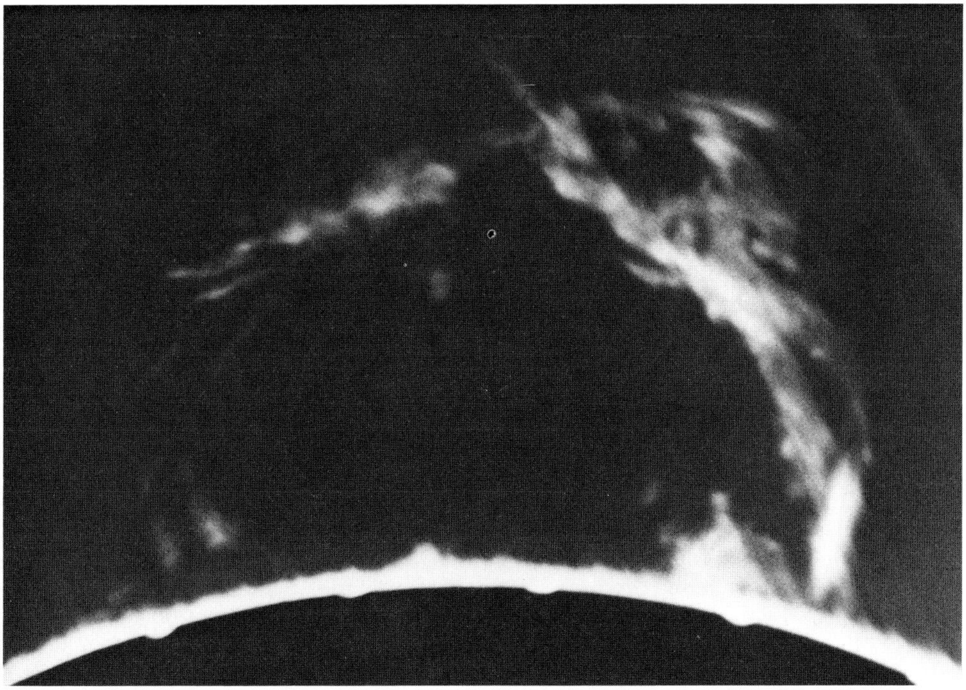

Abb. 2 c. Eine Protuberanz, etwa 330 000 km hoch, aufgenommen im violetten Licht der K-Linie des Calciums am 2. Juli 1957 (Hale Observatories).

als Eruption ungeheuren Ausmaßes. Ihre durchschnittliche Höhe wird von den Astronomen mit 50 000 km angegeben, ihre Länge mit 200 000 km, doch sind aufsteigende Protuberanzen schon bis in 1,5 Millionen km von der Sonnenoberfläche beobachtet worden.

Protuberanzen beobachtet man, wenn die Sonnenscheibe abgedeckt ist, als leuchtende, oft bizarr geformte Gaswolken vor dem dunklen Himmel; wenn sie sich über der uns zugewandten Sonnenscheibe erheben, erscheinen sie dagegen als dunkle (weil das Licht der Photosphäre absorbierende), fadenartige Gebilde und werden dann Filamente genannt.

Die gesamte Sonnenaktivität steht in enger Beziehung zu dem Gesamt-Magnetfeld der Sonne sowie auch zu einzelnen Magnetfeldern, wie sie z. B. in sehr ausgeprägter Form und in großer Stärke regelmäßig mit Sonnenflecken verbunden sind. Der elfjährige Sonnenfleckenzyklus hängt übrigens damit zusammen, daß die Magnetfelder der Flecken sich nach jeweils elf Jahren umpolen, so daß man eigentlich von einem 22 jährigen Zyklus sprechen sollte.

Es ist sicher, daß die Mehrzahl aller Sterne eine Aktivität ähnlich der Sonne aufweist. Sie sind uns aber zu fern, als daß wir derartige Erscheinungen beobachten könnten. Bei einigen relativ sonnennahen jungen Sternen hat man neuerdings Farbänderungen beobachten können, die auf gewaltige Aktivität deuten – stärker als die der Sonne.

Die bis hier aufgezeichneten Fakten, so eindrucksvoll sie sind, können doch die

Wißbegier der Astronomen – und ich hoffe, auch die meiner Leser – keineswegs befriedigen. Was wir vor allem wissen wollen, ist dies:

Wie ist es möglich, daß die Sonne gewaltige Energiemengen über riesige Zeiträume hinweg abstrahlt, ohne sich zu erschöpfen? Was ist die Quelle der Sonnenenergie?

Und im Zusammenhang damit: Wie haben wir uns den inneren Aufbau der Sonne, ihre Struktur, vorzustellen?

Wieviel Strahlung sendet die Sonne aus, und von welcher Art ist diese Strahlung? Welche Rückschlüsse können aus der Untersuchung dieser Strahlung auf die stoffliche (chemische) Zusammensetzung der Sonne gezogen werden?

Um die Antwort zu verstehen, die die Astrophysiker auf diese Fragen erteilen, müssen wir einen Abstecher in die Physik der Elementarteilchen unternehmen.

2.2 Atome

Zwar hat noch niemals ein menschliches Auge ein Atom erblickt, und das wird auch nie geschehen, denn ein Atom ist kleiner als die Wellenlänge des sichtbaren Lichts; doch hat die Physik der jüngstvergangenen Jahrzehnte nicht nur die Tatsache, daß jegliche Materie, auch in den fernsten Tiefen des Universums, aus Atomen aufgebaut ist, über jeden Zweifel sichergestellt (eine Tatsache, die schon der griechische Philosoph Demokrit um 400 v. Chr. behauptet hat, ohne im entferntesten über die Möglichkeiten zu verfügen, einen Beweis zu führen); die Physik hat auch bewiesen, daß Atome ungeachtet ihres Namens (griech. a-tomos = unteilbar) aus noch kleineren Bausteinen aufgebaut sind. Sie ist tief in die Struktur des Atoms eingedrungen, wenn auch nicht alle Rätsel – vor allem des Atomkerns – gelöst sind.

Der Radius eines Atoms beträgt etwa 10^{-8} cm. Das ist durch vielfältige, scharfsinnig ausgedachte Versuche, z. B. durch die Erforschung der Struktur von Kristallen mittels Röntgenstrahlen, sichergestellt und stimmt überein mit den Schlüssen der kinetischen Gastheorie, die uns auch lehrt, daß die Zahl der Atome (oder Moleküle) in 1 cm^3 Gas bei 0 °C und bei 1 atm Druck $2{,}69 \cdot 10^{19}$ beträgt (Avogadrosche Zahl).

Versuche, bei denen frei fliegende Elektronen durch Folien aus fester Materie hindurchgeschickt wurden, ergaben, daß ein großer Teil der Elektronen die Materie passiert, ohne durch Zusammenstöße abgefangen oder abgelenkt zu werden. Die rechnerische Auswertung solcher Versuche ergibt, daß das Atom zum allergrößten Teil aus leerem Raum besteht; es verhält sich der wirklich undurchdringliche Raumanteil des Atoms zu seinem Gesamtvolumen wie etwa 1 zu 1 000 000 000 000.

Die Physik kennt heute eine verwirrende Menge von »Elementarteilchen« – so benannte man die kleinsten Bestandteile der Materie, nachdem der Name Atom aus historischen Gründen schon festgelegt war. Für den Aufbau des Atoms spielen aber in der Regel nur drei Arten eine Rolle: Protonen, Neutronen und Elektronen.

Das Atom mit dem einfachsten Bau, das des Wasserstoffs, besteht nur aus einem Proton als Kern und einem Elektron, das diesen Kern »umkreist« (warum hier Anführungsstriche stehen, wird noch erklärt). Nahezu die ganze Masse des Atoms ist im Kern vereinigt, denn die Masse eines Protons beträgt das 1836fache der Masse des Elektrons. Die Masse des Elektrons beträgt 10^{-27} g.

Das Elektron ist elektrisch geladen, und zwar negativ (welche der beiden Arten elektrischer Ladung wir »positiv« nennen, welche »negativ«, beruht auf reiner Konvention). Es führt die kleinste in der Natur vorkommende Ladung (Elementarladung) mit sich. Das Proton hat eine positive Ladung von derselben Größe, so daß das Atom als Ganzes, da beide Ladungen einander ausgleichen, sich elektrisch neutral verhält. Ohne diese absolut gleiche Stärke

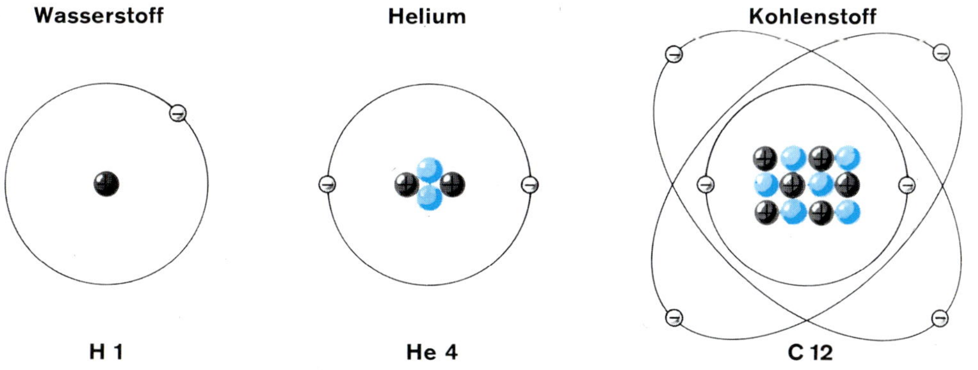

Abb. 2 d. Schematische Darstellung des Atombaus. Die blauen Kugeln stellen Neutronen dar, die schwarzen Protonen, die mit einem Minuszeichen versehenen Elektronen.

der Ladungen könnte keine stabile Materie existieren.

Der dritte Baustein normaler Materie, das Neutron, ist, wie sein Name sagt, elektrisch neutral, gleicht im übrigen dem Proton. Proton und Neutron zusammen werden Nukleonen genannt (Kernbestandteile), denn Protonen und Neutronen zusammen bilden die Kerne aller Atomarten – mit Ausnahme des einfachen Wasserstoffs, dessen Kern nur aus einem Proton besteht.

Die Grundstoffe oder Elemente, in die der Chemiker die Materie einteilt (wie Sauerstoff, Stickstoff, Chlor, Eisen), unterscheiden sich durch den Bau ihrer Atome und werden im Periodischen System der Elemente in einer Reihe angeordnet, die mit dem Wasserstoff beginnt und zu immer komplizierter gebauten Atomen aufsteigt: Wasserstoff: 1 Proton + 1 Elektron, Helium: 2 Protonen + 2 Elektronen, Lithium: 3 Protonen + 3 Elektronen ..., Kohlenstoff: 6 Protonen + 6 Elektronen ... bis zum Uran-Atom, das 92 Protonen und 92 Elektronen aufweist, und noch weiter zu den (nur künstlich darstellbaren) Transuranen.

Während die Zahl der Protonen im Kern für jedes Element unverrückbar feststeht (wenn die Protonenzahl sich ändert, liegt nicht mehr dasselbe Element vor), kann die Zahl der Neutronen, die mit den Protonen zusammen den Kern bilden, variieren. So kann schon beim Wasserstoff ein Neutron zu dem vorhandenen Proton hinzutreten und damit der »Schwere Wasserstoff« (Deuterium) entstehen. Am anderen Ende des Periodensystems kann z. B. beim Element Uran der Kern neben den 92 Protonen entweder 142 oder 143 oder 146 Neutronen enthalten. Die Variationen desselben Elementes, die sich nur durch die Neutronenzahl unterscheiden, bezeichnet man als Isotope. Die Isotope desselben Elements sind chemisch ununterscheidbar (alle Isotope des Kohlenstoffs sind »Kohlenstoff«), unterscheiden sich aber in gewissen physikalischen Eigenschaften, wie z. B. Löslichkeit oder Siedepunkt. Die Mehrzahl aller Stoffe kommt in der Natur als Gemisch mehrerer Isotope vor (Abb. 2 e). Dieser kurze Exkurs über das Atom verfolgt zwei durchaus beschränkte Ziele:

1. Er soll uns helfen, die Vorgänge im Innern eines Sterns und damit die Herkunft der von den Sternen ausgestrahlten Energie zu verstehen. Dazu müssen wir jetzt den Atomkern und die in ihm wirkenden Kräfte näher betrachten.

2. Er soll uns verstehen helfen, warum die Astrophysik aus der bei uns eintreffenden Strahlung – deren Stärke bei fernen Objek-

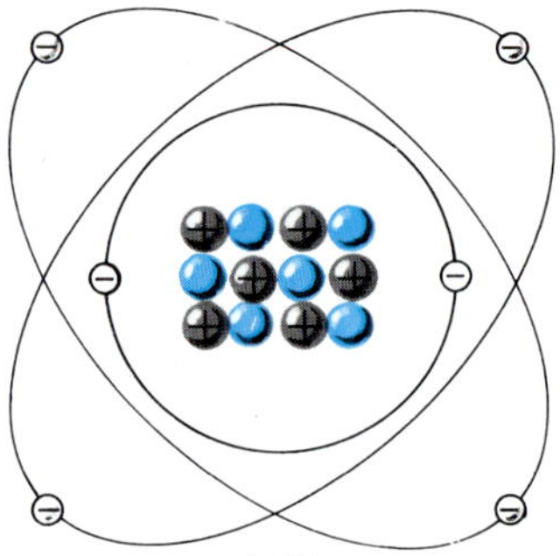

C 12

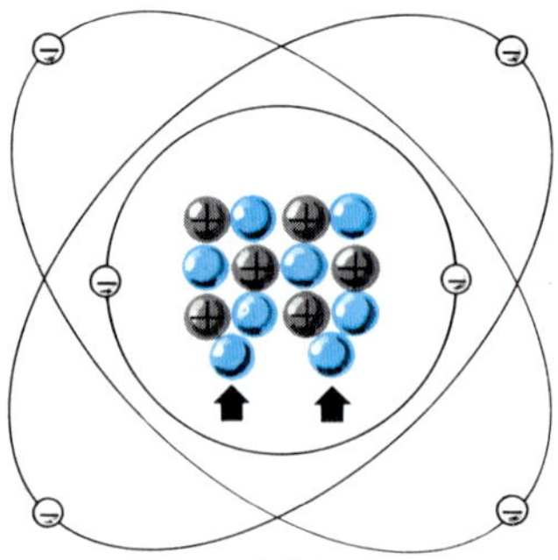

C 14

Abb. 2 e. Isotope: Der oben dargestellte Kohlenstoff C 12 enthält im Kern je 6 Neutronen und Protonen. Das unten dargestellte Isotop C 14 hat ebenfalls 6 Protonen (sonst wäre es kein Kohlenstoff), jedoch 2 weitere Neutronen und damit insgesamt 14 Nukleonen.

ten ganz minimal ist – überraschende und weitreichende Schlüsse auf den chemischen Aufbau der Sterne und manches andere ableiten kann. Dazu müssen wir das Atom als dynamisches Gebilde betrachten, vor allem die Anordnung und das Verhalten der Elektronen.

Ungleiche elektrische Ladungen ziehen einander an. So können wir uns erklären, daß die negativ geladenen Elektronen »zu ihrem Kern halten«, daß ein Atom ein relativ stabiles Gebilde darstellt und daß es einer gewissen Energie bedarf, um einem Atom eines seiner Elektronen zu entreißen. Allerdings ist die hierzu erforderliche Energie gering im Vergleich zu der Energie, die man aufwenden muß, um einen Atomkern aufzubrechen.

Tatsächlich kommt es überall und immer vor, daß Atome eines oder mehrere ihrer Elektronen einbüßen. Freie Elektronen dienen dem Menschen zu vielerlei technischen Zwecken, z. B. im Rundfunkempfänder, im Fernsehgerät, in der Leuchtstoffröhre.

Wird einem Atom ein Elektron entrissen, so ist damit das Ladungsgleichgewicht zwischen Protonen und Elektronen gestört. Das Atom hat nun (bei Verlust eines Elektrons) eine positive Ladung von der Größe + 1, die es u. a. dazu benutzen kann, ein freies Elektron einzufangen, oder auch dazu, mit einem anderen Atom eine chemische Bindung einzugehen. Ein Atom, bei dem die Zahl der Protonen und der Elektronen nicht übereinstimmt, das also nach außen als Träger einer elektrischen Ladung in Erscheinung tritt, nennt man Ion; den Vorgang, bei dem ein Atom Elektronen verliert, nennen wir Ionisation. Ionen spielen eine unentbehrliche Rolle im chemischen Haushalt des tierischen und menschlichen Organismus.

Gleichartige elektrische Ladungen stoßen einander ab. Wäre dieser Satz ohne Einschränkung gültig, so könnten die positiv geladenen Protonen sich niemals zu stabilen Atomkernen vereinigen. Daß dies geschieht, können wir nur so erklären, daß es andere Kräfte gibt, die erst in Erscheinung treten, wenn die Protonen einander auf minimale Entfernungen nahe kommen, die dann aber ungleich wirksamer sind als die elektrische Abstoßung. Wir nennen sie Kernkräfte. Ihre Natur und Wirkungsweise ist von der Physik noch nicht voll verstanden. Offensichtlich wirken sie erst bei Entfernungen von etwa 10^{-12} cm, das ist etwa ein Zehntausendstel vom Durchmesser eines Atoms!

Auf der anderen Seite wirken sie mit enormer Stärke – es gelingt ihnen, die Bestandteile des Kerns auf ein unvorstellbar geringes Volumen zusammenzubinden (etwa 10^{-36} cm^3). Das führt zu einem noch weniger vorstellbaren Schluß: Die Masse eines Nukleons beträgt etwa 10^{-24} g (Elektron rd. 10^{-27} g). Wählen wird jetzt für unser Rechenbeispiel ein Element, das etwa in der Mitte des Periodensystems rangiert, z. B. das Zinn mit 50 Protonen im Kern und (je nach Isotop) einigen 60 Neutronen, so ergibt sich als Masse für den Atomkern rund das 100fache der Masse eines Kernteilchens, also 10^{-22} g. Diese Masse ist in einem Volumen von 10^{-36} cm^3 vereinigt. Die Dichte (Dichte = Masse pro Volumen) im Atomkern beträgt also 10^{-22} geteilt durch $10^{-36} = 10^{14}$ g/cm^3. Ein »Kubikzentimeter voll Atomkerne« – wenn es das gäbe – hätte also die Masse (und auf Erden das Gewicht) von 10^{14} g oder 10^{11} kg oder 10^8 = 100 Millionen t. Was würde geschehen, wenn man ein Kubikzentimeter solchen Stoffes auf den Tisch legte?

Es ist leicht einzusehen, daß man beträchtliche Energie aufwenden muß, um einen von solchen Kräften zusammengehaltenen Kern zu sprengen, also etwa ihm Neutronen zu entreißen oder ihn sonst in Bruchstücke zu zersprengen. Allerdings sind die bindenden Kräfte – und damit auch die Energie, die erforderlich ist, sie zu überwinden – bei verschiedenen Atom(kern)arten durchaus verschieden stark.

Hier entsinnen wir uns zunächst einmal, daß es Atomarten gibt, die auf natürliche Weise, »spontan«, also ohne daß ihnen Energie zugeführt wird, zerfallen. Dies gilt für die schwereren Atomkerne wie z. B. den des Radiums (88 Protonen), des Urans (92 Protonen) und alle künstlich dargestellten Transurane, aber auch für zahlreiche Isotope von Elementen niederer Ordnungszahl, z. B. für das Kohlenstoff-Isotop C 14, das 2 Neutronen mehr enthält als der »normale« (stabile) Kohlenstoff, dessen Atomkern aus je 6 Protonen und Neutronen besteht. Die Kerne zerfallen mit einer anscheinend durch keinerlei äußeren Einfluß zu verändernden Geschwindigkeit, die nach der sogenannten Halbwertszeit bezeichnet wird, der Zeit, die verfließt, bis die Hälfte einer gegebenen Menge des Ausgangselements durch Kernzerfall (Radioaktivität) in ein anderes übergegangen ist. Es gibt Kerne, die in Millionstel Sekunden zerfallen, und solche, deren Halbwertszeit nach Milliarden Jahren zählt.

Stets aber verläuft ein solcher Kernzerfall unter Abgabe von Strahlung, d. h. von Energie. Woher stammt diese Energie? Hier treffen wir auf eine Erscheinung, die selbst vielen Physikern unglaubhaft erschien, als Albert Einstein sie aufgrund theoretischer Überlegungen postulierte (ihr Vorhandensein behauptete), die aber heute vielfach experimentell erwiesen ist. Die Energie, die ein radioaktiv zerfallender Kern braucht, um Strahlung abgeben zu können, stammt aus einer Einbuße an Masse, die er im Zuge der Umwandlung erleidet. Das heißt, der Kern verwandelt einen (bescheidenen) Bruchteil seiner Masse in Energie, oder allgemeiner ausgedrückt, Masse kann in Energie überführt werden – und umgekehrt Energie in Masse – nach der Einstein-Formel $E = m \cdot c^2$.

In dieser Formel steht E für Energie, m für Masse und c für die Lichtgeschwindigkeit. Da die Lichtgeschwindigkeit 300 000 km/s beträgt, bedeutet das, daß in jedem Gramm Masse riesige Mengen Energie konzentriert sind. Um genau zu sein (man muß die richtigen Größen und Dimensionen in die Gleichung einsetzen): 1 g Materie würde, falls es gelänge, sie vollständig in Energie umzuwandeln, eine Energiemenge von $9 \cdot 10^{20}$ erg oder 25 Millionen kWh liefern.

Von dieser grundlegenden Erkenntnis ausgehend, stellen wir folgende Überlegung an: Wir vergleichen die Masse eines Atomkerns mit den Massen seiner einzelnen Bestandteile, jede für sich genommen und dann addiert. Als Beispiel diene Helium mit seinem aus 2 Neutronen und 2 Protonen zusammengesetzten Kern.

2 Neutronen	je 1,008665	= 2,017330
2 Protonen	je 1,007277	= 2,014554
Summe		4,031884
Atommasse des Heliums jedoch		4,001510
Differenz (Massendefekt)		0,030374

Da es mir nur ums Prinzip geht, habe ich die Benennungen weggelassen. Für den, der es genau wissen will: Die Zahlen beziehen sich auf die Atommasse (früher Atomgewicht genannt). Sie wird angegeben in Gramm pro Mol. Mol ist die Stoffmenge, die so viele Teilchen enthält wie 12 g reiner Kohlenstoff (C 12). Dieser chemisch reine (d.h. keine Isotope enthaltende) Kohlenstoff, dessen Kern 6 Protonen und 6 Neutronen enthält, dient seit 1962 auf Grund internationaler Vereinbarungen als Basis für die Angabe der Atommasse. Da die Elektronen zwar zum Atom gehören, aber nicht zum Kern, werden sie bei derartigen Rechnungen nicht berücksichtigt.

Wie ist dieser »Massendefekt« zu deuten? Man kann ihn nur mit Hilfe von Einsteins Satz von der Äquivalenz Masse/Energie erklären: Die Masse, die hier fehlt,

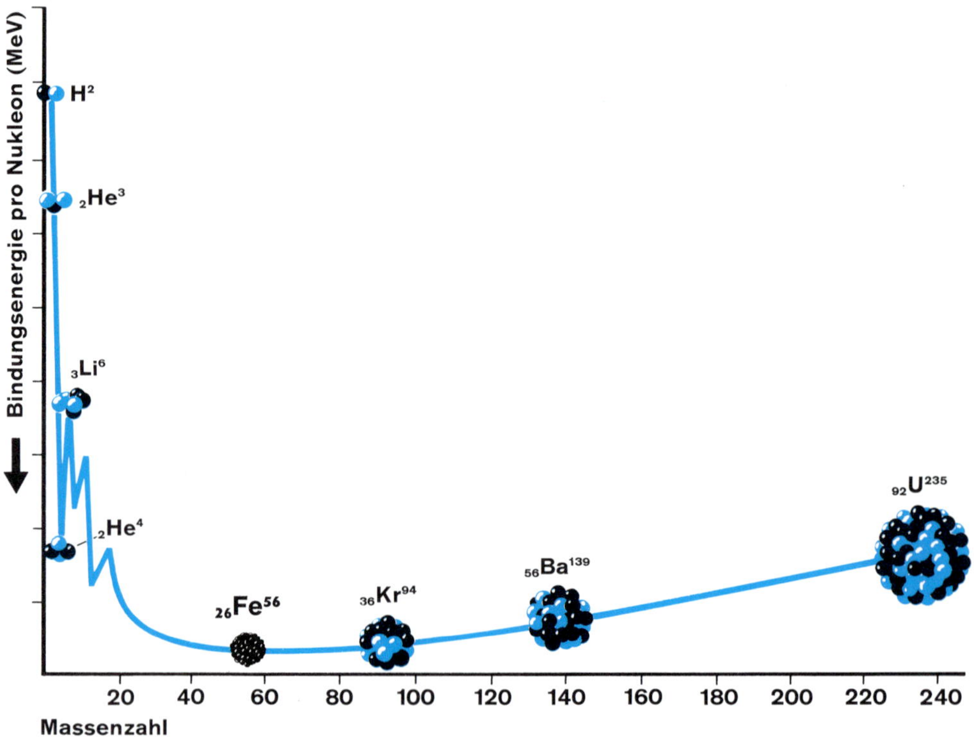

Abb. 2f. Die Bindungsenergie der Atomkerne. Der Atomkern hat stets eine kleinere Masse als die Summe seiner (einzeln genommenen) Nukleonen (Massendefekt). Die bei der Bildung eines Kerns verlorengehende Masse findet sich als Bindungsenergie wieder. Je stärker die hier dargestellte Bindungsenergie pro Nukleon, um so stabiler ist der Kern. Der Tiefpunkt der Kurve zeigt, daß die Kerne der mittelschweren Elemente (z.B. Eisen) am stabilsten sind. Lithium ist gegenüber Helium trotz größerer Massenzahl weniger stabil, daher seine relative Seltenheit im Universum (Kr = Krypton, Ba = Barium).

hat sich in Energie verwandelt, als die vier Kernbestandteile sich vereinigt haben. Der Massendefekt entspricht der Bindungsenergie!

Es ist also möglich, aus dem Massendefekt die Bindungsenergie zu errechnen, die in den verschiedenen Arten von Atomkernen steckt. Man kann auch die durchschnittliche (mittlere) Bindungsenergie pro Teilchen errechnen, indem man einfach die Bindungsenergie des Gesamtkerns durch die Anzahl der in ihm enthaltenen Protonen und Neutronen dividiert. Führt man das für alle Elemente durch, so stellt sich heraus, daß die mittlere Bindungsenergie von Element zu Element verschieden und von der Größe des Kerns abhängig ist, allerdings nicht in der einfachen Weise, daß die mittlere Bindungsenergie mit zunehmender Kerngröße ab- oder auch zunähme. Vielmehr zeigt sich, wenn man die Ergebnisse graphisch darstellt, daß die Energie relativ schwach ist bei den leichten Elementen; sie nimmt dann mit wachsender Kerngröße relativ schnell zu bis zu den Kernen in der Größe des Eisens und Nickels, die die festeste Bindung aufweisen, und nimmt dann in flacherem Anstieg wieder leicht ab bis zu den größten Kernen mit rund 240 Nukleonen (Abb.2f).

Wenn man die Kurve genau betrachtet, erkennt man, daß sie nicht stetig verläuft, sondern zickzackförmig. Wir wollen davon absehen, den Ursachen im einzelnen nachzugehen – diese Erscheinung läßt sich nur erklären, wenn man näher eingeht auf die Struktur des Atomkerns, also die Art und Weise, wie die Protonen und Neutronen in ihm im einzelnen angeordnet sind. Aus dem Gesamtverlauf der Kurve läßt sich ein folgenschwerer Schluß ableiten: Es müssen beträchtliche Energiemengen frei werden einerseits, wenn im unteren Teil des Periodensystems leichtere Atomkerne sich zu schwereren vereinigen, andererseits, wenn im oberen Teil schwere Atomkerne in leichtere aufgespalten – »zertrümmert« – werden. Auf dieser Folgerung beruht die Entwicklung der »Atombombe«, die im letzten Abschnitt des Zweiten Weltkriegs auf Japan abgeworfen wurde (Spaltung eines Uran-Isotops), wie die Entwicklung der Wasserstoffbombe, die nach dem Zweiten Weltkrieg gelang (Fusion = Aufbau von Helium-Atomen aus Wasserstoff). Auf ihr beruhen alle der Energieerzeugung dienenden Reaktoren (Spaltung schwerer Kerne) und die im Labor 1991 im Ansatz gelungene kontrollierte Energieerzeugung durch Fusion von Wasserstoffkernen zu Helium. Und sie hat es ermöglicht, die Prozesse zu verstehen, aus denen die Strahlungsenergie der Sterne stammt.

2.3 Spektren

Die Sonne und die ihr ähnlichen Sterne senden nicht nur sichtbares Licht aus, sondern elektromagnetische Strahlung in der vollen Breite aller in Abb. 1a dargestellten Wellenbereiche. Wir wollen unsere Erörterung aber zunächst auf das sichtbare Licht beschränken. Dazu betrachten wir den äußeren Teil des Atoms, die Elektronenhülle.

In unserem normalen Erfahrungsbereich ist die Behauptung, etwas sei richtig und zugleich falsch, gewöhnlich schlichter Unsinn. Die Aussage, daß die Elektronen im Atom als kleine Partikel (Teilchen) den Kern umkreisen, ist jedoch wirklich richtig und zugleich nicht richtig. Wir müssen bedenken, daß im submikroskopischen Bereich, in der Welt des Allerkleinsten, die unseren Sinnen für immer verborgen ist, auch unsere Denkgewohnheiten nicht unbedingt Gültigkeit besitzen müssen: Das Verhalten von Elektronen liegt eben weit außerhalb unseres »normalen« Erfahrungsbereiches. Elektronen verhalten sich unter bestimmten Versuchsbedingungen wie Materieteilchen, unter anderen Bedingungen aber wie Wellen. Entsprechendes gilt auch für das Licht, das uns entweder als Strom winziger Teilchen (Photonen) oder aber – z. B. im Phänomen der Interferenz – als elektromagnetische

Welle erscheint. Verallgemeinernd läßt sich sogar feststellen, daß grundsätzlich und überall jedem bewegten Materieteilchen ein Wellenvorgang zugeordnet werden kann. Man spricht deshalb auch von »Materiewellen«.

Für unsere gegenwärtigen Betrachtungen können wir vereinfachend von dem Atommodell ausgehen, das der neuseeländische Physiker Ernest Rutherford zu Anfang unseres Jahrhunderts aus einer Serie sensationeller eigener Versuche abgeleitet hat. In diesem Modell umkreisen negativ geladene Elektronen den Kern, in dem alle positiven Ladungen vereinigt sind, ähnlich wie Planeten ihre Sonne. Allerdings ist, wie die Abbildung F2 zeigt, auch ein solches Modell für das Atom eines schweren Elements recht kompliziert.

So sehr das Modell unserem Verständnis entgegenkommt, es konnte doch die Vorgänge im Atom – vor allem im Zusammenhang mit der Emission von Strahlung, die uns hier interessiert – nicht zureichend erklären. Denn nach den damals bekannten Gesetzen der Physik mußte jede im Raum bewegte elektrische Ladung – also auch die des kreisenden Elektrons – elektromagnetische Strahlung aussenden; mit der Emission von Strahlung würde das Elektron aber an Bewegungsenergie verlieren, damit seine Bahn um den Kern herum spiralförmig verengen (wie ein durch die Atmosphäre abgebremster Meteorit oder Satellit) und schließlich in den Kern stürzen, und zwar, Berechnungen zufolge, im Bruchteil einer Sekunde. Das Atom ist aber aller Erfahrung nach ein äußerst stabiles Gebilde, und es sendet auch durchaus nicht immer Strahlung aus, sondern nur unter bestimmten Bedingungen: wenn ihm zuerst Energie zugeführt wird.

Diese Widersprüche fanden ihre Aufklärung erst, als Niels Bohr im Jahre 1913 die von Max Planck Ende 1899 aufgestellte Quantentheorie auf die Vorgänge in der Elektronenhülle des Atoms anwandte. Diese Theorie, zu deren Ausbau Albert Einstein wesentlich beigetragen hat, könnte man, bildlich gesprochen, die Atomtheorie der Energie nennen. Sie führte die – zu ihrer Zeit revolutionäre – Vorstellung ein, daß die Wirkung jeglicher Energie in kleinsten, nicht weiter zerlegbaren »Portionen« erfolgt – Quanten genannt. Die Anwendung der Quantentheorie auf das Atom hat es den Physikern ermöglicht, die Vorgänge in der Elektronenhülle, insbesondere die Vorgänge, bei denen Licht ausgestrahlt (emittiert) oder verschluckt (absorbiert) wird, zu verstehen, ja im einzelnen zu berechnen.

Mit dem Berechnen hat es allerdings seine Schwierigkeiten. Obwohl man die Vorgänge durchschaut, erweisen sie sich bei schweren Atomen mit ihrer Vielzahl von Elektronen als so verwickelt, daß selbst Heerscharen von Computern nicht immer ausreichen, die erforderlichen Rechnungen durchzuführen. Hier wollen wir uns das Grundsätzliche am Beispiel des einfachsten Atoms, dem des Wasserstoffs, klarmachen.

Das Elektron kann – so beweist die Quantentheorie – von den zahllosen kreisförmigen oder elliptischen Bahnen, die an sich denkbar sind, nur ganz wenige, bestimmte Bahnen mit bestimmen Abständen vom Kern einnehmen; nur diese Bahnen sind ihm »erlaubt«. Befindet sich das Elektron auf der innersten Bahn oder Schale, so ist das Atom im Ruhezustand, es wird weder Energie aufgenommen noch ausgestrahlt.

Wird dem Atom Energie zugeführt, so kann das Elektron auf die nächstäußere ihm erlaubte Bahn »springen«. Die Energiezufuhr kann auf verschiedene Weise geschehen. Das Wasserstoffatom kann infolge der thermischen Bewegung mit einem anderen zusammenstoßen und durch diesen Aufprall Energie aufnehmen. Es kann von einem freien Elektron getroffen werden, wie es z. B. in einer Leuchtstoffröhre bewußt herbeigeführt wird. Es kann schließlich von Licht getroffen werden und dieses absorbieren. Diese drei Vorgänge, bei denen dem Elektron Energie von außen zugeführt wird, nennen wir thermische Anregung, elektrische Anregung, Lichtanregung.

In allen diesen Fällen kann jedoch das Atom nur dann angeregt werden, kann das Elektron nur dann auf die nächstäußere Schale und damit auf ein höheres Energieniveau gehoben werden, wenn ihm Energie von einem ganz bestimmten Betrag zugeführt wird. Liegt z. B. beim Zusammenstoß mit einem Nachbaratom die von ihm zugeführte Energie unter diesem Betrag, so wird der Energiezustand unseres Atoms nicht verändert; liegt sie darüber, so wird das Elektron auf eine weiter außen liegende Bahn – ein höheres Energieniveau – gehoben; schließlich wird es – bei noch stärkerer Energiezufuhr – aus dem Anziehungsbereich seines Kerns herausgerissen, es wird zu einem freien Elektron, der verbleibende Kern zu einem positiv geladenen Ion, der sich ein neues Elektron sucht.

Ebenso ist es z. B. bei der Lichtanregung: Das Wasserstoffelektron auf seiner innersten Schale »spricht nur an« auf Licht, das ihm einen ganz bestimmten Energiebetrag zuführt. Das ist aber gleichbedeutend mit Licht einer ganz bestimmten Frequenz, denn die Energie des Lichts ist proportional seiner Frequenz und umgekehrt proportional seiner Wellenlänge. Einfacher ausgedrückt: Je höher die Frequenz einer Strahlung, um so mehr Energie hat sie. Dies wird in der folgenden Formel ausgedrückt:

E (Energie) = h (»Plancksches Wirkungsquantum«, eine Naturkonstante) · f (Frequenz).

Das Elektron kann nur durch Zuführung eines ganz bestimmten Energiebetrags veranlaßt werden, von Bahn 1 auf Bahn 2 überzugehen. Der damit hergestellte Zustand bleibt nicht bestehen. Das Elektron verweilt vielmehr nur 10^{-8} s lang (eine Hundertmillionstelsekunde) auf Bahn 2. Dann springt es zurück auf Bahn 1 und gibt die Energie – die es nun sozusagen nicht benötigt – in Form von Strahlung ab. Es sendet Licht aus, und zwar 1 Photon genau von der Energie – und damit der Frequenz –, die es vorher durch Anregung aufgenommen hat.

Wir können jetzt verstehen, warum wir jeden Stoff durch Erhitzen zum Leuchten bringen können: Wir führen ihm so lange Energie zu, bis einzelne seiner Atome oder Moleküle eine thermische Geschwindigkeit erreichen, die groß genug ist, bei Zusammenstößen ein Elektron auf eine äußere Bahn zu bringen. Das Elektron fällt sogleich auf die innere Bahn zurück und sendet dabei Licht aus.

Wir verstehen weiter, daß jeder Stoff nur Lichtwellen von ganz bestimmten Frequenzen aussenden kann: von Frequenzen, die dem Unterschied in den Energieniveaus verschiedener Elektronenbahnen in seinen Atomen entsprechen. (Es gibt aber neben dem so entstehenden Linienspektrum auch kontinuierliche, d. h. aus verschiedensten Wellenlängen gemischte Spektren, vor allem bei der thermischen Strahlung, vgl. Abschnitt 2.5.)

Wir verstehen schließlich, daß Atome eines bestimmten Gases, wenn Licht auf sie fällt, aus diesem nur diejenige Frequenz absorbieren, die sie anschließend auch wieder abstrahlen.

Wir verstehen endlich auch, daß es grundsätzlich möglich sein muß, aus Lichtstrahlen, die wir von irgendwoher auffangen, Rückschlüsse auf das Gas zu ziehen, das sie aussendet, und auch auf den Energiezustand, in dem seine Atome sich beim Aussenden der Strahlung befanden – vorausgesetzt, es gelingt uns, das ankommende Licht daraufhin zu analysieren, aus welchen Frequenzen es besteht!

Im Prinzip ist auch das einfach. Jeder kennt den Versuch, den zuerst Isaac Newton angestellt und studiert hat: Läßt man einen Strahl des Sonnenlichts durch ein Prisma aus Glas hindurchgehen, so erleidet er eine Richtungsänderung, die wir Brechung nennen. Die Brechung ist aber verschieden stark für jede der Frequenzen,

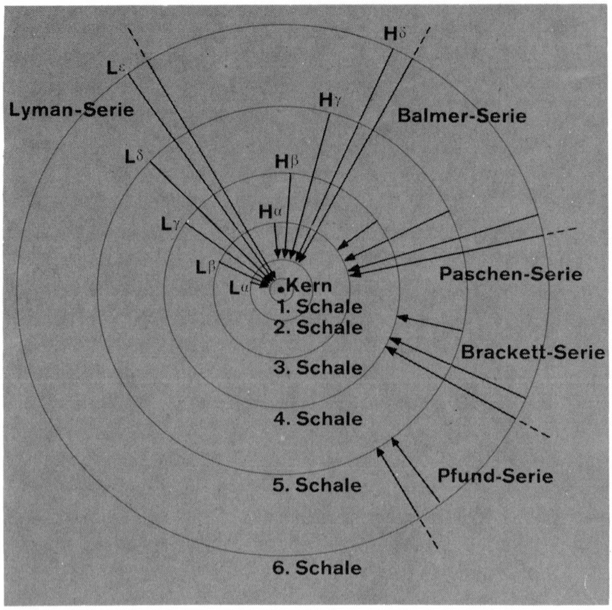

Abb. 2 g. Das Wassertoffatom und seine verschiedenen Energieniveaus: In der Mitte der Kern (= einzelnes Proton). Das ungestörte Elektron befindet sich auf der 1. Schale. Wird ihm Energie eines bestimmten Betrages zugeführt, so springt es auf eine der äußeren Schalen, fällt jedoch nach 10^{-8} s auf eine der inneren Bahnen zurück und gibt dabei Strahlung einer ganz bestimmten Wellenlänge ab, die der Energiedifferenz zwischen den beiden Schalen entspricht.

aus denen das Sonnenlicht zusammengesetzt ist. Und da das weiße Sonnenlicht alle Frequenzen enthält, die im sichtbaren Licht vorkommen, so erblicken wir, wenn wir den Lichtstrahl nach Durchlaufen des Prismas auffangen, ein Spektrum, das die Farben in der Anordnung des Regenbogens, d. h. ihrer Frequenz entsprechend, nebeneinander zeigt. Auf diese Weise analysieren wir Licht auf seine Zusammensetzung.

So einfach die Prinzipien, so groß die Komplikationen, wenn wir sie auf die uns gegebene Wirklichkeit anwenden. Das beginnt schon beim allereinfachsten der Atome. Abb. 2 g veranschaulicht das.

In der Zeichnung ist angenommen, daß dem Elektron 6 verschiedene Bahnen erlaubt sind – von innen nach außen mit 1. Schale, 2. Schale usw. bezeichnet. Energie eines bestimmten Betrags hebt das Elektron von Bahn 1 auf Bahn 2, Energie eines bestimmten anderen Betrags von 1 auf 3 oder von 2 auf 3 oder von 3 auf 4 usw. Nach je 10^{-8} s fällt es, wenn keine weitere Energiezufuhr stattfindet, von 4 auf 3, von 3 auf 2, von 2 auf 1 – oder auch z. B. von 4 auf 1 – zurück und sendet dabei jeweils ein Lichtquant aus von derjenigen Energie (und damit Frequenz), die der Energiedifferenz zwischen den beiden betreffenden Schalen entspricht.

Alle Frequenzen, die beim Übergang auf die 1. Schale emittiert werden, werden als Lyman-Serie zusammengefaßt; die Frequenzen, die beim Zurückspringen des Elektrons bis auf die 2. Schale entstehen können, als Balmer-Serie, usw.

Könnten wir ein einzelnes – von anderen Atomen isoliertes oder weit entferntes – Wasserstoffatom beobachten und mit ihm experimentieren, so würden wir feststellen, daß es in einem gegebenen Moment (innerhalb einer Hundertmillionstelsekunde) jeweils nur ein Lichtquant aussendet, und dieses hat eine der zahlreichen, aber genau festgelegten Frequenzen, die beim Übergang von einer Schale zur anderen entstehen können. Beobachten wir Wasserstoff, wie er in extrem starker Verdünnung (viel dünner als in einem irdischen »Vakuum«) im nahezu »leeren« Weltraum vorhanden ist, so können wir, wenn dieses Gas durch die Strahlung naher Sterne aufgeheizt wird und damit seine Atome angeregt werden, ebenfalls deutlich beobachten, daß nur Frequenzen der Lyman-Serie, Balmer-Serie usw. (je nach dem Grad des Anregungszustands) emittiert werden.

Richtig kompliziert wird der Zusammenhang von Atombau, Energiezustand der Elektronen und Spektrum erst bei dem Atom mit mehreren oder vielen Elektronen und dementsprechend schwerem Kern. Auch der Kern spielt nämlich für das Zustandekommen des Spektrums eine gewisse Rolle, so daß z. B. die Spektren verschiedener Isotope desselben Elements, etwa des einfachen Wasserstoffs und des Deuteriums, nicht genau identisch sind. Auch wenn wir hiervon absehen, ist ohne weiteres einzusehen, daß in Atomen mit 30, 50 oder 90 Elektronen zahllose verschiedene Anregungszustände und Energieübergänge möglich sind. So läßt sich errechnen, daß bei manchen Elementen 150000 verschiedene Spektrallinien auftreten können. Die Übersicht wird dem Physiker dadurch ein wenig erleichtert, daß in der Regel nur ein oder zwei Elektronen eines solchen Atoms angeregt werden und an den Absorptions- und Emissionsvorgängen beteiligt sind; ferner dadurch, daß die Spektren verschiedener Elemente parallel zu ihrem Atombau, wie er sich im Periodischen System spiegelt, gewisse Gesetzlichkeiten erkennen lassen, daß sie bestimmte Grundpläne aufweisen, bei denen die Spektrallinien in Serien, sogenannten Multipletts, auftreten.

Auf die recht verwickelten Erwägungen und Berechnungen, die sich ergeben, wenn man solche Spektren analysiert und die zugrundeliegenden Vorgänge auch nach Frequenzen und Energiebeträgen berechnen will, gehe ich nicht weiter ein. Ich glaube vielmehr, daß wir hier einen Punkt erreicht haben, an dem sich mindestens im Grundsatz verstehen läßt, wieso der Astrophysiker aus dem Licht der Sterne weittragende Rückschlüsse auf die aussendenden Stoffe und ihren spezifischen Zustand ziehen kann. Deshalb kehren wir jetzt zum Geschehen auf und in der Sonne zurück.

2.4 Woher stammt die Energie der Sonne?

Diese Frage ist lange Zeit hindurch unbeantwortet geblieben. Auf der einen Seite mußten im Laufe des 19. Jahrhunderts die Geologen erkennen, daß sie für die Entwicklungsgeschichte der Erde eine Zeitskala zugrunde zu legen hatten, die nach Hunderten von Millionen, ja nach Milliarden Jahren zählt. Parallel dazu erkannten die Biologen, daß die Zeiträume, die für die Evolution des Lebens von den einfachsten Vorstufen (bestimmten chemischen Verbindungen) und Anfängen (primitivsten Lebewesen) bis heute anzusetzen sind, kaum geringer sein können – und zwar Zeiträume, innerhalb derer sich die Bedingungen auf der Erde und damit die Einwirkung der Sonnenstrahlung nicht entscheidend geändert haben können. Auf der anderen Seite mußte jeder Versuch, die Herkunft der Sonnenenergie mit Hilfe der damals bekannten physikalischen Prozesse, z. B. der Verbrennung, zu erklären, hoffnungslos scheitern, sobald man genau zu rechnen anfing.

Nur Kernreaktionen, nur Prozesse also, bei denen aus Atomkernen bestimmter Elemente Kerne anderer Elemente gebildet werden, können – wie wir heute wissen – so viel Energie freisetzen, wie sie die Sonne und andere Sterne abstrahlen.

Der gesamte Energiebetrag, den die Sonne innerhalb eines bestimmten Zeitabschnitts abgibt, läßt sich messen. Das Prinzip aller Verfahren, die diesem Ziel dienen, können wir uns so vorstellen: Wir setzen 1 cm^3 Wasser in einem geschlossenen schwarzen Gefäß der Sonnenstrahlung aus (geschlossen, damit kein Wasser verdunstet; schwarz, damit alle Strahlung absorbiert und keine reflektiert wird). Wir messen die Zeit, die verstreicht, bis das Wasser um 1 °C erwärmt ist. Sie liegt in der Größenordnung von 30 Sekunden. Da die Kalorie, die Einheit der Wärmeenergie, definiert ist als die Wärmemenge, die 1 cm^3 Wasser von 14,5 auf 15,5 °C erwärmt, liefert uns die Sonne pro Sekunde rund $^1/_{30}$ Kalorie auf den Quadratzentimeter (die Oberfläche unseres Wassergefäßes). Diese Energiemenge heißt Solarkonstante und kann geschrieben werden $^1/_{30}$ cal/s/cm^2 oder, auf die Minute bezogen, 2 cal/min/cm^2 oder, in erg ausgedrückt, $1{,}4 \cdot 10^6$ erg/s/cm^2 (erg ist die Einheit für Energie oder Arbeit – also Kraft mal Weg; 1 erg = 1 dyn · cm; 10^7 erg = 1 Joule).

Anschaulicher wird der Sachverhalt, wenn wir die Konstante in einer größeren Dimension ausdrücken: Auf den Quadratmeter Erdoberfläche treffen in jeder Sekunde 1,37 Kilowatt. Hierbei ist der Energieverlust durch Absorption in der Erdatmosphäre bereits berücksichtigt. Die »Konstante« schwankt leicht mit der Sonnenaktivität und nimmt nach Messungen durch hierzu entsandte Satelliten pro Jahr um 0,02 % ab – jedenfalls zur Zeit.

Wir dürfen gewiß annehmen, daß die Sonne nach allen Richtungen gleichmäßig strahlt – dies ergibt sich schon daraus, daß die Solarkonstante trotz der Rotation des Sonnenballes und der Erdbewegung um die Sonne gleichbleibt; nur die Entfernung Erde–Sonne, die aufgrund der elliptischen Form der Erdbahn nicht gleichbleibt, macht sich bemerkbar.

Denken wir uns eine Kugelfläche um die Sonne, deren Radius dem mittleren Abstand Erde–Sonne (der Astronomischen Einheit) entspricht, so muß jeder Quadratzentimeter dieser Fläche in jeder Sekunde ebensoviel Energie empfangen wie der Quadratzentimeter, mit dem wir unsere Messung vorgenommen haben. Die Ausrechnung ergibt, daß die Sonne pro Sekunde $4 \cdot 10^{33}$ erg abstrahlt. Eine Vorstellung von dieser Energiemenge erhalten wir erst, wenn wir uns überlegen, daß diese Energie aus Kernprozessen stammt, bei denen Materie in Energie umgewandelt wird (Massendefekt), daß also diesem Energieverlust ein bestimmter Verlust an Masse entspricht. Nach der Einstein-Formel umgerechnet, ergibt sich als der Energieabgabe korrespondierender Massenverlust der Sonne 4 Millionen t pro Sekunde.

Diesen Verlust erleidet die Sonne seit mehreren Milliarden Jahren. Trotzdem hat sie im Verhältnis zu ihrer Gesamtmasse bisher nur einen unbedeutenden Verlust erlitten, wie folgende Rechnung zeigt: Massenverlust pro Sekunde $4 \cdot 10^6$ t = $4 \cdot 10^{12}$ g. Verlust pro Jahr $12 \cdot 10^{19}$ g (1 Jahr = rd. 30 Millionen Sekunden). Verlust in 10^9 (1 Milliarde) Jahren rund 10^{29} g, in 6 Milliarden Jahren $6 \cdot 10^{29}$ g. Das ist nur ein Bruchteil eines Prozentes der Sonnenmasse, die rund $2 \cdot 10^{33}$ g beträgt.

Es wäre allerdings irreführend, wollten wir hieraus Schlüsse auf die »Lebenserwartung«, auf die voraussichtliche künftige Zeitspanne ziehen, während der die Sonne ihre jetzige Abstrahlung fortsetzen kann. Hierbei müssen wir zwei andere Umstände berücksichtigen: Die Frage, welchen Anteil ihrer Masse die Sonne durch Strahlung verliert, ist zu unterscheiden von der Frage: Wieviel Prozent des ihr zur Verfügung stehenden atomaren »Brennstoffes« hat die Sonne seit ihrem Bestehen bereits aufgebraucht? Ferner: Die Prozesse, die in der Sonne ablaufen, können nur so lange aufrechterhalten werden, wie bestimmte Vorbedingungen erfüllt sind, insbesondere solange der Himmelskörper eine bestimmte Mindestmasse nicht unterschreitet. Tritt das ein, kommen ganz andersartige Prozesse in Gang – welche, werden wir untersuchen, wenn wir später den typischen »Lebenslauf« eines Sterns verfolgen.

Um ein Bild von der Struktur des Sonnenkörpers und den in seinem Innern ablaufenden Prozessen zu gewinnen, gehen wir am besten aus von der bemerkenswerten Tatsache, daß die Sonne als Ganzes – ungeachtet ihrer wechselnden Aktivität – durch Milliarden Jahre hindurch ein stabiles Gebilde geblieben ist, was schließlich für einen Gasball keineswegs selbstverständlich ist. Weder dehnt sich die Sonne aus, so daß sich die sie bildenden Gasatome allmählich im Raum zerstreuen, wie man es aufgrund der hohen Temperatur erwarten könnte: das wird verhindert durch die zum Zentrum des Sonnenballes hin wirkende Schwerkraft, die auch für die Kugelgestalt der Sonne verantwortlich ist; denn die Kugel ist unter allen der Geometrie bekannten Körpern derjenige, der im Verhältnis zu seinem Volumen die kleinste Oberfläche besitzt. Anders ausgedrückt: Die Kugelgestalt ermöglicht es den Teilchen, sich am dichtesten um das Gravitationszentrum zu scharen. Darum wird jeder Körper, auf dessen Teilchen keine anderen Kräfte wirken außer seiner eigenen Gravitation, dahin streben, Kugelform anzunehmen.

Auf der anderen Seite stürzt der Sonnenball auch nicht in sich zusammen, wie man erwarten sollte, wenn man nur die Gravitation in Rechnung stellt. Es besteht vielmehr offensichtlich ein Gleichgewichtszustand: Die den Sonnenball zusammenziehende Gravitationskraft wird genau aufgewogen durch den im Sonneninnern herrschenden Druck, und dies muß prinzipiell für jeden beliebigen Punkt des Sonnenkörpers gelten. Unter Druck ist hier nicht allein der Druck der Sonnenmaterie zu verstehen, die durch das Gewicht der jeweils darüber lagernden Schichten zu ungeheurer Dichte zusammengepreßt wird. Hinzu tritt eine zweite, ebenso wie der Druck vom Zentrum nach außen gerichtete Kraft: der Strahlungsdruck – der Druck der im Sonneninnern erzeugten und in Form von Strahlung nach außen wandernden Energie. Denn die gesamte Energie der Sonne wird in einem begrenzten Bereich, im Sonnenkern, erzeugt.

Das eben charakterisierte Gleichgewicht zwischen Gravitation (nach innen) und Druck (nach außen) gilt für jeden Stern im Universum. Wird das Gleichgewicht gestört, muß er entweder expandieren – im Extremfall explodieren – oder kontrahieren – im Extremfall kollabieren (in sich zusammenstürzen).

Die Druck- und Temperaturverhältnisse im Sonneninnern lassen sich berechnen. Für die Temperatur im Kerngebiet der Sonne führen sie auf Werte in der Größenordnung von 15 Millionen Grad, für den dort herrschenden Druck ergeben sich 10^{11} (100 Milliarden) Atmosphären, und als Dichte etwa das 9,2fache des Bleis unter irdischen Verhältnissen.

Was sollen wir uns unter einer Temperatur von $15 \cdot 10^6$ °C vorstellen? (Sie ist übrigens nach kosmischen Maßstäben noch kein Rekord, an anderen Stellen des Universums gibt es, wie wir sehen werden, noch wesentlich heißere Höllen). Natürlich kann es kein Thermometer geben, mit dem sich solche Temperaturen messen ließen. Aus welchem Material sollte es bestehen? Es ist jedoch nicht so schwer, sich eine so extreme Temperatur anschaulich vorzustellen. Wärme ist ja nichts anderes als die Bewegungsenergie der kleinsten Teilchen, d. h. der Atome oder Moleküle, aus denen die erhitzte Materie besteht. Extrem hohe Temperatur bedingt extrem hohe kinetische Energie der Teilchen. Bei einer Temperatur von 15 Millionen Grad haben die Wasserstoff-Atome thermische Geschwindigkeiten von etwa 600 km pro Sekunde.

Die Annahme, daß es sich um Wasserstoff handelt, liegt schon deshalb nahe, weil Wasserstoff in der Sonne, ja im ganzen Universum (jedoch nicht bei uns auf der Erde) bei weitem das verbreitetste Element ist. Von Wasserstoff-Atomen zu sprechen ist etwas ungenau, denn bei so hohen Temperaturen sind die Wasserstoff-Atome längst ihrer Elektronen beraubt, sie befinden sich in ionisiertem Zustand, und was da mit schwer vorstellbaren Geschwindigkeiten durcheinanderwirbelt, sind demnach nicht

Wasserstoff-Atome, sondern Wasserstoff-Atomkerne, also einzelne Protonen.

Man sollte meinen, daß Protonen mit derartigen Eigengeschwindigkeiten unter den Dichteverhältnissen des Sonneninnern ununterbrochen Zusammenstöße mit anderen Protonen erleiden müßten. Jedoch erweist sich auch noch unter so extremen Bedingungen der Raum als überwiegend leer, und das einzelne Proton muß im Durchschnitt 14 Milliarden Jahre warten, bis es einen Zusammenstoß mit einem anderen erleidet, bei dem beide verschmelzen können. Weil aber unendlich viele Protonen vorhanden sind, vollzieht sich gleichwohl in jedem Augenblick das Ereignis, das den Schlüssel zum Geheimnis der Sonnenenergie liefert.

Prallen zwei Protonen bei solchen Geschwindigkeiten »frontal« aufeinander, so reicht die Energie des Stoßes aus, die elektrische Abstoßung (beide sind ja positiv geladen) zu überwinden; die beiden Protonen kommen einander so nahe, daß die Kernkräfte in Aktion treten können. Sie binden die beiden Protonen zu einem Atomkern zusammen, d.h. zu einem Kern des Elementes Helium, dessen Atom ja aus zwei Protonen und zwei Elektronen besteht. Dieser Heliumkern aber besitzt, wie wir gesehen haben, eine etwas geringere Masse als die beiden Protonen vorher besaßen. Die Differenz an Masse (der Massendefekt) wird in Energie umgesetzt und abgestrahlt. Hier haben wir das Prinzip vor Augen, nach dem die Sonne, die man also als einen Atomreaktor von gigantischem Ausmaß ansehen kann (und zwar einen Fusionsreaktor, den auf Erden nachzubauen noch nicht gelungen ist), die Energie erzeugt, von der wir leben. Jedoch erst das Prinzip! Der tatsächliche Ablauf ist etwas verwickelter. Um ihn zu verstehen, ist noch ein wenig mehr Kernphysik nötig, als bisher vorgetragen wurde.

Es ist zwar richtig, daß sich aus zwei Protonen ein Heliumkern bildet, aber dieses Gebilde ist nicht stabil; das eine Proton verwandelt sich vielmehr augenblicks in ein Neutron. Das geht natürlich nur, wenn es seine positive Ladung abgibt. Das geschieht in der Form, daß der Kern ein Positron ausstößt. Dieses Elementarteilchen habe ich bisher nicht erwähnt, weil es im Aufbau der normalen Materie keine Rolle spielt. Es handelt sich, wie der Name andeutet, um ein positiv geladenes Teilchen (Posi-), das im übrigen dem Elektron (-tron) entspricht, also ein Teilchen, das dem Elektron in allem gleicht, außer daß seine Ladung positiv ist: das perfekte Gegenstück (Pendant) zum Elektron oder auch das »Antiteilchen« des Elektrons. Mann kann den Vorgang so darstellen:

Proton plus Proton ergibt Heliumkern, der sich in Proton plus Neutron plus Positron verwandelt

Als vorläufiges Ergebnis haben wir jetzt einen Kern des »Schweren Wasserstoffs« (1 Proton + 1 Neutron) vor uns. Dieser Deuteriumkern kann, sobald er wieder mit einem Proton zusammenstößt, dieses in sich aufnehmen:

Deuteriumkern plus Proton ergibt Helium³-Kern

Das hier entstandene Gebilde aus 2 Protonen und einem Neutron ist ein Kern des Helium-Isotops He^3. Zwei He^3-Kerne vereinigen sich anschließend zu einem Kern des »gewöhnlichen« Heliums (d.h. des häufigsten Helium-Isotops):

He^3-Kern plus He^3-Kern ergibt He^4-Kern und 2 einzelne Protonen

Die beiden zuletzt freigesetzten Protonen – nackte Wasserstoffkerne – stehen für einen weiteren Zyklus zur Verfügung.

Der hier geschilderte Prozeß heißt Proton-Proton-Zyklus. Die heutige Physik nimmt an, daß es – unter Verhältnissen, wie sie in der Sonne herrschen – etwa 50 Millionen Jahre dauert, bis ein Proton-Proton-Zyklus abgeschlossen ist. Noch ein zweiter Prozeß, der schließlich zum Aufbau von Helium-Atomen führt, spielt für die Energieerzeugung in der Sonne eine Rolle, allerdings nur eine Nebenrolle. Deshalb will ich mich mit einer Andeutung begnügen. Der Kohlenstoff-Zyklus (auch Bethe-Weizsäcker-Zyklus genannt, nach den Entdeckern) führt nicht zum Aufbau von Kohlenstoffkernen, setzt aber ihr Vorhandensein voraus. Es gibt noch weitere Prozesse, bei denen Helium gebildet wird.

Wenn wir nunmehr den Prozeß durchschauen, durch den im Innern der Sonne durch Kernverschmelzung aus Wasserstoff im Endeffekt Helium entsteht und gleichzeitig Energie freigesetzt wird, so stehen wir doch gleich vor den beiden nächsten Fragen: In welcher Form entsteht die Energie? Und wie gelangt sie von ihrer Geburtsstätte, der Zentralregion der Sonne, nach außen, an die Oberfläche?

Auf die erste Frage haben wir schon eine Teilantwort in Gestalt der Positronen, die jedesmal frei werden, wenn im Kern eine Umwandlung von Proton zu Neutron stattfindet. Der Hauptteil der Energie hat jedoch eine andere Form: Die Masse, die bei Kernverschmelzung verschwindet, wird abgestrahlt als extrem kurzwellige Strahlung (Gamma[γ]strahlung, Röntgenstrahlung). Unter Einbeziehung dieses Prozesses sieht die zweite Zeile im Proton-Proton-Zyklus dann wie folgt aus:

Deuteriumkern plus Proton ergeben $^3_2$He-Kern, wobei die verlorengehende Masse in Energie verwandelt und als Gamma-Strahlung abgestrahlt wird

Jetzt zur zweiten Frage: Wie gelangt die Energie von innen nach außen? Schon die flüchtigste Überlegung muß zu der Erkenntnis führen: Es ist völlig ausgeschlossen, daß ein Positron oder 1 Quant der Gammastrahlung von der Stätte seiner Freisetzung in der Zentralregion unter den in der Sonne herrschenden Druck- und Dichteverhältnissen über eine Entfernung von 700000 km (= Sonnenradius) auf direktem Wege an die Sonnenoberfläche gelangen könnte (aber ein Neutrino kann das – vgl. Abschnitt 6.8).

Genaueres Durchrechnen und Durchdenken dieses Transportproblems hat zur Erkenntnis geführt, daß der Energietransport in verschiedenen Zonen des Sonneninnern auf verschiedene Weise erfolgt (Abb. 2h): In den inneren Regionen ist die Materie so dicht, daß jede Strahlung nach Zurücklegen einer relativ kurzen Strecke auf Materie treffen muß, von der sie absorbiert und dann neu emittiert wird. Die Zone, in der die Energie auf diese Weise – durch Absorption und erneute Emission – von innen nach außen bewegt wird, reicht etwa bis $^7/_{10}$ des Sonnenradius. Von da ab setzt eine andere Form des Transportes ein: Die Materie – deren Dichte in dieser Zone nur noch etwa 0,07 g pro cm^3 bei einer Temperatur von etwa 130000° beträgt – gerät hier selbst in Bewegung, sie fängt an zu brodeln, etwa wie kochendes Wasser. Praktisch bedeutet das, daß Gase mit gewaltigen Geschwindigkeiten nach oben zur Oberfläche hinaufströmen und nach Abgabe ihrer Energie wieder nach unten absinken. Diesen Vorgang, bei dem die Materie selbst die Energie transportiert, nennt man Konvektion; die Zone von etwa 0,7 Sonnenradius bis zur Oberfläche, in der diese Transportart die beherrschende Rolle spielt, heißt Konvektionszone. Die aufsteigenden Blasen werden, wenn sie die Sonnenoberfläche erreichen, für uns als Granulen (Abschnitt 2.1) sichtbar.

Würde die Sonnenenergie in der Form, in der sie im Innern der Sonne erzeugt wird –

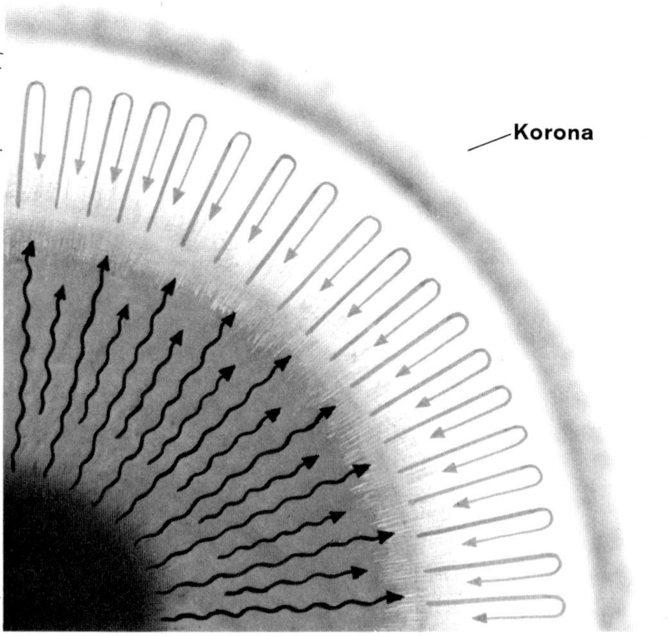

Abb. 2. h. Die Sonne im Schnitt. Die in der Zentralregion durch Kernumwandlungen freigesetzte Energie wird bis etwa 0,7 Sonnenradius durch Gamma- und Röntgenstrahlung transportiert, dann durch Konvektion. Die dünne Photosphäre schickt das Sonnenlicht zu uns. Die Korona kann sich wesentlich weiter als hier angedeutet (bis zu mehreren Sonnenradien) in den Raum hinaus erstrecken.

nämlich als kurzwellige »harte« Strahlung –, zu uns dringen, wäre Leben auf der Erde unmöglich, es hätte niemals entstehen können.

Erst in der relativ ganz dünnen äußersten Schicht, der Photosphäre, entsteht dann die Lichtstrahlung, die zu uns dringt.

2.5 Das Sonnenspektrum – und was es aussagt

Zur Analyse des Lichts bedient man sich verschiedenartiger Instrumente, die auf verschiedene Weise alle dem gleichen Zweck dienen: Sie sollen Licht, das von einer irdischen oder kosmischen Quelle kommt, mittels Beugung oder Brechung nach Wellenlängen trennen. Ob der ankommende Lichtstrahl durch ein Prisma oder ein System von Prismen geschickt wird (Prismenspektrograph) oder ob man die Beugung des Lichts dadurch herbeiführt, daß man es auf eine spiegelnde Glas- oder Metallfläche auftreffen läßt, in die ein Gittersystem feinster Linien (Furchen) eingeritzt ist – bis zu mehreren 100 auf 1 mm (Plangitter-Spektrograph): Stets soll die ankommende Strahlung zerlegt, d. h. fächerförmig ausgebreitet werden. Neben spiegelnden werden auch Durchsicht-Gitter verwendet. Die Linien solcher Gitter verlaufen parallel in einer Richtung (»Lattenzaun ohne Querlatten«). Stets kommt es, um kleinste Wellenlängenunterschiede erkennen und ausmessen zu können, darauf an, daß der Apparat eine möglichst große Dispersion bewirkt, also die einzelnen Wellenlängen möglichst weit auseinanderzieht, und daß er andererseits ein großes Auflösungsvermögen besitzt.

Das Licht der Sonne, durch ein einfaches Prisma auseinandergezogen, ergibt ein Spektrum, wie es Abb. F 4 zeigt: ein zusammenhängendes Band, das alle Farben in der Abfolge des Regenbogens vom Violett (kürzeste Wellenlänge des sichtbaren Lichts) über Blau, Grün, Gelb, Orange bis zum roten Ende (längste Wellenlänge) aufweist. Durch einen Spektralapparat von ausreichender Dispersion und Schärfe sehen wir jedoch, daß dieses Band von zahllosen dunklen Linien durchsetzt ist, deren Breite etwas variiert – Hunderte, Tausende solcher Linien lassen sich unterscheiden, mit hervorragenden Instrumenten bis zu 20000.

Wenn wir dieses Spektrum interpretieren wollen, müssen wir schrittweise vorgehen und nacheinander folgende vier Fragen zu beantworten suchen:

1. Wo – an welcher Stelle der Sonne – und wie wird das kontinuierliche regenbogenartige Spektrum erzeugt?
2. Wie kommen die zahlreichen dunklen Spektrallinien hinein?
3. Welche Schlüsse lassen sich aus dem Spektrum auf die chemische Zusammensetzung der Sonne ziehen?
4. Welche Schlüsse lassen sich ziehen im Hinblick auf den Energiezustand (Anregungszustand, Ionisationsgrad) der Atome, die am Zustandekommen dieses Spektrums beteiligt sind?

Daß es Atome sein müssen, ist uns nach früher Dargelegtem bereits klar: Nur Atome und Moleküle können Licht aussenden, und zwar durch Vorgänge in ihren Elektronenschalen, und dies nur dann, wenn ihnen Energie zugeführt wird. Übrigens können umgekehrt auch nur Atome Licht registrieren oder »wahrnehmen«: Gäbe es nur einen einzigen strahlenden Himmelskörper, so würde das von ihm emittierte Licht sich auf ewig wirkungslos und unsichtbar ins All verströmen; wirkungslos, weil außerhalb des strahlenden Körpers kein Atom vorhanden wäre, in dem es irgendwelche Wirkung hervorrufen könnte; und damit auch unsichtbar, denn sichtbar wird Licht erst dann, wenn es im Sehorgan eines Lebewesens Reaktionen auslöst, und diese Reaktionen spielen sich wiederum in den Elektronenschalen von Atomen und Molekülen ab – in diesem Fall derjenigen Moleküle, aus denen die lichtempfindlichen Teile unserer Netzhaut aufgebaut sind. Zugespitzt läßt sich also sagen: Licht als solches ist unsichtbar.

Um Atome handelt es sich also ganz gewiß: Wenn aber, wie im eben zitierten Abschnitt entwickelt, jedes Atom nur ganz bestimmte Energiequanten absorbieren und damit ganz bestimmte unterscheidbare (diskrete) einzelne Frequenzen aussenden kann – wie kommt dann ein kontinuierliches Spektrum zustande?

Hier müssen wir die früher angestellte Betrachtung etwas erweitern. Wir haben gesehen, daß Atome unter bestimmten Bedingungen, insbesondere bei sehr hohen Temperaturen, ein Elektron oder auch mehrere bei Zusammenstößen verlieren, also ionisiert werden können. Vermöge ihrer positiven Ladung fangen die Ionen häufig ein freies Elektron wieder ein. Die kinetische Energie, die das eingefangene Elektron mit sich führt, wird bei dieser Wiederzusammenfügung (Rekombination) des Atoms in Form von Strahlung abgegeben, und da diese Energie alle möglichen (beliebigen) Werte haben kann (im Gegensatz zu den wenigen »erlaubten« Quantenbahnen des Elektrons im Atomverband), kann auch Strahlung aller möglichen Frequenzen entstehen. Daneben kann es auch vorkommen, daß einem ionisierten Atom der Versuch, sich ein Elektron einzufangen, mißlingt: Das Elektron fliegt dann zwar frei weiter, wird aber bei dem »Einfangversuch« abgebremst, und die Bewegungsenergie, die ihm dabei verlorengeht, wird ebenfalls als elektromagnetische Strahlung abgegeben, und zwar ebenfalls als Strahlung aller möglichen Frequenzen.

Bei beiden Prozessen entsteht ein kontinuierliches Spektrum, und den Ursprung dieser kontinuierlichen Strahlung haben wir in den tieferen und damit heißeren Schichten der Photosphäre zu suchen. Über die chemische Natur der Stoffe, die die Strahlung aussenden, können wir aus einem derartigen kontinuierlichen Spektrum nichts entnehmen.

Wohl aber über ihre Temperatur! Wenn wir nämlich einen Körper erhitzen, bis er zu glühen anfängt, so strahlt er zwar Licht aller Wellenlängen ab, aber die verschiedenen Wellenlängen sind nicht mit derselben Energie ausgestattet. Vielmehr verschiebt sich die höchste Intensität, also das Energiemaximum, mit ansteigender Temperatur immer weiter von den längeren zu den kürzeren Wellenlängen. So ist es zu erklären, daß ein Körper, den wir zum Glühen bringen, zuerst rotglühend, bei fortschreitender weiterer Erhitzung aber weiß und schließlich blau aussieht (Maximum am kurzwelligen Ende des sichtbaren Spektrums). Bei noch weiter fortgesetzter Wärmezufuhr wandert das Maximum der Strahlungsenergie in den nicht mehr sichtbaren untravioletten Bereich des Spektrums hinüber.

Mißt man das Sonnenspektrum unter diesem Gesichtspunkt aus, so läßt sich mit Hilfe von Gesetzen, die auf Max Planck (»Plancksches Strahlungsgesetz«) und Wilhelm Wien (»Wiensches Verschiebungsgesetz«) zurückgehen, errechnen, daß die Temperatur in den unteren Schichten der Photosphäre, die das Licht aussenden, um 6000 K betragen muß.

Nun zur zweiten Frage, der Herkunft der dunklen Spektrallinien. Im Prinzip ist die Antwort ganz einfach: Diese Linien müssen durch die vergleichsweise kühleren Schichten verursacht sein, die das Licht auf seinem Wege zu uns passieren muß, und sie kommen dadurch zustande, daß sich dort Atome befinden, die bestimmte Frequenzen – nämlich die Frequenzen, die genau zu den Energieniveaus der verschiedenen erlaubten Elektronenbahnen passen – aufschlucken (absorbieren). Damit werden aus dem kontinuierlichen Spektrum bestimmte Frequenzen ausgelöscht. Das Spektrum erscheint nach dem Durchgang des Lichts durch die kühleren äußeren Teile der Photosphäre nicht mehr kontinuierlich, sondern durch dunkle Spektrallinien unterbrochen.

So weit, so gut! Mancher mag dies als ausreichende Erklärung akzeptieren. Wer kritisch denkt, wird aber jetzt folgenden Einwand erheben: Die Atome, die bestimmte ihnen eigene Frequenzen absorbieren, schlucken diese Strahlung ja nicht für die Dauer auf, sondern nur für 10^{-8} Sekunden, und strahlen sie danach sofort wieder aus, und zwar mit der gleichen Frequenz, die sie soeben absorbiert haben! Wieso sollen sie also bestimmte Teile des Frequenzbandes auslöschen?

Die Antwort lautet: Sie löschen das Licht dieser Frequenz in der Tat nicht aus – sie zerstreuen es nur in alle Richtungen. In unserem Auge oder im Spektroskop fangen wir Licht auf, das sich von der Photosphäre (genauer: von einer bestimmten Stelle in der Photosphäre) in gerader Richtung auf uns zubewegt. Die Atome aber, die Teile davon aufschlucken, strahlen es unmittelbar anschließend in jede beliebige Richtung ab. Dieser Vorgang heißt Streuung. So kommt es, daß diese Frequenzen im Spektrum zwar nicht völlig schwarz, aber doch so stark verdunkelt sind, daß sie im Vergleich zu den sichtbaren Nachbarfrequenzen schwarz wirken. Erwähnt sei hier, daß es auch »wahre Absorption« gibt, ein Prozeß, bei dem Anregungsenergie (= Strahlungsenergie) in Wärmeenergie überführt wird.

Jetzt zur dritten Frage: Wie ermitteln wir, welche Atomarten für diese Absorptionslinien verantwortlich sind? Auch hier ist die Antwort im Prinzip einfach. Wir können im irdischen Laboratorium ohne weiteres ermitteln, welche Frequenzen für einen bestimmten Stoff charakteristisch sind. So können wir z. B., wenn wir ein paar Körnchen gewöhnliches Kochsalz (chemisch

Natriumchlorid, NaCl) in die (als solche praktisch farblose) Flamme eines Bunsenbrenners geben, mit einem Spektralapparat feststellen, daß Natrium Licht von zwei ganz eng benachbarten Frequenzen im gelben Teil des Spektrums aussendet. Vergleichen wir jetzt – und dies ist in der Abbildung F 4 dargestellt – dieses Emissionsspektrum des glühenden Natriums mit dem betreffenden Teil des Sonnenspektrums, so finden wir, daß diese charakteristische, seit Joseph Fraunhofer (1818) meist mit D bezeichnete Doppellinie, auch Dublett genannt, des Natriums im Sonnenspektrum an derselben Stelle als dunkle Doppellinie auftritt.

Das bedeutet: In den oberen Schichten der Photosphäre sind Atome des Natriums vorhanden. Eben diesen Schluß zog 1859 Gustav Kirchhoff, der damit nicht nur Natrium auf der Sonne nachwies, sondern überhaupt als erster die Entstehung der »Fraunhoferschen Linien« richtig deutete und damit die moderne astrophysikalische Epoche in der Entwicklung der Sternkunde einleitete. (Joseph Fraunhofer hat diese Linien entdeckt, wußte sie aber nicht zu deuten.)

So einfach das klingt, es gleicht doch einer Sisyphusarbeit, wenn man darangeht, die über 20000 Absorptionslinien des Sonnenspektrums auszumessen und zu identifizieren, d.h. auf eine bestimmte Atomart zurückzuführen. Warum das so schwierig ist, erklärt sich zunächst schon daraus, daß für jede Atomart nicht einfach einzelne Linien, sondern ganze Serien und Systeme von Spektrallinien (Multipletts) kennzeichnend sind, die einander alle überlagern, wenn die leuchtende Materie aus verschiedenen Elementen besteht. Es gibt umfangreiche Atlanten mit Darstellungen des Sonnenspektrums.

Es hat sich ergeben, daß die große Mehrzahl aller chemischen Elemente in der Sonne vorhanden ist – genauer, in der Schicht der Sonne, die diese Linien verursacht. Beobachtungen und Modellrechnungen ergeben, daß die leichten Elemente ganz stark überwiegen, und zwar macht der Wasserstoff allein etwa 70 % (auf die Masse bezogen) aus, weitere 28 % das Helium, das zweitleichteste Element, während alle übrigen zusammen sich in die restlichen 2 % teilen müssen. Einen großen Teil der schweren Elemente vom Lithium (Kernladungszahl 3) bis zum Blei (Kernladungszahl 82) hat man einzeln anhand ihrer Spektrallinien nachweisen können; die Physiker nehmen an, daß auch die meisten übrigen in winzigen Mengen vorhanden sind. Angemerkt sei hier, daß die chemische Zusammensetzung im Inneren der Sonne, da hier seit Milliarden Jahren Wasserstoff in Helium umgewandelt wird, anders aussieht.

Ein Triumph der Forschung war es, als der britische Physiker Sir Norman Lockyer 1858 im gelben Teil des Sonnenspektrums eine Linie fand, die keinem bis dahin bekannten chemischen Element zugehörte; er folgerte richtig, daß er hier ein neues Element aufgefunden hatte (das Periodensystem wurde erst 10 Jahre später durch Meyer und Mendelejew aufgestellt). Er gab ihm wegen seines Vorkommens auf der Sonne (griech. helios) den Namen Helium. Erst 1895 wurde es auch auf der Erde nachgewiesen.

Auf die Frage, in welcher Häufigkeit die verschiedenen Elemente im Universum vorkommen, gehe ich noch näher ein. Schon hier ist aber der Hinweis angebracht, daß relativ kleine Körper, z.B. Meteoriten, aber auch Planeten, von den leichten Elementen relativ viel weniger enthalten als die Sterne, weil die Gravitation kleinerer Körper nicht ausreicht, diese leichten Gase festzuhalten.

Die vierte Frage, die wir uns im Zusammenhang mit dem Sonnenspektrum gestellt haben, lautete: Welche Schlüsse können wir aus dem Spektrum im Hinblick auf den Energiezustand der emittierenden oder absorbierenden Atome ziehen? Ich möchte die Antwort am Beispiel eines anderen Zusammenhangs geben, nämlich bei der Chromosphäre (der Schicht der Sonnenatmosphäre, die die Photosphäre umgibt) und der Korona; nicht nur, weil hochionisierte Atome bei den relativ niedrigen Temperaturen der Photosphäre keine Rolle spielen, sondern auch, um einen Einwand auszuräumen, den ein kritisch mitdenkender Leser sonst vorbringen könnte. Er lautet: Wieso sollen sich nur die unteren Schichten der Photosphäre (emittierend) und deren obere Schichten (absorbierend) im Sonnenspektrum manifestieren? Das zu uns kommende Licht durchläuft doch auch Chromosphäre und Korona! Die Antwort, stark vereinfacht, lautet: Diese Schichten haben eine so niedrige Dichte, daß sie gleichsam durchsichtig sind, durchlässig für das in der Photosphäre entstehende Spektrum. Beobachten wir dagegen die oberen Schichten, Chromosphäre und Korona, für sich – sei es bei Gelegenheit einer Sonnenfinsternis oder mit Hilfe von Instrumenten, die das Licht der Sonnenscheibe ausblenden –, so gewinnen wir für diese Schichten ein eigenes Spektrum. Und zwar handelt es sich im wesentlichen (wiederum stark vereinfacht) um ein Emissionsspektrum. Das heißt: Wir gewinnen nicht etwa ein kontinuierliches Spektrum mit einzelnen Absorptionslinien, sondern wir gewinnen einzelne Emissionslinien.

Die Physiker haben lange Zeit gebraucht, bis es ihnen gelang, diese Emissionslinien bestimmten Elementen zuzuordnen. Wieso das, da doch die Spektren der Elemente im allgemeinen bekannt sind?

Die Antwort sei am Beispiel des Eisens angedeutet, an dem sie durch B. Edlén 1942 auch gefunden wurde. Das Eisenatom hat im Normalzustand 26 Elektronen; man nennt Eisen in diesem elektrisch neutralen Zustand Fe I, und man kennt die Spektrallinien, die entstehen, wenn das äußerste Elektron in eine höhere Energiestufe und wieder zurück springt. Eisen, dessen Atom ein äußeres Elektron entrissen wurde, nennt man Fe II; es hat ein anderes Spektrum als Fe I. Bei einer Temperatur von 1 000 000 Grad kommen Zusammenstöße von solcher Heftigkeit vor, daß Eisenatome nicht 1 oder 2, sondern bis zu 13 ihrer Elektronen einbüßen. Solches 13fach ionisiertes Eisen, Fe XIV genannt, können wir natürlich im irdischen Labor nicht beobachten. Darum war auch das für Fe XIV charakteristische Spektrum unbekannt, bis man seine Linien im Spektrum der Korona entdeckte. Entsprechendes gilt für eine Reihe anderer Elemente, z. B. Nickel.

Der Leser hat jetzt vielleicht eine gewisse Vorstellung davon, daß das Sonnenspektrum, so einfach es dem ersten Blick erscheinen mag, Tausende von Informationen birgt, die nur der geschulte Spektralanalytiker aus ihm herauslesen kann.

Zum Schluß dieses Abschnitts ein Blick auf eine Frage, die zu stellen naheliegt, wenn man das sichtbare Sonnenlicht studiert: Strahlt die Sonne nur im sichtbaren Bereich, oder findet das beschriebene Spektrum seine Fortsetzung, reicht also die Sonnenstrahlung nach beiden Seiten über das Sichtbare hinaus in die unsichtbaren Arten elektromagnetischer Strahlung? Die Sonne strahlt in der Tat auch in anderen Frequenzbereichen. Nur können wir, solange wir in die irdische Atmosphäre eingehüllt bleiben, nur diejenigen Teile feststellen und messen, die von der Atmosphäre nicht absorbiert werden, und das ist außer beim sichtbaren Licht (optisches Fenster) nur bei bestimmten Wellenlängen der Radiostrahlung (Radiofenster) sowie teilweise im Bereich des Infraroten der Fall. Radiowellen, die die Sonne aussendet, wurden erstmals 1942 mit einem englischen Radargerät beobachtet. Sie liegen in Wellenlängen zwischen 1 cm und etwa 20 cm. Die Intensität dieser Strahlung ist nicht gleichmäßig, sie kann in bestimmten Phasen der Sonnenaktivität, bei Fackeln, Eruptionen, Protuberanzen, bis zum Millionenfachen der Intensität bei »ruhiger Sonne« anwachsen. Auf die von Sternen ausgehende Strahlung im Radiowellenbereich müssen wir bei den Fixsternen ausführlicher zurückkommen.

Die Sonne sendet auch im kurzwelligen (ultravioletten) Teil des Spektrums Strahlung aus. Normalerweise wird ihr größerer Teil durch die Ozonschicht der unteren Atmosphäre absorbiert und gelangt nicht bis auf den Grund des Luftozeans, auf dem wir leben. Wäre es anders, könnten wir nicht leben; die kurzwellige Strahlung der Sonne würde alles Leben töten.

Sonnenstrahlung auf Frequenzen, die unsere Atmosphäre nicht passieren läßt, insbesondere die Strahlung im extrem kurzwelligen Bereich, kann erst planmäßig studiert werden, seit wir Meßinstrumente mit Ballons oder Raketen in große Höhen transportieren können. Mehr darüber im 6. Kapitel.

Das hier skizzierte Bild vom Aufbau der Sonne und den in ihr ablaufenden Prozessen bedarf nach zwei Seiten einer Ergänzung.

Zum einen: Schon lange wurde vermutet, daß die Granulen, wenn sie an die Oberfläche treten, dort zerplatzen und Materie bis zu 100 km hoch schleudern, ein gewaltiges dröhnendes Geräusch verursachen müssen – allerdings in einer tiefen Tonlage, Oktaven tiefer, als das menschliche Ohr hören kann. Daß die hierbei erzeugten Stoßwellen verantwortlich sind für die enormen Temperaturen in der Korona, gilt heute (wie erwähnt) als widerlegt. Dafür aber wurden Schwingungen der Sonnenoberfläche festgestellt – u. a. mit einer Periode von 5 Minuten. Diese werden – nach einem seit 1970 entwickelten Modell – durch derartige Schallwellen erzeugt. Diese Wellen wandern nicht nach oben, sondern werden innerhalb der Konvektionszone hin- und herreflektiert; sie können sich dabei durch Resonanz (etwa wie in einer Orgelpfeife) verstärken. Die Untersuchung dieser Phänomene hat einen neuen Forschungszweig entstehen lassen, die Helio-Seismologie, also die Lehre von den Sonnenbeben. Wie die Seismologen auf der Erde beim Studium von Stoßwellen Rückschlüsse auf das Erdinnere ziehen können, so können Solarseismologen nun sozusagen mit einem Echolot in die Tiefen des Sonnenkörpers hineinlauschen. Im großen und ganzen hat sich das Sonnenmodell der Astrophysiker dabei bestätigt.

Noch einen zweiten Weg gibt es, auf dem wir Einblick ins Innere der Sonne nehmen können. Bei den atomaren Prozessen in der Kernregion wird nämlich noch eine besondere Art von Elementarteilchen erzeugt: die Neutrinos. Diese Teilchen können, im Gegensatz zu den Photonen der elektromagnetischen Strahlung, das Sonneninnere ungehindert verlassen. Mehr darüber im Kapitel 6 »Fenster zum Weltall«.

3. Das Sonnensystem im Überblick

Jeder Mensch wird als seine Heimat zunächst das eng umgrenzte Gebiet der Erdoberfläche ansehen, in dem er aufgewachsen ist oder an dem aus anderen Gründen sein Herz am stärksten hängt. Die Insassen von Apollo 13, die im Frühjahr 1970 bangend und hoffend der Erde entgegenstürzten, haben wahrscheinlich dem Erdball als Ganzem mit einer Art Heimatgefühl entgegengesehen; an welcher Stelle ihr Schiff die Erdoberfläche erreichen würde, war demgegenüber zweitrangig. In einem noch etwas weiteren Sinne könnte man das Sonnensystem als unsere kosmische Heimat ansehen, als den – im Vergleich zum Universum winzigen – kosmischen Winkel, in dem wir Menschen zu Hause sind.

Mit dem Sonnensystem wollen wir uns in diesem Abschnitt befassen – jedoch, wie die Überschrift andeutet, nur im Fluge, im schnellen Überblick. Da das Buch in erster Linie über moderne Erkenntnisse berichtet, werden Themen wie etwa die von Kepler aufgestellten Gesetze der Planetenbewegung (obwohl grundlegend nicht nur für Planeten, sondern für alle Umlaufbewegungen von Massen) nur gestreift, andere, wie die Probleme von Sonnen- und Mondfinsternissen, übergangen.

Unter dem Begriff Sonnensystem fassen wir die Sonne selbst und alle die zahllosen Körper, die durch die Gravitation an sie gebunden sind, zusammen. Zahllosen? O ja, es handelt sich um 9 größere Planeten, um rund 50 Satelliten, die diese Planeten als Monde umlaufen, um zigtausend planetenartige Kleinkörper (Planetoiden), um Milliarden von Kometen, um ebenso viele Meteorite und um unzählige winzige Partikel, die als interplanetarer Staub im Raum zwischen den genannten Körpern verteilt sind.

Die Sonne beherrscht das Ganze auf mehrfache Weise. Sie zwingt nicht nur kraft ihrer Gravitation alle diese Körper in Umlaufbahnen. Sie erhellt und erwärmt die Körper im ganzen vom Sonnensystem eingenommenen Raum. Sie herrscht noch auf eine dritte Weise, nämlich mit Hilfe ihres Magnetfeldes und der von ihr ausgehenden Korpuskularstrahlung (»Sonnenwind«). Möglicherweise hat diese Strahlung auch eine Art Schutzwirkung für das System als Ganzes.

Die absolut dominierende Stellung der Sonne in diesem System wird deutlich, wenn wir hören, daß gut 99,9 % der gesamten im System vorhandenen Masse im Sonnenball konzentriert wird; das Gefolge muß sich in den verbleibenden Rest von knapp 0,1 % teilen! (Abb. F 5, Größenverhältnisse im Sonnensystem).

Bevor wir die wichtigsten Bestandteile Revue passieren lassen, wollen wir uns eine Vorstellung bilden von der Größe des Systems und den in ihm herrschenden Größenverhältnissen.

Zuerst ein Vergleich der Massen. Die Masse der Sonne beträgt rund $2 \cdot 10^{33}$ g, die der Erde $6 \cdot 10^{27}$ g und damit etwa ein Dreihundertdreiunddreißigtausendstel der Sonnenmasse. Die Gesamtmasse der Planeten beträgt mit $2{,}7 \cdot 10^{30}$ g etwa mehr als $^1/_{1000}$ der Sonnenmasse oder etwa 450 Erdmassen. Die Gesamtmasse der Planetoiden und Meteore macht selbst von der Planetenmasse nur einen winzigen Bruchteil aus.

Welchen Raum nimmt das System ein? Wir haben die mittlere Entfernung Erde–Sonne, die 150 Millionen km beträgt, als Astronomische Einheit (AE) definiert. In solchen Einheiten gemessen, hat das Sonnensystem in engerem Sinne (bis zur Bahn des Pluto, des sonnenfernsten Planeten, gerechnet) einen Durchmesser von 40 AE. Beziehen wir aber die Bahnen der Kometen ein, die sehr viel weiter in den Raum hinausreichen, so kommen wir in die Größenordnung von 100000 AE; so weit sind die fernsten Punkte der stark exzentrischen Kometenbahnen von der Sonne entfernt. Das ist aber schon die Größenordnung, nach der die Entfernungen der Fixterne untereinander zu messen sind: 1 Lichtjahr = rund 60000 AE; Entfernung Sonne–nächster Fixstern rund 4 Lichtjahre. So bietet sich das Bild dar, daß das »Reich« der Sonne wahrscheinlich mehr oder weniger dicht an die Reiche der nächstgelegenen Fixsterne grenzt.

Die 9 Planeten der Sonne, von innen nach außen aufgezählt, heißen Merkur, Venus, Erde, Mars, Jupiter, Saturn, Uranus, Neptun und Pluto. Die ersten vier sind in Größe und Dichte und damit auch Masse der Erde vergleichbar. Die nächsten vier sind von ganz anderer Art, viel größer, aber weniger dicht. Der letzte, Pluto, erst 1930 entdeckt, mit bloßem Auge nicht sichtbar, wie Neptun und meist auch Uranus, fällt aus dem Rahmen. Er scheint nach Art und Größe eher den erdähnlichen inneren Planeten vergleichbar als den Riesenplaneten; seine Bahnebene liegt anders als die der übrigen Planeten. Es gilt nicht als ausgeschlossen, daß eines Tages noch ein »Transpluto-Planet« entdeckt wird, also ein Planet, dessen Umlaufbahn noch außerhalb der des Pluto verläuft. Die Größenverhältnisse im Sonnensystem macht die Zeichnung F 5 deutlich.

Die wichtigsten Daten über die 9 Planeten enthält die Tabelle. Der Anschaulichkeit halber ist ein Teil der Angaben auf die Maße der Erde als Einheit bezogen.

3.1 Die inneren Planeten

Seit dem Zweiten Weltkrieg haben die Astronomen gelernt, die Raketentechnik (zuerst fußend auf deutschen V-Waffen) in ihren Dienst zu stellen, nicht nur, um oberhalb der Erdatmosphäre Phänomene zu beobachten, die vom Grunde des Luftozeans aus nicht zu erkennen sind, sondern bald auch, um Sonden mit Instrumenten, schließlich sogar Landekapseln mit Menschen zu anderen Himmelskörpern unseres Sonnensystems zu schicken. Unser Wissen über die Planeten und die sie begleitenden Monde hat sich dabei um einen Faktor vervielfacht, der kaum zu beziffern ist.

Die gesamte Weltöffentlichkeit nahm an dieser Entwicklung Anteil. Sie begann, als die Russen 1957 ihren »Sputnik«, den ersten künstlichen Satelliten, in eine Umlaufbahn um die Erde schossen. Bereits 1958 folgte der erste amerikanische Satellit »Explorer I«. Die weiteren Satelliten, die alsbald in schneller Folge gestartet wurden, dienten teilweise militärischen Zwecken; die »zivilen« Satelliten dienten nicht in erster Linie astronomischer Beobachtung, sondern u.a. der Wetterbeobachtung, der Navigation, der Nachrichtenübermittlung, der Beobachtung der Erde, vor allem auch der sie umgebenden Magnetosphäre.

Schon 1959 verließ mit der russischen Sonde »Lunik 1« der erste Satellit das Schwerefeld der Erde. Kurz darauf lieferte »Lunik 3« die ersten Bilder von der Rückseite des Mondes. 1961 begann die Ära der bemannten Raumfahrt, wieder eröffnet von sowjetischen Pionieren. 1969 gelang den Amerikanern mit »Apollo 11« die erste Landung auf dem Mond. Bodenproben vom Mond gelangten zur Erde. Bereits 1962 fand der erste Flug zu einem anderen Planeten statt, der Venus (»Mariner 2«); 1971 wurde der Mars umrundet, 1972 die erste Sonde zu den äußeren Planeten in Marsch gesetzt. 1976 gelang mit »Viking 2« das Absetzen einer Instrumentenkapsel auf dem Mars.

Die ganze aufregende, von Rückschlägen nicht freie Geschichte dieser Expeditionen kann ich hier nicht ausbreiten. Spektakulär verliefen die Flüge der beiden amerikanischen Planetensonden Voyager 1 und 2 – genau nach Plan und mit sensationell zu nennenden Ergebnissen. Voyager 1, gestartet 1977, flog zu Jupiter, dann zu

Planeten (wichtigste Daten)

Name	Durchmesser am Äquator in km	Masse (Erde = 1)	Dichte (g/m^3)	Rotationszeit	Siderische (d. h. auf die Fixsterne bezogene) Umlaufzeit	mittlerer Abstand von der Sonne		Zahl der Monde
						in Mio. km	in Astronomischen Einheiten	
Merkur	4878	0,0553	5,44	58 Tg. 15 Std.	87,97 Tg.	57,9	0,3871	–
Venus	12104	0,8150	5,24	243 Tg.	224,7 Tg	108,2	0,7233	–
Erde	12756	1,0000	5,514	23 Std. 26 m 4 s	365,256 Tg.	149,6	1,0000	1
Mars	6794	0,1074	3,93	24 Std. 37 m 22 s	686,98 Tg.	227,9	1,5237	2
Jupiter	142796	318	1,33	9 Std. 50 m	11,87 J.	779	5,2028	mindestens 21
Saturn	120000	95	0,69	10 Std. 14 m	29,63 J.	1432	9,5756	mindestens 21
Uranus	52400	14,6	1,27	17 Std. 15 m	88,66 J.	2884	19,2809	mindestens 15
Neptun	48600	17	1,66	ca. 17 Std.	165,5 J.	4509	30,1418	8
Pluto	2284	0,003	2	6 Tg. 9 Std. 18 m	247,7 J.	5966	39,8800	1

Saturn und verließ anschließend die Ebene des Planetensystems. Voyager 2, auch 1977 gestartet, erreichte ebenfalls den Jupiter, wurde dann unter Ausnutzung von dessen enormer Gravitation umgelenkt zum Uranus (1986) und zu Neptun (1989). Die Sonde verläßt nun das Sonnensystem in der Richtung auf einen Fixstern namens Ross 248. Sie wird ihm auch begegnen. Doch werden meine Leser und ich nicht Zeugen dieses Rendezvous sein. Es soll im Jahre 42155 nach Christi Geburt stattfinden. Die wichtigsten Ergebnisse dieser Entdeckungsreisen sind in der folgenden knappen Übersicht berücksichtigt.

Ergänzend sei bemerkt, daß auch Kometen (Halley wurde 1986 durch »Giotto« und weitere Sonden erforscht) sowie die Sonne (u. a. »Ulysses«, der erstmals einen Pol der Sonne überfliegen soll) Ziel von Sonden sind. Satelliten, die nicht das Sonnensystem, sondern die Welt der Sterne erkunden sollen, erwähne ich später.

Merkur: Der sonnennächste und kleinste Planet, der das Zentralgestirn auf einer stark elliptischen Bahn umläuft (Abstand zwischen 46 und 70 Millionen km) ist von der Erde aus schwierig zu beobachten. Wenig Genaues war bekannt, solange Radarmessungen und die Entsendung von Planetensonden nicht möglich waren. Das änderte sich, als 1972 mehrere Serien von Radarmessungen (von der Erde aus) gute Ergebnisse brachten: eine offenbar von Kratern zernarbte Oberfläche, sehr ähnlich der des – inzwischen gut bekannten – Erdmondes. Eine schlagende Bestätigung und weitgehende Präzisierung dieser Befunde brachten im Jahre 1974 Tausende von Aufnahmen des Planeten aus naher Entfernung durch die amerikanische Sonde Mariner 10. Einzelheiten bis herab zu etwa 100 m Durchmesser wurden erkennbar – ein Ergebnis, das tausendfach übertrifft, was man mit Aufnahmen von der Erde aus hatte erreichen können. Man erblickt Krater (auch in Reihen angeordnet), Mulden, Schluchten, Wälle von 100 km Länge.

Spuren von Wasser – auch aus früherer Zeit – sind nicht feststellbar. Eine Atmosphäre ist so gut wie nicht vorhanden.

Die Temperaturen schwanken wegen des fehlenden Ausgleichs durch eine Gashülle sehr stark. Sie betragen im Sonnenschein bis zu +467 °C, während auf der Nachtseite eine Abkühlung bis auf −180 °C eintritt. (Die irdische Atmosphäre, die Wärme speichert und Wärmedifferenzen ausgleicht, bewahrt uns vor solchen Extremen.)

Merkur hat ein Magnetfeld, dessen Stärke allerdings nur 1 % der des irdischen Magnetfeldes erreicht. Das Vorhandensein dieses Feldes wird aus den flüssigen Eisenkern des Planeten zurückgeführt. Dieser Kern soll bis ca. 700 km unter die Oberfläche des Planeten reichen. Er bewirkt die hohe Dichte dieses Planeten.

Venus: Die »Zwillingsschwester der Erde« – so genannt, weil beide Planeten einander in Größe, Masse und innerem Aufbau ähneln – muß man, seit amerikanische und sowjetische Sonden sie angeflogen und umkreist haben, ja auch auf ihr gelandet sind, doch als eine von der irdischen äußerst verschiedene Welt erkennen. Dies gilt nach Gesteinsanalysen, die von den Sonden Venera 13 und 14 vorgenommen wurden, auch für die Zusammensetzung der Oberflächengesteine. Der Planet – nur $^2/_3$ AE von der Sonne entfernt, die er auf fast kreisförmiger Bahn umläuft – empfängt viel mehr Strahlung als die Erde. Er ist ständig von einer undurchsichtigen, mächtigen Wolkenhülle umgeben, die bis in 100 km Höhe hinaufreicht. Die Temperatur an der Oberfläche beträgt etwa +480 °C, der atmosphärische Druck an der Oberfläche das 90fache des irdischen. 97 % der Atmosphäre sollen aus Kohlendioxid (CO_2) bestehen, die Wolken dagegen überwiegend aus Schwefelsäure. Die Oberfläche zeigt ein weniger ausgeprägtes Relief als die des Merkur (oder auch Mars); vielleicht ist der Körper des Planeten schon in geringer Tiefe zähflüssig. Die 1989 gestartete Sonde »Magellan« hat ihre Umlaufbahn um den

Planeten erreicht und damit begonnen, die Oberfläche nahezu vollständig kartographisch aufzunehmen. Das geschieht mittels Radarwellen, die die optisch völlig undurchsichtige Atmosphäre durchdringen, mit einer Auflösung bis etwa 250 m.

Höhenwinde von außerordentlicher Stärke sind gemessen, aber noch nicht erklärt. Großräumige Strömungssysteme kennzeichnen die Atmosphäre.

Der Mond unserer Erde (vgl. Abb. F 7): Da unsere Erde nach der üblichen Zählung von innen nach außen der dritte Planet ist, folgt hier ein kurzer Blick auf ihren Trabanten. Die wichtigsten äußeren Daten zeigt die Tabelle »Große Monde im Sonnensystem«.

Am 21. 7. 1969 haben die Amerikaner Neil Armstrong und Edwin Aldrin als erste Menschen den Mond betreten. Diese Mission und weitere 5 bemannte »Apollo«-Unternehmungen, dazu unbemannte Mondsonden der UdSSR, haben unser Wissen über den Mond vervielfacht. Über 200 kg Mondgestein wurden zur Erde gebracht; man fand in ihnen vorwiegend die Elemente Silicium, Eisen, Calcium, Aluminium, Magnesium.

Der Mond umläuft die Erde auf einer annähernd kreisförmigen Bahn bei einem mittleren Erdabstand von rd. 380000 km (das Licht braucht also vom Mond zur Erde etwas mehr als eine Sekunde, von der Sonne dagegen etwa 8 Minuten). Die Umlaufzeit beträgt 27,32 Tage. Der Mond hat einen Durchmesser von 3476 km, seine Masse beträgt rund $^1/_{80}$ der Erdmasse. Eine Atmosphäre ist nicht vorhanden.

Der Mond kehrt der Erde (annähernd) stets dieselbe Seite zu; auf der sonnenbeschienenen Seite steigt die Temperatur bis +120 °C, auf der Nachtseite sinkt sie bis −150 °C. Die Oberflächengestalt des Mondes, auch der Rückseite, ist sehr genau bekannt. Sie weist über 40000 Krater mit Durchmessern bis zu 200 km auf, die auf den Einschlag von Meteoriten zurückgehen; ferner Gräben, Spalten, Rillen, Wallebenen.

Es gilt als sicher, daß das Alter des Mondes 4,6 Milliarden Jahre beträgt und damit dem der Erde gleicht. Trotzdem gibt es für seine Entstehung (Abspaltung von der Erde? Einfang durch die Erde? Gleichzeitige Entstehung durch Zusammenballung

Große Monde im Sonnensystem mit über 1200 km Durchmesser

Planet	Name des Mondes	Durchmesser in km	Dichte in g/cm³	Masse (Erdmond = 1)
Erde	Mond	3500	3,3	1
Jupiter	Io	3600	3,5	1,2
	Europa	3100	3,0	0,66
	Ganymed	5300	1,9	2
	Kallisto	4800	1,8	1,37
Saturn	Rhea	1500	1,3	0,03
	Titan	5100	1,9	1,8
	Japetus	1500	1,2	0,027
Uranus	Ariel	1300	1,3	0,02
	Titania	1600	1,3	0,036
	Oberon	1600	1,3	0,04
Neptun	Triton	3800	2,0	0,77
Pluto	Charon	1200 oder mehr	?	?

Abb. 3 a. Die Marsoberfläche. Aufnahme der Sonde Viking 1, 1976, wenige Minuten nach ihrem Aufsetzen. Rechts unten der Landefuß.

von Materie?) noch keine allseits anerkannte Theorie.

Mars: Im Gegensatz zur Venus zeigen sich in der (recht dünnen) Atmosphäre des Mars nur dünne Wolkenschleier und manchmal Staubstürme, so daß die Oberfläche auch von der Erde aus zu beobachten ist. Trotzdem brachte die Erforschung aus der Nähe – durch sich nähernde, dann um den Planeten kreisende, schließlich auch landende Sonden – viele Überraschungen.

Die photographische Erkundung begann 1965 (Mariner 4) und erreichte ihre Höhepunkt mit Mariner 9 im Jahre 1971; die Sonde funkte von einer Umlaufbahn aus über 7000 Bilder zur Erde, deren Auswertung es ermöglicht hat, Karten der Marsoberfläche zu schaffen. Sie weist eine große Vielgestaltigkeit auf: wüstenartige Flächen mit großen Dünen; Canyons von mehreren 1000 m Tiefe über 80 km Länge; »Kanäle«, die 1000 km Länge erreichen und ausgetrockneten Flußbetten gleichen; riesige Einschlagkrater, deren größter einen Durchmesser von 2000 km aufweist; schließlich vulkanische Regionen.

1976 landeten zwei Viking-Sonden auf unserem Nachbarplaneten, der nunmehr aus unmittelbarer Nähe untersucht werden konnte. Die Oberflächentemperaturen können im Sommer auf der Tagseite über den Gefrierpunkt steigen. Die weiße Bedeckung der Polkappen, die sich in jedem Marswinter zeigt oder stark ausbreitet und über deren chemische Natur (Wassereis oder gefrorenes Kohlendioxid?) lange Zeit gerätselt wurde, gilt als geklärt. Es handelt sich, jedenfalls teilweise, um Wassereis. Sonst weist die Marslandschaft kein Wasser auf (die Atmosphäre hat einen geringen Wasserdampf-Gehalt), wohl aber Anzeichen dafür, daß es früher fließendes Wasser, ja regelrechte Flußläufe, auch Regen aus der Atmosphäre, gegeben haben muß. Die Atmosphäre müßte zu jener Zeit wesentlich dichter gewesen sein als jetzt, wofür auch andere Indizien sprechen, besonders im Zusammenhang mit dem Vorkommen von Edelgasen (Argon, Krypton, Xenon).

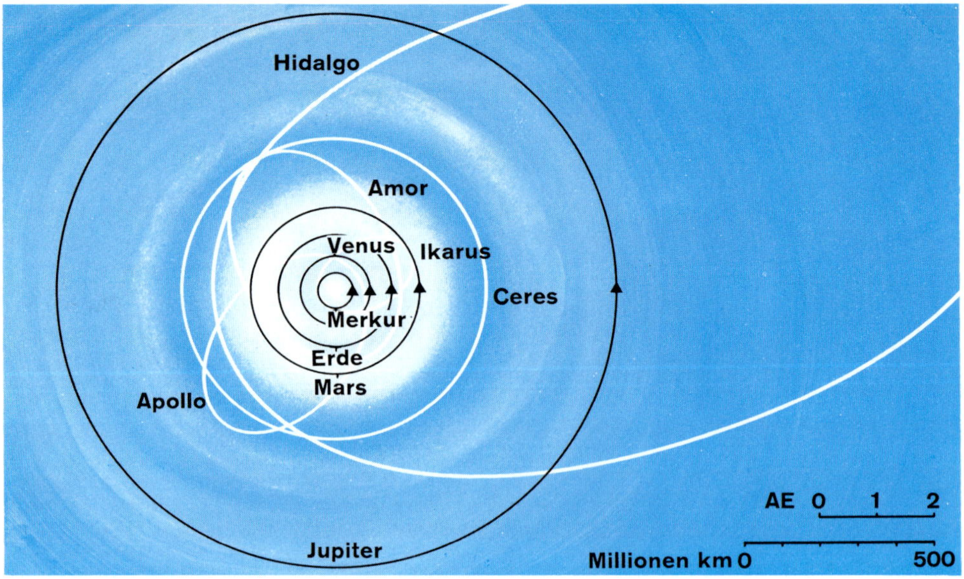

Abb. 3 b. Die Bahnen der inneren Planeten in annähernd maßstabsgerechter Darstellung. Apollo und Hidalgo sind Planetoiden mit ausnehmend exzentrischen Bahnen, die Bahnen der meisten Planetoiden liegen in der Nähe der eingezeichneten Bahn des Kleinplaneten Ceres.

Wenn es einmal Wasser gab – und unter der Oberfläche vielleicht auch heute in größerer Menge gibt –, sollten da nicht auch Spuren von Leben, mindestens von einstigem Leben, zu finden sein? Diese Frage bewegte wohl die Öffentlichkeit bei den Marslandungen am stärksten. Die Untersuchung von Bodenproben hat keine Beweise dafür erbracht, auch keine Hinweise auf komplexe organische Verbindungen; sie schließt andererseits das Vorhandensein von Mikroorganismen nicht völlig aus. Wahrscheinlich waren die Zeitabschnitte, in denen die Marsoberfläche Wasser führte, viel zu kurz, als daß ähnliche Prozesse dort hätten ablaufen können, wie sie in den Urozeanen der Erde im Verlauf von Millionen, ja Milliarden Jahren stattgefunden haben.

Eine der großen Überraschungen, welche die Erkundung des Mars durch Sonden, vornehmlich »Viking« 1 und 2, den Astronomen brachte, war die Entdeckung gewaltiger Vulkane. Der größte, »Olympus Mons« genannt (früher »Nix Olympica«), stellt mit seinen Maßen die größten irdischen Vulkane in den Schatten: Durchmesser 700 km, Höhe 26 400 m, Durchmesser der zentralen Caldera (des aus dem ursprünglichen Krater entstandenen Kessels) 80 km.

Der Mars, von den Körpern im inneren Teil der noch am wenigsten lebensfeindliche, soll weiterhin intensiv erforscht werden, u. a. Mitte der 90er Jahre durch eine Raumsonde »Mars 94«, zu deren Instrumententeil eine neuartige, in Deutschland entwickelte elektronische Kamera gehören wird.

Die beiden Monde des Mars, kleine Gebilde (ca. 10 km Durchmesser) von nicht kugelförmiger, vielmehr sehr unregelmäßiger Gestalt, heißen Phobos (Furcht) und Deimos (Schrecken).

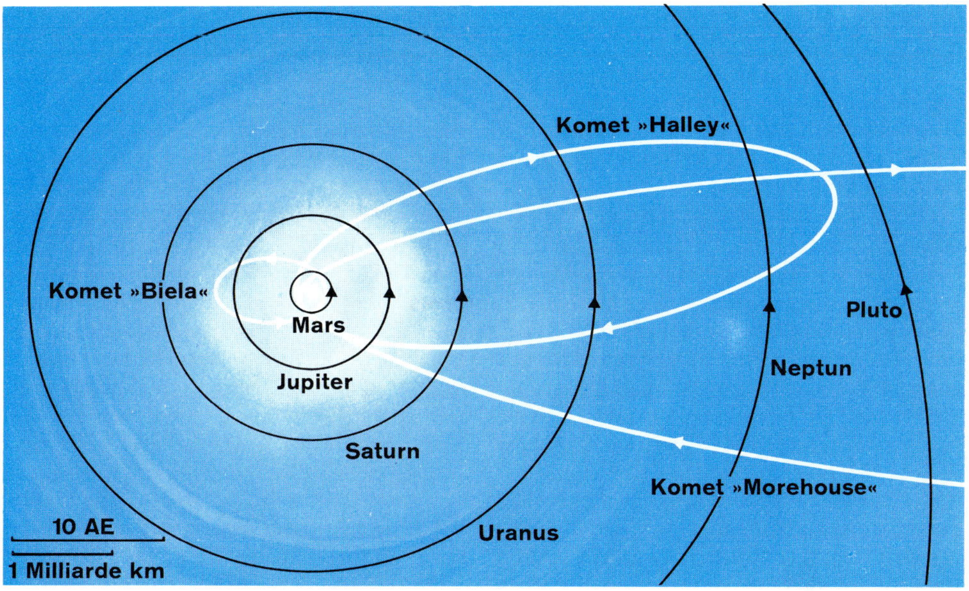

Abb. 3c. Die Bahnen der äußeren Planeten in annähernd maßstabsgerechter Darstellung. Die Marsbahn ist eingezeichnet, um den Vergleich mit den Bahnen der inneren Planeten zu ermöglichen. Manche Kometenbahnen liegen innerhalb der äußeren Planetenbahnen, andere greifen weit darüber hinaus.

3.2 Die äußeren Planeten

Jupiter: Der größte Planet des Sonnensystems mit einem Äquatordurchmesser von 142 800 km und mehr als 300 Erdmassen erscheint am Nachthimmel als hellstes Gestirn nach Mond und Venus. Die Weltraumsonden Pioneer 10 sowie besonders Voyager 1 und 2 brachten Forschungsergebnisse, die als mindestens so sensationell empfunden wurden wie die erste Mondlandung. Tausende von Aufnahmen der Jupiteratmosphäre funkten sie zur Erde. Sie besteht vorwiegend aus Wasserstoff, Ammoniak und Methan. Der gewaltige »Rote Fleck«, der seit 1878 ständig beobachtet wird, hat sich (wie schon vermutet) als riesiges Wirbelsturmgebiet erwiesen; auch die streifenförmig angeordneten Wolken sind ständig in heftigster Bewegung. Es wird angenommen, daß der Planet einen festen Kern von etwa 15 Erdmassen besitzt, der auch schwere Elemente, vor allem Eisen, enthält. Da die durchschnittliche Dichte jedoch nur 1,33 g/cm^3 beträgt – ein Viertel der Erddichte –, muß Jupiter ganz anders als die Erde beschaffen sein: großenteils gasförmig, darunter flüssig. Die äußeren Schichten der Wolkendecke haben eine Temperatur von etwa –120 °C. Das Magnetfeld ist etwa 10mal so stark wie das der Erde.

Der Planet gibt an Strahlung – hauptsächlich im infraroten Bereich – das Zwei- bis Dreifache der Energiemenge ab, die er von der Sonne empfängt, muß also über eine eigene Energiequelle verfügen. Dabei kann es sich nicht um Fusionsprozesse handeln, wie sie im Innern von Sternen ablaufen; Druck und Temperatur im Innern eines solchen Körpers reichen dazu nicht aus. In Frage kommen Kontraktion des Planeten (und damit Umwandlung von Gravitationsenergie in Wärme) und radioaktiver Zerfall bestimmter Isotope im Innern des Planeten.

Überraschend war die Entdeckung, daß Jupiter wie Saturn ein Ringsystem besitzt, allerdings ist es nicht so riesengroß wie das des Saturn. Es besteht wie beim Saturn aus zahllosen Materiebrocken.

Galilei hat 1610 vier Monde des Jupiter entdeckt (Io, Europa, Ganymed, Kallisto). Bis 1978 waren 16 Monde bekannt, die Voyager-Sonden haben weitere aufgefunden. Gegenüber den vier eingangs genannten Trabanten, welche Durchmesser von etwa 3000 bis 5000 km (Ganymed ist der größte Satellit im Sonnensystem) aufweisen und damit in der Größenordnung dem Erdmond entsprechen, sind sämtliche anderen Jupitermonde winzig (Durchmesser zwischen 10 und 200 km). Mehrere Monde wurden von den Sonden in relativ naher Entfernung passiert, so entstanden detailreiche Aufnahmen der 4 »Galileischen« Monde. Auf Io wurden aktive Vulkane entdeckt, die Wolken von Gestein und Rauch mit Geschwindigkeiten bis zu 1 km pro Sekunde ausstoßen. Die Wolken reichen bis 300 km Höhe, möglicherweise können sie der Anziehungskraft dieses Mondes entweichen; vermutlich steuern sie Materie zum Ringsystem des Planeten bei. Das Material, aus dem die Oberfläche dieses Mondes besteht, ist offenbar vulkanischen Ursprungs. Bemerkenswert ist schließlich, daß die vier großen Monde der Kamera jeweils ganz verschiedene Bilder darbieten.

Saturn: Der zweitgrößte Planet hat einen Äquatordurchmesser von 120000 km und eine Masse von 95 Erdmassen. Seine geringe mittlere Dichte von 0,69 g/cm^3 deutet darauf, daß er ganz überwiegend aus den leichtesten Elementen Wasserstoff und Helium besteht, doch wird auch ihm ein fester Kern zugeschrieben. Wie Jupiter ist Saturn von einer dichten Atmosphäre umhüllt.

Das seit alters bekannte riesige Ringsystem (Durchmesser ca. 280000 km) erwies sich aufgrund der Voyager-Ergebnisse (Voyager 2 passierte den Planeten im Jahr 1979) als ein äußerst kompliziertes Gebilde. Nicht drei oder vier oder fünf Ringe sind vorhanden (wie früher angenommen), sondern mehrere hundert, alle aufgebaut aus Materie- und Eisbrocken von bescheidener Größe (10 cm bis 10 m). Die Physik dieses Systems zu durchschauen scheint eine heute kaum lösbare Aufgabe; offenbar spielen eine Reihe von jetzt erst entdeckten Monden dabei eine Rolle, die die Ringe durch ihre Schwerkraft zusammenhalten und sie umkreisen wie Schäferhunde eine Herde.

Die Voyager-Sonden haben auch Aufschlüsse über Titan, den größten der Saturnmonde (Durchmesser über 5000 km), erbracht. Als einziger Satellit in unserem Sonnensystem weist er eine dichte Atmosphäre auf, in der neben Stickstoff (überwiegend) Methan und einige Verbindungen nachgewiesen sind, die als Bausteine für das Entstehen organischer Verbindungen in Betracht kommen.

Uranus: Dieser Planet gehört nach seinen bisher bekannten Eigenschaften zur Gruppe der äußeren oder Riesenplaneten (Äquatordurchmesser 52000 km). Auffällig ist, daß die Rotationsachse fast in der Bahnebene liegt, so daß Uranus der Erde mal den einen Pol, dann den Äquator, dann den anderen Pol zukehrt.

Aufgrund von Erdbeobachtungen war schon 1977 bekannt, daß auch dieser Planet ein Ringsystem besitzt. Auch hier gibt es »Hirtenmonde«, die offenbar für die Stabilität des Ringsystems sorgen.

15 Monde sind entdeckt; die fünf größten waren schon bekannt, bevor Voyager den Planeten erreichte. Die größten heißen »Oberon« und »Titania«, benannt nach dem Elfen-Königspaar der altfranzösischen Sage, das auch in Shakespeares »Sommernachtstraum« auftritt.

Neptun: Der zweitäußerste Planet unseres Sonnensystems ist so weit von der Sonne entfernt (4,5 Milliarden km = 30 Astronomische Einheiten), daß er trotz seiner beträchtlichen Größe (Durchmesser am

Äquator ca. 45000 km) von der Erde aus mit bloßem Auge nicht zu sehen ist. Er wurde erst 1846 von J. G. Galle entdeckt, nachdem dessen französischer Kollege Leverrier aus Berechnungen anderer Planetenbahnen geschlossen hatte, daß es diesen Planeten geben müsse, nur seinen Ort nicht genau angegeben hatte. Seiner riesigen Umlaufbahn entsprechend, bewegt sich Neptun nur mit 5,4 km/s und braucht für einen Umlauf 165 Erdjahre. Seine Größe und seine mittlere Dichte von 1,65 g/cm^3 weisen ihn aus als zur Gruppe der großen äußeren Planeten gehörig.

Die Atmosphäre besteht großenteils aus Wasserstoff und Helium. Voyager 2 entdeckte in ihr einen »Großen Dunklen Fleck«, der offenbar – wie der »Große Rote Fleck« bei Jupiter – ein riesiger, stationärer atmosphärischer Wirbel ist.

Voyager 2 entdeckte auch 3 feine Ringe um den Planeten, dazu 6 kleine Monde zu den schon vorher bekannten namens »Triton« und »Nereide«. Auf Triton, der eine Atmosphäre aufweist, fand sie aufsteigende dunkle »Fahnen«; sie werden gedeutet als vulkanische Ausgasungen, bestehend aus Stickstoff, vermischt mit festen Partikeln. Bis dahin hatte niemand vermutet, daß es in dieser fernen und eisigkalten Region des Sonnensystems (57 K auf dem Neptun) vulkanische Aktivität gibt.

Pluto: Dies ist der sonnenfernste Planet (sofern nicht noch der von manchen vermutete »Transpluto« entdeckt wird). Er ist offenbar von ganz anderer Art als die äußeren Planeten von Jupiter bis Neptun; er ist gegenüber diesen winzig, kleiner als Merkur.

Entdeckt wurde Pluto 1930 durch C. W. Tombaugh, als dieser auf einer Weitwinkelaufnahme, die bei einstündiger Belichtung 160000 punktförmige Sterne zeigte, ein Objekt bemerkte, das während der Belichtungszeit ein winziges Stück weitergewandert war, so daß sein Abbild verwischt erschien. Nach theoretischen Berechnungen hätte dieser Planet sehr viel größer sein müssen; deshalb suchte man lange nach einem noch »weiter draußen« gelegenen – bisher ohne Erfolg.

Pluto hat einen Mond – »Charon« –, der ihn in dem geringen Abstand von 20000 km in etwas über 6 Tagen umkreist. Sein Durchmesser soll etwa die Hälfte des Pluto-Durchmessers betragen.

3.3 Planetoiden · Die Planetenbahnen · Keplers Gesetze

Die Abstände zwischen den konzentrisch um die Sonne angeordneten Planetenbahnen werden, wie die Tabelle zeigt, von innen nach außen immer größer. Sind sie das Produkt ungezählter Zufälle – will sagen: gehen sie zurück auf die Verteilung der Materie im Entstehungsstadium des Sonnensystems und den Prozeß, in dem sie sich zu größeren Gebilden zusammenklumpte? Oder läßt sich im Verhältnis dieser Abstände eine Gesetzmäßigkeit erkennen? Die deutschen Astronomen Johann Daniel Titius und Johann Elert Bode, die in der zweiten Hälfte des 18. Jahrhunderts wirkten, glaubten in den damals schon annähernd richtig bekannten Abständen eine zahlenmäßige Beziehung zu erkennen. Ihre Theorie lief darauf hinaus, daß die Abstände der Zahlenfolge 4 – 7 – 10 – 16 – 28 – 52 – 100 – 196 . . . entsprächen. Die Tabelle läßt erkennen, daß – wenn man den Radius der Erdbahn (also die Astronomische Einheit) gleich 10 setzt, in der Tat die Bahnradien von Merkur (4), Venus (7), Erde (10), Mars (16), Jupiter (52), Saturn (100) grob dem Schema entsprechen, und als 1781 Herschel den Uranus entdeckte, paßte auch dieser hinein.

Allerdings, die Position 28 zwischen Mars und Jupiter blieb dabei unbesetzt. Sollte sich dort ein noch unentdeckter Planet befinden? Bei der Suche nach diesem entdeckte der Italiener Piazzi 1801 einen Körper in dieser Gegend. Er erhielt den Namen »Ceres«, erwies sich allerdings als für einen Planeten zu klein (Durchmesser gut 1000 km).

In der Folgezeit ergab sich, daß zwischen Mars und Jupiter ungezählte kleine Himmelskörper die Sonne umlaufen. Man nannte sie damals Asteroiden, auch Kleinplaneten; heute übliche Bezeichnung: Planetoiden. Ceres hat sich als der größte unter ihnen erwiesen. Es gibt weitere mit Durchmessern von mehreren 100 km, alle mit klingenden Namen wie Eros, Hermes, Kleopatra, auch Swissair heißt einer, und neuestens sind vier gerade neu beobachtete von ihrem Entdecker nach den Beatles benannt worden. Seit 1991 sind drei Asteroiden nach den deutschen Gelehrten Elsässer, Kippenhahn und Lüst benannt. Die Gesamtzahl kann man nicht angeben; ihre Gesamtmasse beträgt allerdings nur $^1/_{20}$ der Masse des Erdmonds.

Es gibt Asteroiden, die stark exzentrische Bahnen mit erheblicher Neigung gegen die Ekliptik haben; die große Mehrzahl läuft aber in planetenähnlichen (also elliptischen) Bahnen zwischen Mars und Jupiter um die Sonne.

Die auf den ersten Blick plausible Vorstellung, es handle sich um Trümmer eines früher hier laufenden Planeten, ist nicht haltbar. Es handelt sich vielmehr um Restmaterie aus der Entstehungszeit des Sonnensystems, bei der der Prozeß der Akkretion zu planetengroßen Körpern steckengeblieben ist.

Die Planetoiden enthalten dem Menschen nützliche Stoffe wie Metalle und Mineralien; vielleicht können sie eines Tages vom Menschen ausgebeutet werden, zumal eine Landung auf diesen kleinen Körpern relativ einfach ist. Vielleicht werden sie aber der Menschheit auch zum Fluch und nicht zum Segen, denn manche haben Bahnen, welche die Erdbahn kreuzen; dies sollen immerhin im Größenbereich von mehr als 1 km Durchmesser etwa 1000 Stück sein. Für unseren dichtbesiedelten Planeten würde eine Kollision eine Katastrophe bedeuten.

Daß Planetoiden untereinander kollidieren, ist fast die Regel; manchmal fliegen die dabei entstandenen Trümmer, durch Gravitation zusammengehalten, als Schwarm weiter.

Die Planetoiden lenken unsere Aufmerksamkeit auf die Bahnen der Planeten um die Sonne. Die beiden Zeichnungen 3b und 3c geben in annähernd maßstabsgerechter Darstellung einen Eindruck von den Größenverhältnissen. Die Bahnkurven sind nicht vollständig gezeichnet, denn es ist völlig unmöglich, das ganze Sonnensystem maßstabsgerecht in einem Buch abzubilden, vor allem, wenn die Sonne in ihrer richtigen Größe erscheinen soll. Würde man z.B. den Maßstab 1:10 Milliarden wählen, in dem die Erde als »dicker Punkt« von 1,3 mm Durchmesser erschiene, so wäre der Merkur mit 0,5 mm Durchmesser noch sichtbar, die meisten Monde des Systems aber nicht mehr, und die Sonne mit ihrem gegenüber der Erde 100fachen Durchmesser erschiene als Scheibe von 14 cm Durchmesser, würde also die Buchseite schon beinahe füllen. Die Erde wäre in 15 m Entfernung von ihr zu plazieren, das Scheibchen für den ihr an Größe vergleichbaren Pluto in 600 m Entfernung. Und die äußersten Enden der Kometenbahnen wären kilometerweit entfernt. Vielleicht auch einige hundert Kilometer.

Der allergrößte Teil des Sonnensystems besteht also aus leerem Raum, wenn auch, wie wir noch sehen werden, der interplanetare Raum nicht gänzlich leer ist.

Die Bahnen, auf denen Planeten und Planetoiden sich um die Sonne bewegen – und die Satelliten um ihren Planeten –, unterliegen den Gesetzen, die Johannes Kepler ab 1609 – rein empirisch, ohne Kenntnis der Gravitation! – aufgefunden hat. Die drei Keplerschen Gesetze beschreiben die Bewegung, die entsteht, wenn zwei Massenpunkte (oder zwei kugelförmige Körper, deren Massen man sich in ihrem Schwerpunkt konzentriert denkt) sich unter der Wirkung der allgemeinen Gravitation bewegen, ohne daß der Einfluß anderer Massen störend eingreift. Sie lauten:

1. Die Planeten beschreiben elliptische (also in einer Ebene liegende und in sich zurücklaufende) Bahnen, in deren einem Brennpunkt die Sonne steht. Vor Kepler bis hin zu Kopernikus hatte man die Bahnen aller Himmelskörper als »von Naturnotwendigkeit« kreisförmig angesehen.

2. Die Geschwindigkeit eines Planeten auf seiner Bahn ist nicht gleichförmig. Der Planet bewegt sich in Sonnennähe schneller, in Sonnenferne langsamer und stets so, daß der (gedachte) Verbindungsstrahl Planet–Sonne in gleichen Zeiträumen gleiche Flächen überstreicht.

3. Das dritte Gesetz, von Kepler 10 Jahre nach den ersten beiden gefunden, stellt eine Beziehung her zwischen den elliptischen Bahnen und den Umlaufzeiten: Das Verhältnis der großen Halbachse a der Ellipse (zur 3. Potenz erhoben) zur Umlaufzeit U (diese zum Quadrat erhoben) ist für alle Planeten konstant: $a^3 : U^2$ ist konstant. Die Gesetze lassen sich in abgewandelter Form auch anwenden auf Umlaufbahnen, die nicht elliptische Formen haben, sondern Hyperbeln oder Parabeln darstellen. Solche Bahnen könnten bei Kometen und Meteoriten vorkommen.

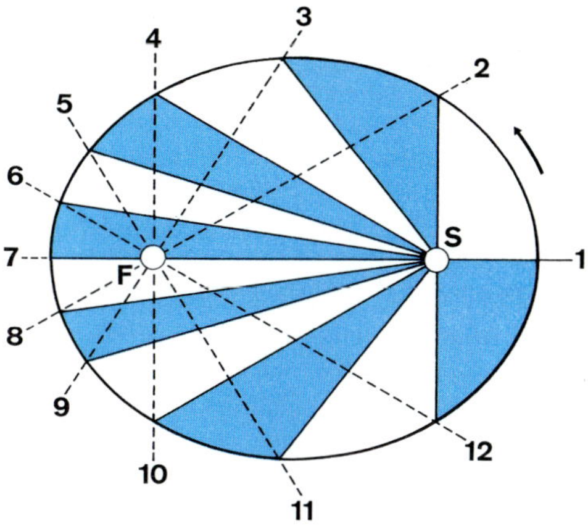

Abb. 3d. Die Zeichnung verdeutlicht das 2. Keplersche Gesetz. Im rechten Brennpunkt der elliptischen Planetenbahn (die hier zur Verdeutlichung stark exzentrisch gezeichnet ist, in Wirklichkeit weicht sie nicht so stark von der Kreisform ab) die Sonne. Der gedachte Strahl Sonne–Planet überstreicht in gleichen Zeiten (1 bis 12) jeweils gleiche Flächen (zur Verdeutlichung blau und weiß gezeichnet). Vom linken Brennpunkt aus gesehen erscheint die Winkelgeschwindigkeit, mit der der Planet sich bewegt, fast gleichförmig.

3.4 Wie stabil ist das System?

Ich gebrauchte eben, als ich von den Keplerschen Gesetzen zu sprechen begann, den Ausdruck, alle Umläufe im Sonnensystem seien von bestimmten Gesetzen »beherrscht«. Ich möchte diesen Ausdruck zum Anlaß nehmen für einige kurze, aber grundsätzliche Hinweise.

Erstens: Was meinen wir eigentlich, wenn wir sagen, daß Naturvorgänge bestimmten Gesetzen (Naturgesetzen) »folgen« oder »unterworfen sind«? Anders gewendet: Folgten die Bewegungen der Planeten auch schon den Keplerschen Gesetzen, bevor dieser sie (durch eine Mischung von exakter Beobachtung und Intuition) herausfand und formulierte? Natürlich doch! ist man versucht zu antworten. Sind die »Gesetze« also in der Natur vorhanden, auch wenn wir sie nicht erkennen, auch wenn niemand sie je erkennt? Sind sie vom Schöpfer vorgegeben oder in der Natur seit je vorhanden? Waren sie schon vorhanden, bevor das Universum entstand und sich entwickelte?

Oder ist es ganz anders? Der Mensch beobachtet die Natur, stellt bestimmte Regelmäßigkeiten fest, lernt es, sie in Regeln zu formulieren und mit deren Hilfe zukünftige Abläufe und Ereignisse – z. B. eine Mondfinsternis, eine chemische Reaktion, die Wirkung eines Nervenreizes – vorherzusagen. Spielt sich alles, was wir Gesetz nennen, vielleicht nur im Geist, im Gehirn der Menschen ab? Ist es also – wie Immanuel Kant lehrte – unser Denkapparat, der der Natur ihre »Gesetze« aufprägt oder vorschreibt?

Dies muß nicht bedeuten, daß die »Naturgesetze« gewissermaßen Phantasieprodukte des Menschen seien, ohne Zusammenhang mit der (für uns vielleicht gar nicht erkennbaren) realen Welt. Schließlich ist der Mensch, ist sein Gehirn ein Produkt der natürlichen Evolution, und der Mensch ist befähigt, Natur zu erkennen, ja zu beeinflussen und in Grenzen nach seinem Willen zu formen, weil unser Organismus, seine Organe, sein Gehirn in den Jahrmillionen der Menschwerdung gelernt haben, sich der realen Welt anzupassen.

Diese Bemerkung soll die Aufmerksamkeit darauf lenken, daß im Begriff des »Naturgesetzes« ein tiefes Problem steckt, das jeden beschäftigt, der sich in Naturwissenschaft und Philosophie mit den Grundlagen und Grundfragen menschlicher Erkenntnis befaßt.

Die zweite Bemerkung: Das Sonnensystem besteht nach allem, was wir wissen, seit mehreren Milliarden Jahren in einem bemerkenswert stabilen Zustand: ein Präzisionsuhrwerk, das es uns erlaubt, über weite Zeiträume vorwärts- wie auch rückwärtsgewandte Prognosen zu machen oder auch den Kurs einer Raumsonde so zu berechnen, daß sie 10 Jahre nach ihrem Start auf verschlungener Bahn an dem gewünschten Zielpunkt ankommt. So scheint das Sonnensystem geradezu das Musterbeispiel für ein genau determiniertes, langfristig stabiles System aus zahllosen Bestandteilen zu sein – das Paradepferd, an dem die mathematisch fundierte und formulierte »exakte« Naturwissenschaft ihren Erfolg demonstrieren kann.

Die Idee eines vollständig determinierten (vorherbestimmten) Universums wurde 1776 von dem Franzosen Pierre Simon de Laplace konsequent zu Ende gedacht. Er stellte sich eine »Intelligenz« vor (später »Laplacescher Dämon« genannt), die »für einen gegebenen Augenblick alle in der Natur wirkenden Kräfte sowie die gegenseitige Lage der sie zusammensetzenden Elemente kennen würde«. Einem solchen Geist wäre nichts ungewiß; Vergangenheit und Zukunft lägen offen vor seinen Augen. Mit anderen Worten: Kennt man den Zustand des Universums – also die Lage aller seiner Teilchen und alle auf sie wirkenden Kräfte – für irgendeinen Zeitpunkt, so kann man anhand der Naturgesetze den Weltzustand für jeden anderen Zeitpunkt, vergangen wie zukünftig, ableiten. Alles ist vorherbestimmt und nichts zufällig. Folgerung: Je mehr es der Wissenschaft gelingt, immer genauer zu messen und die Naturgesetze immer präziser zu erkennen, desto mehr verschwindet der Zufall aus dem Ablauf des Weltgeschehens.

Dieses Erkenntnisideal erhielt einen ersten Stoß gegen Ende des 19. Jahrhunderts durch Laplace' Landsmann Henri Poincaré. Er beschäftigte sich mit den Planetenbahnen und fand heraus, daß winzige gegenseitige Störungen der Planeten untereinander sich nicht (wie Laplace und andere angenommen hatten) gegenseitig aufheben und damit vernachlässigbar sind, daß sie vielmehr sich resonanzartig aufschaukeln und dann die Bahnen merklich verändern können.

Von Poincaré bis zur heutigen »Chaosforschung« war noch ein weiter Weg zurückzulegen. An dieser Entwicklung haben viele Forscher Anteil: Deutsche, Russen, Amerikaner, Gelehrte verschiedenster Fachgebiete – ich kann nur wenige nennen.

Schon am Beginn unseres Jahrhunderts trat die von Max Planck entwickelte Quantentheorie auf den Plan. Ihre Weiterbildung zur Quantenmechanik, u.a. durch Werner Heisenberg, überzeugte die Physiker, daß das Naturgeschehen nicht durchgehend determiniert sein kann. Jedenfalls nicht im Bereich des Allerkleinsten, der Elementarteilchen. Ort und Impuls eines Elektrons zum Beispiel lassen sich nicht gleichzeitig mit beliebiger Genauigkeit messen. Die Unsicherheit in bezug auf das Verhalten des einzelnen Teilchens wird allerdings überdeckt durch deren riesige Anzahl; diese erlaubt statistische oder Wahrscheinlichkeitsaussagen.

Aber auch für makrophysikalische Größen und damit für das System Sonne/Planeten ist die Vorstellung von einem präzisen Uhrwerk erschüttert. Der Computer hat an dieser Entwicklung einen wichtigen Anteil. Seine hohe Rechengeschwindigkeit erlaubt, Modellrechnungen und Simulationen durchzuführen, von denen Laplace oder Poincaré nur hätten träumen können. (Poincaré hatte gesagt, er wage es nicht, über die Konsequenzen seiner Vermutung, das System könne instabil werden, weiter nachzudenken.)

Um den Zustand eines Systems auch für die ferne Zukunft voraussagen zu können, müssen wir seinen Anfangszustand mit vollkommener Genauigkeit kennen. Das heißt, wir müssen ihn mit äußerster Präzision messen. Aber Meßgenauigkeit hat Grenzen. Wie lang ist das Ufer des Bodensees? In Kilometern läßt sich das leicht angeben, wohl auch in Metern. Aber auch in Millimetern oder noch kleineren Einheiten? Je genauer wir messen, um so länger wird übrigens das Ufer! Tatsächlich hat Benoît Mandelbrot, einer der wichtigsten Männer der heutigen Chaosforschung, seinen Begriff des »Fraktals« (einer »gebrochenen« Größe) durch eine Arbeit eingeführt, die den Titel führte: »Wie lang ist die Küste Großbritanniens?«

Die Wissenschaft hat das Chaos, das nach der griechischen Mythologie bekanntlich den Urzustand der Welt darstellt, wiederentdeckt. In der heutigen Wissenschaft bedeutet Chaos aber nicht einfach »Durcheinander«. Man versteht darunter ein System, dessen Verhalten nicht vorhersagbar ist, weil winzige Änderungen bei den Anfangsbedingungen völlig unterschiedliche Abläufe im Gefolge haben können. (Beispiel: die Atmosphäre der Erde – langfristige Wetterprognose nicht möglich.) Die Wissenschaft hat aber sogleich begonnen, das Chaos zu erobern, will sagen, mathematisch in den Griff zu bekommen. Das gilt sowohl für Prozesse, die von geordnetem Zustand ins Chaos führen, wie umgekehrt für Abläufe, die aus einem Chaos neue geordnete Strukturen entstehen lassen. Um diese letzteren Phänomene hat sich besonders Hermann Haken mit seiner »Synergetik« (Lehre vom Zusammenwirken) verdient gemacht.

Ich möchte die Betrachtung jetzt auf das Sonnensystem einschränken. Umfangreiche Modellrechnungen sind hier durchgeführt worden besonders für »kritische« Regionen, bei denen der Gedanke an ein Abgleiten ins Chaos naheliegt: die Planetoiden, der Saturnmond Hyperion, der Planet Pluto mitsamt seinem bemerkenswerten Mond Charon.

Für die Planetoiden ergeben Rechnungen des Amerikaners Jack Wisdom, welche die voraussichtliche Entwicklung in den nächsten 300 000 Jahren berücksichtigen, daß manche dieser Körper, nachdem sie 100 000 Jahre lang brav ihre Bahn eingehalten hatten, plötzlich auf eine chaotische Bahn überspringen. Solche Bahnen können die des Planeten Mars kreuzen und den Körper damit in die Nähe der Erde führen. Sollte er dann mit ihr kollidieren, würde er eine kaum vorstellbare Katastrophe auslösen.

Der Mond Hyperion ist von höchst unregelmäßiger Gestalt, er gleicht, grob gesprochen, einer Bohne mit einem Längsdurchmesser von 200 km. Dies führt dazu, daß er sich auf der elliptischen Bahn um seinen Planeten taumelnd und schlingernd vorwärts bewegt. Es ist unmöglich, seine Position und seinen Bewegungszustand, selbst wenn man Achse und Drehbewegung für einen gegebenen Moment bis auf 10 Stellen hinter dem Komma genau berechnen könnte, auch nur für wenige Jahre vorauszuberechnen. Langfristig ist auch der Planet Pluto ein Kandidat für ein Ausbrechen aus der berechenbaren Bahn.

Diesen teilweise ins Allgemeine und Philosophische weisenden Bemerkungen möchte ich noch einen abschließenden Hinweis hinzufügen: Berechnungen und Simulationen wie die eben berührten müssen das Sonnensystem als geschlossenes System behandeln, das heißt auch: Sie müssen absehen von möglichen Einflüssen, die von außen hineinwirken. Solche Einflüsse gibt es aber. Nicht nur die Gravitationswirkung von Nachbarsternen ist hier zu nennen. Es gibt eine – allerdings nicht allgemein anerkannte – Theorie des Amerikaners Richard Muller, die besagt, die Sonne habe einen Begleitstern, Nemesis genannt, der alle 26 bis 28 Millionen Jahre in ihre Nähe kommt, der dann jedesmal die Kometenwolke (Oortsche Wolke), die die Sonne in großem Abstand umläuft, in Unordnung bringt, so daß einige ihrer Bestandteile ins Innere des Sonnensystems stürzen. Diese können dabei mit der Erde kollidieren, und die gewaltigen Katastrophen für das irdische Leben, die in großen Abständen auftreten und jedesmal einen beträchtlichen Teil der Arten ganz auslöschen (vgl. das plötzliche Aussterben der Saurier und anderer Arten vor etwa 65 Millionen Jahren), werden damit in Verbindung gebracht.

Einflüsse von außen könnten auch in verstärkter kosmischer Strahlung (vgl. Kapitel 6) oder in Stoßwellen nach Supernova-Explosionen (vgl. Kapitel 5 und 8) in der Umgebung der Sonne bestehen.

3.5 Kometen, Meteore und Staub

In den Kometen begegnen wir sozusagen den Irrwischen des Sonnensystems: relativ kleinen Körpern, die oft riesig ausgedehnte, sehr exzentrische Bahnen um die Sonne beschreiben und in früheren Zeiten, wenn ausnahmsweise einmal einer aus ihrer Milliardenschar dem bloßen Auge sichtbar wurde, als Unheilskünder galten und die Menschen in Furcht versetzten, wahrscheinlich wegen ihres rätselhaften, plötzlichen Auftretens und ihres kurzen Verweilens, das gar nicht in die damalige Vorstellung vom ewigen Gleichmaß des gestirnten Himmels paßte. Auch der an anderen Himmelskörpern unbekannte Schweif hat gewiß zu der abergläubischen Kometenfurcht beigetragen.

Abb. 3e. Der Komet Bennett (1969 i) am 11. April 1970, nach einer Amateur-Aufnahme von Karl Brandl.

Die große Mehrzahl aller Kometen, deren Anzahl in unserem Sonnensystem bis auf 10^{10} = 10 Milliarden geschätzt worden ist, wird dem menschlichen Auge nie sichtbar. Seitdem es starke Fernrohre gibt, werden immer neue, jährlich 5 oder 6, entdeckt. Seit Johannes Kepler die Gesetze der Planetenbewegung und Isaac Newton das ihnen zugrundeliegende allgemeine Phänomen der Gravitation entdeckt haben, vermag die Wissenschaft ihre Bahnen zu beschreiben und zu berechnen, erschwert allerdings dadurch, daß die Kometen gewöhnlich nur in dem relativ kurzen, sonnennahen Teil ihrer Bahn beobachtet und lediglich dann Positionsbestimmungen gemacht werden können, aus denen die Bahn zu errechnen ist.

Ergibt die Berechnung eine Ellipse, so ist klar, daß der Komet die Sonne auf einer in sich geschlossenen Bahn umläuft. Ergibt sich aber eine Hyperbel oder eine Parabel, also eine Kurve, die aus dem Unendlichen kommt und nach Umkehr (in Sonnennähe) sich wieder ins Unendliche verliert, so erhebt sich die Frage: Gehört dieser Komet zum Sonnensystem, gleichsam zum ständigen Bestand? Oder fällt er aus fernen Tiefen des Weltalls auf unsere Sonne zu und verschwindet, nachdem deren enorme Gravitation ihm eine andere Richtung aufgezwungen hat, auf Nimmerwiedersehen im All?

Die Masse eines kleineren Kometen wird in der Größenordnung von 10^{15} g oder 1 Milliarde t angenommen (bei einem Kerndurchmesser bis etwa 10 km); die Gesamtmasse aller Kometen soll ungefähr der Erdmasse gleichkommen. Da Kometenmassen gemessen an denen der Planeten sehr klein sind, werden ihre Bahnen durch die Anziehungskraft der Planeten stark beeinflußt und vielfach so deformiert, daß sie in Sonnennähe den Verlauf von Parabeln oder Hyperbeln annehmen. In allen bisher nachgeprüften Fällen hat sich die Bahnform auf diese Weise erklären lassen, während ein Komet, der eindeutig von außerhalb des Sonnensystems stammt, nicht nachgewiesen werden konnte.

Die Bahnen der Kometen liegen nicht wie die der Planeten zur Hauptebene der Ekliptik konzentriert. Sie scheinen ziemlich regellos im Raum verteilt und bilden alle zusammen eine »zirkumsolare«, d.h. die Sonne umhüllende Kometenwolke. Die regellose Verteilung der Bahnen gilt jedoch vorwiegend für die langperiodischen Kometen, deren Umlaufzeiten bei 200 Jahren, oft darüber, liegen (sie können auch Millionen Jahre betragen!), während die Bahnen der kurzperiodischen Kometen, die alle paar Jahre oder Jahrzehnte wiederkehren,

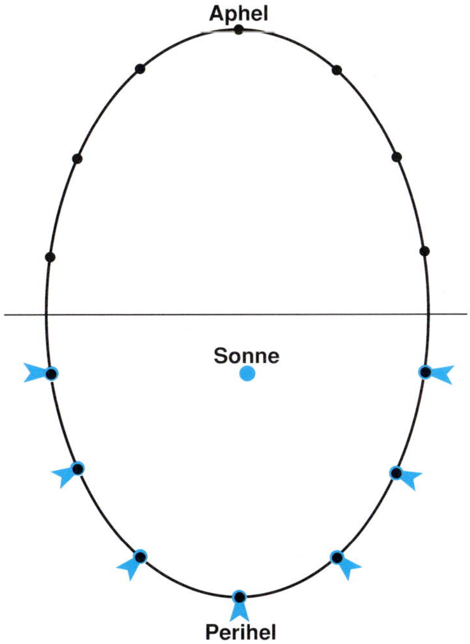

Abb. 3f. Schema einer Kometenbahn (langgestreckte Ellipse). Im sonnenfernen Teil (oben) ist der Kern inaktiv. Im sonnennahen Teil bilden sich infolge der Aufheizung durch die Sonne Koma und Schweif. Der Gasschweif zeigt (infolge des Sonnenwindes) stets in die der Sonne abgekehrte Richtung.

anscheinend doch zur Ekliptik hin orientiert sind.

Der berühmteste aller Kometen ist benannt nach dem englischen Astronomen Edmond Halley (1656–1742, Freund Newtons). Halley hat diesen Kometen 1682 beobachtet; seine eigentliche Leistung besteht aber in der Erkenntnis, daß es sich um denselben Körper handelte, der schon 1531 und 1607 beobachtet worden war. Halley schloß, es handle sich um einen etwa alle 76 Jahre wieder auftretenden Kometen, und riskierte die Voraussage, man werde ihn 1759 wiederum sichten. Das trat auch ein; Halley durfte das nicht mehr erleben.

Berichte über das Erscheinen dieses Kometen reichen bis in vorchristliche Zeit zurück. Er trat u. a. auch 1066 auf, unmittelbar vor der Eroberung Englands durch die Normannen. Der berühmte Teppich von Bayeux zeigt in einer Szene, wie der angelsächsische König Harold durch den Kometen in Furcht versetzt wird. Man hat auch vermutet, daß der Komet zur Zeit der Geburt Jesu auftrat und mit dem »Stern von Bethlehem« identisch sei. Jedenfalls hat der Maler Giotto, der 1301 den Kometen gesehen hat, ihn als Vorlage in diesem Sinne für seine »Anbetung der Könige« benutzt.

Aus diesem Grunde wurde eine Sonde, die 1986 (letztes Auftreten des Kometen, vorher 1910) zu ihm entsandt wurde, »Giotto« genannt. Eine ganze Flotte von Sonden ist damals in Richtung des Kometen gestartet worden; Giotto kam ihm bis auf 600 km nahe und wurde dabei durch einen Trommelwirbel von Staubteilchen beschädigt.

Als Herzstück dieses Kometen stellte sich ein länglicher Kern von $15 \times 8 \times 8$ km Größe heraus. Woraus besteht er? Der Amerikaner Fred Whipple nannte die Kometen bereits 1949 »schmutzige Schneebälle«. Das hat sich bestätigt. Der Kern enthält zu über 50 % Wassereis, dazu Kohlenmonoxid, Kohlendioxid, Ammoniak, Methan u. a., dazu auch Staubteilchen, die aus Silikaten, aber auch aus organischen Molekülen bestehen – was den Briten Fred Hoyle zu der Vermutung inspiriert hat, manche auf der Erde grassierenden Infektionskrankheiten könnten mit Kometen zusammenhängen.

Nähert sich der Komet der Sonne, so schmilzt das Eis, verdampft und bildet Gase. Natürlich verliert der Komet dabei einen Teil seiner Masse, denn er kann die Gase nicht halten – seine Masse und damit seine Schwerkraft sind dazu viel zu klein –, und man schätzt, daß der Verlust bei einem Kometen typischer Größe $^1/_{200}$ der Masse betragen kann, so daß er etwa 200 Umläufe überstehen könnte.

Leuchtet der Komet selbst, oder wirft er nur das Sonnenlicht zurück? Der aus fester Materie bestehende Kern reflektiert nur das Sonnenlicht. Die den Kern umgebende Gaswolke (die Koma) zeigt dagegen ein Eigenleuchten und damit ein Spektrum. Der Durchmesser dieser Wolke kann ein Vielfaches des Erddurchmessers erreichen.

Der auffälligste Teil des Kometen, der Schweif, der sich in der Regel nur bei Kometen bildet, die in Sonnennähe gelangen, kann riesige Ausmaße haben. So wird die Schweiflänge für den Halleyschen Kometen mit 30 Millionen km angegeben! Aus früheren Zeiten sind Fälle überliefert, in denen ein Kometenschweif sich über das halbe Firmament erstreckte und sogar bei Tage sichtbar blieb.

Allerdings bestehen die Schweife aus sehr dünn verteilter Materie. Im Jahre 1910 ging die Erde durch den Schweif des Halley-Kometen mitten hindurch, was viel Unruhe, aber sonst keine feststellbaren Wirkungen auslöste.

Der Schweif des Kometen ist stets von der Sonne weg gerichtet. Die ionisierten Gase, aus denen der Schweif neben Staubteilchen besteht (wie sein Spektrum beweist), werden durch die Sonnenstrahlung angeregt: sie absorbieren Sonnenlicht und emittieren es wieder mit den für sie charakteristischen Frequenzen. Die Kraft, die den Schweif in die der Sonne abgewandten Richtung drückt, ist der Strahlungsdruck der Sonne. Der Druck des Sonnenlichtes bewirkt zwar bei größeren Körpern nur eine vernachlässigbare Beschleunigung; doch Teilchen unterhalb einer bestimmten Größe (unter $^1/_{100\,000}$ cm Durchmesser) können durch ihn davongetragen werden.

Gleichwohl reicht der Strahlungsdruck allein nicht aus, die riesig ausgedehnten Kometenschweife zu bilden: Seit etwa 1960 ist erkannt worden, daß die Sonne (wie von Ludwig Biermann schon vorher vermutet) Ströme von Protonen (also Wasserstoffkernen), untermischt mit anderen Elementarteilchen, von den Zentren ihrer Aktivität (Sonnenflecken, Fackeln, Protuberanzen) ausstößt, und zwar bei ruhiger Sonne mit Geschwindigkeiten von 400 km/s, bei Ausbrüchen von mehreren 1000 km/s. Solche

Partikelströme reißen, wenn sie auf einen Kometen treffen, die Gasteilchen aus Koma (Wolke) und Schweif mit sich fort. Bei der Ausbildung der Kometenschweife spielen außerdem wahrscheinlich auch Magnetfelder eine Rolle.

Ein Komet kann in Bruchstücke zerfallen. Dieser Vorgang spielte sich 1845 bei dem »Bielaschen Kometen« ab. Er zerbarst zuerst in zwei Teile, die man $6^3/_4$ Jahre später (nach einer Umlaufperiode) miteinander ihre Bahn ziehen sah. Dann ist der Komet nicht mehr aufgetaucht, höchstwahrscheinlich ist er in kleine Bruchstücke zerfallen.

Dies mag ein Sonderfall sein. Regelmäßig jedoch läßt ein Komet auf seiner Bahn Materieteilchen zurück. Diese stehen nicht still; sie bewegen sich als Schwarm weiter auf der Bahn des Kometen. Trifft die Erde auf ihrer Umlaufbahn auf einen solchen Schwarm, so dringen manche Teilchen in die Atmosphäre ein und verursachen dort etwas, was der Volksmund »Sternschnuppen« nennt, der Fachmann »Meteore«. Meteor bezeichnet also diese Lufterscheinung, nicht das Teilchen, das sie hervorruft.

Der Sprachgebrauch ist etwas verwirrend, schon deshalb, weil wir unter »Meteorologie« nicht etwa die Lehre von diesen »Meteoren« verstehen, sondern die Wetterkunde (denn man benannte früher einmal alle Erscheinungen in der Lufthülle der Erde so).

Der Astronom nennt heute Meteor: die Sternschnuppe; Meteorit: einen kleinen Körper (Masse kleiner als ein Planetoid oder Komet), der die Sonne umläuft, besonders wenn er in die Erdatmosphäre gerät. Der Meteorit verglüht und verdampft, wenn er klein ist – eine typische Sternschnuppe ist durch einen 1–10 mm großen Meteoriten hervorgerufen. Ist dieser größer, kann er die Erdoberfläche erreichen und hier kleinere Schäden oder große bewirken wie den gewaltigen Arizona-Krater (Durchmesser 1200 m, Tiefe 180 m).

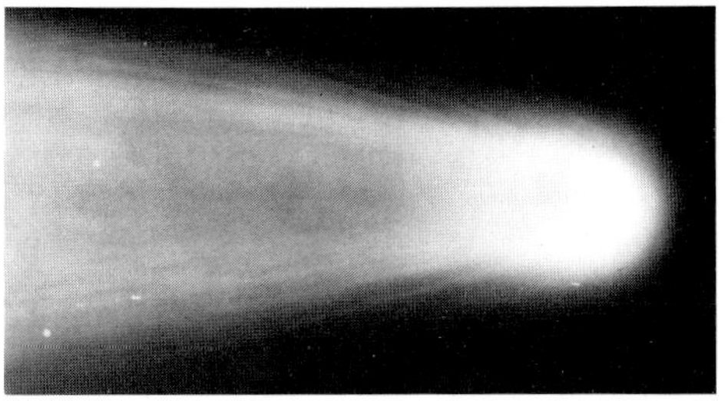

Abb. 3g. Der Kopf des berühmten Halleyschen Kometen, aufgenommen am 8. Mai 1910 (Hale Observatories).

Das Gewicht dieses Meteoriten betrug mehrere Millionen t. Bolid oder auch Feuerkugel nennt man die sehr helle Leuchterscheinung, die ein Meteorit von einiger Größe in der Atmosphäre erzeugt.

Meteorite können, wie angedeutet, Bruchstücke von Kometen sein. Die Mehrzahl, vor allem die schwereren, die auf den Erdboden auftreffen, sind aber Bruchstücke von Planetoiden.

Wie ist das Aufleuchten zu erklären? Es ist nicht einfach so, daß der mit 10 bis 70 km/s einfallende Körper sich durch Reibung an der Atmosphäre erhitzt. In Höhen von etwa 100 km werden vielmehr Teilchen von seiner Oberfläche abgerissen (»Ablation«), die mit Atomen und Molekülen der Atmosphäre kollidieren und diese ionisieren und zum Leuchten anregen. Das Leuchten dauert meist nur Bruchteile einer Sekunde. Auch Radiostrahlung wird erzeugt.

Die Lehre von den Meteoren ist heute eine ausgebaute Wissenschaft. Man kennt zahlreiche Meteorströme, man weiß, wann die Erde ihnen begegnet, wann daher besonders viele Einfälle zu erwarten sind.

Meteoriten bestehen aus Gestein und aus Metallen, werden nach ihrer Zusammensetzung klassifiziert. Altersbestimmungen deuten auf ein Alter von 4,6 Milliarden Jahren. Wir haben in den Meteoriten demnach Materie vor uns, die aus der Entstehungszeit unseres Sonnensystems stammt. Meteore, deren Zusammensetzung auf einen Ursprung außerhalb des Sonnensystems deutet, sind nicht bekanntgeworden.

Die Masse aller Meteoriten, die pro Jahr in die Erdatmosphäre eindringen, wird auf 16000 t geschätzt.

Der interplanetare Raum (Raum zwischen den Planeten, im Unterschied zum interstellaren Raum, dem Raum zwischen den Fixsternen) ist, wie wir nun gesehen haben, nicht leer. Er enthält an materiellen Körpern – neben den Planeten mit ihren Monden und Ringen – die Planetoiden (bis 1000 km Durchmesser), die Kometen (bis 20 km Durchmesser), die Meteoriten. Er enthält ferner feinen Staub – nicht nur auf der Kometenbahn, sondern als dünne, die Sonne umgebende Wolke. Diese winzigen Staubkörner werden sichtbar, wenn die Sonne sie anleuchtet und die Teilchen (Größe um $^1/_{1000}$ mm) das Licht streuen. So entsteht das Zodiakallicht, das besonders in den Tropen nach Sonnenuntergang und vor Sonnenaufgang über dem Horizont zu beobachten ist.

Der interplanetare Raum enthält schließlich die fein verteilten Teilchen (Protonen, Elektronen, auch Moleküle u. a.), die aus der Korona der Sonne als Sonnenwind entweichen. Sie werden uns nochmals im folgenden Abschnitt beschäftigen.

Manche Kometen bilden neben dem aus Gas bestehenden Schweif einen zweiten aus, der aus winzigen festen Teilchen besteht. Diese stammen natürlich ebenfalls aus dem Kern. Der Staubschweif weist häufig nicht in genau dieselbe Richtung wie der Gasschweif und ist leicht gekrümmt. Beide Schweife leuchten, teils das Sonnenlicht reflektierend, teils weil ihre Atome, angeregt durch UV-Strahlung der Sonne, selbst Strahlung abgeben.

Die vielfältigen Phänomene der Kometen werden heute häufig mit Hilfe einer Theorie erklärt, die der Niederländer Jan Hendrik Oort (geb. 1900) aufgestellt hat. Nach ihr gibt es in dem riesigen Abstand von 20000 bis 70000 Astronomischen Einheiten von der Sonne eine kugelschalenförmige Wolke oder einen Halo aus inaktiven Kometen. Vorüberziehende Sterne oder auch Planeten können die Wolke stören und dazu führen, daß einzelne Kometen ins Innere des Sonnensystems stürzen.

3.6 Die vielfältigen Beziehungen zwischen Sonne und Erde

Jeder weiß, daß die Sonne die Erde erleuchtet und erwärmt; daß sich alle Pflanzen unmittelbar, alle Tiere und Menschen mindestens mittelbar von Substanzen ernähren, die nur unter Mitwirkung des Sonnenlichts gebildet werden können; daß die Energien, die in Kohle, Erdöl, Erdgas stecken, unter Mitwirkung der Sonne gespeichert wurden; daß der Kreislauf des Wassers, das Wettergeschehen und die Gezeiten von der Einwirkung der Sonne abhängig sind. Weit weniger bekannt, teilweise auch erst in jüngster Zeit erforscht, sind die Wirkungen, die von Änderungen des solaren Magnetfeldes und vor allem von der solaren Korpuskularstrahlung ausgehen. Störungen des irdischen Magnetfeldes gehören hierher, von leichten periodischen Änderungen über Stunden oder Tage dauernde unperiodische Störungen bis zu schweren »erdmagnetischen Stürmen«, die ein bis zwei Tage nach dem Aufleuchten heftiger Eruptionen auftreten – diese Zeit benötigen die von der Sonne ausgestoßenen Teilchen offenbar für ihre Reise zur Erde. Die Störungen des irdischen Funkverkehrs gehören ebenfalls hierher, und es ist mindestens wahrscheinlich, daß die Großwetterlage und manche Wachstumsvorgänge von der Sonnenaktivität und ihren Schwankungen beeinflußt werden.

Hier möchte ich jedoch ein anderes Phänomen hervorheben, das erst erkennbar geworden ist, seit Forschungsraketen und Satelliten die irdische Atmosphäre verlassen können. Der erste Satellit, den die Amerikaner in eine Umlaufbahn brachten – er hieß

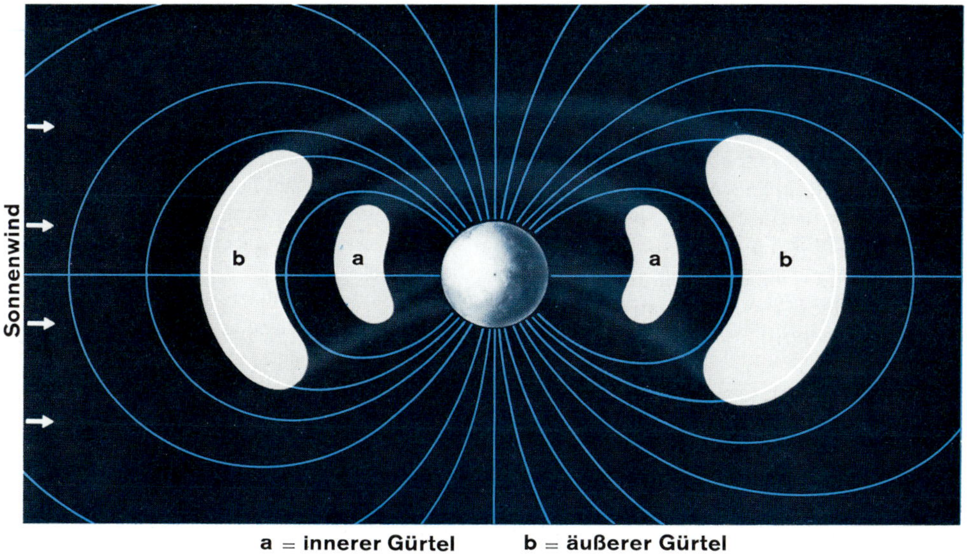

Abb. 3 h. Die beiden Van-Allen-Gürtel und das Magnetfeld der Erde. In dieser Schemazeichnung ist angenommen, daß die Partikelströme des Sonnenwindes von links einfallen und hier die Magnetosphäre zusammendrücken.

Explorer I (1958), und zwei Sputniks waren ihm vorangegangen –, erbrachte Hinweise darauf, daß ab etwa 1000 km Höhe über die Erde eine Zone intensiver, harter Strahlung beginnt, die in etwa 5000 km Höhe ihr Maximum erreicht. Dieser Gürtel, der die Erde längs des Äquators umgibt, und ein zweiter, dessen Maximum etwa in 20000 km Abstand um die Erde liegt, wurden Van-Allen-Gürtel getauft nach dem amerikanischen Physiker, der die Mitnahme eines Geiger-Zählrohrs an Bord von Explorer I vorgeschlagen und durchgesetzt hatte. Die Protonen und freien Elektronen in diesem Gürtel stammen großenteils von der Sonne. Die Sonne stößt sie mit Geschwindigkeiten von 400 km/s und darüber bei Eruptionen senkrecht nach außen ab; die Drehung der Sonne bewirkt, daß sie sich ähnlich im Raum verteilen wie Wassertropfen aus einem sich drehenden Rasensprenger.

Da die Wolke aus Protonen, Elektronen und anderen Partikeln, insbesondere Helium-Ionen, sich von der Sonne bis zur Erde ausdehnt – denn ihre Teilchen sind ja in Erdnähe feststellbar –, drängen sich zwei Fragen auf.

Einerseits: Warum »versammeln« sich die Teilchen, in ihrer großen Mehrzahl jedenfalls, in respektvollem Abstand von der Erde? Andererseits: Wieviel weiter als bis in Erdnähe mag diese Sonnenwolke sich ausdehnen?

Auf die erste Frage läßt sich eine eindeutige Antwort geben. Das Magnetfeld der Erde schirmt diese gegen die auch als Sonnenwind bezeichnete solare Korpuskelstrahlung ab. Bis zu einer bestimmten Höhe ist es so stark, daß seine Kraftlinien, einem unsichtbaren Käfig gleich, die Korpuskelstrahlung am weiteren Vordringen hindern. Bis zu »einer bestimmten Höhe« – warum so vage? Weil diese Höhe nicht konstant ist. Sie schwankt vielmehr etwa zwischen 40000 und 80000 km Entfernung (von der Erdoberfläche), und zwar wird dieser durch das Magnetfeld abgeschirmte Raum (auch Magnetosphäre genannt) offenbar zusammengedrückt, wenn besonders starke Partikelströme von außen auf ihn drücken: Danach dehnt er sich wie ein mit Federkern versehenes Polster wieder aus. Die Partikeln solaren Ursprungs tanzen und toben – man ist versucht zu sagen »in ohnmächtiger Wut« – auf dem Deckel dieses magnetischen Käfigs. Könnten sie ihn durchdringen, würden sie alles Leben auf der Erde töten, und zwar mutmaßlich sehr schnell – schneller als der Kältetod, der uns beim plötzlichen Erlöschen der Sonne bevorstünde. Die Vermutung liegt nahe, daß Planeten, die kein nennenswertes Magnetfeld besitzen, aus diesem Grunde als mögliche Träger außerirdischen Lebens ausscheiden. Sobald sich die Aktivität der Sonne verstärkt (bei Flares, Protuberanzen), drückt der solare Teilchenstrom verstärkt auf die Magnetosphäre der Erde. Die Auswirkungen sind »magnetische Stürme« (Schwankungen des erdmagnetischen Feldes), Störungen des Funkverkehrs und das Auftreten von Polarlichtern.

Zur zweiten Frage: Pluto, der äußerste Planet, ist 40 AE von der Sonne entfernt (also 40mal so weit wie die Erde). Der solare Teilchenstrom ist noch in der doppelten Entfernung von der Sonne (bis 100 AE) nachweisbar.

Zur besseren Übersicht fasse ich zusammen, was die Erde von der Sonne empfängt:
1. Licht, dazu elektromagnetische Strahlung anderer Wellenbereiche, Ultraviolett, Infrarot, Radiowellen. Die Röntgenstrahlung der Sonne wird durch die Atmosphäre abgeschirmt und trifft nicht auf die Erdoberfläche. Alle diese Strahlung erreicht die Erde binnen 8 Minuten.
2. Sonnenwind, ein Teilchenstrom, der aus der Korona stammt. Er erreicht die Erde nach 20 bis 40 Stunden (es gibt »langsame« und »schnelle« solare Teilchen). Bei starken Ausbrüchen (Flares) kann ein Strom von Protonen entstehen, der die Erde bereits nach 30 Minuten erreicht (also mit $^1/_4$ der Lichtgeschwindigkeit reist). Dieser hochenergetische Strom wird nicht durch die Atmosphäre aufgehalten, er kann Passagiere in hochfliegenden Flugzeugen und Astronauten gefährden. Solche Teilchen erreichen Energien, die schon in den Bereich der sogenannten Kosmischen Strahlung gehören. Diese bespreche ich näher im 6. Kapitel.

Die Magnetosphäre der Erde schützt uns wie ein kosmischer Schild gegen tödliche Strahlung aus den Tiefen des Weltraums. Diese für uns Erdbewohner tröstliche Feststellung bedarf jedoch nach neuesten Forschungsergebnissen, was unsere Erde anlangt, einer unerfreulichen Korrektur. Messungen des irdischen Magnetfeldes durch amerikanische, japanische und deutsche Geophysiker ergaben, daß seine Feldstärke seit C. F. Gauß' Messungen um 6 % abgenommen hat, daß sie generell offenbar pro Jahrhundert derzeit um 5 % schwächer wird – ein Prozeß, der wahrscheinlich mit einer »Umpolung« des Magnetfeldes zusammenhängt, wie sie schon mehrfach in der Erdgeschichte stattgefunden hat, zuletzt vor etwa 700000 Jahren. Berechnungen lassen erwarten, daß etwa vom Jahre 3500 ab das Feld zu schwach wird, seine Schutzfunktion gegen solare Partikelstrahlung noch ausüben zu können. Dieser Zustand kann für mehrere Jahrtausende anhalten, bis sich – wahrscheinlich – ein neues Magnetfeld aufbaut. In dieser Zeit besteht die Gefahr, daß Gruppen von Lebewesen, besonders auch Säugetiere und damit der Mensch, erbliche Veränderungen erleiden, vielleicht mit »conterganähnlichen« Erscheinungen, wie ein Biologe das anschaulich ausdrückt.

3.7 Wie entstand das Sonnensystem?

Kosmogonie bedeutet wörtlich »Entstehung des Kosmos«, doch wird der Begriff manchmal auch in einem eingeschränkten

Sinne verwandt. Er bezeichnet dann das Problem der Entstehung unseres Sonnensystems und die dafür bisher von der Theorie angebotenen Lösungen.

An jede Theorie, die diesen Anspruch erhebt, müssen wir drei Forderungen stellen:
1. Sie muß den Umstand erklären, daß das System annähernd in einer Ebene liegt. Die Bahnen der Planeten – ausgenommen Pluto – sind gegen die Ekliptik nur um wenige Grad geneigt. Und sie muß dem Umstand Rechnung tragen, daß die Planeten, der Erdmond, die Mehrzahl der Satelliten des Jupiter und des Saturn sämtlich in derselben Richtung um die Sonne bzw. ihre Planeten laufen, in der die Rotation der Sonne verläuft. Auch die Bahnen der Kleinplaneten liegen überwiegend in der Ebene der Planetenbahnen und haben denselben Drehsinn.
2. Während Punkt 1 mehr eine qualitative Forderung darstellt, muß die Theorie zugleich die quantitativen Gegebenheiten berücksichtigen. Sie muß der Tatsache Rechnung tragen, daß rund 99,9 % der Gesamtmasse des Systems im Zentralgestirn vereinigt sind, daß aber andererseits die relativ langsam rotierende Sonne vom Gesamtsystem nur etwa 1 % des Drehimpulses besitzt, während 99 % der Rotationsenergie auf die Umlaufbewegungen und die Eigenrotation der Planeten entfallen.
3. Da das System als Ganzes in mannigfacher Hinsicht eine Einheit zu bilden scheint und sich gegen den Bereich anderer Sterne deutlich abgrenzt, so erscheint die Forderung vernünftig, daß die Theorie die Entstehung des Systems als eines Ganzen (z. B. nicht nur die Entstehung der Sonne selbst) verständlich machen müsse.

An der Forderung Nr. 2 scheitert die Abschleuderungshypothese von Laplace (1796), die von einer geordnet rotierenden Gas- und Staubmasse als Anfangszustand des Systems ausgeht; aus der sich bei Abplattung des Systems bildenden Ursonne soll dann am Äquator mehrmals nacheinander Materie durch Zentrifugalkräfte ausgeschleudert worden sein. Aus der dritten Forderung ergeben sich Bedenken gegen die Anfang des 20. Jahrhunderts durch Sir James Jeans und andere aufgestellte Katastrophentheorie, nach der ein anderer Stern bei sehr nahem Vorübergang an der Sonne aus dieser Materie herausgerissen habe, aus der dann nach ihrem Erkalten die Planeten entstanden. Die hier vorausgesetzte nahe Begegnung zweier Fixsterne ist höchst unwahrscheinlich; sie würde einen beinahe singulären Fall in dem uns übersehbaren Universum darstellen.

Die heute bevorzugte Erklärung beruht zwar noch auf der von Immanuel Kant (1755) aufgestellten Nebularhypothese, nach der aus einer ungeordneten, turbulenten Gasmasse durch Verdichtung sowohl die Sonne wie die Planeten hervorgegangen sein sollen. Diese These hat jedoch durch Carl Friedrich v. Weizsäckers Turbulenztheorie (1944) und durch J. G. Kuiper eine einschneidende Modifizierung erfahren (Abb. F 12). Man nimmt heute an, daß das System aus einem Urnebel hervorgegangen ist, dessen chemische Zusammensetzung etwa der Gesamtverteilung der Elemente im Kosmos entsprach: 99 % Wasserstoff und Helium, nur 1 % schwere Elemente. Als der Urnebel infolge Rotation Scheibenform angenommen hatte, zerbrach er in einzelne Schollen, aus denen sich durch weitere Kontraktion die Urplaneten, von Kuiper »Protoplaneten« genannt, bildeten. Ähnlich mag dann die Entstehung der Satelliten verlaufen sein.

Die Hauptpunkte sind: Daß die Sonne einen so geringen Drehimpuls besitzt, wird damit erklärt, daß sie den ursprünglich vorhandenen sehr starken Rotationsimpuls allmählich durch Reibung an der umgebenden Masse oder – nach dem schwedischen Forscher H. Alfvén – unter der Einwirkung von Magnetfeldern verloren hat. Daß die Planeten nur einen winzigen Bruchteil der Sonnenmasse ausmachen, andererseits viel dichter sind als die Sonne, d. h. mehr schwere Elemente enthalten, wird in erster Linie damit erklärt, daß die Sonne, als sie heiß genug wurde und zu strahlen begann, durch den Druck ihrer Licht- und Partikelstrahlung den größten Teil des Wasserstoffs und des Heliums einfach aus dem System fegte.

Für die inneren, erdähnlichen Planeten lautet die gegenwärtig weithin akzeptierte Hypothese: Kern und Ausgangspunkt ihrer Entstehung waren winzige Anhäufungen von Eisenatomen, die durch ihre Gravitation viele andere schwere Atome, z. B. Magnesium und Silicium, anzogen und so zu staubkorngroßen, schließlich zu mehreren Millimeter großen Körnern heranwuchsen. Hiernach sind also die Planeten aus (hauptsächlich) schweren Atomen regelrecht zusammengebacken worden; je mehr sie anwuchsen, um so mehr Atome oder Moleküle konnten sie an sich binden – und vielleicht haben wir in den Kometen Körper vor uns, aus denen unter günstigen Bedingungen Planeten hätten entstehen können.

Es leuchtet ein, daß ein solcher Prozeß im All nichts Singuläres sein kann, sondern mehr oder weniger regelmäßig mit dem Prozeß der Sternentstehung verknüpft sein dürfte.

3.8 Brüder im All?

Je mehr die Aufmerksamkeit der Menschen durch Raketenstarts, spektakuläre Mondlandungen, zu anderen Planeten entsandte Raumsonden und durch die sich häufenden sensationellen Entdeckungen der Astronomen in den Weltraum hinaus gerichtet ist, um so stärker drängt sich uns die Frage nach einem »Leben in anderen Welten« auf (»Life in other Worlds« ist der Titel eines 1940 erschienenen Buches von Sir Harold Spencer Jones, dem damaligen britischen »Astronomer Royal«). Sollten wir Menschen die einzigen sein, die das ungeheure kosmische Schauspiel wahrnehmen und bewußt miterleben, die von seiner Schönheit und einer erhabenen Gewalt bewegt werden?

Eine ernsthafte Prüfung dieser Frage schließt offenbar zwei Teilfragen ein. Die erste: Lassen die Ergebnisse der laufenden Beobachtung und Erforschung unserer Nachbarplaneten den Schluß zu, daß es dort Leben gibt? Die zweite: Gibt es – oder gibt es vermutlich – in anderen Regionen des Universums, also außerhalb unseres Sonnensystems, Weltkörper, die der Entfaltung von Leben ähnlich günstige Bedingungen bieten wie unsere Erde?

Strenggenommen müssen wir diesen Fragen noch eine Vorfrage voranstellen: Was sollen wir in diesem Zusammenhang unter »Leben« verstehen? Meinen wir nur »intelligentes« Leben, also das Vorhandensein von Wesen, die prinzipiell ähnlich wie wir große Teile des kosmischen Geschehens wahrnehmen und seine Gesetze zu erkennen suchen, Wesen also, mit denen prinzipiell eine Verständigung durch »Sprache« – wie immer ihre Zeichen beschaffen wären – möglich sein muß? Träfen wir aber auf einem anderen Weltkörper etwas an, was unserer irdischen Insekten- oder Pflanzenwelt mit ihrem phantastischen Arten- und Formenreichtum vergleichbar wäre, könnten wir ihm das Prädikat des Lebendigen verweigern, nur weil diese Wesen, in idealer Weise in ihre Umwelt eingepaßt, für das kosmische Geschehen regelrecht blind sind? Oder wie wäre es, wenn wir nur »niedere« Lebensformen vorfinden, etwa virus- oder bakterienartige Wesen, vielleicht so beschaffen, daß das irdische Leben, weil es sich ihnen niemals anpassen konnte, ihnen rettungslos zum Opfer fiele?

Was heißt überhaupt »Leben«? Die Biologen erklären, daß es schwierig, ja unmöglich sei, eine schlüssige Definition zu geben, schon weil es Zwischenformen gibt (die Viren), die wir nicht eindeutig als »organisch« oder »anorganisch« erklären können, und weil Attribute des Lebendigen wie etwa Anpassung oder Energieumsetzung auch manchen Erscheinungen zukommen, die wir im übrigen als »leblos« empfinden.

Versucht man eine lexikalische Definition, so gehört folgendes zu den Wesensmerkmalen des Lebendigen: Stoffwechsel, d. h. Aufnahme von Stoffen aus der Umgebung und ihre Umwandlung; Reizbeantwortung, d. h. Empfänglichkeit für Veränderungen der Umwelt und die Fähigkeit, auf sie zu reagieren; Beweglichkeit; Individualität und Ganzheit; Fortpflanzung, d. h. die Fähigkeit, Wesen gleicher Form und Organisation zu erzeugen (identische Reduplikation); Evolution, d. h. Veränderung im Zeitablauf, über Generationen hinweg, und dadurch bedingter Formenwandel; und schließlich etwas, das man mit »Plangemäßheit« oder »Informationsgehalt« umschreiben könnte: Alles uns bekannte Leben wird nach einem (je eigenen) Plan »gesteuert«.

Da wir überzeugt sein dürfen, daß wir im Periodensystem der chemischen Elemente eine Übersicht besitzen über alle Stoffe, die im gesamten Universum vorkommen oder vorkommen können (wenn auch nicht über alle ihre denkbaren Verbindungen), so ist auch die Vermutung begründet, daß außerirdisches Leben sich, ebenso wie das irdische, nur unter entscheidender Mitwirkung des Elementes Kohlenstoff entfalten kann. Kohlenstoff ist jedoch überall im Weltall nachweisbar, ebenso wie Wasserstoff, Sauerstoff, Stickstoff, Eisen, die die meisten irdischen Organismen zu ihrem Aufbau benötigen.

Wenn wir damit es als höchstwahrscheinlich ansehen, daß Leben auch anderswo auf Kohlenstoffverbindungen beruht – kein anderer Stoff besitzt eine dem Kohlenstoff vergleichbare Fähigkeit, hochmolekulare komplizierte Verbindungen aufzubauen –, dann müssen wir sogleich alle Sterne, also alle glühenden Weltkörper, als mögliche Träger von Leben aus der Debatte ausschalten, denn bei so hohen Temperaturen, wie sie im Innern, ja auch noch in der Atmosphäre von Sternen herrschen, können sich keine derartigen Verbindungen bilden oder halten. Die verschiedenen Atome, auch die des Kohlenstoffs, sind dort überwiegend als einzelne vorhanden, obendrein ionisiert, d. h. ihrer Elektronen ganz oder teilweise beraubt. Die Zusammenstöße, die bei so großen thermischen Geschwindigkeiten stattfinden, würden Großmoleküle aus 10000 oder 100000 Atomen, falls sie entstehen könnten, schnell zerstören. Es ist uns ja auch bekannt, daß man die meisten Lebewesen durch einfaches Abkochen (Sterilisieren) abtöten kann.

Auch extrem tiefe Temperaturen nahe dem absoluten Nullpunkt sind den Lebensvorgängen feindlich; die Atome führen bei solchen Temperaturen kaum noch thermische Bewegungen aus; Lebensvorgänge kommen zum Stillstand. Allerdings scheint es möglich, daß einfache Lebewesen, einmal unter günstigen Bedingungen entstanden, längere Zeit in einer Art »Kälteschlaf« extrem niedrige Temperaturen überstehen und damit z. B. von einem Weltkörper zum anderen gelangen könnten. Ein sowjetrussischer Forscher berichtete 1972, er habe Mikroorganismen zu neuem Leben erweckt, die einen »Kälteschlaf« von 250 Millionen Jahren hinter sich hatten!

Wollen wir mögliche Heimstätten außerirdischen Lebens auffinden, beschränken wir deshalb unsere Suche auf solche Körper, die an ihrer Oberfläche Temperaturen der Größenordnung zwischen –100 °C und +100 °C aufweisen, und damit können wir uns auf die beiden eingangs gestellten Fragen konzentrieren.

Nun zur ersten Frage: Bieten unsere Nachbarplaneten Bedingungen, die denen auf der Erde etwa entsprechen, sei es den jetzigen irdischen, sei es auch denjenigen, die auf Erden vor einigen hundert Millionen Jahren herrschten, als das Leben sich hier aus einfachsten Anfängen zu entwickeln begann? Vom Erdtrabanten können wir absehen, denn bisher sind keine Spuren angestammten Lebens auf dem Mond entdeckt worden. Dagegen scheint sicher, daß die ersten Menschen, die ihn 1969 betreten haben, dort Keime irdischen Lebens (Bakterien) zurückgelassen haben. Bei einer kurzen Durchmusterung der Planeten als möglichen Trägern von Leben beginnen wir am besten bei den Extremen: dem sonnennächsten und dem sonnenfernsten Planeten. Merkur, kaum größer als unser Mond, ohne Atmosphäre, ohne Wasser, mit Temperaturen gegen +500 °C auf der der Sonne zugekehrten Seite, scheidet mit großer Wahrscheinlichkeit aus. Die sonnenfernen Riesenplaneten Jupiter, Saturn, Uranus und Neptun werden von den Astronomen als höchst unwirtlich geschildert. Ihre Sonnenferne und ihr von den erdähnlichen Planeten grundverschiedener Aufbau (viel geringere Dichte) machte es unwahrscheinlich, daß zu irgendeiner Zeit hier quasi-irdische Bedingungen geherrscht haben könnten. Freilich muß man, solange wir nicht mehr wissen, mit solchen Folgerungen zurückhaltend sein; für den Jupiter ist neuerdings die Frage wieder offen, ob unter der für uns bisher undurchdringlichen Wolkendecke vielleicht doch Bedingungen herrschen könnten, die Leben zulassen.

Seit Mars und Venus durch Sonden erkundet worden sind, ist die Wahrscheinlichkeit, dort Spuren von Leben zu finden, fast auf den Nullpunkt gesunken. Über einige der großen Monde im Sonnensystem, die eine Atmosphäre besitzen, darf man noch spekulieren.

Im Jahre 1970 haben Meldungen Aufsehen erregt, nach denen auf einem in Australien niedergegangenen Meteoriten Kohlenwasserstoffe und Aminosäuren (die Bausteine des Proteins) nachgewiesen wurden. Es wird als möglich angesehen, daß sich aus den in Meteoriten vorhandenen Stoffen, wie Kohlenmonoxid, Kohlendioxid, Stickstoff, Methan, Cyan, im Weltall unter Einwirkung von Strahlen Aminosäuren bilden; als unmöglich jedoch, daß sie sich zu lebender Substanz aneinanderreihen. Immerhin hat durch derartige Gründe die alte Idee der »Panspermie« Auftrieb erhalten: nach ihr wären Keime, Sporen des Lebens gleichsam, allgegenwärtig, sie würden z. B. von der Erde aus im Weltraum verstreut (tatsächlich sind Bakteriensporen in der obersten Atmosphäre nachweisbar), sie könnten, wenn sie nach langer Reise irgendwo auf günstige Bedingungen treffen, dort eine neue Evolution in Gang setzen.

Zur zweiten Frage nach erdähnlichen, lebensfreundlichen Weltkörpern außerhalb unseres Sonnensystems sind wir auf Spekulation, etwas wissenschaftlicher ausgedrückt, auf statistische und Wahrscheinlichkeitsbetrachtungen angewiesen: Wir können die einfache Frage »Haben andere Sonnen auch Planetensysteme?« nicht exakt beantworten.

Doch läßt sich eines mit einem hohen Grad von Sicherheit aussprechen: Wenn wir auf der einen Seite davon ausgehen, daß die Entstehung des Sonnensystems, so wie sie die neueste Theorie sieht (siehe Abschnitt 3.7), keineswegs ein Ausnahmefall, sondern eher eine normale Begleiterscheinung der Sternentstehung darstellt, und wenn wir andererseits in Rechnung stellen, daß es allein in unserem Sternsystem Milliarden Sterne gibt, die der Sonne in vielen Eigenschaften (bis auf das unbekannte Vorhandensein von Planeten) völlig gleichen – so ist die Wahrscheinlichkeit, daß es im Universum Sterne mit Planetensystemen ähnlich dem unseren gibt, überwältigend groß! Und wenn nur ein winziger Prozentsatz unter den damit anzunehmenden Milliarden von Planeten erdähnliche Bedingungen aufweist, so muß die Zahl derartiger Körper immer noch groß sein.

Unter den Sternen in der näheren Umgebung unserer Sonne sind einige, deren Bahnen bei genauer Betrachtung Unregelmäßigkeiten aufweisen, wie sie durch das Vorhandensein einer oder mehrerer Begleiter verursacht werden können. Solche Körper, die Massen etwa von der Größenordnung des Jupiter haben müßten, sind durch direkte Beobachtung bisher nicht nachgewiesen.

Durch Fachwelt und Tagespresse gehen immer wieder Meldungen, die besagen, nunmehr sei beim Stern X ein Planet oder ein Planetensystem aufgefunden. Bestimmte Sterne wie Barnards Pfeilstern, Beta Pictoris, Wega wurden als Kandidaten genannt, neuerdings HD 114762. Bei allen derartigen Nachrichten ist zu beachten: Es handelt sich stets nur um Indizien für das Vorhandensein von Planeten, und zwar entweder um Eigentümlichkeiten in der Eigenbewegung eines Sterns, die sich gut erklären lassen, wenn man annimmt, daß sie durch umlaufende Planeten hervorgerufen werden, oder um gerade erst entstehende Sterne, die von einer (meist scheibenförmigen) Wolke aus Gas und Staub umgeben sind; aus dieser können Planeten entstehen oder auch schon entstanden sein. Planeten direkt mit dem Teleskop zu beobachten ist von der Erde aus nicht möglich. Manche haben hier Hoffnungen auf die überlegenen Möglichkeiten des Weltraumteleskops Hubble gesetzt, doch kann es die Erwartungen bisher nicht erfüllen (darüber noch etwas im Abschnitt 9.2).

Können wir es als überwältigend wahrscheinlich ansehen, daß auf Weltkörpern, die der Erde ähnlich sind – sagen wir, die eine Gesteinshülle, eine Wasserhülle, eine Atmosphäre und ähnliche Temperaturverhältnisse aufweisen –, daß auf solchen Körpern auch Leben entsteht und sich in einem evolutionären Prozeß zu immer komplexeren Formen entfaltet? Vielleicht auch bis zu Bewußtsein, Intelligenz, bis zu »interesselosem« (weil zum unmittelbaren Überlebenskampf ums Dasein nicht notwendigen) Studium der Astronomie?

Nach allem, was wir bis heute über die Entstehung und Evolution des Lebens auf der Erde herausgebracht haben, darf man die Frage mit Ja beantworten. Dies genau zu belegen würde uns tief in Biologie, Biochemie, Entwicklungsgeschichte hineinführen. Nur soviel sei hier gesagt: Je mehr wir, besonders seit der Erfindung des Mikroskops, seit Darwins Evolutionstheorie, seit der Ausbildung einer Biochemie und Genetik, über die Lebensvorgänge in Erfahrung bringen, um so weniger sind wir darauf angewiesen, zur Erklärung der Lebensvorgänge besondere Hilfsannahmen wie etwa ein besonderes Lebensprinzip (»Vitalismus«) oder das Eingreifen einer göttlichen Macht zu Hilfe zu rufen. Vieles spricht vielmehr dafür, daß sich unter geeigneten Bedingungen (Vorkommen der Grundstoffe C, N, O, H, Sonnen- bzw. Sternenlicht, atmosphärischer Schutz gegen tödliche kurzwellige Strahlung, »milde« Temperaturen usw.) Verbindungen aufbauen, aus denen lebende Substanz entstehen kann und entstehen wird. So mag es etwas wie eine universale Evolution geben, nach der sich an zahllosen Stellen des unendlichen Alls Leben entwickelt, in zahllosen Formen, aber doch aus den gleichen Stoffen und nach denselben Gesetzen. Ein ganz neues, überraschendes Licht auf das Problem einer »universalen Evolution« werfen die neuesten Erkenntnisse über die interstellare Materie. Sie legen die Möglichkeit nahe, daß die Voraussetzungen zur Entstehung lebendiger Substanz schon in den Gasnebeln enthalten sind, aus denen sich Sterne und Planetensysteme bilden!

Eine ganz andere Frage ist, ob wir hoffen können, jemals einen Kontakt zu nichtirdischen intelligenten Wesen herzustellen. Sollten solche Wesen zufälligerweise auf Planeten von Sternen existieren, die in der Nachbarschaft unserer Sonne stehen, so wäre ein Kontakt etwa durch Radiosignale immerhin denkbar. Sprachen, Zeichensysteme für derartige Verständigungsversuche sind bereits erdacht worden, z. B. die »Lincos« (linqua cosmica=kosmische Sprache) genannte Sprache, die der niederländische Mathematiker Hans Freudenthal ausgearbeitet hat. In ihr können logische und mathematische Aussagen mit Hilfe sehr einfacher Zeichen, die aus Punkten und Strichen bestehen, wie dies bei Morsezeichen der Fall ist, dargestellt werden.

Eins ist sicher: Jeder Versuch, mit intelligenten Wesen auf anderen Weltkörpern – sofern es sie gibt – in Verbindung zu treten, muß sich beschränken auf unsere nähere kosmische Nachbarschaft, am besten auf eine Raumkugel mit einem Radius von wenigen Lichtjahren. Ein Austausch von Funksignalen würde dann wenige Jahre oder Jahrzehnte dauern. Ferner gelegene Welten, wenn unsere Signale dort bemerkt würden, könnten ja erst nach Hunderten, Tausenden oder Millionen von Jahren antworten.

Unter dem Stichwort (oder Schlagwort) SETI (= Search for Extraterrestrial Intelligence) hat es seit etwa 1960 lebhafte Diskussionen und Publikationen zu diesem Thema gegeben. Wer darüber Genaues wissen möchte, findet eine eingehende Darstellung und Erörterung sowie Literatur-Hinweise in dem Buch »Verlust der Wahrheit« von John L. Casti (deutsch 1990). Daß das Thema den Science-fiction-Autoren einen unerschöpflichen Tummelplatz bietet, versteht sich.

Einen Kernpunkt der Debatte bildet die von dem Amerikaner Frank Drake aufgestellte Formel:

$$N = R^* \cdot f_p \cdot n_e \cdot f_l \cdot f_i \cdot f_c \cdot L$$

Die Formel wird auch Green-Bank-Formel genannt nach dem Radio-Observatorium Green Bank in West Virginia; dort ist sie entstanden. Es gibt verschiedene Fassungen. In der oben gebrachten bedeuten

- N = Anzahl der in unserer Galaxis (Milchstraße) vorhandenen Zivilisationen, mit denen Kontakte prinzipiell möglich sind
- R^* = Sternentstehungsrate pro Jahr in dieser Galaxis
- f_p = derjenige Teil von R^*, der ein Planetensystem hat (haben kann); hier muß man u. a. berücksichtigen, daß Doppelsterne von vornherein auszuscheiden sind
- n_e = Anzahl der Planeten je System, die für die Entwicklung von Leben zuträgliche Bedingungen aufweisen (z. B. Temperaturen zwischen 0° und 100 °C; Atmosphäre, die vor zerstörerisch harter Strahlung schützt; Vorhandensein von Kohlenstoff und von Wasser; lange anhaltende gleichmäßige Bedingungen u. a.)
- f_l = Wahrscheinlichkeit, daß sich auf einem solchen – im Prinzip geeigneten – Planeten wirklich Leben entwickelt (da wir nur einen Fall, die Erde, kennen, tappen wir hier im dunkeln)
- f_i = Wahrscheinlichkeit, daß entstandenes Leben schließlich intelligente Wesen hervorbringt (hier gilt das eben Angemerkte)
- f_c = Wahrscheinlichkeit, daß diese Wesen eine Zivilisation entwickeln, die zu einer Kommunikation über interstellare Entfernungen fähig (Zusatz: und daran interessiert) ist
- L = Lebensdauer einer solchen Zivilisation, in (irdischen) Jahren gerechnet, vom Zeitpunkt, da sie technische Mittel der Kommunikation besitzt, bis zu ihrem Ende (das eintreten kann z. B. durch atomare Selbstvernichtung, durch Zerstörung der natürlichen Lebensgrundlagen, durch Naturkatastrophen auf dem Planeten oder seinem Zentralstern, durch interstellaren Krieg u. a.)

Diese Faktoren sollen, nach den Urhebern der Formel, miteinander multipliziert werden. So ergibt sich eine Zahl, die »1« lauten (dann sind wir die einzigen) oder größer sein kann, auch viel größer. Der nüchterne Betrachter wird bemerken, daß die Formel, trotz ihres exakt-wissenschaftlichen Aussehens, im Grunde Fragen aneinanderreiht, zu deren Beantwortung uns empirische Grundlagen fehlen.

Natürlich ist es reizvoll, über solche Fragen zu spekulieren. Und da die Wißbegier des Menschen (Gott sei Dank!) unerschöpflich ist, hat es auch schon praktische Versuche der Kontaktaufnahme gegeben, sei es durch Lauschen auf intelligente Botschaften aus dem All, sei es durch Absenden solcher. So wurde 1960 ein großes Radioteleskop in West Bank, Virginia, auf zwei Sterne gerichtet (Tau Ceti und Epsilon Eridani) – ohne Erfolg. Bei solchen Versuchen gibt es viele Probleme, wie z. B.: Auf welcher Frequenz soll man horchen – oder senden? Worauf soll die Antenne gerichtet werden? Woran erkennt man, daß ein Signal eine verschlüsselte Botschaft darstellt? Wie sollen wir – im Fall, daß wir senden – unsere Botschaft verschlüsseln? Und wie sollen wir angeben, wo wir sind und wer wir sind? Fragen über Fragen! Die Leute, die solche Versuche unternehmen, rechnen denn auch damit, daß ein positives Ergebnis sich womöglich erst im Laufe von Jahrhunderten zeigen wird. Vielleicht geht's auch etwas schneller, wenn die amerikanische Weltraumbehörde NASA, wie angekündigt, ab Herbst 1992 beginnt, den gesamten Sternhimmel auf ungewöhnliche Radiosignale hin abzusuchen, unter Einsatz des Radioteleskops in Arecibo auf Puerto Rico (mit 305 m Durchmesser das größte der Welt) und neuartiger Mehrkanal-Analysegeräte, die zahllose Kanäle (Frequenzen) gleichzeitig überprüfen können. Die Finanzierung dieses ehrgeizigen Vorhabens ist allerdings noch nicht sichergestellt (vgl. Abb. 10g).

4. Grundwissen über Sterne

Fixsterne nannte man früher die »eigentlichen« Sterne, die im Gegensatz zu den Planeten, die »Wandelsterne« genannt wurden, ihren Platz am Himmel nicht verändern. Wir wissen längst, daß hier der Augenschein trügt und daß die sogenannten Fixsterne alles andere als »fix«, d.h. feststehend, sind. Sie bewegen sich vielmehr mit gewaltigen Geschwindigkeiten durch den Raum, doch sind sie so weit entfernt, daß Veränderungen ihrer Position am Himmel nur im Laufe sehr langer Zeiträume oder mit Hilfe höchst empfindlicher Instrumente festgestellt werden können. Es wäre also zweckmäßig – aber wer kann gegen einen eingefahrenen Sprachgebrauch! –, die Planeten, die ja lediglich das Sonnenlicht reflektieren, überhaupt nicht Sterne zu nennen und diesen Begriff für die bisher Fixsterne genannten Körper zu reservieren. Dies unterstellt, können wir einen Stern definieren als einen Himmelskörper, der Licht und andere Arten elektromagnetischer Strahlung abgibt und die benötigte Energie in sich selber erzeugt. Dies unterscheidet die Sterne von Erscheinungen wie leuchtenden Gaswolken im interstellaren Raum und Kometenschweifen, die zwar leuchten können, aber die erforderliche Energie von Sternen beziehen müssen, von denen sie »aufgeheizt« und zum Leuchten angeregt werden.

Wenn wir davon ausgehen, daß Sterne im Prinzip ähnliche Körper sind wie unsere Sonne – wenn wir auch ihrer großen Entfernung wegen die dramatische Aktivität an der Oberfläche der Sterne in der Regel nicht bemerken –, so ist es nicht schwer, sich die Fragen vorzustellen, die ein wißbegieriger Mensch an die Sterne stellen wird, wenn er sich einige Grundinformationen über die Sonne verschafft hat, aber über die Sterne noch nichts weiß. Er wird etwa fragen: Sind die zahllosen Sterne an Größe und strahlender Helligkeit in etwa der Sonne zu vergleichen? Um das abschätzen zu können, braucht er vor allem eine Vorstellung von den Entfernungen, in denen sich die Sterne von uns befinden. Nur dann kann er entscheiden, ob ein schwach sichtbarer Stern deshalb schwach erscheint, weil er vielleicht 100000mal weiter entfernt ist als die Sonne, oder ob er wirklich schwächer leuchtet als sie – oder gar viel stärker! Dieses Kapitel behandelt deshalb alsbald die Entfernungen der Sterne und die Möglichkeiten, sie zu messen.

Haben wir mit der Entfernung erst einmal die Möglichkeit, die wahre Leuchtkraft eines Sternes abzuschätzen, so werden wir einen Weg suchen, aus dem Spektrum seiner Strahlung Rückschlüsse auf seine Temperatur, seine Energieproduktion, seine chemische Zusammensetzung zu ziehen. Um die gesamte Energieproduktion abzuschätzen, müssen wir allerdings einen Begriff von seiner Größe und seiner Masse haben.

Sollten wir auf diesem Wege eine Reihe physikalischer »Zustandsgrößen« für eine größere Anzahl von Sternen ermitteln können, so können wir versuchen, die Sterne nach verschiedenen Kriterien zu klassifizieren, schließlich auch, diese Daten zueinander in Beziehung zu setzen (vor allem mit Hilfe von Diagrammen, in die wir die ermittelten Größen eintragen). Damit öffnet sich ein Weg, allgemeinere Gesetzlichkeiten über die Struktur von Sternen und die in ihnen ablaufenden Prozesse herauszufinden.

Am Schluß dieses Kapitels blicken wir auf die Eigenbewegungen der Sterne im Raum. Das folgende fünfte Kapitel soll das hier gebotene Grundwissen dann wesentlich erweitern, vor allem auch in der Richtung, daß nicht mehr nur Zustandsgrößen, sondern zunehmend Prozesse von gewaltiger Dynamik sichtbar werden. Zuvor aber noch ein Blick auf den Sternhimmel, wie er sich dem unbewehrten Auge darbietet, und auf die Einteilungen, die frühere Generationen am Firmament vorgenommen haben.

4.1 Sternbilder, Sternnamen, Sternkarten

Unseren Vorfahren, die noch kein künstliches Licht hatten, bot sich der bestirnte Himmel in jeder klaren Nacht in seiner ganzen Schönheit dar. Wir müssen uns heute in die Wüste, auf See oder in Gebirgseinsamkeit begeben, um seinen Anblick ungestört genießen zu können.

Was der Mensch wahrnimmt, und sei es noch so fern, unvertraut, fremd, ja feindselig, das eignet er sich gleichsam an, indem er ihm Namen gibt; ja er sucht es darüber hinaus in seine selbstgebaute Welt einzubeziehen, indem er seine Träume, Wünsche, Sehnsüchte, auch Befürchtungen und Ängste mit ihm verknüpft. So macht er sich das Fremde verfügbar, untertan – oder glaubt wenigstens das zu tun. Wer werden niemals ausloten, was für Träume oder auch Ängste in Jahrtausenden zum Sternhimmel emporgeschickt wurden. Auf jeden Fall haben der erhabene Eindruck der Gestirne, die gefühlsmäßigen Verknüpfungen und der dem Menschen innewohnende Drang, das Regellose zu ordnen, zu deuten, Gestalten in es hineinzusehen, wohl mitgewirkt, als Völker des Altertums, vor allem die Babylonier, die Sterne zu Bildern, »Sternbildern«, zusammenfaßten. Warum sie in dieser Sterngruppe etwa einen Löwen, in jener einen Drachen zu erkennen glaubten, können wir großenteils nicht mehr nachfühlen. Daß diesen »Konstellationen« im Raum nichts Reales entspricht, bedarf keiner Betonung, zeichnen sich doch die »Bilder« nur von unserem – astronomisch gesehen zufälligen – Standort aus ab, und von drei Sternen, die etwa für uns ein Dreieck von schöner Regelmäßigkeit bilden, mag der eine 1000mal weiter entfernt sein als der andere.

Wenn der Astronom den Sternbildern auch keine reale Bedeutung beimißt (und noch viel weniger etwa eine mythologische oder astrologische), so haben sie sich doch als Orientierungshilfen bewährt und sind aus diesem Grund bis heute im Gebrauch. »Neue Radioquelle im Sternbild der Jagdhunde entdeckt« – das klingt eben doch anschaulicher als die nüchterne Angabe von Koordinaten.

Insgesamt werden 88 Sternbilder unterschieden. Die des nördlichen Himmels gehen großenteils auf uralte Vorstellungen zurück, die des Südhimmels sind überwiegend erst in der Neuzeit, teilweise recht willkürlich, festgelegt worden. Da die Astronomen sich auf (ebenfalls willkürliche) Abgrenzungen zwischen den Sternbildern (Konstellationen) geeinigt haben, kann man jedes Phänomen am Himmel durch bloße Angabe eines Sternbildnamens grob und provisorisch einordnen. Die Sternbilder haben neben den deutschen durchweg lateinische Namen, die für die internationale Verständigung erforderlich sind. Die Einzelsterne werden seit dem 17. Jahrhundert mit kleinen griechischen Buchstaben unter Hinzufügung des Sternbildes (im Genitiv) bezeichnet, also z.B. α Draconis (Stern α = Alpha im Drachen) oder δ Orionis (Stern δ = Delta im Orion). Soweit das griechische Alphabet nicht ausreicht, werden zusätzlich lateinische Buchstaben benutzt. Manche Einzelsterne wie etwa Sirius oder Algol (Teufelsstern) haben außerdem Eigennamen.

Natürlich bezieht sich diese ganze historisch gewachsene Einteilung nur auf die dem bloßen Auge sichtbaren Sterne, deren Anzahl für den nördlichen und südlichen Himmel je etwa 3000 beträgt, zusammen also rund 6000. Die Tausende und Millionen von Sternen, wie ein großes Teleskop und mit seiner Hilfe gemachte Himmelsaufnahmen zeigen, lassen sich nur bezeichnen durch die Angabe ihres Ortes (ihrer

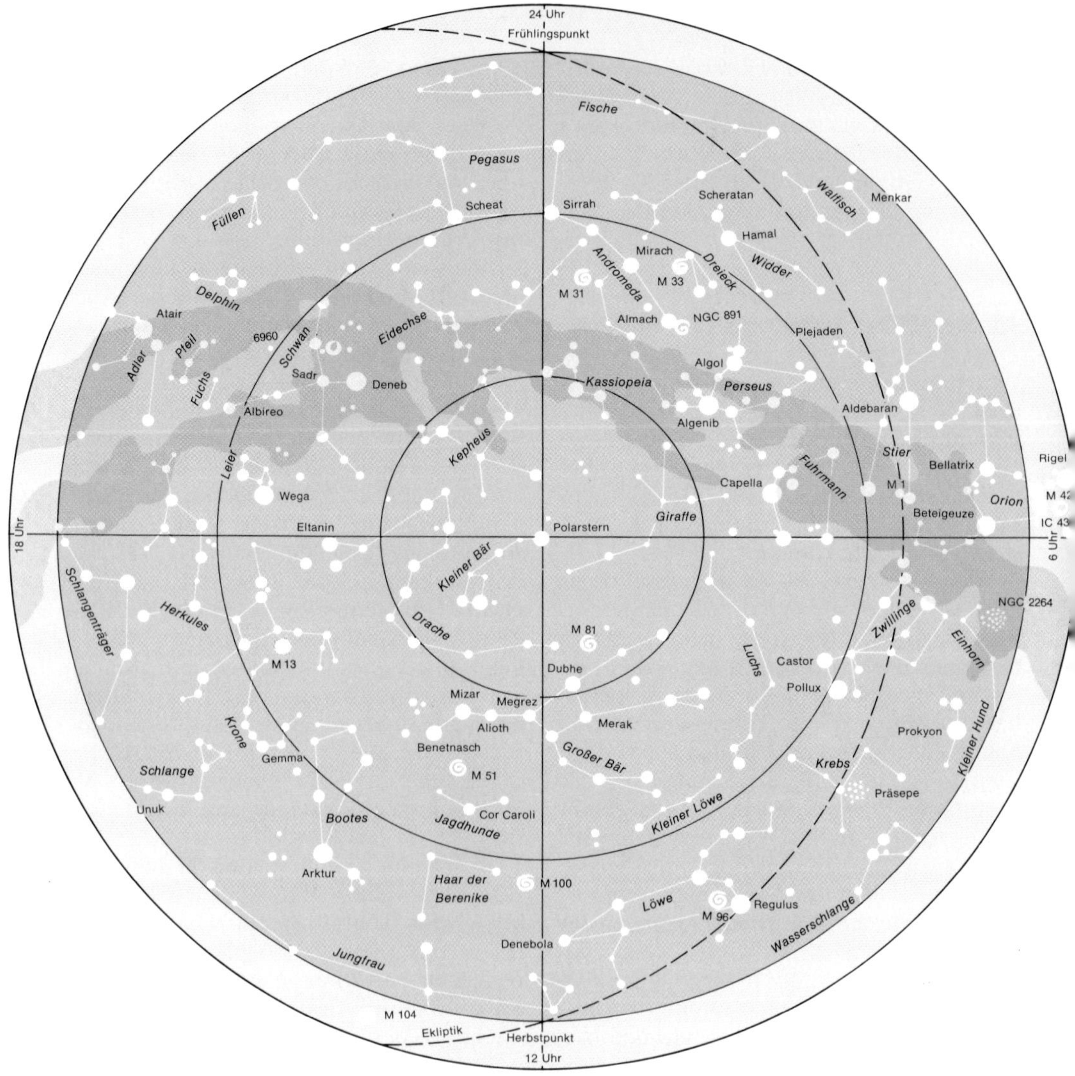

Abb. 4 a/b. Die beiden Sternkarten sind wegen des verfügbaren Raumes einfach gehalten; sie zeigen nur Sterne 1. bis 5. Größe und einige andere wichtige Objekte: Spiralsysteme, Sternhaufen, Galaktische Nebel (Crabnebel = M 1) und die beiden Magellanschen Wolken am Südhimmel (schraffiert). Die Karten reichen nur bis zum Himmelsäquator; wer sich, wie z. B. ein Beobachter in Deutschland, in mittleren Breiten der nördlichen Erdhälfte befindet, erblickt stets auch einen Teil des südlichen Sternhimmels. Die starke Radiogalaxie M 82 ist in unmittelbarer Nachbarschaft des eingezeichneten Spiralsystems M 81 (im Großen Bären) zu suchen.

Im folgenden in alphabetischer Folge die Namen der Sternbilder mit ihren lateinischen Entsprechungen:

Achterschiff, Puppis; Adler, Aquila; Altar, Ara; Andromeda, Andromeda; Becher, Crater; Bildhauer od. -werkstatt, Sculptor; Chamäleon, Chamaeleon; Delphin, Delphinus; Drache, Draco; Dreieck, Triangulum; Eidechse, Lacerta; Einhorn, Monocerus; Eridanus od. auch Fluß E, Eridanus; Fernrohr od. Teleskop, Telescopium; Fische, Pisces; Fliege, Musca; Fliegender Fisch, Volans; Fuchs od. Füchschen, Vulpecula; Füllen od. Kleines Pferd, Equuleus; Fuhrmann, Auriga; Giraffe, Camelopardalis; Goldfisch,

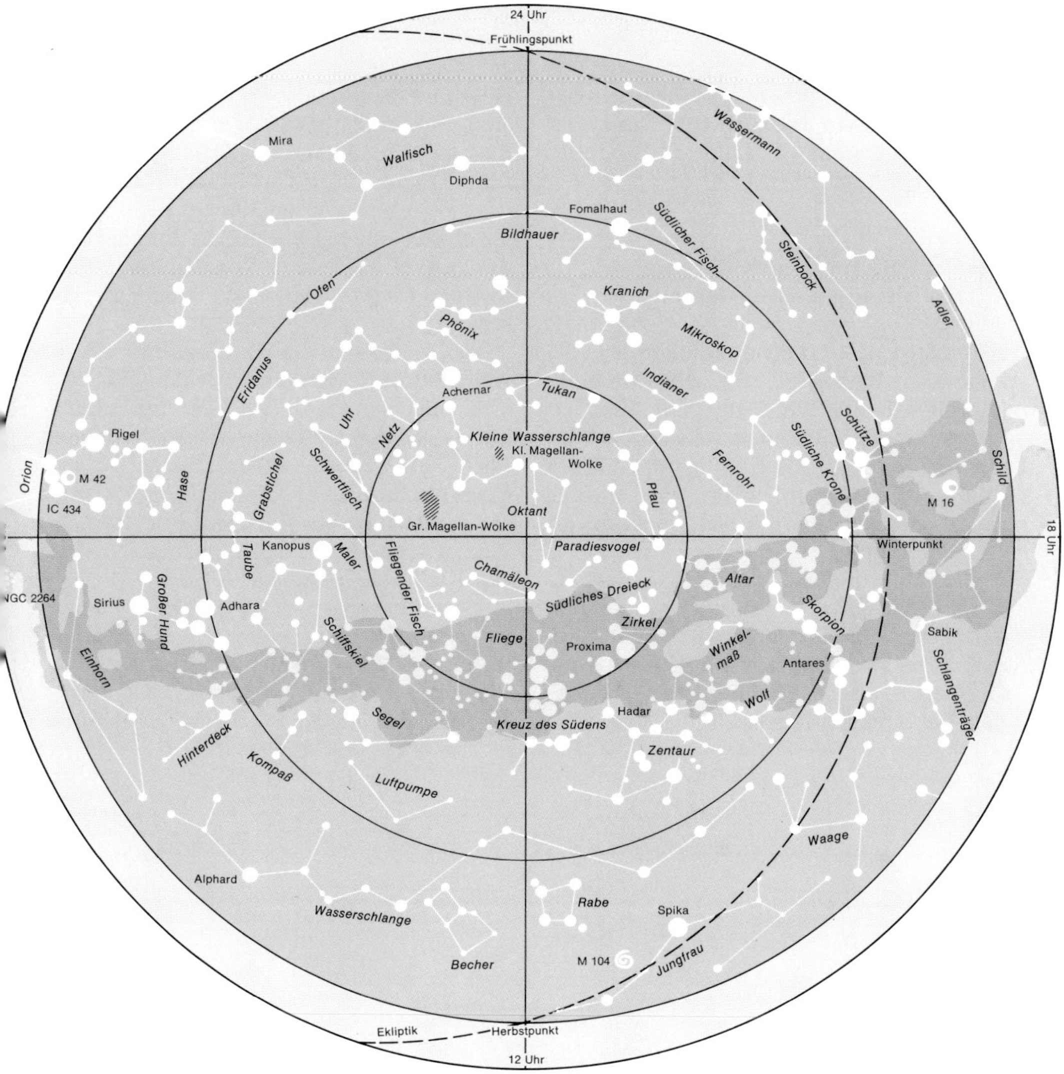

Dorado; Grabstichel, Caelum; Großer Bär, Ursa Major; Großer Hund, Canis Major; Haar der Berenike, Coma Berenicis; Hase, Lepus; Herkules, Hercules; Inder, Indus; Jagdhunde, Canes Venatici; Jungfrau, Virgo; Kassiopela, Cassiopela; Kepheus, Cepheus; Kiel des Schiffes, Carina; Kleiner Bär, Ursa Minor; Kleiner Hund, Canis Minor; Kranich, Grus; Krebs, Cancer; Kreuz od. Kreuz des Südens, Crux; Leier, Lyra; Lineal od. Winkelmaß, Norma; Löwe, Leo; Luchs, Lynx; Luftpumpe, Antila; Maler od. Staffelei, Pictor; Männliche od. Kleine Wasserschlange, Hydrus; Mikroskop, Microscopium; Netz, Reticulum; Nördliche Krone, Corona Borealis; Ochsentreiber, Bootes; Ofen od. Chemischer O., Fornax; Oktant, Octans; Orion, Orion; Paradiesvogel, Apus; Pegasus, Pegasus; Pendeluhr, Horologium; Perseus, Perseus; Pfau, Pavo; Pfeil, Sagitta; Phönix, Phoenix; Rabe, Corvus; Schiffskompaß, Pyxis; Schlange, Serpens; Schlangenträger, Ophiuchus; Schütze, Sagittarius; Schwan, Cygnus; Segel, Vela; Sextant, Sextans; Skorpion, Scorpius; Sobieskischer Schild od. Schild, Scutum; Steinbock, Capricornus; Stier, Taurus; Südliches Dreieck, Triangulum Australe; Südlicher Fisch, Piscis Austrinus; Südliche Krone, Corona Australis; Tafelberg, Mensa; Taube, Columba; Tukan, Tucana; Waage, Libra; Walfisch, Cetus; Wassermann, Aquarius; Weibliche od. Nördliche Wasserschlange, Hydra; Widder, Aries; Wolf, Lupus; Zirkel, Circinus; Zwillinge, Gemini.

Himmelskoordinaten, vgl. Abschnitt 1.4) und der Nummer, unter der sie in einem der großen Sternkataloge aufgeführt sind, welche die Astronomen im Laufe der Jahrhunderte geschaffen haben.

4.2 Die Entfernungen der Sterne – und wie sie gemessen werden

Auf der Erdoberfläche können wir die Lage eines Punktes C (z. B. eines Berggipfels) auch dann genau vermessen, wenn wir ihn nicht betreten können, um dort ein Instrument aufzustellen. Er muß nur von zwei Punkten A und B aus, die in einiger Entfernung voneinander liegen, sichtbar sein. Der Geometer mißt die Länge der »Basis« A–B sowie in A und B den Winkel, den die Linie A–B mit dem jeweiligen Sehstrahl nach C bildet (Winkel α und β).

Er bedient sich bei solchem Vermessen in Dreiecken (Triangulation) der Tatsache, daß ein Dreieck vollständig bestimmt ist, wenn insgesamt 3 Bestimmungsstücke (hier eine Seite und zwei Winkel) bekannt sind. Der Winkel γ bei C, der nicht direkt gemessen werden kann, ergibt sich, wenn wir (α + β) von 180° (Winkelsumme im Dreieck) abziehen. Diesen Winkel nennen wir Parallaxe; anders ausgedrückt: Parallaxe ist der Winkel, unter dem – von dem zu bestimmenden Punkt aus gesehen – die Basis erscheint.

Das Verfahren, die Parallaxe und mit ihrer Hilfe die Entfernung zu bestimmen, läßt sich auch auf Himmelskörper anwenden. Die Basislängen, die wir auf der Erdoberfläche abstecken können, reichen allerdings nur dazu aus, Entfernungen zu Planeten zu bestimmen. Für Fixsterne sind sie viel zu klein. Der Astronom benutzt hier den Radius der Erdbahn als Basis.

Unter Parallaxe des Fixsterns F haben wir also, die eben gegebene Definition anwendend, den Winkel γ zu verstehen, unter dem einem auf C postierten Beobachter der Radius der Erdbahn erscheinen

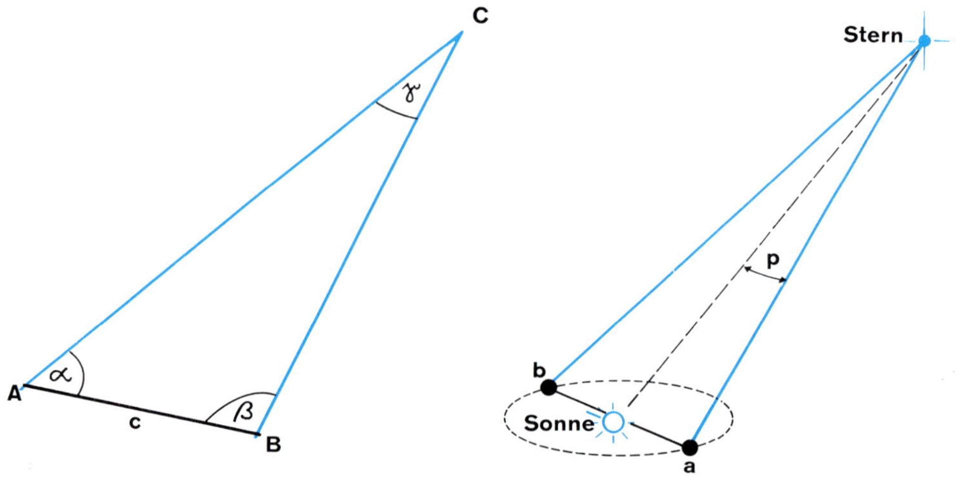

Abb. 4 c. Links: Das Prinzip der Triangulation: Die Parallaxe ist der Winkel γ, unter dem die Basis c von C aus gesehen erscheint. – Rechts: Die Erdbahn als Basis für das Messen der Parallaxe p eines Fixsterns S. Der Radius der Erdbahn (= 1 Astron. Einheit = rd. 150 Millionen km) erscheint vom Stern aus gesehen unter dem Winkel p. Ist p = 1 Bogensekunde, so ist der Stern 1 Parsec entfernt.

würde. Dieser Radius ist rund 150 Millionen km lang. Ist ein Stern gerade so weit entfernt, daß diese Astronomische Einheit einem auf ihm postierten Beobachter unter dem Winkel von 1 Bogensekunde ($^1/_{3600}$ Grad) erscheinen müßte, so nennen wir die Entfernung von uns zu ihm 1 Parsec (d. h. die Entfernung, bei der die Parallaxe gerade 1 Bogensekunde beträgt). Parsec wird als Längenmaß in der Astronomie neben dem Lichtjahr verwendet, ein Parsec (pc) entspricht 3,26 Lichtjahren oder 206 625 AE oder rund 30 Billionen ($3 \cdot 10^{13}$) km.

Die Parallaxen auch nahe gelegener Sterne sind sehr viel kleiner als die Winkeldifferenzen, die das unbewehrte menschliche Auge im günstigsten Fall wahrnehmen kann. Vor der Erfindung des Fernrohrs war es deshalb ausgeschlossen, Parallaxen zu messen; und auch danach hat es noch lange gedauert, bis Friedrich Wilhelm Bessel im Jahre 1837 zum erstenmal die Entfernung zu einem Fixstern (61 im Sternbild Schwan) messen konnte. Die Parallaxe betrug weniger als 1 Bogensekunde (0″,3), woraus sich als Entfernung rund 3,3 pc oder 11 Lichtjahre ergab.

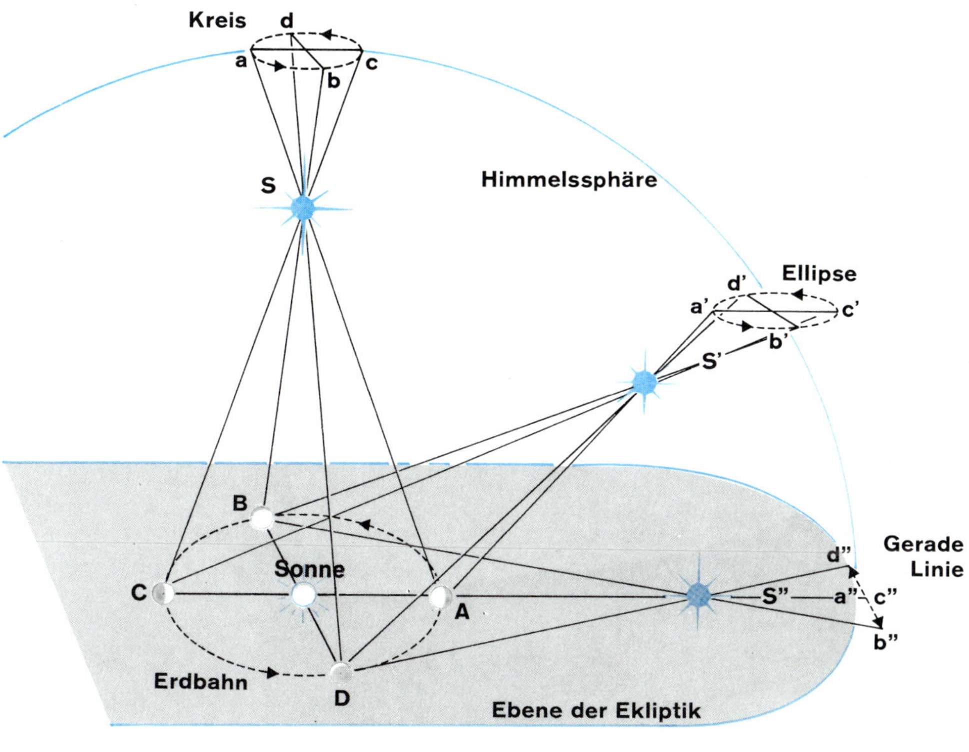

Abb. 4 d. Messung der Parallaxe: Die getönte Fläche ist die Ebene der Ekliptik. Die Messung der Parallaxe ist hier für 3 verschiedene Sterne S, S′ und S″ dargestellt. S steht senkrecht über der Ekliptik, S′ schräg, S″ liegt in der Ebene der Ekliptik. Gegen den Hintergrund von Sternen, die um ein Vielfaches weiter entfernt sind als diese (»Himmelssphäre«), beschreiben die zu messenden Sterne, wenn man ihren Ort von der Erde aus (besonders in den 4 Punkten A, B, C, D ihrer Umlaufbahn) beobachtet, eine scheinbare Bewegung, die bei S der Erdbahn gleicht (kreisförmig), bei S′ einer ausgeprägten Ellipse, während S″ lediglich eine hin und her pendelnde Bewegung auszuführen scheint. Die Parallaxe von S ist der Winkel A-S-Sonne. Der Winkel A-S-C entspricht der doppelten Parallaxe.

Da bei solchen Messungen die Linie Sonne–Erde als Basis dienen soll, wir uns aber nicht auf die Sonne begeben können, um dort Winkel zu messen, sieht das Verfahren in der Praxis etwas anders aus.

Nur mit einem Wort sei daran erinnert, daß man bei der Auswertung solcher Messungen die Effekte von Aberration, Präzession, Nutation und Refraktion eliminieren muß. Es gehören in der Praxis unerhört viel Geduld, Genauigkeit und Rechenarbeit dazu, eine einfache Aussage »Dieser Stern ist so und so weit entfernt« begründen zu können.

Auch mit heutigen Instrumenten kann man Winkel unter 0″,01 nicht mehr messen. Diese Methode der Entfernungsbestimmung läßt sich daher nur auf einige hundert relativ nahe Sterne anwenden; für alle übrigen, die weiter entfernt sind als etwa 100 pc, versagt sie, und die Astronomen müssen hier nach anderen Methoden Ausschau halten.

Alle diese Methoden haben einen gleichsam indirekten Charakter, sie beruhen auf statistischen Erwägungen oder auf Rückschlüssen aus Größen – wie etwa Leuchtkraft, Spektrum oder Helligkeitsschwankungen –, die auf anderen Wegen ermittelt wurden. Das geht vor allem dann, wenn man die Beziehungen zwischen solchen Größen zunächst für Sterne ermittelt, deren Parallaxe durch direkte Messung bekannt ist, und damit die Methode der Entfernungsbestimmung gewissermaßen eichen kann.

Um die statistischen Methoden zu verstehen, ist einiges Wissen über die Bewegungen der Sterne erforderlich. Für das Verständnis der anderen Methoden muß man etwas über die Beziehungen zwischen Sterngröße, Leuchtkraft, Spektraltyp usw. wissen. Ich komme deshalb auf einige dieser Methoden im jeweiligen Zusammenhang kurz zurück. Die vier wichtigsten sind:

1. statistische Methode aufgrund der Auswertung von Sternbewegungen;
2. photometrische Methoden in Zusammenhang mit Leuchtkraft oder Helligkeit der Sterne; besonders erfolgreich bei bestimmten veränderlichen Sternen (Cepheiden);
3. Methoden, die die Entfernung von Sternansammlungen, vor allem sogenannte Sternhaufen, abzuschätzen erlauben (Sternstromparallaxen);
4. Methoden, die von dem Intensitätsverlust ausgehen, den das Licht auf seiner Reise zu uns erleidet; einen Anhalt bieten die Absorptionslinien des im interstellaren Raum außerordentlich dünn verteilten Elements Calcium, die um so kräftiger in Erscheinung treten, je weiter der Stern entfernt ist (vgl. Abb. 7b).

Die bloße Aufzählung der Methoden läßt schon ahnen, daß unser Wissen über Sternentfernungen einem aus tausend Steinchen zusammengesetzten Mosaikbild gleicht.

Wie weit sind nun die Sterne tatsächlich entfernt? Von den uns nächstgelegenen braucht das Licht bereits einige oder einige Dutzend Jahre, um zu uns zu gelangen. Für weiter entfernte Sterne bemessen sich die Distanzen nach Hunderten, Tausenden und Zehntausenden von Lichtjahren. Bei dieser Größenordnung stoßen wir an die Grenze des Sternsystems, in dem wir uns befinden. In vergleichbaren Systemen außerhalb der Milchstraße lassen sich Einzelsterne nur noch mit größten Fernrohren ausmachen, und auch dies nur in wenigen, noch relativ nahe gelegenen Systemen; alle übrigen Sternsysteme erscheinen auch im größten Teleskop nur als diffuser Nebelfleck.

4.3 Die Bewegungen der Sterne

Hier müssen wir unterscheiden zwischen dem Beobachten und Messen einerseits, dem Analysieren und Interpretieren andererseits. Das erste ist im Prinzip einfach, das zweite äußerst kompliziert.

Die Bewegung eines Sterns müssen wir für unsere Beobachtung in zwei Komponenten zerlegt denken: eine senkrecht zur Blickrichtung, die andere genau in Blickrichtung. Die Bewegung in Blickrichtung (im Sehstrahl) heißt Radialbewegung; die Bewegung quer zur Blickrichtung heißt Eigenbewegung – ein höchst unglücklich gewählter Terminus, denn die Radialbewegung ist selbstverständlich auch eine »Eigenbewegung«. Jede der beiden Komponenten kann auch den Wert Null haben; dann bewegt sich der Stern genau auf uns zu, von uns weg (keine Eigenbewegung) oder genau senkrecht zur Blickrichtung (keine Radialbewegung).

Wie stellt man die Eigenbewegung fest? Man beobachtet, ob und wie der Stern über längere Zeiträume hinweg seinen Ort gegenüber dem Hintergrund viel weiter entfernter Sterne verändert. Solche Veränderungen finden ständig statt, aber nur bei ein paar Sternen betragen sie pro Jahr mehr als 1″ – was bedeutet, daß der Stern nach etwa 2000 Jahren seinen Ort um die Breite der Vollmondscheibe verändert haben wird. Vergleiche mit Positionsangaben aus früheren Epochen sind problematisch, weil die damaligen Angaben und Aufzeichnungen nicht genau genug sind. Gewonnen werden bei dieser Beobachtung zunächst nur die Richtung der Ortsveränderung und ein Winkel (z.B. 0″,02 pro Jahr). Die Geschwindigkeit des Sterns in km/s anzugeben ist nur möglich, wenn wir aus anderen Beobachtungen seine Entfernung kennen. Langfristig wird man bessere Ergebnisse haben, wenn, wie es gegenwärtig geschieht (Mt. Palomar Sky Survey), der ganze Himmel auf großformatigen, dicken (maßhaltigen) Platten photographiert ist und man diese Aufnahmen mit neuen vergleicht, die – sagen wir – 20 Jahre später gemacht werden.

Einen großen Schritt vorwärts wird es auf diesem Gebiet geben, wenn der 1989 gestartete Satellit »Hipparcos« (obwohl er seine vorgesehene Umlaufbahn nicht erreicht hat) sein Programm erfüllt, das Messungen der Eigenbewegung und Parallaxenbestimmungen für Tausende von Sternen vorsieht. (Der Name des Satelliten erinnert an Hipparchos, ist zugleich aber eine Abkürzung von »High Precision Parallax Collecting Satellite«.)

Wie stellt man die Radialbewegung fest? Mit Hilfe des sogenannten Doppler-Effekts, der von dem österreichischen Physiker Christian Doppler zunächst für Schallwellen beschrieben wurde und den, seit es Autos und Eisenbahnen gibt, viele Menschen aus eigenem Augen- oder besser Ohrenschein kennen.

Wer sich den Schallwellen nähert, läuft den Schallwellen gewissermaßen entgegen. Pro Zeiteinheit nimmt er etwas mehr Schwingungen auf als ein Beobachter, der relativ zur Schallquelle stillsteht. Anders, wenn die Schallquelle dem Beobachter A davonläuft (Abb. 4e, Fall 2). Wirkung: Der Pfeifton einer Lokomotive, der Hupton eines Autos erscheinen höher, wenn die Schallquelle uns entgegenkommt, und tiefer, wenn sie sich entfernt.

Bei den Lichtwellen tritt ein vergleichbarer Effekt auf. Bewegt sich die Lichtquelle auf uns zu, erscheinen die Spektrallinien nach dem blauen Ende des Spektrums hin (d.h. zu den kurzen Wellenlängen und damit zur höheren Frequenz) verlagert; natürlich wird der Effekt erst von einer bestimmten Mindestgeschwindigkeit ab nachweis- und meßbar. Entfernt sich die Lichtquelle, verlagern sich die Spektrallinien nach der anderen Seite, es kommt zur sogenannten Rotverschiebung.

Der Doppler-Effekt ist für den Astronomen von kaum zu überschätzendem Nutzen – nicht nur in dem hier geschilderten Anwendungsfall. Aus einer einmaligen Aufnahme des Spektrums (wenn der Stern dazu lichtstark genug ist) und dessen Ausmessung kann man bereits direkt bestimmen, ob der Stern auf uns zukommt oder sich entfernt, ja sogar die Geschwindigkeit, denn die Verschiebung der Spektrallinien steht in

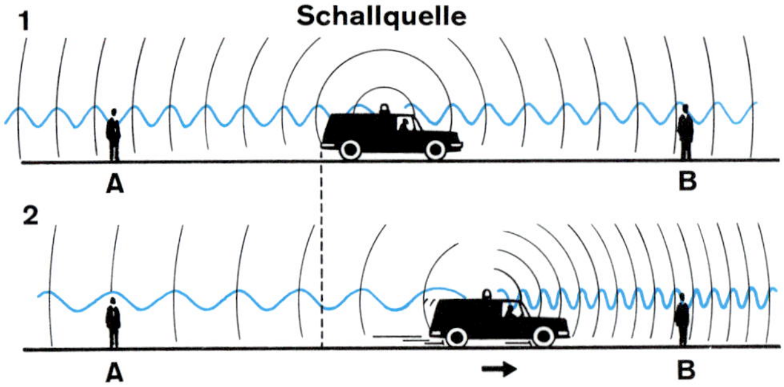

Abb. 4 e. Der Doppler-Effekt: (1) Steht die Schallquelle relativ zum Beobachter still, so hören A und B einen Ton der gleichen Frequenz. Im Fall (2) hört A einen etwas tieferen, B einen etwas höheren Ton als vorher.

einer gesetzmäßigen Beziehung zur Geschwindigkeit der aussendenden Quelle relativ zum Beobachter. Kennen wir für einen Stern sowohl die Eigen- als auch die Radialbewegung, so können wir aus diesen beiden Komponenten – wenn wir den Doppler-Effekt herausrechnen, der durch den Lauf der Erde um die Sonne zustande kommt – seine wahre Bewegung relativ zur Sonne zusammenfügen.

Die Sonne bewegt sich nun aber selber, sie hat eine sogenannte Pekuliarbewegung, d. h. Bewegung im Verhältnis zu den Sternen ihrer Umgebung. Wie sollen wir die feststellen? Wenn wir den Doppler-Effekt für eine große Zahl von Sternen am Himmel ermitteln und wenn die Auswertung der Ergebnisse dann so aussieht, als ob die Sterne an einem »Ende« des Himmels (dem Apex) – durchschnittlich! – sich alle auf uns zubewegen, während die Sterne gegenüber, »am anderen Ende« (am Antapex), alle von uns wegzufliehen scheinen, und wenn sich weiter zeigt, daß die Sterne, die abseits der Achse Apex–Antapex liegen, im breiten Durchschnitt starke Eigenbewegungen (Querbewegungen) zeigen, während andererseits die Radialbewegungen keine vorherrschende Richtung erkennen lassen, dann dürfen wir das so deuten, daß es in Wirklichkeit die Sonne ist, die eine Bewegung in Richtung auf den Apex zu vollführt.

Dies ist in der Tat das Ergebnis der entsprechenden Messungen. Der Apex liegt in der Richtung des Sternbilds Herkules, und die Geschwindigkeit der Sonne bei dieser Pekuliarbewegung (bei der sie natürlich das gesamte Sonnensystem mit sich führt) beträgt 19,5 km pro Sekunde.

Diese Bewegung führt die Sonne aus im Verhältnis zu den Sternen ihrer Umgebung. Alle diese Sterne, ja überhaupt alle, die man mit bloßem Auge sehen kann, gehören zu dem »Milchstraße« genannten riesigen Sternsystem. (Sterne, die zu anderen Sternsystemen gehören, kann man nur in starken Fernrohren sehen, ja, diese Systeme selbst sind – mit ganz wenigen Ausnahmen – nur durchs Fernrohr sichtbar.)

Das Milchstraßensystem als Ganzes rotiert (vgl. Abschnitt 8.2). Die Sonne samt ihrem Planetensystem nimmt an dieser Rotation teil. Sie bewegt sich dabei auf ihrer Bahn um das Zentrum des Systems mit einer Geschwindigkeit von über 200 km/s. Andere Sterne, die – vom Zentrum des Systems aus gesehen – weiter außen liegen, reisen noch schneller.

Hiervon zu unterscheiden ist die Frage, ob sich vielleicht das System Milchstraße als Ganzes wiederum bewegt. Darüber im Abschnitt 10.2.

4.4 Scheinbare und absolute Helligkeit

Es ist leicht einzusehen: Daß die Sonne für uns »vieltausendmal« heller strahlt als jeder andere Stern (so sagt der Dichter, in Wirklichkeit milliardenmal), muß keineswegs bedeuten, daß sie bei einem Vergleich mit der Leuchtkraft anderer Sterne, d.h. aus derselben Entfernung betrachtet wie diese, besonders gut abschneiden würde. In der Tat gibt es Sterne, die 1000-, ja 100 000fach heller strahlen als unsere Sonne; auch andere, die sehr viel schwächer sind.

Das Problem, die scheinbaren und wahren Helligkeiten der Sterne zu erfassen, ist mit einigem historischen Ballast befrachtet, der das Verständnis erschweren kann. Vor allem muß man wissen, daß die Astronomen hier von »Größen« und »Größenklassen« sprechen, obwohl sie nicht die Größe (den Durchmesser) der Sterne meinen, sondern ihre Helligkeit.

Zum zweiten: Es kann den Laien irritieren, daß Helligkeiten nicht in bestimmten Einheiten (wie z.B. Lux) gemessen (wie Entfernungen in Parsec oder Energieabgabe in erg bzw. kW), sondern durch Vergleich der Sterne untereinander ausgedrückt werden. Außerdem erscheint die hier verwendete Meßskala recht willkürlich, auf den ersten Blick jedenfalls. Als Ausgangspunkt der Skala dient nämlich der Polarstern, dem man die Helligkeit +2,12 zuordnete (leider hat sich danach herausgestellt, daß dieser Stern in seiner Helligkeit Schwankungen aufweist). Man kann auch sagen: Der Polarstern ist ein Stern 2,12ter (scheinbarer) Größe (= Helligkeit). Die Einteilung nach Größenklassen geht auf das Altertum zurück, man nannte damals die am hellsten erscheinenden Sterne »Sterne 1. Größe«, etwas schwächere »Sterne 2. Größe« und die schwächsten, dem bloßen Auge noch sichtbaren »Sterne 6. Größe«.

Die moderne Astronomie hat die Größenklassen natürlich exakt definiert, und zwar so (im Anschluß an das »Psychophysische Grundgesetz« von Fechner und Weber, das die Reizschwellen bei Sinnesempfindungen beschreibt): Ein Stern der 1. Größenklasse ist um das 2,512fache heller als ein Stern 2. Größe; dieser wiederum um das 2,512fache heller als ein Stern 3. Größe, und so fort.

Erscheint ein Stern um das 2,5fache heller als der Polarstern, so gehört er zur 1. Größenklasse; ist ein anderer nochmals um ebendiesen Faktor heller, so ist er ein Stern »nullter Größe« (die Wega im Sternbild Leier entspricht dem), und was noch heller erscheint, muß einen negativen Wert zugeordnet bekommen. So hat die Sonne eine scheinbare Helligkeit von –26,73. Der Faktor 2,512 ist so gewählt, daß eine Differenz von 5 Größenklassen einen hundertfachen Unterschied der Helligkeit bezeichnet (denn $\sqrt[5]{100} = 2{,}512$).

Allgemeiner kommt dies in folgender Übersicht zum Ausdruck:

Beträgt die Differenz der Größenklasse zweier Sterne:	so unterscheiden sich ihre Helligkeiten um den Faktor:
1	2,512
2	6,31
3	15,85
4	39,8
5	100,0
6	251,2
10	10 000
15	1 000 000
20	100 000 000

Tatsächlich sind mit stärksten Fernrohren Sterne bis zur 24. Größe hinab erkennbar, ihre Helligkeit unterscheidet sich also von der Helligkeit eines Sterns 0. Größe (Wega) etwa um den Faktor 4 Milliarden. Nach der anderen Seite übertrifft die scheinbare Helligkeit der Sonne (–26,7) die des Polarsterns (+2) um mehr als 28 Größenklassen.

Die Größenklasse wird geschrieben mit dem kleinen Buchstaben m (lat. magnitudo = Größe) in der Form: Größenklasse des Polarsterns $+2^m.12$. Zum Unterschied hiervon wird die wahre Helligkeit eines Sterns mit einem großen M angegeben, im übrigen aber genauso: Wahre Helligkeit des Polarsterns $5^M.2$.

Die wahre oder absolute Helligkeit ist definiert als die Helligkeit, die ein Stern hätte, wenn man ihn aus der (willkürlich gewählten) Einheitsentfernung von 10 pc sehen würde. Um aus der scheinbaren Helligkeit die wahre zu ermitteln, muß man erstens die Entfernung des betreffenden Sternes kennen und zweitens wissen, daß die Intensität des Lichts mit dem Quadrat der Entfernung abnimmt.

Zur Verdeutlichung zwei Beispiele:

Sirius als hellster sichtbarer Stern hat die scheinbare Helligkeit von (abgerundet) $-1^m.5$. Seine Entfernung beträgt aber mit 8,7 Lichtjahren nur rund $^1/_4$ der eben genannten Einheitsentfernung, die 10 pc = 32,6 Lichtjahre beträgt. Seine Helligkeit in vierfacher Entfernung vermindert sich um $4^2 = 16$. Seine wahre Helligkeit ist also (siehe Tabelle) um rund 3 Größenklassen geringer, sie beträgt $+1^M.5$. (Zur Vereinfachung habe ich die Zahlen abgerundet und vom schwachen Begleiter des Sirius – Sirius ist ein Doppelstern – abgesehen.) Noch ein Beispiel: Spica im Sternbild Jungfrau hat eine scheinbare Helligkeit von $+1^m.0$, erscheint also dem Auge als Stern 1. Größe. Ihre Entfernung beträgt mit 210 Lichtjahren = 64,5 pc rund das 6,5fache der Einheitsentfernung. Auf diese herangeholt, nimmt die Helligkeit um das $6{,}5^2$- = rund 42fache zu. Dies entspricht (siehe Tabelle) etwas mehr als 4 Größenklassen, die wahre Helligkeit liegt damit bei $-3^M.1$, was Spica als einen Stern beträchtlicher Leuchtkraft ausweist; denn wenn man die entsprechende Rechnung für die Sonne durchführt, ergibt sich als wahre Helligkeit $+4^M.7$, d.h., unsere Sonne ist mit einer Helligkeit zwischen der absoluten 4. und 5. Größenklasse nur ein ziemlich schwach leuchtender Stern. Der Unterschied zwischen ihrer absoluten Helligkeit und der des Sirius beträgt mehr als 3 Größenklassen, d.h., absolut genommen ist der Sirius 16mal so hell.

Natürlich kann man auch von den Größenklassen, die ja nur eine Vergleichsskala darstellen, zu echten physikalischen Maßangaben übergehen. Es läßt sich dann u.a. errechnen, daß die Helligkeit, mit der uns der Mond bescheint, rund 0,24 Lux beträgt, die Helligkeit der Sonne (durch die Atmosphäre hindurch, die einen Teil des Lichts schluckt) rund 100 000 Lux.

Ein anderes interessantes Ergebnis lautet: Die scheinbare Helligkeit des Sirius ($-1^m.5$) ist vergleichbar der einer Kerze (internat. festgelegte Einheit der Lichtstärke, »candela«) in 350 m Entfernung; die Helligkeit eines ganz schwachen Sterns ($+21^m$) der einer Kerze in 11 000 km Entfernung. Respekt für die Erbauer von Fernrohren, die den Schimmer einer Kerze noch aus 11 000 km Entfernung sichtbar machen!

Zum Schluß dieser knappen Übersicht zum Problem der Helligkeit, die uns im Zusammenhang mit anderen Zustandsgrößen weiterhin beschäftigen wird, noch zwei Hinweise: Wir haben hier nur von Helligkeit im sichtbaren Bereich des Spektrums gesprochen. Diese erscheint aber verschieden, je nachdem, ob man mit dem Auge beobachtet oder mittels photographischer Aufnahmen oder mit lichtelektrischen Zellen, so daß der Fachmann z.B. zwischen m_v (= visuell bestimmte Helligkeit) und m_{ph} (= photographisch bestimmte Helligkeit) unterscheidet. Aus der Differenz zwischen der visuellen und der photographischen Helligkeit (dem sogenannten Farbindex) lassen sich übrigens Rückschlüsse auf die Oberflächentemperatur des betreffenden Sterns ziehen.

Für die physikalische Erkenntnis ist es wichtig, nicht nur die Helligkeit im sichtbaren Bereich zu erfassen, sondern die Gesamtstrahlung eines Sterns in allen (auch den nicht sichtbaren) Wellenbereichen. Um sie zu messen, braucht man sogenannte Bolometer (thermoelektrische Photometer). Die Werte für die Gesamtstrahlung werden bolometrische Helligkeit genannt.

Für Sterne in größerer Entfernung muß bei den Messungen zusätzlich berücksichtigt werden, daß die interstellare Materie Strahlung absorbiert.

4.5 Die Spektren der Sterne und ihre Einteilung in Spektralklassen

Dieser und der folgende Abschnitt bilden das Herzstück dieses Kapitels, denn der größte Teil unseres heutigen Wissens über die Sterne stammt aus der Analyse ihrer Spektren. Sie liefern uns Anhaltspunkte für die Oberflächentemperatur, für die chemische Zusammensetzung, für die Radialgeschwindigkeit eines rotierenden Sterns u. a. Zum Glück gibt es Tausende von Sternen, deren Lichtstärke noch ausreicht, ihre Strahlung in empfindlichen Instrumenten aufzufangen und zu zerlegen.

Da nahezu jeder Stern ein anderes Spektrum liefert, wäre es total verwirrend, wenn ich versuchen wollte, den Weg, den die Forschung in Jahrzehnten genommen hat, nachzuzeichnen. Statt dessen stelle ich hier gleich voran, daß es gelungen ist, die Spektren in eine Reihe von Spektralklassen zu gliedern, deren heute gültige Reihenfolge zugleich auch eine Temperatursequenz von den heißesten bis zu den kühlsten Sterntypen darstellt. Diese »Spektralklassifikation« ist das Ergebnis jahrzehntelanger Beobachtungen, an denen neben dem Italiener Angelo Seccho und dem Engländer E. C. Pickering eine Astronomin, die Amerikanerin Annie J. Cannon, führend beteiligt war.

Die Einteilung entstand dadurch, daß man zuerst 16 Spektralklassen unterschied, die mit den lateinischen Buchstaben A bis Q benannt wurden. Einige Klassen wurden als überflüssig aufgegeben, wodurch die Buchstabenfolge lückenhaft wurde. Anschließend lernte man, die Temperaturen der Sternoberfläche anhand der Spektren genauer abzuschätzen. Um eine Reihenfolge absteigender Temperaturen herzustellen, mußten einige Klassen umrangiert werden. Auf diese Weise entstand die verwirrende Buchstabenfolge

O–B–A–F–G–K–M–R–N,

die sich Astronomiestudenten mit Hilfe des Merkverses »O be a fine girl kiss me right now« einzuprägen pflegten. Dem heutigen Stand der Erkenntnis entspricht eine wiederum abgewandelte Folge, die so aussieht:

```
                        /R–N
Q–P–W O–B–A–F–G–K–M
                        \S
```

Der »Hauptlinie« O bis M, der 99 % aller Sterne zuzurechnen sind, sind hier noch drei Klassen, Q, P und W, vorangestellt; andererseits zweigen bei Klasse K zwei Nebenlinien ab. Nun können wir darangehen, diese reichlich abstrakten Angaben mit Anschauung zu erfüllen, jedenfalls für die Hauptlinie, die Abfolge der Klassen von O bis M.

4.6 Das Hertzsprung-Russell-Diagramm

Es gibt, so haben wir eben gesehen, Sterne mit verschiedensten Oberflächentemperaturen (und entsprechenden Spektren). Die Temperaturen »streuen« in einem weiten Bereich, der von 3000° bis 50000° reicht. Doch es gibt nach oben hin, wenn auch ganz selten (nur einige wenige unter Millionen oder Milliarden), noch heißere Sterne, deren Temperaturen auf einige 100000°, ja bis zu 1 Million Grad geschätzt werden. Nach

Abb. 4f. Das Grundprinzip der HR-Diagramme, die Zustandsgrößen von Sternen in Beziehung setzen.

Spektral-klasse	Oberflächen-temperatur	Allgemeine Kennzeichnung, Eigentümlichkeit des Spektrums, Bemerkungen
O	30 000–50 000°	Blauweiße Sterne. Die hohe Temperatur bedingt, daß Spektrallinien hochionisierter Atome hervortreten, z. B. Si IV (Silicium-Atom, dem 3 Elektronen fehlen); vor allem auch He II (einfach ionisiertes Helium), das in den Spektren kühlerer Sterne nicht nachzuweisen ist.
B	15 000–25 000°	Bläulichweiße Sterne. Kontinuierliches Spektrum mit zahlreichen Absorptionslinien, darunter He I und H (neutrales Helium und Wasserstoff).
A	8000–12 000°	Weiße Sterne. Spektren mit besonders kräftigen Wasserstofflinien, daneben verschiedene Metalle, teilweise ionisiert.
F	6000–8000°	Gelbweiße Sterne. Wasserstoff tritt zurück, Calcium und Metalle treten stärker im Spektrum hervor.
G	5000–6000°	Gelbe Sterne. Dieser Spektralklasse gehört unsere Sonne an. Zahlreiche kräftige Metallinien im Spektrum.
K	um 4000°	Gelbrötliche Sterne. Linien von Metallen und Metalloxiden. Molekülbanden.
M	um 3500°	Ausgesprochen rote Sterne. Titanoxid tritt stark hervor.

Für wissenschaftliche Zwecke wurden die hier gegebenen Klassen noch durch die Ziffern 0 bis 9 weiter unterteilt. Dadurch erhält z. B. unsere Sonne die Klassenbezeichnung G 2.
Dieser Hauptfolge vorangestellt werden:

Spektral-klasse	Oberflächen-temperatur	Allgemeine Kennzeichnung, Eigentümlichkeit des Spektrums, Bemerkungen
Q	»Neue Sterne« (Novae)	Darüber mehr in Abschnitt 5.4
P	Planetarische Nebel	Darüber mehr in Abschnitt 7.6
W	Wolf-Rayet-Sterne	Sehr heiße Sterne, Temperatur von 60 000 bis 100 000°.
Als Sonderklassen treten außerdem auf:		
R, N	Kohlenstoffsterne um 3000°	Spektren deuten auf besonders hohen Kohlenstoffgehalt.
S	um 3000°	Spektrum zeigt große Mengen von Oxiden der seltenen Metalle Zirkonium, Lanthan, Yttrium.

der anderen Seite hin kann man annehmen, daß es noch kühlere Sterne gibt als die der Klassen, bei denen die Temperaturen um 3000° betragen – vielleicht sogar in großer Zahl. Sie sind nur sehr schwer zu entdecken, denn bei Temperaturen um 1000° liegt das Maximum der Strahlung nicht mehr im Frequenzbereich des sichtbaren Lichtes, sondern in einem Bereich, dessen Strahlung durch die Erdatmosphäre weitgehend absorbiert wird.

Es gibt, so haben wir im Abschnitt 4.4 gesehen, Sterne mit ganz verschiedener Leuchtkraft. Die Helligkeiten streuen in einem vergleichsweise eher noch größeren Bereich als die Oberflächentemperaturen, da die allerhellsten Sterne millionenfach stärker strahlen als schwache. Es hat sich deshalb als zweckmäßig erwiesen, 5 Hauptklassen der Leuchtkraft zu unterscheiden:

Leuchtkraftklasse	Benennung der Sterne
I	Überriesen
II	Helle Riesen
III	Normale Riesen
IV	Unterriesen
V	Normale Sterne, »Hauptreihensterne«, auch Zwergsterne genannt

Diese Einteilung wird nach ihren Begründern, den amerikanischen Astronomen Morgan, Keeman und Kellman, MKK-System genannt.

Unsere Sonne erhält in ihm nur einen bescheidenen Platz in der V. und schwächsten Klasse. Unter der Klasse V rangieren jedoch noch die als »Unterzwerge« und »Weiße Zwerge« (abgekürzt Wd = White dwarf) bezeichneten Sterne, die noch schwächer leuchten.

Es gibt, so füge ich als drittes jetzt hinzu, auch Sterne der verschiedensten Größen – Größe jetzt aber nicht als Helligkeit zu verstehen, sondern im Alltagssinne: Sterne mit verschiedensten Durchmessern und mit sehr verschiedenen Massen. Die Durchmesser von Sternen kann man bei wenigen sehr nahen und besonders großen Sterne direkt messen, weil ihre Winkeldurchmesser mittels Interferometer oder bei Bedeckung durch den Mond meßbar sind; ist die Entfernung bekannt, kann man daraus den Durchmesser in Kilometer berechnen. Aber auch für Sterne, die dazu zu klein und/oder zu weit entfernt sind, läßt sich der Radius rechnerisch ermitteln. Kennt man nämlich von einem Stern den Radius (und damit die Größe seiner Oberfläche) und die Oberflächentemperatur, so kann man errechnen, wieviel Energie er abstrahlt, und damit auch, wie hell er strahlen muß. Umgekehrt nun: Kennt man (durch Analyse des Spektrums) die Oberflächentemperatur, und kennt man zweitens die absolute (bolometrische) Helligkeit (Leuchtkraft), so läßt sich damit die Größe der Oberfläche und daraus der Radius errechnen. So ist u. a. errechnet worden, daß der Stern α Canis Maioris, der Sirius, etwa den doppelten Radius der Sonne besitzt, der Stern α im schönen Wintersternbild Orion aber, besser bekannt als Beteigeuze, den 300fachen.

Da nun – und darauf soll die vorstehende Übersicht hinlenken – sowohl Temperatur wie Leuchtkraft wie Durchmesser der Sterne innerhalb sehr weiter Grenzen schwanken, könnte man erwarten, daß auch alle möglichen Kombinationen dieser drei Zustandsgrößen vorkommen, sobald man eine sehr große Anzahl von Sternen auf sie hin untersucht und vergleicht.

Die tatsächlichen Verhältnisse sind anders. Diese drei Größen sind keineswegs voneinander unabhängig. Dies erkannt und in sehr anschaulicher Weise dargestellt zu haben ist das Verdienst der Astronomen Ejnar Hertzsprung und Henry Noris Russell, die Anfang des 20. Jahrhunderts – ursprünglich unabhängig voneinander – diesen Beziehungen auf die Spur kamen.

Das nach ihnen benannte Diagramm (in der Fachliteratur häufig abgekürzt HRD) beruht auf dem einfachen Grundgedanken, zwei Zustandsgrößen (z. B. Leuchtkraft und Spektralklasse) auszuwählen, von denen die eine an der waagrechten, die andere an der senkrechten Achse des Diagramms aufgetragen wird.

Nach diesem Prinzip ist das Schema Abb. 4g angelegt, das dem Betrachter schnelle Übersicht und Vergleichsmöglichkeiten bietet.

Hier sind eingetragen:

unten: die Spektralklassen von 0 bis M 8;

oben: die Oberflächentemperaturen, die den einzelnen Spektralklassen zugeordnet sind (vgl. die Tabelle in Abschnitt 4.5);

links: absolute Helligkeit in Größenklassen (M);

rechts: die absolute Leuchtkraft, ausgedrückt in Bruchteilen oder Vielfachen der Leuchtkraft der Sonne. Die Skala reicht hier von $^1/_{1\,000\,000}$ der Sonnenleuchtkraft bis zu Sternen, die 100000fach stärker leuchten als die Sonne.

Wir können nun darangehen, möglichst viele Sterne, für welche Leuchtkraft und Spektraltyp bekannt sind, in dieses Schema einzutragen, und zusehen, welches Bild sich dabei ergibt. Aber da erhebt sich gleich die Frage: Welche Sterne sollen wir eintragen? Entscheiden wir uns (in Grenzen, die durch die praktische Durchführbarkeit gesetzt sind) dafür, alle Sterne einzutragen, deren Zustandsgröße in Katalogen erfaßt sind – es sind Hunderttausende –, so ist zu erwarten, daß wir ein stark verfälschtes Bild erhalten. Denn die schwächer leuchtenden Sterne können wir nur in der nächsten Umgebung unserer Sonne erkennen. Je weiter wir den Bereich ziehen, aus dem Sterne im Diagramm berücksichtigt werden sollen, um so mehr wächst die Gefahr, daß ein starkes Übergewicht heller Sterntypen auftritt, weil nur diese in größeren Entfernungen noch beobachtbar sind.

Um dieser Gefahr zu begegnen, können wir beschließen, daß nur Sterne eingetragen werden, die von der Sonne nicht weiter als z. B. 10 pc entfernt sind; hier dürfen wir hoffen, die überwiegende Mehrzahl aller vorhandenen Sterne zu kennen. Tragen wir nur diese Sterne ein, so ergibt sich das Bild, das Abb. 4g zeigt.

Der Ertrag an Erkenntnis, den wir aus diesem Bild ziehen können, mutet zunächst

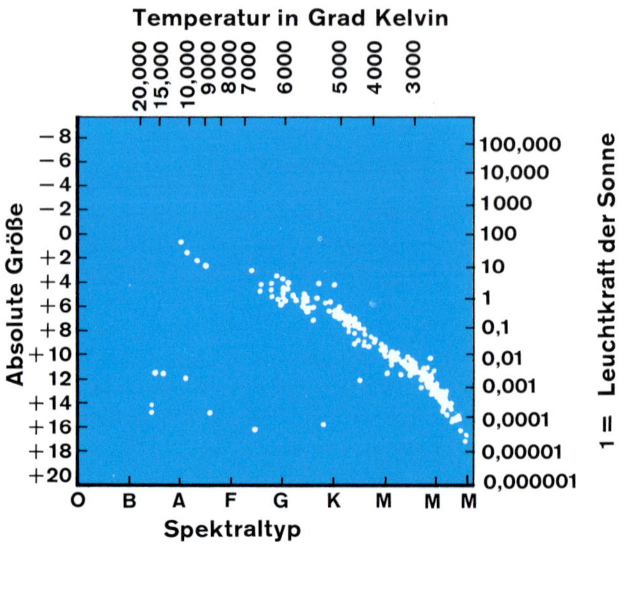

Abb. 4g. Die sonnennahen Sterne im HR-Diagramm. Trägt man nur die Sterne aus der näheren Umgebung der Sonne (bis 10 pc) in ein Hertzsprung-Russell-Diagramm ein, so ergibt sich dieses Bild. Es kommen nur Hauptreihensterne (in dem diagonal laufenden Streifen) und Zwerge (die Punkte im unteren Teil) vor, keine Riesen oder Überriesen, auch keine Veränderlichen.

noch bescheiden an. Er läßt sich etwa so zusammenfassen:

1. Die Sterne sind keineswegs in beliebiger Streuung über das ganze Feld verteilt. Sie konzentrieren sich vielmehr in einem bestimmten Gebiet, das der Astronom (nach diesem Diagramm) Hauptreihe nennt. Die Hauptreihe verläuft von rechts unten nach links oben. Zu einer bestimmten Größenordnung der Temperatur gehört offenbar im Regelfall auch eine bestimmte absolute Helligkeit.

2. Außerhalb der Hauptreihe, links unterhalb von ihr, sind ebenfalls Sterne eingetragen. Links – das heißt, daß diese Sterne zu den heißen Typen gehören. Unterhalb – das heißt, daß ihre Leuchtkraft weit geringer ist als die von Hauptreihensternen gleicher Temperatur. Der Unterschied kann, wie ein Blick auf das Diagramm zeigt, 10 und mehr Größenklassen betragen; damit ist die Leuchtkraft solcher Sterne nur $^{1}/_{10\,000}$ so groß wie die ebenso heißer Hauptreihensterne oder noch geringer. Es ist zu vermuten, daß solche »Zwerge« an Leuchtkraft auch Zwerge ihrem Durchmesser nach sind.

3. Aus Punkt 1 können wir aber, mindestens tastend oder hypothetisch, einen viel weiter reichenden Schluß ziehen: Die Oberflächen und Radien der Sterne (damit vermutlich auch die Massen) können offenbar nicht in einem so weiten Streubereich schwanken wie Temperatur und Leuchtkraft – jedenfalls muß das für die Hauptreihensterne gelten. Die Konzentration der Mehrzahl aller Sterne in der Hauptreihe wäre am einfachsten damit zu erklären, daß diese Sterne alle – der Größenordnung nach jedenfalls – ähnliche Durchmesser und Massen besitzen. Denn bei zwei Sternen gleichen Durchmessers und gleicher Masse dürfte eine einfache lineare Beziehung bestehen zwischen Temperatur und absoluter Helligkeit (je heißer, desto heller), wie sie die Hauptreihe nahelegt. Daß es für Sterne eine Mindestmasse geben muß, liegt noch aus einem anderen Grunde nahe: Die enormen Temperaturen, die im Innern eines Sterns erreicht sein müssen, damit dort jene Kernumsetzungen in Gang kommen, die seine Energie liefern – diese Temperaturen kommen gewiß nur zustande, wenn gewaltige Massen von Materie sich unter dem Einfluß der Gravitation sammeln und kontrahieren.

Ist es aber nicht voreilig, wenn wir Schlüsse aus einem Diagramm ziehen, das nur Sterne aus einer Kugel mit 10 pc Radius um die Sonne enthält? Wodurch ist gewährleistet, daß dieser, kosmisch gesehen, winzige Ausschnitt repräsentativ ist für die Sterne im All? Könnte es nicht vielmehr sein, daß die hier erfaßten Sterne alle der Sonne mehr oder weniger »verwandt« wären, während es in anderen Regionen des Universums Sterne gänzlich anderen Typs gibt?

Um das zu klären, müssen wir davon abgehen, nur Sterne innerhalb bestimmter Entfernung einzubeziehen. Wir verringern damit die Aussicht, aus dem Diagramm etwas zu erfahren über die Häufigkeit oder Seltenheit des Vorkommens bestimmter Sterntypen, denn die schwächeren Sterne sind jetzt unterrepräsentiert. Wir gewinnen dagegen die Aussicht, alle möglichen Sterntypen zu erfassen, auch wenn sie in der Umgebung der Sonne nicht vertreten sind.

Unter diesen Voraussetzungen ergibt sich in der Tat ein anderes Bild (Abb. 4h), das reichhaltiger, damit allerdings auch schwieriger zu deuten ist. Dieses Bild bedarf einer ausführlichen Interpretation.

1. Zuerst erkennen wir hier die Hauptreihe des vorigen Diagramms wieder. Unsere Sonne gehört in die Hauptreihe – in ihren unteren Teil – und ist also ein Stern, wie er im Universum weitaus am häufigsten vorkommt. Die Hauptreihe reicht von den sehr heißen Sternen des Spektraltyps B mit 1000facher Sonnenleuchtkraft bis zu Sternen von nur $^{1}/_{1000}$ der Sonnenleuchtkraft in der Spektralklasse M.

2. Dicht unterhalb der Hauptreihe liegen die (nur vereinzelt vorkommenden) Unterzwerge.

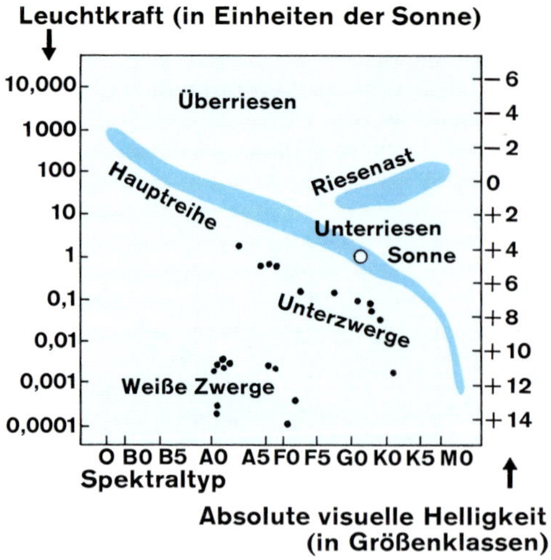

Abb. 4 h. Vollständiges HR-Diagramm, das alle Haupttypen von Sternen enthält.

3. Weit unterhalb der Hauptreihe treten die Weißen Zwerge auf, Sterne der Spektralklassen A und F, die hohe Temperaturen aufweisen, aber geringe Leuchtkraft, und deshalb offenbar nur eine relativ kleine strahlende Oberfläche besitzen.

4. Oberhalb der Hauptreihe fällt am meisten der mit »Riesenast« bezeichnete Bereich ins Auge. Hier handelt es sich um Sterne, die um ein Vielfaches stärker leuchten als Hauptreihensterne gleicher Temperatur, also vermutlich eine größere Oberfläche haben.

5. Während es zwischen Hauptreihensternen und Riesen vereinzelt »Zwischengrößen« gibt, die Unterriesen genannt werden, treten oberhalb des Riesen-Astes die sogenannten Überriesen auf. Sie übertreffen die Riesen an Leuchtkraft nochmals um das 100fache; auch ihre Durchmesser (so läßt sich errechnen) sind 10mal so groß wie die eines normalen Riesensterns und bis zu 1000mal so groß wie die eines M-Hauptreihensterns. In einem Überriesen fände unser ganzes Sonnensystem Platz!

In einem vollständig ausgefüllten HR-Diagramm treten noch weitere Sterntypen auf, besonders Novae und Veränderliche. Diese Typen und damit auch ihr Platz im Diagramm sollen erst im nächsten Kapitel besprochen werden.

Zunächst möchte ich das Diagramm in erweiterter Form vorstellen. Es erscheinen jetzt Masse und Radius der Sterne, wobei die Sonne = 1 gesetzt ist (Abb. 4 i).

Es zeigt sich, daß näherungsweise Radien und Massen im Diagramm von unten nach oben hin zunehmen. Weiße Zwerge haben Radien von $^1/_{100}$ des Sonnenradius, sind also nicht größer als große Planeten, haben aber etwa $^1/_5$ Sonnenmasse, müssen also eine enorme Dichte besitzen. Auf der anderen Seite gibt es Überriesen, die den hundertfachen Radius der Sonne aufweisen, aber nur etwa 20 Sonnenmassen; sie müssen also eine ganz geringe Dichte haben.

Im übrigen bestätigt das Diagramm, daß Massen und Radien (mittelbar auch die Dichten) der Sterne nur innerhalb relativ enger Grenzen schwanken können.

Zwei Fragen möchte ich in dieser ersten Übersicht noch berühren, die mancher Leser sich stellen mag: 1. Die Körper im Sonnensystem – die Sonne selbst, Planeten, Monde – weisen alle eine Rotation auf. Gilt das für sämtliche Sterne? 2. Die Sonne hat ein Magnetfeld, ja, sie ist ohne Magnetismus nicht zu begreifen, denn ihre Aktivität wird durch Magnetfelder verursacht oder begleitet. Ist das bei allen Sternen so?

Zur ersten Frage: Soweit bisher festgestellt, haben alle Sterne eine Rotation aufzuweisen, und es ist anzunehmen, daß das auch für alle übrigen gilt. Was heißt aber »festgestellt«? Die wichtigste Methode, die Rotation eines Sterns zu beobachten, bedient sich des Doppler-Effekts: Abgesehen von dem Fall, daß die Rotationsachse eines Sterns genau in der Beobachtungsrichtung liegt (so daß er uns also einen seiner beiden Pole zukehrt), ist es stets so, daß der eine Rand des rotierenden Körpers sich auf uns zu-, der andere sich von uns wegbewegt.

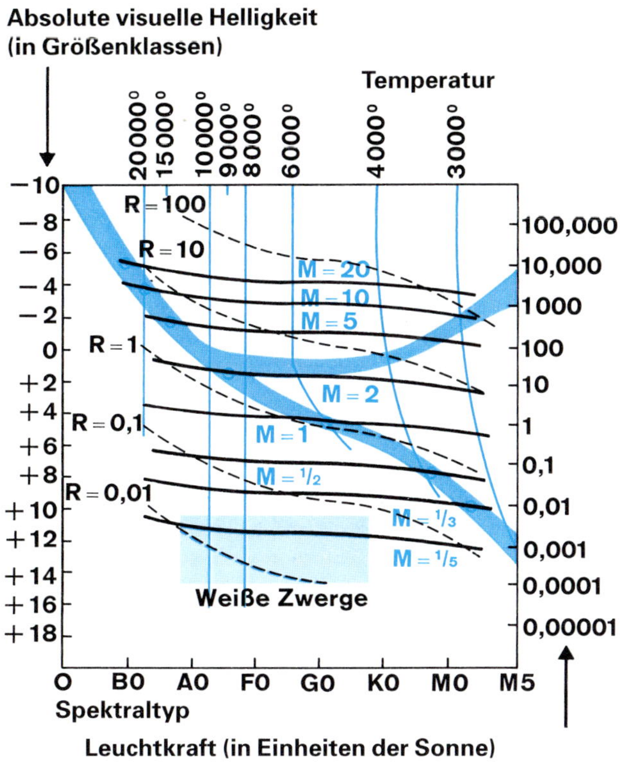

Abb. 4 i. Ein Hertzsprung-Russell-Diagramm, in das auch Angaben über Radius und Masse eingetragen sind. Bei den Angaben für M und R sind Masse bzw. Radius der Sonne gleich 1 gesetzt. Die durchgezogenen Masselinien sind etwas schematisch; für die Hauptreihe treffen sie jedoch genau zu.

Das zeichnet sich im Spektrum so ab, daß das Licht von dem auf uns zukommenden Rand eine leichte Blauverschiebung zeigt, das vom anderen Rand eine entsprechende Rotverschiebung. Andere Teile der Sternoberfläche zeigen eine geringere bzw. keine Verschiebung im Spektrum. Diese Erscheinungen summieren sich zu einer gewissen Verbreiterung der Spektrallinien, die man (unter günstigen Bedingungen) messen kann.

Die Ausführung ist schwierig, aber das Ergebnis lautet stets: Der Stern rotiert. Die Geschwindigkeit der Rotation kann sehr verschieden sein. Die Sonne rotiert bekanntlich einmal binnen ungefähr vier Wochen. Man möchte erwarten, daß Riesen und Überriesen nur langsam rotieren. Das stimmt: es gibt Überriesen, die nur 1× im Jahr rotieren. Umgekehrt darf man erwarten, daß ein kompakter Stern schnell rotiert. Auch das stimmt im Prinzip. Aber es besteht keine einfache Beziehung zwischen Größe und Rotationsgeschwindigkeit. Besonders schnell rotieren Sterne der Spektralklasse B. Sie können Rotationsperioden von wenigen Stunden haben. An ihrem Äquator beträgt die Rotationsgeschwindigkeit dann mehr als 450 km pro Sekunde, während es bei der Sonne nur wenige Kilometer sind. Diese Geschwindigkeit ist so hoch, daß die Fliehkraft am Äquator fast so groß ist wie die Schwerkraft. Würde sie noch größer, müßte der Stern auseinanderfliegen. Die schnellsten Rotationsperioden mit Sekunden oder Bruchteilen davon weisen die später zu behandelnden Neutronensterne auf. Sie sind sehr viel kleiner als normale Sterne.

Zur zweiten Frage: Es ist nicht bekannt, ob alle Sterne ein Magnetfeld besitzen. Beobachtet sind Sterne, deren Felder eine gewaltige Stärke erreichen (zigtausendfach stärker als das der Erde). Beobachtet sind auch Sterne mit variablem Magnetfeld. Bei diesen schwankt die Feldstärke binnen kurzer, nach Tagen zählender Frist, und manchmal ist die Schwankung mit einer Umkehrung der Polarität des Feldes verknüpft.

Was geschieht mit dem Magnetfeld, wenn ein Stern in den Endstadien seiner Entwicklung sein Volumen plötzlich ruckartig verkleinert und zu einem Weißen Zwerg oder einem Neutronenstern zusammenschrumpft? Diese Phänomene beobachten wir erst im Kapitel »Geburt und Tod der Sterne«; soviel sei vorweggenommen: Das Magnetfeld wird gewissermaßen mit der Materie komprimiert und erreicht dabei eine phantastische Stärke.

4.7 Die durchschnittlichen Zustandsgrößen der Sterne und die Masse-Leuchtkraft-Beziehung

Diese Übersicht soll das in diesem Kapitel dargebotene Grundwissen über Fixsterne anschaulich vergegenwärtigen und teilweise ergänzen. Sie stellt zusammen, was die astronomische Wissenschaft bisher über die wichtigsten durchschnittlichen Zustandsgrößen der wichtigsten Klassen von Sternen ermittelt hat.

Die Tabelle unterstreicht nochmals, daß zwischen den verschiedenen Zustandsgrößen gesetzmäßige Zusammenhänge bestehen. Die Größen treten in dieser Tabelle in nach der Größe geordneten Folgen auf.

Radius: nimmt kontinuierlich ab von den Riesen bis zu den Zwergen.

Masse: am größten bei den Überriesen und bei den größten Sternen der Hauptreihe.

Dichte: nimmt, wie zu erwarten, von den Riesen bis zu den Zwergen hin kontinuierlich zu.

Art des Sterns	Spektralklasse	Radius	Masse	Dichte	Leuchtkraft
Sonne	G	700 000 km	$2 \cdot 10^{33}$ g	1,41 g/cm³	$4 \cdot 10^{33}$ erg/sec
Für die Angaben über die Sterne ist der für die Sonne angegebene Wert jeweils = 1 gesetzt					
Überriese		50–500	10–30	10^{-4}–10^{-7}	10^{3}–10^{5}
Riese	G	10		10^{-3}	50
	K	20	2,5–3	10^{-4}	80
	M	60		10^{-5}	350
Hauptreihenstern	O	20	30	0,004	10^{5}
	B	4–8	6–15	0,03–0,1	500–10 000
	A	2,2	3	0,3	50
	F	1,5	1,5	0,4	5
	G	1	1	1	1
	K	0,8	0,7	1,4	0,3
	M	0,2–0,6	0,2–0,5	2–25	0,001–0,05
Weißer Zwerg		0,02	0,5–3,0	10^{5}–10^{6}	0,01

Leuchtkraft: Im Einklang mit der Masse am größten bei den Überriesen und den größten Sternen der Hauptreihe.

Masse-Leuchtkraft-Beziehung: Unsere Übersicht zeigt klar den Zusammenhang zwischen Masse und Leuchtkraft, jedenfalls für die weit überwiegende Mehrzahl aller Sterntypen, der erstmals von Sir Arthur Eddington in den zwanziger Jahren unseres Jahrhunderts erschlossen wurde. Je größer die Masse, die sich zu einem Himmelskörper zusammenballt, desto höher müssen Temperatur und Druck im Innern ansteigen. Je höher aber die Temperatur, um so mehr Kernprozesse mit Energieumsetzungen können stattfinden. In der Sonne kommt es bei 15 000 000 K zur Fusion von Wasserstoffkernen zu Heliumkernen; bei höheren Temperaturen von 30, 50, ja 100 Millionen K, wie sie im Innern mancher Riesensterne herrschen, werden weitere Prozesse in Gang gesetzt, deren Energieproduktion ausreicht, den Druck der Gravitation auszugleichen. Die Masse, mit der ein Stern sein Dasein beginnt, ist damit – und aus weiterem Grunde, wie noch zu zeigen ist – eines der entscheidenden Daten, die seine ganze weitere Existenz bestimmen.

5. Doppelsterne und Veränderliche

Auch dieses Kapitel handelt von den Fixsternen, und zwar von einer Reihe besonderer (aber keineswegs seltener) Sterne und Sterntypen, an denen die Astronomie gerade wegen ihrer Besonderheiten viele Erkenntnisse sammeln kann. Es handelt sich vor allem um zwei Gruppen: die zu Paaren vereinigten Sterne, Doppelsterne genannt, die sehr häufig sind; sodann die Sterne, die nicht gleichmäßig strahlen, deren Strahlung vielmehr Veränderungen zeigt; solche Veränderungen können entweder regelmäßig – periodisch – auftreten oder, wie bei den sogenannten Novae, explosiv. In der Gewalt des Ausbruches werden die Novae noch um das 10000fache übertroffen von den sehr seltenen Supernovae; vor der ungeheuren Vehemenz ihrer Ausbrüche versagt menschliches Vorstellungsvermögen.

Wenn wir uns damit einen Überblick über die wichtigsten Sterntypen verschafft haben, können wir uns mit einiger Hoffnung auf Erfolg der Frage zuwenden (im 7. Kapitel), wie Sterne entstehen und nach welchen Gesetzen ihr Dasein abläuft.

5.1 Doppelsterne

Schon mit dem bloßen Auge oder mit dem Feldstecher kann man Sternpaare erkennen, ganz dicht zusammenstehende Sterne. So erkennt man z. B. in unmittelbarer Nähe des Mizar (das ist der mittlere Schwanzstern des Großen Bären) ein schwach sichtbares Sternchen, das von den Astronomen Alkor, im Volksmund auch Reiterlein genannt wird.

Natürlich kommt es nicht selten vor, daß zwei Sterne rein zufällig für unsere Blickrichtung dicht zusammenstehen, in Wahrheit aber um gewaltige Distanzen voneinander getrennt sind. Solche scheinbaren Paare wie Mizar und Alkor, auch »optische« Doppelsterne genannt, scheiden aus der weiteren Betrachtung aus.

Aufschlußreich kann nur die Beobachtung echter oder »physischer« Doppelsterne sein, also solcher Sternpaare, deren Glieder eng beieinanderstehen, durch Gravitation aneinandergebunden sind und einander umkreisen. Im Fernrohr zeigt sich Mizar übrigens als echter Doppelstern.

Die genauere Durchmusterung des Sternhimmels hat ergeben, daß Doppelsterne ein ganz gewöhnliches Phänomen darstellen; es wird geschätzt, daß bis zur Hälfte aller Fixsterne Doppelsterne sind. Eine Erscheinung, die so häufig auftritt, kann gewiß nicht auf Zufall beruhen, etwa darauf, daß ab und zu ein Stern einem anderen begegnet und ihm dabei so nahe kommt, daß beide fortan ein Paar bilden. Es ist vielmehr anzunehmen, daß solche Paare schon von Entstehung an verbunden sind und sich gemeinsam entwickeln.

Allerdings zeigt die Beobachtung in aller Regel keineswegs »Zwillinge« in der Form zweier gleicher oder sehr ähnlicher Sterne. Gewöhnlich unterscheiden sich die beiden Sterne deutlich nach Masse, Leuchtkraft, Spektrum. Der hellere der beiden Sterne wird Hauptstern, der schwächere Begleiter genannt.

Für eine erste Übersicht können wir die Doppelsterne wie folgt einteilen:

Visuelle Doppelsterne: Bei entsprechender Vergrößerung lassen sich beide Sterne im Fernrohr trennen.

Spektroskopische Doppelsterne: Im Fernrohr lassen sich die Sterne nicht trennen (z. B. weil das Paar zu weit von uns entfernt ist, weil die beiden Sterne ganz eng beieinanderstehen oder weil der sehr schwache Begleiter sich für uns gegen das Licht des viel helleren Hauptsterns nicht mehr abhebt). Es gelingt aber mit Hilfe spektroskopischer Aufnahmen, den Stern als Doppelstern zu erkennen.

Sterne mit unsichtbarem Begleiter: In manchen Fällen zeigt die langfristige Beobachtung der Eigenbewegung eines Fixsterns, daß er einen für uns nicht sichtbaren Begleiter haben muß, der seine Bahnbewegung beeinflußt.

Bedeckungsveränderliche: Hier handelt es sich um den besonderen Fall, daß die Ebene, in der zwei Sterne einander umkreisen, genau in unserer Blickrichtung liegt. So tritt für uns in regelmäßigen Abständen der eine Stern vor den anderen, er verfinstert ihn.

Als Abwandlung des Phänomens Doppelstern kommen auch Mehrfachsysteme vor. So kann zu einem Sternpaar, das relativ nahe beieinander steht, ein dritter Stern gehören, der das Paar in größerem Abstand umläuft. Auch können zwei Sternpaare miteinander wiederum ein Doppelsystem bilden; ja, im »Stern« Castor in den Zwillingen haben wir ein System vor uns, dessen 3 Komponenten A, B, C auf spektroskopischem Wege je als Doppelsterne erwiesen wurden. So besteht dieser »Stern« in Wahrheit aus 6 Komponenten.

Wie sollen wir nun echte, physische Doppelsterne von Paaren unterscheiden, die nur scheinbar zusammen stehen? Sofern eine Entfernungsbestimmung möglich ist, läßt sich das nur scheinbare Paar daran erkennen, daß die Entfernungen beider Sterne ganz verschieden sind. Auf der anderen Seite müssen echte Doppelsterne sich dadurch ausweisen, daß ihre Bahnen nicht voneinander unabhängig sind, daß sie vielmehr den Gesetzen entsprechen, die Johannes Kepler für die Planetenbewegung aufgestellt, die Isaac Newton aus dem allgemeinen Prinzip der Gravitation erklärt hat und die nicht nur Bewegungen von Planeten um ihr Zentralgestirn, sondern für die Bewegung aller Massen im Universum Gültigkeit besitzen. Die Bahnen müssen also elliptische Form haben. Die beiden Komponenten eines Doppelsternsystems umlaufen einander auf elliptischen Bahnen, genauer gesagt: Nicht eine umläuft die andere, sondern beide laufen um den gemeinsamen Schwerpunkt. Wenn der eine Körper den anderen an Masse ganz gewaltig übertrifft, so kann dieser Schwerpunkt noch innerhalb des größeren Körpers liegen und damit der Anschein entstehen, als ruhe der größere und der kleinere umkreise ihn. Sind aber beide Massen genau gleich, liegt der gemeinsame Schwerpunkt in der Mitte zwischen beiden im freien Raum.

Da Beobachtungen visueller Doppelsterne schon seit dem 18. Jahrhundert vorliegen – hauptsächlich dank Friedrich Wilhelm (Sir William) Herschel (1738–1822), der mit einer planmäßigen Suche begann, fortgesetzt u. a. durch seinen Sohn Sir John Herschel (1792–1871) –, so sind die Bahnen

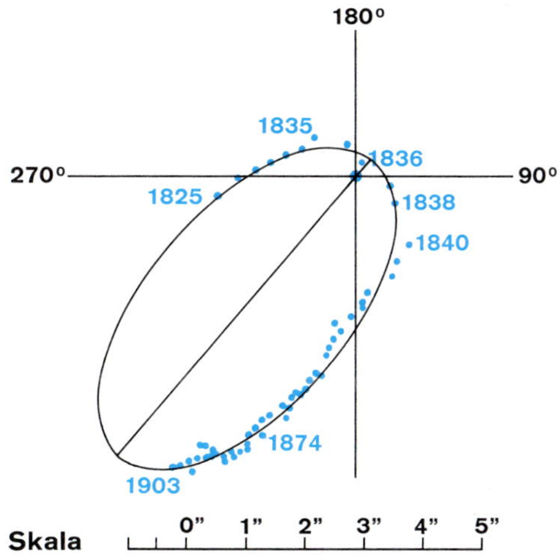

Abb. 5 a. Bei dem Sternpaar γ Virginis wurde der kleinere Begleiter 1825 erstmals beobachtet. Das Diagramm zeigt Beobachtungen seiner Position (elliptische Kurve) zum Hauptstern (Achsenkreuz) über fast 80 Jahre hin; sie erlauben es, die stark exzentrische Bahn zu bestimmen. In der Nähe des Hauptsterns – im sog. Periastron – ist die Umlaufbewegung des Begleiters entsprechend den Keplerschen Gesetzen am schnellsten.

zahlreicher Doppelsterne recht genau bekannt. Die Bahnelemente und sonstigen Daten sind in besonderen Doppelsternkatalogen zusammengestellt.

Entspricht die in Abb. 5a dargestellte Bahn den Gesetzen Keplers? Ja, insofern sie elliptische Gestalt hat. Nein, insofern der Hauptstern nicht im Brennpunkt der Ellipse steht. Das ist jedoch nur scheinbar der Fall. In aller Regel wird die Bahnebene des Doppelsterns in irgendeinem Winkel gegen unsere Sehrichtung geneigt sein. Die Ellipsenbahn erscheint uns dann exzentrischer, als sie in Wahrheit ist, und der Hauptstern steht – aus unserer Sicht – nicht im Brennpunkt.

Da die Entfernung Hauptstern–Begleiter im Vergleich zur Entfernung des Systems von uns als unbedeutend vernachlässigt werden kann, haben wir den interessanten Fall vor uns, daß zwei Sterne gleicher Entfernung gegeben sind, deren Bahnbewegung umeinander durch Beobachtung bestimmbar ist. Das erlaubt eine ganze Reihe wichtiger Folgerungen.

Vielleicht die wichtigste besteht darin, daß sich hier eine Möglichkeit bietet, die Massen der betreffenden Sterne zu ermitteln. Das ist möglich, wenn man einerseits die Entfernung des Systems von uns kennt (z. B. durch direkte Messung der Parallaxe, vgl. Abschnitt 4.2) und andererseits aufgrund genauer Beobachtung des Doppelgestirns dessen Umlaufzeit und den mittleren Winkelabstand, unter dem seine beiden Komponenten uns erscheinen. Das macht am besten das folgende Beispiel deutlich:

Der sonnennahe Fixstern α Centauri läßt sich visuell als Doppelstern erkennen, bestehend aus dem Hauptstern etwa (scheinbarer) 0ter Größe und einem um 15 Größenklassen schwächeren Begleiter. (Da die Entfernungen beider Komponenten als gleich behandelt werden können, muß hier dem Unterschied von 15 Größenklassen in der scheinbaren Helligkeit derselbe Unterschied von 15 Klassen an wahrer Leuchtkraft entsprechen.) Die Umlaufzeit beträgt 80,1 Jahre. Die Entfernung des Systems ist bekannt: rund 270 000 AE (Astronomische Einheiten). Der Winkelabstand beider Komponenten beträgt knapp 20 Bogensekunden.

Daraus läßt sich auf einfache Weise der wahre Abstand der Komponenten ermitteln. Er beträgt 23,4 AE. Diesen Wert sehen wir als Halbachse (Radius) der Umlaufbahn an.

Jetzt können wir die Daten in folgende Gleichung einsetzen, die eine veränderte Fassung des 3. Keplerschen Gesetzes darstellt:

$$M + m = \frac{a^3}{U^2},$$

zu lesen: Die Summe der Massen des Hauptsterns M und seines Begleiters m (beide ausgedrückt in Sonnenmassen) sind gleich der Halbachse a in Astronomischen Einheiten (zur dritten Potenz erhoben), geteilt durch die Umlaufzeit U in Jahren (zum Quadrat erhoben). Für unseren Fall ergibt das:

$$M + m = \frac{23{,}4^3}{80{,}1^2} = \frac{12\,812}{6\,416} \approx 2$$

Damit wissen wir, daß beide Komponenten zusammen 2 Sonnenmassen haben. Wieviel entfällt davon auf jede der beiden Komponenten? Das läßt sich bestimmen, wenn man den gemeinsamen Schwerpunkt des Systems herausfindet. Denkt man sich beide Körper durch einen festen Stab miteinander verbunden, so ist dieser Schwerpunkt daran zu erkennen, daß er keine Bewegung ausführt – vorausgesetzt allerdings, daß das System als Ganzes stillsteht. Bewegt sich das System, so ist der gemeinsame Schwerpunkt der Punkt, der nur eine geradlinige, der Eigenbewegung des Systems im Raume folgende Bewegung ausführt, aber nicht an der Rotationsbewegung teilnimmt. Dieser Punkt konnte im Falle α Centauri ermittelt werden, weil die Eigenbewegung des Systems gegen den Hintergrund weit entfernter Fixsterne gut zu beobachten ist.

Das Verhältnis beider Massen ergab sich daraus als 5,5 zu 4,5, so daß die Masse des Hauptsterns etwa 1,1 Sonnenmassen, die des Begleiters etwa 0,9 Sonnenmassen betragen muß.

Die hier benutzte Beziehung kann abgewandelt auch zur Entfernungsmessung benutzt werden. Dazu muß dann allerdings M + m bekannt sein. Man schätzt die Massen mit Hilfe von Leuchtkraft und/oder Spektraltyp – was jedenfalls für Hauptreihensterne in guter Annäherung möglich ist – und kann aus M + m und der beobachteten Umlaufzeit den Abstand a beider Komponenten bestimmen, aus a und dem Winkelabstand der Komponenten die Entfernung des Systems von uns. Dieses Verfahren der Entfernungsmessung heißt dynamische Parallaxe. Hat man für die Massen keinen ausreichenden Anhalt, so setzt man M + m gleich 2 Sonnenmassen, weil sich dieser Wert aus der Bestimmung zahlreicher Doppelsterne als Durchschnitt herausgeschält hat.

Ist durch visuelle Beobachtung ein Doppelstern nicht zu trennen, so kann er durch spektroskopische Beobachtung nachgewiesen werden, und zwar wiederum mit Hilfe des Doppler-Effektes, der für die Astronomie ein wahres Gnadengeschenk bedeutet. Die Bewegung des Systems muß sich darin zeigen, daß sich während einer Umlaufperiode zunächst der eine Stern auf uns zubewegt, der andere von uns weg, und daß sich dieses Verhältnis nach Ablauf der halben Umlaufzeit umkehrt. Die Absorptionslinien des einen Sterns verschieben sich dadurch zum Blau hin, die anderen zum Rot. (Dies gilt nur dann nicht, wenn die Bahnebene des Doppelgestirns genau senkrecht zu unserer Blickrichtung liegt: in diesem Fall enthalten die Bewegungen beider Sterne überhaupt keine radiale Komponente.)

Im Spektrum wird dieser Effekt in der Weise erkennbar, daß bestimmte Linien sich periodisch aufspalten –, bis zu einem Maximum, das eintritt, wenn die beiden Sterne die in Abb. 5c mit C und D bezeichneten Positionen einnehmen – und dann wieder zusammenfallen –, dies in dem Augenblick, da sie in A und B stehen. Aus dieser Periodizität lassen sich Schlüsse auf die Bahnbewegung ziehen und ähnliche Erkenntnisse wie die oben beschriebenen ableiten, mindestens aber (wenn nicht alle Größen hinreichend bekannt sind) Näherungslösungen oder statistische Durchschnittsrechnungen für eine größere Anzahl von Doppelsternen.

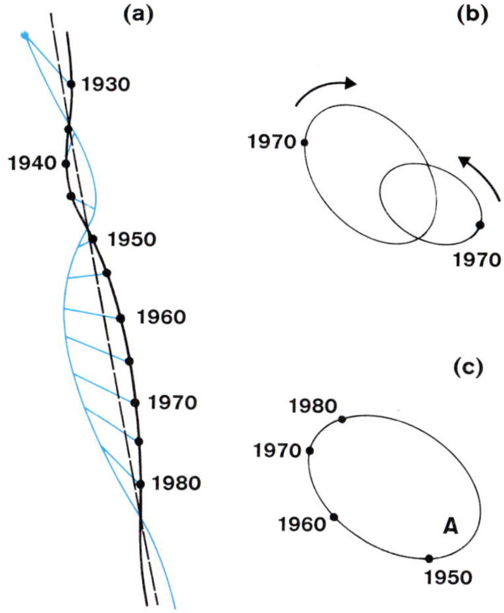

Abb. 5b. Die Bahn des Sirius und die zugrundeliegenden Bahnen der Komponenten. (a) Die schwarze Linie ist die Bahn des Hauptsterns, die blaue die des Begleiters. Die gestrichelte Linie ist die Bahn des Schwerpunktes des Systems. (b) Könnten wir dieses Sternpaar so betrachten, daß der Schwerpunkt an einer Stelle im Raum fixiert ist, so würde sich zeigen, daß die beiden Komponenten auf diesen Bahnen um den gemeinsamen Schwerpunkt kreisen. (c) Vom Hauptstern A aus gesehen, erscheint die Bahn des Begleiters als exzentrische Ellilpse (nach Struve, Astronomie).

Die Umlaufzeit streut übrigens in einem weiten Bereich. Sie kann einen Tag betragen, sogar nur Stunden, sie liegt sehr häufig zwischen 5 und 50 Tagen, sie kann auch Jahrzehnte betragen, Jahrhunderte, Jahrtausende – und vielleicht gibt es Systeme, deren Periode noch größer ist und die aus ebendiesem Grunde noch nicht als Doppelsterne identifiziert werden konnten.

Ein besonders interessanter Sonderfall ist durch das Stichwort »unsichtbarer Begleiter« bezeichnet. Innerhalb dieses Themas ist die Geschichte des Sirius-Begleiters höchst aufschlußreich, weil dieser Begleiter (ähnlich wie einige Planeten) zuerst nur theoretisch erschlossen, später aber wirklich entdeckt wurde. 1844 entdeckte F. W. Bessel bei genauem Studium der Eigenbewegung des Sirius, daß sie nicht geradlinig verläuft, sondern in Form einer Schlangenlinie. Eine Abweichung nach links und eine nach rechts schienen jeweils eine Periodizität von 50 Jahren zu haben. Bessel schloß, daß Sirius einen für uns nicht sichtbaren (also schwächeren) Begleiter haben müsse, der den Hauptstern auf einer elliptischen Bahn umläuft und dabei dessen Abweichungen von der geradlinigen Bahn hervorruft. Tatsächlich wurde dieser Begleiter von dem amerikanischen Astronomen Clark 1862 entdeckt; man benannte nun den Hauptstern Sirius A, den Begleiter Sirius B.

Die weitere Verfolgung dieses ungleichen Paares erbrachte nun ein ganz unerwartetes, ja den Astronomen zunächst völlig unglaubhaft erscheinendes Resultat. Die Periode wurde mit 50 Jahren ermittelt, die Entfernung A/B mit etwa 20 AE, und damit konnte man die Gesamtmasse von A+B auf etwa 3,2 Sonnenmassen abschätzen. Da das System seit Bessel bereits mehr als zwei volle Umläufe hinter sich hat, gelang es auch, den gemeinsamen Schwerpunkt des Systems und damit das Verhältnis der Massen beider Bestandteile zu bestimmen. Es beträgt etwa 2,3 : 0,9. Andererseits konnte man aus der wahren Helligkeit Rückschlüsse auf die Oberflächengröße und damit den Durchmesser beider Sterne ziehen. Dabei ergab sich für Sirius A 1,8 Sonnendurchmesser, für Sirius B 0,022 Sonnendurchmesser.

Nun beträgt der Durchmesser unserer Erde etwa 0,01 ($^1/_{100}$) Sonnendurchmesser. Sirius B ist demnach als Körper nur unwesentlich größer als die Erde, er hat etwas mehr als den doppelten Erdradius – und andererseits soll er fast 1 Sonnenmasse besitzen, daß heißt rund 300 000 Erdmassen. Das stimmt nur dann zusammen, wenn man annimmt, daß die Materie in Sirus B auf eine schwer vorstellbare Dichte »zusammengepackt« ist: 300 000 Erdmassen in einer Kugel, deren Volumen nur um das $(2,2)^3$fache oder 10,648fache größer ist als das der Erde – das bedeutet, daß die Materie dieses Sterns um rund das 28 000fache dichter sein muß als die Erde. Ein Kubikzentimeter Materie würde 28 000mal so schwer sein wie irdische Materie und – da die Erde eine durchschnittliche Dichte von 5,5 g/cm^3 aufweist – rund 154 kg wiegen; eine Streichholzschachtel, mit solcher Materie gefüllt, besitzt eine Masse von 2,5 t! So unglaublich das erschien, die Astronomen mußten es schließlich, als neue Rechnungen immer wieder auf größenordnungsmäßig ähnliche Werte führten, akzeptieren: Der erste »Weiße Zwerg« war entdeckt.

Im Falle Sirius – und in einem parallel gelagerten Fall – wurde der »unsichtbare« Begleiter doch schließlich sichtbar, d. h. aufgefunden. Die Frage liegt aber sehr nahe: Wenn ein Fixstern Bahnstörungen erkennen läßt, die auf die Gravitation eines Begleitkörpers hindeuten – sollen wir dann stets annehmen, daß ein leuchtender Begleiter, vermutlich ein Weißer Zwerg, vorhanden ist, den wir wegen ungünstiger Beobachtungsverhältnisse, z. B. sehr großer Nähe zum Hauptstern, nicht ausmachen können? Oder haben manche Sterne Begleiter, die wirklich »unsichtbar« sind, also dunkel und damit eventuell Planeten wie Jupiter, Mars und Erde? Diese aufregende Frage durch Beobachtung zu entscheiden ist nicht möglich, weil und solange die Begleiter unsichtbar bleiben, und das wird möglicherweise für immer der Fall sein, denn wir könnten, wie schon früher gesagt, selbst mit unseren besten Instrumenten bei dem uns nächsten Fixstern α Centauri einen Begleiter, der ungefähr die Größe des Jupiter hätte und denselben Abstand von seinem Zentralgestirn wie dieser, nicht ausmachen. Wir können dagegen einer hypothetischen Antwort näherkommen, wenn es gelingt, zwei Fragen zu beantworten:

1. Wo liegt die Grenze, von der ab ein Körper infolge der Temperatur in seinem Innern (im sichtbaren Bereich) zu strahlen beginnt? Welche Mindestmasse ist dazu erforderlich?
2. Was läßt sich aus den Bahnstörungen von Fixsternen, die unsichtbare Begleiter haben müssen, über die Massen der begleitenden Körper errechnen?

Aus dem Diagramm Abb. 4i läßt sich entnehmen, daß Hauptreihensterne der Spektralklasse M, also tiefrote, sehr kühle Sterne, $^1/_5$ Sonnenmasse haben können; theoretisch ergibt sich etwa $^1/_{10}$ Sonnenmasse als untere Grenze. Auf der anderen Seite hat unser größter Planet Jupiter etwa $^1/_{1000}$ Sonnenmasse. Es läßt sich errechnen, daß ein Stern von weniger als 0,08 Sonnenmassen in seinem Kerngebiet nicht heiß genug wird, um Kernreaktionen in Gang zu setzen. Solche Körper können gleichwohl Strahlung abgeben, indem sie schrumpfen und Gravitationsenergie in Strahlung umwandeln. Sie können dabei – nicht für sehr lange – eine Temperatur von 2000 K erreichen.

Sollte eine der vielen – immer wieder widerlegten oder angezweifelten – Meldungen zutreffen, man habe beim Stern X einen »unsichtbaren Begleiter« entdeckt, der dessen Bahn beeinflußt, so kann es sich handeln

entweder um einen solchen »Braunen Zwerg«, dessen Licht zu schwach ist, um von uns gesehen werden zu können, einen »mißlungenen Stern« sozusagen,

oder um einen weitgehend oder ganz ausgeglühten Weißen Zwerg (solche Sterne nennt man auch Schwarze Zwerge),

oder wirklich um einen Planeten beträchtlicher Masse.

Mehr Klarheit auf diesem Gebiet wird erreicht werden entweder durch Beobachtungen im Infraroten (hier kann man allerdings eher im Entstehen befindliche Planetensysteme entdecken) oder durch das Hubble-Weltraumteleskop (falls es trotz der Panne bei seinem Bau eine ausreichende Leistungsfähigkeit erreicht).

5.2 Bedeckungsveränderliche

Bei den Sternen, die diesen umständlichen Namen tragen, handelt es sich nicht im eigentlichen Sinne um veränderliche Sterne, d. h. solche, deren Strahlung – in den Grenzen der Beobachtungsgenauigkeit – tatsächliche Schwankungen aufweist. (Von solchen Sternen handeln erst die folgenden Abschnitte.) Hier liegt vielmehr eine besondere Klasse von Doppelsternen vor, eine Art, die sich objektiv gar nicht von anderen Doppelsternen unterscheidet, sondern nur für uns Erdenbewohner, indem nämlich ihre Bahnebene so im Raum angeordnet ist, daß für den irdischen Beobachter abwechselnd der eine Stern vor den anderen tritt und ihn ganz oder teilweise abdeckt; Systeme also, bei denen ständig und regelmäßig das eintritt, was man analog zu Sonnen- und Mondfinsternis eine »Sternfinsternis« nennen könnte. Bei manchen Sternen ist der Verfinsterungseffekt so stark, daß man ihn mit bloßem Auge ohne weiteres wahrnimmt. Der berühmteste Fall dieser Art ist der »Teufelsstern« Algol (β Persei). Den Griechen des Altertums, die der himmlischen Sphäre Beständigkeit und ewige Vollkommenheit zuschrieben, mußte es tief beunruhigend vorkommen, daß ein Stern dieser ihrer Vorstellung schroff widersprach und in Abständen gleichsam sein Antlitz zornig verfinsterte. So nannten sie ihn »Haupt der

Medusa« und deuteten die ihm benachbarte Konstellation als Perseus, den Helden, der im Mythos Medusa erschlägt und ihr abgeschlagenes, furchterregendes Haupt in der Hand trägt. Unter diesem Namen ist er im Sternverzeichnis des alexandrinischen Gelehrten Ptolemaios aufgeführt; und in dieser Art ist er auch noch auf einem Stich von Albrecht Dürer dargestellt. Die Araber, die auf vielen Gebieten, auch in der Sternkunde, das Wissen der Griechen aufnahmen, ausbauten und dem Abendland vermittelten, nannten ihn, wohl in Anlehnung an den griechischen Namen, râs al ghul, das heißt Haupt des Teufels, woraus unser Name Algol entstand.

Die periodischen Lichtschwankungen machen bei diesem Objekt mehr als 1,3 Größenklassen aus. Seine Helligkeit sinkt alle 68 Stunden 48,9 Minuten auf rund

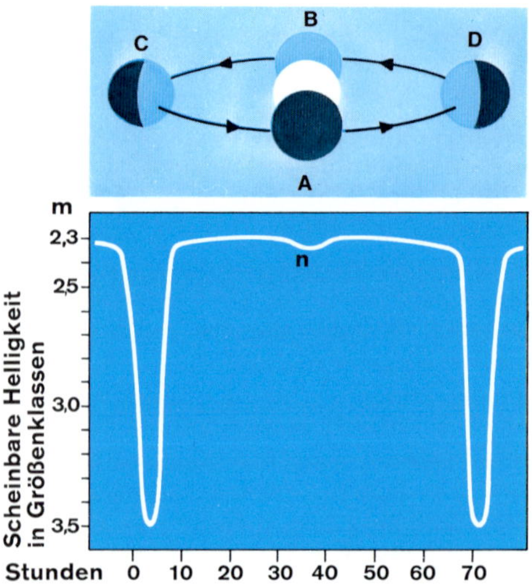

Abb. 5c. Das System des Teufelssterns (Algol). Oben: Der lichtschwache Begleitstern in vier Stellungen seiner Umlaufbahn. Unten die Lichtkurve: Das Hauptminimum (h) tritt etwa alle 70 Stunden ein, wenn der Hauptstern teilweise verdeckt ist (A); das Nebenminimum n, wenn der schwache Begleiter vom Hauptstern verdeckt wird (Stellung B).

$^1/_3$ der vollen Stärke ab. Die Abnahme setzt etwa 5 Stunden vor dem Minimum ein, nach diesem vergehen wiederum 5 Stunden, bis die volle Helligkeit wieder erreicht ist.

Wenn man die Helligkeit über längere Zeit genau mißt und die erhaltenen Werte in ihrem zeitlichen Verlauf in ein Diagramm einträgt, so erhält man die in Abb. 5c wiedergegebene Licht- oder Intensitätskurve. Sie läßt sich leicht deuten: Das System – es wurde erstmals 1667 mit dem Fernrohr beobachtet – besteht aus einem lichtstarken und einem schwächeren Stern.

Alle 68 Stunden entsteht ein starker Helligkeitsabfall. Genau in der Mitte zwischen den tiefen Helligkeitseinschnitten der Kurve – also nach einer halben Umlaufzeit – tritt ein wesentlich schwächerer Helligkeitsabfall ein.

Hiermit ist nur der Kern des Algol-Phänomens skizziert. In Wirklichkeit ist die Sachlage höchst verwickelt. Es hat sich herausgestellt, daß der Hauptstern des Systems wiederum ein Doppelstern ist, und zwar ein ganz enger (Umlaufzeit nur 2,9 Tage), bestehend aus einem Zwergstern und einem Unterriesen, die zusammen mehr als 100 Sonnenleuchtkräfte haben. Algol ist demnach ein Dreifachsystem, dessen dritter Stern (Algol C) 1,6 Sonnenmassen haben soll. Das System ist noch nicht in allen Einzelheiten verstanden.

Eine ganze Reihe von Bedeckungsveränderlichen zeigt ähnliche Lichtkurven wie Algol-Kurven, die außerhalb des primären und des sekundären Minimums nur geringe oder gar keine Helligkeitsänderung anzeigen. Man faßt sie unter der Bezeichnung Algol-Sterne zusammen. Eine andere Gruppe, die von diesen nicht durch eine scharfe Grenze getrennt ist, sondern fließend in sie übergeht, wird nach einem ihrer bekannten Vertreter, dem Stern Beta im Sternbild Leier, dessen periodische Helligkeitsschwankung schon seit dem 18. Jahrhundert bekannt ist, β-Lyrae-Sterne genannt. Die Kurven zeigen, daß sich die

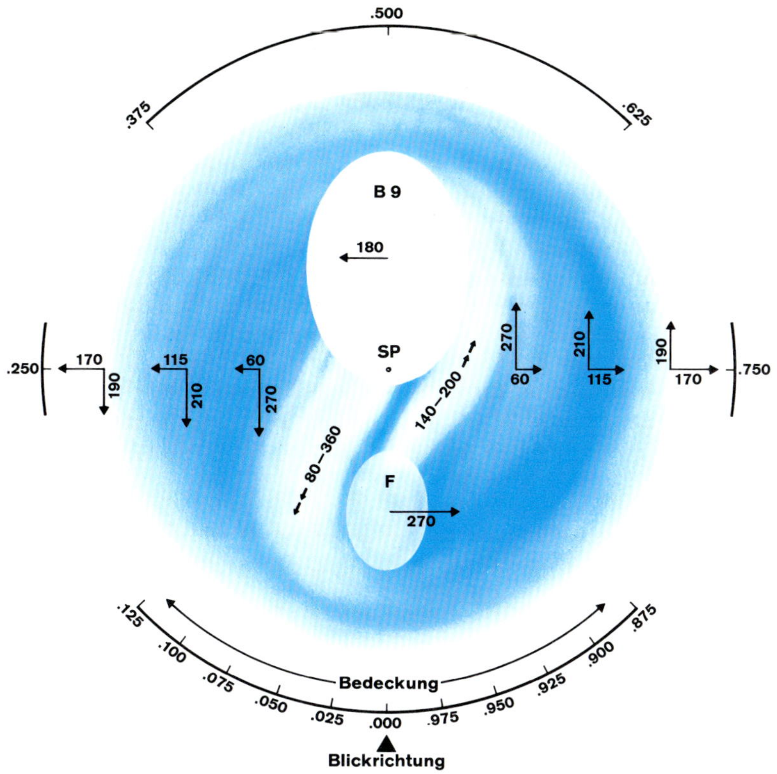

Abb. 5 d. Das System β Lyrae, dargestellt in der Phase (.000), in der der kühlere Stern vom Spektraltyp F in Blickrichtung genau vor dem heißeren B-Stern steht (Hauptminimum der Lichtkurve). Das ganze System ist in eine Gaswolke (blau) eingebettet, die sowohl rotiert (Vektoren in Rotationsrichtung, Geschwindigkeiten 190 bis 720 km/s) wie sich ausdehnt (Vektoren in Radialrichtung nach außen, 60 bis 170 km/s). Außerdem gibt es zwei Gasströme zwischen den beiden Sternen; der vom B-Stern ausgehende ist dichter und hat Geschwindigkeiten zwischen 80 und 360 km/s. (Nach Struve, Astronomie, S. 386). Die elliptische Form ist hier zur Verdeutlichung etwas überzeichnet.

Abb. 5 e. Der Doppelstern ζ Aurigae. Interessant an diesem im Text näher beschriebenen System ist u. a., daß der Begleiter, wenn er hinter dem riesigen Hauptstern vorbeizieht, nach und nach verschiedene Schichten von dessen Gashülle durchleuchtet.

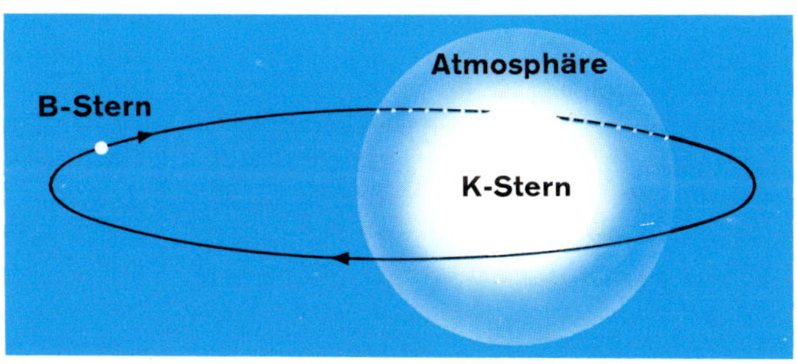

Gesamthelligkeit des Systems von Moment zu Moment ändert.

Diese Erscheinung wird verständlich, wenn man erfährt, daß es sich stets um sehr eng beieinanderstehende Sterne handelt, worauf die kurzen, nach Stunden, höchstens nach Tagen zählenden Umlaufzeiten hindeuten. Bei β Lyrae selbst handelt es sich um zwei Riesen. Um einen sehr heißen Stern (Spektraltyp B) kreist ein kühlerer und etwas kleinerer, aber immer noch riesengroßer Stern vom Spektraltyp F. Sie sind so eng beieinander, daß sie unter der Einwirkung ihrer Gravitation zu eiförmigen Gebilden (mit der Spitze zum andern Zwilling) auseinandergezogen sind und außerdem einander stets diese selbe Seite zukehren. Da es sich nicht um kugelförmige, sondern etwas länglich ausgezogene Körper handelt, kehren sie der irdischen Beobachtung eine »Strahlungsfront« zu, deren Größe sich im Zuge der Rotation des Systems von Augenblick zu Augenblick ändert. Die Zeichnung 5 d macht das deutlich. Übrigens dürften auch die beiden einander ständig zugekehrten Innenseiten heißer sein und damit intensiver strahlen als die nach außen gewandten Hälften.

Die Wirkung der Gravitation reicht noch weiter. Die ausgedehnten Gashüllen beider Sterne, die sich gerade bei Riesen geringer Dichte weit in den Raum hinaus erstrecken, berühren einander. Ein Gasstrom strömt vom Hauptstern auf den Begleiter zu. Dieser bildet, bevor er auf den Begleiter stürzt, zunächst eine rotierende Akkretionsscheibe.

Solche Scheiben sind in der Welt der Sterne ein häufiges Phänomen – nicht nur, wie im Falle β Lyrae, in engen Doppelsternsystemen, wenn der eine Stern sein sogenanntes Roche-Volumen überschreitet. (So nennt man, nach Edouard Albert Roche, 1820–85, das kritische Volumen eines Sterns, bei dessen Überschreitung dessen eigene Gravitation von der des Begleiters gewissermaßen besiegt wird, so daß Materie überströmen kann.) Akkretionsscheiben spielen, wie wir noch sehen werden, eine wichtige Rolle auch bei der Sternentstehung, bei Sternexplosionen und bei Schwarzen Löchern.

Schließlich geht auch vom schwächeren Stern noch ein Materiestrom aus. Mit spektroskopischen Methoden ist es sogar gelungen, die Geschwindigkeit der Gasströme zu messen, die bei dem stärkeren von beiden über 300 km/s betragen kann.

Im Reich der Doppelsterne ist des Merkwürdigen kein Ende. Man versteht, daß manche leidenschaftlichen Sterngucker, darunter auch Liebhaberastronomen, ein ganzes Leben der Beobachtung derartiger Phänomene gewidmet haben, die allein schon durch die Farbkontraste bei Paaren sehr verschiedener Spektralklassen auch den Laien faszinieren müssen.

Ein solches für die Forschung besonders ergiebiges Sternpaar findet man im Sternbild des Fuhrmanns unter der Bezeichnung ζ (Zeta) Aurigae. Hier ist der Hauptstern ein kühler Überriese (Spektralklasse K). Der Begleiter, sehr viel heißer (Spektralklasse B), hat zwar schätzungsweise 9mal die Masse und 5mal den Durchmesser der Sonne, ist aber gleichwohl verschwindend klein gegen den Hauptstern. Dessen Durchmesser beträgt nämlich knapp 250 Sonnendurchmesser, er hat damit ein Volumen, welches das der Sonne um das Vielmillionenfache übertrifft. In diesem Raum ist jedoch eine Masse verteilt, die nur 16 Sonnenmassen ausmacht. Die mittlere Dichte dieses rotglühenden Gasballs ist damit millionenfach kleiner als die der Sonne, auch noch um Größenordnungen kleiner als die der irdischen Atmosphäre. Der kleinere Stern umrundet dieses Riesengebilde binnen 972 Tagen auf einer sehr exzentrischen Bahn. Davon bleibt er 36 Tage für uns hinter dem Hauptstern verschwunden. In dieser Zeit tritt eine deutliche Helligkeitsminderung etwa auf die Hälfte ein. Tritt dagegen der Begleiter vor den Hauptstern, so deckt er von dessen strahlender Oberfläche – vielmehr von der uns zugewandten Hälfte – nur den 5000ten Teil ab, was die Helligkeit des Gesamtsystems praktisch überhaupt nicht vermindert.

Für den Astronomen ist an diesem riesenhaften Doppelgestirn besonders die Möglichkeit interessant, die es der spektroskopischen Beobachtung bietet. Indem der Begleiter allmählich hinter den Riesen rückt, durchscheint er nach und nach verschiedene Schichten in dessen Gashülle. Die während dieses Prozesses aufgezeichneten Spektren lassen u. a. Schlüsse auf die Rotation des Hauptsterns zu, die wie bei den meisten Riesensternen sehr langsam vor sich geht.

Es gibt andere Doppelsternsysteme, deren Aufbau dem hier beschriebenen ähnelt; man nennt diese ganze Gruppe nach dem Prototyp Zeta-Aurigae-Sterne. Bei 31 Cygni (Stern 31 im Schwan) und VV Cephei (Stern VV im Sternbild Kepheus) ist der Hauptstern noch größer als in ζ Aurigae.

Es gibt noch weitere Untergruppen bei den Bedeckungsveränderlichen. Ich gehe aber zu einer anderen Gruppe über.

Eine Frage, die sich angesichts der Doppelsterne aufdrängt, will ich hier nur stellen, aber erst im Zusammenhang mit den Problemen der Sternentstehung und Sternentwicklung behandeln: Wenn alles dafür spricht, daß Sternpaare, die so häufig vorkommen, ihren Ursprung nicht zufälliger Begegnung, sondern gemeinsamer Entstehung verdanken – wie ist es dann zu erklären, daß wir so ungleiche Paare finden wie Riesen und Normal-(Hauptreihen-)Sterne oder sonnenartige Sterne und Weiße Zwerge? Zunächst aber wollen wir die Übersicht über besondere Typen von Sternen abrunden.

5.3 Echte Veränderliche

Bedeckungsveränderliche sind, wie der Leser sich nun gewiß überzeugt hat, nur scheinbar veränderlich, weil eine Komponente die andere zeitweilig verfinstert. Es gibt aber auch echte »physische« Veränderliche in großer Zahl und in sehr verschiedener Ausprägung. Ich kann nicht alle Arten veränderlicher Sterne aufzählen, die der Fachmann unterscheidet, noch weniger sie alle beschreiben. Die grundlegende und zugleich einfachste Einteilung geht aus von der Frage: Handelt es sich um Helligkeitsschwankungen, die immer wiederkehren (sei es regelmäßig in gleichbleibendem Rhythmus oder auch in unregelmäßigen Abständen), oder erfolgt ein einmaliger und explosionsartiger Helligkeitsausbruch?

Gemeinsam ist allen echten veränderlichen Sternen, daß ihre Helligkeit im zeitlichen Verlauf Schwankungen aufweist, deren Ursachen in physischen Vorgängen im Stern selbst zu suchen sind. Da die Helligkeit mit anderen Zustandsgrößen in gesetzmäßigen Zusammenhängen steht, dürfen wir erwarten, daß bei solchen Sternen auch andere Größen schwanken.

Was heißt schwanken? Mit präziser photoelektrischer Beobachtung kann man heute schon Veränderungen von 1% der Helligkeit feststellen. Bei den Sternen, die in Sternkatalogen als Veränderliche aufgeführt sind, beträgt die Schwankung meist 10% oder mehr; Sterne können aber auch bis zum 100-, 1000-, 10000fachen ihrer normalen Helligkeit aufleuchten.

Die Zeit, die von einem Helligkeitsmaximum bis zum nächsten verstreicht, beträgt bei manchen Sternen nur wenige Stunden, bei anderen Tage, bei wieder anderen Monate oder Jahre; man nennt sie die Periode der betreffenden Sterne. Die vier Gruppen, die etwas eingehender betrachtet werden sollen, lassen sich nach der Periodenlänge gruppieren:

Bezeichnung	Periode
RR-Lyrae-Sterne	2 bis 18 Stunden
δ-Cephei-Sterne	2 bis 40 Tage
Halbregelmäßige	40 bis 400 Tage
Mira-Sterne	100 bis 700 Tage

Von den zigtausend Sternen, die die Forschung bisher als Veränderliche identifiziert und katalogisiert hat, macht die zweite Gruppe weniger als 10% aus. Sie ist also nicht die häufigste Art. Trotzdem möchte ich mit ihr beginnen, weil sie in der Entwicklung der modernen Astronomie eine wichtige Rolle gespielt hat. Diese Gruppe hat ihren Namen von dem Stern δ Cephei (Stern Delta im Sternbild Cepheus), der schon seit 1784 beobachtet wird und als ihr typischer Vertreter gelten kann. Sie wird auch »Cepheiden« genannt.

Beobachtet man den Helligkeitswechsel genau und zeichnet die gemessenen Werte in ein Diagramm ein, so ergibt sich ähnlich wie bei den Bedeckungsveränderlichen eine Lichtkurve.

Die Periode beträgt bei δ Cephei, dem Prototyp, 5,4 Tage; bei anderen liegen die Perioden in derselben Größenordnung mit einer auffallenden Häufung um sieben Tage. Die Schwankung in der Helligkeit beträgt bei δ Cephei 1 Größenklasse, sie liegt bei den Cepheiden stets zwischen 0,1 und 2 Größenklassen. Kennzeichnend für die Sterne ist auch die Gestalt der Kurve, die einen sehr starken Helligkeitsanstieg, etwa binnen Tagesfrist, und einen sehr allmählichen – bei manchen Sternen auch wellenförmig verlaufenden – Abfall zeigt.

Die besondere Bedeutung der Cepheiden liegt darin, daß sie für Entfernungsbestimmungen im Weltraum benutzt werden können. Im Jahre 1912 stellte die amerikanische Astronomin Henrietta Swan Leavitt eine größere Anzahl von Cepheiden in der Kleinen Magellanschen Wolke fest. Das ist ein Sternsystem außerhalb unserer Milchstraße, aber relativ nahe, nämlich weniger als 200000 Lichtjahre entfernt – wie man heute weiß, 1912 aber noch nicht wußte. Miß Leavitt trug für 25 von ihr beobachtete Sterne in ein Diagramm einerseits die Länge der Periode, andererseits die scheinbare Helligkeit im Maximum und im Minimum ein. Dabei zeigte sich, daß eine eindeutige Beziehung zwischen Leuchtkraft und Periodenlänge bestand: Je länger die Periode, desto größer die Helligkeit. Ist die Periode des Sterns B 10mal so lang wie die des Sterns A, so ist B um zwei Größenklassen heller als A. Natürlich bezog sich das nur auf die scheinbare Helligkeit dieser Sterne. Da sie sich aber alle in der Magellanschen Wolke (die am südlichen Sternhimmel als nebelartiges Gebilde mit bloßem Auge erkennbar ist) befanden und da die Entfernungen innerhalb der Wolke im Vergleich zu der Entfernung von uns bis zu ihr unbedeutend sein müssen und vernachlässigt werden können, so mußten die Beziehungen zwischen den Schwankungen der scheinbaren Helligkeit und den Perioden auch für die wahre Leuchtkraft gelten.

Damit hatte man – beinahe! – ein Mittel zur Entfernungsbestimmung in der Hand, wenn es nur gelang, die Entfernung eines oder einiger weniger Cepheiden von uns auf irgendeinem Wege direkt zu messen und damit gewissermaßen einen Nullpunkt für die Entfernungsskala zu gewinnen. Alle bekannten Cepheiden waren jedoch zu weit entfernt, als daß man ihren Abstand von uns direkt durch trigonometrische Parallaxe hätte messen können. Es gelang Harlow Shapley, dem Leiter der Sternwarte, an der Miß Leavitt arbeitete, durch die statistische Auswertung von Eigenbewegungen und Radialgeschwindigkeiten den Nullpunkt für die Perioden-Leuchtkraft-Beziehung näherungsweise zu bestimmen. Auf dieser Grundlage war es jetzt möglich, die Entfernung eines Cepheiden, den man irgendwo im fernen Weltraum entdeckte, durch einfaches Beobachten seiner Periode abzuschätzen, indem man folgerte: Ein δ-Cephei-Stern mit einer Periode von x Tagen hat eine absolute Helligkeit von Y. Da uns dieser Stern offenbar nicht mit der scheinbaren Helligkeit Y leuchtet, sondern (z. B.) 5 Größenklassen, d. h. rund 100mal schwächer, so ist er $\sqrt{100} = 10$mal weiter entfernt als die Einheitsentfernung 10 pc. Seine Entfernung beträgt also etwa 100 pc.

Ich habe hier mit Absicht keine genauen

Werte eingesetzt, weil ich gleich zeigen will, daß der von Shapley gezogene Schluß voreilig war und später korrigiert werden mußte und daß z.B. die Entfernung von 25000 pc = rd. 80000 Lichtjahren, die Shapley für die Magellansche Wolke ermittelt hatte, viel zu klein war.

Dazu möchte ich aber die in unserer Übersicht an erster Stelle genannte Gruppe, die sogenannten RR-Lyrae-Sterne, einbeziehen. Es handelt sich, wie die Tabelle zeigt, hier um ausgesprochen kurzperiodische Veränderliche, deren Maximum schon alle paar Stunden wiederkehrt – übrigens (bis auf Ausnahmen) mit größter Regelmäßigkeit, wie sie auch die Cepheiden auszeichnet. Der befremdliche Name dieser Gruppe rührt von der Gewohnheit des Astronomen her, veränderliche Sterne innerhalb eines Sternbildes mit großen lateinischen Buchstaben zu bezeichnen und dabei mit R zu beginnen. R Cyg bezeichnet demnach den ersten im Sternbild Schwan (Cygnus) aufgefundenen Veränderlichen. Man zählt fort bis Z, beginnt dann mit Doppelbuchstaben RR, RS, RT bis ZZ, und wenn das auch noch nicht ausreicht, fährt man fort mit V (= veränderlich) und einer Nummer.

Wegen ihrer Ähnlichkeit mit den Cepheiden (bis auf die kürzere Periode) werden RR-Lyrae-Sterne (nach dem Veränderlichen im Sternbild Leier) auch kurzperiodische Cepheiden genannt. Sie finden sich in ganz bestimmten Regionen unserer Milchstraße, nämlich in der Nähe ihres Zentrums sowie in Kugelsternhaufen weit außerhalb der Hauptscheibe (deshalb auch Haufenveränderliche genannt), während die eigentlichen Cepheiden sich in der Hauptebene der Milchstraße versammeln. Beim Studium der Sternhaufen ist es gelungen festzustellen, daß RR-Lyrae-Sterne im Durchschnitt eine absolute Helligkeit von $0^M.5$ besitzen.

Jetzt komme ich auf das Problem der Entfernungsbestimmung mit Hilfe der Perioden-Leuchtkraft-Beziehung zurück. Dabei greife ich des Zusammenhangs wegen auf das Thema eines späteren Kapitels vor.

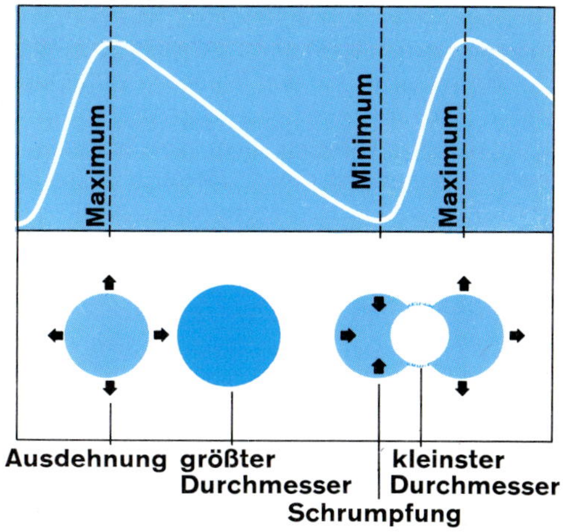

Abb. 5f. Das Diagramm zeigt im oberen Teil die Lichtkurve eines Cepheiden, darunter die zugehörigen Phasen seiner Pulsation. Die Zusammenstellung zeigt, daß Maximum der Strahlungsabgabe und größter Umfang nicht zusammenfallen, ebensowenig Strahlungsminimum und kleinster Umfang.

Im Zentralgebiet unserer Milchstraße – das unserem Blick allerdings großenteils entzogen ist – läßt sich eine ganze Anzahl kurzperiodischer Veränderlicher vom Typ RR-Lyrae ausmachen. Wie kann man mit ihrer Hilfe unsere Entfernung vom galaktischen Zentrum – dem Zentrum der Milchstraße – abschätzen? Die RR-Lyrae-Sterne in jener Gegend haben durchschnittlich alle eine scheinbare Helligkeit von $+17^m.3$, lassen sich also nur mit starken Teleskopen erkennen. Da ihre absolute Helligkeit um $0^M.5$ liegt, muß sich aus dem Unterschied von 16,8 Größenklassen zwischen der scheinbaren und der wahren Helligkeit die Entfernung ableiten lassen. Allerdings – dies ist ein weiterer Vorgriff – macht sich bei so gewaltigen Entfernungen, wie sie hier offensichtlich (wegen des enormen Unterschiedes zwischen scheinbarer und wahrer Helligkeit) vorliegen müssen, noch ein Faktor bemerkbar, den wir berücksichtigen müssen: die interstellare Absorption. Da der Raum zwischen den Sternen (auf jeden Fall der Raum zwischen uns und dem Zentrum der Milchstraße) nicht ganz leer, vielmehr von äußerst dünn verteilter Materie erfüllt ist, verliert das Licht, wenn es diesen Raum jahrelang durcheilt, etwas von seiner Helligkeit, im vorliegenden Fall um 1,9 Größenklassen. Ziehen wir das von 16,8 ab, so bleibt eine Differenz von 14,9 Größenklassen. Aus unserer Tabelle im Abschnitt 4.4 ist zu ermitteln, daß 15 Größenklassen einem Unterschied in der Helligkeit von etwa 1 zu einer Million entsprechen. Der Abstand dieser Sterne muß daher 1000mal größer sein als die Einheitsentfernung von 10 pc: Das Milchstraßenzentrum ist rund 1000mal so weit von uns entfernt wie die Einheitsentfernung von 10 pc. Die Entfernung beträgt rund 10000 pc = rund 32000 Lichtjahre.

Auf die eben beschriebene Weise muß es auch möglich sein, die Entfernungen zu Objekten außerhalb unseres Milchstraßensystems zu bestimmen, soweit unsere Fernrohre stark genug sind, in diesen Gebilden Einzelsterne zu unterscheiden, und sofern sich unter diesen Veränderliche der hier behandelten Typen finden. Eines der ersten Objekte, an dem dies versucht wurde, war natürlich der unserer Milchstraße relativ nahe gelegene sogenannte Andromeda-Nebel. Nachdem es zunächst gelungen war, in bestimmten Partien Einzelsterne zu unterscheiden und unter diesen Cepheiden aufzufinden, wandte man den Leavitt-Shapleyschen Schlüssel auf diese Sterne an. Nach Shapley sollte ein δ-Cephei-Stern mit 45tägiger Periode eine absolute Leuchtkraft von $-3^{M}.4$ besitzen – es handelt sich also um äußerst stark leuchtende Riesensterne. Für die Cepheiden des Andromeda-Nebels ergab sich daraus als wahrscheinliche Entfernung zunächst 300 kpc (Kiloparsec); da man annahm, daß auch der Raum zwischen dem Sternsystem noch Materie in äußerster Verdünnung enthält, trug man diesem Umstand durch einen Abschlag von 50 kpc Rechnung und erhielt so als wahre Entfernung 250 kpc oder rund 800000 Lichtjahre. Dieser Wert findet sich in allen Büchern, die gedruckt wurden zwischen 1924 – dem Jahr, in dem die Entfernungsbestimmung mit Hilfe von Cepheiden durchgeführt wurde – und etwa 1949/52, dem Zeitraum, in dem sie drastisch korrigiert werden mußte. Es gab übrigens schon vor 1949 einige Gründe, an der Richtigkeit der Entfernungsbestimmung zu zweifeln.

Der Anstoß zur Revision der kosmischen Entfernungsskala kam aus zwei Richtungen: aus neuen Beobachtungen an der Magellanschen Wolke durch A. D. Thackeray in Pretoria (Südafrika) und aus neuen Beobachtungen und Berechnungen für den Andromeda-Nebel durch W. Baade. Thackeray, dem das beste Instrument der südlichen Halbkugel zur Verfügung stand, konnte in den Kugelhaufen, die es auch in den Magellanschen Wolken gibt, einzelne RR-Lyrae-Sterne ausmachen. Sie waren allerdings schwächer, als sie nach der von Shapley aufgestellten Beziehung hätten sein sollen, und zwar um $1^1/_2$ Größenklassen. Thackeray schloß richtig, daß die Magellanschen Wolken wesentlich weiter entfernt waren als bis dahin angenommen, nämlich rund 46 kpc oder 150000 Lichtjahre (heute gültiger Wert: 160000 für die große, 185000 für die kleine Wolke).

Auf der anderen Seite konnte man in den Kugelhaufen des Andromeda-Systems überhaupt keine RR-Lyrae-Sterne entdecken. Die Cepheiden dieses Nebels erschienen auf Aufnahmen als Sterne der Größe 19^{m}. Wenn die RR-Lyrae-Sterne, wie bis dahin angenommen, um etwa 3,5 absolute Größenklassen schwächer waren, hätten sie auf den Himmelsaufnahmen als Sterne der Größe $22^{m}.5$ erscheinen müssen. Aufnahmen, die mit dem Riesenspiegel des Mount Palomar (5 m Durchmesser) gemacht waren, zeigten eben noch Sterne dieser Größe, aber keine RR-Lyrae-Sterne. Des Rätsels Lösung fand Baade erst mit

Hilfe weiterer Überlegungen und Vergleiche: Es gibt zwei verschiedene Arten von Cepheiden.

Die eine Art, nach ihrem Prototyp, dem Veränderlichen W im Sternbild Jungfrau, W-Virginis-Sterne genannt, findet sich hauptsächlich in den Kugelhaufen, wo auch die RR-Lyrae-Sterne auftreten, ferner auch in der Zentralregion der Milchstraße. Die andere Art, jetzt auch »klassische Cepheiden« genannt, findet sich in der Hauptscheibe unserer Milchstraße, und auch in entsprechenden Teilen anderer Sternsysteme. Für beide Arten von Veränderlichen besteht eine feste Beziehung zwischen Leuchtkraft und Periode. Aber der Nullpunkt der Skala ist verschieden. Die W-Virginis-Sterne sind so hell, wie Shapley angenommen hatte, die »klassischen« Cepheiden aber sind um $1^1/_2$ Größenklassen heller.

Da $1^1/_2$ Größenklassen in der Entfernung etwa einem Faktor 2 entsprechen, mußte man die mittels Cepheiden bis dahin ermittelten Entfernungen zu Objekten außerhalb unserer Milchstraße verdoppeln. Für den Andromeda-Nebel ergab sich damit eine Entfernung von etwa 440 kpc oder 1,5 Millionen Lichtjahren (heute angenommener Wert 690 kpc = 2,2 Millionen Lichtjahre), für seine Größe ein Wert ähnlich dem unserer Milchstraße.

Kehren wir nach diesem Ausflug in den extragalaktischen Raum, der im übrigen dem 9. Kapitel vorbehalten bleibt, noch einmal zu den Veränderlichen zurück, um einen Blick auf die noch nicht beschriebenen Arten zu werfen und uns dann der Frage zuzuwenden, welcher Mechanismus es sein mag, der die eigenartigen Helligkeitsschwankungen dieser Sterne hervorruft.

Für die Halbregelmäßigen (dritte Gruppe in der zu Beginn des Abschnitts gebrachten Tabelle), deren Perioden hauptsächlich Größenordnungen von 40 bis 400 Tagen (in Einzelfällen auch darunter oder darüber) betragen, sei nur gesagt, daß es sich hier durchweg um Riesen oder Überriesen handelt und daß sie in sehr verschiedenen Arten vorkommen, z. B. solche, die lange Zeit eine konstante Helligkeit zeigen, dann nach Monaten einen plötzlichen Helligkeitsausbruch, der einen Anstieg der Leuchtkraft bis zum 100fachen der normalen Helligkeit bringt (U-Geminorum-Sterne, heute zu den Zwergnovae gerechnet, vgl. Abschnitt 5.4.); umgekehrt solche, die lange Zeit konstant leuchten, um dann plötzlich um wenige Prozent oder auch (bei anderen) bis auf $^1/_{1000}$ der Normalhelligkeit abzusinken (R-Coronae-Borealis-Sterne).

Die langperiodischen Veränderlichen werden gewöhnlich nach dem Stern Mira (»die Wunderbare«) benannt (Mira Ceti oder o Ceti = Omikron Ceti, d. h. Stern Omikron im Sternbild Walfisch), der schon 1596 als Veränderlicher von Fabricius und

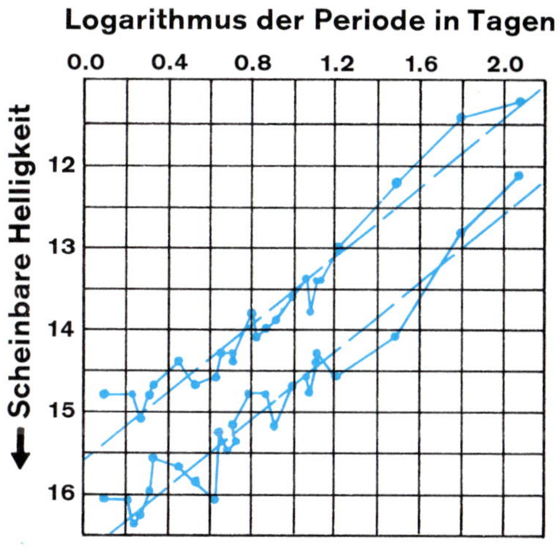

Abb. 5 g. Henrietta S. Leavitt demonstrierte 1912 ihre Entdeckung der Perioden-Leuchtkraft-Beziehung bei pulsierenden Sternen in der Kleinen Magellanschen Wolke mit Hilfe dieser Graphik. Die Perioden sind logarithmisch angegeben: 1,0 entspricht 10 Tagen, 2,0 entspricht 100 Tagen. Die beiden Punktfolgen stellen die gemessenen Maxima und Minima dar. Jede Reihe liegt annähernd auf einer geraden diagnonalen Linie. Das zeigt die Beziehung zwischen Leuchtkraft und Periode an.

auch von Kepler entdeckt wurde – bescheidener gesagt: Da er im Maximum dem bloßen Auge gerade noch sichtbar ist, im Minimum seiner Helligkeit dagegen nicht, sah man ihn gelegentlich zwar aufleuchten, aber erst Jahrzehnte, nunmehr Jahrhunderte der Beobachtung haben gezeigt, daß dieser Stern in unregelmäßigen Abständen – die aber um einen Mittelwert von etwa 11 Monaten schwanken – aufleuchtet, daß die Helligkeit in verschiedenen Maxima aber ganz verschieden (um 3 bis 4 Größenklassen) sein kann. Seiner Größe nach ist dieser Stern ein Überriese, der einen großen Teil unseres Sonnensystems ausfüllen könnte.

Wie sollen wir uns die Lichtschwankungen der Veränderlichen erklären? Die Astronomen sind sich heute weitgehend darüber einig, daß es sich vielfach (sofern der Effekt nicht durch Ausbrüche im Zusammenhang mit einer Akkretionsscheibe hervorgerufen wird) um eine echte Pulsation handelt, bei der der Sternkörper sich abwechselnd aufbläht und wieder zusammenzieht. Bläht er sich auf, so vergrößert er seine strahlende Oberfläche, und zwar ganz erheblich, weil der Radius R in der Formel für die Kugeloberfläche ($F = 4\pi R^2$) im Quadrat vorkommt. Ein Stern mit einem Radius von 1 Million km (etwas größer als die Sonne) hat eine Oberfläche von etwa 12,56 Millionen km^2. Könnte er seinen Radius verdoppeln, so würde seine Oberfläche auf das Vierfache, auf 50,24 Millionen km^2, anwachsen. Dies mag eine erste Vorstellung davon geben, warum die Leuchtkraft stark schwanken kann.

Vergrößert sich der Radius, so muß die Dichte – da die Masse des Sterns sich nicht periodisch ändern kann – abnehmen. Aber auch weitere Zustandsgrößen wie Druck und Temperatur (und damit das Spektrum) können nicht unverändert bleiben. Hier muß vielmehr ein gesetzmäßiger Zusammenhang herrschen. Tatsächlich läßt sich das Pulsieren des Sternkörpers auch beobachten, und zwar an Hand des Spektrums. Ein bestimmter Stern, sagen wir vom Typ δ Cephei, hat zunächst einmal als Ganzes eine bestimmte Radialgeschwindigkeit (Geschwindigkeit auf uns zu oder von uns weg), die sich im Spektrum als Blau- oder Rotverschiebung abzeichnet. Pulsiert der Stern, so zeigt sich im Spektrum, daß die Linien um den durch die Radialgeschwindigkeit bedingten Mittelwert schwanken, und zwar im Einklang mit der Periode des Lichtwechsels. Die Sternoberfläche kommt beim Aufblähen auf uns zu, dann entfernt sie sich wieder. Dieser Effekt läßt sich messen und rechnerisch auswerten. Für δ Cephei ergibt die Auswertung, daß sein Radius während des Aufblähens um 1,3 Millionen km größer wird; das ist mehr als der Sonnenradius; da aber dieser Riesenstern um ein Vielfaches größer ist als die Sonne, verändert sich sein Radius damit erst um 7 bis 8%. Ähnliche Werte sind für andere Sterne errechnet worden.

Man kann dieses Pulsieren als einen Schwingungsvorgang verstehen. Zupfen wir an der Saite einer Harfe oder Gitarre, so kehrt sie nicht in die vorher von ihr eingenommene Ruhelage zurück, sondern schnellt weit darüber hinaus, sie schwingt noch eine Zeitlang weiter, kommt freilich zum Stillstand, wenn sie nicht neu angestoßen wird. Stellen wir uns vor, daß aus irgendeinem Grunde im Innern eines Sterns die Temperatur plötzlich ansteigt. Dann wird auch der Druck im Innern des Sterns ansteigen. Der Druck wird größer werden als die nach innen gerichteten Gravitationskräfte (denen er vorher das Gleichgewicht hielt). Der Stern bläht sich auf. Dabei vermindert sich seine Dichte, und die nach außen gerichtete Wirkung des Druckes nimmt ab. Der Stern wird dabei über die Lage hinausschnellen, bei der ein neues Gleichgewicht zwischen Druck und Gravitation hergestellt wäre. Schließlich gewinnt die Schwerkraft des Übergewicht und zieht den Stern wieder zusammen – wiederum über die theoretische Gleichgewichtslage hinaus. So gerät er ins Pulsieren.

Die theoretische Durchdringung dieses Vorgangs ergibt einen unmittelbaren Zusammenhang zwischen der Dichte der Sternmaterie und der Periode der Schwingung: Je kleiner die Dichte, um so länger die Periode. So läßt sich errechnen, daß die Sonne, wenn sie ins Pulsieren geriete, aufgrund ihrer Dichte eine Periode von zwei Stunden haben müßte, und es wird einleuchtend, daß die Sterne mit mittleren und längeren Perioden aufgeblähte Riesensterne mit sehr geringer Dichte und sehr hoher absoluter Leuchtkraft sein müssen.

Man darf sich diesen Vorgang jedoch nicht allzu einfach vorstellen. Man sollte z. B. erwarten, daß die Temperatur dann am höchsten ist, wenn der Stern am stärksten komprimiert ist, also im Moment des Übergangs vom Schrumpfen zum erneuten Aufblähen, und umgekehrt am kühlsten im Augenblick der größten Ausdehnung. Die Beobachtung zeigt aber wesentlich kompliziertere Verhältnisse. Bei näherer Betrachtung stellt sich nämlich heraus, daß das Maximum der Helligkeit nicht mit dem Maximum der Ausdehnung zusammenfällt. Der Stern bläht sich also noch weiter auf, wenn er das Helligkeitsmaximum schon überschritten hat. Man kann das so deuten, daß es sich nicht um einen einheitlichen Vorgang handelt, sondern daß die Bewegungen verschiedener Schichten im Stern gegeneinander Phasenverschiebungen aufweisen, indem z. B. die äußeren Schichten gegenüber den inneren »nachklappen«, ihnen erst in Abständen folgen.

Seit etwa 1960 ist es, ausgehend von den älteren Arbeiten des britischen Physikers Arthur Eddington, dem russischen Mathematiker Schewakin und anderen gelungenen, den Mechanismus des Pulsierens, jedenfalls für Cepheiden, theoretisch besser zu durchdringen und auch durchzurechnen.

Neben den Cepheiden kennt man andere Arten veränderlicher Sterne, bei denen das Pulsationsmodell wahrscheinlich nicht zur Erklärung herangezogen werden kann. Beispielsweise gibt es Spektrum-Veränderliche, bei denen sich – neben minimalen Helligkeitsschwankungen und im Gleichtakt mit ihnen – periodische Veränderungen im Spektrum zeigen, und zwar schwankt die Intensität der Spektrallinien. Wahrscheinlich haben solche Sterne auch starke, periodisch veränderliche Magnetfelder. Vielleicht hängt dieses (noch unzureichend verstandene) Phänomen damit zusammen, daß der Teil des Sterns, in dem der Transport der im Innern erzeugten Energie durch Konvektion erfolgt (Konvektionszone), bei diesen Sternen besonders groß und in besonders turbulenter Bewegung ist.

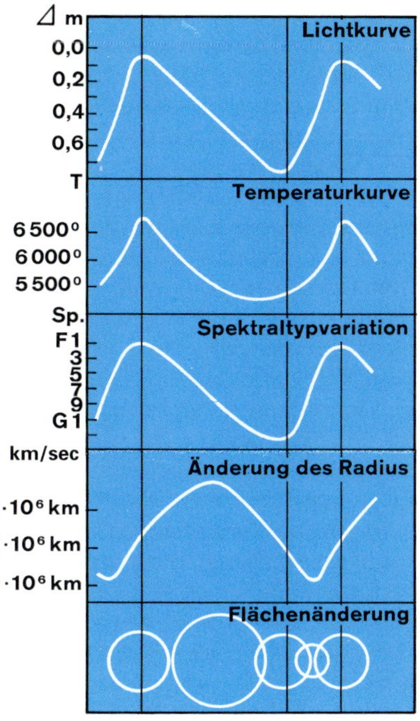

Abb. 5h. Dieses Diagramm zeigt zusätzlich zur Lichtkurve (oben) die Änderung weiterer Zustandsgrößen eines Cepheiden im zeitlichen Verlauf; von oben nach unten die Temperaturkurve, die Veränderungen im Spektrum und schließlich die des Radius, die natürlich korrespondiert mit der ganz unten wiedergegebenen Änderung der Oberfläche.

Ist das Reich der Veränderlichen in seiner Vielfalt auch verwirrend, so bieten doch gerade diese Sterne dem Forscher mehr Ansatzpunkte zum Verständnis der in den Sternen ablaufenden Prozesse als Sterne, die unverändert strahlen.

Aus der Vielfalt habe ich hier nur einige wichtige Grundtypen hervorgehoben, und zwar im wesentlichen die Bedeckungsveränderlichen (z.B. Algol, β Lyrae) und die Pulsationsveränderlichen (z.B. Cepheiden). Eine moderne, 1985 international vereinbarte Einteilung der Veränderlichen enthält als weitere Hauptgruppe die Rotationsveränderlichen (z.B. enge Doppelsterne, die sich unter Gezeiteneinwirkung zu Ellipsoiden verformt haben und damit – ohne daß sie einander bedecken – uns verschieden große Querschnittsflächen zukehren); ferner die eruptiv Veränderlichen, gekennzeichnet durch gewaltige Lichtausbrüche. Man nennt sie auch »kataklysmische Veränderliche« (kataklysma = Katastrophe, nach dem griechischen Wort für Sintflut). Zu dieser Gruppe gehören die Novae (s. folgender Abschnitt) und die Supernovae; diese behandle ich erst beim Thema »Geburt und Tod der Sterne« (7. Kapitel).

5.4 Novae

Wie manche anderen Benennungen in der Astronomie (etwa »Fixstern«, Andromeda-»Nebel«) sind »Nova« und die Steigerung »Supernova« aus der Vergangenheit überkommen, obwohl sie unzutreffend sind: »novus« bedeutet im Lateinischen »neu«, »nova stella« = neuer Stern. Als es noch keine starken Fernrohre gab, wurde das Aufleuchten eines Sterns an einer Stelle, wo bisher keiner zu sehen war, verständlicherweise als das Auftauchen eines neuen Sterns gedeutet, das Abflauen seiner Helligkeit bis unter die Sichtbarkeitsgrenze als völliges Verschwinden. Es handelt sich aber nicht um neu entstehende Sterne (die machen sich nicht so spektakulär bemerkbar), sondern um das plötzliche Aufflammen eines existierenden, bisher nicht auffälligen Sterns zum Vieltausendfachen seiner normalen Helligkeit.

Tycho Brahe beobachtete 1572 ein solches Ereignis; er berichtet darüber in einer Schrift »De nova stella«. Er traute seinen Augen nicht, denn der neu aufleuchtende Stern war so hell, daß man ihn sogar bei Tage sehen konnte; er befragte deshalb alle möglichen Leute, ob sie die Erscheinung ebenso wie er wahrnähmen. Der Stern blieb bei Nacht noch ein Jahr lang sichtbar, dann verschwand er. Man ordnet ihn heute als Supernova ein. Ein Überrest der Explosionswolke ist heute noch sichtbar.

Novae, auch Supernovae, sind seit dem Altertum immer wieder beobachtet worden. Sie widersprachen aber der während des ganzen Mittelalters bewahrten Auffassung, daß der Sternhimmel ewig und unveränderlich sei. So wurden sie ignoriert oder verdrängt, und auch über den gewaltigen Ausbruch einer Supernova im Jahre 1054 n.Chr. (deren Überreste, der sogenannte Crab-Nebel, heute die Wissenschaft beschäftigen) gibt es nur Aufzeichnungen in China, keine europäischen. Vom 16. Jahrhundert ab gibt es auch im Abendland entsprechende Berichte – wertvoll, weil die heutige Forschung anhand der Ortsangaben nachsehen kann, was aus dem explodierten Stern geworden ist.

Wie selten sind Novae? Es wird geschätzt, daß unter den 100 Milliarden Sternen eines großen Sternsystems in jedem Jahr einige Dutzend Novae auftreten. Natürlich sind längst nicht alle von der Erde aus zu sehen. Novae können mit modernen Instrumenten auch in Sternsystemen außerhalb der Milchstraße festgestellt (u.a. durch Vergleichen älterer Himmelsaufnahmen mit neuen in eigens dafür konstruierten Geräten) und studiert werden.

Nehmen wir einmal an, ein Beobachter habe sein Teleskop genau in dem Augenblick, in dem die Nova ausbricht, auf den

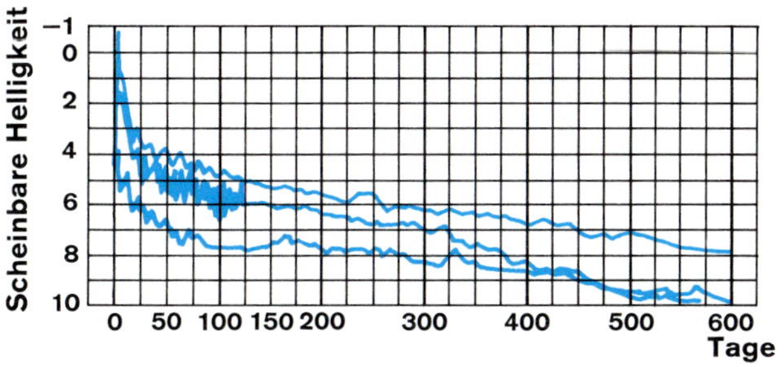

Abb. 5i. Das Diagramm enthält die Lichtkurven von drei Novae, die einen weitgehend ähnlichen Verlauf aufweisen. Nach 100 Tagen ist die Helligkeit schon um 4 oder mehr Größenklassen zurückgegangen. Alle 3 Kurven gehören also zu »schnellen« Novae.

betreffenden Stern gerichtet. Was sieht er? Innerhalb eines Tages (maximal einiger Tage) steigt die Helligkeit auf das 10000fache (d.h. um 10 Größenklassen) an. Meist sieht man ein erstes Aufflammen (»Praemaximum«), dann ein kurzes Nachlassen, dann das eigentliche Maximum der Helligkeit. Dann sinkt die Helligkeit langsam wieder ab. Langsam, das heißt: Binnen je 40 Tagen sinkt die Helligkeit im Durchschnitt um den Faktor 10, was etwa $2^1/_2$ Größenklassen entspricht. Das Absinken kann aber im einzelnen ganz verschieden schnell gehen, man unterscheidet deshalb langsame und schnelle Novae. Manchmal gibt es auch ein mehrmaliges erneutes Aufflackern während der Abstiegsphase (aber nicht bis zum Maximum). Die Helligkeit sinkt schließlich langsam (flache Kurve) wieder ab auf die ursprüngliche Größe, so daß die »Postnova« schließlich ungefähr die Helligkeit der »Praenova« (des Sterns vor dem Ausbruch) erreicht. Der Stern existiert also weiter, er wird nicht durch den Nova-Ausbruch zerstört.

Die Angabe »Helligkeitsanstieg auf das 10000fache« bezieht sich auf den Frequenzbereich des sichtbaren Lichts. Bezieht man andere Frequenzen ein, insbesondere das Ultraviolett, das bei Novae einen wichtigen Anteil hat, so ist der Anstieg nicht ganz so kraß.

Im Spektrum von Novae ist besonders auffällig eine Verschiebung von Absorptionslinien zum blauen Ende des Spektrums hin, die anzeigt, daß vom Stern abgesprengtes Material sich mit Geschwindigkeiten um 1000 km pro Sekunde auf den Beobachter zu (in Wirklichkeit nach allen Seiten) bewegt. Bei dieser Geschwindigkeit fällt es nicht auf den Stern zurück, sondern verbleibt im interstellaren Raum, wo es manchmal nach Abkühlung als Nebelwolke sichtbar wird. Manchmal werden mehrere Hüllen (in der Form von Kugelschalen) abgesprengt. Die späteren können frühere einholen, was sich im Spektrum abzeichnet. Das abgesprengte Material macht nur einen winzigen Bruchteil der Masse des Sterns aus, so daß dieser nach dem Ausbruch weiterexistiert. Nicht nur das: Er wird, wenn der gleich zu schildernde Mechanismus vorhanden ist, wiederum Material ansammeln, bis es irgendwann zu einer erneuten Explosion kommt. So wiederholte Ausbrüche sind in zahlreichen Fällen beobachtet worden; man nennt sie wiederkehrende oder rekurrierende Novae. Der Abstand bis zum nächsten Ausbruch kann Jahrzehnte betragen (in einem Fall gab es Ausbrüche in den Jahren 1898, 1933, 1958, 1985). Wahrscheinlich kann er auch länger sein, so daß man bisher erst einen registrieren konnte. Der Verdacht liegt nahe, daß alle Novae, solange die jetzt zu schildernde Situation besteht, irgendwann erneut ausbrechen müssen.

Wie kommt es zu einer solchen Explosion? Das war früher ein völliges Rätsel, dann gab es jahrzehntelang widerstreitende Erklärungen – heute sind die Astronomen über folgendes so gut wie einig:

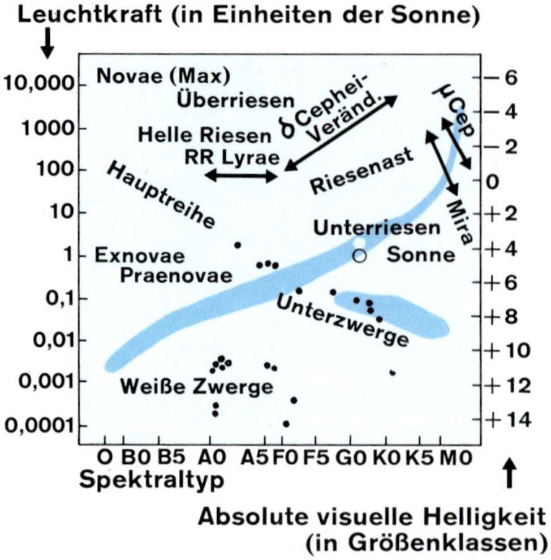

Abb. 5j. Die veränderlichen Sterne im Hertzsprung-Russell-Diagramm.

Novae ereignen sich (nur) in engen Doppelsternsystemen, wie wir sie im ersten Teil dieses Kapitels betrachtet haben. Der eine Partner ist regelmäßig ein Weißer Zwerg (ich habe diese Art von Stern im Abschnitt 5.1 beim Sirius erwähnt, komme im Abschnitt 7.5 nochmals auf sie zurück). Der andere Partner ist ein kühler Stern, dessen Volumen die Roche-Grenze überschritten hat, so daß Material auf den Weißen Zwerg überströmen kann – zunächst aber auf eine Akkretionsscheibe, die rotiert und sich stark aufheizt. In manchen Fällen kann es schon auf dieser Scheibe zu Eruptionen kommen. Gewöhnlich aber ist der Mechanismus wie folgt:

Material vom Begleitstern, überwiegend Wasserstoff und Helium, lagert sich auf dem Weißen Zwerg ab. Es drückt auf die darunterliegenden Schichten. Diese heizen sich auf. Dabei können Temperaturen bis 100 Millionen K entstehen. Jetzt kommt es zu explosiven Kernreaktionen – in etwa vergleichbar denen in einer Wasserstoffbombe, wenn auch der Mechanismus hier nicht derselbe ist. Die Explosion, bei der außer Wasserstoff und Helium auch Kohlenstoff, Stickstoff und Sauerstoff beteiligt sind, sprengt in kürzester Frist die äußeren Teile des Sterns ab.

Die Energie, die bei einer Nova-Explosion freigesetzt wird, beträgt etwa 10^{38} Joule. Das ist die Energie, die von der Sonne in 10000 Jahren abgestrahlt wird. Sie übertrifft den jährlichen Energieverbrauch der gesamten Erdbevölkerung etwa im Verhältnis $1:10^{17}$ (100 Billiarden). Da nach bisheriger Erkenntnis der Energieausstoß von Novae stets in dieser Größenordnung liegt, kann man bei Nova-Ausbrüchen in anderen Sternsystemen deren Entfernung damit abschätzen.

Es liegt nahe, auf diese Skizze über Novae eine Darstellung der Supernovae folgen zu lassen. Eine Supernova ist ein noch viel gewaltigeres und gewaltsameres Ereignis als eine Nova. Es ist nicht übertrieben zu sagen: So tausendfach eine Nova an Leuchtkraft, an Energieabgabe und explosiver Gewalt das Geschehen auf und in einem normalen (sonnenähnlichen) Stern übertrifft, so sehr wird die Nova in all diesem von der Supernova nochmals übertroffen.

Wenn ich aber nicht nur schildern möchte, wie eine Supernova in Erscheinung tritt, sondern auch zu erklären suche, wie der Astrophysiker das Geschehen erklärt und deutet, so geht das nur, wenn wir vorher einen Blick werfen auf einige neue Bereiche und Techniken der Beobachtung und Deutung, die in unserem Jahrhundert entwickelt worden sind. Im darauf folgenden 7. Kapitel kehren wir zur Supernova zurück.

6. Fenster zum Weltall

Daß die Astronomen im 20. Jahrhundert über das Universum tausendmal mehr wissen als alle früheren Generationen, hat mehrere Gründe:

1. Die Entwicklung riesiger Teleskope hat die Möglichkeit geschaffen, in die Tiefen des Alls (räumlich und zeitlich) zu blicken, »Licht vom Rande der Welt« (Titel eines Buches von Rudolf Kippenhahn) zu empfangen und zu analysieren.
2. Neue Techniken haben es möglich gemacht, neben dem Licht – das die längste Zeit hindurch der einzige Bote aus dem All war – elektromagnetische Strahlung aller Frequenzbereiche zu empfangen und zu analysieren: Radiowellen, Mikrowellen, Infrarot (alle länger als das Licht), Ultraviolett, Röntgen- und Gammastrahlung (kurzwelliger als das Licht).
3. Die Raketentechnik erlaubt Beobachtungen von oberhalb der Erdatmosphäre aus, dazu Flüge im Sonnensystem.
4. Fortschritte anderer Wissenschaften, vornehmlich der Physik, erlauben es, den kaum zu bewältigenden Reichtum an neuen Beobachtungen zu deuten, d. h. ihn im Rahmen von Theorien und Modellen zu verstehen.
5. Die Entwicklung leistungsfähiger Computer erlaubt Modellberechnungen und Simulationen, die früher undurchführbar waren.

Dieses 6. Kapitel des Buches versucht, einige Ausschnitte aus diesen Entwicklungen zu zeigen (sie vollständig darzustellen würde ein eigenes Buch füllen), und zwar diejenigen, die zum Verständnis des 7. bis 10. Kapitels erforderlich sind, und auch diese nur so weit, wie das geht, ohne hohe Anforderungen an die mathematischen und physikalischen Vorkenntnisse des Lesers zu stellen. Ich beginne mit dem (sichtbaren) Licht, gehe dann die anderen Frequenzbereiche durch und schließe mit einem Blick auf die sogenannte Kosmische Strahlung und die Rolle der Neutrinos.

6.1 Teleskope, Spiegel, Kameras

Fernrohr nennen wir ein Instrument, das zum Betrachten entfernter Gegenstände dient und diese Gegenstände »nähergerückt«, d. h. unter einem größeren Sehwinkel erscheinen läßt. Das Fernrohr wurde um 1600 in Holland erfunden. 1609 baute Galileo Galilei, als er von dieser Erfindung gehört hatte, aber ohne nähere Kenntnis von ihr, aus eigenem ein Fernrohr und richtete es auf den Himmel. Binnen kurzem entdeckte er damit bei Tage die Sonnenflecken, bei Nacht die Phasen der Venus, den Saturnring und einige Monde des Jupiter; auch stellte er fest, daß das Band der Milchstraße aus Sternen besteht. Kurz darauf entwickelte Johannes Kepler die Theorie des Fernrohrs. Die verschiedenen Abbildungsfehler, die eine völlig getreue Wiedergabe des Objekts erschweren, wurden noch im 17. Jahrhundert großenteils überwunden; die chromatische Aberration z. B. – ein Fehler, der dadurch verursacht wird, daß Licht verschiedener Wellenlängen verschieden stark gebrochen wird – dadurch, daß man Linsen aus verschiedenen Glassorten (Kronglas, Flintglas) zusammensetzte. Friedrich Wilhelm Herschel baute um 1766 bereits 10 m lange Fernrohre, und zwar Spiegelteleskope mit 122 cm großer Öffnung. Der Durchbruch zu Fernrohren, die das Studium von Objekten außerhalb des Milchstraßensystems ermöglichen, gelang erst im 20. Jahrhundert.

Jedes optische Großinstrument, das astronomischer Beobachtung dient, besteht aus vier Grundbestandteilen:

1. einem optischen System, d. h. einer Anordnung von Linsen oder Linsen und Spiegeln; dieses System erzeugt ein Abbild des Gegenstandes;
2. einem Strahlungsempfänger, der dieses Bild aufnimmt und eventuell festhält; für das Licht kommen als Strahlungsempfänger vor allem das menschliche Auge, die photographische Platte (bzw. der Film) oder auch die photoelektrische Zelle in Frage;
3. Rohr und Gestell, mit dem das Instrument auf einen Punkt des Himmels gerichtet und mittels einer Nachführvorrichtung trotz der Erdrotation auch gehalten werden kann;
4. Fundament und Kuppel, damit das Instrument möglichst vor Erschütterungen und vor Witterungseinflüssen geschützt bleibt.

Zum ersten der vier Punkte einige erläuternde Sätze allgemeiner Art; zuerst zum Objektiv, d. h. der dem Beobachtungsobjekt zugewandten Seite des Instruments, die das ankommende Licht einfangen und sammeln soll. Im Vakuum breitet sich Licht aller Wellenlängen gleichmäßig mit Lichtgeschwindigkeit (rund $3 \cdot 10^5$ km/s) aus. In jedem lichtdurchlässigen Medium (z. B. Glas, Wasser, Luft) ist die Fortpflanzungsgeschwindigkeit geringer als im Vakuum, und außerdem ist hier die Geschwindigkeit für unterschiedliche Wellenlängen verschieden. Betrachten wir zuerst den Durchgang eines einfarbigen (monochromatischen) Lichtstrahls durch ein Prisma.

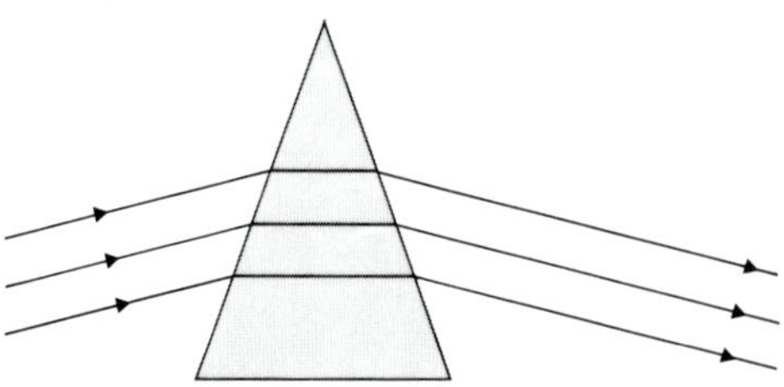

Abb. 6 a. Strahlen monochromatischen Lichts (d. h. Lichts, das nur aus Strahlung einer einzigen Wellenlänge besteht) beim Durchgang durch ein Prisma.

Der Strahl wird an beiden Grenzflächen nach derselben Seite hin abgelenkt (gebrochen) und tritt in einer veränderten Richtung wieder aus. Der Grad der Ablenkung hängt von der Form des Prismas (dem Winkel zwischen beiden Grenzflächen) und von dem Material ab, aus dem es besteht, denn jeder Stoff hat einen anderen Brechungsindex.

Setzen wir zwei gleichartige Prismen aufeinander, so ergibt sich – für einfarbiges Licht – folgender Strahlengang:

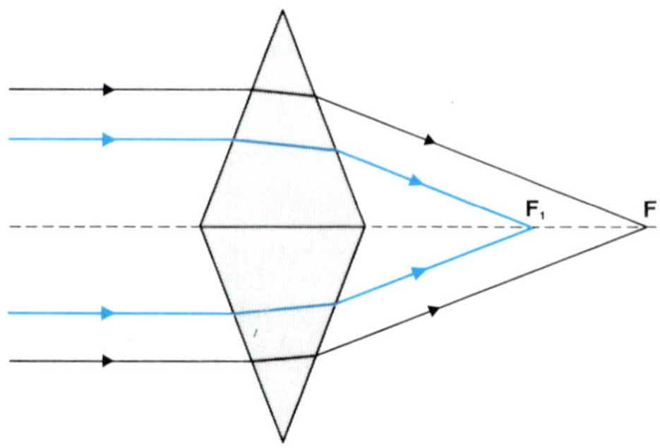

Abb. 6 b. Parallele Strahlen monochromatischen Lichts beim Durchgang durch ein Doppelprisma.

Zwei parallel einfallende Strahlen werden hier auf einen Punkt F (Fokus, Brennpunkt) zusammengeführt. Strahlen, die einen anderen Abstand vom Zentrum haben, werden in einem anderen Punkt F 1 zusammengeführt.

Um zu erreichen, daß alle parallel einfallenden Strahlen (d. h. alle Strahlen, die von einem weit entfernten Objekt kommen) in einem Punkt vereint werden, müssen wir statt Prismen eine Linse verwenden. Die in der Zeichnung dargestellte, beiderseits ausgewölbte (bikonvexe) Linse, deren beide Begrenzungsflächen sphärisch sind (d. h. Teile von Kugelflächen darstellen) leistet das Gewünschte annähernd (s. Abb. 6 c).

Sie leistet es nur annähernd, weil der Brennpunkt für die dem Mittelpunkt nahe Zone der Linse etwas weiter entfernt liegt

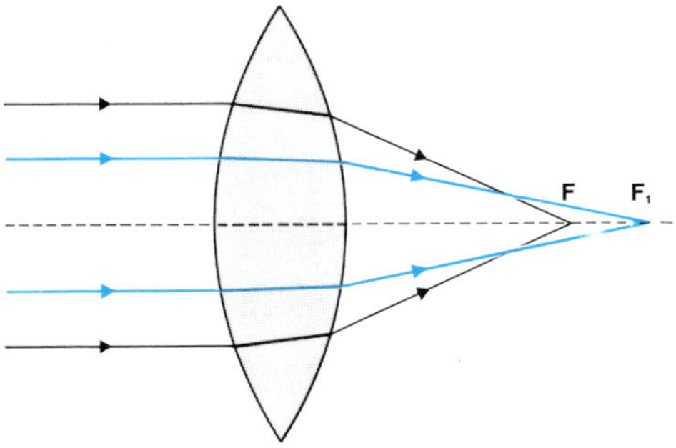

Abb. 6c. Gehen parallele Strahlen monochromatischen Lichts durch eine Bikonvexlinse, so werden sie nur annähernd in einem Punkt zusammengeführt. Der Brennpunkt liegt für den Strahl, der in der Nähe des Zentrums durchläuft, etwas weiter entfernt (sphärische Aberration).

als für die Randzonen. Um diesen Störeffekt – die sphärische Aberration – auszuschalten, muß man den Grenzflächen der Linse eine nichtsphärische Form geben. Die Herstellung solcher Linsen ist teuer.

Bisher sprachen wir nur von einfarbigem Licht. Bei Licht, das aus verschiedenen Frequenzen zusammengesetzt ist, tritt ein neuer Störeffekt auf. Wir betrachten zuerst wieder das Prisma:

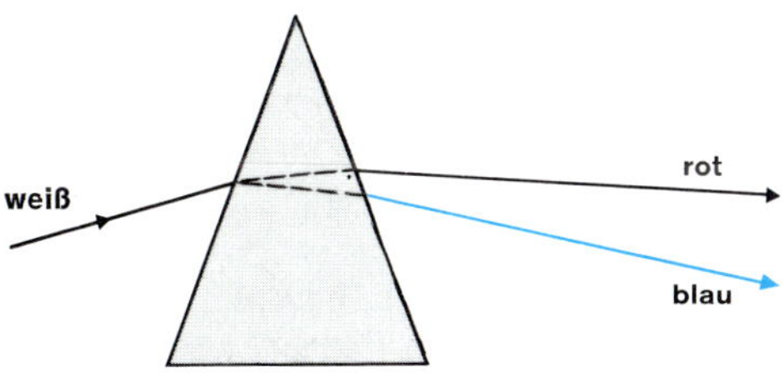

Abb. 6d. Das kurzwellige blaue Licht wird im Prisma stärker abgelenkt als das längerwellige rote. Weißes Licht wird in seine Bestandteile verschiedener Frequenzen zerlegt.

Das kürzerwellige blaue Licht wird im Prisma stärker gebrochen als das rote. Das Prisma zerlegt das weiße Licht in seine Bestandteile. Gehen wir jetzt zur Linse über, so erleben wir, daß auch eine nichtsphärische Linse (also eine Linse, die die sphärische Aberration ausschaltet) nicht in der Lage ist, das einfallende Licht in einem Brennpunkt zu vereinigen, weil die verschiedenen Lichtfrequenzen verschiedene Brechungswinkel und damit auch verschieden weit entfernte Brennpunkte haben.

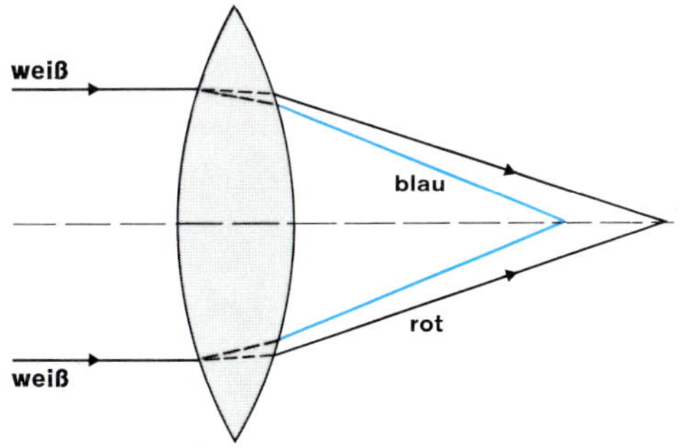

Abb. 6e. Auch die Doppellinse lenkt Licht verschiedener Frequenzen verschieden stark ab (chromatische Aberration).

Dieser Störeffekt – die chromatische Aberration – läßt sich beseitigen, wenn man hinter die Konvexlinse eine zweite nach innen gekrümmte (konkave) Linse setzt und wenn man beide Linsen aus verschiedenen Glassorten anfertigt.

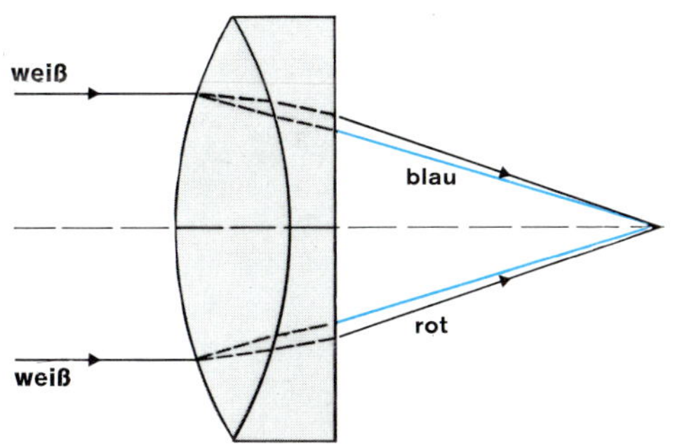

Abb. 6f. Das achromatische Objektiv aus Konvex- und Konkavlinse vereinigt die lang- und kurzwelligen Frequenzen des Lichts in einem Punkt, aber für dazwischenliegende Frequenzen wird das nur annähernd erreicht.

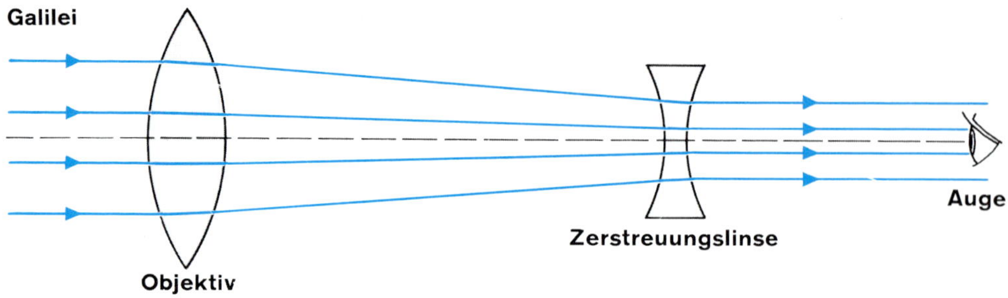

Abb. 6g. Galileisches Fernrohr: Zerstreuungslinse (Bikonkavlinse) als Okular, montiert zwischen dem Objektiv und seinem Brennpunkt.

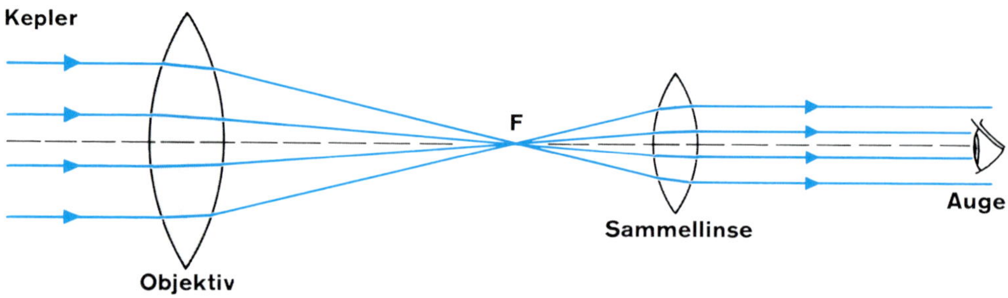

Abb. 6h. Keplersches Fernrohr: Sammellinse als Okular, montiert im Abstand ihrer Brennweite hinter dem Brennpunkt des Objektivs.

Die in der Konvexlinse auseinanderstrebenden verschiedenen Frequenzen werden durch die zweite Linse wieder zusammengeführt. Die hier gezeigte einfache Kombination leistet das nicht vollkommen, weil die zwischen Rot und Blau liegenden Frequenzen nicht genau in F zusammentreffen. Um das zu erreichen, verwendet man Kombinationen aus 3 oder 4 Linsen. Man kann diese »achromatische« Linsenkombination so berechnen, daß sie auch die sphärische Aberration aufhebt, ohne daß nichtsphärische Grenzflächen benötigt werden.

Was der Laie unter »Fernrohr« versteht, besitzt auf der Eingangsseite stets ein Linsensystem, das im Prinzip dem hier gezeigten entspricht, wenn auch die Ausführung wesentlich komplizierter sein kann. Das vom Objektiv z. B. auf einer Mattscheibe entworfene Bild kann mit dem Auge betrachtet oder unmittelbar photographiert werden. Meist wird es jedoch durch ein zweites Linsensystem, das Okular, betrachtet, das als vergrößernde Lupe wirkt. Beim einfachen Fernrohr, dem sogenannten Galileischen, dient als Okular eine Zerstreuungslinse (Konkavlinse), die zwischen dem Objektiv und seinem Brennpunkt montiert ist, bei dem zweiten Grundtyp, dem Astronomischen oder Keplerschen Fernrohr, dagegen eine Sammellinse, die um ihre Brennweite vom Bild entfernt ist.

Was gewinnen wir nun eigentlich, wenn wir ein Objekt anstatt mit dem bloßen Auge durch ein nach diesem Prinzip konstruiertes Fernrohr betrachten (das Refraktor genannt wird, weil es mit dem Brechungseffekt arbeitet)? Das Fernrohr bietet drei

Vorteile, die mit den Stichworten Lichtstärke, Auflösungsvermögen, Vergrößerung bezeichnet werden können.

Lichtstärke: Für den Astronomen, der ferne Objekte beobachten will, ist dies die wichtigste Eigenschaft des Fernrohrs. Ihm geht es nicht darum, einen Stern vergrößert als Scheibe sehen zu können; er will vielmehr Objekte sichtbar machen, die wir mit dem bloßen Auge nicht wahrnehmen. Das wird im Prinzip dadurch erreicht, daß das Objektiv einen sehr viel größeren Durchmesser hat als die menschliche Pupille. Nehmen wir deren Durchmesser mit 5 mm an, so empfängt das Objektiv eines Refraktors, das 90 cm (= 36 Zoll) Durchmesser hat,

$$\frac{900^2}{5^2} = \frac{810\,000}{25} \approx 30\,000 \text{ mal mehr Licht}$$

als das unbewehrte Auge, was dazu führt, daß anstatt der mit bloßem Auge sichtbaren 6000 jetzt 100 Millionen Sterne sichtbar werden.

Auflösungsvermögen: Das Auflösungsvermögen oder die Fähigkeit des Instruments, zwei sehr dicht benachbarte Objekte noch zu trennen, ergibt sich im Prinzip aus der Öffnung (also dem Objektivdurchmesser) im Verhältnis zur Wellenlänge der aufzufangenden Strahlung. Große Fernrohre können Objekte trennen, deren Winkelabstand nur Bruchteile von Bogensekunden beträgt. Demgegenüber haben selbst die größten Radioteleskope ein bescheidenes Auflösungsvermögen, weil die Wellen, die sie empfangen, Längen von Zentimetern, Dezimetern oder Metern haben, im Unterschied zu den Lichtwellen von hunderttausendstel Zentimeter Wellenlänge.

Vergrößerung: Die Mondscheibe hat für das bloße Auge einen Winkeldurchmesser von etwa 0,5°. Erscheint sie durch das Instrument betrachtet unter einem Durchmesser von 5°, so sprechen wir von 10facher Vergrößerung. Allgemein gesprochen ergibt sich die Vergrößerungsfähigkeit eines Instruments aus dem Verhältnis der Brennweite des Objektivs zur Brennweite des Okulars. Man erzielt immer stärkere Vergrößerung, wenn man ein Objektiv mit immer größerer, ein Okular mit immer kleinerer Brennweite verwendet.

So könnte man Vergrößerungen von 2000:1 und darüber erreichen, doch sind der weiteren Steigerung Grenzen gesetzt, insbesondere durch die Turbulenz der Erdatmosphäre (Szintillation), denn die durch sie hervorgerufenen Unschärfen und Zitterbewegungen der Abbildungen würden mit vergrößert. Ein anderer begrenzender Umstand liegt darin, daß man Linsen nicht beliebig groß bauen kann. Der größte Refraktor (im Yerkes-Observatorium der Universität Chicago) hat eine Öffnung von 40 Zoll = 1 m. Größere Linsen deformieren sich unter dem Einfluß ihres hohen Eigengewichts zu sehr.

Die Grenzen des Möglichen lassen sich weit hinausschieben, wenn man als Objektiv statt Linsen Spiegel verwendet. Spiegelteleskope, auch Reflektoren genannt, wurden erstmals von Isaac Newton konstruiert, der 1671 selbst eines erbaute. Wegen des geringeren Wärmeausdehnungskoeffizienten ging man im 19. Jahrhundert dazu über, an Stelle von Metallspiegeln Glasspiegel zu verwenden. Beim Spiegelteleskop macht man sich den Umstand zunutze, daß ein Spiegel, dessen Oberfläche eine parabolische Gestalt hat, parallel einfallende Strahlen zu einem Punkt zurückwirft (Abb. 6i).

Die Vorteile des Spiegels gegenüber der Linse liegen in folgendem:

1. Der Spiegel kann mit seiner Rückseite auf einer stabilen Grundfläche gelagert werden; so ist er gegen Durchbiegen weitgehend geschützt.
2. Er gibt keine chromatische Aberration, weil nicht mit Brechung, sondern nur mit Reflexion gearbeitet wird, und hier gilt das einfache Gesetz: Einfallwinkel = Ausfallwinkel.
3. Da es nur auf die spiegelnde Oberfläche ankommt, braucht das Innere des Glasblocks nicht völlig homogen zu sein wie bei einer Linse.

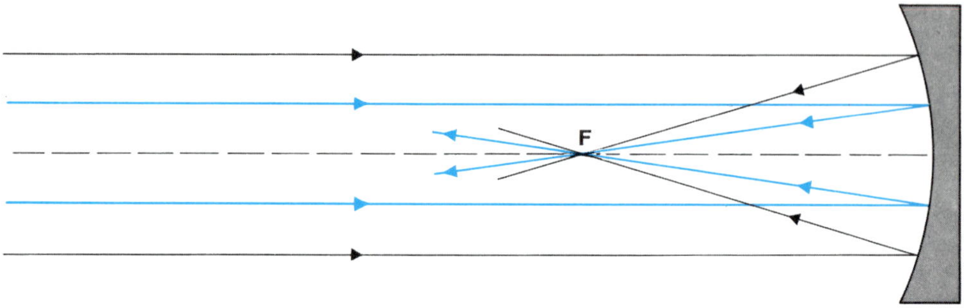

Abb. 6 i. Der Parabolspiegel reflektiert alle parallel einfallenden Strahlen so, daß sie in einem Punkt zusammenlaufen.

Diesen Vorteilen stehen auch Nachteile gegenüber; z.B. erzeugen Spiegel mehr Streulicht als Linsen. Darum werden für manche Zwecke Reflektoren, für andere jedoch Refraktoren verwendet.

Für das Betrachten oder Photographieren des bei F erzeugten Bildes gibt es mehrere Möglichkeiten. Eine besteht darin, daß man vor F einen planen Spiegel anbringt, der gegen die Einfallsrichtung um 45° geneigt ist und das Bild seitlich aus dem Instrument herausreflektiert (Newtonspiegel, Abb. 6j).

Eine bemerkenswerte Fortentwicklung des Spiegelteleskops stellt der Schmidtspiegel dar, benannt nach Bernhard Schmidt, der 1930 an der Hamburger Sternwarte dieses Instrument erfunden hat. Man nennt es zutreffend auch Schmidt-Kamera, denn es ist ausschließlich für photographische Aufnahmen konstruiert. Es läßt das einfallende Licht zuerst durch eine Korrektionsplatte gehen und dann auf einen sphärischen (nicht parabolischen) Hohlspiegel fallen. Die Korrektionsplatte kann verschieden geformt sein; meist hat sie in der Mitte eine konvexe, nach dem Rand zu eine konkave Zone. Sie beseitigt die sphärische Aberration des Spiegels. Diese besondere Form erkannt, berechnet und auch technisch realisiert zu haben ist neben der Entdekkung des Bauprinzips das Hauptverdienst Schmidts (Abb. 6k).

Die vom Spiegel reflektierten Strahlen werden in der Mitte des Instruments auf einer gewölbten Fläche aufgefangen. Hier wird der photographische Film mit entsprechender Wölbung angebracht.

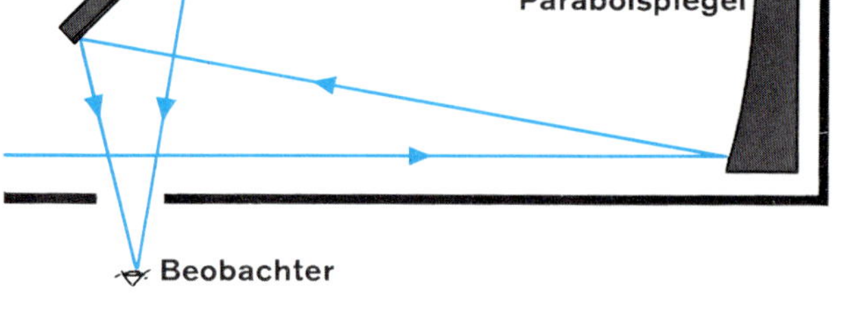

Abb. 6 j. Eine der Möglichkeiten, mittels Parabolspiegel zu beobachten: Ein flacher, gegen die optische Hauptachse um 45° geneigter Spiegel reflektiert das einfallende Licht seitlich zum Beobachter hinaus.

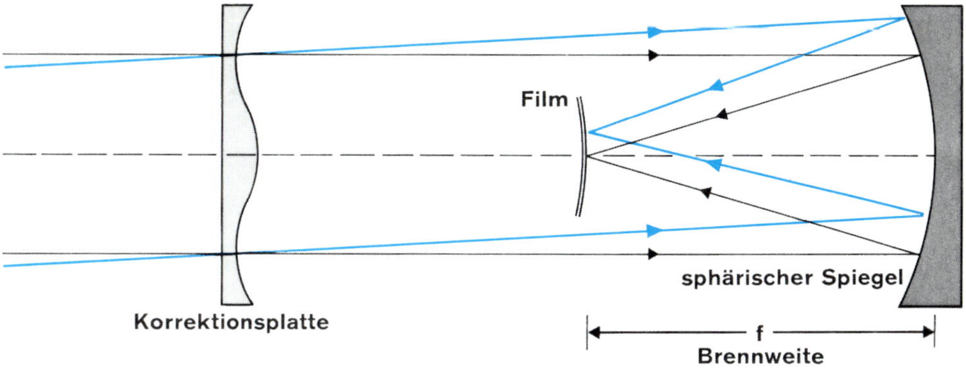

Abb. 6 k. Das Prinzip der Schmidt-Kamera: Auf der mit »Film« bezeichneten gekrümmten Fokalfläche zeichnet sich ein verzerrungsfreies Bild ab. Die Korrektionsplatte ist um die doppelte Brennweite (Krümmungsradius des sphärischen Spiegels) vom Spiegel entfernt.

Der entscheidende Vorzug der Schmidt-Kamera besteht darin, daß man mit ihr große Himmelsausschnitte mit Tausenden von Sternen völlig verzerrungsfrei abbilden kann. Darum finden sich derartige Instrumente heute in vielen Observatorien der ganzen Welt. Anfängliche Nachteile wurden inzwischen ausgeschaltet – z. B. kann die Notwendigkeit, einen gewölbten Film zu benutzen, durch Vorschalten eines geeigneten Linsensystems vermieden werden. Heute gibt es auch noch andere optische Systeme, die mit anderen Mitteln ähnliches erreichen. So kann z. B. nach einer Erfindung des Russen Dimitrij Maksutow die Korrektionsplatte durch einen Meniskus (Linse mit mondförmigen Querschnitt) ersetzt werden; dabei können vorteilhafterweise sämtliche optischen Teile sphärisch geschliffen werden.

6.2 Der Weg zum Mount Palomar · G. E. Hale

Es ist gut möglich, daß viele meiner Leser den Namen des Amerikaners George Ellery Hale nie gehört haben. Und doch hat das Wirken dieses Mannes, in dem Begeisterungsfähigkeit und beharrliche Energie eine besonders glückliche Verbindung eingegangen waren, der wissenschaftlichen Entwicklung des 20. Jahrhunderts einen der entscheidenden Anstöße gegeben. Er schuf die Riesenfernrohre, mit denen der Blick des Menschen die Sternenwelten jenseits unserer Milchstraße durchdringen konnte. Diesen Teleskopen verdanken die Amerikaner zu einem wesentlichen Teil ihre führende Stellung in der astronomischen Forschung.

Hale, 1868 geboren, wuchs in Chicago auf. Schon mit 14 Jahren zeigte der intelligente Junge ein so lebhaftes Interesse für die Sterne, daß der Vater für ihn ein gebrauchtes Teleskop kaufte. Noch als Schüler machte Hale einen Besuch in Princeton und hatte dort Gelegenheit, durch ein Protuberanzen-Spektroskop den Sonnenrand mit den Tausende von Kilometern hochschießenden Flammen (Protuberanzen) zu sehen – ein Anblick, der ihn nie mehr losließ. Er studierte Physik an dem berühmten Massachusetts Institute of Technology (MIT) in Cambridge, verbrachte allerdings einen großen Teil seiner Zeit im Observatorium der Harvard University, die ihren Sitz ebenfalls in dem unweit Boston gelegenen Cambridge hat.

Hales Vater, der es mit einer von ihm begründeten Fabrik für Aufzüge in dem aufblühenden Chicago zu Reichtum gebracht hatte, versah den angehenden Studenten mit einem kompletten spektroskopischen Laboratorium; als der Sohn sein Studium abschloß, schenkte er ihm einen 30-cm-Refraktor und ließ ihn in Chicago in einem eigenen Gebäude mit entsprechender Kuppel aufstellen. Hier begann Hale, 23 Jahre alt, seine wissenschaftliche Arbeit mit dem Spektroheliographen, den er bereits als Student ersonnen hatte. Seine ersten Ergebnisse machten ihn schon im In- und Ausland bekannt. Als ein Jahr später, 1892, durch eine Stiftung John D. Rockefellers die Universität Chicago gegründet wurde, erhielt der vierundzwanzigjährige Hale eine Professur.

Hale, der Millionärssohn, hatte keine Scheu vor Millionären. Immer wieder gelang es ihm, die Reichsten unter seinen Landsleuten zur Hergabe von Riesensummen für wissenschaftliche Zwecke zu bewegen, darunter solche, die nur spendeten, um den aufdringlichen jungen Hale loszuwerden, und andere, die mit größter Generosität gaben wie Andrew Carnegie, der es für eine Schande erklärte, reich zu sterben.

Der erste Geldgeber, den Hale anging, war von der erstgenannten Art: Charles T. Yerkes, ein rücksichtsloser und nicht sehr gebildeter Finanzmann, dessen bewegte Karriere Theodore Dreiser im ersten Teil seiner Romantrilogie »Der Titan« verewigt hat. Hale wollte für die Universität von Chicago ein eigenes Observatorium aufbauen. Die größten Fernrohre der damaligen Zeit, z.B. die der Lick-Sternwarte auf dem Mount Hamilton in Kalifornien, hatten Objektivdurchmesser von etwa einem Meter. Ein solches Instrument kostete mehrere hunderttausend Dollar. Der Zufall wollte es, daß die Universität von Südkalifornien gerade bei einer Glasgießerei in Frankreich zwei Glasscheiben von 40 Zoll (rund 1 Meter) Durchmesser bestellt hatte, sie aber wegen Geldmangels weder abnehmen noch den Linsenmacher, bei dem sie lagerten, mit der weiteren Bearbeitung beauftragen konnte. Hale beschloß, diese beiden Blöcke als ersten Baustein für sein geplantes Observatorium zu erwerben. Es gelang ihm, dem unwilligen Yerkes zuerst bei einem Festessen 20000 Dollar abzuschwätzen, einige Zeit später auf dem Golfplatz einen zweiten Scheck, und als Yerkes noch ein drittes Mal gespendet hatte, konnte Hale sein Observatorium, 40 Kilometer von Chicago am Lake Geneva gelegen, einweihen. Er nannte es Yerkes-Observatorium.

1897 begann es zu arbeiten, bald stellten sich die ersten wissenschaftlichen Erfolge ein, aber bald begann auch Hale schon wieder mit dem Erreichten unzufrieden zu werden. Eine Erkrankung seiner Tochter veranlaßte ihn 1903 zu einer Reise nach Pasadena in Kalifornien. Mit einem kleinen tragbaren Fernrohr stieg er in den Bergen nördlich der Stadt herum und erstieg auch den etwa 2000 Meter hohen Mount Wilson. Die atmosphärischen Bedingungen schienen ihm so günstig, daß er sogleich begann, für diesen Platz ein neues Observatorium zu entwerfen. Es sollte vor allem der Sonnenbeobachtung dienen, wuchs allerdings später weit über diese begrenzte Zielsetzung hinaus.

Der nächste Millionär, der in der imposanten Reihe von Hales Geldgebern auftritt, ist der sagenhaft reiche Andrew Carnegie. Er war 1835 geboren, also 33 Jahre älter als Hale, stammte aus einem kleinen Dorf in Schottland und hatte es nach seiner Auswanderung schon in jungen Jahren zu Reichtum gebracht. Genau in dem Jahr, in dem Hale geboren wurde – 1868 –, machte Carnegie in einem New Yorker Hotelzimmer eine Eintragung in sein Tagebuch: »Dreiunddreißig Jahre – und ein Jahreseinkommen von 50000 Dollar! Verdiene niemals mehr als dies – bemühe dich nicht, das Vermögen zu mehren, sondern gib den Überschuß jedes Jahr für wohltätige Zwecke aus. Gib das Geschäft endgültig auf ...« Dem letzten Vorsatz ist Carnegie nicht treu geblieben. In den folgenden

30 Jahren stieg sein jährliches Einkommen von 50000 auf 23 Millionen Dollar. Aber den Vorsatz, nichts für sich zu behalten, hat er ausgeführt.

Die Carnegie-Stiftung, mit einem Anfangsvermögen von 10 Millionen Dollar ausgestattet, erhielt, kaum daß sie ihre Arbeit aufgenommen hatte, bereits Hales Antrag auf Errichtung eines Sonnenobservatoriums in Kalifornien. Noch bevor die Stiftung ihn nach einigem Zögern schließlich genehmigte, hatte Hale ein kleines, verwahrlostes Blockhaus auf dem Gipfel des Mount Wilson provisorisch herrichten lassen. Hier in der Einsamkeit – zum Gipfel führte keine Straße, sondern nur ein 15 Kilometer langer behelfsmäßiger Fußpfad – begann er mit seinem Spektroheliographen zu arbeiten.

Das hört sich einfacher an, als es war. Hale hatte ein Instrument vom Yerkes-Observatorium mitgenommen. Man mußte es in Pasadena auseinandernehmen und die Teile, außerdem den Zement und die Stahlträger für das Fundament, ferner Werkzeuge sowie Lebensmittel für die Arbeiter auf dem Rücken von Maultieren hinauftransportieren. Ein letztes Teilstück trug ein junger Mitarbeiter auf seinem Rücken hinauf. In fieberhafter Eile wurde es eingebaut, man machte die ersten Sonnenaufnahmen und schickte sie nach Washington. Die Antwort ließ auf sich warten. Als sich Hale endlich mit einem Esel aufmachte, im Tiefland neues Geld aufzutreiben, traf er auf halbem Wege einen Telegraphenboten. Die Carnegie-Stiftung hatte ihm 150000 Dollar genehmigt.

Mit dem Geld ließ er nun ein neuartiges Spektroskop bauen, das nicht mehr mit Prismen, sondern mit einem Beugungsgitter arbeitete. Dieses Instrument lieferte für die Sonne hervorragende Beobachtungsergebnisse. Um die Spektren von Sternen aufzunehmen – dazu war es allerdings nicht lichtstark genug. Dazu hätte man Instrumente mit größerem Objektivdurchmesser haben müssen ...

Da erschien Hales alter Vater auf dem Mount Wilson und gab ihm einen Brief, den der Sohn erst am folgenden Tag las. Er enthielt die Mitteilung, daß der Vater ohne Wissen des Sohnes bei der Glasgießerei St. Gobain in Frankreich – von der auch die ersten beiden Glasblöcke stammten – eine Scheibe von 60 Zoll = 150 Zentimeter Durchmesser bestellt hatte und daß der Guß gelungen war. Das war die größte Scheibe, die man in der 150 Jahre alten, von Ludwig XIV. begründeten Gießerei herzustellen gewagt hatte.

Hale entschied sich dafür, diese Scheibe nicht zu einer Linse, sondern zu einem Spiegel verarbeiten zu lassen. Mit dem Schleifen beauftragte er George Willis Ritchey, der als einer der geschicktesten und geduldigsten Glasschleifer seiner Zeit galt. Ritchey begann in einer dafür geschaffenen Spezialwerkstätte in Pasadena, den rund eine Tonne schweren Glasblock zu schleifen.

Sechs Monate arbeitete er, bis die Glasplatte im Groben die gewünschte Hohlform hatte. Er bediente sich eines Drehtisches, auf dem die Platte unter einer konvexen Scheibe aus Gußeisen langsam rotierte. Unendlich langsam und vorsichtig ging dieser Schleifprozeß mit Hilfe eines Breis aus Wasser und Korundstaub voran; sobald das Glas sich unter der Reibung zu erwärmen begann, mußte die Arbeit unterbrochen werden. Alle Augenblicke mußten die Maschine, die Schleiffläche, aber ebenso Ritcheys Kleidung gründlich gewaschen werden, denn ein winziges Glaskörnchen, das auf die Schleiffläche fiel, hätte alles verderben können.

Zwei weitere Jahre brauchte Ritchey, um mit der Hand die Oberfläche zu polieren – zwei Jahre, in denen Hale immer nervöser wurde, denn er glaubte zeitweise überhaupt keinen Arbeitsfortschritt feststellen zu können. Aber schließlich, im Jahre 1906, war das Werk gelungen, und ebenso schweigend, wie er zweieinhalb Jahre gearbeitet hatte, lieferte Ritchey sein Werk an Hale ab.

Bald nachdem das 60-Zoll-Instrument fertiggestellt war, erschien John D. Hooker auf dem Mount Wilson, ein Millionär, kaum weniger eigenwillig als der Glasschleifer Ritchey. Er überreichte Hale ohne besondere Förmlichkeit einen Scheck und schlug vor, mit dem Geld einen Spiegel von 100 Zoll = zweieinhalb Meter Durchmesser zu gießen. Hale gab den Glasblock in St. Gobain in Auftrag.

Der Guß gelang jedoch nicht. Jedenfalls teilte die Gießerei mit, man habe in einer Reihe von Versuchen kein befriedigendes Ergebnis erzielt. Da die Schmelzmasse in mehreren Arbeitsgängen in die Form gefüllt werden mußte, bildeten sich stets Luftblasen im Innern. Hale ließ trotzdem die zuerst gegossene Scheibe über den Ozean und quer durch den Kontinent nach Pasadena transportieren. Niemand glaubte zunächst mit dem Glasblock etwas anfangen zu können, aber einer der bedeutendsten Glasfachleute der Staaten, den Hale kommen ließ, erklärte schließlich, gerade die Luftblasen würden den Riesenspiegel vor dem Verziehen bewahren.

Ritchey, skeptisch gegen diese Vorhersage, machte sich wieder an die Arbeit. Mit mehreren Gehilfen brauchte er vier Jahre, um den Spiegel fertig zu schleifen. Die Angst, durch Unvorsichtigkeit etwas zu verderben, machte alle Beteiligten nervös. Ein Gehilfe mußte in eine Heilanstalt eingeliefert werden. Ritchey selbst trug eine

Abb. 61. Das nach dem Spender Hooker benannte 100-Zoll-(=2,50 m-)Teleskop (Hale Observatories)

unheilbare Gemütskrankheit davon. Der Spiegel wurde 1910 fertig, als der Spender Hooker schon verstorben war. Die Carnegie-Stiftung sprang wiederum ein und stellte die Mittel für die übrigen Teile des Instruments zur Verfügung. Der erste Weltkrieg verzögerte die Arbeit. 1917 konnte das 100-Zoll-Spiegelteleskop auf dem Mount Wilson seiner Bestimmung übergeben werden.

Dieses Instrument war es, mit dem der Durchbruch in außergalaktische Fernen gelang. Aber für Hale war es noch nicht das letzte und nicht das größte. Gerade die Erfolge, die mit dem Mount-Wilson-Instrument in den ersten zehn Jahren erzielt wurden, veranlaßten Hale 1928, die Möglichkeit noch größerer Instrumente öffentlich zur Diskussion zu stellen. Er hatte sich, nachdem er 1923 die Leitung der Wilson-Sternwarte aus Gesundheitsgründen hatte abgeben müssen, immer wieder mit traumhaften Zukunftsprojekten beschäftigt. Nun, im Jahre 1928, als der gewonnene Krieg und ein einzigartiger wirtschaftlicher Boom die Gemüter befeuerten und fast nichts unmöglich erschien, sprach er es aus: »Sternenlicht fällt auf jede Quadratmeile der Erdoberfläche. Das beste, was wir tun können, besteht bisher darin, die Strahlen aufzufangen und zu sammeln, die auf eine Fläche von 100 Zoll Durchmesser treffen. Ich habe niemals gern Vorhersagen über die Möglichkeiten großer Teleskope gemacht. Aber die jetzigen Umstände sind anders als die der Vergangenheit ... Die Frage ist, ob wir jetzt ohne Risiko zu Öffnungen von 200 Zoll oder sogar 25 Fuß (= 300 Zoll) übergehen können ...«

Diese Worte des sechzigjährigen Hale, in einem Artikel in Harper's Magazine veröffentlicht, setzten die Fachwelt in Bewegung. Dr. Day, der Glasexperte, dessen Votum den Ausschlag zum Schleifen des 100-Zoll-Spiegels gegeben hatte, erklärte, von Hale befragt: Es sei wahrscheinlich, daß beim jetzigen Stand der Technik das Gießen einer solchen Glasscheibe möglich geworden sei. Dagegen sei es ausgeschlossen, eine Scheibe von 5 oder 6 Meter Durchmesser und einem Gewicht von 50 Tonnen zu transportieren. So bleibe nur der Weg, auf dem Mount Wilson eine Glasgießerei zu errichten und die Glasscheibe an Ort und Stelle zu gießen – was jedoch an den »astronomischen« Summen scheitern werde, die dafür aufzuwenden wären.

Nun war inzwischen die Rockefeller Foundation, mit ähnlicher Zielsetzung wie die Stiftung Andrew Carnegies, ins Leben getreten. Dem Präsidenten dieser Stiftung verschlug es zunächst die Sprache, als Hale ihn um eine Spende von 6 Millionen Dollar bat – diesen Betrag hatte er für das neue Riesenteleskop veranschlagt. Aber die Rockefeller-Stiftung genehmigte den Betrag. Man einigte sich, das Eigentum an dem Instrument der Technischen Hochschule Kaliforniens, abgekürzt meist »Caltech« genannt, zu übertragen, an deren Aufbau und Aufstieg Hale ohnehin einen führenden Anteil hatte.

Ein Beirat aus international bekannten Gelehrten verschiedenster Gebiete wurde gebildet. Aber noch wußte man nicht, aus welchem Material der 200-Zoll-Spiegel gegossen werden sollte. Ein Glasblock von 5 Meter Durchmesser mußte, um die nötige Festigkeit zu haben, mindestens 80 Zentimeter dick sein. Wie würde ein solcher Block auf Temperaturschwankungen reagieren? Kühlt sich ein solcher Spiegel bei Anbruch der Nacht ab, so behält der Kern die Tagestemperatur bedeutend länger als die äußeren Teile. Infolgedessen gibt es Spannungen im Glas, die kleinste Verzerrung jedoch setzt die optische Leistungsfähigkeit entscheidend herab. Den Spiegel mit Kühlschränken auf die zu erwartende nächtliche Temperatur zu bringen war problematisch, weil man die Temperatur der folgenden Nacht niemals genau genug vorhersagen konnte.

Zur Zeit Herschels waren die Spiegel aus einer Kupfer-Zinn-Legierung, die »Speculum« genannt wurde. Dieses Material war

Abb. 6 m. Der Spiegel des 5-m-Teleskops auf der Schleifmaschine in Pasadena (Hale Observatories)

wie andere vorgeschlagenen Metall-Legierungen oder Metall-Glas-Kombinationen wegen seines hohen Eigengewichts gefährlich. Von anderer Seite wurde ein kürzlich entwickeltes, relativ temperaturunempfindliches Spiegelglas namens »Pyrex« vorgeschlagen. Nach einer Reihe von Experimenten mit kleineren Scheiben gelang 1933 der Guß einer 120-Zoll-Scheibe aus Pyrex, und im Dezember 1934 gelang im zweiten Anlauf der Guß einer 200-Zoll-Scheibe. Ebenso aufregend wie die Herstellung war der Transport der Scheibe vom Herstellungsort Corning an der Ostküste der USA bis nach Pasadena.

Schon während des Gusses war der etwa 100 Kilometer südlich von Los Angeles gelegene, wie der Mount Wilson rund 2000 Meter hohe Mount Palomar aufgrund längerer Probebeobachtung zum Standort des neuen Riesenteleskops bestimmt worden. Zuerst mußte man eine Straße auf den bis dahin fast unzugänglichen Berg bauen. Während die Straßenarbeiten vorangingen, wurde in Pasadena der Glasblock zum Hohlspiegel geschliffen. Im Jahre 1940 verließ der fertig geschliffene 5-m-Spiegel die Werkstatt (Abb. 6 m). Ein Jahr vorher war George Ellery Hale gestorben.

Wieder verzögerte ein Krieg die weiteren Arbeiten. Erst 1948 – 20 Jahre nach dem Beschluß, dieses Instrument zu bauen – wurde es seiner Bestimmung übergeben.

6.3 Vom Mount Palomar zum Weltraumteleskop · Neue Techniken

Von 1948 bis heute sind zahlreiche weitere hochleistungsfähige Teleskope gebaut und in Betrieb genommen worden, in verschiedenen Teilen der Erde, so im Kaukasus, bei Selentschukskaja, in 2070 m Meereshöhe, für die sowjetischen Astronomen eines mit 6-m-Spiegelteleskop (also größer als jedes andere, ohne daß aber die Ergebnisse dem bisher ganz entsprechen), so in dem deutsch-spanischen Astronomischen Zentrum auf dem Calar Alto in Andalusien, das noch weiter ausgebaut wird, so bei der Europäischen Südsternwarte in Chile. Die deutsche Forschung hat damit die Chance, in der optischen Beobachtung mit den führenden Nationen, insbesondere den USA, wieder gleichzuziehen.

Der Bau immer größerer optischer Fernrohre für die Beobachtung vom Erdboden aus stößt auf Grenzen, weil die Hintergrundhelligkeit des Nachthimmels, Staubteilchen in der Atmosphäre sowie die Luftbewegung hier der Verfeinerung Grenzen setzen. Dagegen könnten große optische Teleskope, oberhalb der Atmosphäre postiert, Objekte erkennen, die 100mal schwächer sind als die schwächsten jetzt beobachteten Sterne und Nebel. Gerade aber das Studium der schwächsten Objekte im Weltraum verspricht für unsere Kenntnisse des Weltganzen die aufschlußreichsten Hinweise.

So entstand der Plan, ein gewaltiges Weltraumteleskop zu schaffen, benannt nach Edwin P. Hubble (der uns bei der Schilderung der fernen Welten außerhalb unserer Milchstraße wiederbegegnen wird; gebräuchliche Abkürzung HST = Hubble Space Telescope). Das von NASA und ESA (15 % Anteil) gemeinsam finanzierte und entwickelte Gerät, 13 Meter lang, 12 t schwer, verfügt über 2 optische Kameras, Spektrographen und ein Photometer und kann neben Licht auch UV-Strahlung aufnehmen. Die äußerst hochgespannten Erwartungen hat es nach seinem 1990 erfolgten Start zunächst nicht erfüllen können. Der Strahlengang vom 2,40 m großen Hauptspiegel zum Sekundärspiegel wird durch einen Produktionsfehler beeinträchtigt. Vielleicht gelingt es, Astronauten hinzuschicken und den Fehler durch Vorsatz-Optiken auszugleichen.

Während der Jahre, die bis zum mehrfach aufgeschobenen Start des HST vergingen, sind beim Bau neuer erdgebundener Teleskope große Verbesserungen erreicht worden. Auf dem Berg La Silla in Nordchile wurde das »New Technology Telescope« (NTT) der Europäischen Weltraumagentur ESA in Betrieb genommen. Es hat einen 3,5-m-Spiegel, bei dem 75 steuerbare Stützen auftretende Verformungen ausgleichen. Dadurch kann der Spiegel verhältnismäßig dünn gehalten werden, seine Herstellung ist leichter und billiger. Das achteckige Teleskopgebäude läßt sich um 360° drehen, so daß das Fernrohr nur in der Vertikalen beweglich zu sein braucht. Die Schärfe der ersten Aufnahmen hat die Fachwelt begeistert.

Vielversprechend ist die Entwicklung von Mehr-Spiegel-Teleskopen (Multiple Mirror Telescope, Abk. MMT). Ein solches Instrument arbeitet seit 1979 auf dem Mount Hopkins in Arizona. Anstelle eines großen Hauptspiegels hat es 6 relativ leichte Spiegel von je 1,83 m Durchmesser, in einem Sechseck angeordnet. Über weitere Spiegel wird das Lichtbündel schließlich in einem Brennpunkt zusammengeführt.

Ein geplantes Deutsches Großteleskop (DGT) soll einen zentralen 8-m-Spiegel haben, um den herum ein Segmentkranz aus 2-m-Spiegeln angeordnet ist. Eine ganze Reihe neuer Techniken soll diesem Instrument zu bisher nicht gekannter Präzision verhelfen. Geplant von der ESO ist ferner ein »Very Large Telescope« (VLT), das aus 4 Spiegeln von je 8,20 m Durchmesser bestehen soll. Vielversprechend ist schließlich auch das von deutscher Seite vorgeschlagene Hexapod-Teleskop, das, wie der

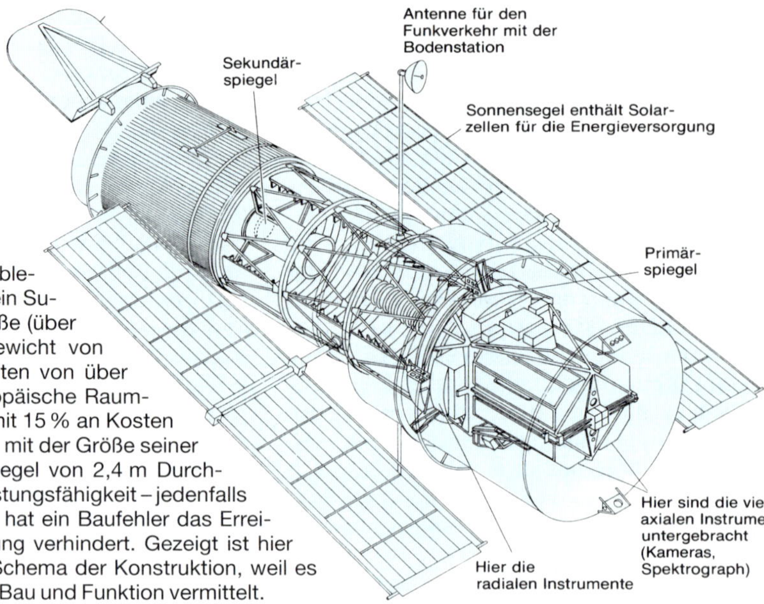

Abb. 6 n. Das Hubble-Weltraumteleskop ist ein Superlativ mit seiner Größe (über 13 m lang), einem Gewicht von über 12 t, mit Baukosten von über 1 Mrd. Dollar (die europäische Raumfahrtbehörde ESA ist mit 15 % an Kosten und Nutzung beteiligt), mit der Größe seiner Instrumente (Hauptspiegel von 2,4 m Durchmesser) und deren Leistungsfähigkeit – jedenfalls der erwarteten; bisher hat ein Baufehler das Erreichen der vollen Leistung verhindert. Gezeigt ist hier statt eines Fotos ein Schema der Konstruktion, weil es mehr Information über Bau und Funktion vermittelt.

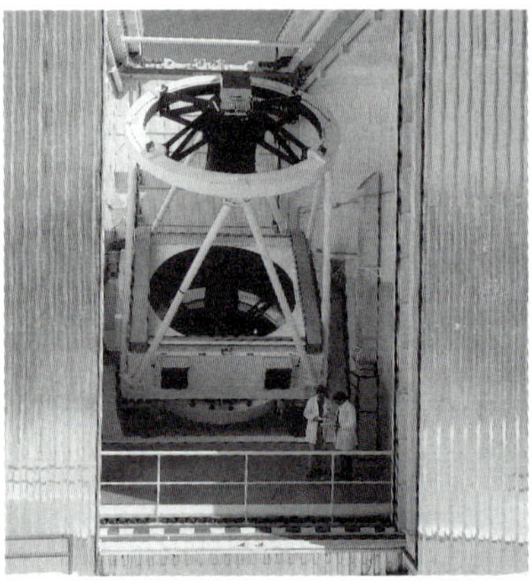

Abb. 6 o. Neue Teleskope. Links: Bereits in Betrieb genommen (1990 durch Knopfdruck vom ESO-Zentrum in Garching aus) ist das New Technology Telescope (NTT) in Chile. Der Hauptspiegel, Durchmesser 3,56 m, in Leichtbauweise, arbeitet nach dem neuartigen Konzept der »aktiven Optik«; seine Oberfläche ist nicht starr, sondern flexibel; an 75 Stellen kann sie durch computergesteuerte Stempel verformt werden. Die Leistungsfähigkeit dieses Instruments ist bisher unübertroffen. – Rechts: Erst in der Entwicklung ist das Very Large Telescope (VLT). 1998 soll es, ebenfalls von der ESO, in Chile in Betrieb genommen werden. Es hat 4 Spiegel von je 8,2 m Durchmesser; jeder kann durch 300 Stützen laufend verformt (adaptiert) werden. Das eingefangene Licht aller 4 Spiegel wird zu einem gemeinsamen Brennpunkt geführt. Das Bild zeigt ein Modell dieses leistungsfähigsten Teleskops der Welt.

Name sagt, auf sechs verstellbaren Beinen steht, eine Konstruktion, die viel Gewicht einspart.

Die Amerikaner nehmen 1991 ihr neuartiges Keck-Teleskop auf dem Mt. Kea (Hawaii) in Betrieb, der mit 36 kombinierten Spiegeln arbeitet; sie planen ein riesiges 8-m-Teleskop für den Südhimmel.

»Ungeachtet aller Fortschritte bleiben die auf der Erde stationierten Teleskope den Beschränkungen und Störungen unterworfen, die daraus resultieren, daß der Lichtstrahl auf seinem Weg durch die Atmosphäre durch Luftschichten verschiedener Temperaturen hindurchmuß, die außerdem in ständiger Bewegung sind – die Bilder tanzen und flimmern«: Diesem Satz hätte bis vor kurzem jeder Sachkenner zugestimmt – heute ist er teilweise überholt. Unter dem Stichwort »adaptive Optik« kann der Astronom diese Effekte überlisten. Man fängt zunächst das Licht eines dem Beobachtungsobjekt möglichst nahen »Referenzsterns« auf (das dieselben Luftschichten durchläuft). Ein Teil des Lichts wird aus dem Strahl herausgelenkt und fällt auf eine »Maske« aus kleinen Linsen. Hier entsteht ein durch die Luftstörungen verzerrtes Muster. Ein Computer errechnet den Grad der Deformation und steuert auf Grund dessen die adaptive Optik eines zweiten, elastischen Spiegels. Hinter diesem sind Verstellstifte angebracht, die 20mal pro Sekunde mit einem Hub bis zu 7,5 Mikrometer den Spiegel verändern. Auf diesem entsteht nun ein scharfes Bild, aus dem die Verformungen gleichsam herausdestilliert wurden. Dieses von deutschen und französischen Konstrukteuren entwickelte Verfahren wird sich noch verbessern lassen, wenn es gelingt, Spiegel mit noch mehr Verstellmöglichkeiten zu bauen und die Rechengeschwindigkeit zu steigern.

Endlich sind Methoden teils in Entwicklung, teils schon erprobt, die auch in der optischen Astronomie die Interferenz des Lichtes ausnutzen, z. B. dadurch, daß man zwei Instrumente in einigem Abstand voneinander (z. B. 6 m) aufstellt. Die Interferometrie ist mit großem Erfolg in der Radioastronomie angewandt worden; ich möchte ihr Prinzip deshalb im folgenden Abschnitt erläutern.

6.4 Der Siegeszug der Radioastronomie

Daß es elektromagnetische Strahlung geben müsse, deren Wellen viel länger sind als die des Lichts und die damit unsichtbar bleiben müssen, wurde im 19. Jahrhundert zuerst theoretisch durch James Clark Maxwell gefordert und bald darauf durch Heinrich Hertz experimentell bewiesen. Die Entwicklung der drahtlosen Telegraphie und des Rundfunks ist von dieser Grundlage ausgegangen.

Daß die Himmelskörper neben dem sichtbaren Licht auch Strahlung dieser Art abgeben – diese Annahme lag sehr nahe, sobald man über Natur und Frequenzbereiche der elektromagnetischen Strahlung einen Überblick gewonnen hatte. Es war nichtsdestoweniger ein weiter Weg bis zu dem Augenblick, da dieser Nachweis tatsächlich erbracht wurde, und nochmals ein weiter Weg bis zu dem Punkt, da man schließlich begann, das Weltall planmäßig auf Strahlung und Strahlungsquellen dieser Art zu durchforschen. Die Geschichte dieses Prozesses ist nicht unbedingt ein Ruhmesblatt für die Astronomen.

Zwar konnte man in den Anfangszeiten der Funktechnik – Marconis Versuche fanden kurz vor 1900 statt, 1897 gelang ihm die erste Funkverbindung über den Ärmelkanal hinweg – noch nicht hoffen, Empfänger von ausreichender Empfindlichkeit für den hier in Betracht kommenden Wellenbereich zu bauen. Aber schon 1931 wurden Radiowellen aus dem Weltall nachgewiesen. Nur nahm fast niemand Notiz davon!

In dem genannten Jahr arbeitete ein amerikanischer Ingenieur namens Karl Jansky, Mitarbeiter der Bell Telephone Laboratories (nach ihm ist heute eine Maßeinheit für die Empfindlichkeit von Radioteleskopen benannt), an der Lösung einer ihm gestellten Aufgabe: Er sollte die Herkunft von Funkstörungen aufklären, die mit Vorgängen in unserer Atmosphäre, z.B. mit Gewittern, zusammenhängen. Es ging vor allem darum, Störungen des transatlantischen Funkverkehrs auszuschalten, die von tropischen Gewitterzonen über beträchtliche Entfernungen hinweg verursacht werden.

Jansky, der mit einer Wellenlänge von 14,6 m arbeitete, beobachtete bei dieser Gelegenheit ein Störgeräusch, das frühmorgens aus östlicher, mittags aus südlicher, abends aus westlicher Richtung zu kommen schien. Sollte die Sonne Quelle dieser störenden Strahlung sein? Genauere Aufzeichnungen erwiesen, daß die Geräuschquelle ihren Ort gegenüber der Sonne pro Tag um 4 Minuten veränderte; jeden Morgen erschien sie im Osten, verglichen mit dem Sonnenaufgang, um weitere 4 Minuten früher, eine Differenz, die sich nach einem Monat bereits auf 30 · 4 Minuten = 2 Stunden summiert hatte. 4 Minuten ist aber gerade die Differenz zwischen Sonnentag und Sterntag (vgl. Abschnitt 1.5). So mußte die Quelle außerhalb des Sonnensystems liegen: im Reich der Fixsterne! Jansky stellte fest, daß die Hauptquelle der Störstrahlung sich in Richtung zum Sternbild Schützen (d.h. zum Zentrum unserer Milchstraße – was aber damals noch nicht allgemein bekannt oder anerkannt war) befinden mußte.

Man sollte meinen, diese Entdeckung habe die ganze astronomische Fachwelt aufhorchen lassen. Nichts dergleichen geschah. Nur ein einziger Mensch (soweit wir wissen) griff die von Jansky in einer Zeitschrift für Funktechnik veröffentlichten Ergebnisse auf, ein amerikanischer Ingenieur namens Grote Reber. Er baute sich eine flache, parabolische Antenne von knapp 10 m Durchmesser, beweglich angeordnet – das Urbild aller heute existierenden riesenhaften Radioteleskope –, und durchforschte auf eigene Faust den Sternhimmel weiter nach Radioquellen.

Während des Zweiten Weltkrieges wurde in den angelsächischen Ländern die Radartechnik entwickelt. Sie arbeitet mit Geräten, die kurzwellige Radiostrahlung aussenden und diese, sobald sie von irgendwelchen Objekten reflektiert wird, wieder auffangen. Damit kann man Richtung und Entfernung des reflektierenden Objekts – damals ging es um feindliche Flugzeuge – feststellen. 1942 empfingen britische Radartechniker in der Nähe von Liverpool – ausgerechnet der Stadt, in der ein englischer Physiker, Sir Oliver Lodge, schon um 1900 versucht hatte, Radiostrahlung von der Sonne aufzufangen (damals vergeblich) – Strahlung, die mit Sicherheit von der Sonne herrührte. Da – ein glücklicher Zufall – gerade eine gewaltige Eruption auf der Sonne stattgefunden hatte und die Strahlung dadurch um ein Vielfaches verstärkt auftrat, war sie stark genug, mit dem damals verwendeten, noch nicht sehr empfindlichen Gerät empfangen zu werden.

Als die deutschen Soldaten 1945 aus den Niederlanden abzogen, ließen sie dort unter anderem eine (für damalige Verhältnisse) riesengroße Radarantenne zurück. Das Gerät hatte die Typenbezeichnung »Würzburger Riese«, seine Antenne einen Durchmesser von 7,5 m. Niederländische Astronomen richteten sie sogleich gegen den Sternhimmel und konnten die ersten erfolgreichen Beobachtungen an einigen »kosmischen«, d.h. außerhalb unseres Sonnensystems gelegenen Radioquellen durchführen.

Nun entstanden in schneller Folge Radioteleskope von immer größeren Ausmaßen. Warum müssen diese Instrumente so große Abmessungen haben? Weil Radiowellen so sehr viel länger sind als Lichtwellen! Mit einer kleinen Antenne läßt sich zwar mehr oder weniger vage die Richtung bestimmen, aus der eine Strahlung einfällt, aber die Quelle der Strahlung läßt sich nicht

Abb. 6 p. Radioteleskop in Parkes, New South Wales, Australien (links); Antennendurchmesser 70 m. Das zweite Instrument rechts im Vordergrund kann für Interferenzmessungen mit dem ersten zusammengeschaltet werden.

genau am Himmel lokalisieren. Das ist aber natürlich eine der wichtigsten Forderungen, denn sobald die Astronomen eine Reihe von Objekten aufgefunden hatten, die als starke Radiostrahler hervortraten, wollten sie auch wissen, ob diese Strahler mit Sternen – oder vielleicht Nebeln – identisch sind, die auch sichtbares Licht zu uns schicken.

Denken wir uns zwei Lichtquellen in 10 km Abstand vom Beobachter, die nur 0,5 cm voneinander entfernt sind. Mit einem 1-m-Fernrohr kann man sie noch auseinanderhalten. Eine Radioantenne von 1 m Durchmesser kann zwei strahlende Objekte, die sich in 10 km Entfernung befinden, nur auseinanderhalten, wenn sie mehr als 1 km voneinander aufgestellt sind. Dies ist übrigens nur eine ungefähre Angabe – das Auflösungsvermögen hängt ja auch von der gerade benutzten Wellenlänge ab.

Genauer gesprochen: Das Auflösungsvermögen ist abhängig von dem Verhältnis zwischen der Wellenlänge, die man empfangen will, und dem Durchmesser der Fläche (Antenne), die man zum Empfang benutzt. Da nun die Länge der Lichtwellen im Bereich von einigen Hunderttausendstelzentimetern liegt, die der Radiowellen sich aber nach Zentimetern und Metern mißt, so müßte ein Radioteleskop, dessen Auflösungsvermögen dem eines optischen

50-cm-Teleskops gleichkommen soll, einen Antennendurchmesser von 1000 km besitzen (diesem Vergleich liegt das Arbeiten mit der 1-m-Welle zugrunde). Es ist zwar nicht möglich, so große Antennen zu bauen, aber es ist möglich, zwei Antennen in größerem Abstand zu postieren und so zu koppeln, daß ihr Auflösungsvermögen dem einer Riesenantenne von entsprechendem Durchmesser gleichkommt. (Dies ist das Prinzip der Interferometrie, das, wie im vorhergehenden Abschnitt erwähnt, neuerdings auch bei optischer Beobachtung angewandt wird.)

Mehrteilige Anlagen, bei denen zwei oder auch viel mehr – bis zu 27 – einzelne Radioteleskope zusammenwirken, bestehen u. a. in Westerbork (Niederlande) und in Socorro (New Mexico, USA). Weit größere Basislinien werden erreicht, wenn man Teleskope in verschiedenen Kontinenten zusammenschaltet (VLBI = Very Long Baseline Interferometry). Über mehrere tausend Kilometer Entfernung kann man die Meßergebnisse nicht über Kabelleitungen zusammenführen, eine präzise Synchronisation wäre so nicht möglich. Die Ergebnisse werden vielmehr an jeder Station für sich zunächst auf Datenträger (Magnetbänder) gespeichert und mit einer Zeitmarkierung durch eine Rubidium-Atomuhr versehen; die Ganggenauigkeit solcher Uhren ist so groß, daß sie erst nach 300 Jahren um $^{1}/_{1000}$ Sekunde abweichen können.

Die technischen Probleme, die die Konstruktion großer Antennen mit sich bringt, sind beträchtlich. Man braucht einen riesigen, tief verankerten Betonklotz, um das Gewicht der Antenne zu tragen. Der Druck des Windes oder Sturmes auf eine parabolische Fläche von 50 bis 70 m Durchmesser ist enorm, ebenso der Druck einer eventuellen Schneeschicht. Dem Winddruck wirkt man entgegen, indem man die Parabolantenne nicht als feste, durchgehende Fläche baut, sondern sie mit Löchern versieht wie ein Sieb. Bei all diesen Schwierigkeiten darf die Antenne, sollen genaue Ergebnisse erzielt werden, sich weder verformen noch ihre »Blickrichtung« ändern.

Die Empfangsleistung derartiger Geräte übertrifft die eines normalen Rundfunkempfängers um das 1000- bis 100000fache. Immer genauere und immer größere Radioteleskope entstehen, ja, sie scheinen geradezu aus dem Boden zu wachsen, in den USA, in Australien, in der Sowjetunion und auch bei uns. Die Deutschen haben ihr größtes Radioteleskop in der Nähe von Bad Münstereifel. 106 m hoch ist das Instrument, der drehbare Spiegel hat einen Durchmesser von 100 m (Jodrell Bank in England hat 76 m). Moderne Radioteleskope haben Verstärker, die einfallende Signale bis auf das Billionfache verstärken können.

Ein anderer Unterschied zwischen optischer und Radioastronomie (neben den verschiedenen Ausgangsbedingungen in bezug auf das Auflösungsvermögen) sei kurz erwähnt: Licht können wir sehen – und wenn der Sehvorgang auch in Wirklichkeit ein komplizierter und (was die Umsetzung in das »geistige« Bild anlangt) höchst geheimnisvoller Prozeß ist, haben wir doch jedenfalls ein Organ, das Strahlung der Wellenbereiche sichtbaren Lichts unmittelbar aufnehmen kann. Wir haben dagegen kein natürliches Organ für Radiowellen. Wir können sie insbesondere nicht etwa hören. Wir müssen vielmehr die Strahlung – oder (beim Rundfunk) die Modulationen, die wir ihr aufprägen – zunächst in akustische Schwingungen umwandeln. Erst dann hören wir sie. Wir haben also für alle Zeit zu diesem Bereich nur einen mittelbaren Zugang. Für die Forschung spielt dieser Unterschied heute keine wichtige Rolle mehr. Licht- und Radiowellen werden nicht mit Auge oder Ohr beobachtet, sondern mit Kamera, Spektroskop, Radiometer u. a. aufgezeichnet und gemessen (wobei die Radiowellen nicht in akustische Schwingungen umgewandelt werden).

Ein dritter wichtiger Unterschied zwischen optischer und Radioastronomie liegt

Abb. 6q. Seit 1971 in Betrieb ist das Radioteleskop bei Effelsberg/Eifel. Mit einer nach allen Seiten schwenkbaren Antenne von 100 m Durchmesser ist es das größte bewegliche Radioteleskop der Welt.

in folgendem: Im Sonnenlicht oder Sternenlicht sehen wir mit dem Auge oder auch mit der Kamera in der Regel eine Mischung vieler oder aller Frequenzen, die überhaupt im sichtbaren Bereich liegen. Wir können allerdings die Frequenzen spektroskopisch oder durch Filter auseinandersortieren oder auch – neuerdings – Aufnahmen mit Film- oder Plattenmaterial herstellen, das für einzelne Frequenzen oder Frequenzbereiche besonders empfindlich ist. Der Radioastronom arbeitet jeweils nur mit einer bestimmten Wellenlänge, die er durch geeignete Konstruktion und Einstellung seines Geräts aus dem eintreffenden Frequenzgemisch heraussiebt. Will er eine Radiokarte des Himmels erarbeiten, so muß er sich also dem mühsamen Geschäft unterziehen, den ganzen Himmel für jede Wellenlänge von neuem abzutasten.

Ein vierter Unterschied, der für den Radioastronomen ausgesprochen günstig ist: Er ist nicht auf die Nachtstunden angewiesen und nicht auf klaren, wolkenlosen Himmel. Die Radiostrahlung wird durch keine Wolkendecke behindert – sofern die Wellenlängen zwischen 1 cm und 30 m liegen.

Mehrere Jahrzehnte lang sind nunmehr die gewaltigen Parabolantennen gegen den Himmel gerichtet, weithin sichtbare Symbole für Wißbegier und weltenstürmenden Forscherdrang der Menschheit (doch nein, nur einiger weniger Menschen unter den Milliarden, die ausschließlich an die Probleme ihres engsten Umkreises festgebannt sind). Diese Jahrzehnte haben bereits eine Ernte von großen, teilweise umstürzenden Ergebnissen und Entdeckungen erbracht. Der Übersicht halber hier die vier wichtigsten Ergebnisse in Stichworten:

1. Die Pulsare, Himmelskörper, die in ganz schneller, regelmäßiger Folge Strahlungsstöße auszusenden scheinen; ich behandle sie im Kapitel über Geburt und Tod der Sterne.
2. Die riesigen Wolken interstellarer Materie, die für das optische Teleskop unsichtbar bleiben, können mit Hilfe der Radioastronomie erforscht werden. Hierauf komme ich im Kapitel über das Milchstraßensystem zurück.
3. Die fernsten und bisher rätselhaftesten Objekte im Universum – Radiogalaxien und Quasare – sind durch die Radioastronomen entdeckt worden. Mehr hierüber im Kapitel über die extragalaktischen Systeme.
4. Die kosmische Hintergrundstrahlung im Mikrowellenbereich ist ebenfalls ein Fund der Radioastronomie. Vgl. Abschnitt 10.3.

Gegenüber diesen grundstürzenden Erkenntnissen erscheinen die Ergebnisse der Radioastronomie, die sich auf unser Sonnensystem beziehen, weniger eindrucksvoll. Ich will sie nur kurz streifen.

Daß die Sonne als Radiosender erkannt wurde, habe ich in dem ihr gewidmeten Kapitel bereits erwähnt. Ihre Strahlung setzt sich zusammen aus einer relativ schwachen Grundstrahlung, die stetig abgegeben wird, und aus einzelnen kurzen Strahlungsstößen, welche diese Grundstrahlung überlagern; beide aber werden von Zeit zu Zeit überlagert von gewaltigen Strahlungsausbrüchen, bei denen die Intensität bis zum 100 000fachen der Grundstrahlung anwachsen kann. Diese Ausbrüche hängen unmittelbar von der Aktivität der Sonne ab. Ähnlich verhalten sich wahrscheinlich zahlreiche andere Fixsterne.

Interessant ist, daß sich neben der Sonne noch andere Angehörige des Sonnensystems als Quelle von Radiowellen entpuppt haben, vor allem der Planet Jupiter.

6.5 Der infrarote Himmel

Die Wellen im infraroten Bereich, der zwischen der Radiostrahlung und dem sichtbaren Licht liegt, haben Längen von knapp $^{1}/_{1000}$ mm bis 1 mm; die Länge wird in µm (Mikrometer = $^{1}/_{1000}$ mm) angegeben.

Das menschliche Auge kann die infrarote Strahlung nicht wahrnehmen. Wir können sie aber mittels unserer Haut wahrnehmen: als Wärmestrahlung. Gäbe es Lebewesen mit Organen, die Infrarotstrahlung so »sehen« könnten wie wir das Licht – die Welt würde für diese Wesen völlig anders »aussehen« als für uns. Und vor allem auch der Sternhimmel! Wie – um uns das auszumalen, brauchen wir unsere Phantasie nicht sonderlich anzustrengen, denn es gibt heute Kameras, die auf »photographischem« Weg Infrarotbilder aufnehmen und festhalten, auch Geräte, z. B. für militärische Verwendung, die Infrarotstrahlung mittels Bildwandlern in Licht umsetzen.

Zuvor aber ein Blick zurück in die Geschichte. Sie reicht hier weiter zurück als bei den Radiowellen. Friedrich Wilhelm Herschel betrachtete im Jahre 1800 die Sonne durch verschieden gefärbte und gleichzeitig abdunkelnde Gläser – wir würden heute sagen, durch eine Reihe von Farbfiltern. Dabei fiel ihm auf, daß er bei manchen Gläsern im Auge eine Wärmeempfindung hatte, bei anderen nicht. Darauf stellte er folgenden Versuch an: Er ließ Sonnenlicht durch ein Prisma gehen und maß mit einem Thermometer die Temperatur in den verschiedenen Farbstreifen. Zwei weitere gleichartige Thermometer, außerhalb des Sonnenlichts placiert, dienten zur Kontrolle. Es ergab sich, daß die Temperatur vom Violett zu Rot hin anstieg und – was erstaunlicher war – daß noch außerhalb des Sonnenlichts, über das rote Ende hinaus, eine starke Erwärmung stattfand. Herschel zog den richtigen Schluß: Es gibt eine dem Licht verwandte, aber für uns nicht sichtbare Art von Strahlung, die sich als Wärme bemerkbar macht. Er demonstrierte, daß die Gesetze der Brechung und der Reflexion, die man beim Licht bereits kannte, auch für diese Strahlung gelten.

Wie konnte der Versuch überhaupt gelingen? Daß die Erdatmosphäre nur Licht und Radiowellen (bis etwa 30 m Wellenlänge) passieren lasse, ist eine Vereinfachung. Die Wirklichkeit ist komplizierter. Nicht nur, daß die Atmosphäre gewisse Anteile der ultravioletten Sonnenstrahlung durchläßt (sonst könnte unsere Haut im Sommer nicht gebräunt werden) – auch im Bereich des Infraroten ist die Durchlässigkeit für verschiedene Wellenlängen durchaus verschieden. In dem Bereich von 0,75 bis 1,2 µm, der dem sichtbaren Rot unmittelbar benachbart ist, läßt die Atmosphäre die Strahlung großenteils durch. In diesem Frequenzbereich sind auch photographische Aufnahmen möglich, d. h., es gibt spezielle Emulsionen, die auf Strahlung dieser Frequenz ansprechen. Im Bereich zwischen 1,2 und 5,2 µm gibt es noch einige weitere schmale Fenster, u. a. bei 2 bis 2,5 µm. Von 5,2 bis 8 µm ist die Atmosphäre gänzlich undurchlässig. Zwischen 8 und 14 µm ist noch mal ein Fenster.

Was bedeutet das für den Astronomen, der erforschen möchte, wie der »infrarote Himmel« aussieht? Es bedeutet, daß er in bestimmten Frequenzbereichen von der Erde aus beobachten kann, in anderen nur von Ballonen, in manchen nur von Raketen oder Satelliten aus.

Die absorbierende Wirkung der Atmosphäre hat nicht eine einzige Ursache, sondern mehrere. Manche Frequenzen werden durch Wasserdampf absorbiert, andere durch Kohlendioxid, wieder andere durch die Ozonschicht oder auch durch ein Zusammenwirken dieser Faktoren.

Das wichtigste Hindernis, das sich dem Infrarot-Astronomen in den Weg stellt, besteht darin, daß alle Körper unablässig infrarote Strahlung abgeben. Sobald die Temperatur irgendeines Körpers über dem absoluten Nullpunkt (−273 °C) liegt, geraten die Atome oder Moleküle, aus denen er besteht, in thermische Bewegung und erzeugen damit eine Strahlung im infraroten Bereich. Was schlimmer ist: Alle Körper, deren Temperatur zwischen dem absoluten Nullpunkt und 3500 K liegt, haben das Maximum ihrer Strahlung im infraroten Bereich. Dies ergibt sich aus dem von Max Planck aufgestellten Gesetz über die Strahlung des sogenannten Schwarzen Körpers. Es besagt (in mathematischer Formulie-

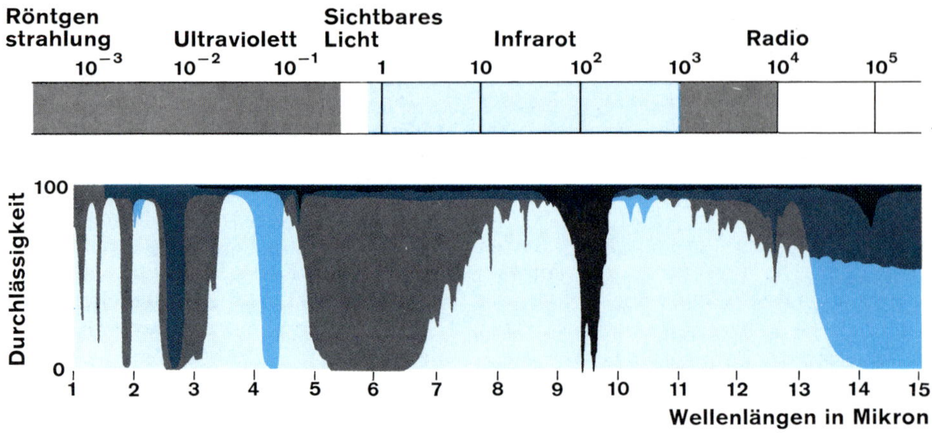

Abb. 6 r. Die Durchlässigkeit der Erdatmosphäre für elektromagnetische Strahlung und für Infrarot. In der oberen Zeichnung sind die beiden »Fenster« der Erdatmosphäre durch die weiß gelassenen Flächen kenntlich gemacht – es sind die Fenster für Licht und für Radiowellen (Wellenlängen in µm). Die untere Zeichnung stellt einen Ausschnitt des Infrarotbereichs für die Wellenlängen 1 bis 15 Mikron dar. Die Absorption ist stellenweise total, z. B. um 6 und zwischen 14 und 15 Mikron, an anderen Stellen gering, z. B. zwischen 10 und 11 Mikron. Die Farbe läßt den jeweils für die Absorption verantwortlichen Stoff erkennen: blau = Kohlendioxid; grau = Wasserdampf; blaugrau = Ozon. Nach John Strong: Infrared Astronomy by Balloon. © Scientific American Inc. (Jan. 1965).

rung), daß eine eindeutige Beziehung besteht zwischen der absoluten Temperatur eines Körpers einerseits und der Energieverteilung innerhalb der von ihm emittierten Strahlung. Je heißer der Körper wird, desto mehr verschiebt sich das Maximum der Energie zu immer kürzeren Wellenlängen. Erhitzen wir ein Stück Eisen, so können wir, wenn wir die Hand in die Nähe bringen, alsbald die Wärmestrahlung verspüren. Bei zunehmender Erwärmung wird die emittierte Strahlung immer kurzwelliger, bei etwa 700° greift sie in den Frequenzbereich des sichtbaren Lichts hinüber, und zwar zuerst am langwelligen – roten – Ende des sichtbaren Spektrums: das Eisen wird rotglühend. Setzen wir das Erhitzen fort, so verschiebt sich das Maximum weiter zum Gelb hin. Sind alle Frequenzen des sichtbaren Lichts beteiligt, ist das Eisen weißglühend. Bei weiter fortgesetzter Wärmezufuhr wandert das Maximum nach der anderen Seite aus dem sichtbaren Bereich hinaus ins Ultraviolette.

Man kann nach dem Planckschen Gesetz berechnen, daß bei der Oberflächentemperatur der Sonne von rund 5500 K das Maximum im sichtbaren Bereich liegt. Sterne mit wesentlich höherer Oberflächentemperatur, etwa von 25 000 K, haben das Maximum im ultravioletten Bereich. Sehr kühle Sterne – unter 3500 K – haben das Maximum im infraroten Bereich. Sterne zwischen 1000 und 1500 K Oberflächentemperatur können wir mit optischen Mitteln nicht erkennen. Ihr Strahlungsmaximum liegt etwa bei 2 bis 2,4 µm; sie müssen sich also, da die Atmosphäre hier gerade ein Fenster hat, von der Erde aus erkennen lassen, wenn man Detektoren für diese Wellenlänge verwendet.

Das räumt aber noch keineswegs das vorhin erwähnte Hindernis aus dem Wege. Zwar geben die Sonne und alle Sterne infrarote Strahlung ab, aber alle Gegenstände, die das Beobachtungsinstrument umgeben, auch der Körper des Astronomen, geben ebenfalls Wärmestrahlung ab, ja auch das Instrument selbst, und vor allem auch, im großen, die Erde und ihre Atmosphäre. Ein Astronom, der unter diesen Umständen infrarote Strahlung von fernen Sternen aufnehmen will, gleicht einem Mann, der am hellichten Tage, wenn Licht von allen Gegenständen seiner Umgebung einfällt, mit einem Teleskop ferne Sterne beobachten wollte, noch dazu mit einem Fernrohr, das selbst schwach leuchtet!

Die Lösung: Das ganze Instrument (bis auf eine Einfallsöffnung) muß bis auf wenige Grad über dem absoluten Nullpunkt gekühlt und kühl gehalten werden. Das ist schon 1968 einer amerikanischen Forschungsgruppe unter G. Neugebauer und Robert B. Leighton gelungen. Man arbeitete, mit einem größtenteils selbsterbauten Instrument, auf dem Mount Wilson mit einer Wellenlänge von 2,2 µm.

Einen bedeutenden Fortschritt brachte Infrarot-Beobachtung von einem hochfliegenden Flugzeug (Kuiper-Observatorium) aus.

Eine Durchmusterung nahezu des gesamten Himmels konnte erst von einem hierzu konstruierten Satelliten aus gelingen. Der 1983 gestartete IRAS (Infrared Astronomical Satellite) hat hier hervorragende Arbeit geleistet. Mittels superflüssigen Heliums wurden das Teleskop und die zugehörigen Halbleitersensoren auf Temperaturen von 20 bzw. 1,8 K gehalten. Die Durchmusterung erfolgte auf den Wellenlängen 12, 25, 60 und 100 µm.

Die gewaltige Datenmenge, die der Satellit lieferte, hat sich in einem Katalog niedergeschlagen, der (auf 97 % der Himmelsfläche) nicht weniger als 245 000 Infrarotstrahler aufführt.

Der physikalische Laie, der die Wärmestrahlung eines Ofens oder Heizkörpers kennt, mag fragen: Kann sich denn Wärmestrahlung so ausbreiten, daß man die Quelle über kosmische Entfernungen hinweg orten kann? Ein heißer Körper kann Wärmeenergie auf dreierlei Weise abgeben: 1. durch Wärmeleitung: Die heiße Kochplatte erwärmt den darauf stehenden Topf, zunächst den Boden, von dort breitet sich die Wärme in die Wände aus, zugleich in den Topfinhalt. (Die erwärmten Moleküle stecken mit ihrer Bewegung ihre Nachbarn an.) 2. Durch Konvektion: Die einem Heizkörper benachbarten Luftteilchen erwärmen sich, strömen nach oben und nehmen dabei Energie mit; diese Art der Wärmeübertragung findet in den äußeren Bereichen des Sonnenballs statt. Die dritte Art der Abgabe ist die Strahlung. Ein Himmelskörper im (nahezu) luftleeren Raum kann seine Energie nur auf diese Weise abgeben. Die Strahlung breitet sich im Vakuum ungehindert aus.

Wie zu erwarten, hat die Infrarot-Astronomie eine Fülle neuer Phänomene entdeckt, sowohl im Sonnensystem (u. a. wurden neue Kometen und Kleinplaneten entdeckt) wie im Milchstraßensystem, wie auch weit außerhalb davon. Man findet besonders solche Objekte, die entweder nur einige hundert bis 2000 K heiß sind und deshalb das Strahlungsmaximum im Infraroten haben, oder solche, die zwar heißer sind, aber von Staubwolken umgeben: hier kann man die von dem verborgenen Stern erhitzten Wolken auffinden.

Zu den interessantesten Objekten gehören:

1. Staubhüllen, hinter denen sich gerade entstehende Sterne (Protosterne) verbergen;
2. Staubhüllen um Sterne, die auf ein in Entstehung befindliches Planetensystem deuten;
3. Staubwolken um Sterne, die offenbar von diesen abgestoßen worden sind;
4. große Bereiche, die als Sternentstehungsgebiete gelten, beispielsweise die gewaltige Molekülwolke im Schwert des Sternbilds Orion (Orion-Nebel);
5. das Zentrum unseres Milchstraßensystems (vgl. Abschnitt 8.5);

6. in extragalaktischer Ferne zahlreiche Sternsysteme, die den überwiegenden Teil ihrer Leuchtkraft im fernen (längerwelligen) Infrarot aufweisen, ja dort 50- bis 100fach stärker strahlen als im Sichtbaren. Darunter sind solche, die mit einigen Billionen Sonnenleuchtkräften zu den absolut hellsten Systemen im All (neben den Quasaren) gehören. Man deutet sie als »Starburst-Galaxien«, in denen in kurzer Frist Millionen neuer Sterne geboren werden. Sterne im Stadium ihrer Entstehung (vgl. Kapitel 7) haben ihr Strahlungsmaximum im Infraroten.

In vielen Fällen ist es noch nicht gelungen, Infrarotstrahler mit sichtbaren Objekten zu identifizieren.

6.6 Ultraviolett-, Röntgen- und Gamma-Astronomie

Das violette Ende des sichtbaren Spektrums hat Wellenlängen von 0,4 µm. Die Atmosphäre läßt noch Wellen bis zu etwa 0,3 µm durch (so daß wir braun werden können); darunter so gut wie nichts mehr. Wer also die »ultraviolette« (= jenseits des Violetten liegende) elektromagnetische Strahlung studieren will, die aus dem Weltraum kommend auf die Erde trifft, muß sich oder seine Instrumente über die Atmosphäre erheben. Ballone reichen hier nicht aus. Man braucht Raketensonden oder Satelliten. Deshalb kann die UV-Astronomie nur ein junger Wissenschaftszweig sein.

Der Bereich des Ultravioletten wird bis herunter zu etwa 0,01 µm gerechnet. Die Strahlung unterhalb dieser Grenze bezeichnet man als Röntgenstrahlung.

Warum sind Ballone hier nicht brauchbar? Die Schichten, welche UV-Strahlung absorbieren, liegen wesentlich höher als Wasserdampf, Kohlendioxid und die Ozonschicht, die das Infrarot verschlucken. Die UV-Strahlung zwischen 0,3 und 0,2 µm Wellenlänge wird hauptsächlich von einer Ozonschicht in 50 km Höhe absorbiert, kürzere Wellenlängen durch (molekularen) Sauerstoff in etwa 100 km Höhe; Wellen um 0,05 µm dringen kaum tiefer als bis 200 km Höhe in die Atmosphäre ein. Man kann also wesentliche Beobachtungen in diesem Bereich erst mit Raketen vornehmen, und das begann, als 1946 amerikanische Astronomen eine erbeutete deutsche V-2-Rakete mit Instrumenten in 80 km Höhe hinaufschickten.

Eine Raketensonde bleibt nur kurze Zeit oben, und es ist nur in Grenzen möglich, sie so zu stabilisieren, daß ihre Instrumente genau in eine gewünschte Richtung blicken. Im Dezember 1968 brachten die Amerikaner deshalb einen Beobachtungssatelliten in eine Umlaufbahn. Eine Reihe weiterer folgte, bis mit dem 1978 gestarteten IUE (International Ultraviolet Explorer) ein vorläufiger Höhepunkt erreicht wurde.

Die UV-Astronomie hat nicht in demselben Umfang wie Radio- und IR-Astronomie das Gesamtbild durch Entdeckung

Abb. 6s. UV-Aufnahmen der Sonne. ▷ Links oben ein Sonnenphoto, das an dem Tag aufgenommen wurde, an dem die folgenden Ultraviolett-Bilder entstanden. Das Photo (Sacramento Peak Observatory), aufgenommen im Licht der roten Linie des ionisierten Wasserstoffs, zeigt eine beachtliche Sonnenfleckenaktivität in der nördlichen Hemisphäre. Die dunklen Flecken sind Ansammlungen relativ kühler Gase. Die UV-Bilder sind in der Reihenfolge steigender Temperatur (und damit zunehmender Höhe in der Sonnenatmosphäre) angeordnet:
Nr. 1 bei 10 000 K; Nr. 2 bei 100 000 K; Nr. 3 bei 325 000 K; Nr. 4 bei 1,4 Millionen K; Nr. 5 bei 2,25 Millionen K. Das letzte Bild entspricht einer Höhe von 200 000 km über der Sonnenoberfläche. Die hellen Stellen bezeichnen die heißesten, die dunklen die kühleren Regionen.
Man sieht, daß die Sonnenflecken bis in die höchsten Schichten hinauf wirken. Nach L. Goldberg: Ultraviolet Astronomy. © Scientific American Inc. (Juni 1969).

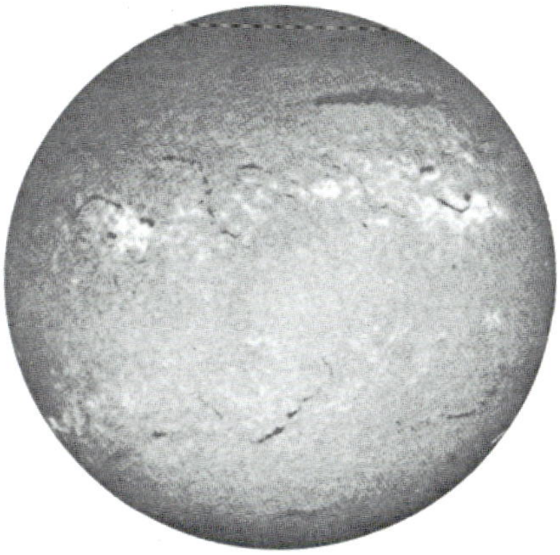

1

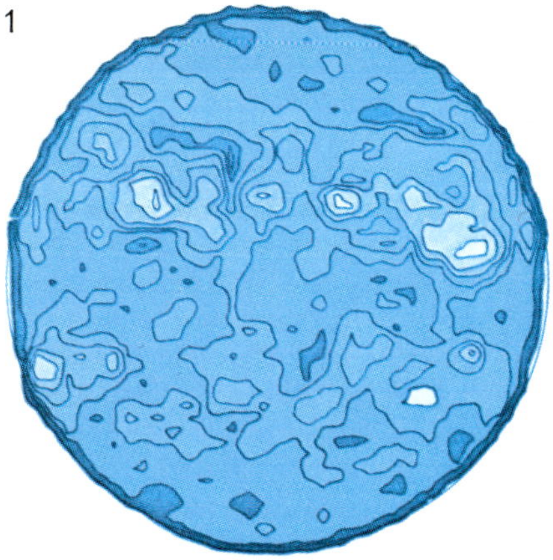

2

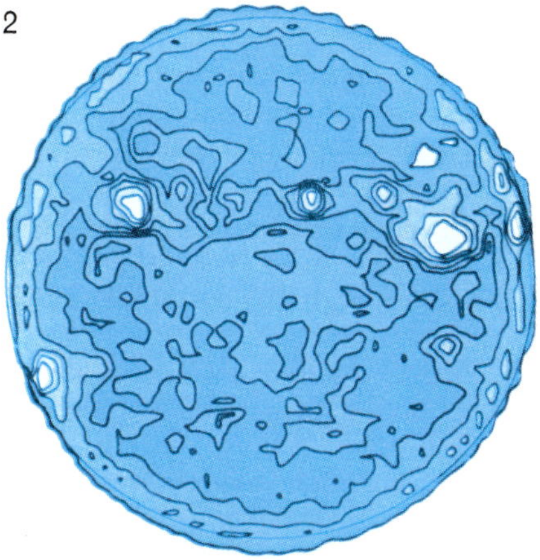

3

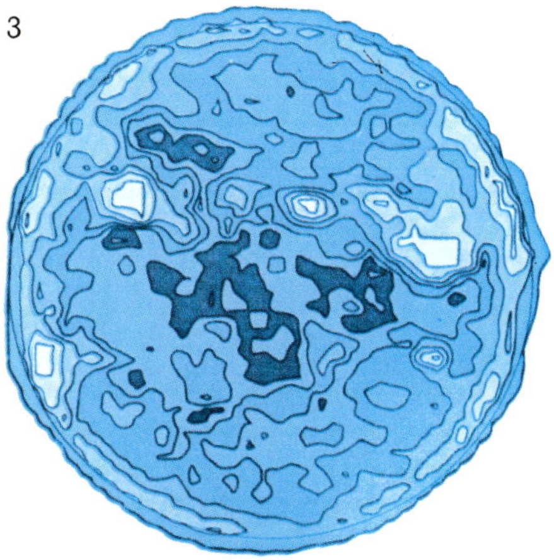

4

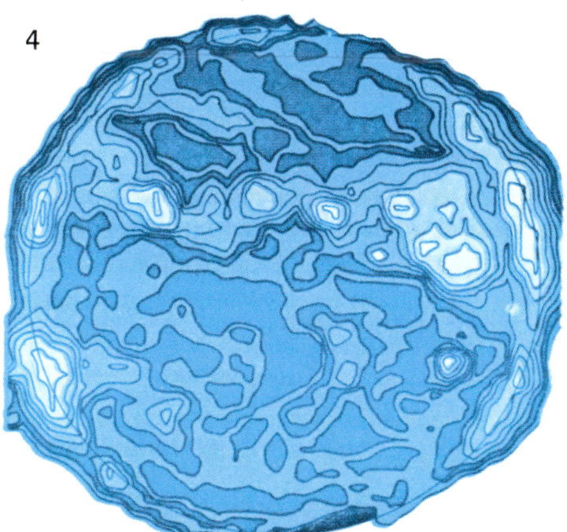

5

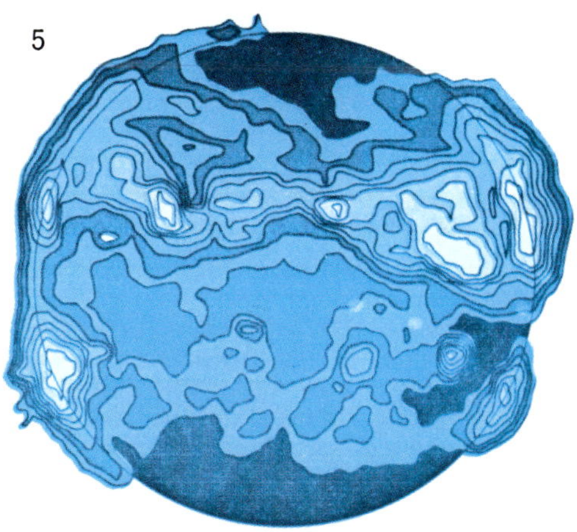

ganz neuer Phänomene und zigtausend vorher unbekannter Objekte verändert. Gleichwohl ist sie von großer Bedeutung für das Gewinnen und Analysieren von Spektren, u.a. deswegen, weil viele häufig vorkommende Atome ihre stärksten Spektrallinien gerade in diesem Bereich haben; ferner auch für das Studium der interstellaren Materie. Unter anderem wurde das Vorhandensein eines riesigen Halos aus ionisierter Materie, der das ganze Milchstraßensystem umgibt, mit Mitteln der UV-Astronomie nachgewiesen. Auch die äußerst heißen und ionisierten äußeren Gashüllen um die Sterne – Hauptbeispiel: die Korona der Sonne – lassen sich mit Methoden der UV-Astronomie gut studieren. Für die Sonnenkorona wird dies durch Abb. 6s demonstriert.

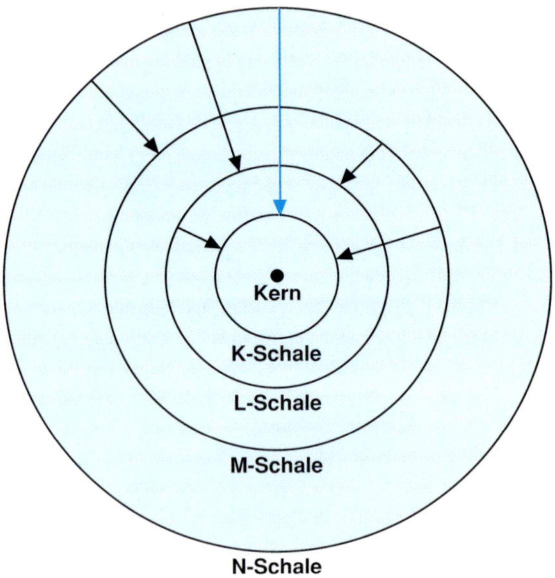

Abb. 6t. Charakteristische Röntgenstrahlung entsteht, wenn ein Elektron aus einer kernfernen Bahn auf eine kernnahe Bahn wechselt, nachdem aus dieser ein Elektron herausgeschlagen wurde. Die Strahlung ist um so energiereicher (kurzwelliger), je größer die Differenz des Energieniveaus zwischen der ursprünglichen und der neuen Bahn ist. Im gezeichneten Beispiel entsteht die stärkste Strahlung, wenn ein Elektron von der N-Schale in die K-Schale wechselt (blauer Pfeil).

Die Strahlung, deren Wellen noch kürzer sind als Ultraviolett, heißt Röntgenstrahlung nach ihrem Entdecker Konrad Röntgen (1895); allerdings ist diese Bezeichnung hauptsächlich im Deutschen üblich. Im Englischen sagt man »X-rays«, und X-Strahlung hatte auch Röntgen das zunächst unbekannte, rätselhafte Phänomen benannt.

Diese Strahlung hat Wellenlängen, die, kürzer als Ultraviolett, etwa von 0,01 µm bis herunter zu $^1/_{1000}$ davon reichen; dies entspricht dann 10^{-12} (= 1 Billionstel) Meter. Ist die Strahlung so extrem kurzwellig, spricht man von »harter« – im Gegensatz zu längerwelliger »weicher« – Röntgenstrahlung. Noch kürzere Strahlung heißt γ-Strahlung (Gammastrahlung). Im Abschnitt 2.2 habe ich zu erklären versucht, wie es zugeht, wenn ein Atom ein Lichtquant abgibt. Die Frage liegt nahe: Und wie entsteht Röntgenstrahlung? Es gibt mehrere Möglichkeiten.

Ein Prozeß, der der Emission sichtbaren Lichts ähnlich ist, wird durch Abb. 6t angedeutet. Röntgenstrahlung entsteht, wenn Elektronen aus den inneren Schalen des Atoms durch Teilchen mit hoher Energie herausgeschlagen werden und wenn darauf Elektronen aus kernfernen Schalen nach innen wechseln. Diese »charakteristische« Röntgenstrahlung hat ein Linienspektrum, weil die Energiedifferenzen zwischen verschiedenen Schalen genau definiert sind.

Ein kontinuierliches Spektrum (Gemisch verschiedener Frequenzen) hat dagegen die Bremsstrahlung, die in der Röntgenröhre dadurch erzeugt wird, daß ein Strahl schnellfliegender Elektronen beim Auftreffen auf Materie plötzlich abgebremst wird.

Für den Astronomen wichtig ist die Synchrotronstrahlung, so benannt, weil sie zuerst in einem Synchrotron betrachtet wurde, einem Beschleuniger, in dem Elektronen durch elektrische und magnetische Felder auf hohe Geschwindigkeiten gebracht und in Kreisbahnen gezwungen werden. Die Elektronen geben dabei Strahlung ab (in ihrer Bewegungsrichtung, vgl. Abb. 91), die verschiedene Frequenzen von der Radio- bis zur Röntgenstrahlung annehmen kann.

Da Röntgenstrahlung nur durch hochenergetische Teilchen erzeugt werden kann, läuft die Frage, ob es sie im Weltraum gibt, auf die Frage hinaus: Wo gibt es dort Prozesse, bei denen Elementarteilchen gewaltige (»relativistische«) Geschwindigkeiten erreichen?

Keine Strahlung, deren Wellenlängen kürzer sind als 0,285 µm, erreicht den Erdboden. Daß die Atmosphäre diese »harte«, d. h. äußerst energiereiche Strahlung praktisch vollständig absorbiert, ermöglicht erst das pflanzliche und tierische Leben. Also muß der Astronom, der aus dem All einfallende Röntgen- und Gammastrahlung empfangen und enträtseln will, über die Atmosphäre hinausgehen.

Die ersten Forschungsraketen, die, mit auf Röntgenstrahlung ansprechenden Geigerzählern ausgestattet, losgeschickt wurden, dienten, ähnlich wie im UV-Bereich, zunächst wieder der Erforschung der Sonne. Dabei wurde Röntgenstrahlung aus dem Bereich der Korona empfangen, in dem die höchste Temperatur herrscht und aus dem auch die kurzwelligsten Anteile der solaren UV-Strahlung stammen.

Damit war nachgewiesen, daß unsere Sonne neben Strahlung anderer Frequenzen auch Röntgenstrahlung abgibt, allerdings nur rund 1 Millionstel ihrer Gesamtabstrahlung. Die Hoffnung schien gering, Röntgenstrahlung auch für weit entfernte Himmelskörper nachzuweisen.

Es kam aber ganz anders. 1962 schoß eine Forschergruppe einen empfindlichen Röntgendetektor mittels Rakete in 230 km Höhe; man wollte (als Vorbereitung der Apollo-Mondlandung) eine Röntgen-Fluoreszenz-Strahlung des Mondes (als Folge der den Mond treffenden Sonnenstrahlung) nachweisen. Das Regelungssystem, das die Meßeinrichtung auf den Mond gerichtet halten sollte, versagte. Die Rakete begann zu kreiseln. Dabei geriet zufällig eine der stärksten (bis heute bekannten) Röntgenquellen des Sternhimmels ins Blickfeld. Sie strahlt im »Röntgenlicht« 10 000mal stärker als die Sonne. Zwei Jahre später konnte die Quelle mit einem optisch sichtbaren, schwach blauen Stern im Skorpion identifiziert werden. Man nannte sie »Sco X-1«.

Nach weiteren erfolgreichen Raketenstarts wurde 1970 der erste Forschungssatellit, der ausschließlich der Erkundung des Röntgenhimmels diente, in eine Umlaufbahn gebracht. Er startete auf einer der ostafrikanischen Küste vorgelagerten Insel und erhielt den Namen »Uhuru«. (Das Wort bedeutet »Freiheit« in der in Kenia verbreiteten Sprache Suaheli; es war Schlachtruf der Mau-Mau-Bewegung, deren blutiger Kampf um die Unabhängigkeit dieser britischen Kolonie schließlich 1963 zum Erfolg führte.) Dieser Satellit entdeckte mehrere hundert Röntgenquellen.

Wie kann man solche Quellen orten? Man kann bekanntlich Licht (und Strahlung benachbarter Frequenzen) mit Instrumenten einfangen, die die Strahlung brechen und/oder reflektieren. Bei Röntgenstrahlen funktioniert das nicht: sie werden von Materie absorbiert, sie bleiben sozusagen in ihr stecken. Nur bei einem ganz kleinen Auftreffwinkel von unter 2° erfolgt eine Reflexion. Man braucht daher Teleskope für »streifenden Einfall«. Dem deutschen Physiker Hans Wolter gelang in den 50er Jahren die Konstruktion solcher Teleskope. Der 1978 gestartete Satellit »Einstein-Observatorium« ortete mit ihnen schon mehrere 1000 Röntgenquellen. Der 1990 gestartete und erfolgreich arbeitende deutsche Satellit ROSAT wird wohl, ausgestattet mit wiederum stark verbesserten Instrumenten (Wolter-Teleskop mit 83 cm Durchmesser und Auflösungsvermögen

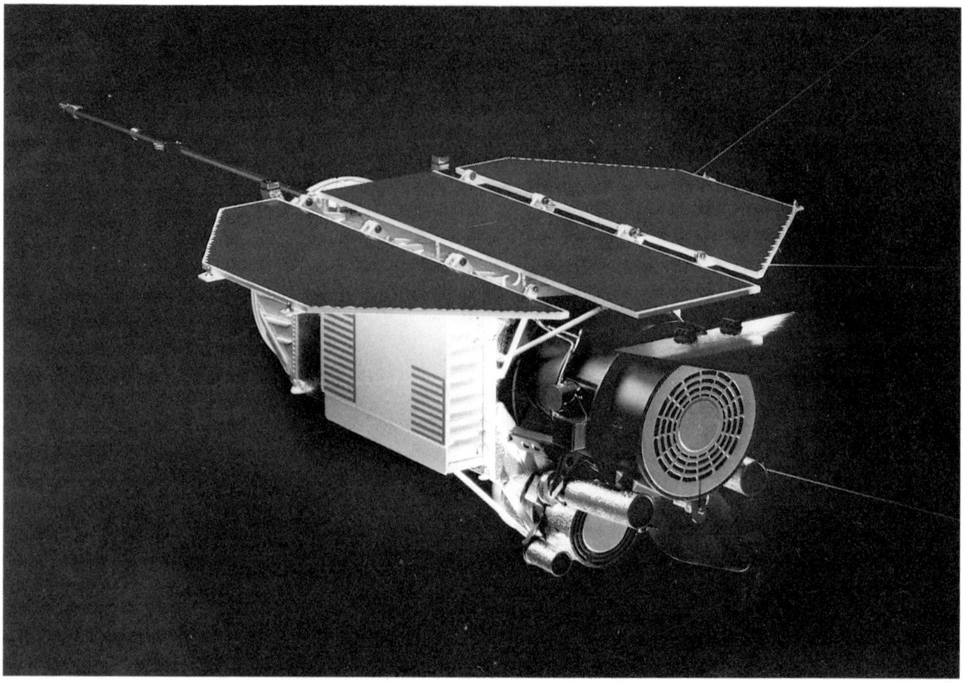

Abb. 6u. Der erfolgreiche, 1990 gestartete Röntgensatellit ROSAT. An der Vorderseite in Form konzentrischer Kreise die Schlitze, durch welche die Strahlung eintritt. Das 4,4 m lange und 2,4 t schwere Instrument ist der größte bisher in Deutschland gebaute Satellit. Neben dem Wolter-Teleskop für Röntgenstrahlung (vgl. Abb. 10v) trägt der Satellit ein zweites, kleineres, in Großbritannien gebautes Wolter-Teleskop für Strahlung im extremen Ultraviolett. ROSAT ist gegenüber seinem Vorgänger EXOSAT (gestartet 1983) um ein Vielfaches leistungsfähiger. Ein Nachfolger ROSAT 2 ist geplant.

um 2 Bogensekunden), dieses Ergebnis wiederum um das 100- oder gar 1000fache übertreffen und, nachdem er zunächst den gesamten Himmel durchmustert hat, besonders interessant erscheinende Quellen länger und genauer betrachten.

Welcher Art sind diese Quellen? Abgesehen davon, daß anscheinend viele oder alle gewöhnlichen (sonnenähnlichen) Sterne auch Röntgenstrahlung abgeben, handelt es sich in erster Linie um »exotische« Objekte, d.h. solche, in denen Prozesse mit sehr hohen Energien und Temperaturen ablaufen. Einige davon sollen uns in den folgenden Kapiteln beschäftigen; hier zähle ich zunächst nur einige auf: enge Doppelsternpaare (Röntgen-Doppelsterne); Überreste von Supernovae; die Kerne normaler Galaxien; Radiogalaxien.

Am äußersten Ende des elektromagnetischen Spektrums, jenseits der Röntgenstrahlung, finden wir die Gammastrahlung: die härteste, energiereichste mit den höchsten Frequenzen und mit Wellenlängen zwischen 10^{-12} und 10^{-14} m (letzteres entspricht 1 hundertbillionstel Meter). Gammastrahlung entsteht u.a. beim radioaktiven Zerfall von Atomkernen und bei Kernreaktionen. Sie entsteht auch im Weltall und kann bei uns empfangen werden, allerdings (zu unserem Glück) nur oberhalb der Atmosphäre.

Abb. 6 v.
Das Wolter-Teleskop des Satelliten ROSAT. Aufgeschnittenes Modell der Spiegelanordnung. Die Strahlung (von links einfallend) trifft zuerst auf ein Spiegelsystem aus 4 schwach kegelförmigen Paraboloidspiegeln. Dieser erste (linke) Teil ist 50 cm lang, die maximale Eintrittsöffnung hat 83 cm Durchmesser. Der zweite (rechte) Teil besteht aus 4 etwas stärker kegelförmigen Hyperboloidspiegeln, wiederum 50 cm lang.

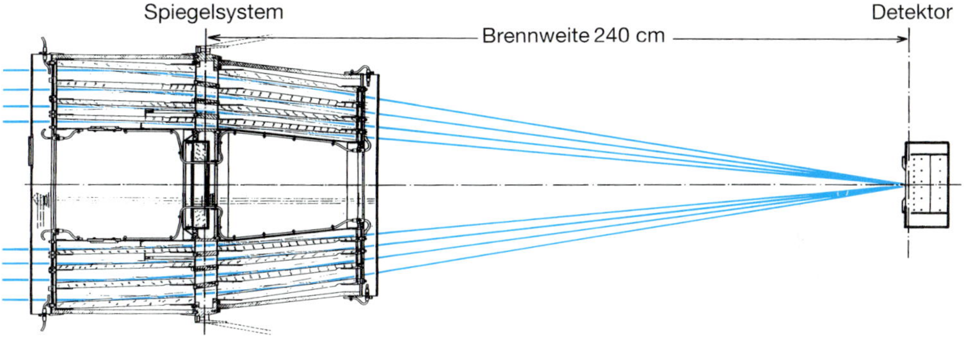

Schema des Strahlengangs. Die Strahlung (blau) wird in »streifender Reflexion« durch die Spiegel nach innen gelenkt. Sie vereinigt sich im Brennpunkt, der 240 cm vom Zentrum des Spiegelsystems entfernt liegt. Hier wird sie durch einen Detektor aufgefangen. Die Spiegel bestehen aus Zerodur, einer Glaskeramik. Die reflektierenden Innenflächen sind mit einer hauchdünnen Goldschicht belegt. Sie sind so glatt poliert, daß die höchste Abweichung von der berechneten Form nur 0,2 bis 0,35 nm beträgt (1 Nanometer = 1 Milliardstel Meter).

Der Physiker pflegt bei hochenergetischen Elementarteilchenprozessen die Energie in einer besonderen Einheit anzugeben, der wir in unserem Alltag, wo wir mit Joule oder Kalorien oder erg umgehen, kaum begegnen. Sie heißt Elektronenvolt (eV) und ist definiert als diejenige (kinetische) Energie, die ein Elektron nach Durchlauf einer Spannungsdifferenz von 1 Volt erreicht hat. Es ist eine winzige Maßeinheit (etwa 10^{-20} Joule) und begegnet uns meist in größeren Mengen wie keV (= 1000 eV), MeV (Mega eV = 1 Million eV), GeV (Giga eV = 1 Milliarde eV). Harte Gammastrahlen können dezimeterdicke Bleiplatten durchdringen.

Die ersten Beobachtungen datieren aus dem Jahre 1969 und stellen ein mehr oder weniger zufälliges Nebenprodukt militärischer Überwachung mittels Satelliten dar. Die USA brachten damals 4 Satelliten mit dem Namen »Vela« in Umlaufbahnen, die bis in 125 000 km Höhe reichten. Die Satelliten sollten etwa auf der Erde stattfindende Kernexplosionen feststellen, indem sie neben schnellen Neutronen auch Gammastrahlung registrierten, wie sie bei solchen Explosionen entsteht. Tatsächlich beobachteten sie gewaltige Ausbrüche von Gammastrahlung (»gamma ray bursts«), die nicht von der Erde, sondern aus dem Kosmos kommen: Ausbrüche, deren Dauer von weniger als einer Sekunde bis zu 20 Sekunden reicht, in größeren zeitlichen Abständen, so daß etwa ein Dutzend pro Jahr zu verzeichnen sind. Innerhalb von Sekundenbruchteilen kann die Energie stark anschwellen oder abfallen. Die Ausbrüche sind so stark, daß sie jegliche Gammastrahlung aus anderen Quellen während ihrer Dauer um mehrere Größenordnungen übertreffen.

Seither haben mehrere eigens für die Beobachtung von Gammastrahlung konstruierte Satelliten die verfügbaren Informationen vervielfacht, weitere werden entwickelt, vor allem – durch die NASA – das Gamma Ray Observatory (GRO), etwa so groß wie das Hubble-Teleskop. Das Instrument wurde im April 1991 gestartet. Man kann schon ein Bild des Sternhimmels entwerfen, in dem die auffälligen Gammaquellen verzeichnet sind; sie sind aber mit den heutigen Mitteln vielfach nicht so genau zu orten, daß man sie mit Quellen identifizieren kann, die in anderen Frequenzbereichen strahlen. So ist ihre Deutung noch unsicher.

6.7 Kosmische Strahlung

Licht, Radio-, UV- und Röntgenstrahlung sind eng verwandte Erscheinungen: elektromagnetische Schwingungen, die sich nur durch die verschiedenen Wellenlängen unterscheiden – wenn wir Menschen auch, weil wir für das eine ein Organ besitzen und für das andere nicht, Radiowellen zunächst für etwas ganz anderes halten als das sichtbare Licht. Der Bote aus dem All jedoch, von dem dieser Abschnitt berichten soll – ebenso wie die Strahlung im Radiobereich erst in unserem Jahrhundert entdeckt –, ist von grundsätzlich anderer Art: Bei der sogenannten Kosmischen Strahlung handelt es sich nicht um Wellen, sondern um Ströme kleinster Teilchen (Partikeln), jedenfalls ganz überwiegend. Man könnte demnach sagen, diese Erscheinung verdiene gar nicht die Bezeichnung »Strahlung«, man solle lieber von Materieströmen, Partikelströmen oder einem »kosmischen Wind« sprechen.

Das klingt einleuchtend, doch ist verschiedenes dagegenzuhalten: Die Physiker bezeichneten früher alle Erscheinungen, die sich in äußerlich ähnlicher Weise bemerkbar machen, ganz allgemein als Strahlung. Sie nannten die eine Art der drei beim radioaktiven Zerfall eines Elements auftretenden Erscheinungen »Alpha-(α-) Strahlen«, ohne schon zu wissen, daß es sich um einen Strom von Heliumkernen handelt. Auch wurde die Kosmische Strahlung schon als Strahlung bezeichnet, bevor man ihren Charakter erkannt hatte. Es läßt sich noch Grundsätzlicheres einwenden: Auch Licht und andere Arten elektromagnetischer Strahlung können ebensowohl wie als »Wellen« in einem »Feld« auch als aus winzigsten Teilchen oder Portionen (Photonen, Quanten) bestehend aufgefaßt werden. Andererseits haben das Elektron und andere Elementarteilchen, die man zunächst als winzigste materielle Körper aufzufassen geneigt ist, ebenfalls diesen Doppelcharakter: sie zeigen in mancher Hinsicht die Eigenschaften von Wellen, in anderer die von Partikeln.

Man kann also sagen, daß die Bezeichnung »Strahlung« im einem weiteren Sinne auch Partikelströme einschließt. Neben der Bezeichnung Kosmische Strahlung, die auf den Amerikaner R. A. Millikan (1868 bis 1953) zurückgeht und die andeuten soll, daß diese Strahlung von weit her, »aus dem Kosmos«, zu uns kommt, begegnet man auch dem Namen »Höhenstrahlung«, der andeutet, daß die Strahlung sich in großen Höhen über der Erdoberfläche nachweisen läßt; er geht auf den Österreicher Victor Franz Hess (1883 bis 1964) zurück, der dies als erster demonstrierte – sie wurde anfangs auch »Hess-Strahlung« genannt. Schließlich gibt es den Namen (Kosmische) »Ultrastrahlung«; er besagt, daß es sich hier um eine äußerst energiereiche Strahlung handelt, deren Energie jenseits (ultra = jenseits) alles bisher Bekannten liegt.

Wir haben gesehen, daß die Entdeckung der außerirdischen Radiostrahlung auf einen Zufall zurückgeht – Jansky fand sie bei seiner Suche nach irdischen Störungsquellen des Funkverkehrs. Wodurch konnte nun der Verdacht entstehen, Kosmische Strahlung treffe die Erde?

Die Entdeckungsgeschichte reicht bis zum Anfang unseres Jahrhunderts zurück. Die Physiker beschäftigten sich damals mit der elektrischen Leitfähigkeit ionisierter Gase. Ein Gas leitet normalerweise die Elektrizität nicht. Ist aber ein ausreichender Teil der Atome, aus denen es besteht, ionisiert, d. h. infolge Entfernung eines oder mehrerer Elektronen aus dem Atomverband nicht mehr elektrisch neutral, so ist das Gas leitfähig. Schließt man ein Gas hermetisch dicht in ein Gefäß ein, so können seine Atome nicht ionisiert werden, das Gas kann nicht leitfähig werden – es sei denn, eine Strahlung, welche die Atome ionisiert, dränge von außen durch die Gefäßwände hindurch in das Gas ein. Bei Versuchen, die Anfang des 20. Jahrhunderts (bald nach der Entdeckung der Röntgenstrahlen und der Radioaktivität) durchgeführt wurden, zeigte sich nun, daß das eingeschlossene Gas stets eine gewisse Leitfähigkeit aufwies. Sie verminderte sich, wenn man das Gefäß durch dicke Platten abschirmte. Aber sie blieb auch dann noch – abgeschwächt – nachweisbar. Die als Ursache vermutete Strahlung mußte also unerhört energiereich, »ultrahart«, sein.

Sollte die Strahlung von in der Erde enthaltenen Substanzen ausgehen, die in radioaktivem Zerfall begriffen sind? Dann mußte sie auf dem freien Ozean schwächer sein als auf dem Land, denn dort lag ja eine Wasserschicht von mehreren 1000 Metern Dicke zwischen vermuteter Strahlungsquelle und Beobachter. Die Erscheinung erwies sich aber auf dem Meer als gleich stark wie auf dem festen Land.

Sollte sie also von »oben« einfallen? Der genannte V. F. Hess stellte ab 1911 Messungen von Ballonen aus an; er stieg mit einem Ballon, in dessen Gondel sich außer ihm zwei Navigatoren befanden, so hoch wie möglich und las dann oben seine Meßinstrumente ab. Er stellte fest, daß die Strahlung in einigen 100 Metern Höhe geringer war als auf Meeresniveau, in größerer Höhe aber immer stärker wurde und bei 5000 m – höher konnte man damals die Ballone noch nicht bringen – schon mehrfach stärker war als unten. Kurz darauf wurde erwiesen, daß die Erscheinung in noch größeren Höhen wiederum stärker ist. Es zeigte sich auch, daß sie Tag und Nacht gleichblieb. Damit schied die Möglichkeit aus, daß sie von der Sonne stammte.

Konnte sie nicht einfach aus den obersten Schichten unserer Atmosphäre stammen? In den zwanziger Jahren wurde bewiesen, daß die Atmosphäre nicht die Quelle der Strahlung sein konnte, sondern sie nur absorbierte. R. A. Millikan zeigte durch Messungen in hochgelegenen Seen, daß eine Wasserschicht von entsprechender Mächtigkeit ebensoviel von dieser geheimnisvollen Strahlung absorbierte wie Luftschichten von gleichem Gewicht.

Noch konnte man glauben, man habe es hier mit Gammastrahlung zu tun. Diese Möglichkeit wurde schließlich – nach Experimenten mit der Nebelkammer und mit Geigerzählern – ausgeschlossen durch den Nachweis, daß die Strahlung in Äquatornähe schwächer war als in der Nähe der Erdpole. Das konnte nur eine Ursache haben: Es mußte sich um elektrisch geladene Teilchen handeln, denn nur diese werden durch das Magnetfeld der Erde zu den magnetischen Polen hin abgelenkt. Eine elektromagnetische Strahlung, einerlei ob Licht, Röntgen- oder Gammastrahlung, wird dagegen durch ein Magnetfeld nicht beeinflußt, denn die Teilchen (Photonen), aus denen sie besteht, haben keine elektrische Ladung.

Waren die Teilchen positiv oder negativ geladen? Der Italiener Bruno Rossi (geb. 1905) bewies, daß sich dies an Unterschieden in der Ablenkung der Strahlung durch das Magnetfeld der Erde manifestieren muß. Positiv geladene Teilchen müssen vorzugsweise aus westlicher Richtung einfallen. Dies ist in der Tat der Fall.

Hiermit war das Phänomen sozusagen eingekreist. Man wußte, es handelt sich (überwiegend jedenfalls) um positiv geladene Teilchen, die aus dem Kosmos, von außerhalb unseres Sonnensystems, zu uns kommen. Die Frage war jetzt: Von welcher Art sind diese Teilchen, und wo stammen sie her? Die heutigen Antworten der Physik sind noch nicht durchgehend schlüssig.

Eine der wichtigsten Erkenntnisse: Man muß unterscheiden zwischen der Strahlung, die aus dem Weltraum kommend auf die oberen Schichten unserer Atmosphäre trifft, und der Strahlung, die wir unten auf der Erde beobachten. Die erstere, Primärstrahlung genannt, dringt im allgemeinen nicht bis an den Grund unseres Luftozeans durch (wo sie das Leben gefährden würde, vielleicht seine Evolution verhindert hätte). Sie tritt vielmehr in Wechselwirkung mit den Atomen der oberen atmosphärischen Schichten. Dabei entstehen einerseits »echte« Strahlungen (Photonen), andererseits neue Partikel – beides zusammen wird Sekundärstrahlung genannt.

Diese Strahlung hat sich als eine wahre Fundgrube für die Physik der Elementarteilchen erwiesen. Sie enthält alle möglichen Teilchen, und nicht wenige wurden überhaupt erstmalig in der Kosmischen Strahlung gefunden oder nachgewiesen, vor allem das Positron und verschiedene Arten von Mesonen (μ-Mesonen, π-Mesonen, die positiv oder negativ geladen oder auch elektrisch neutral auftreten können); sie alle zerfallen in Zeiträumen von Millionstelsekunden oder weniger und gehören damit zu den kurzlebigsten Naturerscheinungen, die wir überhaupt kennen. Auf diese Seite der Sache und ihre theoretische Durchdringung gehe ich im folgenden jedoch nicht weiter ein.

Uns interessiert hier diejenige Form der Strahlung, die aus dem Kosmos kommt, also die Primärstrahlung. Fragen wir zuerst nach ihrer Zusammensetzung: Aus was für Teilchen besteht sie? Da Wasserstoff überall im Universum das weitaus verbreitetste Element zu sein scheint, kann es nicht überraschen, daß er auch in der Kosmischen Strahlung vorherrscht: sie besteht (der Teilchenzahl nach) zu etwa 90% aus Protonen, also aus Atomkernen des Wasserstoffs. 9% entfallen auf das zweithäufigste Element, das Helium, genauer: auf Heliumkerne. Diese Komponente wird auch α- (Alpha-) Strahlung genannt; sie tritt beim radioaktiven Zerfall von Elementen ebenfalls auf – als eine von drei Arten der dabei beobachteten »Strahlung«, die α-, β- und γ-Strahlung genannt werden; aus dieser Aufteilung hat die Gammastrahlung ihren Namen. Den Rest bilden Atomkerne schwererer Elemente. Man kann das feststellen mittels speziell entwickelter photographischer Emulsionen, die so empfindlich sind, daß der Aufschlag eines einzigen Atomkerns hier eine Spur hinterläßt, die durch Entwickeln nachträglich sichtbar gemacht werden kann; man kann an der Spur sogar die Art des verursachenden Atomkerns ablesen (Abb. 6 w). Solche Beobachtungen setzen voraus, daß das Aufnahmegerät mit diesen sogenannten Kernspurplatten mittels Ballon oder Rakete an den oberen Rand der Atmosphäre getragen wird – denn nur dort sind die Teilchen der Primärstrahlung vorhanden; weiter unten sind sie in Schauer und Kaskaden andersartiger Elementarteilchen zerfallen.

Der Anteil, den die Hauptgruppen der Elemente – also leichte, mittelschwere, schwere, überschwere Kerne – bei der Primärstrahlung stellen, ist gut bekannt. Überraschenderweise weicht die hierbei festgestellte Verteilung an drei Stellen auffällig von der relativen Häufigkeit der Elemente ab, die man für den Kosmos als Ganzes annehmen darf. Eine Abweichung liegt bei den drei leichten Elementen Lithium, Beryllium und Bor, die im Periodensystem als Nummer 3, 4 und 5 unmittelbar

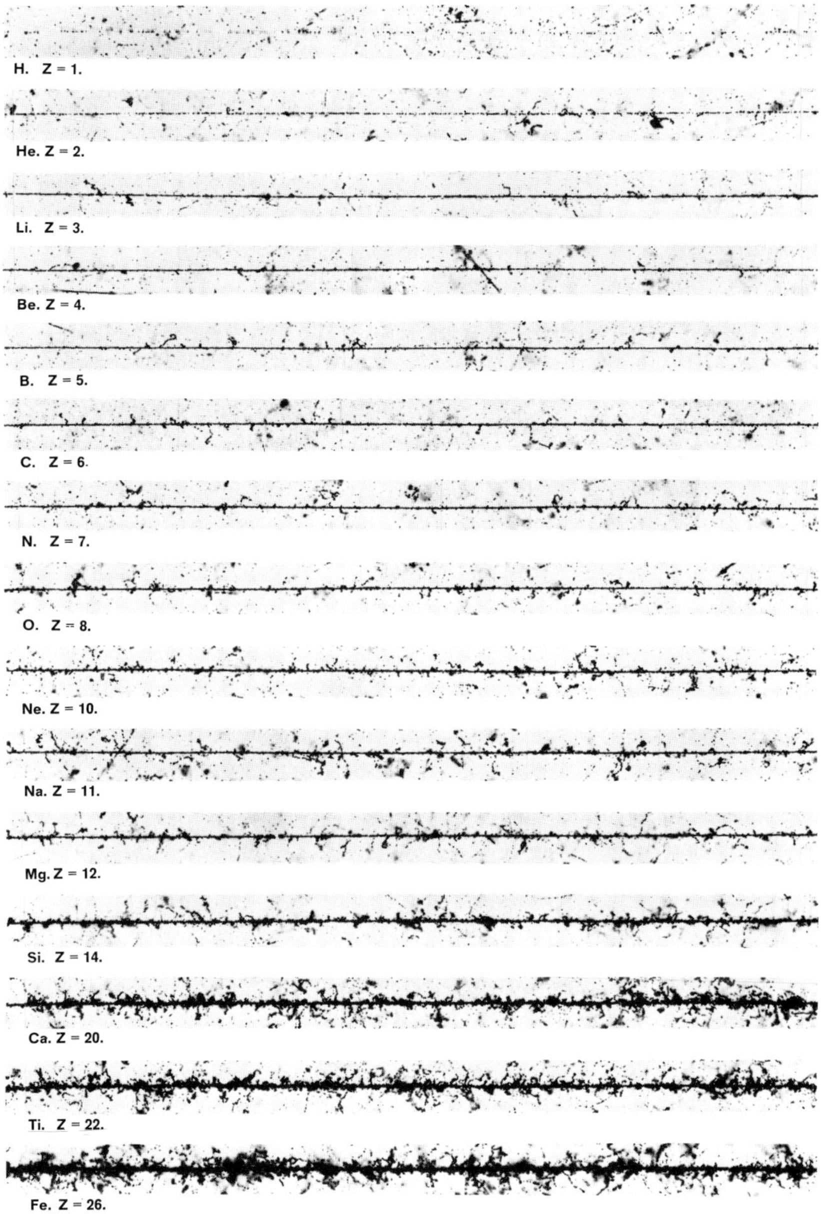

Abb. 6w Spuren kosmischer Strahlung. Diese von Forschern der Universität Bristol, England, gemachten Aufnahmen zeigen die Spuren, die Atomkerne der angegebenen Elemente in der Emulsion des Spezialfilms hinterlassen. Die Zahlen geben die Ordnungszahlen (Kernladungszahlen) der Elemente an. Die Breite eines (hier stark vergrößerten) Streifens beträgt ca. 25 $\mu = {}^{1}/_{40}$ mm.

auf das Helium folgen. Auf der Erde und ebenso in den Sternen sind diese Stoffe außerordentlich selten. Leicht zerstörbar, werden sie offenbar bei Kernprozessen in den Sternen meist zum Aufbau anderer, schwererer Elemente verbraucht. In der Kosmischen Strahlung ist ihr Anteil um mehrere Größenordnungen – etwa um das 100 000fache – größer als sonst im Weltall.

Sollte die Strahlung aus Quellen stammen, die überreich an diesen drei leichten Elementen sind? Das ist höchst unwahrscheinlich. Es gilt vielmehr als sicher, daß die Kosmische Strahlung bei ihrem »Start« nicht mehr von ihnen enthält als andere Materie. Also muß diese Besonderheit der Zusammensetzung erst »auf der Reise« entstanden sein, dadurch nämlich, daß die Bestandteile der Strahlung unterwegs gelegentlich mit Atomen der interstellaren Materie zusammenprallen. Da sie außerordentlich hohe Energien (Bewegungsenergie) mit sich führen, werden schwere Kerne dabei ab und zu zersprengt, wobei u. a. auch Kerne des Lithiums, Berylliums und Bors entstehen. Ähnliche Prozesse sind aus Experimenten in großen Beschleunigungsanlagen bekannt.

Es läßt sich errechnen, daß sich die in der Kosmischen Strahlung beobachtete Häufigkeit dieser leichten Elemente dann einstellen muß, wenn die Strahlungsteilchen bis 4 Gramm Materie durchquert haben. Unter Materie ist dabei irdische Materie von der Dichte des Wassers verstanden. Nun ist die Materie im interstellaren Raum unendlich viel dünner verteilt. Um so viel Atomen zu begegnen, wie er unter irdischen Verhältnissen in 4 cm^3 Wasser antrifft, muß ein Atomkern im Weltraum riesige Strecken zurücklegen. Legt man die Dichte zugrunde, die gegenwärtig für die interstellare Materie in unserem Sternsystem als bester Schätzwert gilt, so braucht ein Teilchen selbst bei der phantastischen Geschwindigkeit, die ihm eigen ist, mindestens einen Zeitraum von mehreren 100 000 Jahren, um die errechnete Strecke zurückzulegen.

Damit haben wir, näherungsweise jedenfalls, eine Vorstellung von der durchschnittlichen Lebensdauer solcher Teilchen gewonnen. Wir haben aber noch kein Maß für die Entfernung, in der sich ihre Quelle befinden muß, weil die Teilchen sich (im Gegensatz zum Licht) nicht gradlinig, sondern unter der Wirkung interstellarer Magnetfelder auf komplizierten gekrümmten Bahnen durch den Raum bewegen, so daß man aus ihrer Ankunftsrichtung nicht auf die Lage der Quelle schließen kann: Die Teilchen haben sozusagen ihren Ursprungsort vergessen.

Im übrigen finden sich praktisch alle Elemente und deren Isotope, die nach allem, was wir wissen, im Inneren von später explodierten Sternen »erbrütet« sein müssen.

Soviel zu den Atomkernen, aus denen die Strahlung besteht und die, wie gesagt, ohne die zugehörigen Elektronen ankommen und deshalb positiv geladen sind. Sind es aber wirklich nur Atomkerne, die diese Strahlung ausmachen? Sorgfältige Messungen in großen Höhen haben den Beweis erbracht, daß die Strahlung einen – allerdings quantitativ kleinen – Anteil an Elektronen (wahrscheinlich noch anderen Teilchen) sowie eine Komponente aus Gamma- und Röntgenstrahlen enthält; diese Gammastrahlung steht mit ihrer »Härte« unter allen bekannten Strahlungsarten an erster Stelle.

Bleiben wir aber bei den Kernen. Was ist über ihre Energien bekannt? Die Energien bewegter Elementarteilchen werden wie schon erwähnt in Elektronenvolt (eV) gemessen.

Die energiereichsten Teilchen, die bisher in der Kosmischen Strahlung festgestellt wurden, haben Energien in der Größenordnung von 10^{20} eV. Die größten Beschleuniger, die bisher gebaut wurden, können Teilchen bis zu Energien von 10^{11} oder 10^{12} eV beschleunigen. Die energiereichsten Teilchen der Kosmischen Strahlung sind demnach milliardenfach energiereicher als jedes Teilchen, das je in irdischen Anlagen beschleunigt wurde.

Nun zur vielleicht interessantesten Frage. Woher stammt die Kosmische Strahlung? Sicher ist, daß sie nicht aus einer einzigen Quelle stammt, sondern aus vielen, wobei der Anteil der einzelnen Quelle schwierig abzuschätzen ist.

Eine Quelle haben wir längst kennengelernt: die Sonne. Die Teilchen höchster Energie können allerdings nicht von der Sonne stammen, ja, sie können nicht einmal vom Sonnenwind wesentlich abgelenkt oder sonst beeinflußt werden. Woher also können diese Teilchen kommen?

Objekte innerhalb unserer Galaxie, die sich so gut wie sicher als Quelle hochenergetischer Partikel identifizieren lassen, sind Supernovae bzw. ihre Überreste. Allerdings eher durch einen nur mittelbaren Rückschluß. Supernova-Überreste wie der Crabnebel sind regelmäßig Quelle von Radiostrahlung, und diese stammt (wie später noch genauer zu zeigen sein wird) von energiereichen, nämlich durch Magnetfelder beschleunigten Elektronen (»Synchrotronstrahlung«). Da aber ursprünglich, wie in jeder normalen Materie, sowohl Elektronen wie Protonen vorhanden gewesen sein müssen, könnten die energiereichen Protonen derselben Quelle entstammen. Das überproportionale Vorhandensein von Kohlenstoff und schweren Elementen deutet ebenfalls auf Supernova-Explosionen als Ursprung dieser Korpuskularstrahlung hin. Die Magnetfelder, welche die Teilchen im Laufe von Hunderttausenden, vielleicht Millionen Jahren beschleunigen, dürften fast überall in der Galaxis vorhanden sein. Ihre Existenz wurde durch Enrico Fermi zuerst aufgrund der Kosmischen Strahlung behauptet.

Es ist sehr wahrscheinlich, daß die gewaltigen Quellen von Radiostrahlung, die sich weit außerhalb unserer Milchstraße in den Tiefen des Raumes befinden – Quasare, Radiogalaxien –, ebenfalls Kosmische Strahlung erzeugen. Wenn sie bis zu uns dringen, müßten solche Teilchen von einem Sternsystem durch den intergalaktischen Raum in ein anderes gelangen können. Wenn das zuträfe, hätten wir in manchen Bestandteilen dieser Strahlung winzige Stückchen Materie aus anderen Weltsystemen in der Hand – gewiß die einzigen, die je zur Erde gelangen. Auch scheint sicher, daß Teile der Kosmischen Strahlung nach Millionen Jahren zielloser Wanderung das Gebiet unseres eigenen Sternsystems verlassen können.

Die Physik der Elementarteilchen hat entscheidende Anstöße vom Studium der Höhenstrahlung empfangen. Eine Reihe von Teilchen wurden in ihr entdeckt, die man bis dahin nicht gekannt, sondern allenfalls vermutet hatte. Übrigens hat das Studium dieser Strahlung auch interessante Bestätigungen der Speziellen Relativitätstheorie erbracht: Ein Effekt, den diese Theorie behauptet, besteht darin, daß der Zeitablauf für einen sehr schnell bewegten Körper anders ist als für einen ruhenden. Beobachtbar wird dieser Effekt nur bei Geschwindigkeiten, die sich der Lichtgeschwindigkeit nähern. Eine Art von Elementarteilchen, die beim Auftreffen der Primärstrahlung auf die Erdatmosphäre entsteht, die μ-Mesonen (Mesonen sind mittelschwere Teilchen, deren Masse zwischen der des Protons und des Elektrons liegt), hat eine ganz kurze Lebensdauer von Millionstel Sekunden oder weniger. Trotzdem gelangen diese Teilchen aber bis an die Erdoberfläche herunter, ja, sie können in den Boden eindringen, manche einige Meter tief, manche aber mehrere Kilometer. Die Weglänge, die sie dabei zurücklegen, steht in einem scheinbaren Widerspruch zu ihrer kurzen Lebensdauer. Sie müßten längst zerfallen sein, bevor sie hier unten ankommen. Des Rätsels Lösung: Diese Teilchen scheinen für uns, die wir uns relativ zu ihnen in Ruhe befinden, viel länger zu leben, als sie leben dürften; aber für die Teilchen selbst, die sich mit relativistischen Geschwindigkeiten bewegen, verstreicht die Zeit in einem anderen Tempo: »Für sie« sind, wenn sie im Erdboden zerfallen, erst Millionstel Sekunden vergangen.

6.8 Das Neutrino

Neben Strahlung aller Frequenzen und den elektrisch geladenen Teilchen der Kosmischen Strahlung gibt es noch einen Boten aus dem All. Wie es oft in der Physik geschieht, wurde auch die Existenz des Elementarteilchens, das wir heute Neutrino nennen, vom Theoretiker lange behauptet, bevor sie tatsächlich nachgewiesen wurde.

Um das Jahr 1930 standen die Physiker, die einen radioaktiven Zerfallsprozeß, den sogenannten β- (Beta-)Zerfall, studierten, vor einem Dilemma. β-Zerfall nennt man den Prozeß, durch den im Atomkern eines radioaktiven, also instabilen Elements ein Neutron in ein Proton und ein Elektron zerfällt. Wenn man den Energiezustand des Atoms vor und nach dem Zerfall maß und beide Ergebnisse verglich, trat regelmäßig eine Abweichung vom theoretisch erwarteten Ergebnis auf: das Atom war nachher regelmäßig um einen winzigen Betrag energieärmer als errechnet; doch war der fehlende Betrag nicht immer gleich, sondern nahm verschiedene Werte an. Da kein Physiker sich mit der Annahme befreunden konnte, hier verschwinde Energie gleichsam ins Jenseits, was dem Gesetz der Erhaltung der Energie widersprochen hätte, stellte Wolfgang Pauli die These auf: Es müsse ein – freilich noch niemals beobachtetes und vielleicht sogar niemals zu beobachtendes – Teilchen geben, das den jeweils fehlenden Energiebetrag entführt.

Der Italiener Enrico Fermi gab bald darauf – aber immer noch, ohne daß je ein Neutrino beobachtet worden war – eine genauer durchgearbeitete quantitative Theorie dieses Prozesses. Seine Berechnungen ergaben: Das hypothetische Teilchen mußte elektrisch neutral sein, und es mußte eine ganz winzige Masse haben. Wenn es überhaupt eine Masse hatte! Kann es Teilchen geben, deren Masse gleich Null ist? Die Antwort lautet: Ja, es gibt sie. Das Photon, die kleinste Einheit der elektromagnetischen Strahlung, ist ein solches Teilchen. Es hat nämlich im Ruhezustand die Masse Null. Allerdings – es befindet sich niemals im Ruhezustand. Es ist vielmehr, solange es lebt, mit Lichtgeschwindigkeit unterwegs, bis es seinen Lebensweg beendet, indem es z. B. irgendwo absorbiert wird und seine Energie in eine andere Form übergeht.

Fermi taufte das Teilchen »Neutrino«, was etwa mit »das kleine Neutrale« (d. h. Ungeladene) übersetzt werden kann. Nach seiner Berechnung mußte es eine unvorstellbare Durchschlagskraft haben, wenn es irgendwo auf Materie traf. Es sollte nicht Meter, nicht Kilometer, sondern ganze Lichtjahre weit durch Materie hindurchfliegen können, ohne daß das Geringste geschieht, d. h. ohne daß es in irgendeine Wechselwirkung mit der Materie tritt.

So schien das Neutrino ein eleganter theoretischer Kunstgriff – aber es zu entdecken schien eigentlich durch seine behaupteten Eigenschaften ausgeschlossen. Und doch wurde das Neutrino im Jahr 1956 experimentell nachgewiesen, und zwar gewissermaßen als Abfallprodukt eines Kernreaktors. Frederick Reines und Clyde B. Cowan hießen die Männer, die diese Entdeckung machten. Dem Reaktor entströmten zahllose Neutrinos. Sie wurden in einen riesigen Wassertank geleitet, und hier reagierte schließlich eines unter Milliarden, nein Trillionen Neutrinos mit einem Proton – ein Prozeß, der eine Umkehrung des β-Zerfalls darstellt.

Die Sache wurde bald kompliziert dadurch, daß mehrere Arten von Neutrinos festgestellt wurden, zunächst als Gegenstück zum Neutrino ein sogenanntes Antineutrino, das sich vom Neutrino nur durch das Verhältnis seiner Eigendrehung (seines Spins) zu seiner Bewegungsrichtung unterscheidet und das demnach eine Art Spiegelbild des Neutrinos darstellt. Heute weiß man, daß es sechs Arten gibt. Man nennt sie Elektron-Neutrino, geschrieben ν (das ist kein v, sondern der griechische Buchstabe ν, gesprochen nü), Myon- und Tau-Neutrino, und zu jedem gibt es noch ein Antiteilchen.

Welche Bedeutung hat das Ganze aber für die Astronomie? Da das Neutrino Materie fast so durchdringt, als wäre sie nicht vorhanden, können Neutrinos, die bei Kernprozessen im Inneren der Sonne oder anderer Sterne entstehen, aus diesem geradewegs herausfliegen, und da sie elektrisch neutral sind, also im Gegensatz zu den Teilchen der Kosmischen Strahlung durch interstellare Magnetfelder nicht abgelenkt werden, so fliegen sie in gerader Linie ewig weiter, bis? – bis es uns vielleicht gelingt, sie aufzufangen und aus ihrer (unterwegs nicht verminderten) Energie und aus der Richtung ihres Einfalls etwas über ihren Ursprungsort und die dort herrschenden physikalischen Verhältnisse herauszulesen.

Aber wie sie auffangen, da sie durch Materie einfach hindurchfliegen? Es ist berechnet worden, daß von 100 Milliarden Neutrinos, die in der Sonne entstehen, nicht mehr als eines auf seiner Reise aus der Sonne heraus aufgehalten oder auch nur abgelenkt wird. Tatsächlich entstehen im Innern der Sterne gewaltige Mengen von Neutrinos – auch bei den Prozessen, die ich im Abschnitt 2.3 geschildert habe; nur habe ich dort, um die Sache nicht zu kompliziert zu machen, diese Teilchen zunächst unterschlagen. Eine Schätzung besagt, daß pro Sekunde 10^{14} Neutrinos solarer Herkunft den menschlichen Organismus durchqueren; wir spüren nichts davon.

Mit einem außerordentlichen Aufwand an Scharfsinn und auch an Geld wird versucht, trotz der ungünstigen Bedingungen Neutrinos aufzufangen und zu zählen. Man begibt sich dazu tief unter die Erde – weil anzunehmen ist, daß keine Strahlung und keine Teilchen bis dahin gelangen – außer Neutrinos. Ein bekanntes Experiment wird seit 1967 in einem Bergwerk in South Dakota durchgeführt. Es war berechnet worden, daß von den etwa 10^{30} Atomen des Chlor-

Abb. 6x Neutrino-Einfang. Dieser Tank, 1600 m unter Tage in South Dakota, USA, angefüllt mit 400 000 l Tetrachloräthylen, diente einer amerikanischen Forschergruppe (J. Bahcall, R. Davis u. a.) als »Neutrinofalle«.

Isotops CL 37, die sich im Tank befanden, jedenfalls eines im Laufe einiger Tage von einem Neutrino getroffen und mit ihm reagieren würde. Dabei entsteht jeweils ein Atom des radioaktiven Argon-Isotops ^{37}Ar, und das ist – in einem äußerst diffizilen Verfahren – nachweisbar.

Ein neueres vergleichbares internationales Experiment heißt »Gallex«, weil es mit Gallium arbeitet. Es wird großenteils von der Bundesrepublik finanziert. Etwa 30 t des sehr teuren Elements Gallium wurden dafür benötigt. Sie (bzw. eine Galliumverbindung) befinden sich in einem Tunnel im Gran-Sasso-Massiv in Italien, 1400 m unter der Erdoberfläche.

Nur von dem erstgenannten Experiment gibt es bisher eindeutige Ergebnisse: Man hat Neutrinos empfangen, allerdings nur etwa 1/3 der Menge, die nach Vorausberechnung zu erwarten war. Das könnte bedeuten, daß unsere Modellvorstellungen über die Vorgänge im Kern der Sonne (von dieser müssen die Neutrinos stammen) korrekturbedürftig sind. Wahrscheinlich ist aber, daß unser Wissen über das Neutrino unvollständig ist. Es kann z. B. sein, daß Neutrinos auf ihrem Weg (in der Sonne oder im interstellaren Raum) Veränderungen erleiden.

Vom Gallex-Experiment wird hier mehr Klarheit erwartet, u. a. auch über die offene Frage, ob die Neutrinos wirklich masselos sind oder doch eine, wenn auch winzige Masse besitzen. Auf das Neutrino komme ich bei der Behandlung der 1987 in Erscheinung getretenen Supernova (Abschnitt 7.9) kurz zurück.

7. Geburt und Tod der Sterne

7.1 Sterne haben Lebensläufe

Was ist ein Stern? Wer die ersten Kapitel dieses Buches gelesen hat, dem fällt die Antwort nicht schwer: Sterne sind Himmelskörper, riesige (annähernd) kugelförmige Gebilde aus glühendem Gas, zusammengehalten durch die Kraft der Gravitation, deren nach innen gerichtete Wirkung aufgewogen wird durch den nach außen gerichteten Druck, so daß ein Gleichgewicht zwischen Zusammensturz und Auseinanderfliegen besteht. Der Stern strahlt Energie ab, die er in seinem Innern selbst erzeugt.

Wer dies weiß, der kann die Sterne nicht für ewig und unveränderlich halten, wie es unsere Vorfahren durch die Jahrtausende taten und wie es offenbar auch Friedrich Schiller für selbstverständlich hielt, als er in einem herrlichen Wort (im »Wilhelm Tell«) die »ewigen Rechte« des Menschen den Sternen verglich, »die droben hangen, unveränderlich und unzerbrechlich«. Nein, ein Körper, der Energie abstrahlt, noch dazu in gigantischem Ausmaß, muß irgendwann sein Dasein beenden, er ist von endlicher Dauer und hat darum auch einen Anfang in der Zeit. Sterne sind ein »geschichtliches« Phänomen (wie die gesamte Natur).

Der Astronom kann Sterne zu Tausenden beobachten, mit Instrumenten sogar zu Millionen, aber er kann nicht ihre Entwicklung, ihre Lebensläufe verfolgen: dazu ist ein Menschenleben zu kurz. Im Sternenleben geht alles – nach menschlichem Maßstab – mit majestätischer Langsamkeit zu, allerdings mit Ausnahme bestimmter Katastrophen, die blitzschnell ablaufen.

Die Vermutung ist aber begründet, daß der Blick zum Sternhimmel uns Sterne in vielen, vielleicht gar allen möglichen Stadien ihrer Entwicklung darbietet. Aber wie sie erkennen, sortieren, verstehen?

Um Aussagen über Entwicklungen, Abläufe machen zu können, muß die Wissenschaft die Fülle der Erscheinungen zunächst ordnen, katalogisieren, klassifizieren. Auch die Biologie – der Vergleich liegt nahe – mußte erst im 18. Jahrhundert mit Carl von Linnés »Systema Naturae« (1735) die unermeßliche Vielfalt der Arten in ein System bringen, bevor sie mit Charles Darwins »Ursprung der Arten« (1859) beginnen konnte, Entwicklung (Evolution) zu erkennen.

Über die Klassifikation von Sternen ist einiges im 4. und 5. Kapitel dargelegt worden. Vor allem ist dort das Hertzsprung-Russell-Diagramm vorgestellt, seit Beginn des 20. Jahrhunderts bis heute das unentbehrliche Instrument, Eigenschaften von Sternen zueinander in Beziehung zu setzen.

Für den Vererbungsforscher stellen Zwillinge (eineiige) einen Glücksfall dar: er kann den Weg von zwei Lebewesen verfolgen, die ihn zu (praktisch) gleicher Zeit mit völlig identischer Erbausstattung begonnen haben. Der Astronom könnte sich rühmen, daß die Natur ihm nicht Zwillinge, sondern Tausendlinge vor Augen stellt: Ansammlungen (»Haufen«) von Sternen, die zu gleicher Zeit entstanden sind. Der Vergleich trägt aber nur ein Stück weit. Die Sterne, aus derselben Wolke geboren, haben zwar die gleiche chemische Zusammensetzung, aber verschiedene Massen – und dies ist entscheidend für den Gang ihres Sternendaseins.

7.2 Der Kugelhaufen auf dem Seziertisch

Ein Kugelsternhaufen, durch ein gutes Teleskop betrachtet, ist ein überwältigender, ein majestätischer Anblick. Hunderttausend Sterne von Sonnengröße, ja eine Million und mehr, zusammengeballt zu einem kugelförmigen Gebilde! Das Foto Abb. F18 kann nur einen Abglanz vermitteln.

Freilich – »zusammengeballt«, das ist mit einem Körnchen Salz zu verstehen. Die Sterne stehen dort viel dichter als etwa in der Umgebung der Sonne, in den Randzonen des Haufens etwa 10mal so dicht. Im Innern? 1000- oder 10000mal so dicht – aber immer noch nicht so eng, daß sie ständig kollidieren. Wo sich diese Haufen befinden, welche Rolle sie in unserem Sternsystem spielen, das wird uns im folgenden Kapitel beschäftigen. Hier betrachten wir sie als Einstieg in das Studium der Sternentwicklung.

Dafür bieten sie beste Voraussetzungen, aus zwei Gründen: Es sprechen gute, ja zwingende Gründe für die Annahme, daß alle Sterne eines Haufens »gleichzeitig« entstanden sind, will heißen: binnen so kurzer Zeit, daß diese Spanne im Ablauf der Jahrmilliarden unbedeutend ist. Und der zweite Grund: Der Durchmesser eines solchen Haufens ist, verglichen mit seiner Entfernung von uns, so gering, daß er vernachlässigbar wird, daß man alle Sterne eines Haufens als praktisch gleich weit von uns entfernt betrachten kann. Wenn zwei Sterne eines Haufens (ja, man kann mit starken Fernrohren die Einzelsterne erkennen, wenn auch nicht in den inneren Regionen) – wenn zwei Sterne einander in ihrer scheinbaren Helligkeit gleichen, müssen sie auch in der wahren (absoluten) Leuchtkraft übereinstimmen.

Der amerikanische Astrophysiker Icko Iben hat sich lange mit den Sternen in Kugelhaufen befaßt. Das Diagramm Abb. 7a stammt von ihm. Aus ihm läßt sich eine ganze Menge herauslesen:

1. Das Diagramm enthält Sterne im Temperaturbereich zwischen 4000 K (rechter Rand) und 12000 K (linker Rand). Extrem heiße (blaue) Sterne von 20000, 30000 K und mehr sind in dem Kugelhaufen nicht vorhanden. (Am unteren Rand ist die Temperatur in logarithmischer Skala angegeben: Logarithmus 4 entspricht 10000 K.)

2. Die schwächsten Sterne im Haufen haben etwa die halbe Leuchtkraft der Sonne (die Eintragungen im Diagramm beginnen in dieser Höhe). Die leuchtstärksten Sterne haben 1000 bis 10000 Sonnenleuchtkräfte (Abk. $L_{\odot}$). Sehr schwache Sterne (Weiße Zwerge) sind in einem solchen Haufen nicht beobachtbar.

3. Was die Größen (Volumina) der Sterne anlangt, so liegen die Radien zwischen 1 und 10 Sonnenradien (ein solcher Stern hat bereits das 1000fache Volumen der Sonne), reichen aber bei einem beträchtlichen Teil der Sterne bis in die Größenordnung von 100 Sonnenradien.

4. Die Sterne sind im Diagramm hauptsächlich in zwei Linien versammelt. Wir erkennen im unteren Teil die Hauptreihe aus dem allgemeinen HR-Diagramm (sie ist aber bei den Haufensternen kürzer), im oberen Teil den Riesenast. Von dessen oberem Ende verläuft ein »asymptotischer Ast« nach links unten, dieser läuft in einem horizontalen Ast aus, der ungefähr waagerecht bleibt – bei einigen Sonnenradien Größe und etwa 100 $L_{\odot}$.

Man kann mit Geduld und Scharfsinn darangehen, aus dem Diagramm, das zunächst nur ein Bild des gegenwärtigen Zustands, eine kosmische Momentaufnahme darstellt, Erkenntnisse über die Entwicklung der Sterne abzuleiten. Geduld und Scharfsinn braucht der Astrophysiker vor allem, wenn er sich Sternmodelle (oder Modellsterne) ausdenkt und jetzt (per Computer) berechnet, welche Entwicklung sie nach den Naturgesetzen nehmen. Klar ist dabei, daß das Diagramm nichts ergibt über den Anfang des Sternenlebens und über sein Ende, es enthält nur Daten aus der eigentlichen Lebensspanne.

Werden die Modellrechnungen für verschieden große Anfangsmassen, etwa für Sterne mit 0,6–0,8–1–2 Sonnenmassen

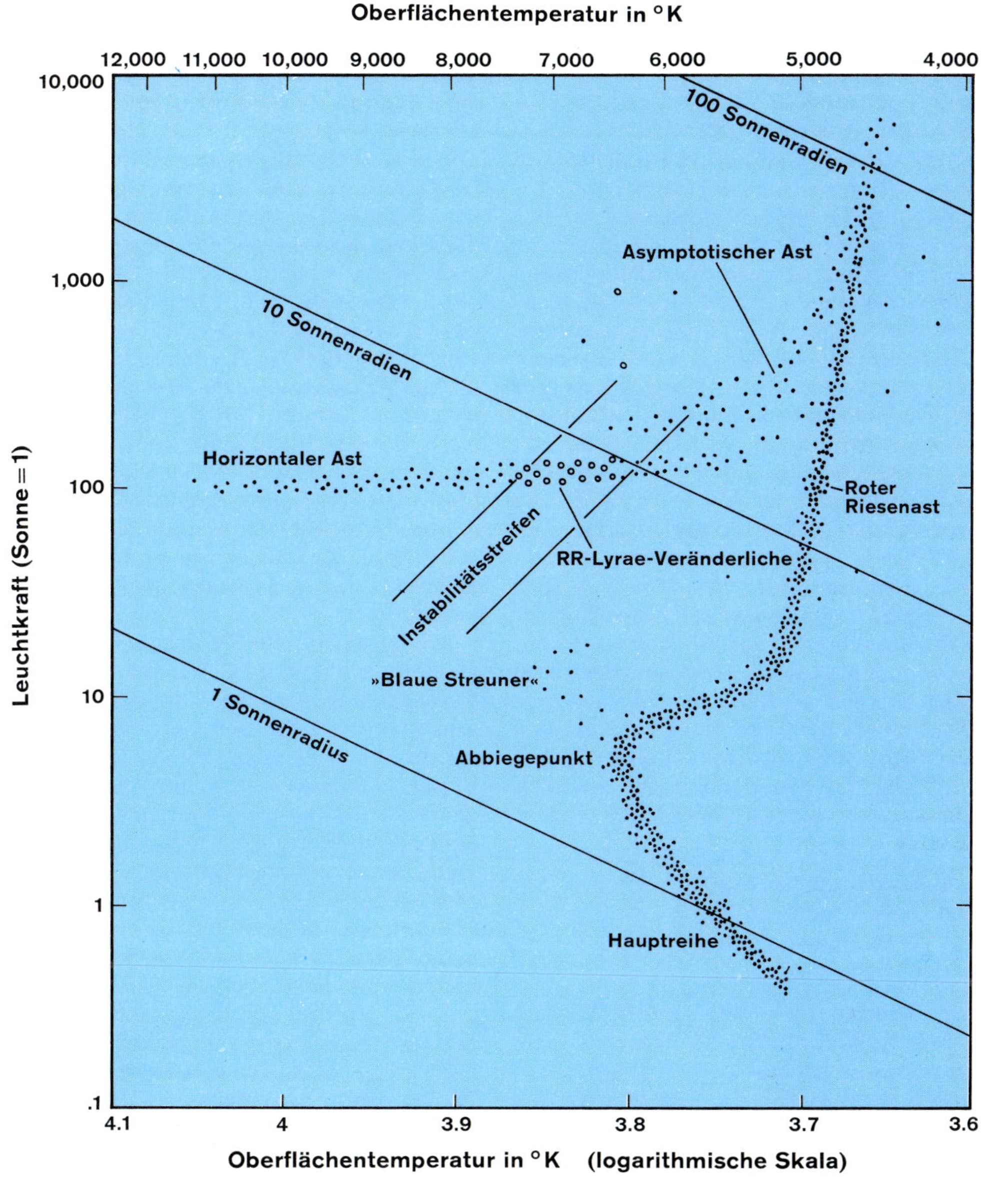

Abb. 7a. Die Temperatur-Leuchtkraft-Verteilung in einem typischen Kugelsternhaufen ist hier in ein Hertzsprung-Russell-Diagramm eingetragen. Nähere Interpretation im Text. Mit frdl. Genehmigung von Prof. Icko Iben jr., MIT, Cambridge, Mass., USA.

(Abk. $M_\odot$) ausgeführt, so schälen sich folgende Erkenntnisse heraus:

1. Der Stern verbringt sein Leben, wenn die Temperatur in seinem Kern thermonukleare Reaktionen (Kernverschmelzungen) entzündet hat, als Hauptreihenstern. Das bleibt er, solange die Fusion von Wasserstoff zu Helium im Kern (wie bei der Sonne geschildert) anhält.

2. Wie lange das dauert, das hängt natürlich auch ab von seiner chemischen Zusammensetzung am Beginn seiner Existenz. Haufensterne bestehen, wie ihre Spektren zeigen, im wesentlichen nur aus Wasserstoff und Helium; andere Elemente machen nur etwa $^1/_{10}$ Prozent aus. Sie haben also einen außergewöhnlich niedrigen »Metallgehalt« – der Astronom nennt alle Elemente, die schwerer als H (Wasserstoff) und He (Helium) sind, in diesem Zusammenhang einfach »Metalle« – für den Laien etwas irreführend. Wir gehen nun davon aus, daß der »Metallgehalt« sich seit Bildung des Sterns nicht geändert haben kann (für die große Mehrzahl der Sternhaufen trifft das zu). Aber in welchem Verhältnis waren H und He ursprünglich vorhanden? Die Modellrechnungen haben ergeben, daß die Haufensterne ihre Leben mit der Zusammensetzung

699 Gewichtsanteile Wasserstoff
200 Gewichtsanteile Helium
1 Gewichtsanteil andere Elemente
begonnen haben.

3. Wie lange kann ein solcher Stern als Wasserstoff zu Helium »verbrennender« Hauptreihenstern existieren? Hier fördern die Rechnungen ein auf den ersten Blick verblüffendes Ergebnis zutage: Ein Stern mit einer Anfangsmasse von 0,7 $M_\odot$ kann 16 Milliarden Jahre existieren, ein Stern mit 0,8 $M_\odot$ 10 Milliarden. Wie das – der größere hat ein kürzeres Leben, obwohl er mit einem größeren Vorrat an Wasserstoff beginnt? Ja, jede Kontrollrechnung bestätigt: Je größer der anfängliche Vorrat, um so schneller wird er verbraucht, und um so kürzer ist die Lebensdauer. Die größten Verschwender haben das kürzeste Leben (»Je größer die Mitgift, desto schneller ist sie dahin!«). Allerdings strahlen sie heller. Die Anfangsmasse ist demnach das entscheidende Datum für die ganze weitere Existenz des Sterns.

4. Für die Haufensterne, die praktisch alle gleich alt sind, bedeutet das: An welcher Stelle der Lebensstraße – und damit des Diagramms – ein Stern heute steht, richtet sich danach, mit welcher Anfangsmasse er begonnen hat. Die Sterne mit den größten Massen sind in der Entwicklung am weitesten fortgeschritten, vielleicht gar schon am Ende und damit aus dem Diagramm verschwunden. Je massereicher ein Stern, desto schneller erreicht er den Punkt, an dem er nicht mehr vom normalen Wasserstoffbrennen leben kann. Im Diagramm erscheint dieser Moment als Abbiegepunkt.

5. Von da ab befindet sich der Stern im Diagramm auf dem Riesenast. Wodurch wird er zum Riesen? Der Kern besteht jetzt großenteils aus Helium. Um diesen Kern herum, also in einer Kugelschale, wird noch weiter Wasserstoff zu Helium fusioniert. Der Kern erhitzt sich immer mehr, bis Helium an der Kernfusion teilnehmen kann. Dabei werden Kohlenstoff und Sauerstoff produziert. Kleine Sterne erreichen dieses Stadium nie. Das Heliumbrennen im Kern und das Wasserstoffbrennen in einer Schale um diesen können auch gleichzeitig ablaufen. Während der Kern schrumpft und damit immer dichter wird, blähen sich die äußeren Schichten auf: Der Stern wird zum Riesen. Sein Durchmesser kann bis zum Hundertfachen des ursprünglichen wachsen. Die äußeren Teile kühlen sich dabei ab: Der Stern wird zum Roten Riesen. Wegen der gewaltig vergrößerten Oberfläche strahlt er mehr Energie ab als vorher.

Das weitere Schicksal des Sterns kann verschieden ablaufen. Im Kern können – mit weiter zunehmender Dichte – Temperaturen von 40, 60, ja 300 Millionen Grad K erreicht und weitere Fusionen in Gang gesetzt werden. Dies gilt aber nur für sehr massereiche Sterne, die in Kugelhaufen sehr selten sind.

Irgendwann stößt der Riese seine äußeren Hüllen ab – kontinuierlich durch Sternenwind oder explosiv. Er befindet sich jetzt auf dem asymptotischen Ast. An der Stelle, die im Diagramm als Instabilitätsstreifen bezeichnet ist, kann er ins Flackern geraten. Er wird für einige Zeit zu einem echten »Veränderlichen«. Was übrigbleibt, ist dann der extrem heiße und dichte Kern. Was aus diesem wird, ist aus dem Kugelhaufen-Diagramm nicht ersichtlich. Er hängt ganz entscheidend von der Masse dieses Gebildes ab. Mehr darüber im weiteren Verlauf dieses Kapitels.

Zunächst wenden wir uns den Problemen der Sternentstehung zu; dies setzt voraus einen Blick auf das Material, aus dem Sterne entstanden sind – und weiterhin entstehen.

7.3 Interstellare Materie

Den Raum des Sonnensystems, in dem Planeten, Planetoiden und Kometen ihre Bahnen ziehen, nennt man interplanetaren Raum. Daß er nicht ganz leer sein kann, ist klar, denn wie früher erwähnt gibt die Sonne ständig einen Teilchenstrom (Sonnenwind) ab; aus den Schweifen von Kometen entweichen, sobald sie in Sonnennähe geraten, Staubmengen, die bis zu mehreren Tonnen je Sekunde betragen können (so beim Halleyschen Kometen gemessen). Bei Zusammenstößen zwischen Planetoiden und/oder Meteoriten wird ebenfalls Staub freigesetzt. Nach Schätzungen fallen pro Tag etwa 45 t Staub auf die Erde.

Da wir uns jetzt für Sternentstehung interessieren, müssen wir aber den Raum zwischen den Sternen ins Auge fassen, den interstellaren Raum. Auch er ist nirgendwo ganz leer, er ist überall von Materie erfüllt – wenn auch in äußerst dünner Verteilung.

Bis zur Entwicklung der Radioastronomie (Kapitel 6.4) wußte man von ihrem Vorhandensein verschwindend wenig und praktisch nichts von der außerordentlichen Vielfalt in ihrer Zusammensetzung und Verteilung.

Die interstellare Materie existiert in zwei Formen: als Gas und als Staub. Worin liegt der Unterschied?

Gas ist derjenige Aggregatzustand eines Stoffes, in dem seine Atome – oder Moleküle – einzeln existieren und sich frei im Raum bewegen, und zwar ungeordnet, in alle möglichen Richtungen, und nicht aufeinander einwirkend – außer wenn sie zusammenstoßen (»ideales« Gas). Häufigkeit und Heftigkeit solcher Kollisionen hängen von der Dichte des Gases und von seiner Temperatur, also der thermischen Geschwindigkeit der Teilchen, ab.

Der interstellare Staub besteht demgegenüber aus Teilchen, die ungeachtet ihrer Winzigkeit (Durchmesser z. B. $^1/_{10000}$ mm) doch Zusammenballungen einer erheblichen Anzahl von Atomen und/oder Molekülen darstellen; sie sind Materie im festen Aggregatzustand.

Etwa 99% der interstellaren Materie sind Gas, der Staub macht 1% aus. Sie ist – im Durchschnitt! – so dünn verteilt, daß auf 1 cm^3 Raum ein Atom entfällt, auf etwa 100 000 m^3 ein Staubkorn. Der Raum in einem Sternsystem wie dem unseren ist aber so riesig, daß sich diese Materie gleichwohl zu Milliarden Sonnenmassen addiert.

Betrachten wir zuerst den Staub. Wie macht er sich bemerkbar? Er schwächt das Sternenlicht. Das Licht, das auf die Staubteilchen trifft, wird gestreut. Auf große Entfernungen ist dieser Effekt beträchtlich. Es gibt glücklicherweise Sterne, deren Entfernung mit mehreren voneinander unabhängigen Methoden bestimmt werden kann, z. B. sowohl durch trigonometrische Messung der Parallaxe – hier kommt es nur auf Winkelmessung an, und eine eventuelle Schwächung des Lichts beeinflußt das Ergebnis nicht – wie mit anderen Methoden, die etwa mit Helligkeitsvergleichen arbeiten. Aus dem Vergleich der Ergebnisse läßt sich errechnen, daß Sternenlicht beim Durchlaufen einer Strecke von 1000 pc (3260 Lichtjahren) in interstellarem Staub etwa um eine halbe Größenklasse an Intensität verliert. Neben der Schwächung tritt noch eine Rötung des Lichts ein, weil das blaue (kurzwellige) Licht stärker gestreut wird als das rote. (Darum sieht die untergehende Sonne rot aus.) Beim Beobachten entfernter Sterne muß man diesen Schwächungs- und Rötungseffekt in Rechnung stellen. Der Rötungseffekt hat nichts zu tun mit dem Doppler-Effekt, ist auch bei Spektralanalyse nicht mit diesem zu verwechseln.

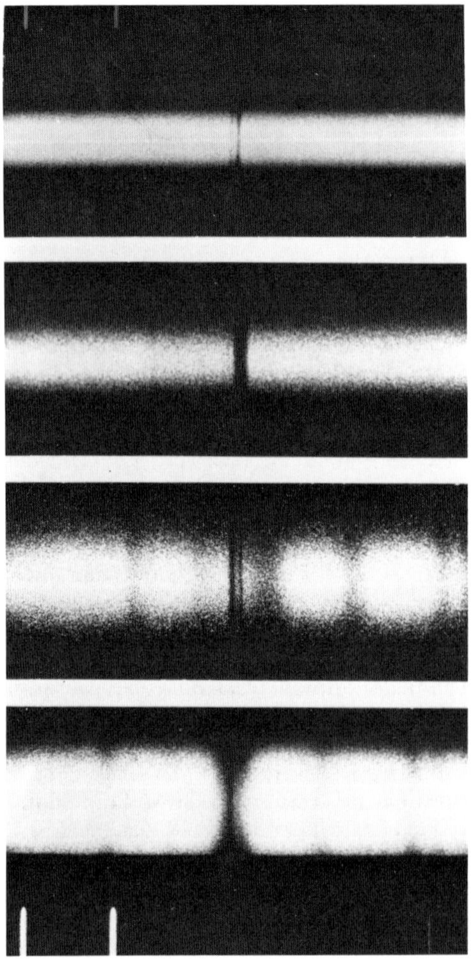

Abb. 7 b. Das im interstellaren Raum vorhandene Calcium macht sich durch Absorptionslinien in Sternspektren bemerkbar. Hier 4 Beispiele, die alle die gleiche Spektrallinie des einfach ionisierten Atoms (Ca II, Wellenlänge 3933 Angström) zeigen (Hale Observatories).

Natürlich ist der Staub in aller Regel unter das Gas gemischt. Beide zusammen treten auf in Form von Wolken. Die Materie in den Wolken tritt in drei verschiedenen Zuständen auf: entweder dunkel oder reflektierend (das Licht von Sternen) oder selbstleuchtend.

Dunkelwolken sind für das bloße Auge auffällig, sie zeichnen sich als schwarzer, ziemlich scharf umgrenzter Fleck gegen den sternübersäten Raum ringsum ab. Früher glaubte man, hier sei eine Art »Loch im Himmel«, ein Raum, in dem keine Sterne stehen. Nicht alle Dunkelwolken sind so dicht – oder so groß –, daß sie die hinter ihnen liegenden Sterne völlig abdecken. Im Nordamerika-Nebel (so genannt wegen seiner Form: Abb. F 15, s. auch Pferdekopf-Nebel, Abb. F 16) ist das Dunkelgebiet nicht ganz opak, einzelne helle Sterne scheinen hindurch.

Auf Existenz und Bedeutung solcher Wolken wurde man bereits zu Anfang unseres Jahrhunderts aufmerksam, und zwar dadurch, daß sich bei der spektroskopischen Beobachtung eines Doppelsterns alle Spektrallinien abwechselnd aufspalteten und wieder vereinigten (wie es die Rotation des Systems mit sich bringt) bis auf eine, die unverändert blieb. Sie mußte also von einem Körper herrühren, der an der Bewegung des Sternpaars nicht teilnahm. Es handelte sich um eine Linie des Elements Calcium, und der Entdecker dieser Erscheinung, Johannes Franz Hartmann, deutete sie bereits richtig als Absorptionslinie des interstellaren Gases, das demnach Calcium enthalten muß.

Das dunkle interstellare Gas macht sich hauptsächlich durch derartige Absorptionslinien bemerkbar.

Befinden sich interstellare Wolken in der Nähe von Sternen, so werden sie nicht als dunkle, sondern als leuchtende Flecken erkennbar. Das Leuchten kann zwei Ursachen haben. Stehen nur relativ kühle (rote) Sterne in der Nähe, so werden die Wolken nur angeleuchtet, sie reflektieren lediglich das Licht der nahen Sterne. Diese Reflexion geht auf die in ihnen stets enthaltenen Staubteilchen zurück. Befinden sich aber sehr heiße (blauweiße) Sterne in der Nähe oder in der Wolke selbst, so können die Gasatome zu eigenem Leuchten angeregt werden. Sie geben dann Licht auf den ihnen eigenen Wellenlängen ab und erzeugen ein Spektrum mit hellen Linien: ein Emissionsspektrum im Gegensatz zum Absorptionsspektrum (mit dunklen Linien), das entsteht, wenn Licht durch kühlere Materie hindurchgeht.

Einer der schönsten und am hellsten leuchtenden »galaktischen« Nebel findet sich im Sternbild Orion (Abb. F 17). Als leuchtender Fleck ist er dem bloßen Auge sichtbar. Im Fernrohr erweist er sich als vielfach gegliedertes, gewiß auch in lebhafter Bewegung begriffenes Gebilde. Teile dieses Nebels werden durch sehr heiße Sterne zum Leuchten angeregt, andere Teile leuchten nur im reflektierten Sternenlicht – daran erkennbar, daß das Spektrum dieser Teile dem der Sterne gleicht, von denen sie angeleuchtet werden.

Ein fesselnder Anblick entsteht, wenn Reflexions- und Emissionsnebel vermischt auftreten und dazwischen noch Dunkelwolken sichtbar sind. Das ist z. B. bei dem Nebel im Sternbild Einhorn der Fall.

In großer Nähe heißer Sterne kann interstellares Gas sogar ionisiert werden. Fängt das eines Elektrons beraubte Atom ein neues ein, so wird bei der Rekombination wiederum Licht ausgesandt. Gebiete, in denen das der Fall ist, nennt man H-II-Regionen (H = Hydrogenium = Wasserstoff), im Unterschied zu H-I-Regionen, in denen die Strahlung zur Ionisation nicht ausreicht. In H-II-Regionen kann das ionisierte Gas bis auf 10000 Grad erhitzt sein.

Wie ist die interstellare Materie chemisch zusammengesetzt? Wo sie leuchtet (oder durchleuchtet wird), kann man Spektren gewinnen und daraus Erkenntnisse. Wie aber mit den riesigen Wolken, die dunkel sind, extrem kalt, nicht weit über dem absoluten Nullpunkt? Ihnen konnte man erst auf die Spur kommen, als die Radioastronomen gelernt hatten, mit sehr kurzen Wellen zu arbeiten, mit Längen zwischen 1 mm und 30 cm. Im Bereich dieser »Mikrowellen« machen sich nämlich auch da Dunkelwolken bemerkbar!

Unter den niederländischen Astronomen, die auch während des Zweiten Weltkrieges ihre Arbeit weiterzuführen suchten, war ein junger Mann namens van de Hulst, Mitarbeiter am Observatorium von Leiden. Während einer Diskussion im Jahre 1944 stellte er eine ebenso kühne wie scharfsinnige Hypothese auf. Sie geht von Vorgängen innerhalb des Wasserstoffatoms aus, die die sogenannte Hyperfeinstruktur betreffen. Die Atomtheorie schreibt nämlich sowohl dem Kern, d. h. dem Proton, wie seinem Elektron eine Eigendrehung zu, die »Spin« genannt wird. Der Spin des Elektrons in einem Wasserstoffatom kann entweder denselben Drehsinn haben wie der des Kernes oder den entgegengesetzten. Hulst errechnete, daß ein Wechsel des Spins beim Elektron von der einen Drehrichtung zur anderen alle 11 Millionen Jahre eintritt, daß er aber bei der enormen Anzahl der im interstellaren Raum vorhandenen Atome doch praktisch in jedem Augenblick irgendwo eintreten müsse. Er berechnete weiter, daß das Energieniveau des Elektrons sich bei diesem Übergang um einen winzigen Bruchteil ändert und daß es in diesem Augenblick zur Abgabe von Strahlung kommen müsse – zwar nicht von Licht, aber von Radiostrahlung der Wellenlänge 21 cm (Frequenz 1420 MHz). Ob

Hulst recht hatte, konnte nur die Beobachtung entscheiden. Sieben Jahre nach dieser Diskussion, also 1951, gelang es fast gleichzeitig mehreren Astronomen in Leiden, in Harvard und in Sidney, diese 21-cm-Wellen aufzufangen.

Damit hatte die Forschung ein Mittel gefunden, mit dem man Wasserstoff überall in unserem Sternsystem und sogar in anderen aufspüren konnte. Freilich nur Wasserstoffgas, das aus einzelnen Atomen besteht! Leider besteht aber ein beträchtlicher Teil der interstellaren Wasserstoffwolken aus Molekülen – je zwei H-Atome bilden ein Molekül. Diese Moleküle – eine Folge ihres streng symmetrischen Baus – geben keine Radiostrahlung ab.

Zum Glück enthalten aber die Wasserstoffwolken immer Beimischungen anderer Elemente, zum Beispiel von Kohlenstoff in der Form der einfachen Verbindung CO (Kohlenmonoxyd). Dieses findet sich nahezu überall, äußerst dünn verteilt (1 Molekül davon auf 10000 Moleküle Wasserstoff), gibt aber selbst bei ganz niedrigen Temperaturen eine meßbare Radiostrahlung ab. Mit Hilfe des CO konnten riesige Wolken von Wasserstoffmolekülen beobachtet werden.

Sie sind für die Sternentstehung von zentraler Bedeutung. Ich will aber hier wenigstens en passant erwähnen, daß die Forschung bis heute Moleküle mehrerer Dutzend Verbindungen als Bestandteil der interstellaren Materie ermittelt hat. Darunter sind einfache Moleküle aus 2 Atomen wie Hydroxyl (OH), aber auch recht komplizierte aus bis zu 13 Atomen, übrigens auch Methylalkohol (CH_3OH). Ein ganz neuer Wissenschaftszweig: Chemie des Weltraums oder Kosmochemie, kündigt sich hier an.

Die riesigen Wolken aus molekularem Wasserstoff können trotz ihrer geringen Dichte Massen bis zum 100000fachen der Sonne erreichen. Und ihre Dichte kann immerhin die durchschnittliche Dichte im interstellaren Raum um das 100fache übertreffen, in Gegenden, wo sich »Klumpen« bilden, noch mehr.

7.4 Auch heute werden Sterne geboren

Mit den riesigen Wolken aus molekularem Wasserstoff haben wir jetzt den Schauplatz erreicht, auf dem sich Sterngeburten ereignen. Bescheidener gesagt: einen der Schauplätze – denn Sterne entstehen allem Anschein nach auch in Regionen des Universums (z.B. in der Großen Magellanschen Wolke), wo keine Molekülwolken und auch kein Staub zu entdecken sind (wohl aber Wolken einfachen, d.h. atomaren Wasserstoffs).

Bleiben wir jetzt bei den Molekülwolken. Eine grundsätzliche Feststellung zu Beginn: Das Widerspiel der beiden Kräfte, die die Existenz und das Schicksal eines Sterns bestimmen: hier Gravitation, die die Materie zusammenzieht, dort Druck, der sie auseinandertreibt – dieses Widerspiel beherrscht auch schon die Materiewolke, aus der Sterne sich erst bilden. Innerhalb der riesigen Molekülwolken – es gibt solche, die mehrere hundert Lichtjahre lang sind und Materie für 100000 sonnengroße Sterne enthalten – herrscht, wie beim Stern, zunächst ein Gleichgewicht zwischen beiden Kräften: Bei Temperaturen bis 100 K hält der thermische Druck gerade der Schwerkraftanziehung zwischen den extrem dünn verteilten Materieteilchen die Waage. Offenbar muß irgendein Anstoß den Prozeß der Kontraktion in Gang setzen. Er könnte von Supernovaexplosionen ausgehen, die gewaltige Schockwellen entstehen lassen. Zahlreiche Beobachtungen deuten darauf hin. Noch 50000 Jahre nach einer Explosion, wenn die ausgestoßene Materie schon mehrere Dutzend Lichtjahre vom Herd entfernt ist, hat sie noch eine Ausbreitungsgeschwindigkeit von 100 km/s. Wo sie auf Materie trifft, drückt sie sie zusammen. In Sternbild Canis major (Großer Hund) gibt es eine Ansammlung

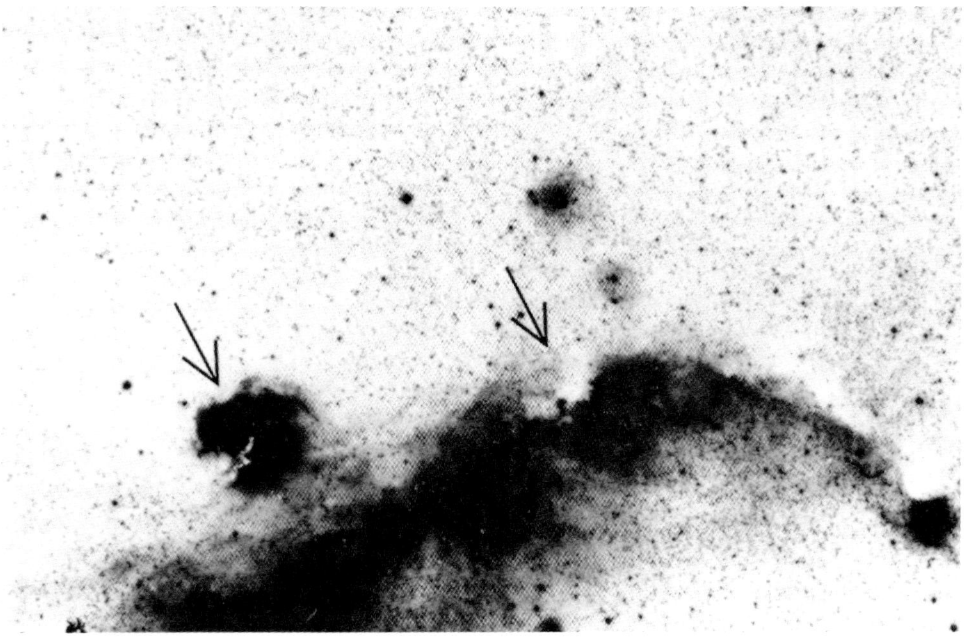

Abb. 7c. Wird Sternentstehung durch Supernovae ausgelöst? Aufnahme eines hellen Nebels (hier dunkel erscheinend, da Negativ) im Sternbild Großer Hund. An den mit Pfeil markierten Stellen stoßen Explosionsreste einer Supernova auf instellare Materie. Hier finden sich leuchtstarke, kürzlich entstandene Sterne.

sehr heißer und junger Sterne (OB-Assoziation), die offenbar auf diese Weise entstanden ist. Manches spricht dafür, daß auch der Anstoß zur Entstehung unseres Sonnensystems von einer Supernova-Explosion vor 4,6 Milliarden Jahren ausgegangen ist.

Der Anstoß könnte auch von H-II-Regionen stammen, d.h. dem Strahlungsdruck, der von ihnen ausgeht. Tatsächlich sind H-II-Regionen oft in unmittelbarer Nähe von Sternentstehungsgebieten zu beobachten.

Diese erste Vorphase der Sternentstehung ist physikalisch noch nicht voll verstanden. Fest steht, daß am Anfang immer eine Wolke von gewaltiger Masse steht, ausreichend für Hunderte, eher für Tausende von Sternen. Aus diesem Grunde ist es kaum möglich, daß irgendwo ein einzelner Stern ganz für sich allein entsteht. Sterne werden immer scharenweise geboren. Wahrscheinlich gibt es darum so viele Doppelsterne und Mehrfachsysteme.

Bei einer bestimmten Dichte wird eine kritische Grenze überschritten, von der ab auch Teile der Wolke sich sozusagen auf eigene Faust weiter zusammenziehen können. So kann die Wolke sich aufteilen, »fraktionieren« (Abb. 7d).

Auf Aufnahmen von Sternentstehungsregionen (vor allem im Orion-Nebel) findet man regelmäßig relativ kleine, mehr oder weniger kugelförmige Wolken, nach ihrem Entdecker Bok-Globulen genannt. In ihnen haben wir die Vorstufe der Sternbildung vor uns. In den Globulen hat die Materie einen Dichtegrad erreicht, der die weitere Kontraktion unaufhaltsam macht. Wenn der dichte Kern sich auf einige hun-

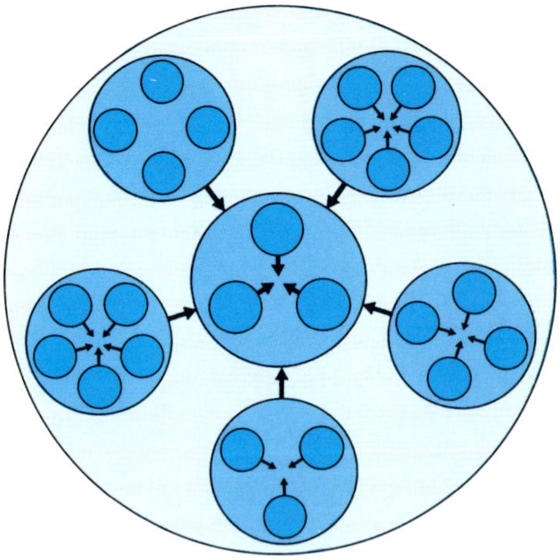

Abb. 7 d. Der Zerfall einer kontrahierenden Gaswolke in kleinere Wolken (Fraktionierung), dargestellt von Fred Hoyle. Das Bild erinnert an die Weizsäckersche Theorie der Planetenbildung (Abschn. 3.7)

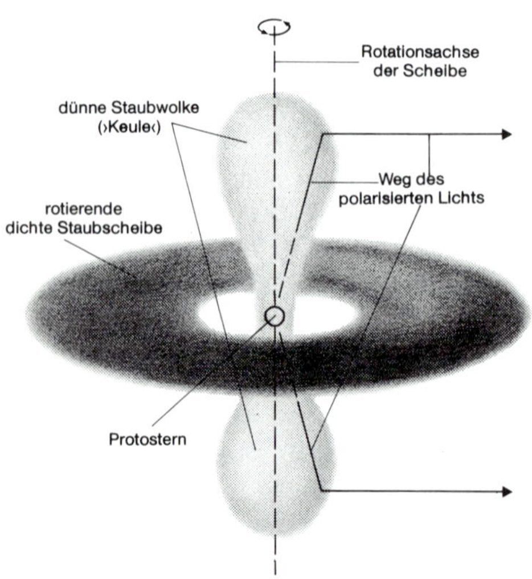

Abb. 7 e. Sternentstehung: So ist wahrscheinlich unsere Sonne entstanden, und so vollzieht sich wahrscheinlich das Entstehen neuer Sterne. Aus der rotierenden Staubscheibe können sich außer dem Hauptstern im Zentrum weiter außen Planeten bilden.

dert K erwärmt hat, kann man ihn anhand seiner Infrarotstrahlung entdecken. Dem Auge bleibt der weitere Fortgang noch lange verborgen, weil der entstehende Stern von einer lichtundurchlässigen Materiewolke (einer Art Kokon) umgeben ist.

Erst wenn Druck und Temperatur im Kern des Protosterns die Grenze überschreiten, von der ab thermonukleare Prozesse in Gang kommen (etwa ab 10 Millionen K), kann der Strahlungsdruck die Wolke allmählich wegblasen, und der Stern wird sichtbar.

Umstritten ist, wie der in einer rotierenden Wolke vorhandene Drehimpuls »abgeführt« wird. Noch nicht durchschaut von den Physikern ist auch die Erscheinung, daß aus der rotierenden Wolke, dem Vorstadium des Sterns, nach zwei entgegengesetzten Richtungen – und zwar in Verlängerung der Rotationsachse – Gasströme (»Jets«) ausgestoßen werden, die riesige Materiemengen enthalten, nicht selten mehr als das rotierende Objekt selbst behält.

Bevor der Stern sein Gleichgewicht erreicht, das dann für seine Verweildauer als Hauptreihenstern relativ stabil bleibt, kann er ein Stadium durchlaufen, das durch Instabilität, durch starke, sogar eruptive Ausbrüche, durch das Abstoßen, aber auch das Einfallen großer Gasmassen gekennzeichnet ist. Man nennt Sterne in diesem Stadium T-Tauri-Sterne.

Man darf annehmen, daß die Bildung eines neuen Sterns, gerechnet vom Beginn der Kontraktion der Wolke bis zum Aufleuchten im sichtbaren Licht, etwa eine Million Jahre beansprucht.

Sternentstehungsgebiete fallen dem Beobachter dadurch auf, daß sie junge, extrem heiße und massereiche Sterne enthalten – Sterne, von denen man weiß, daß ihre Lebenszeit relativ kurz ist (Größenordnung 100 Millionen Jahre). Damit weiß man dann auch, daß sie in dem fraglichen Gebiet vor – kosmisch gesprochen – kurzer Zeit entstanden sein müssen.

7.5 Das Ende als Weißer Zwerg

Von der Geburt des Sterns gleich zu seinem Ende? Über die Existenz als Wasserstoff zu Helium fusionierender Hauptreihenstern ist schon bei der Besprechung der Sonne einiges gesagt, und über die späteren Stadien der Sternentwicklung – Aufblähung zum Riesenstern, Instabilitätsstadium – beim HR-Diagramm und bei der Analyse eines Kugelhaufens. Ich widme den Rest dieses Kapitels dem Tod der Sterne, weil hier die interessantesten Einsichten in die im Stern ablaufenden Prozesse zu gewinnen sind und weil manche »Todesarten« von Sternen gewaltige Katastrophen darstellen, bei denen die äußersten Grenzen physikalischer Erklärbarkeit erreicht oder überschritten werden. Vor allem lernen wir dabei extreme Zustände der Materie kennen, wie sie sonst im Universum kaum auftreten.

Ausgangspunkt muß folgende früher schon angedeutete Überlegung sein: Warum stürzt eine so gewaltige Zusammenballung von Materie, wie sie schon ein sonnengroßer Stern darstellt und massereiche Sterne erst recht, nicht in sich zusammen? Die Antwort: weil der vom heißen Kern ausgehende Gas- und Strahlungsdruck der Schwerkraft entgegenwirkt. Folgerung: Wenn im Innern des Sterns kein ausreichender Strahlungsdruck mehr erzeugt wird, so muß der Stern in sich zusammenstürzen.

Dies ist in der Tat, nach unserem Wissen, das vorbestimmte Ende aller der ungezählten Milliarden von Sternen im Universum. Wie schnell das Ende eintritt, das hängt sehr stark – wir wissen es schon – von der Masse des Sterns ab. Die massereichsten Sterne gehen einem schnellen Ende entgegen. In welcher Form das Ende abläuft – auch dies hängt, wie jetzt zu zeigen ist, von der Masse des Sterns ab. Je nach Masse des Sterns kommen drei Todesarten in Betracht:

das Ende als Weißer Zwerg – ein relativ sanfter Tod;

das Ende als Neutronenstern – eine Katastrophe;

das Ende als Schwarzes Loch – erst recht eine Katastrophe.

In allen drei Fällen handelt es sich um einen Zusammensturz, hervorgerufen durch die Schwerkraft: um einen Gravitationskollaps.

Schon im 19. Jahrh. wußte man, wie ich bei der Diskussion um den Sirius-Begleiter erwähnt habe, daß es Sterne geben müsse, die eine den übrigen Sternen vergleichbare Masse, aber ein winziges Volumen und damit eine kaum vorstellbare Dichte aufweisen: Masse vergleichbar der Sonne, Volumen vergleichbar dem der Erde! Der Erddurchmesser (12600 km) verhält sich zu dem der Sonne (1,4 Mio. km) etwa wie 1:100 oder $1:10^2$. In der Formel für das Volumen einer Kugel ($4/3 r^3 \pi$) tritt der Radius in der dritten Potenz auf. Das führt zu dem Schluß, daß die Materie in einem Weißen Zwerg eine Dichte in der Größenordnung von 10^6 g/cm haben kann. Das bedeutet: 1 cm^3 solcher Materie würde auf Erden etwa 1000 kg wiegen.

Viele hundert Sterne sind als Weiße Zwerge identifiziert. Man kann sie – wegen ihrer geringen Leuchtkraft – aber nur in der näheren Umgebung der Sonne sehen. Es wird geschätzt, daß 10% aller Sterne im All Weiße Zwerge sind. Man erkennt sie, vereinfacht gesagt, daran, daß sie bei hoher Oberflächentemperatur (10000 K und mehr) eine geringe Leuchtkraft haben, was nur zu verstehen ist, wenn die abstrahlende Oberfläche sehr klein ist.

In welchem Zustand sollen wir uns die Materie in einem Weißen Zwerg vorstellen? Mit der Theorie dieser Sterne hat sich vor allem S. Chandrasekhar, amerikanischer Astronom indischer Abstammung, befaßt. 1931 veröffentlichte er seine Berechnungen, die ergeben, daß ein Weißer Zwerg nur existieren könne, wenn seine Masse nicht größer ist als 1,4 Sonnenmassen. Man nennt dies die Chandrasekhar-Grenze. Ein Stern mit größerer Masse kann kein Gleichgewicht als Weißer Zwerg finden. Dieser Wert wird bis heute als gültig angesehen, allerdings nur für langsam rotierende Sterne. Bei schneller Rotation kann er auch höher liegen, bei 2 bis 3 $M_{\odot}$.

Welche Kraft ist es aber, die hier der Gravitation entgegenwirkt und den Kollaps eines Sterns, dessen Brennstoffreserven erschöpft sind, an dieser Grenze zum Stehen bringt? Um das physikalisch zu verstehen, benötigt man die Quantentheorie. Durchläuft ein Stern die verschiedenen Stadien des Wasserstoff-, Helium-, Kohlenstoffbrennens usw., so wird sein Kern immer dichter und heißer. Schließlich sind praktisch alle Atome vollständig ionisiert, d. h., die Materie besteht nur aus Atomkernen und freien Elektronen. Zwei Elektronen – hier kommt die Quantenmechanik zum Tragen – können nicht beliebig nahe aneinandergerückt werden. Sie reagieren statt dessen, indem sie sich immer schneller bewegen – bis an die Grenze der Lichtgeschwindigkeit heran, die sie allerdings, nach Einstein, niemals überschreiten können. Materie in diesem Zustand nennt man entartete Materie. Der Widerstand, den sie weiterer Kompression entgegensetzt, beruht auf diesem Effekt, dem »Entartungsdruck« der Elektronen.

Da ein Weißer Zwerg, der diesen Zustand erreicht hat, keine Energie mehr erzeugt, wohl aber Energie abstrahlt, so muß er allmählich auskühlen. Dies ist ein sehr langsamer Prozeß. Ein solcher Zwerg, der in seinem Kern eine Temperatur von 1 Million K haben kann, an der Oberfläche einige 1000 oder 10000 K, kann mehrere Milliarden Jahre weiterstrahlen, bis er soweit ausgekühlt ist, daß er als nicht mehr sichtbarer »Schwarzer Zwerg« endet. Dies ist das normale Ende eines Sterns von geringer Masse (unter der genannten Grenze), und das Universum (falls es alt genug ist) muß Milliarden solcher Schwarzer Zwerge enthalten.

Weiße Zwerge können Partner in einem Doppelstern-System sein, sobald einer der beiden Partner dieses Stadium erreicht hat. Wenn es sich um ein enges System handelt, kann der Materie-Austausch zwischen beiden Sternen zu katastrophalen Folgen führen, wie ich schon bei den Novae und bei Röntgen- und Gammastrahlung erwähnt habe.

7.6 Das Ende als Neutronenstern

Was ist das schließliche Schicksal eines Sterns, dessen Masse über der Chandrasekhar-Grenze liegt? Kann Materie noch stärker komprimiert werden, als dies in einem Weißen Zwerg geschieht? Der Klarheit halber sei hier eingeschaltet: Es geht bei solchen Masse-Angaben wie im letzten Abschnitt und in dem hier noch folgenden nicht um die Masse, mit der der Stern sein Dasein begonnen hat, sondern um seine Masse zu dem Zeitpunkt, in dem weitere Fusionsreaktionen nicht mehr in Gang kommen können und die Schwerkraft die Überhand gewinnt. Diese Masse wird geringer sein als die Anfangsmasse. Der Stern verliert Masse durch seine Strahlung. Mehr ins Gewicht fallend ist der Materieverlust durch den Sternenwind. Vor allem aber: Die meisten Sterne durchlaufen ein Stadium, in dem sie ihre äußeren Schichten verlieren oder auch in Form einer Explosion abstoßen. Es wird angenommen, daß ein Riesenstern von 6 Sonnenmassen im Lauf seiner Entwicklung so viel Masse verlieren kann, daß der verbleibende Rest dann zum Weißen Zwerg wird.

Die in den Raum abgeströmte oder abgesprengte Materie verdünnt sich im Lauf der Zeit und vermischt sich mit der übrigen interstellaren Materie. Eine Zeitlang ist sie aber dicht genug, um beobachtet werden zu können.

Solche Wolken, mehr oder weniger kugelförmig, teilweise auch stark verformt (vielleicht unter dem Einfluß magnetischer Felder), laufen unter der unglücklichen Bezeichnung »Planetarische Nebel«, die von

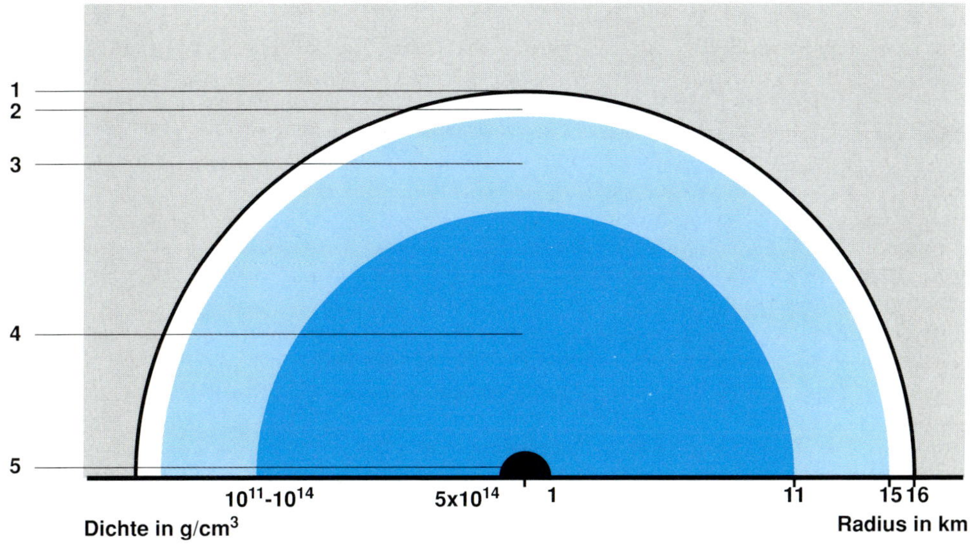

Abb. 7f. Neutronenstern im Schnitt: 1 = Oberfläche aus Eisen. Oberflächentemperatur 10 Millionen Grad. Evtl. darüber eine Gashülle, wenige cm dick. 2 = äußere Kruste. 3 = innere Kruste, Neutronen. 4 = Neutronenflüssigkeit, möglicherweise superflüssig. 5 = Kern, der aus Neutronen oder Pionen oder Quarks bestehen könnte.

Wilhelm Herschel geprägt wurde, weil solche Wolken im (damaligen) Fernrohr wie ein Planet aussahen. Dies gilt besonders für den 1779 durch A. Darguier entdeckten Ringnebel in der Leier (Abb. F 11). Tatsächlich hat man heute in seinem Zentrum einen Stern aufgefunden, der ein Weißer Zwerg ist. Das Abstoßen hat, wie aus der gemessenen Expansionsgeschwindigkeit der Wolke zu schließen ist, vor etwa 6000 Jahren stattgefunden. Der Nebel leuchtet, weil seine Atome von der starken UV-Strahlung des heißen Zentralsterns ionisiert werden.

Die Planetarischen Nebel haben manchmal phantasievolle Namen: Eskimo-, Eulen-, Hantelnebel. Zwischen 1000 und 2000 sind in Katalogen erfaßt, ihre Zahl im Milchstraßensystem wird auf 50000 geschätzt. Das ist wenig, verglichen mit der Milliardenzahl der Sterne, und erklärt sich so, daß die Nebel sich binnen relativ kurzer Zeit (maximal 100000 Jahre) soweit verflüchtigen, daß sie nicht mehr nachweisbar sind.

Nach dieser Einschaltung zurück zu der eingangs aufgeworfenen Frage! Ja – Materie kann noch stärker verdichtet werden als im »entarteten« Innern der Weißen Zwerge. Das ist der Fall im Neutronenstern.

Während Weiße Zwerge entdeckt waren, lange bevor man sie physikalisch begreifen konnte, war es bei den Neutronensternen umgekehrt. Die Theorie sagte ihre Möglichkeit voraus, lange bevor die ersten eindeutigen Indizien für ihre Existenz entdeckt wurden. Natürlich war die Vorhersage erst möglich, als man das Neutron selbst entdeckt hatte, das Elementarteilchen, das sich in den Kernen aller Elemente findet (mit Ausnahme des einfachen Wasserstoffs) und dem Proton sehr ähnlich ist – nur daß es sich elektrisch neutral verhält. Diese Entdeckung geschah im Jahre 1932. Bald darauf sagten W. Baade und F. Zwicky – vielleicht noch vor ihnen der sowjetische

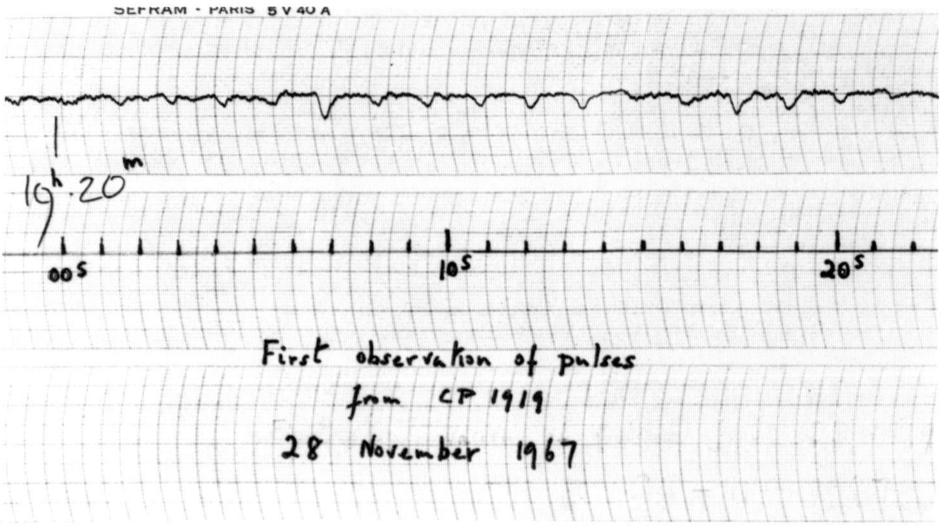

Abb. 7g. Der Registrierstreifen, auf dem am 28. November 1967 in Cambridge die regelmäßigen Pulse des Pulsars PSR 1919 erstmals aufgezeichnet wurden. Die Stärke der Impulse schwankt, ihr Abstand bleibt exakt gleich.

Physiker L. D. Landau – voraus, daß Körper existieren könnten, die aus dicht an dicht gepackten Neutronen bestehen. Das geschieht so, daß übermächtiger Druck (die Gravitation eines massereichen Sterns) die Elektronen (die beim Weißen Zwerg mit extremen Geschwindigkeiten herumschwirren) gleichsam in die Protonen hineinzwingt, die damit zu Neutronen werden.

Bei der Ausarbeitung der Theorie der Neutronensterne hat J. Robert Oppenheimer, der im Zusammenhang mit dem Bau von Kernwaffen weltbekannt wurde, eine wichtige Rolle gespielt. Die Berechnungen ergaben, daß ein Stern von $M_\odot$ in diesem Zustand noch einen Durchmesser von etwa 20 km haben würde. Das bedeutet eine Dichte, die eine Billiarde (10^{15}) mal größer ist als die des Wassers. Könnte man auf Erden solche Materie erzeugen, so würde die Menge, die in die Kappe eines Füllfederhalters hineingeht, eine Milliarde Tonnen wiegen. Atomkerne dicht an dicht gepackt!

Materie in so extremen Zuständen kann auf der Erde nicht existieren. Wie ein Neutronenstern beschaffen ist, besonders in seinem Innern, kann höchstens näherungsweise durch theoretisch konstruierte Modelle dargestellt werden. Abb. 7f zeigt ein solches Modell.

Nachdem theoretisch demonstriert war, daß Materie einen derartigen Zustand annehmen kann, war die Frage: Kann ein solcher Stern, falls es ihn irgendwo gibt, beobachtet werden? Theoretiker wiesen darauf hin, daß die enorme Gravitation eines solchen Körpers etwa von ihm ausgehendes Licht abbremsen müßte, was sich in einer Rotverschiebung (Gravitationsrotverschiebung) abzeichnen würde. Andere legten dar, daß ein Körper von solcher Kompaktheit unerhört schnell rotieren könnte, ohne zu zerbersten; ferner, daß das Magnetfeld eines kollabierten Sterns eine unvorstellbare Stärke erreichen kann.

Der Beweis, daß Körper dieser Art existieren, wurde erst 1967 geführt; bescheidener gesagt, ab 1967, denn die Deutung der Beobachtungsergebnisse war lange unsicher. Das erste Indiz fand sich im Grunde durch einen Zufall: In Cambridge nahm eine Forschergruppe unter Antony Hewish (Nobelpreisträger 1974) eine neuartige Radio-Antenne in Betrieb, bestehend aus über 2000 einzelnen Dipolen, die über eine Fläche von fast 2 Hektar verteilt waren. Man wollte herausfinden, ob und wie die Radiostrahlung ferner Sternsysteme durch den Sonnenwind beeinflußt bzw. »verschmiert« wird. Der Zufall liegt darin, daß dieses Instrument, konstruiert für das Erfassen kurzfristiger Schwankungen von Radiowellen, besonders geeignet war für die Erfassung dessen, was man dann – unbeabsichtigt – entdeckte.

Der Doktorandin Jocelyn Bell fiel die Aufgabe zu, die pro Woche anfallenden über 200 m langen Registrierstreifen, auf denen die empfangene Strahlung automatisch aufgezeichnet wurde, durchzumustern und auszuwerten. Ihr fielen Strahlungsstöße auf, die in Abständen von über einer Sekunde mit großer Regelmäßigkeit wiederkehrten, ja mit unglaublich präziser Regelmäßigkeit: alle 1,33730113 Sekunden einer. Die Impulse waren in ihrer Stärke und im Intensitätsverlauf nicht gleich, wohl aber in ihren Abständen, und jeder dauerte nur einen winzigen Sekundenbruchteil.

Es gelang, die Entfernung der Quelle abzuschätzen, indem man die Impulse auf zwei eng benachbarten Frequenzen empfing; Radiostrahlung verschiedener Wellenlänge pflanzt sich nämlich durch das interstellare Medium nicht mit genau derselben Geschwindigkeit fort. Die Differenz konnte gemessen werden, als Entfernung der Quelle ergab sich: einige 100 Lichtjahre.

Strahlung mit diesen Eigenschaften kannte man bis dahin nicht. Sollte es sich um Signale intelligenter Wesen handeln? Man sprach schon von LGM-Strahlung (LGM = Little Green Men). Intelligentes Leben kann nicht auf Sternen existieren, sondern nur auf Planeten, die einen Stern umkreisen. In diesem Fall müßte sich deren Umlaufbewegung als Doppler-Effekt bemerkbar machen. Eine planetare Quelle konnte aber durch entsprechende Messungen ausgeschlossen werden.

Irritierend wirkte auch die Erkenntnis, daß nur ein verhältnismäßig kleiner Körper als Quelle dieser Strahlung in Betracht kam. Kein Körper kann nämlich Strahlungsimpulse abgeben, deren Intervall kürzer wäre als die Zeit, die das Licht braucht, um den Körper zu durchqueren. Stellen wir uns z. B. vor, alle Strahlung der Sonne würde in einem einzigen Sekundenbruchteil schlagartig aufhören. Es würde gleichwohl mehrere Sekunden dauern, bis die Sonne für uns ganz erloschen wäre, denn wir würden zuerst nur die uns am nächsten gelegenen Teile des Sonnenkörpers »ausgehen« sehen, während von weiter entfernten Teilen noch Licht bei uns einträfe. Ein Körper von Sonnengröße – Durchmesser etwa 5 Lichtsekunden – kann daher nicht Strahlungsstöße aussenden, die nur eine Sekunde dauern, noch weniger solche von einigen Millisekunden. Somit mußte der Durchmesser des Objekts unter 300 km ($^1/_{1000}$ Lichtsekunde) liegen!

Man gab solchen Objekten den Namen »Pulsare«, weil sie ihre Strahlung in ganz kurzen Stößen oder Pulsen abgeben. Es dauerte nicht lange, bis man nach diesem »Cambridge Pulsar« (abgekürzt CP mit der Zahl 1919, die die Koordinaten am Sternhimmel angibt) weitere Pulsare auffand, darunter solche mit langsamerer, aber auch mit viel schnellerer Pulsfolge. Heute kennt man über 500; wahrscheinlich gibt es viel mehr.

Die Entdeckung dieser Strahlungsblitze im Radiobereich warf alsbald die Frage auf: Strahlt ein Pulsar nur in diesem Frequenzbereich? Oder kann man ihn auch sehen? Erscheint er vielleicht, durchs Fernrohr betrachtet, wie ein normaler Stern, dessen blitzschnelles An- und Ausgehen das menschliche Auge so wenig wahrnimmt wie den Bildwechsel im Kino? Dies wurde entschieden bei einem der ersten entdeckten Pulsare. Er steht im Zentrum des sogenann-

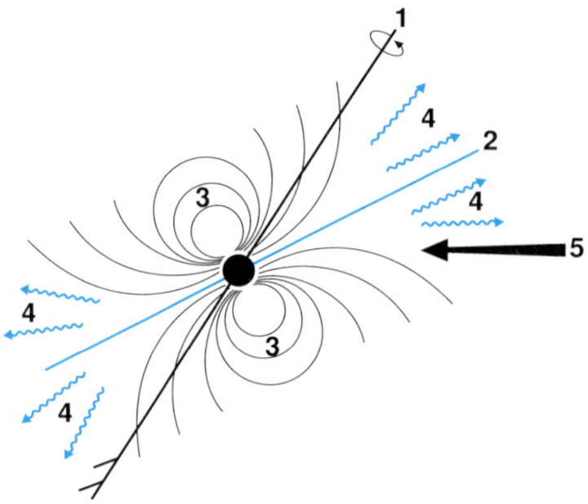

Abb. 7h. Wie strahlt ein Pulsar? 1 = Rotationsachse, 2 = magnetische Achse, 3 = Kraftlinien des Magnetfeldes, 4 = Radiostrahlung, 5 = Sichtlinie des irdischen Beobachters.

ten Krebsnebels. Mit einer raffinierten Versuchsanordnung, deren Beschreibung ich mir schenke, gelang der Nachweis, daß der »verdächtige« Stern tatsächlich sein Licht in kurzen Stößen ausstrahlt, 33mal pro Sekunde. Und schließlich konnte gezeigt werden, daß dieser Pulsar in allen Frequenzen, auch im Röntgenbereich, als »Pulsar« erscheint.

Schon 1968 wurde vermutet, daß es sich um die von den Theoretikern seit 1932 vermuteten Neutronensterne handeln müsse. Aber wie kann ein solcher Körper Strahlung emittieren, noch dazu in ganz kurzen Pulsen? Man kann nicht sagen, daß diese Frage schon endgültig beantwortet sei; doch die Mehrheit der Fachleute neigt zu einer Erklärung, die etwa folgendes besagt:

1. Der Stern rotiert sehr schnell, einmal oder auch Dutzende Male pro Sekunde (nach neuesten Meldungen auch mehrere 100mal). Wegen seiner Dichte und Festigkeit kann er das, ohne zu bersten. Der ganze Drehimpuls des ursprünglich riesigen, langsam rotierenden Objekts steckt jetzt in diesem kleinen Gebilde.

2. Der Stern hat ein Magnetfeld, das, wie die Dichte der Materie, beim Kollaps auf das Millionen-, ja Milliardenfache seiner ursprünglichen Stärke angewachsen ist. Die magnetische Achse fällt nicht mit der Rotationsachse zusammen, wie auch bei der Erde.

3. Die schnelle Rotation und das superstarke Magnetfeld machen den Körper zu einem gewaltigen Dynamo. Zwischen Pol und Äquator kann eine Spannung von Milliarden oder Billiarden Volt entstehen.

4. Elektronen in der Umgebung des Sterns, die aus ihm herausgerissen sind oder aus einer vorhergehenden Explosion stammen, werden entlang der (mitrotierenden) Kraftlinien beschleunigt.

5. Von den beiden magnetischen Polen aus können die Elektronen entlang offener Kraftlinien in den Raum entweichen. Sie sind dabei bis an die Lichtgeschwindigkeit heran beschleunigt. Dabei geben sie Synchrotronstrahlung ab, die sich in ihrer Flugrichtung fortpflanzt.

6. So entstehen zwei ständige kreisende Strahlungskegel, vergleichbar den Lichtstrahlen eines kreisenden Leuchtfeuers am Meer. Jedesmal, wenn ein Kegel die Erde trifft, registrieren wir einen Strahlungsblitz, einen ganz kurzen, weil der rotierende Strahlenkegel blitzschnell über die Erde hinwegstreift (Abb. 7h). Die Theorie ist so gut ausgearbeitet, daß sie die Mehrzahl aller Erscheinungen, die im Zusammenhang mit Pulsaren beobachtet sind, zu deuten vermag.

Sollte ich sagen »mit Neutronensternen« oder »mit Pulsaren«? Ist das nach dem Dargelegten nicht dasselbe? Nicht unbedingt, und zwar aus folgenden Gründen:

1. Nicht jeder Neutronenstern muß sich als Pulsar bemerkbar machen. Es könnte sein, daß seine Strahlungskegel die Erde nicht berühren. Es könnte auch sein, daß er keine Strahlung abgibt.

2. Das letztere könnte vor allem eintreten, wenn der Stern »müde« wird. Messungen haben ergeben, daß die Rotationsgeschwindigkeit von Pulsaren um einen winzigen, aber im Laufe einiger Jahre doch

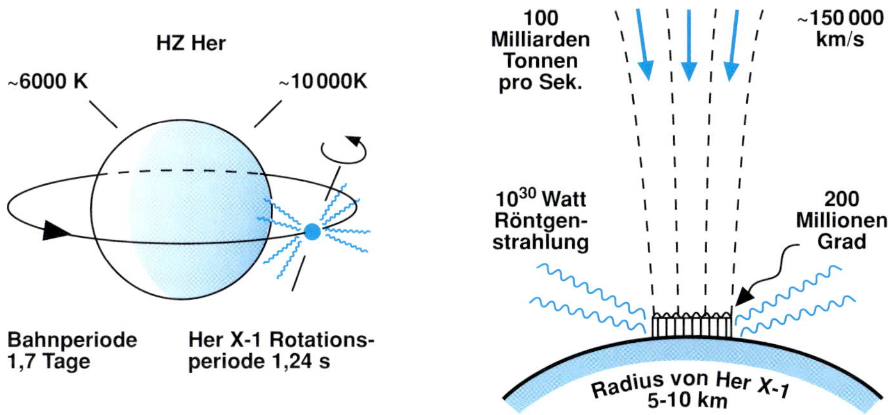

Abb. 7i. Herkules X-1. Links: Das Doppelsternsystem. Der Hauptstern hat auf der dem Begleiter zugekehrten Seite eine »heiße Wange« von 10000 K. Rechts: So entsteht die Röntgenstrahlung. Die geneigte Rotationsachse des Begleitsterns bewirkt, daß sie bei uns nicht kontinuierlich, sondern stoßweise ankommt. Manchmal ist für längere Zeit (Monate) keine Strahlung zu empfangen. Die Ursache ist nicht bekannt.

schon meßbaren Betrag abnimmt. Mit dem Abflauen der Rotation kann der beschriebene Mechanismus irgendwann nicht mehr richtig funktionieren. Es wird angenommen, daß die Lebensdauer eines Pulsars höchstens eine Million Jahre beträgt.

Ein Neutronenstern in einem engen Doppelsternsystem – das führt regelmäßig zu gewaltsamen Ereignissen. Eine der stärksten Röntgenquellen am Himmel ist ein solches System: Herkules X-1. Es besteht aus einem »normalen«, sonnenähnlichen Stern und einem Neutronenstern, der den größeren Partner in der extrem kurzen Zeit von 1,7 Tagen umkreist und der sich alle 1,24 Sekunden um seine Achse dreht.

Materie strömt vom Hauptstern auf den Neutronenstern über, und zwar – nach Berechnungen von Joachim Trümper und seinen Mitarbeitern vom Max-Planck-Institut für Astrophysik in Garching bei München – 100 Milliarden Tonnen pro Sekunde. Sie trifft nicht auf die gesamte Oberfläche des kleineren Partners, sondern – durch ein Magnetfeld gigantischer Stärke kanalisiert – nur auf dessen Polflächen, ein Areal von nur einem Quadratkilometer. Diese Fläche wird auf 200 Millionen K aufgeheizt; dadurch entsteht intensive Röntgenstrahlung, und mit jeder Umdrehung, also alle 1,24 Sekunden, trifft ein Röntgenblitz auf die Beobachtungsinstrumente.

Der Hauptstern hat eine Oberflächentemperatur von 6000 K auf der dem Begleiter abgekehrten Seite. Die Seite, die ihm jeweils zugewandt ist, wird auf 10000 K erhitzt. Das System ist etwa 12000 Lichtjahre entfernt; jeder eintreffende Röntgenblitz ist also vor 12000 Jahren abgeschickt worden.

Ein Neutronenstern kann nicht nur Partner in einem Doppelsternsystem sein – es gibt auch den seltenen Fall, daß zwei Neutronensterne ein solches System bilden. Ein Pulsar im Sternbild Adler, der 17mal pro Sekunde rotiert und 1,4 Sonnenmassen haben soll, hat einen bisher nicht entdeckten Partnerstern, in dem man ebenfalls einen Neutronenstern vermutet. Die beiden sind nur einige Millionen km voneinander entfernt und umkreisen einander deshalb binnen 7 Stunden 45 Minuten. Diese Umlaufzeit nimmt pro Jahr um knapp $^1/_{100}$ Sekunde ab – ein Effekt, den die Allgemeine Relativitätstheorie vorhersagt.

7.7 Das Ende als Schwarzes Loch

Es kann geschehen, daß der Kollaps eines supermassiven Sterns nicht einmal da zum Stehen kommt, wo die Neutronen dicht an dicht gepackt sind. Der Druck der Gravitation kann so übermächtig werden, daß ihm nichts mehr widerstehen kann. Der Stern muß dann noch weiter in sich zusammenstürzen – aber wohin?

Auch bei dieser Frage war, ähnlich wie bei Neutronensternen, die Antwort in der Theorie formuliert, lange bevor Schwarze Löcher (englisch Black Holes) in der Realität festgestellt wurden – sofern sie überhaupt schon mit Sicherheit beobachtet worden sind. Albert Einsteins Allgemeine Relativitätstheorie (1915) sagt: Gravitation verformt den Raum, sie »krümmt« ihn. Es kann Stellen im Universum geben, an denen übermächtige Massen von Materie den Raum (oder das Raum-Zeit-Kontinuum) gewissermaßen in sich zurückbiegen. Aus einem solchen Gebilde, Schwarzes Loch genannt, kann nichts entfliehen, kein Elementarteilchen, nicht einmal Licht. Materie, die in seinen Anziehungsbereich gerät, stürzt hinein, auf Nimmerwiedersehen. Da keine elektromagnetische Strahlung aus dem Schwarzen Loch herauskann, können wir auch niemals irgendeine Information von dort erhalten. Es ist abgeschlossen durch einen »Ereignishorizont«.

Der deutsche Astronom Karl Schwarzschild berechnete bereits 1916 den Radius, bei dessen Erreichen eine Masse zum Schwarzen Loch wird. Er starb kurz darauf; seine Leistung (veröffentlicht in den Abhandlungen der Kgl. Preußischen Akademie) fand kaum Beachtung. Der Radius beträgt für eine Sonnenmasse 2,95 km, für die Masse der Erde weniger als 1 cm, für einen menschlichen Körper 10^{-23} cm. Die Materie nähert sich im Schwarzen Loch einem Zustand, in dem ihre Ausdehnung gegen Null und ihre Dichte gegen unendlich geht – ein Zustand, der mit den Gesetzen der Physik nicht mehr zu erfassen ist. Man nennt ihn auch »Singularität«. Die genannten Werte gelten für elektrisch neutrale, nicht rotierende Massen.

»Aber irgendwo muß die Masse doch bleiben, sie kann sich doch nicht in nichts auflösen«, so sagt der »gesunde Menschenverstand«. Darauf gibt es nur die Antwort: Vielleicht geht sie hinüber in ein anderes Universum, das nur in diesem einen Punkt das unsere berührt? ... Die Physik kann darüber nichts sagen.

Wenn es Schwarze Löcher gibt – wie soll man sie beobachten können? Strahlung kann ihre Anwesenheit nicht verraten. Wohl aber ihre Gravitation! Sie muß, was in ihren Bereich gerät, ob Atom, ob ganze Sterne, hineinsaugen und für immer verschwinden lassen. Die hineinstürzende Materie wird, bevor sie verschwindet, so hoch beschleunigt, daß sie Strahlung abgeben muß. Nach der Theorie wird sogar ein beträchtlicher Teil der Masse in Energie verwandelt. Der Prozeß, unter dem Aspekt der Energieerzeugung betrachtet, ist sogar ergiebiger als Atomzertrümmerung oder -verschmelzung. Unter geeigneten Bedingungen wird sich eine Akkretionsscheibe bilden, in der die erhitzte Materie immer schneller kreist, bevor sie im Strudel verschwindet. Sie muß dann intensive Röntgenstrahlung abgeben.

Es gibt Doppelsternsysteme, deren einer Partner sichtbar ist, während der andere (dessen Vorhandensein aus der Rotation des Systems mit Gewißheit zu erschließen ist) unbeobachtbar bleibt. Der unsichtbare Partner könnte ein für uns nicht sichtbarer Neutronenstern sein. Hat er aber eine Masse, die weit größer ist, als ein Neutronenstern sie haben kann, so liegt die Annahme nahe, es handle sich um ein Schwarzes Loch. Dieser Verdacht ist sehr stark in bezug auf das Doppelsternsystem

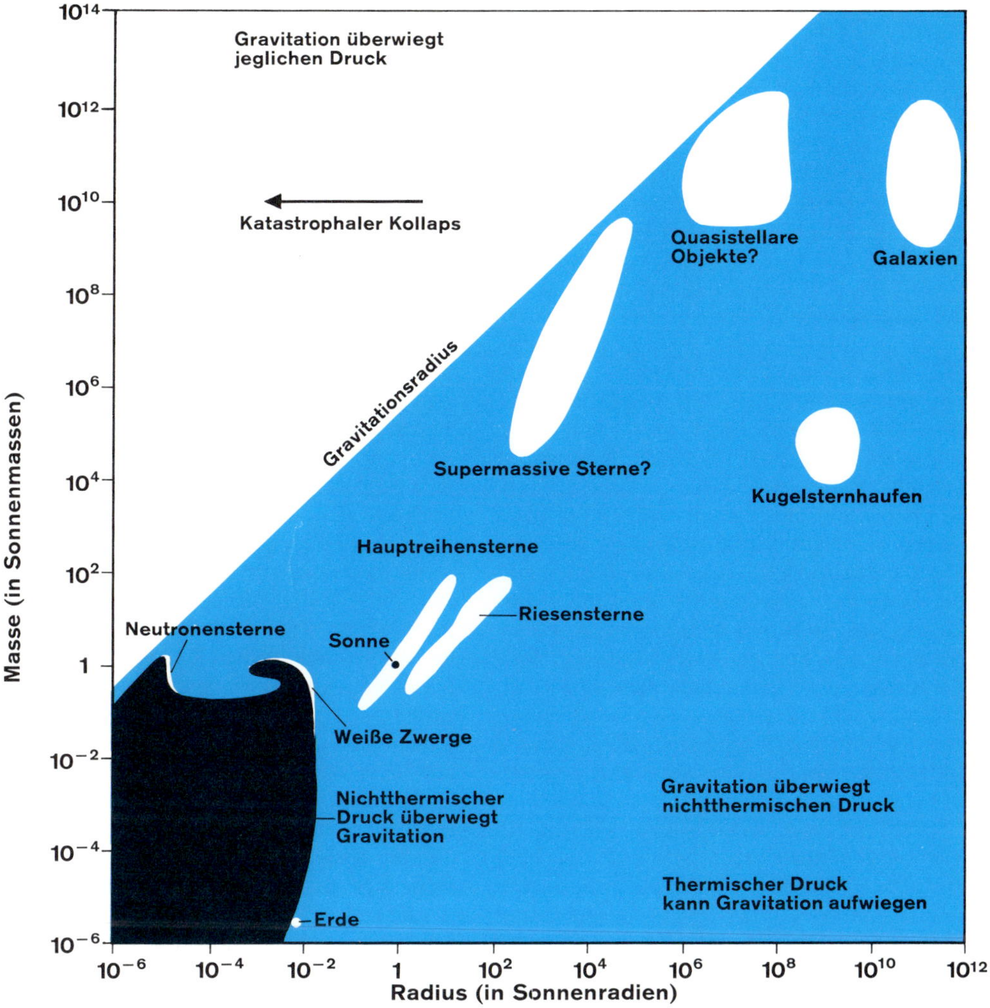

Abb. 7j. Gravitationskollaps. In diesem Masse-Radius-Diagramm treten die Bereiche von astrophysikalischer Bedeutung hervor. Alle bekannten Objekte außerhalb des Sonnensystems liegen rechts vom Gravitationsradius, in dem die Gravitation den nichtthermischen Druck überwiegt, aber durch thermischen Druck aufgewogen werden kann. Unter thermischem Druck ist hier sowohl der Druck im Innern heißer Sterne (infolge der Bewegungen der Atome) wie der entsprechende Druck in Sternhaufen (infolge der Bewegungen der Einzelsterne) zu verstehen. Wenn dieser Druck irgendwann schließlich nachläßt, zieht sich das Objekt unter der Wirkung der Gravitation zusammen. Die Kontraktion kann auf dreierlei Weise enden: 1. Nichtthermischer Druck wiegt die Gravitation für alle Zeit auf (Erde, Weiße Zwerge, Neutronensterne); 2. Explosion zerstört das Objekt; 3. totaler Schwerkraftkollaps (»Schwarzes Loch«). Nach K. S. Thorne: Gravitational Collapse. © Scientific American Inc. (Nov. 1967).

Cygnus X-1, eine der stärksten Röntgenquellen am Himmel. Das Paar besteht aus einem blauen Überriesen von 40facher Sonnenmasse und dem unsichtbaren Begleitstern, der 10 $M_\odot$ haben soll und den Hauptstern in 5,56 Tagen umkreist.

Das Phänomen »Schwarze Löcher« spielt auch eine bedeutende Rolle in der Welt der großen Sternsysteme. Ich komme darauf zurück.

7.8 Supernovae

Der Gravitationskollaps, durch den ein riesiger Sternenkörper zu einem Neutronenstern oder Schwarzen Loch zusammenschrumpft, vollzieht sich in Sekundenschnelle und stellt eine der spektakulärsten Katastrophen dar, die im Universum passieren. Man nennt das Ereignis Supernova, was nichts anderes bedeutet als: Explosion, die noch viel gewaltiger ist als die einer Nova (Abschnitt 5.4). Der Übergang eines Sterns in den Zustand eines Weißen Zwerges kann sich relativ allmählich und sanft vollziehen. Der Übergang zum Neutronenstern und zum Schwarzen Loch geschieht blitzschnell und mit verheerenden Begleiterscheinungen.

Während eine Nova-Explosion den Stern vorübergehend etwa 10000mal so hell strahlen läßt wie vor der Explosion, strahlt eine Supernova um das Milliardenfache heller; sie kann mehrere Tage lang eine ganze Galaxie, die aus Milliarden Sternen besteht, überstrahlen und dabei so viel Energie abgeben wie die Sonne während ihrer ganzen Lebensdauer von 10 Milliarden Jahren.

Die Astronomen unterscheiden zwei Arten von Supernovae, Typ I und Typ II genannt. Typ I ist der stärkere. Ursache und Verlauf der Explosion sind bei beiden verschieden. Zunächst aber ein Blick auf die Geschichte!

Novae sind relativ selten. In dem riesigen Sternsystem unserer Milchstraße mögen pro Jahr 50 auftreten – eine Schätzung, denn wir können nur einen mäßigen Teil des Systems sehen, aber gestützt dadurch, daß Novae auch in anderen Systemen zu beobachten sind. Supernovae sind viel seltener: eine innerhalb mehrerer Jahrzehnte.

Chinesische Astronomen berichten über ein solches Ereignis im Jahre 1054 christlicher Zeitrechnung. Die Astronomie ist heute sicher, daß der Zentralstern des Krebsnebels, ein Neutronenstern, den Überrest des explodierten Sterns darstellt, der Krebsnebel selbst den Überrest der Explosionswolke. Berichte aus Europa gibt es darüber nicht. Die auffälligen Erscheinungen, die Tycho Brahe 1572 und Kepler 1604 sichteten, werden heute als Supernovae eingestuft. Indizien sprechen dafür, daß es auch 1006 sowie um 1677 eine Supernova gegeben hat.

Die Prozesse, die in einer Supernova ablaufen, werden von den Astrophysikern noch nicht völlig durchschaut. Sehr wahrscheinlich ist, daß es sich beim Typ I um die Explosion eines Weißen Zwerges, beim Typ II dagegen um einen massereichen Stern handelt.

Wie kann ein Weißer Zwerg explodieren? Von sich aus kann er das nicht. Er kann es als Glied eines engen Doppelsternsystems, wenn er von seinem Begleiter so viel Materie abzieht, daß er die Massengrenze überschreitet, bis zu der ein Weißer Zwerg existieren kann. Es kann dann dazu kommen, daß der ganze Stern explodiert und daß er dabei vollständig zerrissen wird.

Die Supernova vom Typ II ist der gewaltsame Tod massereicher Sterne. Der Kollaps, der eintritt, wenn kein fusionsfähiges Material mehr vorhanden ist, dauert nur Sekunden. Wenn er zum Stehen kommt, bildet sich eine Stoßwelle, die die restliche, jetzt auf den Kern einstürzende Materie nach außen sprengt. Diese wird dabei auf eine Geschwindigkeit von 10000 km/s beschleunigt.

Die Temperatur im Kern kann Milliarden K erreichen. Bei Fusionsprozessen im

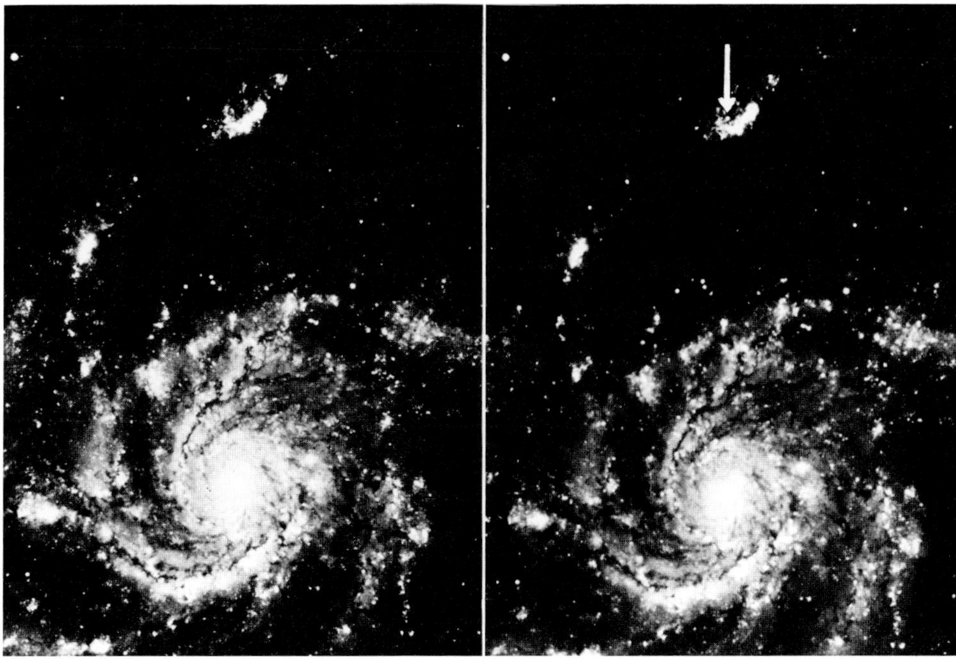

Abb. 7 k. Das Aufleuchten einer Supernova in dem Sternsystem NGC 5457 im Großen Bären. Das rechte Bild, aufgenommen am 7. Februar 1951, zeigt die Supernova (durch Pfeil markiert), von der auf dem linken Bild, aufgenommen im Juni 1950, noch nichts zu bemerken ist (Hale Observatories).

Stern können nur Elemente bis zum Atomgewicht des Eisens erzeugt werden, bei solchen Explosionen dagegen noch schwerere, weil die dafür erforderliche Energie zur Verfügung steht.

Die ausgeschleuderte Materie bleibt für Tausende von Jahren als immer weiter expandierende Wolke sichtbar. Sie kann die interstellare Materie, auf die sie trifft, bis auf mehrere Millionen K aufheizen, so daß sie im Röntgenbereich strahlt.

Die Expansionsgeschwindigkeit führt dazu, daß ein Stern von Sonnengröße innerhalb eines einzigen Tages auf den Durchmesser unseres ganzen Sonnensystems wächst. Mit dieser millionenfachen Vergrößerung der Oberfläche geht ein Helligkeitsanstieg einher. Das Maximum kann Tage, Wochen, Monate anhalten. Die Helligkeit fällt dann über 200 bis 400 Tage allmählich ab. An ihren Lichtkurven kann man die Typen I und II unterscheiden.

Explodiert ein Stern in einem Doppelsternsystem als Supernova, so wird der andere durch die Gewalt der Explosion gleichsam fortgeblasen. Er entfernt sich mit hoher Geschwindigkeit. Es gibt 3 solche Sterne – man nennt sie Ausreißer- oder Runaway-Sterne –, von denen angenommen wird, daß sie ursprünglich zusammen mit einem weiteren ein Vierfachsystem gebildet haben, bis dieser vor drei Millionen Jahren als Supernova endete und seine drei Genossen, die selbst massereiche Sterne darstellen, davontrieb. Diese Sterne heißen AE Aurigae, μ Columbae und 53 Arietis –

sie stehen also jetzt in den Sternbildern Fuhrmann, Taube und Widder, weit weg von ihrem Entstehungsort im Orion.

Supernovae haben eine kaum zu überschätzende Bedeutung in dem Prozeß, den man Evolution des Weltalls nennen kann – nicht nur dadurch, daß die von ihnen ausgehenden Stoßwellen das Entstehen neuer Sterne anstoßen können. Sie erzeugen auch einen Teil der Kosmischen Strahlung (vgl. Abschnitt 6.7). Eine Supernova in Sonnenumgebung, wenige bis zwei Dutzend Lichtjahre entfernt, würde die auf die Erde treffende Kosmische Strahlung auf ein Vielfaches anwachsen lassen. Dies könnte irdische Organismen schädigen, vielleicht auch ausrotten. Der Stern Eta Carinae, den manche als Kandidaten für einen kurz bevorstehenden Ausbruch ansehen – ein Riesenstern mit mehreren Dutzend Sonnenmassen, der jährlich durch Sternenwind mehrere Sonnenmassen verliert –, ist nur etwa 8000 Lichtjahre von uns entfernt, rund $^1/_{20}$ der Entfernung der Großen Magellanschen Wolke, in der 1987 eine Supernova auftrat.

Schließlich machen Supernovae den Werdegang eines Sternsystems und des ganzen Weltalls zu einem gerichteten, unumkehrbaren Prozeß, indem sie die im Stern erzeugten schwereren Elemente ins All streuen. Später entstehende Generationen von Sternen enthalten darum einen höheren Prozentsatz an schwereren Elementen (»Metallen«) als frühere.

7.9 SN 1987 A

Diese Abkürzung bezeichnet die im Jahre 1987 in Erscheinung getretene Supernova in der Großen Magellanschen Wolke, einem Sternsystem am Südhimmel, das von uns etwa 160 000 Lichtjahre entfernt ist. Sie konnte trotz dieser respektablen Entfernung hervorragend beobachtet werden, und sie war die erste, die von ihrer Entdeckung ab (durch Astronomen in Chile und Neuseeland, am 24. Februar um 3 Uhr Weltzeit) mit zahlreichen Instrumenten, sowohl vom Erdboden aus wie von Flugzeugen und Raketen wie auch durch Satelliten, beobachtet werden konnte, und zwar in allen Frequenzbereichen. Ein Glücksfall für die Astronomie! (Vergessen wir dabei nicht, daß die Explosion, deren Lichtblitz an jenem Tag unsere Erde erreichte, vor 160 000 Jahren stattgefunden hat.)

Diese Supernova hat manche Modellvorstellungen der Astrophysiker bestätigt, andererseits auch neue Probleme oder Rätsel aufgegeben. Ihrer Lichtkurve nach gehört sie zum Typ II, stellt also die Explosion eines massereichen Sterns dar. Aus den Analysen, welche die Spezialisten aus den überreichen Beobachtungs- und Meßergebnissen bisher erarbeitet haben, referiere ich ein paar Einzelzüge, weil dadurch Licht nicht nur auf das Phänomen Supernova, sondern auf Grundlinien der Sternentwicklung fällt, die Gegenstand dieses Kapitels ist.

Anhand von Aufnahmen der fraglichen Himmelsgegend – unweit des riesenhaften leuchtkräftigen Tarantelnebels – gelang es, den »Vorläuferstern«, also den Stern, der hier explodiert war, zu identifizieren. »Sanduleak – 69 ° 202'«, unter dieser Bezeichnung war er in Katalogen verzeichnet (Sanduleak ist der Name eines Astronomen aus dem Baltikum). Von ihm war bekannt: ein Überriese, 10 Sonnenmassen, Oberflächentemperatur 14 500 K, achtzig Sonnendurchmesser groß, 80 000fache Sonnenleuchtkraft. Es war auch ein Spektrum bekannt, und das ergab die erste Überraschung: ein heller, blauer Stern. Man glaubte bis dahin, daß nur rote Riesensterne als Supernova enden könnten. Jetzt wird angenommen, daß er das Stadium des Roten Riesen bereits hinter sich hatte.

Der Lebensweg dieses Sterns ist nach den Analysen etwa so verlaufen: Er entstand vor 11 Millionen Jahren als sehr heißer, massereicher Stern: 18 $M_\odot$, 35 000 K Oberflächentemperatur. Während seiner Exi-

Abb. 71. Die Supernova 1987 (der »vierstrahlige« Stern knapp unterhalb der Bildmitte) kurz nach ihrem Ausbruch, aufgenommen im März 1987 durch die Europäische Südsternwarte (ESO) in Chile. Links als heller Fleck sichtbar ist der Tarantel-Nebel, ein 160000 Lichtjahre entfernter Emissionsnebel in der Großen Magellanschen Wolke.

stenz als Hauptreihenstern nahm die Oberflächentemperatur noch zu. Bekanntermaßen erschöpfen solche »Verschwender« ihre Vorräte an atomarem Brennstoff schnell. In diesem Fall war der Wasserstoff schon nach 10 Millionen Jahren verbraucht. Der Stern blähte sich auf zum Roten Überriesen. Der Kern zog sich zusammen, bis seine Temperatur, die zunächst 40 Millionen K betragen hatte, auf 190 Millionen K gestiegen war. Nun setzte das Heliumbrennen ein. Das Helium war nach 600000 Jahren erschöpft. In dieser Zeit verlor der Stern etwa die Hälfte seiner Masse durch Abströmen in Form von Sternenwind; Reste der dabei gebildeten Wolken konnten inzwischen entdeckt werden.

Der weitere Ablauf wurde immer dramatischer, die Phasen immer kürzer. Der Kern zog sich weiter zusammen, der Stern wurde zum Blauen Überriesen. Der Kohlenstoff wurde bei über 700 Millionen K Kerntemperatur gezündet. Das war vor nur 12000 Jahren. In immer kürzeren Fristen wurden jetzt Neon verbrannt (bei 1,6 Milliarden K), dann Sauerstoff, nur wenige Jahre lang, dann Schwefel und Silicium, nunmehr bei Temperaturen im Kern von über 3 Milliarden K. Dies dauerte nur ein paar Wochen. Das Endprodukt der letztgenannten Reaktion ist Eisen. Nun bestehen keine Fusionsmöglichkeiten mehr. Der Stern besteht jetzt aus einer Eisenkugel im Inneren, um die herum konzentrisch Kugelschalen (man spricht von »kosmischer Zwiebel«) aus leichteren Elementen geschichtet sind.

Der Sieg der Gravitation trat blitzschnell ein. Der Kern stürzte zusammen bis zur

Größe eines Neutronensterns, Durchmesser 20 km – vermutlich, denn bis jetzt hat man den Neutronenstern noch nicht ausmachen können. Vielleicht ist er durch die Explosionswolke noch verdeckt.

Die Physiker glauben heute, daß die Explosion, die wir beobachten, nur einen winzigen Bruchteil der freigesetzten Energie ausmacht, daß der Hauptteil der Energie gar nicht als Strahlung – auch nicht als Bewegungsenergie der abgesprengten Materie – abgegeben wird, sondern in Form von Neutrinos. Tatsächlich wurden an verschiedenen Stellen der Erde, in Japan, den USA, der UdSSR, Neutrino-Einfänge in entsprechenden Anlagen registriert, noch bevor im sichtbaren Licht die Explosion zu beobachten war. Die Neutrinos, die in wahrhaft unvorstellbarer Menge binnen $^{1}/_{10\,000}$ Sekunde erzeugt werden, sollen den Löwenanteil der freigesetzten Energie davontragen. Diese wird mit 3mal 10^{46} Joule angegeben – eine Zahl, vor der unser Vorstellungsvermögen versagt.

Bei der Explosion soll der Kern bis auf 5 Milliarden K aufgeheizt worden sein. Daher konnten in den verschiedenen Schalen nochmals Kernreaktionen in Gang kommen. Es entstand u. a. Nickel 56, ein radioaktives Isotop des Nickels, das zu Kobalt 56 und dann zu Eisen zerfällt. Die bei diesen Prozessen entstehende Strahlung wurde von Ballonen und Satelliten aus nachgewiesen.

Während die Helligkeit der SN 1987 allmählich abnahm, konnte man Anfang 1988 riesige »Lichtechos« in ihrem Umkreis beobachten. Sie entstehen dadurch, daß das Licht auf interstellare Wolken trifft, besonders solche, die früher von dem explodierten Stern abgestoßen worden sind.

7.10 Sternentwicklung: Zusammenfassung

Zur besseren Übersicht fasse ich hier wichtige Stationen der Sternentwicklung – in starker Vereinfachung, versteht sich – zusammen.

Die Sternentstehung scheint, unabhängig von der Masse des Sterns, immer auf die gleiche Weise zu geschehen. Die Materie einer großen Wolke aus interstellarer Materie, bestehend aus Wasserstoff (meist molekular), Helium, mit Beimischung von Staub und weiteren Elementen (u. a. Kohlenmonoxyd), verdichtet sich, zerfällt in kleinere Wolken, die jede für sich weiter zusammenfallen; das Innere erhitzt sich, strahlt erst im Infrarot, dann im sichtbaren Licht; erreicht Temperaturen, bei denen Kernreaktionen, in erster Linie die Fusion Wasserstoff zu Helium, einsetzen.

Der weitere Weg hängt vor allem von der Masse des Sterns ab; daneben auch davon, ob er als Glied eines Doppel- oder Mehrfachsystems ins Leben tritt – und dies ist häufig der Fall. Bei genügendem Abstand der Partner kann jeder sich ungestört entwickeln, »nach dem Gesetz, nach dem er angetreten«. Bei engen Doppelsternsystemen können Katastrophen eintreten, wenn einer der Partner gegen Ende seiner Lebenszeit zum Weißen Zwerg wird oder noch stärker kollabiert.

1. »Leichte Sterne« mit Massen unterhalb der Chandrasekhar-Grenze, die bei 1,4 bis 3 $M_{\odot}$ liegen kann, geraten häufig, bevor sie in das relativ ruhige Stadium des Wasserstoffbrennens als Hauptreihenstern eintreten, in eine Phase, in der sie eine starke, ja eruptive Aktivität entwickeln (Flackersterne, Flaresterne). Bei solchen Ausbrüchen können sie 10- bis 100mal heller strahlen als vor- und nachher. Sie geben dann schon hier einen ins Gewicht fallenden Teil ihrer Materie an das interstellare Gas zurück, aus dem sie stammen.

Ihr Dasein als Hauptreihenstern dauert Milliarden von Jahren. Sie durchlaufen anschließend ein Stadium als Roter Riese, werden darauf zum Weißen Zwerg und strahlen über lange Zeiträume die in ihnen gespeicherte (aber nicht mehr erneuerbare) Energie ab, bis sie erlöschen. Sie sind

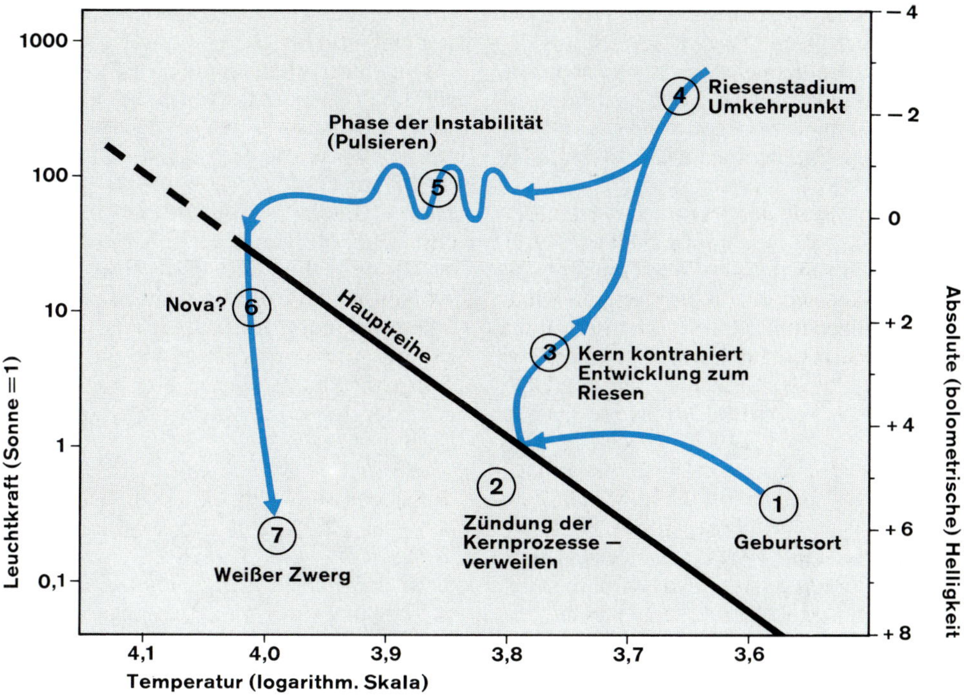

Abb. 7 m. So etwa zeichnet sich der Lebensweg eines normalen Sterns im Hertzsprung-Russell-Diagramm ab. Die Temperatur ist in logarithmischer Skala angegeben: 4,0 entspricht 10000°, 3,6 entspricht 4000°. Als »normaler« Stern ist hier ein Körper von etwa einer Sonnenmasse anzusehen. Massereichere Sterne erreichen die Hauptreihe weiter oben (bei höherer Leuchtkraft), gehen wahrscheinlich mehrmals durch die Instabilitätsphase, können erneut zu Riesen werden. In dem mit »Nova?« bezeichneten Bereich stoßen sie Materie ab (als Planetarischen Nebel) und sinken dann zum Zwerg hinab.

dann zu Schwarzen, will sagen: unsichtbaren Zwergen geworden.

2. Mittelschwer kann man die Sterne nennen, deren Endmasse größer ist als die Chandrasekhar-Grenze, aber kleiner als die Masse, die zu einer Supernova-Explosion (vom Typ II) führen kann. Diese – wie früher gesagt – mag 8 $M_\odot$ betragen. Auch Sterne dieser Art können – müssen aber nicht – in ihrer »Jugend« (um 10 Millionen Jahre) eruptiv veränderlich sein – als sogenannte T-Tauri-Sterne. Ähnlich wie die leichten Sterne werden sie nach Erschöpfung des Wasserstoffvorrats zu Roten Riesen. Wenn sie dann einen großen Teil ihrer äußeren Schichten abstoßen (als Planetarische Nebel), enden sie ebenfalls als Weiße und schließlich Schwarze Zwerge.

3. Massereiche Sterne haben ein kurzes Leben, das oft nur nach Millionen Jahren zählt. Sie sind heißer als andere, strahlen blau und erreichen, nach Durchlaufen mehrerer Stadien als Riesen und auch Überriesen, schneller den Punkt, da ihre Reserven an atomarem Brennstoff erschöpft sind. Je nach der Masse, die ihr Kern in diesem Augenblick hat, endet der jetzt unvermeidliche Kollaps entweder mit dem Entstehen

eines Neutronensterns oder, bei supermassiven Sternen, eines Schwarzen Loches.

Bei der Explosion wird ein wesentlicher Teil der Masse, jedoch nun teilweise in Form schwerer Elemente, abgesprengt. Er verteilt sich im Lauf der Zeit ins interstellare Medium.

Was wird aus einem Neutronenstern? Er verbraucht ja Energie durch seine Strahlung und durch seine Rotation, ohne neue zu erzeugen. Treibt ein solcher Ball von unvorstellbarem Gewicht auf ewig durchs All? Man kann darüber spekulieren. Aber niemand weiß es.

Ist ein Stern in seinem Endstadium, sei es als Weißer Zwerg oder als Neutronenstern oder als Schwarzes Loch, Teil eines Doppelsternsystems, so wird er aufgrund seiner gewaltigen Gravitation von seinem Partnerstern Materie abziehen, sobald dieser sein Volumen vergrößert. Katastrophale Ausbrüche – Röntgen- oder Gammablitze, Nova- oder Supernovaausbrüche – können dann entstehen.

8. Die Milchstraße

8.1 Größe und Gestalt

In jeder sternklaren Nacht, am eindrucksvollsten aber an einem mondlosen Abend im August, sehen wir das breite, unregelmäßig geformte, weißleuchtende Band der Milchstraße sich über den Himmel spannen.

Die Griechen des Altertums, deren herrliche mythische Ausdeutungen der Naturphänomene uns noch immer leiten und begeistern – so sehr wir auch inzwischen den ganz und gar andersartigen, unpoetischen Charakter der Phänomene kennen –, gaben dieser Himmelserscheinung den Namen »galaxias kyklos«, abgeleitet von gala = Milch und kyklos = Kreis (unser Wort »Zyklus«), wörtlich also Milchkreis. Die Bezeichnung Milchstraße ist davon abgeleitet, daneben sind auch »Galaxis« oder »Galaxie« in Gebrauch. Hier setzt wieder die historisch bedingte Verwirrung ein, denn seit wir wissen, daß unsere Milchstraße nur eines unter unzähligen ähnlichen Sternsystemen ist, nennt man auch die anderen Sternsysteme »Galaxien«, aber auch »extragalaktische Systeme« – worin ein gewisser Widerspruch liegt (und früher sprach man dazu von »extragalaktischen Nebeln«, weil man ihren Charakter als Sternsysteme noch nicht erkannt hatte). Ich benutze in diesem Buch die Bezeichnungen »Milchstraße« und »Galaxis« nur für unser eigenes System, nenne die gleichartigen Systeme mit Ausnahme unseres eigenen »extragalaktische Systeme«, bezeichne schließlich alle Sternsysteme dieser Art, unseres eingeschlossen, als »Galaxien« oder »Sternsysteme«.

Das unbewehrte Auge sieht nur das milchig leuchtende Band, das sich an einer Stelle zu teilen scheint; Einzelsterne vermag es in ihm nicht zu unterscheiden. So ist es zu bewundern, daß Demokrit schon im Altertum die Wahrheit, es handle sich um sehr viele, dicht beieinanderstehende Sterne, deren Licht sich vereinigt, richtig vermutete, ohne sie beweisen zu können. Er fand denn auch keinen Glauben.

Der Einblick in die wirkliche Natur und Größe des Milchstraßensystems beginnt erst mit den Untersuchungen Friedrich Wilhelm Herschels im 18. Jahrhundert. Herschel, dem seine selbstgebauten Fernrohre – wahre Wunderwerke für ihre Zeit – immer neue Myriaden von Sternen zeigten, die noch kein menschliches Auge erblickt hatte, verfügte nicht über Methoden zur Entfernungsbestimmung, er konnte von den Sternen im wesentlichen nur ihren Ort am Himmel und ihre (scheinbare) Helligkeit feststellen. So mußte er sich hauptsächlich statistischer Methoden bedienen,

Abb. 8 a: Wilhelm Herschels selbsterbautes »40füßiges«, also 12 m langes Teleskop (Kupferstich aus dem Jahr 1795).

indem er in ausgewählten Feldern des Sternhimmels die Sterne der verschiedenen Größenklassen abzählte. Mit so einfachen – viel Fleiß und Geduld verlangenden – Methoden kam Herschel immerhin der Wahrheit nahe, als er eine allmähliche Abnahme der Sterndichte in größeren Entfernungen von der Milchstraßen-Ebene feststellte. Er nahm auch schon ein flaches, »mühlsteinartiges« System an, setzte allerdings die Sonne in den Mittelpunkt des Ganzen.

Mit wesentlich verbesserten statistischen Methoden kam der niederländische Astronom Jakobus Cornelius Kapteyn zu Beginn unseres Jahrhunderts zur Annahme eines dem Herschelschen ähnlich geformten Systems, dessen Durchmesser er – immer noch viel zu gering – mit 20000 Lichtjahren ansetzte.

Heute kann als gesichert gelten, daß das System die Form einer ziemlich flachen, diskusartigen Scheibe hat, deren Durchmesser 30 kpc oder 100000 Lichtjahre beträgt; zu bedenken ist dabei, daß die Sterndichte nach außen zu dünner wird, ohne daß aber ein »Rand« präzise festzulegen wäre. In diesem ersten Punkt ist eine gute Übereinstimmung mit dem Augenschein gegeben: Die Hauptebene der Scheibe ist offenbar markiert durch das leuchtende Band, das wir am Himmel sehen und das sich um die ganze Erde herum erstreckt, also von ihrer Nord- wie Südhalbkugel aus gleichermaßen sichtbar ist. Richten wir unseren Blick auf dieses Band, so liegt unsere Visierlinie in der Hauptebene der Scheibe. Hier stehen die Sterne am dichtesten. Senkrecht zu dieser Visierlinie blicken wir aus der Scheibe in den Raum hinaus. Hier – und nur hier – haben wir die Chance, Objekte zu erblicken, die sich in großen Entfernungen weit außerhalb unseres eigenen Sternsystems befinden. In der Hauptebene dagegen ist der Blick behindert durch Gas und Staub, die hier am dichtesten konzentriert sind. Wir können hier nirgends durch das ganze System hindurchblicken, wir können insbesondere auch das Zentrum des Systems nicht sehen. Dieses liegt – wie auf andere Weise ermittelt ist – in der Richtung des Sternbilds Schütze (Sagittarius), das zur südlichen Hemisphäre gehört und für Bewohner der Nordhalbkugel nur knapp über den Horizont rückt.

Wo ist der Ort unserer Sonne in diesem System? Keineswegs im Mittelpunkt! Sie befindet sich etwa halbwegs zwischen dem Zentrum und dem äußeren Rand der Scheibe, vom Zentrum 8600 pc = 28000 Lichtjahre entfernt; nicht genau in der Hauptebene, sondern 15 pc außerhalb dieser.

Es leuchtet ein, daß es äußerst schwierig ist, über Gestalt und Struktur eines solchen Systems, über die Verteilung der Sterne in ihm und die Bewegungsverhältnisse Aufschluß zu gewinnen, wenn man sich im System selbst befindet, schon halbwegs in seinen äußeren Regionen, und wenn der Blick in die wichtigste Richtung obendrein stark behindert ist. Wahrscheinlich wäre es bis heute nicht gelungen, darüber Klarheit zu schaffen, wenn die Astronomen nicht seit einigen Jahrzehnten mit Riesenteleskopen zahllose andere Systeme sehen könnten, außergalaktische Sternsysteme, und zwar, wegen der regellosen Streuung ihrer Achsen und Hauptebenen im Raum, in allen denkbaren Perspektiven.

So ist das herkömmliche, bis vor wenigen Jahren kaum angezweifelte Modell des Systems entstanden, wie es die Zeichnung F 13 anschaulich macht. Danach hat das System drei Hauptbestandteile:

1. Die Scheibe, deren Abmessungen ich schon genannt habe. Sie ist im Verhältnis zum Durchmesser recht flach: in den äußeren Teilen um 3000 Lichtjahre dick. Zum Rand zu weist sie wulstartige Verdickungen auf, die wahrscheinlich auf gravitative Wechselwirkung mit in der Nähe befindlichen anderen Sternsystemen der – demnächst zu besprechenden – »Lokalen Gruppe« zusammenhängen. Der Rand ist außerdem etwas »verbogen«, ähnlich der Krempe eines Schlapphuts.

2. In der Mitte der Scheibe befindet sich

eine linsenförmige Verdickung (englisch meist »bulge« genannt). Dieser Teil, senkrecht zur Hauptebene gemessen etwa 15000 Lichtjahre dick (in der Hauptebene mehr), wird meist als Kernregion oder Kernbereich bezeichnet. In seinem Inneren befindet sich das eigentliche, noch von Geheimnis umwitterte Zentrum des Systems. Die Kernregion unterscheidet sich in wichtigen Punkten – in der Zusammensetzung und auch in den Bewegungsverhältnissen – von der Hauptscheibe und muß deshalb als eigener Bestandteil des Systems gelten.

3. Beide zusammen sind eingehüllt in eine größere Sphäre, die die Gestalt einer abgeflachten Kugel hat. Sie wird »Halo« genannt. Dieser Raum enthält auch Sterne, jedoch in viel dünnerer Verteilung als die Hauptscheibe. Im Halo bewegen sich die Kugelsternhaufen, etwa 300 an der Zahl, deren jeder 100000 oder auch eine Million Sterne enthält. Die Gravitation, welche die Sterne in einem solchen Haufen zusammenhält, ist offensichtlich stärker als die, die von der Masse der Hauptscheibe ausgeht.

Die Kugelhaufen beschreiben Bahnen, meist in Form langgestreckter Ellipsen, um das galaktische Zentrum. Diese Bahnen liegen nicht in der Hauptebene. Die Haufen nehmen für ihre Bewegungen den ganzen Raum des Halos in Anspruch. Zweimal pro Umlauf müssen sie die Hauptscheibe durchqueren – ein Ereignis, das sie beeinflussen dürfte, aber nicht ihren Zusammenhalt auflöst oder ihre Bahnen wesentlich stört. Die entferntesten Kugelhaufen sind von uns 100000 Lichtjahre entfernt, bedeutend weiter also als der Rand der Hauptscheibe – ein Indiz dafür, daß der Halo wesentlich größere Ausmaße hat.

Dieses Modell macht die Zeichnung F 13 anschaulich. Sie zeigt, schematisch vereinfacht, wie sich das bisher beschriebene System für einen Beobachter ausnehmen würde, der sich außerhalb des Systems, aber in seiner Hauptebene befindet.

Nun mehren sich aber die Anzeichen dafür, daß dieses Modell unvollständig ist, daß das System einen vierten Hauptteil hat: eine riesige Hülle, die das System einschließt und die Korona genannt wird (manchmal auch Halo, was allerdings zur Verwechslung mit dem bisher so benannten Teil führen muß). Die Korona ist in der Zeichnung nicht dargestellt, nicht nur weil die übrigen Hauptteile dann zu klein erscheinen, sondern auch, weil noch unklar ist, was sich in ihr befindet. Nach radioastronomischen Beobachtungen der letzten Jahre enthält die Korona auf jeden Fall auch sehr heißes Gas (bis zu 1 Million K). Über dieses extrem dünne Gas hinaus muß die Korona aber noch etwas anderes enthalten. Das wird erst verständlich, wenn man die Frage untersucht, wieviel Masse das System enthalten mag. Dies setzt aber voraus, daß man vorher einen Blick auf die Struktur des Systems und auf seinen Bewegungszustand wirft.

8.2 Spiralstruktur und Rotation

Ein großer Teil der Sternsysteme, die sich außerhalb unserer Milchstraße beobachten lassen, hat Spiralstruktur. Solche Galaxien sehen, wenn man senkrecht auf ihre Hauptebene blickt, wie Feuerräder aus. Von einer mehr oder weniger markanten Kernregion zweigen Arme ab, manchmal zwei, manchmal mehr, die sich spiralig um die Kernregion winden.

Stellt auch die Milchstraße ein derartiges System dar? Leider können wir niemals von außen auf ihre Hauptscheibe blicken. Wir sind zur Klärung auf indirekte und komplizierte Methoden angewiesen. Eine zentrale Rolle spielt dabei die Radioastronomie, die mit kurzen Wellen im Zentimeter- und Millimeterbereich arbeitet. Sie hat die Verteilung des interstellaren Gases, Wasserstoff in beiden Formen und Indikatoren wie Kohlenoxyd, allmählich feststellen können. Das dabei erarbeitete Bild (vgl. Abb. 8b) spricht für eine Spiralstruktur, läßt aber

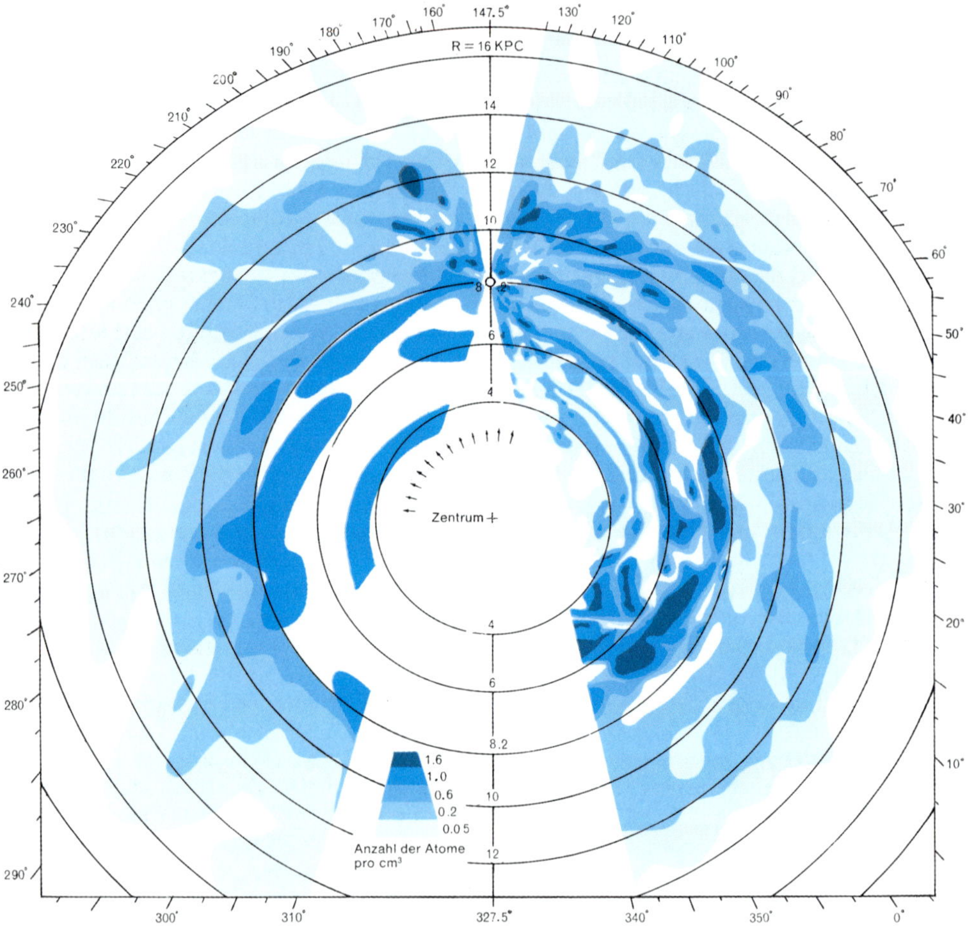

Abb. 8 b. Eine Radiokarte der Milchstraße, die vom Zentrum bis zu 16 Kiloparsec Entfernung die Dichteverteilung des interstellaren Wasserstoffs in der Hauptebene zeigt. Von der Sonne (bei 8,2 kpc) nach außen und zum Zentrum hin ist keine Beobachtung möglich. (Mit frdl. Genehmigung von Aldus Books Ltd, London.)

doch viele Fragen noch offen. Ergänzt werden die Ergebnisse der Radioastronomie durch Beobachtungen mit anderen Methoden, z. B. das Studium der Frage, wo sich Häufungen von jungen, sehr heißen und damit massereichen Sternen (Spektralklassen O und B) finden, denn aus der Betrachtung anderer Spiralsysteme weiß man, daß die Sternentstehung vorwiegend in den Spiralarmen stattfindet. Die Arme leuchten bläulich-weiß, während die Kernregionen rötlich-gelb erscheinen (also weniger heiße Sterne enthalten).

Das Ergebnis dieser Bemühungen läßt sich so zusammenfassen: Man ist einig darüber, daß wir uns in einer Spiralgalaxie befinden. Es ist aber noch nicht sicher, ob sie zwei oder vier Arme aufweist. Der Niederländer Bart J. Bok, einer der führenden Milchstraßenforscher, hat in einer Vorlesung, die er kurz vor seinem Tod (1983) in den USA hielt, bekannt, er habe sich nunmehr überzeugt, daß vier Arme vorhanden seien und nicht wie bis dahin angenommen zwei. Man unterscheidet einen Orion-Arm, in oder dicht an dem sich die Sonne befindet, einen Perseus-Arm weiter auswärts, neuerdings ist die Rede von einem Carina- und einem Norma-Arm.

Die Klärung ist deswegen so schwierig, weil große Teile des Gesamtsystems unserem Blick entzogen sind; weil man von den »Armen« immer nur Teilstücke identifiziert, ohne genau zu wissen, wie sie zusammengehören. Abb. 8c verdeutlicht eine weitere Schwierigkeit.

Die Frage nach den Bewegungsverhältnissen, also vor allem die Frage, ob, wie und wie schnell das Milchstraßensystem rotiert, ist für die Forschung ebenso schwierig zu beantworten wie die nach der Spiralstruktur. Bewegt sich das System als Ganzes? Wie bewegen sich die Teile in ihm? Geduldiges Beobachten, Messen, Vergleichen über Jahrzehnte hin und ein ungewöhnliches Maß kombinatorischen Scharfsinns sind nötig gewesen, um hier ein Gesamtbild zu gewinnen. Wegweisend war dabei die Beobachtung, daß andere Spiralgalaxien eine Rotation aufweisen: Sie rotieren um eine Achse, die auf der Hauptscheibe senkrecht steht und durch ihr Zentrum verläuft. Sie rotieren dabei nicht wie ein starrer Körper (etwa ein Wagenrad), sondern in der Weise, daß die weiter außen gelegenen Teile der Spirale eine kleinere Winkelgeschwindigkeit haben als die weiter innen gelegenen, so daß sie also »nachschleppen« und immer mehr zurückbleiben – was zur Folge hat, daß die Spirale nach jeder Drehung einen anderen Anblick darbietet.

Große Verdienste um die Aufklärung der Dynamik unseres Sternsystems hat der Niederländer J. H. Oort mit Arbeiten, die um 1927 veröffentlicht wurden. Ein entscheidender Ansatzpunkt war dabei die Messung des »Scherungseffekts«, die in Abb. 8d veranschaulicht ist. Man kann wohl ermessen, daß ungezählte Einzelmessungen dieser Art nötig waren, um schließlich Jahre später die Mosaiksteine zu einem Gesamtbild zusammensetzen zu können.

Dieses heute weitgehend gesicherte Bild sieht folgendermaßen aus:

1. Das Gesamtsystem hat zwar einen gemeinsamen Mittelpunkt, weist aber keine allen Teilen gemeinsame Rotation auf. Die dynamischen Verhältnisse müssen für jedes Teilsystem für sich betrachtet werden.

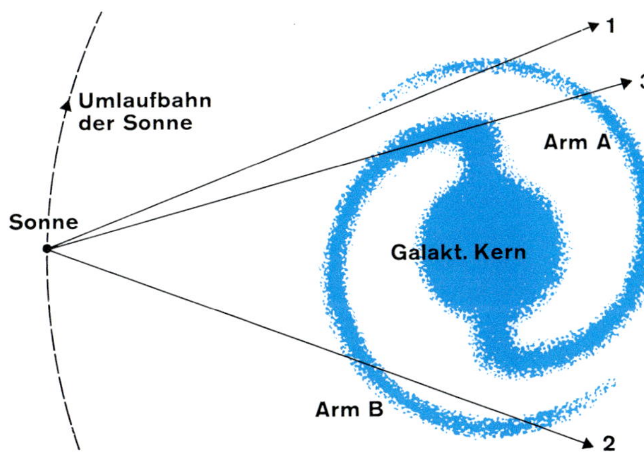

Abb. 8c. Aufklärung der Spiralstruktur durch radioastronomische Beobachtung: Der Beobachter, der vom irdischen Standort (= Umlaufbahn der Sonne) in das System hinein beobachtet, trifft in Richtung 1 auf einen Spiralarm, in Richtung 2 zweimal auf denselben Arm, in Richtung 3 auf zwei verschiedene Arme.

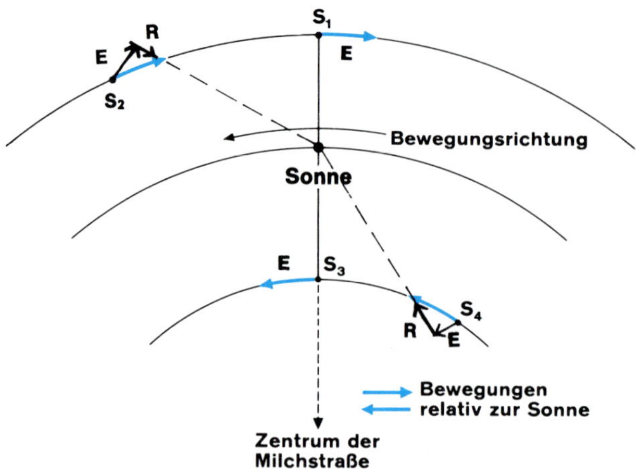

Abb. 8 d. Der »Scherungseffekt«: Bezogen auf die (hier als stillstehend angenommene) Sonne laufen weiter innen im System befindliche Sterne (S_3, S_4) ihr voraus, während weiter außen liegende (S_1, S_2) von ihr überholt werden. Von der Sonne aus gemessen weisen S_1 und S_3 nur eine Eigenbewegung E auf (senkrecht zur Blickrichtung), S_2 und S_4 dagegen außerdem eine (am Doppler-Effekt zu messende) Radialbewegung R. Mit Hilfe dieser Überlegung gewannen H. Oort und andere erste Erkenntnisse über die Bewegungen innerhalb der Milchstraße.

2. Der Kern, Durchmesser etwa 1 kpc = 3260 Lichtjahre, rotiert annähernd wie ein starrer Körper; doch gibt es in ihm auch »Schnelläufer«, d.h. Sterne, die auf stark exzentrischen Bahnen gleichsam vom Kerngebiet nach außen und wieder zurück schwingen.

3. Die Hauptscheibe weist dagegen die eben beschriebene »differentielle Rotation« auf. Die Frage: »In welcher Zeit rotiert sie einmal?« ist also so nicht zu beantworten. Wohl aber ist ermittelt, wie lange die Sonne (oder ein anderer Stern, der vom Zentrum ebenso weit entfernt ist wie sie) für einen Umlauf braucht: mindestens 200 Millionen Jahre. Das bedeutet, daß die Sonne seit ihrer Entstehung vor 4,6 Milliarden Jahren erst knapp zwei Dutzend Umläufe hinter sich gebracht haben kann. Die Geschwindigkeit der Sonne auf ihrem Wege beträgt etwa 230 km pro Sekunde. Wir Erdbewohner machen diese Bewegung mit, ohne etwas davon zu spüren.

4. Die Kugelsternhaufen im Halo – ebenso die Halosterne – umlaufen das galaktische Zentrum auf Bahnen, die nicht zur galaktischen Hauptebene konzentriert sind. Die Umlaufzeiten werden auf mehrere Millionen Jahre geschätzt. (Über die Rotation der Korona, die das Ganze nach neuesten Erkenntnissen – oder Hypothesen – umhüllt, kann kaum etwas gesagt werden.)

5. Kompliziert wird das Gesamtbild dadurch, daß zwar alle Bestandteile des Systems, also Sternhaufen, Sterne wie interstellare Materie, die Rotation mitmachen, daß sie aber außerdem Eigenbewegungen ausführen, nach verschiedenen Richtungen und mit verschiedenen Geschwindigkeiten, welche die Gesamtbewegung überlagern. So muß für jeden einzelnen Stern, den man ins Auge faßt, die Eigenbewegung ermittelt und vom Beobachtungsergebnis subtrahiert werden, wenn man die Bewegungskomponente ermitteln will, die zur Rotation des Gesamtsystems gehört. Man kann, wenn man irgendeinen kleineren Teilbereich des Systems ins Auge faßt, diesen mit einem Mückenschwarm vergleichen, in dem die einzelnen Tiere durcheinanderschwirren, während gleichwohl der gesamte Schwarm vom Wind in eine bestimmte Richtung davongetragen wird. Hier ist die Grenze des Vergleichs – denn während uns im Mückenschwarm die Einzelbewegungen willkürlich erscheinen, sind in jedem Teilbereich des Sternsystems – sei es unser Sonnensystem oder ein Kugelsternhaufen – die Bewegungen der Bestandteile streng von den Gravitationsgesetzen beherrscht.

Ich komme jetzt nochmals auf die differentielle Rotation der Hauptscheibe zurück, um sie etwas näher zu betrachten. Je nach dem Abstand der Sterne vom galaktischen Zentrum sind Umlaufgeschwindigkeit und Umlaufzeit verschieden. Wie verschieden? Messungen, wiederum hauptsächlich mit Hilfe der Radioastronomie unter Ausnützung des Doppler-Effekts, deuten darauf, daß ein Stern im Abstand von 2000 Lichtjahren vom Zentrum nur 30 bis 40 Millionen Jahre für einen kompletten Umlauf benötigt. In 10000 Lichtjahren Abstand gibt es Umlaufzeiten in der Größenordnung von 100 Millionen Jahren. Im Abstand der Sonne – 28000 Lichtjahre – betragen sie 200 bis 250 Millionen Jahre. In doppeltem oder noch größerem Abstand können sie 400 oder auch 600 Millionen Jahre betragen – ein erneuter nachdrücklicher Hinweis darauf, daß sich das Bild unseres Systems für einen Beobachter, der es von außen betrachten könnte und für den »tausend Jahre wie ein Tag« sind, unablässig verschiebt.

Wie kann man herausfinden, wie lange die Sonne für einen Umlauf braucht? Der schon angedeutete Scherungseffekt, also der Umstand, daß weiter außen im System gelegene Sterne allmählich hinter der Sonne zurückbleiben, während diese andererseits von weiter innen gelegenen Sternen überholt wird, bietet einen Ansatzpunkt. Mißt man ihn immer wieder, an Sternen verschiedenster Richtung und Entfernung, so kann man herausfinden, daß der (gedachte) Strahl, der das galaktische Zentrum mit der Sonne verbindet, pro Jahr einen Winkel von ca. 0,0057 Bogensekunden zurücklegt. Der Vollkreis hat $360 \times 60 \times 60 = 1\,296\,000$ Bogensekunden. Demnach braucht die Sonne, um einen vollen Kreis zu schreiben, $1\,296\,000 : 0{,}0057$ = rund 230 Mill. Jahre.

Von da aus läßt sich die Geschwindigkeit der Sonne auf ihrer Bahn berechnen. Wir nehmen die Bahn zur Vereinfachung als kreisförmig an mit einem Radius von 8600 pc. Nach der Formel Kreisumfang = $2\,\pi\,r$ ergibt sich ein Umfang von 54000 pc. Der Einfachheit halber sei dies abgerundet auf $50\,000 = 5 \times 10^4$. Da ein pc abgerundet 3×10^{13} km entspricht, ist die Kreisbahn der Sonne $1{,}5 \times 10^{18}$ km lang. Wenn sie diese Strecke in 200 Millionen (2×10^8) Jahren zurücklegt, entfallen auf ein Jahr 7×10^9 km. Ein Jahr hat rund 3×10^7 Sekunden. Das ergibt eine Geschwindigkeit von 230 km pro Sekunde.

8.3 Das Problem der Masse

Auf den ersten Blick scheint ein einfacher Weg zu dem Ziel zu führen, die im Milchstraßensystem vereinigte Masse wenigstens näherungsweise zu bestimmen. Da nach dem im Abschnitt 8.2 Gesagten die Umlaufzeit der Sonne und ihr Abstand vom galaktischen Zentrum (d.h. der Radius der Umlaufbahn) recht gut bekannt sind, kann man das dritte Keplersche Gesetz – das auch beim Berechnen der Massen in Doppelsternsystemen angewandt wird – hier benutzen und mit seiner Hilfe jedenfalls denjenigen Teil der Gesamtmasse berechnen, der sich innerhalb der Sonnenbahn befindet. Und das sollte, da die Sonne sich ungefähr auf halbem Weg vom Zentrum zum Außenrand der Scheibe befindet, doch wohl ein beträchtlicher, ja der überwiegende Teil sein!

Zwar wird die Sonne natürlich auch von den außerhalb ihrer Bahn liegenden Massen angezogen, doch deren Anziehung kann außer Betracht bleiben, weil jedem Massenpunkt außen ein ihm gegenüberliegender entspricht, so daß ihre Wirkungen einander aufheben.

Man kann die gesamte Masse innerhalb der Sonnenbahn, ohne daß sich das Ergebnis der Rechnung ändert, so behandeln, als sei sie in einem Punkt im Zentrum der Milchstraße konzentriert.

In der Formel $(M_1 + M_2) \times P^2 = a^3$ bezeichnen

M_1 die eben bezeichnete Gesamtmasse innerhalb der Sonnenbahn, ausgedrückt in Sonnenmassen ($M_\odot$);

M_2 die Masse der Sonne, die mit M_1 verglichen so minimal ist, daß sie vernachlässigt werden kann;

P die Umlaufzeit in Jahren, hier 2×10^8;

a den Abstand der Sonne vom Zentrum, ausgedrückt in Astronomischen Einheiten (rund 2×10^9).

Dann ergibt sich für die Masse M_1 (unter Vernachlässigung von M_2) der Wert

$$\frac{a^3}{P^2} = \frac{(2 \cdot 10^9)^3}{(2 \cdot 10^8)^2} = \frac{8 \cdot 10^{27}}{4 \cdot 10^{16}} = 2 \cdot 10^{11}$$

Demnach beträgt die Masse des Systems, soweit sie innerhalb der Sonnenbahn liegt, 2×10^{11} (200 Milliarden) Sonnenmassen.

Ein Ergebnis dieser Art kann man als gesichert ansehen, wenn andere Methoden, die Masse zu ermitteln, zu einem in der Größenordnung vergleichbaren Ergebnis führen. Gibt es solche Methoden? Es gibt sie – aber sie bestätigen den eben errechneten Wert (der noch in den 70er Jahren als gut gesichert galt) durchaus nicht!

Eine Methode mißt und vergleicht die Rotationsgeschwindigkeiten in verschiedenen Teilen des Systems. Zur Veranschaulichung blicken wir zunächst kurz auf die Bewegungen der Planeten um die Sonne. Wie sich aus den Keplerschen Gesetzen ergibt, laufen sie auf ihrer Bahn um so schneller, je näher sie der Sonne sind. Während die Erde auf ihrer Umlaufbahn in der Sekunde knapp 30 km zurücklegt, bewegt sich der Merkur, etwa halb so weit von der Sonne entfernt, mit 48 km/s, der Uranus dagegen, von der Sonne rund 20 Astronomische Einheiten entfernt, erreicht nur knapp 7 km/s. Nach demselben Gesetz muß auch die Geschwindigkeit der Sterne in der Milchstraße von innen nach außen in demselben Verhältnis abnehmen. In einem Diagramm läßt sich darstellen, wie diese Geschwindigkeit in der Galaxis nach dem genannten Gesetz abnehmen muß. Es ergibt sich die in Abb. 8e schwarz gezeichnete Kurve. Die tatsächlich bisher gemessenen Geschwindigkeiten sind in der blauen Kurve dargestellt. Fazit: Die Bahngeschwindigkeiten nehmen nach außen hin – dort, wo die Sterndichte stark abnimmt – nicht nur nicht ab, sie nehmen sogar zu bis gegen 300 km/s! Das läßt nur eine Deutung zu: Das System muß viel größer sein als bisher angenommen. Gewaltige Massen müssen sich noch außerhalb seiner bisher angenommenen Grenzen befinden, die durch die äußersten bisher beobachteten Sterne und Sternhaufen markiert waren.

Das Beunruhigende bei diesem Gedanken liegt nicht so sehr darin, daß unser Sternsystem viel größer sein muß als bisher angenommen – das zu akzeptieren sollte nicht so schwer fallen. Das eigentlich Irritierende ist vielmehr, daß wir von den ungeheuren Massen, die in ihr vorhanden sein müssen, nicht das geringste sehen, und zwar in sämtlichen Frequenzbereichen! Die Materie ist nicht in Form von Sternen vorhanden. Sie ist nichtleuchtend, ist dunkel. In

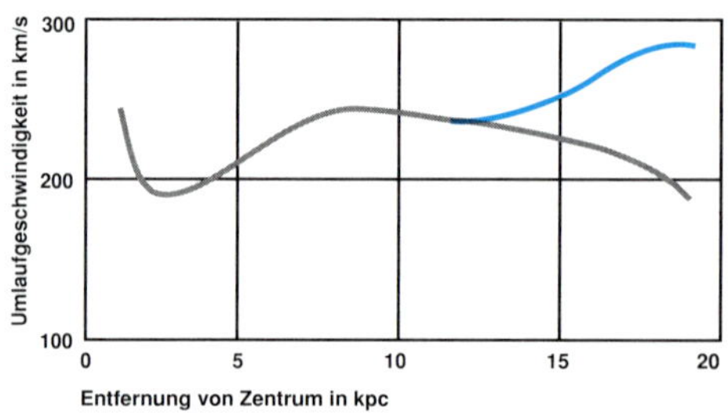

Abb. 8e. Umlaufgeschwindigkeit im Milchstraßensystem. Waagerecht: Abstand des gemessenen Objekts (häufig Kugelsternhaufen) vom galaktischen Zentrum. Senkrecht: Bahngeschwindigkeit in km/s. Schwarze Kurve: Zu erwartender Verlauf, wenn die bisherigen Grundannahmen zuträfen. Blaue Kurve: tatsächlich gemessene Werte. Bis zur Sonne (8,6 kpc Abstand, Geschwindigkeit 230 bis 250 km/s) stimmen die Kurven überein. Die Geschwindigkeiten nehmen dann noch zu und betragen gegen 20 kpc (60000 Lichtjahre) Abstand noch fast 300 km/s.

welchem Zustand könnte sie sich befinden? Erloschene kalte Sterne? Schwarze Löcher? Könnte es sein, daß (wie der US-Astronom Ostriker formuliert) »Galaxien lediglich die leuchtenden Zentralgebiete viel größerer und massereicherer Zusammenballungen dunkler Materie sind«?

Eine dritte Methode, die Masse der Galaxis zu bestimmen, deute ich hier nur an, weil sie mit den erst im folgenden Kapitel zu behandelnden Sternsystemen in der Nähe unserer Milchstraße zu tun hat. Aus deren anhand des Doppler-Effekts gemessenen Bewegungen relativ zu unserem System schließt man auf die Gravitationskräfte und damit auf die Massen, die im Spiel sind. Auch hier ergeben sich wesentlich größere Werte als bei unserer Berechnung anhand der Sonnenbahn.

Für die Gesamtmasse des Systems werden jetzt 10^{12} (eine Billion!) Sonnenmassen genannt, manchmal noch mehr. Auf die Frage, wie weit es sich in den Raum hinaus erstreckt, gibt es keine eindeutige Antwort. Manchmal wird von einem Radius von 60000 pc = 200000 Lichtjahren gesprochen. Nach einer noch unbestätigten Meldung soll ein dem System zuzurechnender Stern in über 150000 Lichtjahren Entfernung, gemessen senkrecht zur Scheibe, entdeckt worden sein. Manche Forscher rechnen einige Zwerggalaxien in relativ naher Entfernung mit zum System.

Das Problem der »fehlenden Masse« (engl. »missing mass«) ist auf diese Weise nicht zu lösen (es wird uns in größerem kosmischem Zusammenhang im nächsten Kapitel erneut begegnen). Wie es scheint, muß man sich an den Gedanken gewöhnen, daß das Gebilde, das bisher als Milchstraßensystem angesehen wurde, nur das strahlende Mittelstück einer wesentlich größeren und massiveren Ansammlung von »dunkler« Materie darstellt, wobei das Mittelstück nur etwa 20% der Gesamtmasse enthält.

8.4 Sternpopulationen. Einige Vermutungen über den Werdegang des Systems und sein Zentrum

Viele Eigenschaften des Sternsystems, in dem wir leben, konnten erst erkannt werden, als die Astronomen extragalaktische

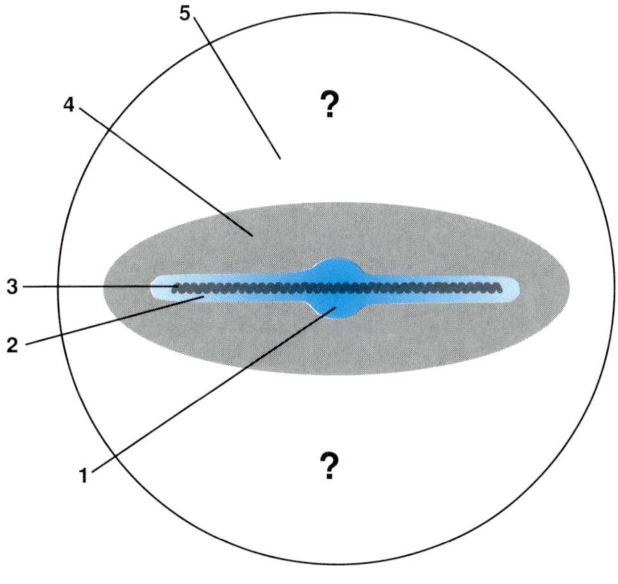

Abb. 8f. Das neue Bild der Milchstraße (Seitenansicht): 1 Kernregion, 2 Hauptscheibe, 3 Gas- und Staubschicht, 4 Halo mit Kugelsternhaufen und Halosternen, 5 Korona mit großen Massen nichtleuchtender Materie.

Sternsysteme beobachten und studieren konnten. Das gilt auch für die Tatsache, daß die Sterne im Milchstraßensystem zwei (mindestens zwei) verschiedenen Populationen – man könnte vielleicht auch sagen: Generationen – angehören. Denn dem deutschen Astronomen Walter Baade, der ab 1931 in den USA wirkte und einer der bedeutendsten Erforscher der Milchstraße wie auch ferner Sternsysteme war, dämmerte diese Erkenntnis, nachdem es ihm 1944 gelungen war, mit einem der Riesenteleskope auf dem Mount Wilson als erster Beobachter die Kernregion unserer Nachbargalaxie M 31 im Sternbild Andromeda teilweise in Einzelsterne aufzulösen. Für seine Aufnahmen benutzte er Filme mit speziellen Emulsionen, die für verschiedene Frequenzen des Lichts verschieden empfindlich sind. Es ergab sich, daß in den Spiralarmen jenes Systems zahlreiche hell und blau leuchtende Flecken auffielen, gebildet aus blauleuchtenden, also sehr heißen Sternen sowie auch Nebeln. Die Zentralregion dagegen, die insgesamt gelblich bis rötlich erscheint, ließ sich auflösen in rote, also kühlere Sterne, Zwerge wie auch Riesen.

Baade benannte nun die Gesamtmenge der hellen, blauen Sterne »Population I«. Die Gesamtheit der schwächeren, rötlich strahlenden Sterne nannte er Population II. Was die Nummern anlangt, so war dies eine höchst unglückliche Entscheidung. Sobald man nämlich die im Kapitel 7 von mir geschilderte Entwicklung von Sternen zu verstehen begann, ergab sich eindeutig, daß Population II die ältere Generation darstellt und Population I die jüngere. Wir sind ja gewohnt, Ereignisse im Zeitverlauf aufsteigend zu numerieren, z.B. bei den Jahreszahlen. Die von Baade eingeführte Zählung führt leicht zu Mißverständnissen, und wenn es eine Sternpopulation gegeben hat, die noch älter ist als diese beiden, dann wird man dieser ältesten oder frühesten Generation die Nummer III zuteilen müssen.

Die Unterscheidung, die Baade vorgeschlagen hat, ist inzwischen gesicherte Erkenntnis. Das ist wesentlich den Arbeiten des Amerikaners Allan R. Sandage zu verdanken.

Wie unterscheiden sich nun diese beiden Populationen? Einmal darin, daß sie an verschiedenen Stellen des Gesamtsystems vorkommen. Die Sterne der Population I finden sich so gut wie ausschließlich in der Hauptscheibe des Milchstraßensystems, und zwar in den Spiralarmen. Die Population II dagegen bevölkert den Halo, besonders in Gestalt der Kugelsternhaufen, die ausschließlich aus Sternen dieser Population bestehen, andererseits die Kernregion.

Der zweite Unterschied liegt in der chemischen Zusammensetzung der Sterne. Population II hat einen außerordentlich geringen Gehalt an Elementen, die schwerer sind als Helium (»Metallgehalt«). Dieser beträgt hier nur Bruchteile von 1 Prozent. Bei den Sternen in Kugelhaufen sind es sogar nur 0,03 Prozent. Bei den Sternen der Population I ist der Anteil um ein Mehrfaches höher, sogar bis zum Hundertfachen.

Diese beiden Unterschiede führen uns auf den dritten: den Altersunterschied. Population II enthält nur rote Sterne, weil sie vor so langer Zeit ihr Dasein begonnen hat, daß gleichzeitig entstandene Riesensterne, die ja bekanntlich verschwenderisch mit ihrem atomaren Brennstoff umgehen, längst als Supernova explodiert oder zu Roten und Weißen Zwergen geworden sein müssen. Für die Kugelsternhaufen, die offenbar die ältesten Sterne überhaupt enthalten, ist ein Alter von 10, 12 und mehr Milliarden Jahren errechnet worden. Die blauen Sterne der Population I hingegen können kaum älter sein als 100 Millionen Jahre, weil dies schon ihre maximale Lebenszeit ist. Auf der anderen Seite enthält Population I auch Sterne wie unsere Sonne, die ein Alter von mehreren Milliarden Jahren haben. Sie enthält aber keine, die entfernt an das Alter der Kugelsternhaufen heranreichen. Man kann den Unterschied einfach so ausdrücken: Entstehung neuer Sterne gibt es bei Population II kaum noch, bei Population I bis heute und auch in Zukunft.

Nehmen wir jetzt noch den Umstand hinzu, daß die Sterne der Population I ihre Umlaufbahnen praktisch alle innerhalb der Hauptscheibe des Systems haben (die Bahnen sind so gut wie kreisförmig), daß die Bahnen der Halosterne und der Kugelhaufen, also die Population II, aber über den ganzen Halo verteilt sind (und daß auch die Sterne der Zentralregion die Rotation der Hauptscheibe nicht mitmachen), so drängen sich fast zwingend Vermutungen über den Werdegang unserer Galaxis auf:

Die immense Gaswolke, aus der das Ganze einmal entstanden sein muß, hatte ursprünglich Kugelgestalt. In dieser Phase sind die Sterne der Population II entstanden. Sie sind darum über den ganzen Raum verteilt, den die Gaskugel damals einnahm. Später hat sich die Wolke zu einer diskusartigen Scheibe abgeflacht. In dieser Phase sind dann die durchschnittlich viel jüngeren Sterne der Population I geboren. Sie bewegen sich darum alle innerhalb der Hauptscheibe.

Hieraus ergibt sich, daß auch die Höhe, in der ein Stern sich außerhalb der galaktischen Hauptebene befindet, ein Indiz für seine Populationszugehörigkeit darstellt. Nur Sterne der alten Population II können mehrere tausend Lichtjahre ober- oder unterhalb der Scheibe angetroffen werden.

Um das Grundsätzliche deutlich zu machen, habe ich hier nur die wichtigsten Unterschiede hervorgehoben. Die heutige Astronomie nimmt weitere Differenzierungen innerhalb der beiden Populationen vor, spricht z. B. von einer »extremen«, also sehr alten Population II. Sie hat auch herausgefunden, daß veränderliche Sterne (vgl. Kapitel 5) in einer ganz bestimmten Weise auf die beiden Populationen verteilt sind.

Ich möchte am Schluß dieses Abschnitts noch einen Blick auf die Zentralregion unseres Sternsystem werfen. Diese Region ist – das wird der Leser erwarten – Schauplatz höchst aufregender und energiereicher Prozesse. Es ist eine der spannendsten Fragen innerhalb der Astronomie: Wie mag es aussehen im innersten Kern des Sternsystems, an dem Ruhepol, um den das ganze System rotiert, und zwar mit einer Energie, vor der unsere Vorstellungskraft versagt? Zwar rotiert das System nur mit einer Periode von Jahrmillionen, aber bei seinen Ausmaßen bedeutet das, daß die äußeren Teile sich dabei mit Geschwindigkeiten von mehreren hundert Kilometern in der Sekunde bewegen. Es handelt sich bei den Prozessen im Kern des Milchstraßensystems – auch darauf möge der Leser gefaßt sein – um Dinge, die die heutige Astrophysik weder vollständig beschreiben noch verstehen kann.

Beginnen wir mit der Frage nach der Masse. Müßte nicht im Mittelpunkt des Systems, so mag der Laie fragen, eine gewaltige Masse vereinigt sein, wenn doch alles übrige um diese Mitte kreist? Die Erinnerung an einen schnell rotierenden Fußball belehrt uns sogleich, daß dies nicht unbedingt der Fall sein muß.

Welche Masse befindet sich in der Kernregion, also der zentralen Verdickung (»bulge«)? Von der Gesamtmasse der Hauptscheibe, deren Bestandteil ja die Kernregion ist, sind – so hören wir – 5 bis 10 Prozent in dieser Kernregion versammelt. Die Hauptscheibe enthält 2×10^{11} (200 Milliarden) Sonnenmassen; dies ist ein immer wieder bestätigter Wert. Auf den zentralen Bereich entfallen davon bis 10 Prozent, das sind 10^{10} oder 10 Milliarden Sonnenmassen. Und dies in einem relativ kleinen linsenförmigen Volumen! In welcher Form ist diese Masse vorhanden? Eine wesentliche Teilantwort läßt sich mit Sicherheit geben, denn sie beruht auf einwandfreier Beobachtung: Wie in der Hauptscheibe des Systems, so ist die Masse großenteils in Form von Sternen vorhanden, daneben in Gestalt interstellarer Gasmassen.

Was für Sterne sind das? Es handelt sich im wesentlichen um Sterne der Population II, also um alte, rote oder gelbe Zwerg- oder Riesensterne. Allerdings findet in Einzelbereichen der Kernregion auch heute noch Sternentstehung statt. Interstellares Gas als Rohstoff ist vorhanden. Allerdings ist sein Anteil insgesamt geringer als in der Hauptscheibe. Er beträgt hier etwa 1 Prozent der Masse, in der Hauptscheibe dagegen 5 bis 10 Prozent.

Auffällig ist, daß in bestimmten Abständen vom Zentrum expandierende Gaswolken festgestellt worden sind, anscheinend mehr oder weniger kugelschalenförmig. Sie legen die Annahme nahe, daß sie durch eine Explosion aus dem Zentrum herausgeschleudert wurden. Dies soll vor etwa 50000 Jahren stattgefunden, die Explosion die Kraft von mehreren Dutzend Supernova-Explosionen entwickelt haben. Auf eine andere, noch gewaltigere Explosion deutet eine weitere expandierende Wolke, die 30 Millionen Sonnenmassen an Gas enthält und auf eine Explosion vor 30 Millionen Jahren zurückgehen soll.

Der innere Kernbereich ist, wie schon mehrfach gesagt, äußerst schwierig zu beobachten. Licht, das von dort ausgeht, wird durch interstellare Materie, die sich zwischen unserem Standort und dem Zentrum in der Hauptebene konzentriert, so stark absorbiert und gestreut, daß es um 30 Größenklassen geschwächt bei uns ankommt. Zum Glück für die Astronomie absorbiert diese Materie jedoch Strahlung im »nahen« Infrarot, also in dem ans Licht angrenzenden Frequenzbereich, nicht so stark, etwa nur um 3 Größenklassen. So ist hier Beobachtung möglich, allerdings von oberhalb der Erdatmosphäre aus. Erst recht ist Beobachtung möglich im Bereich der Radiowellen.

Ein sicheres Ergebnis: Der Kernbereich enthält einen riesigen Sternhaufen. Er besteht überwiegend aus Roten Riesen, deren Dichte gegen das Zentrum zu auf einen sehr hohen Wert ansteigt. In das eigentliche Zentrum, einen Bereich von etwa 150 Lichtjahren Durchmesser, kann man vor allem mit den Mitteln der Radioastronomie hinein»blicken«. Der wahrscheinlichste Kandidat für den eigentlichen Mittelpunkt ist ein Gebilde namens Sagittarius A. Das ist die stärkste Quelle von Radiostrahlung innerhalb unserer gesamten Galaxis. Dafür, daß man hier den Mittelpunkt gefunden hat, spricht der Umstand, daß die Quelle am selben Platz verharrt.

Was befindet sich aber dort, und welcher Mechanismus erzeugt die von dort kommende Strahlung? Da gibt es nun eine dicht benachbarte Quelle, die man Sagittarius A* benannt hat, eine Punktquelle, denn ihr Durchmesser soll kleiner sein als der Sonnendurchmesser. Sollte auch die Röntgen- und Gammastrahlung, die man in jener Region beobachtet hat, aus dieser Quelle stammen, dann liegt der Schluß nahe, daß ein Schwarzes Loch den Mittelpunkt unseres Sternsystems bildet – ein Schwarzes Loch, das interstellares Gas, vielleicht auch ab und zu einen Stern verschlingt (vorher wird es ihn zerreißen). Auf diese Art kann auf kleinstem Raum eine unvorstellbare Menge von Energie erzeugt und abgestrahlt werden, wenn nämlich die angesaugte Materie, sei es bei direktem Einfall, sei es auch über eine Akkretionsscheibe, bis auf Geschwindigkeiten beschleunigt wird, die sich der Lichtgeschwindigkeit nähern. Wenn sie sich dabei auf 10^9 bis 10^{10} K erhitzt, dann kann ein wesentlicher Teil der Ruhemasse als Strahlungsenergie abgegeben werden.

Nun gibt es in außergalaktischen Systemen zahlreiche beinahe zwingende Hinweise darauf, daß sich in ihrem Kern ein Schwarzes Loch befindet, ein Loch, das schon Millionen von Sonnenmassen verschlungen hat, vielleicht auch Hunderte von Millionen. Für das Milchstraßensystem ist die Frage »Gibt es ein Schwarzes Loch im Zentrum?« bisher offengeblieben. Ist dort ein riesiger Sternhaufen, oder ist dort ein Sternhaufen, in dessen Zentrum sich ein Schwarzes Loch befindet?

Sollte dies der Fall sein – und es liegt im Bereich des Möglichen, daß dies demnächst durch Beobachtungen entschieden werden kann –, dann spricht einiges dafür, daß es sich um ein »verhungertes« Schwarzes Loch handeln muß, also um ein solches, das zur Zeit so gut wie kein Futter bekommt. Aus diesem Grunde ist seine Strahlungsleistung unbedeutend im Vergleich zu derjenigen, die in den Kernbereichen anderer Systeme zu beobachten ist. Es kann natürlich sein, daß es früher aktiver war und schon einige Millionen Sonnenmassen verschlungen hat. Jedenfalls werden spekulativ auch so hohe Zahlen in die Diskussion geworfen. Es ist jederzeit möglich, daß das Ungeheuer aus seinem Verdauungsschlaf erwacht, wenn neue Beute in greifbare Nähe gerät.

Wie gesagt muß die Frage, ob unsere Milchstraße ein Schwarzes Loch in ihrem Zentrum hat, einstweilen offenbleiben. Auf einer internationalen Fachtagung für Astronomen, bei der es um dieses Thema ging, hatte einer der Teilnehmer am Schluß der Diskussion die Argumente zu dieser Streitfrage zusammenzufassen. Er sagte: »Die Überzeugungskraft der Beweise für die Existenz eines Schwarzen Lochs nimmt stetig zu – aber leider gilt das auch für die Beweise gegen die Existenz eines Schwarzen Lochs.«

8.5 Sternhaufen

Ein großer Teil der Sterne im Milchstraßensystem ist in Sternhaufen versammelt. Sie gehören insofern in unseren Zusammenhang, weil die Haufen eindeutig den beiden Sternpopulationen zugeordnet sind. Die Kugelsternhaufen, die unter allen Haufenarten die größten sind und am imponierendsten aussehen, bestehen nur aus alten Sternen der Population II. Die beiden anderen Typen, die offenen Sternhaufen und die Sternassoziationen, gehören zur Population I und finden sich dementsprechend in der Hauptscheibe des Systems.

Die Beschäftigung mit den Sternhaufen ist aber auch unabhängig hiervon lohnend. Sie eröffnet weitere Einblicke in die Probleme von Sternentstehung und Sternentwicklung, auch in die Dynamik des Milchstraßensystems; sie bietet schließlich die Gelegenheit, einen Blick auf die Frage zu werfen: Wie werden die Entfernungen von uns zu Sternen und anderen Objekten am Sternhimmel eigentlich gemessen? Kugelhaufen können 10000, 100000, auch 1000000 Sterne enthalten. Die Haufendurchmesser liegen bei 20 bis 300 Lichtjahren. Die meisten Haufen haben Kugelgestalt; einige sind auch etwas abgeflacht, so daß ihre Schnittfläche nicht kreis-, sondern ellipsenförmig aussehen würde. Dies muß mit ihrer Rotation zusammenhängen.

Die Kugelhaufen laufen wie früher gesagt nicht innerhalb der Hauptscheibe. Ihre Bahnen füllen den ganzen Halo. Sie haben die Form langgezogener Ellipsen. Darum bewegen sie sich viel rascher, wenn sie dem galaktischen Zentrum nahe sind, dagegen sehr langsam, wenn sie sich am oberen oder unteren Ende ihrer Bahn (im Apogalaktikum) am weitesten von der Scheibe entfernt haben. Das Zentrum der Umlaufbahnen, also den einen Brennpunkt der Ellipse, bildet stets das galaktische Zentrum.

Durchqueren die Haufen die galaktische Scheibe (einige, die das gerade tun, kann man aus diesem Grunde innerhalb der Scheibe beobachten), verlieren sie zwar kaum Sterne, aber die Gravitation der in der Hauptscheibe vereinigten Massen entzieht ihnen den größten Teil ihres interstellaren Gases. Dieses wird aus den Haufen gewissermaßen herausgefegt. Darum sind die Kugelsternhaufen, die ja die Scheibe schon häufiger durchquert haben, praktisch ohne interstellare Materie, so daß in ihnen keine neuen Sterne mehr gebildet werden können.

Die vorhandenen Sterne altern gemeinsam. Da sie aber mit ganz verschiedenen Massen ihr Dasein begonnen haben, befinden sie sich in verschiedenen Entwicklungsstadien. Massearme Hauptsterne befinden sich noch immer im Hauptreihenstadium. Andere sind zu Roten Riesen oder zu Weißen Zwergen geworden. Massereiche Sterne sind schon als Supernovae explodiert, und Neutronensterne sind tatsächlich in solchen Haufen auch nachgewiesen, sogar als Partner in Doppelsternsystemen, erkennbar an Röntgenausbrüchen. Der US-Astronom Paresce teilte 1991 mit, er und seine Kollegen hätten im Zentrum eines Kugelhaufens (47 Tucanae, vgl. Abb. F 18) blaue, offenbar junge und massereiche Sterne entdeckt, die bei einer nahen Begegnung von einem anderen Stern Masse abgezogen und sich so einer »Verjüngungskur« unterzogen haben.

Sollte jemand in einem solchen Haufen leben, muß der dortige Nachthimmel ihm einen phantastischen Anblick darbieten. Kann es denn dort Planeten geben, die rotieren und einen Stern umlaufen, so daß sie Tag und Nacht kennen? Die Wahrscheinlichkeit ist jedenfalls gering, daß in dem Sternengewimmel Planetensysteme über so lange Zeit hinweg ungestört bestehen können, wie die Evolution von Leben nach unserem Wissen erfordert.

Könnte es geschehen, daß ein Kugelhaufen, der gerade die Hauptscheibe durchstößt (besser gesagt durchwandert, denn das dauert etwa 100 000 Jahre), dabei unserer Sonne begegnet? Gewiß, aber das müßte nicht unbedingt zu einer Katastrophe führen. Vielleicht könnte die Sonne einen ganzen Haufen ohne Kollision mit einem Haufenstern durchqueren. Vielleicht würde ihr dabei ihr Gefolge von Planeten und damit unsere Erde entrissen und in Zukunft einem Stern des Kugelhaufens botmäßig sein? Wir brauchen nicht zu spekulieren. Die Wirklichkeit ist schon phantastisch genug.

Wie dicht mögen die Sterne in einem Kugelhaufen stehen? In der näheren Umgebung unserer Sonne beträgt der durchschnittliche Abstand von einem Stern zum andern, der hier natürlich sehr gut bekannt ist, etwa 2 Parsec oder 6 Lichtjahre. Wären die Sterne im Innern eines Haufens auf $^{1}/_{1000}$ dieses Abstands zusammengerückt, so betrüge der Durchschnittsabstand noch 0,002 pc. Das entspricht etwa 400 Astronomischen Einheiten. Der fernste Planet im Sonnensystem, Pluto, ist 40 AE von der Sonne entfernt. Demnach wäre der Sternabstand im Innern eines derartigen Haufens immer noch 10mal größer als der Radius der Plutobahn.

Die Kugelhaufen haben eine wichtige Rolle gespielt bei der Erforschung der Struktur unseres Systems und der Entfernungen in ihm. Genaue Beobachtung ihrer Umlaufbahnen lieferte nämlich den ersten verläßlichen Anhaltspunkt für die Lokalisierung des galaktischen Zentrums. Und was die Entfernungen betrifft: Die Kugelhaufen enthalten einen bestimmten Typ pulsierender Sterne, genannt RR-Lyrae-Veränderliche. Diese Sterne zeigen Schwankungen in ihrer Strahlungsabgabe, die den Pulsationen bei den Cepheiden (vgl. Kapitel 5) ähnlich sind. Die Schwankungen haben aber kurze Perioden, die nur Stunden betragen, maximal etwa 30 Stunden. Dieser Sterntypus findet sich nicht nur in fast allen Kugelhaufen. RR Lyrae, der Stern, der dieser Klasse den Namen gegeben hat, ist kein Haufenstern, sondern ein Feldstern (so nennt man Sterne im Halo, die nicht zu einem Haufen gehören). Zuerst wurde dieser Typus aber in Kugelhaufen beobachtet. Da die Beziehung zwischen Periode und absoluter Leuchtkraft hier bekannt war, konnten sie als Indikatoren für die Entfernung dienen, jedenfalls bei Distanzen bis 200 kpc. Alle Kugelhaufen unseres Systems liegen innerhalb dieses Bereichs. Es gibt auch Kugelhaufen in anderen Sternsystemen; sie sind aber manchmal anders zusammengesetzt, enthalten auch junge Sterne. Bei größeren Entfernungen funktioniert diese Methode nicht mehr.

Offene Sternhaufen haben sehr viel weniger Mitglieder, zwischen einigen Dutzend und etwa 10000. Wie klein kann ein Haufen sein? Kann man etwa bei einem Doppel- oder Dreifachsystem schon von einem Haufen sprechen? Nein – von einem Haufen spricht man nur, wenn die Zahl der Sterne eine statistische Behandlung zuläßt. Bei weniger als 20 ist das kaum möglich. Und wo liegt die Grenze in der anderen Richtung? Eine ganze Galaxie kann man nicht als Haufen bezeichnen, auch wenn sie relativ klein ist, denn sie enthält Sterne ganz verschiedener Art und vor allem ganz verschiedenen Alters, während es gerade ein Hauptkennzeichen des Haufens ist, daß seine Sterne gleich alt sind.

Offene Sternhaufen sind viel zahlreicher als Kugelhaufen. Im Milchstraßensystem kann ihre Zahl 10000 betragen; man kann nicht alle sehen, und man kann auch nicht jeden Haufen als solchen identifizieren. Ihrer praktisch gleichzeitigen Entstehung wegen stimmen die Sterne eines Haufens in ihrer Zusammensetzung, also in der Häufigkeit der in ihnen enthaltenen Elemente, überein.

Alle offenen Sternhaufen gehören zur Population I. Das Alter der Haufen, soweit es untersucht ist, liegt zwischen einigen Millionen und einer Milliarde Jahren. Es gibt sicher auch ältere, nur sind sie heute dann nicht mehr als Haufen zu erkennen. Bekannte offene Sternhaufen sind die Plejaden und die Hyaden. Beide liegen im Sternbild Stier. Die Hyaden werden auch Regengestirn genannt. Das ist auch die wörtliche Bedeutung dieses griechischen Namens. Für die alten Griechen galt das Auftauchen der Hyaden als Vorbote der herbstlichen Regenperiode. Die Plejaden werden bei uns auch Siebengestirn genannt, weil sieben Sterne in klarer Nacht mit bloßen Augen zu erkennen sind. Tatsächlich besteht der Haufen aus etwa 3000 Sternen.

Diese beiden Haufen gehören zu den sogenannten Bewegungshaufen. Die Bezeichnung »Sternströme« ist ebenfalls gebräuchlich. Beide Namen deuten darauf hin, daß es sich hier um Ansammlungen von Sternen handelt, die sich gemeinsam in derselben Richtung durch unser Sternsystem bewegen. Sie sind so gut wie gleichzeitig an einer bestimmten Stelle des Systems ins Leben getreten und behalten nun die Bewegungsrichtung bei, die der Gaswolke eigen war, aus der sie geboren wurden. Bei den Plejaden ist dies vor etwa 50 Millionen Jahren geschehen. Die Massen und damit die Leuchtkräfte der einzelnen Sterne sind natürlich verschieden, es sind bläulich-weiß leuchtende Riesensterne darunter und sehr viel kleinere.

Bleiben die Sterne für immer beisammen? Kaum, der Haufen dehnt sich im Laufe der Zeit aus. Er verliert dabei Mitglieder. Einzelne Sterne können z.B. bei einer nahen Begegnung mit einem Feldstern einen Schwung bekommen – der »Runaway-Effekt«, den man bei Planetensonden bewußt herbeiführt. Sie können dann als Ausreißer- oder Runaway-Sterne ihrem Haufen entfliehen. Die Haufen geraten schließlich in ein Stadium, in dem man die lose verstreuten Mitglieder nicht mehr als zusammengehörig feststellen kann. Fünf markante Sterne aus dem bei uns bekanntesten Sternbild Ursa major (Großer Bär) sind Mitglieder eines solchen weit verstreuten Haufens. Aber nicht alle sind es, was zur Folge hat, daß das schöne Sternbild die Form, in der es sich uns heute darbietet, nicht auf die Dauer behalten kann. Es wird angenommen, daß Sterne zu diesem Haufen gehören, die heute weit entfernt zu sehen sind. Die Sonne befindet sich am Rande dieses Haufens. Aus diesem Grunde sind seine Mitglieder für uns über den größten Teil des Nachthimmels verstreut.

Wie kann man Haufensterne von anderen unterscheiden? Man muß dazu ihre Bewegungen messen. Die Eigenbewegungen der Sterne eines Haufens, also in der Richtung quer zu unserer Blickrichtung, weisen alle in dieselbe Richtung. Das wird erkennbar, wenn man diese Richtungen als Pfeile in eine Sternkarte einzeichnet. Die Pfeile weisen dann alle auf einen gemeinsamen »Fluchtpunkt«. Sterne, bei denen das nicht der Fall ist, können nicht zum Haufen gehören.

Dies führt uns auf Möglichkeiten der Entfernungsbestimmung. Zielen die Pfeile nicht auf einen Fluchtpunkt, sondern stehen genau parallel, so bedeutet das, daß die Sterne dieses Haufens sich genau senkrecht zu unserer Blickrichtung bewegen, daß ihre Bewegung also keine radiale Komponente (in unserer Blickrichtung) enthält. In allen übrigen Fällen läßt sich aus dem Winkel, den die Pfeile miteinander bilden, die Lage des Fluchtpunktes im Raum berechnen. Die radiale Komponente der Bewegung läßt sich im übrigen durch die Linienverschiebungen im Spektrum erkennen.

Wer sich aus der Schule noch an die Lehre von den Winkelfunktionen erinnert, möge jetzt die Abbildung 8g betrachten und die beiden Dreiecke ins Auge fassen, die gebildet werden von den Punkten F – S – C im einen Fall, S – C – B (B = Beobachter) im andern Fall. Im erstgenannten Dreieck ist

$\mathrm{tg}\,\alpha = \frac{e}{r}$, im zweiten Dreieck ist

$\mathrm{tg}\,\mu = \frac{e}{x}$.

x ist die Entfernung zwischen dem Stern und uns. Seine Eigenbewegung kennen wir zwar als Winkelgröße (durch Beobachtung), aber wir können sie ohne Kenntnis der Entfernung nicht in eine Geschwindigkeit umrechnen. Wir können aber die beiden Gleichungen wie folgt umformen:

$r \cdot \mathrm{tg}\,\alpha = e$

$x \cdot \mathrm{tg}\,\mu = e$

Sind zwei Größen einer dritten gleich, so sind sie einander gleich. Demnach ist

$r \cdot \mathrm{tg}\,\alpha = x \cdot \mathrm{tg}\,\mu$

In dieser Gleichung ist nur noch eine Unbekannte, nämlich x, die Entfernung des Sterns von uns.

Dieses Verfahren der Entfernungsbestimmung nennt man Sternstromparallaxe.

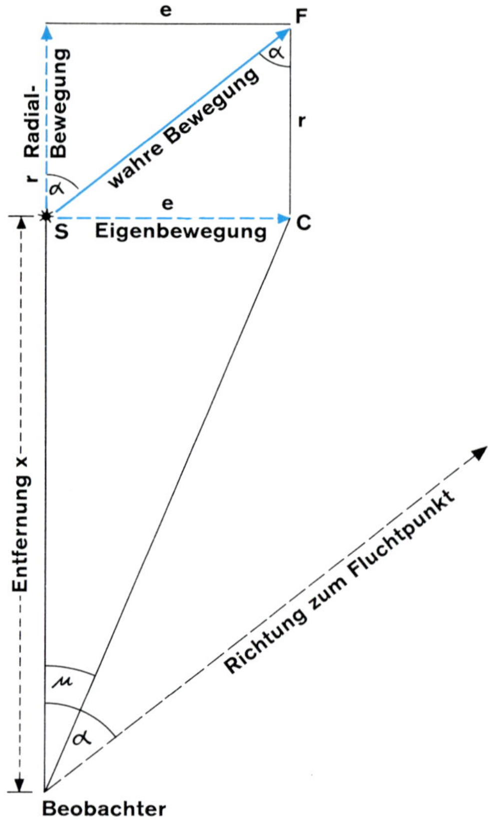

Abb. 8g. Sternstromparallaxe. Die Radialbewegung r wird durch Messung des Doppler-Effekts bestimmt. Die Eigenbewegung e ist zunächst nur als Winkelmaß μ (durch mehrere Beobachtungen in zeitlichem Abstand) bekannt. Wie im Text erläutert, läßt sich aus r, dem Winkel α und dem Winkel μ zunächst die Entfernung x in km, danach auch die Eigenbewegung e in km/s bestimmen.

Es ist nur bei offenen Sternhaufen anwendbar. Es funktioniert noch, wenn die Entfernungen zu groß sind, um die trigonometrische Parallaxe messen zu können.

Sternassoziationen schließlich nennt man relativ lockere Gruppen von Sternen, die sich aus gemeinsam entstandenen Sternen zusammensetzen. Sie finden sich hauptsächlich in den Spiralarmen des Systems. So gibt es beispielsweise OB-Assoziationen, also solche, die aus sehr massereichen und leuchtstarken Sternen der Spektralklassen O und B bestehen. Jedenfalls treten in großen Entfernungen nur diese leuchtstarken Sterne hervor, während schwächere nicht mehr zu sehen sind. Solche Assoziationen können Hunderte von leuchtstarken Sternen enthalten. Da diese alle relativ kurzlebig sind, gilt es als möglich, daß die hier zahlreich auftretenden Supernova-Explosionen jeweils die Bildung neuer Sterne anregen, so daß das Ganze gewissermaßen einen selbsterhaltenden Kreislauf darstellt.

9. Extragalaktische Systeme

9.1 »So zu reden, Milchstraßen . . .«

Im Jahre 1755 ließ Immanuel Kant im Verlag Johann Friedrich Petersen, Königsberg und Leipzig, seine bekannteste naturphilosophische Schrift erscheinen: »Allgemeine Naturgeschichte und Theorie des Himmels – oder Versuch von der Verfassung und dem mechanischen Ursprunge des ganzen Weltgebäudes, nach Newtonischen Grundsätzen abgehandelt.« Den Ursprung des ganzen Weltgebäudes aus mechanischen Prinzipien zu erklären, das war ein kühnes Unterfangen, und Kant versäumte auch nicht, sich in der devoten Widmung an Preußens König und in der Vorrede gegen den Verdacht abzuschirmen, daß er etwa die herrschenden theologischen Vorstellungen nicht billige und man »unter dem Vorwitz solcher Betrachtungen« (wie er sie anstellt) »eine Schutzrede des Gottesleugners« vorfinden würde«.

Kants kühner Versuch, »das Unendliche der Schöpfung, die Bildung neuer Welten und den Untergang der alten« allein von der Vernunft geleitet zu betrachten, enthält nicht nur seine berühmte Weltentstehungshypothese, sondern auch eine der ersten – wenn nicht die erste – zutreffende Einschätzung der schwachleuchtenden Nebelflecke, welche die damaligen Fernrohre in den Tiefen des Weltraumes zeigten:

»Wenn ein System von Fixsternen, welche in ihren Lagen sich auf eine gemeinsame Fläche beziehen, so wie wir die Milchstraße entworfen haben, so weit von uns entfernt ist, daß alle Kenntlichkeit der einzelnen Sterne, daraus es besteht, sogar dem Sehrohre nicht mehr empfindlich ist; wenn seine Entfernung zu der Entfernung der Sterne der Milchstraße eben das Verhältnis, als diese zum Abstande der Sonne von uns hat; kurz, wenn eine solche Welt von Fixsternen in einem so unermeßlichen Abstande von dem Auge des Beobachters, der sich außerhalb derselben befindet, angeschaut wird, so wird dieselbe unter einem kleinen Winkel als ein mit schwachem Lichte erleuchtetes Räumchen erscheinen, dessen Figur zirkelrund sein wird, wenn seine Fläche sich dem Auge geradezu darbietet, und elliptisch, wenn es von der Seite gesehen wird.«

Derartige schwach erleuchtete »Räumchen«, kugelförmig oder elliptisch, waren von zahlreichen Astronomen einwandfrei beobachtet worden. Kant verwirft Erklärungen wie die von Maupertuis, es handle sich um riesengroße Supersterne, ebenso die andere, es handle sich hier um Öffnungen im Firmament, durch die der Beobachter geradewegs in den Feuerhimmel blicke. Seine eigene Deutung lautet: »Weit natürlicher und begreiflicher ist es, daß es nicht einzelne so große Sterne, sondern Systemata von vielen seien, deren Entfernung sie in einem so engen Raume darstellt, daß das Licht, welches von jedem derselben einzeln unmerklich ist, bei ihrer unermeßlichen Menge in einen einförmichten blassen Schimmer ausschlägt. Die Analogie mit dem Sternensystem, darin wir uns befinden, ihre Gestalt, welche gerade so ist, als sie es nach unserem Lehrbegriffe sein muß, die Schwäche des Lichts, die eine vorausgesetzte unendliche Entfernung erfordert: alles stimmet vollkommen überein, diese elliptischen Figuren vor« (d. h. für) »eben dergleichen Weltordnungen und, so zu reden Milchstraßen zu halten . . .« (Kants Werke, Cassirer-Ausgabe, Berlin 1912, Bd. I S. 256/7).

Sozusagen Milchstraßen: Kant hatte recht. Es dauerte aber noch über anderthalb Jahrhunderte, bis das eindeutig bewiesen war. Noch 1920 kam es bei einer amerikanischen Akademiesitzung zu einer Debatte, bei der einer der beiden Kontrahenten sagte, es gebe »bis jetzt keinen Grund, die gängige Hypothese abzuändern, nach der die Spiralnebel nicht aus Sternen bestehen, sondern statt dessen wirkliche Nebel sind«.

9.2 Hubbles Entdeckungen: Die Fluchtbewegung der Galaxien

Die Entscheidung fiel bald darauf durch Beobachtungen mit dem 100 Zoll-Spiegelteleskop, dessen Errichtung der unermüdlichen Energie George Ellery Hales (vgl. Kapitel 6) zu danken war. Da dieser seine Forschungen auf die Sonne konzentrierte, fiel die einmalige Chance, mit dem neuen Instrument die Tiefen des Alls zu durchforschen, seinen Schülern zu, an der Spitze Edwin Powell Hubble. Wenige haben das astronomische Weltbild so entscheidend verändert wie er. 1889 geboren, hatte Hubble zuerst Jura studiert, dann Physik, Mathematik und Astronomie. In dieser Zeit wäre der sportlich trainierte, 1,88 m große junge Amerikaner beinahe Profiboxer geworden; er sollte gegen den damaligen Weltmeister antreten, boxte später in einem Schaukampf gegen den französischen Schwergewichtsmeister. Er studierte aber weiter in Oxford und dann in Paris, diesmal Jura, darauf wieder Astronomie. Nach Teilnahme am Ersten Weltkrieg erhielt er eine Stellung auf dem Mount Wilson. 1923 fand er im Andromeda-System (M 31) zwei Novae, kurz darauf einen veränderlichen Stern. Anhand dieser Entdeckung konnte er die Entfernung des Systems bestimmen auf 300 kpc, also knapp 1 Million Lichtjahre. Zwar mußte dieser Wert bald darauf durch Walter Baade korrigiert und auf das Doppelte angesetzt werden (weil es zwei verschiedene Typen von Cepheiden gibt). Klar war aber damit bereits, daß es sich um ein Sternsystem handelte, weit außerhalb unserer eigenen Galaxis. Von diesem Augenblick an stand endgültig fest, was Kant und W. Herschel nur hatten vermuten können: Die fernen »Nebel« sind in Wahrheit Sternsysteme, deren jedes aus Millionen, nein Milliarden von Sternen besteht, »Weltinseln« (»island universes«), durch ungeheure Entfernungen voneinander getrennt.

Wieviel solche Systeme das All enthält, ist auch heute noch offen. Jeder Schritt, den man bisher mit besseren Instrumenten und Methoden weiter in die Tiefe des Raumes vorgedrungen ist, hat ihre Anzahl vervielfacht. Es gibt eher Milliarden davon als Millionen.

Hubbles nächste Entdeckung bezieht sich nicht nur auf die Entfernungen, sondern vor allem auf die Bewegungen der Galaxien. Sie ist nicht ihm allein zu danken. Unabhängig von Hubble und schon vor ihm hatte V. M. Slipher bereits Spektren von extragalaktischen Systemen aufgenommen und anhand der durch den Doppler-Effekt bewirkten Verschiebung festgestellt, daß das Andromeda-System sich mit beträchtlicher Geschwindigkeit auf uns zubewegt, daß aber andere, fernere Systeme sich sämtlich mit ungeheuren Geschwindigkeiten von uns entfernen. Slipher hatte nur ein bescheidenes Instrument zur Verfügung. Er mußte seine Aufnahmen manchmal Stunden, manchmal zwei Nächte hindurch belichten – eine großartige Leistung.

Auf dem Mount Wilson hatte Hubble einen wichtigen Mitarbeiter in Milton L. Humason. Der war nicht Astronom, hatte vielmehr zunächst mit Maultieren Lasten zum Aufbau des Observatoriums auf den Berg befördert. Dann half er Hubble beim Beobachten und zeigte dabei eine so außergewöhnliche Begabung, daß man ihn zum Assistenten machte. Seinem Geschick sind viele der Messungen zu verdanken, auf die Hubble sich stützen konnte, als er 1929 seine Ergebnisse publizierte unter dem bescheidenen Titel »Eine Beziehung zwischen Entfernung und Radialgeschwindigkeit bei extragalaktischen Nebeln«. (Wir bemer-

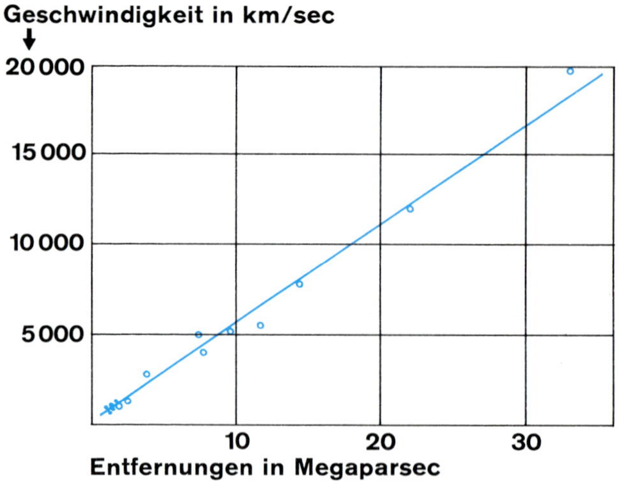

Abb. 9a. Eines der frühesten Diagramme über die Beziehung zwischen Entfernung (waagrecht) und Fluchtgeschwindigkeit (senkrecht), veröffentlicht von Hubble und Humason im Jahre 1931. Daß die Punkte links unten (Werte für einzelne extragalaktische Systeme) und die Kreise (Durchschnittswerte für weiter entfernte Gruppen oder Haufen von Sternsystemen) annähernd auf einer diagonalen Linie liegen, zeigt die lineare Beziehung zwischen Entfernung und Geschwindigkeit an.

ken, daß sogar Hubble, der doch die Vorstellung von »Nebeln« beiseite gewischt hatte, hier selbst noch diesen Ausdruck gebraucht.)

Die grundlegende Erkenntnis, damals erst auf eine kleine Anzahl von Messungen gestützt, heute durch zahllose weitere bestätigt, ist ganz einfach: Die Fluchtgeschwindigkeit ist proportional der Entfernung. Alle Sternsysteme »fliegen von uns weg«, und je weiter sie von uns entfernt sind, desto schneller tun sie das. Wirklich alle? Es gibt da Ausnahmen.

Die durch Abb. 9a anschaulich gemachte Beziehung enthält außer Entfernung und Fluchtgeschwindigkeit noch einen Proportionalitätsfaktor, der heute Hubble-Zahl (H) genannt wird: Die Fluchtgeschwindigkeit, ausgedrückt in km/s, ergibt sich, wenn man die Entfernung, ausgedrückt in Megaparsec, mit H multipliziert.

Die Konstante H war von Hubble zunächst viel zu hoch angesetzt: um 500. Nach heutiger Erkenntnis muß sie zwischen 50 und 100 liegen.

Auf dieser Basis ergeben sich für ferne Sternsysteme, die Millionen oder Milliarden Lichtjahre von uns entfernt sind, geradezu phantastische Fluchtgeschwindigkeiten, die bis in die Größenordnung der Lichtgeschwindigkeit reichen. Abb. 9b zeigt einige Spektren solcher Systeme und auch das Ausmaß der Rotverschiebung, das aus ihren Spektren abzulesen ist.

Auf eine mögliche Fehldeutung muß ich hier aufmerksam machen. Wenn alle Sternsysteme sich von uns entfernen, und zwar um so schneller, je weiter sie von uns entfernt sind – bedeutet das nicht, daß wir uns in der Mitte des Weltalls befinden? Nein! Jeder Beobachter, einerlei an welcher Stelle des Universums er sich befände, würde von seinem Standort aus das gleiche beobachten: Alle übrigen Systeme entfernen sich von ihm. Man macht sich das am besten an dem folgenden, häufig benutzten Bild klar: Man stelle sich einen Luftballon vor. Auf seiner Haut ist eine Million winziger Punkte aufgetragen, deren jeder eine Galaxie darstellen soll. Wird der Ballon weiter aufgeblasen, so entfernt sich jeder Punkt von allen anderen. Jeder Beobachter auf irgendeinem Punkt des Ballons würde alle anderen von sich hinweg fliehen sehen. Keineswegs dürfte er sich deshalb einbilden, daß er die Mitte sei. Die gibt es gar nicht!

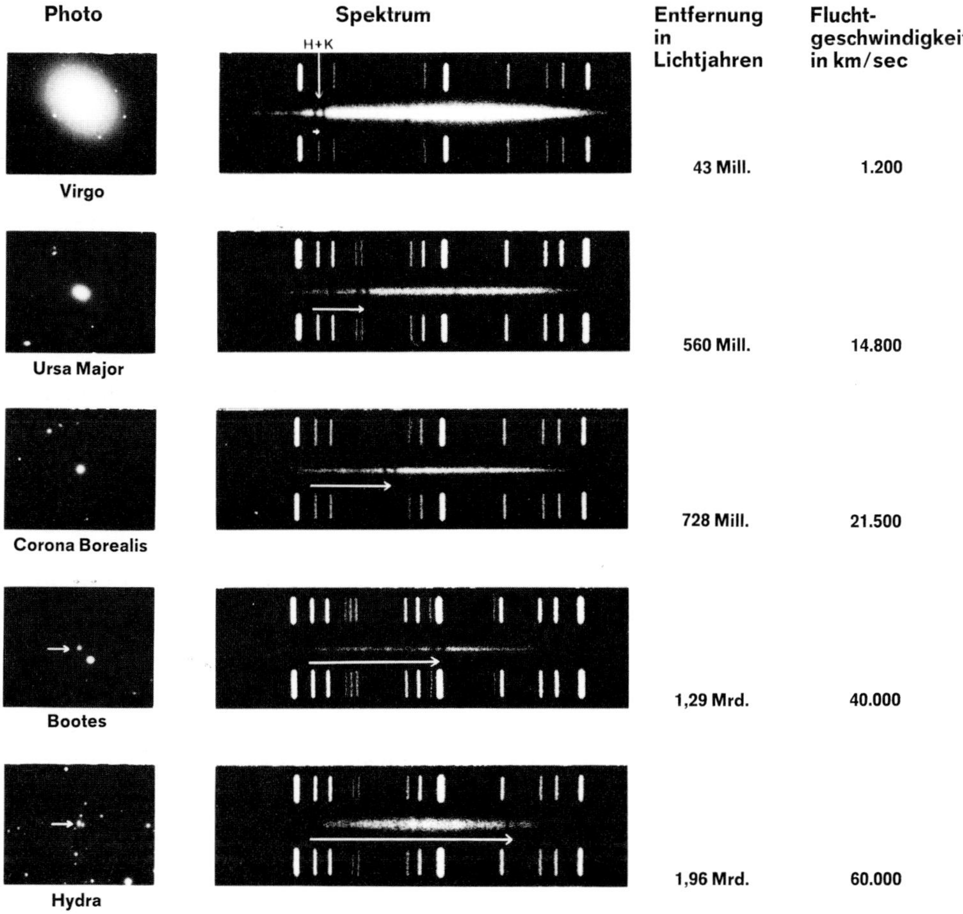

Abb. 9 b. Spektren und Fluchtgeschwindigkeit. Diese Zusammenstellung zeigt die Spektren von 5 Galaxien bzw. Galaxienhaufen so angeordnet, daß Entfernung und Fluchtgeschwindigkeit von oben nach unten zunehmen. Der Pfeil im Spektrum zeigt das Ausmaß der Rotverschiebung (Hale Observatories).

An dieser Stelle könnte man einwenden: die These von der Fluchtbewegung aller Systeme beruhe doch nur auf den gemessenen Rotverschiebungen in den Spektren. Ist denn das ein zwingender Schluß? Könnte die Rotverschiebung vielleicht auch andere Ursachen haben? Auf diese Frage komme ich später bei den Quasaren zurück, denn bei ihnen stellt sich dieses Problem in noch krasserer Form. Gleich hier möchte ich aber darauf hinweisen, daß es verschiedene Methoden gibt, die Entfernungen extragalaktischer Objekte zu bestimmen.

Die eine habe ich im Falle Andromeda angedeutet. Man entdeckt in einem fernen System einen veränderlichen Stern von einem Typus, bei dem man die Beziehung zwischen Leuchtkraft und Pulsationsperiode kennt. Oder man entdeckt andere Phänomene wie einen weißlich-blauen Riesen-

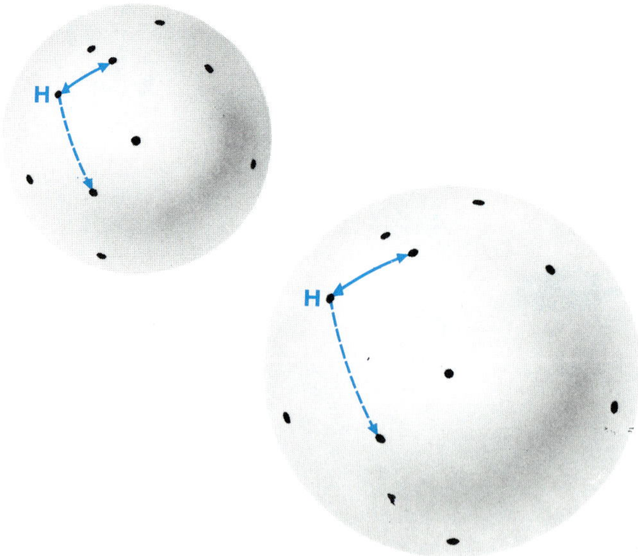

Abb. 9c. Nebelflucht und Expansion: Würde der gezeigte Luftballon immer weiter aufgeblasen, so würde ein Beobachter, der sich im Tupfen H befindet, die Beobachtung machen, daß alle anderen Tupfen sich stetig von ihm entfernen, und die fernen mehr als die näher gelegenen. Er könnte den irrigen Schluß ziehen, er befinde sich in der Mitte dieser expandierenden Welt – ein Trugschluß, wie man sieht, denn von jedem Tupfen aus wäre der gleiche Effekt zu beobachten. So in unserer wirklichen Welt: Wir stellen fest, daß alle Sternsysteme sich von uns entfernen, und die fernsten am schnellsten, dürfen aber gleichwohl nicht glauben, wir befänden uns am Nabel der Welt.

stern oder einen Sternhaufen bestimmten Typs, schließlich eine Nova oder Supernova. Aus der Beobachtung in unserer Milchstraße kann man die absolute Helligkeit dieser Erscheinungen abschätzen. Ihre Entfernung ergibt sich, wenn man die scheinbare Helligkeit, mit der wir sie erblicken, zur wirklichen in Beziehung setzt. Die Entfernungen innerhalb des betroffenen Systems können dabei vernachlässigt werden, denn sie sind minimal im Vergleich zur Entfernung des ganzen Systems von uns.

Ist das System so weit entfernt, daß keine Einzelsterne mehr ausgemacht werden können, kann man die Gesamthelligkeit des Sternsystems zu Hilfe nehmen. Zwar sind nicht etwa alle Sternsysteme gleich hell, doch schon Hubble umging diese Unsicherheit, indem er die jeweils hellste aus einer größeren Ansammlung von Galaxien herausgriff. Anhand veränderlicher Sterne kam Hubble zu Entfernungsangaben bis zu mehreren Millionen Lichtjahren, auf der Grundlage der Gesamthelligkeit von Systemen bis zu 250 Millionen. Darüber hinaus ist man allerdings auf andere Indikatoren angewiesen.

9.3 Nochmals Hubble: Klassifizierung der Sternsysteme

Hubble bemerkte schnell, daß die Sternsysteme sich ihrer Gestalt nach in verschiedene Haupttypen einteilen lassen. Im Jahre 1926 schlug er ein Klassifikationsschema vor, das mit einigen Verfeinerungen bis heute gilt.

Gemeinsames Merkmal vieler Systeme ist nach Hubble »auffällige Rotationssymmetrie um beherrschende zentrale Kerne«. Im einzelnen unterscheidet Hubble drei Hauptklassen: elliptische Systeme (E), Spiralsysteme (S) und unregelmäßige oder irreguläre Systeme (I).

Die elliptischen Systeme werden je nach dem Grad ihrer Exzentrizität in die Unterklassen E0 bis E7 eingeteilt. Zu beachten ist, daß die Gestalt, die sie unserem Auge darbieten, je nach ihrer Lage im Raum mehr oder weniger stark von ihrer wahren

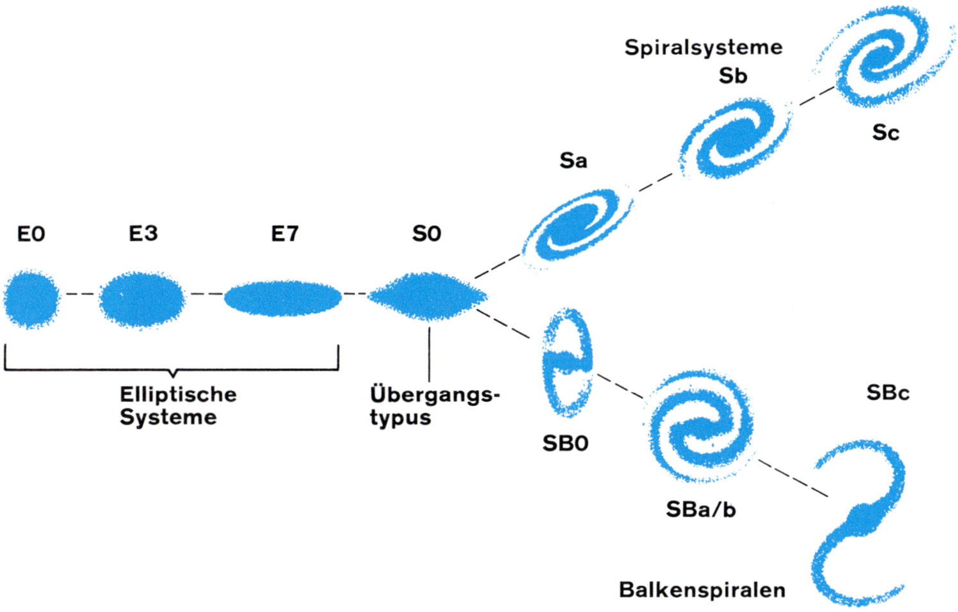

Abb. 9 d. Haupttypen von Galaxien. Links elliptische Systeme von der Kugelform E0 bis zum stark abgeplatteten Typ E7. Der Übergangstyp S0 zeigt ausgeprägten Kern, dessen Helligkeit nach außen abnimmt (wie bei den Spiralen), aber keine Arme. Oben anschließend die Spiralsysteme (von Sa bis Sc Kern immer mehr zurücktretend), unten die Balkenspiralen. Es ist zweifelhaft, ob die einleuchtende Einteilung (von Hubble) zugleich als Entwicklungsreihe aufgefaßt werden darf.

Gestalt abweicht. Wenn wir ein kreisrundes Gebilde sehen, bleibt oft unentscheidbar, ob es sich um ein kugelförmiges System handelt oder um eine mehr oder weniger abgeflachte Scheibe, die wir gerade in Draufsicht erblicken. Statistische Überlegungen zeigen aber, daß es tatsächlich echt kugelförmige Galaxien geben muß, wenn auch ihre Anzahl geringer ist als die der mehr oder weniger abgeflachten linsenförmigen Galaxien.

Die Kennziffern 0 bis 7 erhält man nach der Formel 10 (a–b) geteilt durch a, wobei a die große und b die kleine Achse bezeichnet. Für eine kugelförmige Galaxis (a = b) ergibt sich so die Kennziffer 0, für eine mäßig abgeflachte, deren große Achse doppelt so groß ist wie die kleine, ergibt sich $\frac{10 \cdot 1}{2} = 5$. Systeme mit einem Achsenverhältnis 3 : 1, also Kennziffer $\frac{10 \cdot 2}{3}$ = rund 7, kommen vor, noch flachere aber kaum, oder vielmehr: bei noch flacheren zeigen sich dann mehr oder weniger ausgeprägte Strukturen, meist Spiralstruktur, so daß diese Systeme eine Art Übergangsglied zu den spiralförmigen Systemen darstellen.

Bei den Spiralsystemen sind zunächst zwei Haupttypen zu unterscheiden: Die »normalen« Spiralen (S) haben einen Kern, aus dem die Spiralarme herausragen. Die Balkenspiralen (SB) haben ebenfalls einen Kern, aus diesem erstreckt sich zunächst ein annähernd gerader Balken nach zwei entgegengesetzten Seiten, und von den Enden dieses Balkens zweigen die Spiralarme ab.

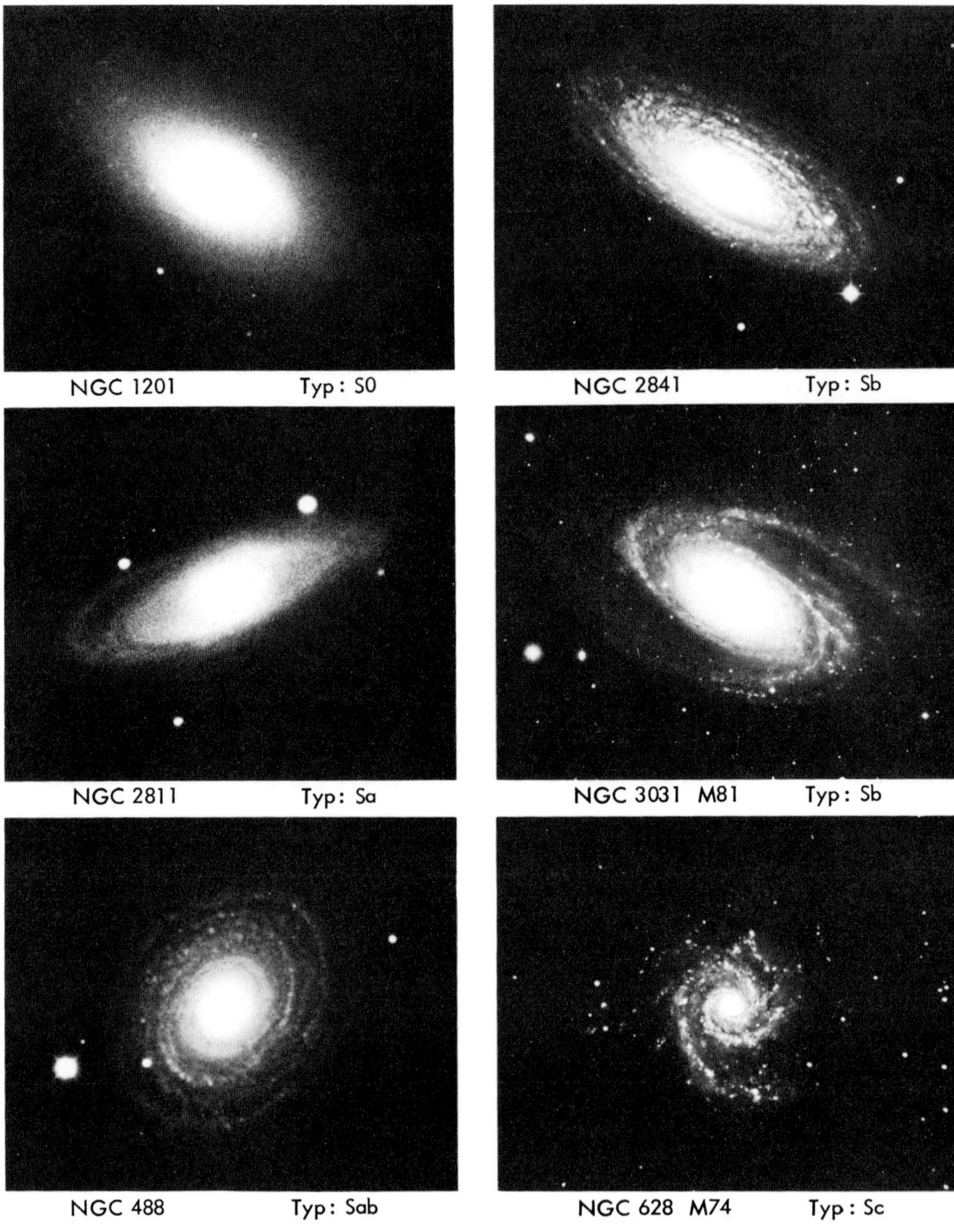

Abb. 9 e. Sechs verschiedene Spiralsysteme. Beim Typ S0 (links oben) ist die Spiralstruktur noch kaum ausgeprägt. Typ Sa (darunter) zeigt sie deutlicher. Beim Übergangstyp Sab wie bei Sb sind die Spiralen gut ausgeprägt. Beim Typ Sc (rechts unten) tritt der Kern deutlich gegenüber den Spiralarmen zurück (Hale Observatories).

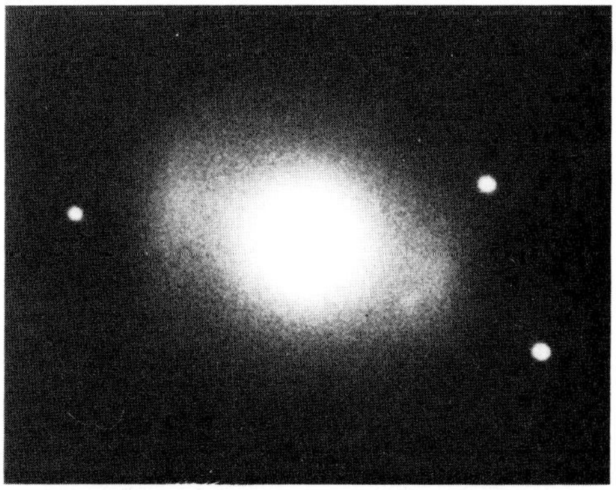

NGC 2859 Typ: SB0

NGC 2523 Typ: SBb(r)

NGC 175 Typ: SBab(s)

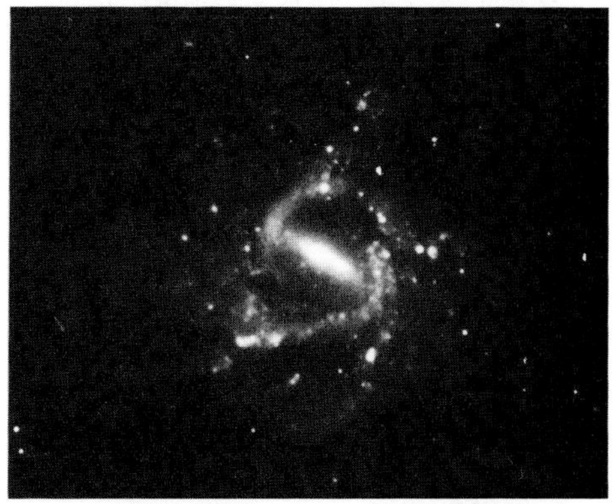

NGC 1073 Typ: SBc(sr)

NGC 1300 Typ: SBb(s)

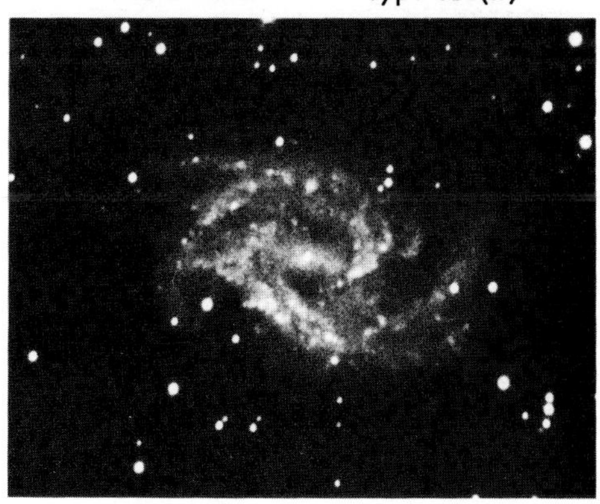

NGC 2525 Typ: SBc(s)

Abb. 9f. Sechs Sternsysteme, die alle dem Typus der Balkenspirale zugerechnet werden. Beim Typ SB0 (links oben) sind die beiden Balkenarme nur angedeutet. Die weitere Bildfolge ist so geordnet, daß der Balken immer deutlicher ausgeprägt, der Kern dagegen immer schwächer wird (Hale Observatories).

Die S- und SB-Systeme werden durch die Kennbuchstaben a, b, c weiter unterteilt. Die a-Systeme zeigen einen beherrschenden Kern und eng an diesen geschmiegte Spiralen; bei c ist der Kern sehr viel kleiner, und die Arme sind weit geöffnet. Unsere Milchstraße ist höchstwahrscheinlich ein System vom Typ Sb.

Die Spiralsysteme sind am häufigsten. Die dritte Gruppe, die unregelmäßigen (irregulären) Systeme, die keine erkennbare Struktur zeigen, sind relativ selten.

Doppelsysteme, die – Doppelsternen vergleichbar – ein physisches System bilden, das um den gemeinsamen Schwerpunkt rotiert, sind nicht selten.

Seit Hubble ist ein halbes Jahrhundert verstrichen. Die von ihm vorgenommene Einteilung der Sternsysteme in die Haupttypen elliptisch, spiralförmig, irregulär ist als Grundlage auch heute brauchbar, doch sind andere Einteilungen nach anderen Kriterien an ihre Seite getreten; vor allem aber ist die ursprünglich rein morphologische, also an der äußeren Gestalt orientierte Einteilung nun gewissermaßen mit mehr astrophysikalischem Inhalt gefüllt. Dazu einige Hinweise:

Elliptische Galaxien sehen gelblich bis rötlich aus. Sie bestehen ganz überwiegend aus alten Sternen, eine Sternbevölkerung, die wir in der Milchstraße Population II nennen – größtenteils schon zu Roten Riesen entwickelt. Seit langem gibt es offenbar kein Entstehen neuer Sterne. Dazu paßt, daß elliptische Galaxien kaum interstellare Materie enthalten. Diese Systeme haben sich offenbar seit mehreren Milliarden Jahren nicht mehr grundlegend verändert oder erneuert.

Was Hubble mit den Buchstaben SO als Übergangstyp zwischen Ellipse und Spirale einreihte, wird heute von vielen Fachleuten als eigene Spezies angesehen. Man nennt solche Systeme linsenförmig (lenticular galaxies). Ähnlich wie Spiralsysteme bestehen sie aus einer zentralen Verdickung und einer Scheibe, doch innerhalb dieser sind keine Spiralen zu erkennen. Die linsenförmigen Systeme enthalten wie die Ellipsen kaum interstellare Materie, damit keine H-II-Regionen. Die Sternentstehung hat auch hier anscheinend schon vor Milliarden Jahren aufgehört.

Demgegenüber sind Spiralsysteme zunächst gekennzeichnet durch leuchtende Gaswolken und zahlreiche junge, heiße, blaue Sterne. Sternentstehung findet in ihnen bis heute statt, jedenfalls in der Scheibe. Das zweite Kennzeichen, eben die Spiralstruktur, bildet eines der großen Fragezeichen der heutigen Astronomie. Wie kommt es zur Ausbildung dieser Struktur? Wie zu deren äußerst mannigfaltigen Varianten: zentraler Balken oder nicht? zwei Arme oder mehr? dünne oder massive Arme? usw. Diese Fragen sind noch nicht endgültig beantwortet. Eine weit verbreitete Theorie, aufgestellt von zwei Astrophysikern chinesischer Abkunft namens Lin und Shu, führt die Ausprägung von Spiralen auf Dichtewellen zurück. Ihr Grundgedanke läßt sich so umschreiben:

Ein großer Teil aller Galaxien – bei den helleren sind es mehr als 50 Prozent – weist Spiralstruktur auf. Demnach muß es sich um ein langlebiges Phänomen handeln, das über Dutzende oder Hunderte von Rotationen des Systems, also durch Milliarden Jahre erhalten bleibt. Damit ist aber ausgeschlossen, daß die Spiralarme einfach aus Sternen und Nebeln bestehen, die in ihnen liegen, gewissermaßen als festes Muster – denn die differentielle Rotation des Systems würde eine solche Anordnung schon nach wenigen Umläufen verwischt haben.

Wie eine Dichtewelle funktioniert, kann man sich an folgendem Beispiel klarmachen. Auf der rechten Fahrbahn einer dicht befahrenen Autobahn fährt bei Nacht ein Lastzug. Die Pkw, durchschnittlich schneller fahrend, müssen ihn alle links überholen. Dabei entsteht ein Engpaß. Die Pkw-Fahrer müssen abbremsen, die Abstände zwischen den Pkw verringern sich dadurch. Nach dem Überholvorgang zieht sich die

Pkw-Schlange allmählich wieder auseinander. Ein Beobachter in größerer Höhe sähe, wegen der verdichteten Wagenfolge um den Lkw herum, dort eine Ansammlung von Licht, einen helleren Fleck, der sich mit der Geschwindigkeit des Lastwagens fortbewegt. Dieser Fleck enthält in jedem Augenblick andere Pkw-Scheinwerfer, bleibt aber beisammen, solange der Lkw auf der Straße fährt.

Man kann sich gut vorstellen, daß eine Dichtewelle, die durch eine Galaxie läuft, Stauungen im interstellaren Gas hervorruft, die neue Sterne entstehen lassen. Freilich, was die Dichtewelle erzeugt und warum sie um den Kern läuft, das ist weniger überzeugend erklärt. Auch müßte eine solche Welle ja an Energie verlieren und allmählich versiegen. Was erhält sie aufrecht? Manche Theoretiker schreiben den äußerst massereichen Halos oder Koronas von Galaxien, wie sie die neueren Masseberechnungen anscheinend verlangen, eine stabilisierende Wirkung zu.

Irreguläre Galaxien lassen keine geordneten Strukturen erkennen. Man bezeichnet sie zuweilen auch als magellanische Galaxien wegen ihrer Ähnlichkeit mit den Magellanschen Wolken (deren Struktur aber heute umstritten ist). Diese Systeme sind viel kleiner als elliptische oder Spiralsysteme, sie enthalten »nur« einige Milliarden Sterne. Ihr Gehalt an interstellarer Materie ist beträchtlich, er beträgt zwischen 10 und 20 Prozent der Gesamtmasse. Mehrere derartige Systeme gehören zu der Gruppe von Sternsystemen, der auch unsere Milchstraße zugehört und der wir uns jetzt zuwenden.

9.4 Die Lokale Gruppe

Das Milchstraßensystem und die ihm nächstgelegenen Nachbargalaxien werden unter der von Edwin Hubble geprägten Bezeichnung »Lokale Gruppe« zusammengefaßt. Der Begriff »lokal« muß sich dabei stark strapazieren lassen. Nächstbenachbart bedeutet hier: nicht weiter als 1 Megaparsec = 3,26 Millionen Lichtjahre von uns entfernt.

1 Mpc Entfernung als Abgrenzungskriterium ist natürlich eine mehr oder weniger willkürliche Festsetzung; gleichwohl bedeutet »Lokale Gruppe« nicht einfach »die Sternsysteme, die sich zufällig (und vielleicht nur vorübergehend) in dem bezeichneten Raum befinden«. Es wird vielmehr angenommen, daß die Mitglieder der Lokalen Gruppe physisch zusammengehören, d.h., daß sie ein relativ stabiles Ensemble bilden, das durch Jahrmilliarden beieinanderbleibt und dessen Galaxien vermöge ihrer Gravitation aufeinander wechselseitige Wirkungen ausüben.

Die Spektren der Systeme der Lokalen Gruppe zeigen keine systematischen Rotverschiebungen; manche Systeme bewegen sich überhaupt nicht von uns weg, sondern auf uns zu.

Die prominentesten Mitglieder sind unser Milchstraßensystem, dessen Aufbau ich im vorigen Kapitel beschrieben habe, und das Spiralsystem im Sternbild Andromeda (Abb. F 19), das mit bloßem Auge erkennbar und in Messiers Katalog unter Nr. 31 verzeichnet ist. Es wird bis heute M 31 genannt oder auch NGC 224, weil es in dem New General Catalogue of Nebulae, den der dänische Astronom Johann Ludwig Dreyer (1852 bis 1926) geschaffen hat, unter Nr. 224 verzeichnet steht.

Die beiden Systeme sind von gewaltiger Größe, vom gleichen Typus Sb (Spiralsystem mit mittelgroßem Kern) und auch sonst in Struktur und vielen Eigenschaften vergleichbar. Beide sind von einem kugelförmigen Halo und von Kugelsternhaufen umgeben, beide haben in ihren Spiralarmen starke Ansammlungen interstellaren Gases und blauweißer junger Sterne; auch die Radioemission ist vergleichbar.

M 31 galt bisher als das größte, massereichste, ja das beherrschende System der Gruppe. Die neuen Erkenntnisse über die gewaltige Masse in den äußeren Bereichen unseres eigenen Systems könnten das in Frage stellen, doch ist wahrscheinlich, daß auch M 31 eine Korona mit sehr viel Masse besitzt.

Dieses System, das 2,2 Millionen Lichtjahre entfernt ist und sich dem irdischen Beobachter in schräger Draufsicht darbietet (die die Spiralstruktur andeutungsweise erkennen läßt, vgl. Foto F 19), ist seit Hubble ständig beobachtet und studiert worden. Von den Erkenntnissen waren vielfach Rückschlüsse auf unser eigenes System möglich. Es gibt in M 31 die beiden Populationen I und II; wo die hellen Sterne der Population I massiert stehen, ist wenig interstellare Materie vorhanden. Der Halo enthält viele Kugelsternhaufen. Deren Sterne sind nicht alle so alt wie die Haufensterne in der Milchstraße; die Häufigkeit schwerer Elemente in ihnen variiert stark. Das deutet darauf, daß die Entwicklung dieses Systems nicht in zwei eindeutig erkennbaren Etappen erfolgt, sondern weniger regelmäßig verlaufen ist.

Als drittes Spiralsystem ist der Dreiecksnebel zu nennen, im gleichnamigen Sternbild gelegen, der dem Typ Sc angehört (weit geöffnete Spiralen, Kern zurücktretend). Dieses System ist viel kleiner als die beiden oben genannten, die Entfernung entspricht etwa der von M 31 (Abb. F20).

1968 fand der italienische Astronom Paolo Maffei auf Infrarotaufnahmen zwei stark strahlende Objekte, zwischen den Sternbildern Perseus und Cassiopeia gelegen an einer Stelle des Himmels nahe der galaktischen Hauptebene, die durch interstellaren Staub der optischen Beobachtung nahezu unzugänglich ist. 1971 gaben amerikanische Forscher bekannt, daß es sich um Sternsysteme beachtlicher Größe handelt. Sie erhielten nach ihrem Entdecker die Namen Maffei 1 und 2. Heute gilt Maffei 1 als Mitglied der Lokalen Gruppe, allerdings mit 1 Mpc Entfernung an deren Rand gelegen, ein System vom Typ SO (Übergangstyp zwischen Spirale und Ellipse). Maffei 2 in fünfmal größerer Entfernung wird nicht mehr zur Lokalen Gruppe gerechnet.

Die Magellanschen Wolken sind unsere nächsten Nachbarn. Es handelt sich natürlich nicht um Wolken, sondern um Sternsysteme, die für den Betrachter ohne Fernrohr wie milchige Wolken – ähnlich der Milchstraße – aussehen. Allerdings muß sich der Betrachter auf der Südhalbkugel der Erde befinden, um sie zu sehen. Ferdinand Magellan (portugiesisch Magelhães), der 1519–21 als erster den Erdball umsegelte, hat sie zuerst beschrieben; nach ihm sind sie benannt.

Diese »Wolken« sind von respektabler Größe, die größere hat einen Durchmesser von etwa 60 000 Lichtjahren (in der Sichtlinie gemessen) und umfaßt etwa 10 Milliarden Sterne. Sie ist etwa 160 000 Lichtjahre entfernt. Die kleinere, häufig nach der englischen Bezeichnung Small Magellanic Cloud abgekürzt SMC genannt (die größere LMC; L = Large) ist etwa 10% weiter entfernt. 1983 wurde bei Beobachtungen der in ihr enthaltenen Wolken aus neutralem Wasserstoff festgestellt, daß sie aus zwei Teilen besteht, die von uns aus betrachtet hintereinander liegen. So wird man in Zukunft von drei Magellanschen Wolken zu sprechen haben.

Die Wolken zeigen keine deutliche Struktur, galten deshalb lange als irreguläre Systeme, doch neigt man heute dazu, sie als Balkenspiralen anzusehen; die Andeutung eines »axialen Balkens« ist zu sehen.

Die Wolken sind für uns, jedenfalls mit den Maßstäben des Astronomen gemessen, nahe Objekte; mit guten Instrumenten lassen sich einzelne Sterne isolieren und sogar Spektren aufnehmen. Sie enthalten sowohl sehr alte wie junge heiße Sterne. Im Unterschied zum Milchstraßensystem gibt es dort Kugelsternhaufen, die aus jungen Sternen bestehen (»blaue Kugelhaufen«). Die langfristige Beobachtung veränderlicher Sterne in den Wolken (Cepheiden, RR-Lyrae-Veränderliche) hat die Erforschung der Sternentwicklung befruchtet.

Abb. 9 g. Die Große Magellansche Wolke, aufgenommen vom Lick-Observatorium. Die Gestalt einer Balkenspirale ist andeutungsweise zu erkennen.

Der Blick von der Erde zu den Wolken ist unbehindert durch dazwischen liegende Materie. So gehören sie zu den interessantesten Objekten der Astronomie, besonders seit auf der Südhalbkugel (Südafrika, Australien, Chile) leistungsfähige Observatorien entstanden sind. Mit ihnen konnte der Ablauf der Supernova-Explosion SN 1987 A genau verfolgt und festgehalten werden.

Eine auffällige Region innerhalb der großen Wolke mit Leuchtnebeln und jungen Sternen bildet der außerhalb des Hauptbalkens gelegene Tarantelnebel (auch Loop-Nebel oder 30-Doradus-Nebel genannt). Er stellt die größte Ansammlung interstellarer Materie dar, die wir beobachten können. Der Durchmesser dieses Nebels wird auf 1000 Lichtjahre geschätzt, während der Durchmesser des eindrucksvollen Orionnebels in unserer Milchstraße weniger als 20 Lichtjahre beträgt, und die im Nebel enthaltene Materie wird auf ungefähr 500 000 Sonnenmassen geschätzt. Die hellsten Sterne der Wolke haben eine scheinbare Größe von 9^m bis 10^m. Das bedeutet, daß sie 100 000mal bis 1 000 000mal heller leuchten als die Sonne. Es bedeutet ferner, daß sie ihren atomaren Brennstoff 1000- bis 10 000mal so schnell aufzehren wie die Sonne und daß sie, selbst wenn sie Anfangsmassen von mehreren Dutzend Sonnenmassen haben, nicht länger als 100 000 bis 1 000 000 Jahre strahlen können.

Der Prozeß der Sternentstehung im größten Stil spielt sich anscheinend an zahlreichen Stellen der Wolke ab. Eine solche Stelle, von Shapley »Constellation I« genannt, weist Tausende von blauweißen sehr massereichen Sternen auf, umgeben von Gaswolken, deren Masse insgesamt ein Mehrfaches der in ihr stehenden Sterne ausmacht. Es wird vermutet, daß die Sterne, die hier laufend in großer Zahl entstehen, bald nach ihrer Geburt »auswandern«, indem sie aus irgendwelchen Gründen die relativ niedrige Entweichgeschwindigkeit überschreiten. So hätten wir hier sozusagen eine Sternfabrik vor uns, in der laufend Sterne angefertigt und an das umgebende System abgegeben werden.

Zur Lokalen Gruppe werden 25 bis 30 Galaxien gerechnet, überwiegend von kleiner bis mittlerer Größe – wenn eine Galaxie 100 Millionen Sonnenmassen enthält, zählt sie schon als »Zwergsystem«. Die kleinen sind alle von elliptischer oder irregulärer Struktur. Fornax-, Leo-, Sculptor-System sind einige bekanntere Namen.

Ein Zwergsystem, im Sternbild Großer Bär gelegen und auch Ursa-major-System genannt, etwa 400 000 Lichtjahre entfernt, scheint ausschließlich aus alten, etwa 10 Milliarden Jahre alten Sternen zu bestehen. Das bedeutet nicht, daß es von Anfang an nur aus den jetzt sichtbaren Sternen bestanden haben muß. Doch sind die massereichen Sterne inzwischen alle ausgebrannt, erloschen, zu Weißen Zwergen, Neutronensternen geworden, und neue sind nicht mehr entstanden, weil praktisch alles ursprünglich vorhandene Gas in der ersten Sternentstehungswelle aufgebraucht wurde.

Eine Zeitlang konnte man Zwerggalaxien für eine Besonderheit unseres himmlischen Reviers halten. Seit etwa 1950 sind auch in größeren Entfernungen viele neu entdeckt worden. Es kann sein, daß sie im All viel zahlreicher sind als die Riesensysteme.

Zwerggalaxien dieser Art finden sich häufig in der Nähe großer Systeme. Sie gehören offenbar zu deren »Gefolge«, sie sind durch Gravitation an sie gebunden und umkreisen sie. M 31 (Andromeda) besitzt zwei solcher Satelliten- oder Begleitgalaxien; auf der Aufnahme F 19 sind sie zu erkennen. Wahrscheinlich sind neben mehreren Zwerggalaxien in Entfernungen um 100 000 pc auch die Magellanschen Wolken

Abb. 9h. Zwerggalaxie im Sternbild des Sextanten (Sextans), aufgenommen mit dem 5-m-Spiegel der Hale Observatories. Dieses System gehört dem irregulären Typus an.

Satellitengalaxien der Milchstraße. Soweit die Massen und Bewegungen bei den großen Systemen und ihrer »Eskorte« bisher beobachtet und gemessen sind, kann man schließen, daß die Keplerschen Gesetze – jedenfalls innerhalb von Entfernungen, wie sie in der Lokalen Gruppe gegeben sind – auch in diesen größeren Dimensionen gelten.

9.5 Aktive Galaxien

Galaxienforschung ist heute einer der wichtigsten und fruchtbarsten Zweige der Astronomie. Sie kann das noch für unabsehbare Zeit bleiben: Es gibt Millionen, vielleicht Milliarden von Galaxien, und jede enthält Milliarden von Sternen. Galaxien sind die eigentlichen Bausteine des Weltalls.

Galaxienforschung konnte sich erst entfalten, als leistungsstarke Teleskope zur Verfügung standen, die bis in Regionen weit außerhalb unserer Milchstraße reichen, also etwa vom Ende des Ersten Weltkriegs ab, soweit es um optische Beobachtung geht; für die übrigen Frequenzbereiche erst nach dem Zweiten Weltkrieg.

Während dieses Krieges wählte Carl Seyfert, ein junger Amerikaner, der Astronomie studierte, als Gegenstand seiner ersten selbständigen Forschungsarbeit eine Gruppe von Galaxien – er kannte zwölf davon –, die durch eine Besonderheit auffielen: Ihr Zentralbereich ist so hell, daß er fast das ganze restliche Sternsystem überstrahlt; auf Fotos erscheint oft nur der Kern, erst wenn man lange belichtet, tritt der Rest der Galaxie in Erscheinung. Es stellte sich schnell heraus, daß es in den Kernen solcher Systeme äußerst turbulent zugehen muß. Sehr heiße Gaswolken bewegen sich dort mit Geschwindigkeiten von mehreren tausend Kilometern in der Sekunde. Im Spektrum erkennt man, daß hochionisierte Eisenatome vorhanden sind, denen bis zu 13 Elektronen entrissen wurden. Aus den Kerngebieten kommt Infrarotstrahlung, deren Energie der gesamten Strahlungsleistung einer normalen Galaxie gleichkommt. Dabei müssen die Kerne ganz klein sein, denn die Strahlungsabgabe schwankt erheblich innerhalb von Wochen. Das läßt darauf schließen, daß der Durchmesser der strahlenden Region kleiner sein muß als ein Lichtjahr.

Carl Seyfert ahnte kaum, was für eine Goldader für die Forschung er angeschlagen hatte. Heute werden Galaxien dieser Art – es sind inzwischen über 100 bekannt – allgemein »Seyfert-Galaxien« genannt. Man spricht seither auch von aktiven Galaxien, womit genaugenommen Galaxien mit aktiven Kernen gemeint sind. Heute ist dieser Begriff erweitert. Man faßt unter der Bezeichnung »aktive Galaxien« eine Reihe von Arten zusammen; Seyfert-Galaxien sind nur eine davon. Sie alle heben sich von anderen Sternsystemen ab durch eine gewaltige Strahlungsleistung, sei es in einzelnen Frequenzbereichen oder in mehreren oder in allen. Außerdem stoßen manche auch, offensichtlich aus der Kernregion heraus, gewaltige Strahlungs- und/oder Materieströme aus, die sogenannten Jets.

Von der Erforschung dieser Phänomene her fällt einiges Licht auf die Frage, wie eigentlich die Entwicklung von Galaxien vor sich geht. Entstanden sind alle Galaxien offenbar schon vor Jahrmilliarden. Anzeichen für das Entstehen neuer Galaxien sind bisher kaum beobachtet worden. Die Erforschung aktiver Galaxien kann dazu beitragen, zwar nicht die Entstehung selbst, wohl aber lange zurückliegende Phasen ihrer frühen Entwicklung verstehen zu lernen. Denn viele aktive Galaxien finden sich in Entfernungen von Milliarden Lichtjahren, dagegen wenige in unserer kosmischen Nähe, und wir erblicken ja, je weiter unsere Instrumente in den Raum vordringen, einen um so früheren Zustand des Universums. Was wir in 5 Milliarden Lichtjahren Entfernung vorfinden, ist das Weltall, wie es vor 5 Milliarden Jahren aussah.

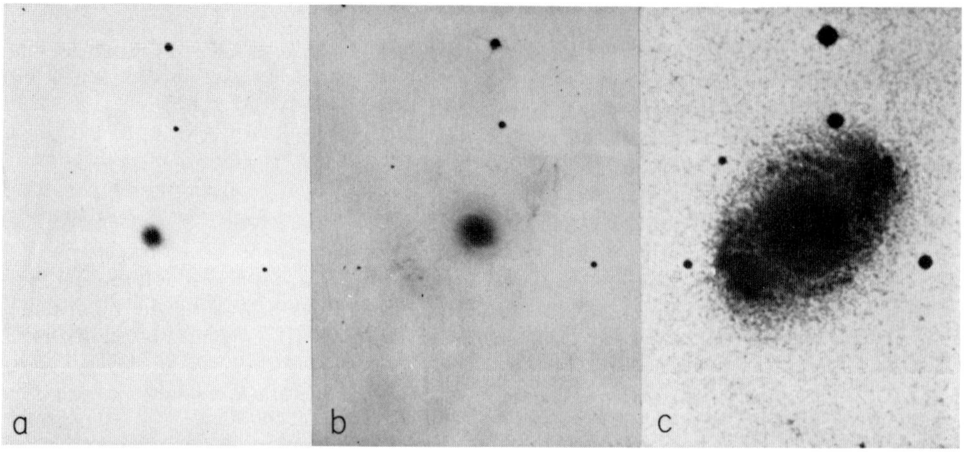

Abb. 9i. Aufnahmen der Seyfert-Galaxie NGC 4151 zeigen bei kurzer Belichtungsdauer (a) nur den sternartigen Kern; bei mittlerer Belichtungsdauer (b) tritt der Rest des Systems andeutungsweise in Erscheinung. Bei langer Belichtung (c) erkennt man deutlich das ganze Spiralsystem. Die drei Photos sind zur Verdeutlichung hier als Negativdruck wiedergegeben. Sie stammen vom Mount Wilson (a, b) und Mount Palomar Sky Survey, National Geographic Society (c) und wurden von W. W. Morgan, Yerkes Observatory, zusammengestellt.

In diesem und den beiden folgenden Abschnitten möchte ich einige wichtige Arten von aktiven Galaxien vorstellen.

Bleiben wir zunächst noch bei den Seyfert-Galaxien! Drei Dinge möchte ich anmerken, die als Mosaiksteine für ein sich vielleicht herausbildendes Gesamtbild der Phänomene dienen können.

1. Wenn bisher 100 Sternsysteme als Seyfert-Galaxien identifiziert wurden, so ist das, gemessen an den Millionen von Galaxien, die beobachtbar sind, ein auffallend geringer Anteil, selbst wenn man in Rechnung stellt, daß erst ein kleiner Teil der sichtbaren Galaxien studiert werden konnte. Bedeutet dies, daß Galaxien mit aktiven Kernen eine ausgesprochen seltene Erscheinung sind? Man sollte es eher so interpretieren, daß die Seyfert-Galaxie nur eine relativ kurze Phase im Werdegang eines Sternsystems darstellt.

2. Bei der Suche nach weiteren Seyfert-Galaxien stieß man auf das System NGC 262. Es ist etwa 300 Millionen Lichtjahre von uns entfernt und stellt eine der größten bisher entdeckten Galaxien dar. Sein Durchmesser wird angegeben mit 1,3 Millionen Lichtjahren (gegenüber 100000 bei der Milchstraße). Dieses System ist also größer, als die Menschheit, auch die Astronomen, sich bis ins 20. Jahrhundert hinein das Weltall insgesamt vorstellte! Man glaubte ja bis zu Hubble, die Milchstraße sei das ganze Universum oder jedenfalls dessen wesentlicher Teil und Mitte. NGC 262 hat eine Begleitgalaxie und weist als weitere Besonderheit eine Art von Arm auf, der aus dem System herausragt, aussehend etwa wie eine Feder, darum auch »plume« genannt (engl. für Feder, Vogelfeder). Dieser Arm wurde wahrscheinlich durch die Schwerkraft einer anderen nahe gelegenen Galaxie herausgezogen. Über solche Erscheinungen mehr im Abschnitt 9.7.

3. Die Frage, die sich wohl am stärksten aufdrängt, wenn man von den Galaxien mit aktiven Kernen hört: Wie wird die unerhörte Energiemenge erzeugt, die sie abstrahlen?

Welcher Mechanismus ermöglicht es, daß in einem (wie die Strahlungsschwankungen beweisen) kleinen Raum mehr Strahlungsenergie erzeugt wird als sonst in einer ganzen Galaxie? Die meisten Forscher sehen die einzig mögliche Antwort darin, daß im Kern solcher Galaxien ein Schwarzes Loch existiert. Die Strahlung entsteht dann dadurch, daß Materie in das Schwarze Loch hineingezogen und dabei auf »relativistische« Geschwindigkeiten beschleunigt wird. Ihre dabei erreichte hohe kinetische Energie kann, wenn sie mit anderer (einfallender oder um das Schwarze Loch rotierender) Materie kollidiert, in Form von harter, insbesondere Röntgenstrahlung wieder abgegeben werden.

Dem Phänomen »Schwarzes Loch« (engl. Black Hole) sind wir schon begegnet bei den Supernova-Explosionen, die als Überrest entweder einen Neutronenstern oder ein Schwarzes Loch zurücklassen können. Hier hat es eine ganz andere Dimension, die bis in Millionen von Sonnenmassen hineinreichen kann. Bei allen Erscheinungen im Universum, die ein Höchstmaß von Energieerzeugung aufweisen und damit Musterbeispiele für das »violent universe« (das gewaltsame Universum) darstellen, taucht das Schwarze Loch als letzte Erklärung auf. Und die Beweise verdichten sich immer mehr, auch wenn seine Existenz bis heute nicht mit letzter Sicherheit demonstriert worden ist. NGC 4151, eine Seyfert-Galaxie, strahlt aus einem Kerngebiet von nur $^{1}/_{300}$ Lichtjahr Durchmesser eine Energiemenge ab, zu deren Erzeugung, Berechnungen zufolge, ein Schwarzes Loch von 50 bis 100 Millionen Sonnenmassen erforderlich wäre.

Einige weitere Arten von aktiven Galaxien will ich nur kurz streifen, um Platz für die Schilderung der beiden wichtigsten zu gewinnen, nämlich Radiogalaxien und Quasare.

Kompakte Galaxien, manchmal auch Blaue Galaxien genannt, hat der in den USA wirkende Schweizer Astronom Fritz Zwicky ab 1961 entdeckt und eingehend erforscht. Sie sind klein, Durchmesser wenige kpc; erst in starken Instrumenten lassen sie sich von Sternen unterscheiden. Sie enthalten, dicht gepackt, mehrere hundert Millionen Sterne und einen beträchtlichen Anteil an interstellarer Materie. Die Entstehung neuer Sterne ist sehr lebhaft, so sehr, daß sie in diesem Tempo nicht sehr lange durchgehalten werden kann. Handelt es sich vielleicht um junge Galaxien, die noch dabei sind, ihre ersten Sterngenerationen zu bilden? Oder um ältere, die gerade eine Welle von Sternentstehung, einen »starburst«, erleben? Das ist noch offen.

Eine solche Galaxie, benannt II ZW 40 (die Buchstaben ZW bedeuten Zwicky), etwa 20 Millionen Lichtjahre entfernt, kann als Beispiel dienen. Sie besteht aus einem Kern und zwei Ausbuchtungen. Obwohl der Kern höchstens ein Drittel der Masse enthält – etwa $2 \cdot 10^7\ M_\odot$ –, strahlt er um das Vierzigfache heller als der ganze Rest. Hier in der Kernregion entstehen Millionen junger, sehr heißer Sterne, deren UV-Strahlung praktisch den ganzen Kernbereich zu einer einzigen H-II-Region macht. Es ist berechnet worden, daß es nur 50 Millionen Jahre dauern würde, bis – bei Anhalten der gegenwärtigen Sternentstehungsrate – der ganze Gasvorrat im System aufgezehrt wäre. Dies spricht dafür, daß der gegenwärtige Zustand nur ein besonders aktives Stadium innerhalb einer wesentlich längeren Entwicklung darstellt. Alle »aktiven« Galaxien, auch die im Folgenden erwähnten, haben den stark, manchmal auch variabel strahlenden Kern gemeinsam; sie unterscheiden sich durch ihre spektralen Eigenschaften.

Den Seyfert-Galaxien ähnlich, ohne daß die Relation schon genauer definiert werden kann, sind die N-Galaxien, entdeckt von dem Amerikaner W. W. Morgan, und die Markarian-Galaxien, benannt nach einem armenischen Astronomen: beides Galaxien mit kleinen, auffällig stark strahlenden Kernen.

Unbedingt Erwähnung verdienen noch die Galaxien, die man nach ihrem Prototyp BL-Lacertae-Objekte oder auch einfach Lacertiden nennt (Lacerta = Sternbild Eidechse). Die Kennbuchstaben BL bezeichnen normalerweise einen (veränderlichen) Einzelstern. Für einen Stern wurde dieses Objekt nach seiner Entdeckung im Jahre 1929 vierzig Jahre lang gehalten. Erst 1968 wurde erkannt, daß das Objekt (diese Bezeichnung deutet auf die lange bestehende Unsicherheit über seine wahre Natur) auch ein starker Radiostrahler ist und das Zentrum einer riesigen Galaxie darstellt, die es überstrahlt und die mehrere Milliarden Lichtjahre von uns entfernt ist. Also auch hier eine Galaxie mit aktivem Kern! Gemeinsam ist den Systemen dieses Typs (es sind bisher etwa 50 identifiziert), daß sie sich in riesigen Entfernungen befinden. Das haben sie gemeinsam mit den Quasaren, die ich im nächsten Abschnitt bespreche.

Gemeinsam mit ihnen haben sie auch die starken Schwankungen in ihrer Strahlungsabgabe. Ein BL-Lacertae-Objekt mit der Bezeichnung PKS 0215-015 erreichte Mitte der achtziger Jahre ein Strahlungsmaximum, das es – in Anbetracht der riesigen Entfernung – zum leuchtstärksten Objekt im ganzen Universum avancieren ließ. Bemerkenswert ist auch, daß solche Objekte in allen Frequenzbereichen von Radiowel-

Abb. 9j. Die Radiogalaxie Centaurus A = NGC 5128, ein großes elliptisches System, das auch stark im Röntgenbereich strahlt. Der auffällige Staubstreifen rührt höchstwahrscheinlich davon her, daß Centaurus A eine andere Galaxie verschluckt hat. Im Radiobild ist sie viel größer (Hale Observatories).

len bis Röntgenstrahlen aktiv sind und daß sie ein Spektrum ohne Absorptionslinien zeigen (außer wenn ein anderes System in der Sichtlinie zu ihnen liegt). Die plausibelste Erklärung für die Energieerzeugung dieser Objekte bildet wiederum das Schwarze Loch, in diesem Fall eines, das viele Millionen Sonnenmassen enthält. Ein solches Ungeheuer könnte sogar ganze Sterne auf einmal verschlingen. Dieser Prozeß kann binnen kurzer Zeit soviel Energie erzeugen wie Tausende von Sternen während ihrer ganzen, Milliarden Jahre zählenden Lebenszeit.

Zum Schluß dieses Abschnitts ein Blick auf die Radiogalaxien. Daß ein Sternsystem (auch) Radiostrahlung abgibt, ist nichts Besonderes, es ist auch bei unserer Milchstraße der Fall – sie stammt hier u. a. aus Supernova-Überresten wie dem Crab-Nebel, auch aus der Zentralregion. Die Radiostrahlung normaler Galaxien wie der unseren und ihres Nachbarsystems M 31 ist gering gegenüber der Strahlung in den Frequenzen des sichtbaren Lichts. Bei Galaxien in größerer Entfernung ist sie so gut wie nicht mehr meßbar. Von Radiogalaxien spricht man nur bei Systemen, deren Radiostrahlung millionenfach stärker ist als die normaler Galaxien, so daß man sie noch aus größten kosmischen Entfernungen empfangen und analysieren kann.

Eine der stärksten derartigen Quellen am Sternhimmel, Cygnus A (im Sternbild Schwan), wurde schon von einem der ersten Radioastronomen, Grote Reber (vgl. Abschnitt 6.4) mit seiner primitiven Antenne entdeckt. Um aber festzustellen, woher diese Strahlung stammt, mußte man die Quelle am Himmel lokalisieren, um danach dann mit einem normalen Teleskop die so eingegrenzte Stelle am Himmel abzusuchen. So genaues Lokalisieren war in den Anfangszeiten der Radioastronomie noch nicht möglich. Es gab noch keine Riesen-Parabolantennen, noch weniger gab es Interferometrie durch Beobachtung mit zwei oder auch mehr weit voneinander aufgestellten, aber zusammengeschalteten Antennen.

1951 gelang es Astronomen in Cambridge, mit zwei großen Parabolantennen die Position auf einen winzigen Himmelsausschnitt, etwa 1 Bogensekunde im Quadrat, einzugrenzen. Diesen Befund teilte man Walter Baade mit, der sogleich am damals größten Teleskop der Welt, dem 5-m-Spiegel auf dem Mt. Palomar, die Suche aufnahm. Er fand an der bezeichneten Stelle ein lichtschwaches Objekt weit außerhalb unserer Milchstraße in einer Entfernung von etwa 600 Millionen Lichtjahren (Baade nahm zunächst nur die Hälfte dieses Wertes an).

Es gibt unzählige Galaxien am Sternhimmel, die im optischen Bereich viel stärker strahlen als Cygnus A, aber nur eine einzige, die im Radiobereich stärker strahlt. Wie kann eine Galaxie – um eine solche mußte es sich handeln – eine derartige Strahlungsleistung erreichen? Baade gab zunächst die Antwort: Hier kollidieren zwei Sternsysteme miteinander, sie schieben sich gerade ineinander, ihre aufeinanderprallenden Gasmassen erhitzen sich dabei auf enorme Temperaturen.

Wir wissen heute, daß sich derartige Kollisionen wirklich ereignen (vgl. Abschnitt 9.7). Aber im Falle Cygnus A ließ sich die Hypothese nicht halten, unter anderem weil man bald darauf andere starke Quellen entdeckte, bei denen diese Erklärung nicht in Frage kam, weil weit und breit keine zweite Galaxie zu entdecken war.

Etwas später entdeckten Astronomen mit einem neu errichteten Radioteleskop in Manchester, daß Cygnus A aus zwei dicht benachbarten, aber doch deutlich trennbaren Radioquellen besteht. Schließlich ergab sich, daß auch zahlreiche andere Radioquellen, mindestens die Mehrzahl unter ihnen, in Wirklichkeit aus zwei dicht benachbarten Quellen bestehen. Genauer gesagt: Eine Radiogalaxie besteht typischerweise aus der (eigentlichen) Galaxie und

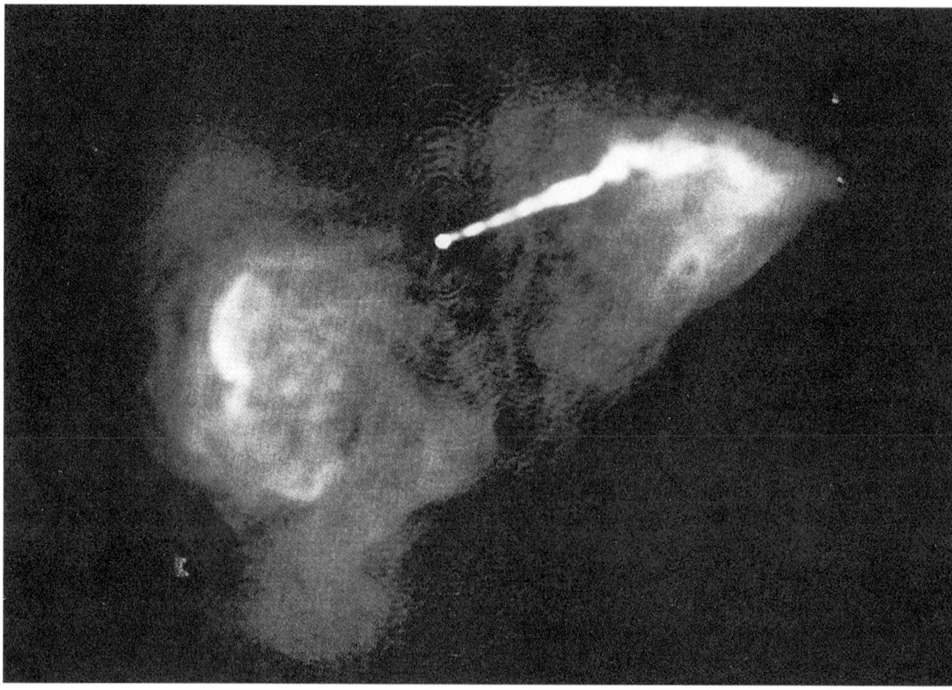

Abb. 9 k. Die Radiogalaxie Virgo A = M87, Radiobild. Rechts und links die riesigen »Lobes«, von denen die Radiostrahlung ausgeht. Vom Kern nach rechts oben erstreckt sich ein »Jet«.

aus zwei Blasen (meist engl. lobes genannt). Diese lobes sind die hauptsächliche Quelle der Radioemission. Die Galaxie liegt auf der Verbindungslinie der Lobes. Es sieht aus, als seien die Radioblasen von der Galaxie nach zwei genau entgegengesetzten Seiten ausgestoßen worden.

Erstaunlich ist die Ausdehnung dieser Gebilde. Bei den größten Radiogalaxien beträgt das Volumen der Lobes das Mehrtausendfache des Volumens der eigentlichen Galaxie. Das Gesamtgebilde kann eine Ausdehnung erreichen, die nach Millionen Lichtjahren zählt. Heute weiß man, daß die Lobes mit dem Zentrum der Galaxie in den meisten Fällen durch Jets verbunden sind, durch scharfgebündelte Ströme aus Materie, hauptsächlich Elektronen. Diese Jets gehen vom Kern der Galaxie aus. Diese ist im Falle Cygnus A, wie wir heute wissen, eine elliptische Riesengalaxie. Überhaupt sind es fast immer elliptische Systeme, bei denen dieses Phänomen der stark strahlenden Radiolobes auftritt. Die stärkste Strahlung (die Strahlung mit der höchsten Flußdichte, die in der Einheit Jansky gemessen wird) kommt aus den äußersten Gebieten der beiden Blasen; Strahlung kommt aber auch von den Jets und vom Zentrum, von dem das ganze Gebilde offenbar ausgegangen ist. Nicht immer gibt es übrigens zwei Lobes, manchmal beobachtet man nur einen Jet mit einer Blase am Ende. In manchen Fällen sind aber auch vier Lobes vorhanden, paarweise einander gegenüber angeordnet, höchstwahrscheinlich zu ganz verschiedenen Zeiten entstanden.

Selbst wenn die vom Kern ausgeschleuderten hochenergetischen Teilchen Geschwindigkeiten haben, die schon der Lichtgeschwindigkeit nahekommen, brauchen sie doch gewaltige Zeiträume, um sich so weit zu erstrecken, wie sie das heute tun. Die Geschwindigkeit, mit der die Lobes sich vom Zentrum entfernen, wird mit 30000 km/s angenommen. Die Explosion, mit der diese Jets erzeugt und hinausgeschleudert wurden, muß vor 1 bis 100 Millionen Jahren begonnen haben.

Die Energie, die dazu erforderlich ist, wird geschätzt auf 10^{53} Joule. Das ist die Energiemenge, die freigesetzt würde, wenn die Masse von 100 Millionen Sonnen nach der Formel $E = m \cdot c^2$ komplett in Energie verwandelt würde. Bemerkenswert ist: Auch wenn man die Jets mit der größtmöglichen Auflösung, also mit zusammengeschalteten, weit voneinander entfernten Antennen beobachtet, bleibt die wesentliche Strömungsrichtung unverändert, selbst in riesigen Entfernungen vom Zentrum der Galaxie.

Die »Maschine«, die diese Effekte erzeugt, ist wahrscheinlich die stärkste im ganzen Universum. Von welcher Art könnte sie sein? Fast ebenso verstörend sind weitere Fragen: Wie kommt es, daß die Jets scharf gebündelt austreten, als wären sie durch eine (oder zwei gegenüberliegende) Düsen gepreßt worden? Noch schwerer vorzustellen: Warum bleiben die Jets für Millionen Jahre und über Millionen Lichtjahre Entfernung scharf gebündelt? Sollte man nicht erwarten, daß sie sich in der Galaxie, spätestens aber nachdem sie sie verlassen haben, verflüchtigen und schließlich auflösen? Wenigstens auf die letzte Frage gibt es eine »tentative« Antwort, die sogenannte Zwillings- oder Doppelauspuff-Hypothese. Sie besagt: Das aus dem Kern ausgestoßene glühendheiße Gas trifft auf die in der Galaxie vorhandene interstellare Materie. Es sucht einen Ausweg und findet ihn in der Richtung des geringsten Widerstandes. Die liegt in der Richtung zu den Polen, an der Hauptrotationsachse, weil das System hier die geringste Ausdehnung hat. Tatsächlich sieht es so aus, als ob die Jets gewöhnlich in der Richtung der Rotationsachse austreten.

Hiermit könnte man erklären, warum der Teilchenstrom gebündelt austritt. Weniger gut kann man erklären, warum er über enorme Entfernungen hin scharf gebündelt bleibt. Und gar nicht kann man erklären,

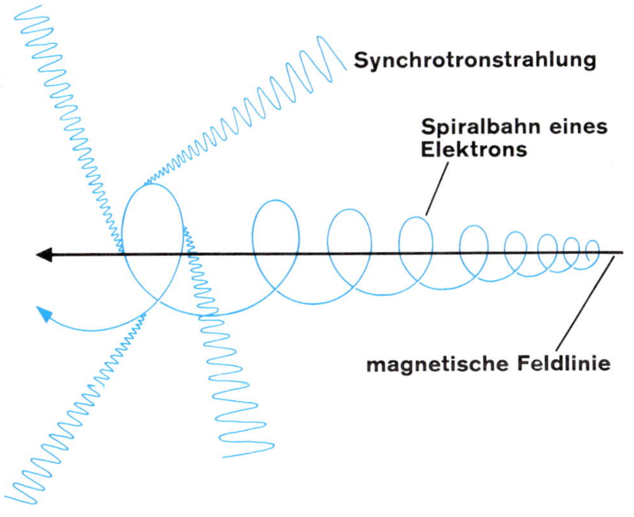

Abb. 91. Synchrotronstrahlung gibt ein Elektron ab, wenn es sich in einem Magnetfeld mit relativistischer (der Lichtgeschwindigkeit nahekommender) Geschwindigkeit bewegt. Die Abstrahlung erfolgt in der Bewegungsrichtung des Elektrons (»nach vorn«). Die abgegebene Strahlung ist polarisiert.

was für eine Maschine denn im Kern eines solchen Systems sitzt. Landen wir hier wieder beim Schwarzen Loch?

Besser kann man verstehen, wie die Radiostrahlung entsteht. Sie ist nämlich polarisiert. Es handelt sich um Synchrotron-Strahlung. Sie entsteht, wenn geladene Teilchen, vor allem Elektronen, sich auf Spiralbahnen um die Kraftlinien eines Magnetfeldes bewegen. Die Strahlung entsteht also im Zusammenspiel mit einem ausgedehnten Magnetfeld, daneben auch dadurch, daß die Teilchenströme auf Gas treffen, das auch im intergalaktischen Raum in dünner Verteilung vorhanden ist.

9.6 Quasare

In den Anfangszeiten der Radioastronomie wurde besonders von Cambridge aus beharrlich nach weiteren Quellen von Radiostrahlung gesucht. Britische Astronomen haben am Aufstieg dieses Forschungszweiges einen bedeutenden Anteil. Die Suche war erfolgreich, man entdeckte mehrere hundert solche Quellen und stellte sie zur besseren Übersicht für die wissenschaftliche Öffentlichkeit in Katalogen zusammen. Für die Entdeckung neuartiger und zunächst rätselhafter Erscheinungen war vor allem der dritte Cambridger Katalog von 1959 wichtig. Die in ihm aufgeführten 471 Radioquellen werden bezeichnet mit »3 C«, dazu setzt man ihre Katalognummer. Am bekanntesten wurden die Objekte 3 C 48 und 3 C 273. Sie konnten nämlich bald mit sichtbaren Objekten identifiziert werden, was zu jener Zeit schwierig war, weil die Radioastronomen den Ort ihrer Quelle am Himmel nur ungenau angeben konnten. Der Höhepunkt dieser Entwicklung, deren Ergebnisse alle Astronomen verblüfften, liegt zwischen 1960 und 1963.

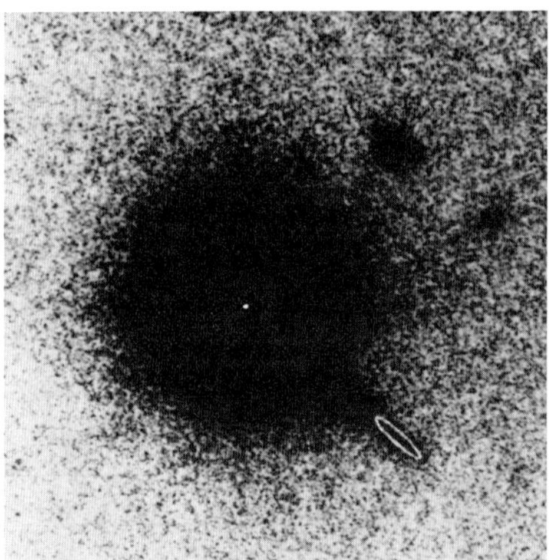

Abb. 9m. Der bekannte Quasar 3 C 48. Die beiden Quellen der Radiostrahlung sind bezeichnet durch das weiße Oval am »Jet« unten rechts (Quelle A) und den weißen Punkt im Zentrum (Quelle B).

Die Quelle Nr. 48 wurde 1960 mit einem sichtbaren Objekt identifiziert. Es sah wie ein Stern aus, aber seine Eigenschaften waren so merkwürdig, daß die fünf Forscher, die es gemeinsam beobachtet und analysiert hatten, sich nicht zu einer Veröffentlichung durchringen konnten. Sie berichteten auf einer Fachtagung in den USA, nur mündlich, auch ohne vorher eine Kurzfassung einzureichen. So ist keine authentische Fassung dieses Berichts überliefert. Berichterstatter war Allen Sandage. Aber obwohl ein Spezialist für Spektroskopie dem Team angehörte, hatte man das Spektrum nicht deuten können. Die Emissionslinien, die es aufwies, waren keinem bekannten Element zuzuordnen. Man nannte das Objekt einstweilen einen Radiostern.

Die Quelle Nr. 273 wurde 1962 mit einem sichtbaren Objekt identifiziert, und zwar mit Hilfe eines Tricks. In jenem Jahr wurde die Radioquelle dreimal vom Mond überdeckt, eine Forschergruppe in Australien (Cyril Hazard u. a.) verfolgte von dort aus den Verlauf der Bedeckung genau. Man fand heraus, daß es sich um zwei Quellen handeln mußte. Erst wurde Quelle A von der Mondscheibe abgedeckt, dann B, und am anderen Rand der Mondscheibe tauchte erst A wieder auf, dann B. Nach dieser genauen Ortung konnte Maarten Schmidt in Kalifornien das Objekt im Teleskop identifizieren: ein schwach sichtbarer Stern, von dem ein Strahl, wie eine Nadel wirkend, ausgeht.

Auch hier gab das Spektrum zunächst Rätsel auf. Es dauerte lange, bis Schmidt nach immer neuem Betrachten des Spektrums schließlich die Einsicht überfiel: Das sind Linien ganz normaler Elemente (Wasserstoff, Sauerstoff, Magnesium), aber unglaublich weit zum Rot hin verschoben, und zwar um 16 Prozent! Daraufhin konnte man auch das Spektrum von 3 C 48 entschlüsseln: Rotverschiebung um 36 Prozent! Das bedeutete, daß diese Objekte sich mit gewaltiger Fluchtgeschwindigkeit von uns entfernen. Bevor ich dies und seine Konsequenzen weiter erläutere, möchte ich erst berichten, wie es zu dem Namen »Quasare« kam. Vieles deutete darauf, daß es sich nicht um normale Sterne handeln konnte. Die Ränder sahen etwas ausgefranst aus, und der Strahl, der aus 3 C 273 herausragt, erinnert eher an Radiogalaxien. So sprach man von sternartigen oder sternähnlichen Radioquellen, engl. »quasi-stellar radio sources«.

Das aus England stammende, in den USA wirkende Astronomen-Ehepaar Geoffrey und Margaret Burbidge hat gemeinsam 1967 ein wissenschaftliches Buch über diese Objekte geschrieben. Im Vorwort berichten sie, daß ihre zehnjährige Tochter, die wohl den Ausdruck öfter beim Essen gehört, aber nicht verstanden hatte, von »crazy stellar objects« sprach. Eine zutreffende Benennung, wenn man bedenkt, welches Aufsehen ihre Entdeckung damals erregt hat!

Die Bezeichnung quasi-stellar radio sources wurde dann verkürzt zu quasar durch einen aus Taiwan stammenden Astronomen, der 1963 bei einer NASA-Tagung in Dallas sprach. Er schlug diese Kurzform vor. Im Deutschen ist sie üblich geworden, doch legt man dem Wort hier ein männliches Geschlecht bei und sagt »der Quasar«, man bildet auch den Plural jetzt nach deutschem Muster: die Quasare.

Nach dieser Einschaltung über den Namen, deren Länge man einem philologisch vorgebildeten Autor hoffentlich verzeiht, zurück zur Sache, nämlich zur Interpretation der Spektren.

Das Ausmaß der Rotverschiebung von Spektrallinien wird manchmal durch eine Prozentzahl ausgedrückt. Angenommen, im Laboratorium oder im Sonnenspektrum wäre ermittelt, daß ein bestimmtes Element, wenn man es zum Leuchten bringt, bei einer Wellenlänge von 400 Nanometer strahlt, also eine Emissionslinie an dieser Stelle des Spektrums produziert. Finden wir im Spektrum eines astronomischen Objekts dieselbe Linie bei 480 nm wieder, so können wir sagen: Die Rotverschiebung für diese Linie beträgt 20 %. Finden wir die Linie bei 600 nm, so beträgt die Rotverschiebung 50 % usw.

Meist wird die Rotverschiebung im Fachschrifttum jedoch durch den Faktor z ausgedrückt. Im wesentlichen handelt es sich nur um eine andere Ausdrucksweise. Es klingt zwar etwas kompliziert, wenn man liest:

$$z = \frac{\lambda - \lambda_0}{\lambda_0} = \frac{\Delta\lambda}{\lambda_0}$$

wobei λ_0 die normale Wellenlänge, λ die im untersuchten Spektrum festgestellte Wellenlänge bedeutet. Es ist jedoch recht einfach: Das Ausmaß der Verschiebung (im oben letztgenannten Beispiel 200 nm) geteilt durch die Normalwellenlänge (im Beispiel 400 nm) ergibt den Faktor z, der in unserem Beispiel also 0,5 beträgt.

Rotverschiebungen beträchtlichen Ausmaßes bedeuten, daß Linien, die normalerweise nicht beobachtet werden können, weil sie im unsichtbaren ultravioletten Bereichen des Spektrums liegen, jetzt sichtbar werden. Im Spektrum einer bekannten Radioquelle, 3 C 280.1, das eine Rotverschiebung von nicht weniger als 166 % (z = 1,659) aufweist, ist auf diese Weise die normalerweise unsichtbare Lyman-Alpha-Linie des Wasserstoffs in den sichtbaren Bereich des Spektrums gerückt. Auf der anderen Seite wandern Linien nach dem roten Ende aus dem sichtbaren Spektrum ins Infrarot aus. Dies ist ein Grund dafür, daß Spektren mit so starken Rotverschiebungen, als sie erstmals beobachtet wurden, schwer zu erkennen und zu deuten waren.

Der Schluß vom Ausmaß der Rotverschiebung auf die Fluchtgeschwindigkeit des Objekts ist verhältnismäßig einfach, solange die Werte für z nicht zu hoch sind. Hier besteht praktisch eine lineare Beziehung. Ein Objekt mit z = 0,1 hat eine Fluchtgeschwindigkeit von 0,1 c, also von einem Zehntel der Lichtgeschwindigkeit: Es bewegt sich mit 30000 km/s von uns fort. 3 C 273 bewegt sich also etwa mit 16 % der Lichtgeschwindigkeit = rund 48000 km/s, die Quelle 3 C 48 mit 36 % der Lichtgeschwindigkeit = rund 108000 km/s. Die oben erwähnte Radioquelle 3 C 280.1 weist eine Rotverschiebung z = 1,659 auf. Seit diese Feststellungen gemacht wurden, sind Quasare mit noch größeren Rotverschiebungen gefunden worden, z. B. z = 2,877.

Bei so hohen Werten darf man nicht mehr einfach linear auf die Fluchtgeschwindigkeit schließen, weil hier die von Einstein gefundene – und bisher stets bestätigte – Grenze besteht: Kein materieller Körper kann eine höhere Geschwindigkeit erreichen als die des Lichts c, ja, er kann c niemals ganz erreichen. Also kann ein Objekt, auch wenn sein Spektrum eine Rotverschiebung von z = 1, 2, 3 oder noch mehr zeigt, sich der Lichtgeschwindigkeit stets nur annähern, sie aber niemals erreichen. So wird angenommen, daß für z = 2 die Geschwindigkeit etwa 80 % der Lichtgeschwindigkeit = 240000 km/s beträgt (vgl. Abb. 9 b).

Genauer ist die Beziehung zwischen dem Maß der Rotverschiebung und der Geschwindigkeit aus folgender Tabelle zu entnehmen.

Einer Rotverschiebung um z =	entspricht eine Fluchtgeschwindigkeit von	
	in % der Lichtgeschwindigkeit	in km/s
0.106	10	30000
0.225	20	60000
0.364	30	90000
0.53	40	120000
0.75	50	150000
1.00	60	180000
1.38	70	210000
2.00	80	240000
3.36	90	270000
13.1	99	297000

Im Abschnitt 9.2 haben wir die von Hubble gefundene Gesetzmäßigkeit kennengelernt, nach der sich alle fernen Objekte im Weltraum von uns entfernen mit Geschwindigkeiten, die ihrer Entfernung proportional sind. Man schließt erst von der Rotverschiebung auf die Fluchtgeschwindigkeit, errechnet dann aus dieser die Entfernung nach der einfachen Formel: Entfernung in Mpc = Fluchtgeschwindigkeit (in km/s) geteilt durch die Hubble-Konstante.

Für ein Objekt, dessen Spektrum eine Rotverschiebung von 22,5 % aufweist (z = 0,225), beträgt die Fluchtgeschwindigkeit 60000 km/s (siehe Tabelle). Nach obiger Formel beträgt die Entfernung 60000 : 75 = 800 Mpc = 2,6 Milliarden Lichtjahre – unter der Voraussetzung, daß der für die Hubble-Konstante eingesetzte Wert 75 zutrifft. Betrüge er nur 50, würde sich eine noch größere Entfernung von 1200 Mpc = rund 4 Milliarden Lichtjahre ergeben.

In den sechziger Jahren, von denen ich bisher berichtete, riefen die bei 3 C 48 bzw. 273 ermittelten Werte ungläubiges Kopfschütteln hervor.

Seither sind noch größere Rotverschiebungen gemessen und damit noch viel weiter entfernte Objekte aufgespürt worden: bei Radiogalaxien bis zu Werten für z zwischen 3 und 4, bei Quasaren sogar bis 4,7.

Bei solchen Werten wird es bedenklich, einfach nach obiger Formel auf Entfernung umzurechnen. Zum einen deswegen, weil ein anderer Wert für die Hubble-Konstante hin zu beträchtlichen Abweichungen im Ergebnis führt. Für z = 3,36 ergibt sich als Entfernung 11,7 Milliarden Lichtjahre, wenn man die Konstante mit 75 ansetzt, aber 17,6 Milliarden, falls sie nur 50 beträgt.

Es kommt aber die prinzipielle Unsicherheit hinzu: Darf man, was Hubble und seine Kollegen ermittelten, so weit extrapolieren, daß es auch für das Weltall vor 10 oder 15 Milliarden Jahren gilt; darf man also davon ausgehen, daß die Expansion des Weltalls während dieser ganzen Zeit in gleichmäßigem Tempo verlaufen ist?

Man muß sich bei solchen Erwägungen eines klarmachen: Die Angabe einer Fluchtgeschwindigkeit besagt nicht, daß das Objekt mit dieser Geschwindigkeit »durch den Raum fliegt«, etwa an seinen Nachbarn vorbei. Sie besagt, daß sich der Raum selber ausdehnt.

Auch wenn man die angedeuteten Unsicherheiten berücksichtigt, bleibt bestehen: Die Quasare stehen in Entfernungen, die nach Milliarden Lichtjahren zählen. Sie müssen also wahrhaft phantastische Mengen an Strahlung abgeben, wenn sie über solche Distanzen hinweg für uns bemerkbar sind. Diese Strahlung muß aber, wie ihre immer wieder beobachteten Schwankungen innerhalb von Jahren oder Monaten oder gar Wochen belegen, aus einem ganz kleinen Gebiet kommen, nicht von der Größe einer Galaxie, sondern eher von der Größe des Sonnensystems! Macht man sich das klar, versteht man, warum die Fachwelt nicht nur verblüfft war, sondern sich auch sträubte, an diese Ergebnisse zu glauben.

Was an dem Gedankengebäude unbezweifelbar ist, sind die immer wieder gemessenen Werte für die Rotverschiebung. Sind aber die aus ihnen gezogenen Schlüsse zwingend?

In der jahrelangen Diskussion um diese Folgerungen treten im wesentlichen drei Deutungsmöglichkeiten auf den Plan: Deutung Nr. 1: Die Quasare befinden sich tatsächlich in den errechneten riesigen Entfernungen. Da diese von wahrhaft kosmischem Ausmaß sind, nennt man diese erste These auch die kosmologische Theorie der Quasare.

Deutung Nr. 2: Die Rotverschiebung ist zwar ein Doppler-Effekt, d. h. daß die Objekte die daraus abzuleitenden Geschwindigkeiten aufweisen. Unzulässig ist aber der Schluß auf die Entfernung. Es muß sich um Objekte handeln, die viel näher sind (aber nicht innerhalb des Milchstraßensystems), deren riesige Geschwindigkeiten aber andere Ursachen haben müssen. Es könnten z. B. Objekte sein, die aus Galaxien »herausgeschossen« wurden.

Deutung Nr. 3: Nicht erst der Schluß auf die Entfernungen, sondern schon der Schluß auf die Geschwindigkeit ist falsch. Es handelt sich nicht um einen Doppler-Effekt. Die Rotverschiebung hat andere Ursachen. Dafür käme z. B. ein überstarkes Gravitationsfeld in Betracht.

Die jahrelange Diskussion ist noch nicht endgültig entschieden. Sie hat aber so schwere Bedenken gegen die zweite und dritte Deutung ergeben, daß die Mehrheit der Fachleute der kosmologischen Deutung zuneigt. Dies stützt sich u. a. darauf, daß man zahlreiche Quasare inzwischen als Kerne ferner Galaxien erkannt hat. Auch für die beiden mehrfach aufgeführten zuerst entdeckten Quasare ist dies sichergestellt. 3 C 273 ist von einer riesigen elliptischen Galaxie umgeben. Für mindestens 200 Quasare ist der Nachweis geführt, daß sie Teile einer Galaxie sind und daß die Rotverschiebung für deren Bestandteile der des Quasars entspricht. Es gibt allerdings auch Beobachtungen, die – jedenfalls für bestimmte Objekte – bezweifeln lassen, ob die kosmologische Deutung der Rotverschiebung ausnahmslos zutrifft.

Heute sind so viele Quasare bekannt, daß man sie schon einer gewissen statistischen Betrachtung unterziehen konnte. Wie sind denn die Quasare im All verteilt? Zweierlei steht fest: Die Quasare stehen in gewaltigen Entfernungen. Offenbar repräsentieren sie einen frühen Zustand des Universums, wahrscheinlich ein frühes Entwicklungsstadium vieler oder gar aller Galaxien. Andererseits stehen sie aber nicht in beliebig weiten Entfernungen. Exemplare, bei denen die Rotverschiebung mehr als z = 3,5 beträgt, sind ganz selten. Wenn wir noch weiter ins All vordringen, kommen wir offenbar in ein Zeitalter, in dem es noch keine Quasare gab, vielleicht noch gar keine Galaxien. Es gibt die These, Quasare seien vor 10 Milliarden Jahren etwa tausendmal so häufig gewesen (in dem damals viel kleineren Universum) als heute.

Der eingangs erwähnte Quasar 3 C 273 ist seit seiner Entdeckung intensiv beobachtet worden. Er ist 2 bis 3 Milliarden Lichtjahre entfernt. Die Energie, die abstrahlt, entspricht etwa 100 Billionen Sonnenleuchtkräften; das ist das Tausendfache der Leuchtkraft einer normalen Galaxie.

Eines ist noch zu erwähnen: In den Spektren mancher Quasare treten Absorptionslinien auf. Sie zeigen an, daß die Strahlung des Quasars durch Gasmassen hindurchgelaufen ist. Manchmal haben diese Linien die gleiche Rotverschiebung wie das übrige Spektrum. Sie müssen dann von einer Gashülle stammen, die den Quasar umgibt. Manchmal haben diese Absorptionslinien geringere Rotverschiebungen. Dann stammen sie offenbar von Gasmassen (oder ganzen Galaxien), welche die Strahlung auf dem Wege vom Quasar zu uns durchlaufen hat. Manchmal kann man die Galaxie identifizieren und weiß sogar ihre Entfernung. Dies gibt dann einen Anhalt für die Entfernung des Quasars, denn dieser muß natürlich weiter von uns entfernt sein als die Materie, durch die seine Strahlung bis zu uns dringt.

Es gibt auch Quasare, die am Himmel doppelt oder mehrfach erscheinen. Die Frage, ob es wirklich zwei sind oder ob es nur einer ist, den wir doppelt sehen, ist zugunsten der letzteren Alternative entschieden worden. Die Ablenkung, die der Relativitätstheorie zufolge das Licht durch gewaltige Massen erfährt, kann in bestimmten Fällen bewirken, daß wir ein entferntes Objekt doppelt oder mehrfach sehen. Die dazwischen liegende Galaxie funktioniert dann als sogenannte Gravitationslinse.

Zum Schluß dieses Abschnitts sei auf folgendes hingewiesen. Quasare sind zwar, wie geschildert, zuerst aufgrund ihrer starken Radiostrahlung entdeckt worden. Sie strahlen aber auch im sichtbaren Licht, und mittlerweile hat man viele solche Objekte gefunden, die optisch erkennbar sind, aber keine ähnlich starke Radiostrahlung abgeben. Wahrscheinlich ist es sogar eine Minderheit unter den Quasaren, die sich durch so extrem starke Radiostrahlung auszeichnet. Da man diese Objekte nicht gut als »quasistellare Radioquellen« bezeichnen kann, hat sich für sie die Bezeichnung »Quasistellare Objekte«, abgekürzt QSO, eingebürgert.

9.7 Neue Gedanken über Sternsysteme

Die gedrängte Übersicht über die aktiven Galaxien – besser: die Galaxien mit aktiven Kernen – zwingt einem den Gedanken geradezu auf: es handelt sich bei allen Erscheinungsformen von der Seyfert-Galaxie bis zum Quasar um dasselbe Grundphänomen. Diese Ansicht kann man heute als Gemeingut der astronomischen Wissenschaft bezeichnen. Das ist das Ergebnis der Entwicklung, seit vor dreißig Jahren die Quasare entdeckt wurden. Freilich, die Kernfrage dieses ganzen faszinierenden Forschungsgebietes, was denn genau in solchen Kernen vor sich geht und wie die abgestrahlte Energie erzeugt wird, ist zwar von der Forschung gewissermaßen eingekreist, aber noch nicht eindeutig geklärt.

Man könnte sich die Frage stellen, ob nicht die geschilderten Erkenntnisse die Astronomie zu einem grundsätzlichen Umdenken zwingen, zu neuen Hypothesen über den Ursprung und die Entwicklung von Sternsystemen. Einen kühnen Versuch in dieser Richtung hat der sowjetische (armenische) Astronom Viktor Ambarzumian unternommen. Er hat seine Überlegungen auch einem größeren Zuhörerkreis anläßlich eines Kongresses deutscher Naturforscher und Ärzte vorgetragen. Daraus referiere ich im folgenden.

Sähe jemand unser Sonnensystem von außen und fragte nach seinem Ursprung, so müßte er sich sagen: Die Sonne ist hier der beherrschende Körper. Um sie dreht sich (im wörtlichen Sinne) alles. Sie enthält auch den größten Masseanteil im ganzen System. Will ich das System, seine Funktion und seine Entstehung begreifen, so muß ich bei der Sonne ansetzen.

Überträgt man das auf einen größeren Maßstab, nämlich die Galaxien, so müßte man sagen: Auch hier kann ich nicht mit den einzelnen Sternen anfangen. Sie sind ja überwiegend im Verband von Galaxien vereinigt. Der Hauptteil der im Universum vorhandenen Masse befindet sich möglicherweise in den Riesengalaxien, die Billionen Sterne umfassen. In den Riesenhaufen, zu denen Galaxien sich wiederum vereinigen (darüber im Abschnitt 9.9), fallen die Überriesen-Galaxien auf, meist von Kugel- oder elliptischer Gestalt.

Die großen Galaxien weisen auffällige und massereiche Kerne auf. Es wird immer unwahrscheinlicher, anzunehmen, daß diese Kerne einfach aus großen Massen dicht stehender Sterne bestehen.

Was befindet sich also, wenn es nicht allein Sterne sind, in diesen Kernen, und was spielt sich dort ab? Ambarzumian nimmt an, daß es sich um einen nichtstellaren, übermassiven Körper handeln muß, dessen Masse bei großen Sternsystemen 10 oder mehr Millionen Sonnenmassen erreichen kann. Dieser übermassive Körper kann sich in relativer Ruhe befinden, er kann aber auch eine gewaltige Aktivität entfalten.

Weiter fragt Ambarzumian: Welche Bedeutung haben die Kerne im Leben der Galaxien? Seine Antwort, kurz zusammengefaßt: »Im Anfang war der Kern.« Galaxien treten ins Leben in Gestalt unerhört aktiver Kerne, in Gestalt von Quasaren. Aus ihnen gehen erst die Galaxien hervor, offenbar in der Form gewaltiger Explosionen. So könnte, immer nach Ambarzumian, der Halo unseres Milchstraßensystems mitsamt den dort befindlichen Halosternen und Kugelhaufen aus seiner ersten Explosion des Kerns stammen. Das Verhalten der Kugelsternhaufen läßt sich mit dieser Annahme gut vereinen. Aus seiner zweiten, späteren Explosion ist die Materie hervorgegangen, die sich jetzt in der Scheibe und insbesondere in den Spiralarmen findet.

Die Gedanken Ambarzumians sind von der Fachwelt im wesentlichen nicht aufgegriffen oder anerkannt worden. Ich habe sie hier erwähnt als einen interessanten Versuch, das Denken in neue Richtungen zu lenken.

9.8 Welten im Zusammenstoß

So wie diese Überschrift lautete der Titel eines um 1950 erschienenen Buches, das damals Aufsehen erregte, heute fast vergessen ist. Der Verfasser, Imanuel Velikovsky, vertrat die These, ein Komet habe sich »in nicht allzu ferner Vergangenheit« (etwa zur Zeit Moses) in unser Sonnensystem verirrt, sei dabei eingefangen und zum Planeten Venus geworden, im Vorbeigang an der Erde habe er eine riesige Naturkatastrophe verursacht, Erdbeben, Überschwemmungen u. ä. Das ist heute nicht haltbar, aber der Titel ist in einem anderen Sinne wieder aktuell geworden.

Ich meine jetzt nicht die Kollisionen in unserem Sonnensystem, von denen die zernarbten, mit Kratern übersäten Oberflächen vieler Planeten und Monde zeugen.

Ich meine auch nicht Zusammenstöße zwischen Sternen. Diese sind, wie mehrfach erwähnt, extrem unwahrscheinlich, außer vielleicht im Kerngebiet von Kugelhaufen und Galaxien. Ich meine ganze Sternsysteme.

Diese sind, rein rechnerisch genommen, nicht so unwahrscheinlich. Nehmen wir die lokale Region der Milchstraße zum Maßstab für das Verhältnis zwischen den Durchmessern der Sterne und ihrer Entfernung voneinander, so ergibt sich, ganz abgerundet gerechnet: Durchmesser der Sonne $1{,}5 \cdot 10^6$ km. Abstand vom nächsten Fixstern 4 Lichtjahre = 10^{14} km. Der Abstand ist 10^8(hundertmillionen)mal größer als der Durchmesser. Die Sterne stehen etwa so dicht wie einige Erbsen, die im Raum einer Großstadt oder eines Bundeslandes herumfliegen. Anders verhält es sich mit der Relation Durchmesser/Abstand bei Galaxien, jedenfalls bei solchen, die zu Gruppen oder Haufen gehören. Rechnet man den Durchmesser der Milchstraße mit 100 000 Lichtjahren, so beträgt ihr Abstand zu den Magellanschen Wolken nur 150 000 bis 200 000 – gut, diese können als Satelliten unseres Systems gelten; aber auch der Abstand zum Riesensystem M 31 beträgt nur etwa das 20fache! Und vielleicht ist die Milchstraße größer . . .

Bleiben wir bei diesem Beispiel: Nach allen bisherigen Messungen bewegen sich beide Systeme (Milchstraße und Andromeda-Galaxie) aufeinander zu; zwischen relativ nahen Galaxien kann die Eigenbewegung von Galaxien die Expansion des Weltalls überwiegen. In einigen Milliarden Jahren könnten sie aufeinanderstoßen. Zwingend ist dieser Schluß nicht. Mit Hilfe der Rotverschiebung erkennen wir ja nur die radiale (in der Blickrichtung liegende) Komponente der Bewegung. Ist außerdem eine (für uns schwer meßbare) Bewegung quer zur Blickrichtung vorhanden, so werden beide Systeme nicht aufeinanderprallen, sondern aneinander vorbeiziehen, dabei wahrscheinlich aufeinander einwirken.

Was passiert bei einer solchen Kollision mit unserer Sonne? fragt man sich unwillkürlich. Sie wird kaum mit einem Stern des anderen Systems kollidieren. Gut möglich dagegen, daß ihr ein solcher nahe kommt, daß sich dadurch beider Bahnen verändern. Bei naher Begegnung kann einer durch den Swing-by-Effekt in eine ganz andere Richtung abgelenkt werden. Auf jeden Fall wird die Gravitation beider Systeme (je mindestens 1 Billion Sonnenmassen) die Sterne durcheinanderwirbeln. Nicht zu reden von deren Planeten!

Eine solche Begegnung oder Durchdringung kann 100 Millionen oder mehr Jahre dauern. Wenn sie sich wieder voneinander lösen, werden beide Galaxien stark verändert sein, selbst ohne eine einzige Sternkollision, und zwar deswegen, weil ihre Gas- und Staubmassen aufeinanderstoßen. Diese heizen sich auf, beginnen zu strahlen. Es entstehen Stoßwellen, die durch riesige Gebiete laufen und ein massenweises Entstehen neuer Sterne, einen »starburst«, auslösen können.

Und schließlich: Ist eine Galaxie viel massereicher als ihr Kontrahent, so könnte die größere die kleinere nicht mehr loslassen, sie vielmehr in sich festhalten, sich einverleiben, sozusagen verschlucken. Das wäre dann Kannibalismus im kosmischen Maßstab.

Ist das nun eine kühne Spekulation? Durchaus nicht! Die Astronomen haben schon seit einigen Jahrzehnten bemerkt, daß es Galaxien gibt, deren Erscheinungsbild sich den Klassifikationsschemata der Galaxienforschung kaum oder nur widerwillig einfügt. »Peculiar Galaxies« nannte man sie, also Sternsysteme mit irgendwelchen Besonderheiten. Halton Arp hat 1963 einen Atlas mit Aufnahmen solcher Galaxien herausgegeben. Wer solche Aufnahmen auf Spuren von Kannibalismus durchsucht, wird schnell fündig. Es gibt Galaxien, die zwei Kerne haben, offenbar ihren eigenen und den der verschluckten Galaxie (NGC 6240 z. B.), es gibt sogar ein Riesensystem (NGC 6166), in dessen Innern drei kleine, vor kurzem verschluckte Galaxien zu beobachten sind. Mit einem Durchmesser von 3 Millionen Lichtjahren gilt dieses gefräßige Monster als größte bisher entdeckte Galaxie.

Sehr häufig sind Wechselwirkungen zwischen Galaxien, die zwar nicht kollidieren, aber so nahe aneinander vorüberziehen, daß »Gezeitenwirkungen« zustande kommen, d. h., durch Gravitation werden Gasmassen aus einer Galaxie herausgerissen, oder eine oder beide erleiden starke Verformungen. Bei einem derartigen Paar haben die herausgerissenen Massen Schweife gebildet, die 100000 Lichtjahre lang sind. Sie sind leicht gebogen, das Ganze sieht aus wie die Antennen am Kopf eines Insekts. Man nennt deshalb dieses spektakuläre Paar (NGC 4038 und 4039) auch »Antennengalaxien«.

Die Abbildungen 9n bis 9p zeigen Beispiele. »Kannibalismus« erscheint schon als »Stichwort« in einem neuen astronomischen Lexikon. Statistisch läßt sich errechnen, daß die Mehrzahl aller Galaxien wohl während ihrer Lebenszeit von 10 Milliarden Jahren eine solche Kollision erlitten haben, vielleicht auch mehrere.

Einige besondere Typen von Galaxien, die ich bisher noch nicht erwähnt habe, werden mit dem Kannibalismus in Verbindung gebracht. Da sind einmal die Ringgalaxien. Sie bestehen aus einem Kern und einem Ring (man könnte auch sagen: einem Kranz) von Sternen, der den Kern in einigem Abstand umgibt. Man nimmt an, daß

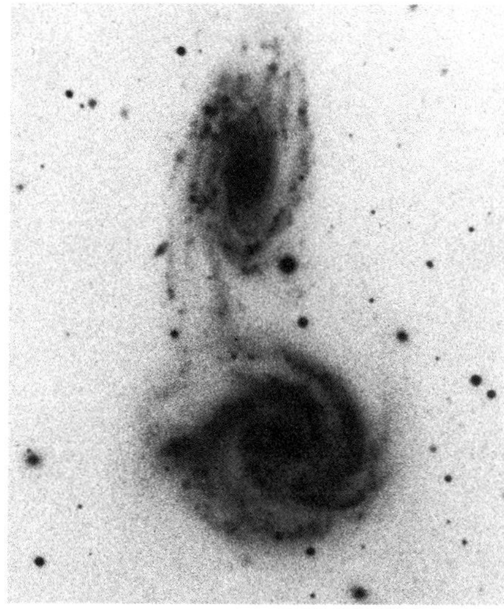

n

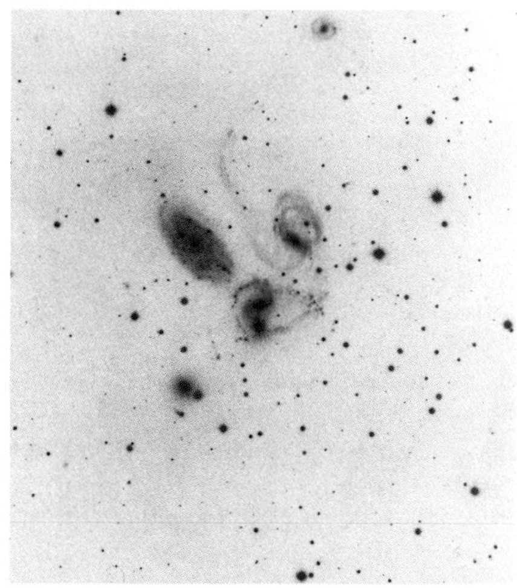

o

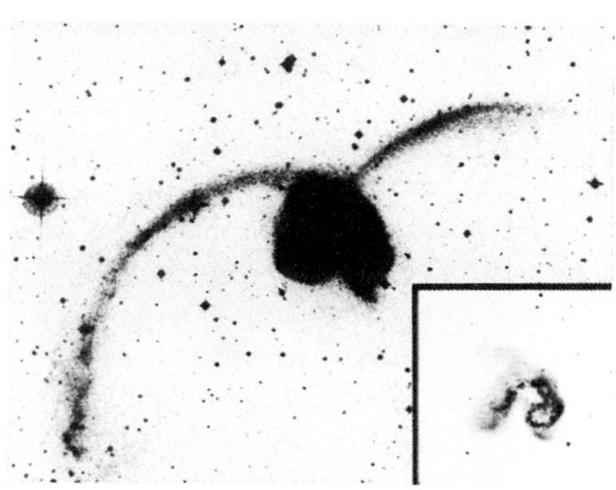

p

Wechselwirkende Galaxien.
Abb. 9n. Die beiden Systeme NGC 5426 und 5427 in enger Wechselwirkung, Arme ineinander verschränkt. Abb. 9o. Drei Galaxien in Wechselwirkung: die Systeme NGC 7317 bis 7319. Abb. 9p. Die Galaxien 4038 und 4039, »Antennengalaxien« genannt. Bei der engen Begegnung beider Systeme wurden durch Gezeitenkräfte Arme (Schweife) herausgezogen, die 100 000 Lichtjahre lang sind.

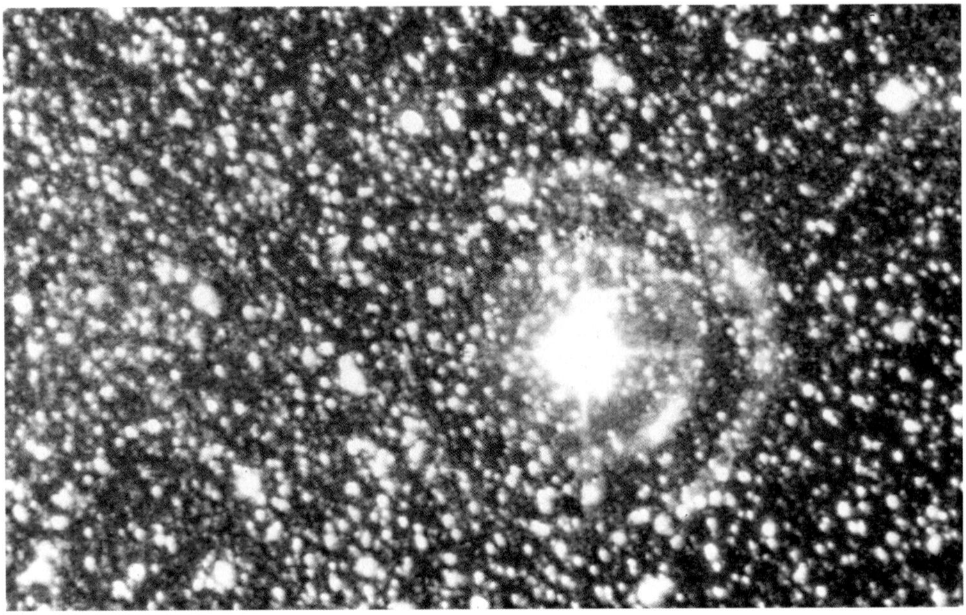

Abb. 9 q. Die Ringgalaxie ESO 34-1611, vermutlich das Ergebnis einer Kollision zweier Galaxien.

diese Formation entsteht, wenn eine kleine Galaxie sich durch eine große hindurchbewegt (vgl. Abb. 9 q).

Eine gewisse Ähnlichkeit mit Ringgalaxien weisen die Shell-Galaxien auf (shell = engl. Schale, Hülle), auch Hüllengalaxien genannt. Um einen Kern sind hier mehrere dünne Hüllen oder Schalen angeordnet; bis zu 28 wurden an einer Galaxie gezählt. Die Hüllen, bestehend aus Sternen, und zwar alten Sternen, sind ziemlich dünn und weiter vom Kern entfernt als die Ringe bei Ringgalaxien. Es wird angenommen, daß eine solche Formation entsteht, wenn zwei Galaxien infolge Kollision miteinander verschmelzen, sozusagen ineinander aufgehen. Die Zentren beider können dann hin und her oszillieren; dabei werden Scharen von Sternen nach außen abgestoßen und bilden eine Hülle, bei jeder Schwingung entsteht eine weitere.

In diesen Zusammenhang gehört auch die Galaxie NGC 5128, bekannt als eine der stärksten Quellen von Radiostrahlung unter dem Namen Centaurus A, gelegen im Sternbild Centaurus, benannt nach dem Kentaur, dem Fabelwesen der griechischen Mythologie (halb Mensch, halb Pferd). Die Galaxie bietet einen auffälligen Anblick: Ein dunkles, offenbar aus Staub bestehendes Band liegt quer über dem ganzen Gebilde. Auch hier wird angenommen, daß eine Kollision stattgefunden hat: Eine riesengroße elliptische Galaxie soll ein Spiralsystem verschluckt haben; der Staub markiert die Hauptebene des verschlungenen Spiralsystems.

1986 explodierte in diesem System eine Supernova. Sie schien durch den Staubstreifen hindurch. Anhand dieser Erscheinung wurde die Entfernung des Systems von uns bestimmt: 8 Millionen Lichtjahre. Damit ist dieses System ein enger Nachbar der Lokalen Gruppe.

9.9 Haufen und Superhaufen. Großräumige Strukturen im Universum

Viele meinen, die Entdeckung der Quasare (ab 1963) sei das wichtigste, das umwälzendste Ereignis in der Astronomie der letzten Jahrzehnte. Was ich in diesem Abschnitt skizzieren will, dürfte mindestens ebenso wichtig und weittragend sein. Allerdings ging es dabei etwas ruhiger zu als bei den Quasaren. Nicht einige wenige, mit Recht als sensationell empfundene Entdeckungen gab es hier. Die geduldige und höchst mühsame Forschungsarbeit vieler Astronomen in mehreren Ländern hat allmählich Baustein um Baustein zutage gefördert zu einem Gesamtbild des Universums, das sich heute herauszubilden beginnt, einem Bild, von dem im Jahre 1950 nur einige phantasiebegabte einzelne Forscher etwas ahnten.

Daß wir uns recht verstehen: Die Rede ist jetzt nicht mehr von Sternhaufen wie im Abschnitt 8.5, sondern von Haufen, die aus ganzen Sternsystemen bestehen. Man nennt sie Galaxienhaufen. Daß die Milchstraße eines unter vielen Sternsystemen ist, das weiß man seit sechzig Jahren. Wenig später stellte sich heraus, daß sie mit dem System M 31 und zwei Dutzend weiteren – durchweg kleineren – die Lokale Gruppe bildet. Diese Gruppe nimmt ein Gebiet ein, dessen Durchmesser einige Millionen Lichtjahre beträgt. Daß es über dieser Größenordnung in einem riesigen kosmischen Maßstab weitere hierarchische Ordnungen gibt, war unbekannt, wenn auch einzelne weitblickende Astronomen wie Fritz Zwicky schon frühzeitig darauf hinwiesen, daß Galaxien nicht selten zu noch größeren Gebilden vereint auftreten.

Vorherrschend war die Meinung, bei großräumiger Betrachtung seien die Sternsysteme und damit die Materie mehr oder weniger gleichförmig im Weltraum verteilt. Unter den Astronomen, die sich mit der Frage nach Bau und Werdegang des Weltganzen befaßten, hielt die überwiegende Mehrheit an einem Grundprinzip fest, einem Axiom, das in allgemeiner Form wahrscheinlich zuerst von dem Briten Edward Arthur Milne formuliert worden war und das besagt: Es gibt im Weltall keinen bevorzugten Ort, insbesondere keine Mitte, und auch keine bevorzugte Richtung. Von jedem Punkt des Universums aus würde es einem dort befindlichen Beobachter das gleiche Bild darbieten, einerlei in welche Richtung er gerade blickt. Fachsprachlich ausgedrückt: das Weltall ist homogen (es ist überall gleich beschaffen) und isotrop (es sieht in jeder Richtung gleich aus).

Dieser letzte Abschnitt des 9. Kapitels leitet, wie sich hiermit andeutet, schon hinüber zum Schlußkapitel, das ganz der Kosmologie gewidmet ist. Enorme Schwierigkeiten stellen sich jedem Versuch entgegen, mit den Mitteln der Beobachtung die großräumige Verteilung der Sternsysteme zu erforschen. Man muß anhand großformatiger Himmelsaufnahmen (mit der Schmidt-Kamera gemacht) wie etwa dem »Mount Palomar Survey« auszählen, wieviel Galaxien jeweils in einem bestimmten Ausschnitt des Himmels sichtbar sind. Je nach Qualität des benutzten Instruments und nach der verfügbaren Zeit muß man dabei einen Grenzwert, ein Limit festlegen (Grenzhelligkeit). Etwa so: Wir wollen alle Galaxien bis zur Größenklasse 14 berücksichtigen. Bei einem solchen Unternehmen werden Galaxien erfaßt, deren Helligkeit um ein Vieltausendfaches schwächer ist als die von Systemen oder Objekten, die mit bloßem Auge sichtbar sind.

Damit ist aber erst ein zweidimensionales Bild gewonnen. Ich weiß jetzt, daß die Galaxie X von uns aus gesehen in einer bestimmten Richtung liegt. Wenn sich dort Galaxien häufen, so weiß ich aber nicht, ob sie weit auseinander auf dem Sehstrahl liegen oder wirklich eine Häufung bilden. Dazu brauchen wir die räumliche, die dreidimensionale Verteilung, und das läuft auf die Frage hinaus: Wie weit sind diese Gala-

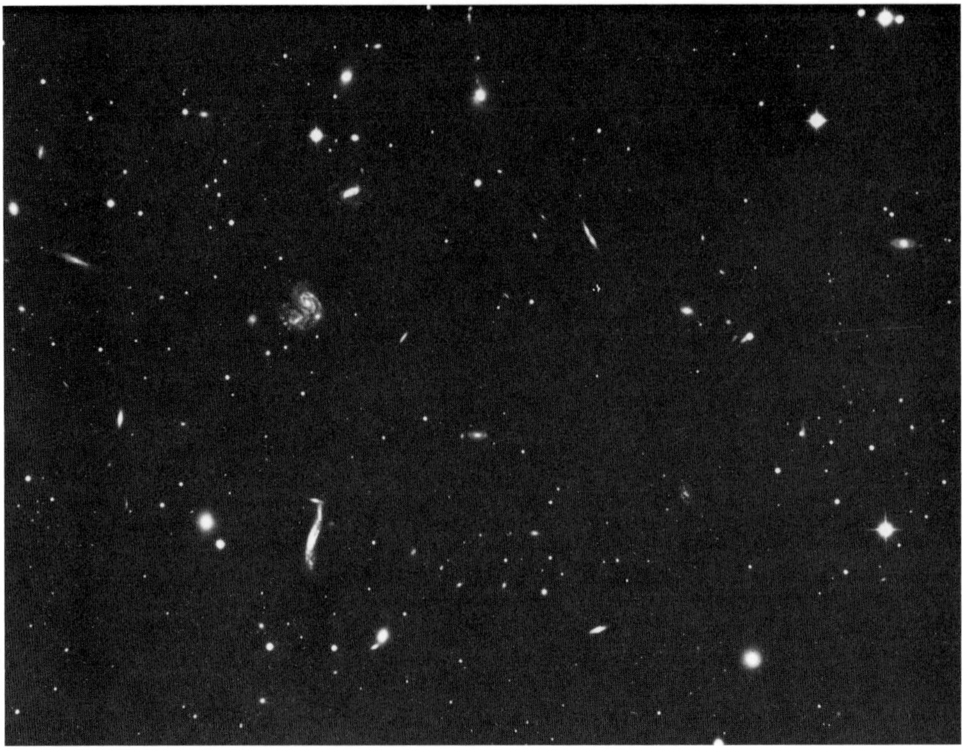

Abb. 9r. Ein Galaxienhaufen im Sternbild Herkules. Auf diesem Ausschnitt, aufgenommen mit dem 5-m-Spiegel der Hale Observatories, sind verschiedene Typen von Galaxien unter verschiedenen Gesichtswinkeln erfaßt.

xien von uns entfernt? Dazu muß man dann von jeder ein Spektrum aufnehmen und es analysieren auf die Rotverschiebung, um von dieser auf die Fluchtgeschwindigkeit und von da auf die ungefähre Entfernung schließen zu können. Man muß – besser: man müßte, denn für Myriaden von Galaxien, noch dazu in großen kosmischen Entfernungen, ist das nicht entfernt durchführbar. Man muß einfachere, gewissermaßen überschlägige Methoden finden. Zum Beispiel: Aus einer weit entfernten Ansammlung von Galaxien wählt man die zwei oder drei hellsten als Indikatoren für die Entfernung aus. Man setzt dabei voraus, daß es sich bei diesen Systemen um Riesensysteme handelt, deren absolute Leuchtkraft etwa derjenigen anderer Objekte gleicht, die näher liegen und über die man Genaueres weiß. Man unterstellt damit also eine absolute Leuchtkraft und schließt aus dem Vergleich dieser mit der scheinbaren Helligkeit auf die Entfernung.

Dieses Beispiel macht sogleich deutlich, mit wieviel Risiko ein solcher Schluß behaftet sein kann: Dürfen wir denn unterstellen, daß ein Sternsystem, das 2 Milliarden Lichtjahre von uns entfernt ist und das wir demnach so sehen, wie es vor 2 Milliarden Lichtjahren aussah, dieselbe Leuchtkraft hat (oder hatte) wie andere Systeme, die viel näher sind und die wir deshalb in einem viel späteren Entwicklungsstadium sehen? In der Tat ist die Prämisse, daß die hellsten

Galaxien etwa überall gleich leuchtstark sind und früher dieselbe Leuchtkraft hatten, allein schon durch die Entdeckung der Quasare ins Wanken gebracht und entwertet worden. Aus diesem und anderen Gründen sind alle Zahlenwerte für Objekte in großen Entfernungen unsicher, dies um so mehr, je weiter das Objekt entfernt ist.

Ich kann nicht alle die zahllosen Einzelschritte schildern, die zum heutigen Wissensstand beigetragen haben, möchte aber einige wenige Namen nennen von Forschern, die daran Anteil hatten. Harlow Shapley stellte schon 1933 einen Katalog von 25 auffälligen Galaxienhaufen zusammen. Zwicky habe ich bereits erwähnt. George Abell fand 1958 bei einer planmäßigen Suche über 2700 Haufen. Er legte dabei als Definition fest: Als Galaxienhaufen betrachte ich eine Ansammlung dann, wenn sich in einem kugelförmigen Volumen mit einem Durchmesser von 4 Mpc (rd. 13 Millionen Lichtjahren) mindestens 50 helle Galaxien befinden. C. D. Shane und C. Wirtanen vom Lick-Observatorium haben die Verteilung von 1 Million Galaxien am nördlichen Himmel untersucht. Einer der heute führenden Forscher auf diesem Gebiet ist Gérard de Vaucouleurs, der in Austin/Texas wirkt, vorher von Australien aus die Galaxien des Südhimmels studiert hat. Ein paar weitere Namen werde ich später noch nennen.

Nun zum heute entstehenden Gesamtbild! Gebilde wie unsere Lokale Gruppe stehen auf der untersten Stufe der Hierarchie, wie auch die eben zitierte Definition zeigt. Sie verdient eigentlich noch nicht die Bezeichnung Galaxienhaufen. Solche Haufen umfassen Hunderte, auch Tausende von Sternsystemen. Die Durchmesser der Haufen liegen zwischen 3 Millionen Lichtjahren (das ist etwa der Durchmesser der Lokalen Gruppe) und dem Zehnfachen. Ein bekannter Galaxienhaufen, Virgo-Haufen genannt, mit einer Entfernung von 70 Millionen Lichtjahren uns relativ nahe, umfaßt rund 2500 Galaxien.

Könnte es sich bei den Haufen vielleicht auch um mehr oder weniger zufällige Anhäufungen handeln? Auf keinen Fall! Die Dichte der Galaxien in einem Haufen ist tausendfach höher als die durchschnittliche Dichte außerhalb der Haufen. Galaxien, die nicht in einem Haufen stehen, nennt man Feldgalaxien. Sie scheinen relativ selten zu sein.

Der Form nach werden reguläre und irreguläre Galaxienhaufen unterschieden. Die regulären haben Kugelgestalt, sie zeigen zum Zentrum hin eine starke Verdichtung der Galaxien. Oft findet sich im Zentrum eine elliptische Galaxie von Riesengröße. Überhaupt enthalten diese Haufen fast nur elliptische oder linsenförmige Systeme, Spiralsysteme wurden nicht beobachtet.

Irreguläre Haufen haben keine erkennbare Struktur, keine wesentliche Verdichtung zur Mitte hin, sie enthalten alle bekannten Typen von Galaxien. Sie sind durchweg kleiner als die regulären.

Wenn wir jetzt an den Abschnitt 9.7 über Karambolagen von Galaxien denken, drängt sich eine Schlußfolgerung geradezu auf: Im Innern regulärer Galaxienhaufen stehen die Sternsysteme so dicht, daß Kollisionen wie vorprogrammiert erscheinen. Zwar stoßen dann kaum Sterne zusammen, wohl aber die in ihnen enthaltenen Gasmassen. Sie werden großenteils dabei aus den Galaxien hinausgefegt. Darum hier elliptische Galaxien, die keine interstellare Materie enthalten! Daher in der Haufenmitte riesige elliptische Systeme, die wahrscheinlich schon einige solche Kollisionen hinter sich und andere Sternsysteme dabei verschlungen haben (klassisches Beispiel: NGC 6166, im vorigen Abschnitt erwähnt)! Darum keine Spiralsysteme, weil diese ohne interstellares Gas nicht existieren können! Man kann argwöhnen, daß elliptische Riesengalaxien immer oder jedenfalls häufig das Ergebnis von galaktischem Kannibalismus sind.

Die Haufengalaxien sind beisammen und bleiben offensichtlich auch beieinander, obwohl sie sich innerhalb des Haufens mit beträchtlichen Geschwindigkeiten bis 900 km/s bewegen. Offenbar werden sie durch die Gravitation der im Haufen vereinten Masse zusammengehalten. Hier tut sich allerdings sogleich wieder ein Problem auf, das ich schon bei der Rotation der Milchstraße geschildert habe: die fehlende Masse. Berechnet man nämlich, wie groß die Masse eines solchen Haufens sein muß, damit seine Gravitation »den Haufen zusammenhält«, so ergeben sich Werte, die 10- bis 100mal größer sind, als man aufgrund der sichtbaren, der leuchtenden Materie der versammelten Galaxien abschätzen kann. Wo ist die »missing mass«?

Aus der Richtung derartiger Haufen läßt sich gewöhnlich eine beachtliche Röntgenstrahlung empfangen. Der Ursprung war lange Zeit ungeklärt. Jetzt hat sich als höchstwahrscheinlich ergeben, daß der ganze Raum des Haufens von dünn verteiltem, aber sehr heißem Gas erfüllt sein muß. Dieses Gas kann, wahrscheinlich infolge der ständigen Begegnungen mit den schnell sich bewegenden Galaxien, Temperaturen von 10 bis 100 Millionen K erreichen. Daher die Röntgenstrahlung! Schreibt man diesem Gas eine beträchtliche Masse zu, so wird das Problem der fehlenden Masse dadurch etwas entschärft, keineswegs aber aus dem Wege geräumt.

Die Galaxienhaufen stellen erst die mittlere Ebene in der Hierarchie des Weltalls dar. Auch Galaxienhaufen sind wiederum nicht gleichmäßig verteilt. Sie sind häufig angeordnet in Superhaufen (engl. superclusters). Einen Superhaufen umfaßt gewöhnlich mehrere Dutzend Galaxienhaufen. Die Verteilung der Superhaufen zeigt wiederum eine höchst markante Struktur. Sie sind nämlich nicht in Form gewaltiger Kugeln oder Ellipsoide angeordnet, sondern eher in Schalen oder Filamenten (also Fäden). Manchmal sind die Galaxienhaufen fast wie Perlen auf einer Kette aufgereiht. Das vielleicht Merkwürdigste besteht darin, daß sich zwischen den Superhaufen riesige so gut wie leere Räume (voids) befinden. In diesen Leerräumen befindet sich fast nichts, allenfalls verstreute Zwerggalaxien.

Zur besseren Veranschaulichung gebe ich noch einige »Details« – wenn man denn diesen Ausdruck in solchen kosmischen Dimensionen noch verwenden darf – mit ungefähren Größenangaben. Ich verzichte aber auf Richtungsangaben und genauere Lokalisierung, weil diese dem astronomischen Laien wenig sagen.

Messungen durch amerikanische Astronomen, unter ihnen John P. Huchra, ergänzt durch R. Brent Tully in Honolulu, zeigen, daß unsere Milchstraße mitsamt der Lokalen Gruppe zu einem Superhaufen gehört, der als Lokaler Superhaufen bezeichnet wird. Dieser besteht aus einer Zentralregion, in der sich 11 Haufen (nicht etwa einzelne Galaxien) befinden; diese sind miteinander durch Materiebrücken verbunden, die hauptsächlich aus einzelnen Galaxien bestehen. Diese zentrale Region ist umgeben von einem größeren etwa kugelförmigen Raum, den man auch hier Halo nennt. Im Halo finden sich nochmals einzelne Haufen sowie Tausende von Einzelgalaxien. Das ganze Gebilde hat einen Durchmesser von etwa 100 Millionen Lichtjahren. Es ist wahrscheinlich, daß es wiederum durch Brücken oder Ausläufer mit anderen Superhaufen verbunden ist.

Eine Reihe weiterer Superhaufen zeichnet sich ab. Ein recht großer, Herkuleshaufen genannt (in Richtung des Sternbildes Herkules gelegen), hat einen Durchmesser von 250 Millionen Lichtjahren. Er ist etwa 600 Millionen Lichtjahre entfernt.

Auf der anderen Seite ist Anfang der achtziger Jahre im Sternbild Bootes (Bärenhüter) ein Leerraum entdeckt worden, der gerade so groß ist wie der zuletzt genannte Superhaufen. Dieser leere Raum ist gleichsam eingefaßt durch Wände, die aus Galaxienhaufen oder Superhaufen bestehen und im Verhältnis zu ihrer Ausdehnung recht dünn sind.

Abb. F1. Sternspuren der Zirkumpolarsterne, Belichtungszeit etwa 1 1/2 Stunden, so daß die einzelnen Spuren einem Winkel von etwa 22 1/2° entsprechen. Der Photograph (H. Eisenbeiß) hat es verstanden, die unterschiedlichen Farben der Sterne im Bild einzufangen.

Abb. F 2. Das Modell eines Uran-Atoms. Der grün-rote Kern besteht aus 92 Protonen und 146 Neutronen. Die 92 Elektronen erscheinen hier als blaue Kügelchen, ihre Bahnen sind durch Drahtschlingen dargestellt. Anschaulich – aber irreführend, denn weder dürfen wir die Elementarteilchen als wirklich starre Kügelchen ansehen noch die Elektronenbahnen als im Raum eindeutig feststehende Linien (Photo AP).

Abb. F3. Eine »Atomuhr« (Atomfrequenznormal, Hersteller Rohde & Schwarz, München) präsentiert sich von außen – wie viele heutige Präzisionsgeräte – als einfaches Gehäuse mit einigen Skalen. Auf diesem Photo ist das Herzstück des Gerätes zu sehen: die Gasresonanzzelle, in der schwingende Rubidium-Atome das Zeitmaß geben. Die tägliche Abweichung beträgt maximal 5 Millionstelsekunden. Vor dem Gerät eine Sanduhr aus dem 18. Jahrhundert.

Abb. F4. Oben: Licht, das sämtliche Frequenzen des sichtbaren Bereichs enthält, ergibt dieses kontinuierliche Spektrum. Mitte: Die Photosphäre der Sonne sendet weißes Licht aus, das sämtliche Frequenzen enthält. Atome der Sonnenatmosphäre (Chromosphäre, Korona) absorbieren daraus die ihnen eigenen Frequenzen. So entstehen die dunklen Absorptionslinien (im Sonnenspektrum insgesamt rund 20 000 Linien). Unten: Natrium-Atome in angeregtem Zustand senden nur Licht auf den ihnen möglichen Frequenzen aus (Emissionsspektrum). Die Doppellinie des Natriums erscheint hier in Emission an genau der Stelle, an der sie im Sonnenspektrum als Absorptionslinie zu erkennen ist.

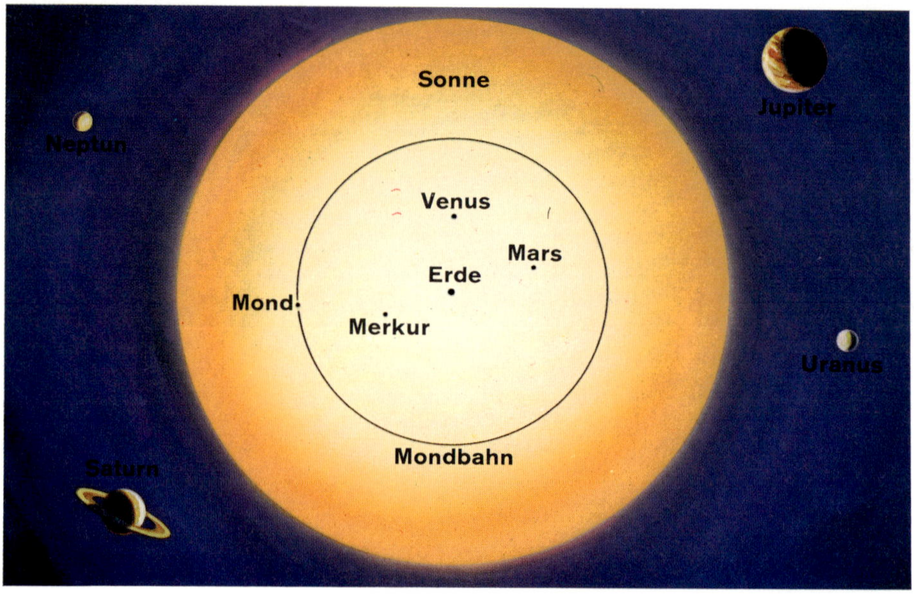

Abb. F5. Größenverhältnisse im Sonnensystem: Die Zeichnung macht deutlich, wie groß das Zentralgestirn – in dem 99,9 % der Gesamtmasse vereinigt sind – im Vergleich zu den Planeten ist. Denkt man sich die Erde in den Sonnenmittelpunkt versetzt, so liegt die Mondbahn im Innern des Sonnenballs.

Abb. F 6. Die Erde, den »Blauen Planeten«, als Ganzes aus der Ferne zu sehen – das hat erst die Weltraumfahrt möglich gemacht. Diese Aufnahme wurde im Dezember 1972 von Apollo 17 aus gemacht, bei der Rückkehr vom (bisher letzten) bemannten Flug zum Mond. Bilder wie dieses haben das Bewußtsein dafür geschärft, wie einzigartig unsere größtenteils von Wasser bedeckte, Leben tragende Erde in dem uns zugänglichen Teil des Alls ist.

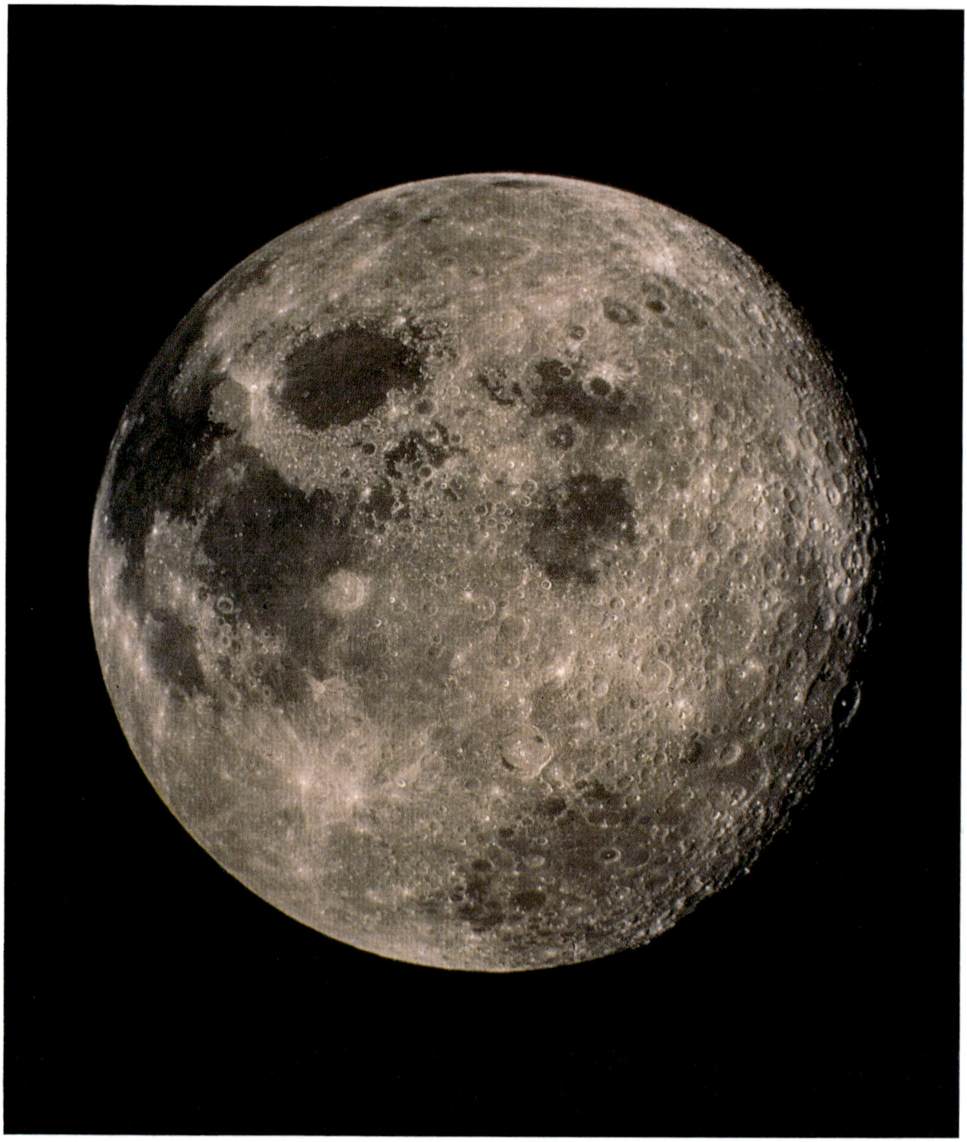

Abb. F 7. Der Mond der Erde, ebenfalls aufgenommen im Dezember 1972 von Apollo 17 aus, in dem Augenblick, als die Astronauten den Rückflug zur Erde begannen. (1969 waren mit Apollo 11 zum ersten Mal Menschen auf dem Mond gelandet.) Rechts im Bild ist die der Erde abgewandte – also für Erdbewohner niemals sichtbare – Seite des Mondes. Obwohl der Erdmond auf Grund der bemannten Landungen, zahlloser Aufnahmen, vieler Experimente, Mengen von zur Erde gebrachten Gesteins- und Bodenproben von allen Satelliten des Sonnensystems weitaus am besten erforscht ist, hat die Forschung zu der Grundfrage »Wie ist der Mond entstanden?« noch keine endgültige Antwort gefunden.

Abb. F 8. Während des Anflugs der Sonde Voyager 1 entstand am 13. Februar 1979 aus 20 Millionen km Entfernung dieses Bild der Jupiter-Oberfläche mit den Wolkenstreifen, dem Großen Roten Fleck und den beiden Monden Io (links) und Europa (rechts).

Abb. F 9. Der Crabnebel im Sternbild Stier, von Messier als erstes Objekt in seinen Katalog aufgenommen und daher bis heute M 1 genannt, galt schon früher als Überrest der 1054 n. Chr. aufgetretenen Supernova. Er steht im Mittelpunkt des astronomischen Interesses, seit es gelungen ist, in seinem Inneren einen Pulsar aufzufinden, der als Neutronenstern gedeutet wird, d. h. in unvorstellbar dichter Packung die Materie des ursprünglichen Zentralsterns enthält, soweit sie nicht bei der Explosion abgeschleudert wurde. Entfernung etwa 1500 Lichtjahre. Die Explosion hat also um 500 v. Chr. stattgefunden. Wir beobachten und photographieren jetzt den Zustand der Wolke um 500 n. Chr. (Hale Observatories).

Abb. F 10. Eine der ersten Forschungsraketen der Röntgenastronomie bei ihrem Start am 29. April 1963 in White Sands, New Mexico, USA. Herbert Friedman und seine Kollegen vom »Naval Research Laboratory« haben sie mit einem Zählgerät für Wellenlängen von 1 bis 8 Angström ausgerüstet. Die Rakete entdeckte eine starke Quelle von Röntgenstrahlung im Skorpion und identifizierte den Crabnebel als Röntgenquelle.

Abb. F 12. Rechts: Die Entstehung des Sonnensystems nach Kuiper und von Weizsäcker. An den Berührungsstellen der Wirbel (schwarz eingezeichnet) sollen sich die ersten Materieballungen bilden, die die Gravitation ins Spiel bringen und aus denen später Planeten oder planetenähnliche Körper hervorgehen können.

Abb. F 11. Der Ringnebel (M 57) im Sternbild Lyra (Leier), einer der bekanntesten Planetarischen Nebel, aufgenommen mit dem 5-m-Spiegel der Hale Observatories. Entfernung etwa 2000, Durchmesser etwa 10 Lichtjahre. Die den Nebel bildenden Gase werden durch die Ultraviolett-Strahlung des heißen Zentralsterns zu eigenem Leuchten angeregt (Hale Observatories).

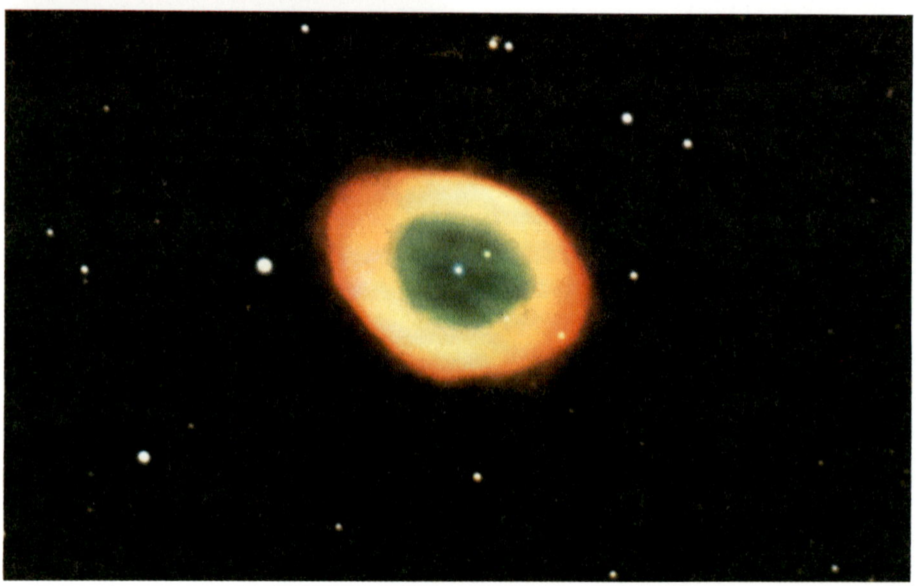

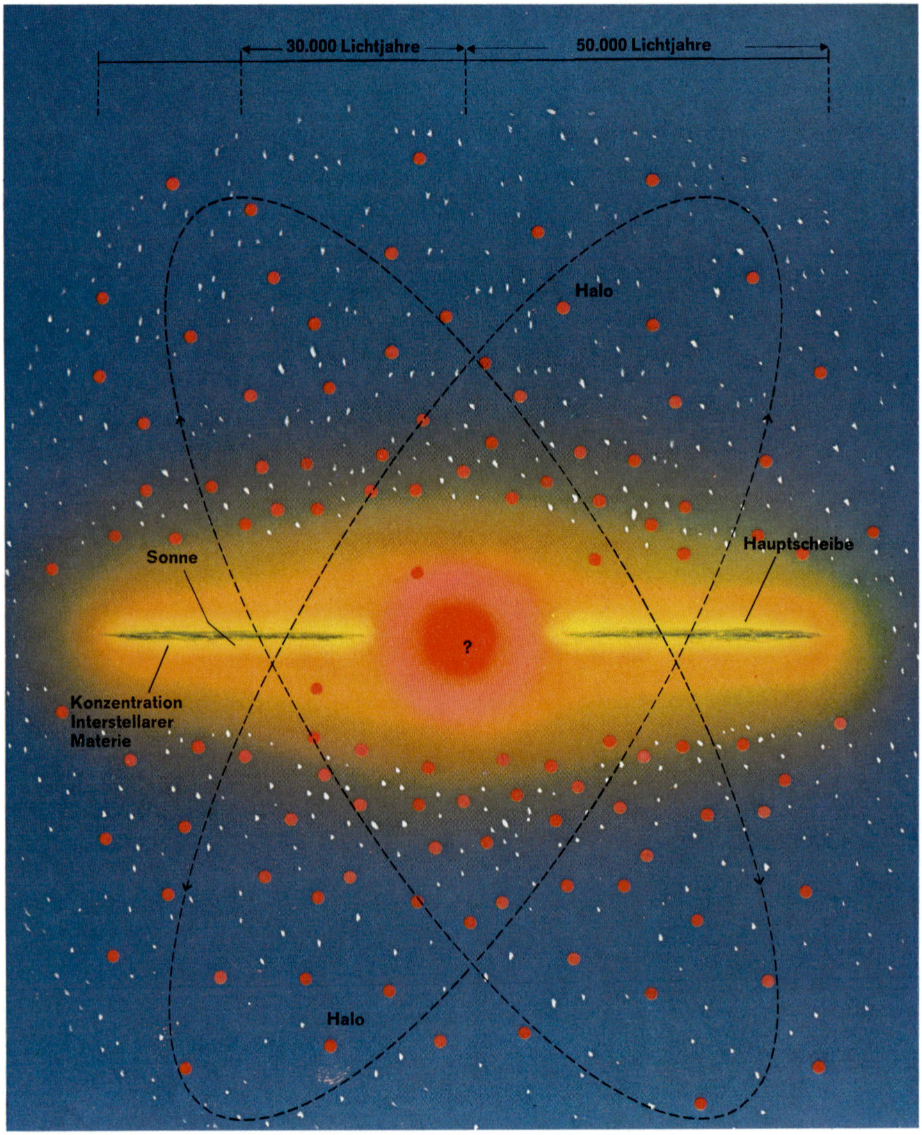

Abb. F 13. Die Milchstraße »in Seitenansicht«: In der Mitte die Hauptscheibe, deren Durchmesser etwa 100 000 Lichtjahre beträgt. Die Sonne hat ihren Platz etwa 30 000 Lichtjahre vom Zentrum innerhalb der Hauptscheibe. Die Vorgänge im Kern sind noch weitgehend unbekannt. In dem ausgedehnten Halo sind die Einzelsterne (Halosterne) durch Pünktchen angedeutet; in Wirklichkeit zählen sie nach Millionen. Die roten Kreise stellen die Kugelsternhaufen dar. Sie laufen auf teilweise exzentrischen elliptischen Bahnen (hier nur schematisch angedeutet) um das galaktische Zentrum und »durchstoßen« dabei periodisch die Hauptscheibe. Deshalb sind hier Kugelhaufen innerhalb der Hauptscheibe eingezeichnet. Die den Halo umgebende Korona ist hier nicht dargestellt.

Abb. F14. Der Cirrus-Nebel im Sternbild Cygnus (Schwan), Teilansicht. Dieses graziös wirkende Gebilde stellt höchstwahrscheinlich das Überbleibsel einer Explosionswolke einer alten Supernova dar. Die Ausdehnung des gesamten Nebels beträgt etwa 100 Lichtjahre. Sein Alter wird auf 60 000 Jahre geschätzt (Ausschnitt aus einer Aufnahme mit dem 1,20-m-Schmidt-Spiegel der Hale Observatories.)

Abb. F 15. Im Sternbild Schwan befindet sich der wegen seiner Form so genannte Nordamerikanebel (NGC 7000). Entfernung etwa 3000, Durchmesser etwa 100 Lichtjahre; ein Emissionsnebel wie der Große Orionnebel (Hale Observatories).

Abb. F 16. Der Pferdekopfnebel (NGC 2024) im Sternbild Orion. Eine Wolke aus diffuser, nicht leuchtender Materie (Dunkelnebel), durch die nur wenige Sterne schwach hindurchschimmern (Hale Observatories).

Abb. F 17. Der Große Orionnebel (M 42) ist dem bloßen Auge als Nebelfleck am mittleren Schwertstern des Sternbildes Orion erkennbar. Hier ist er mit dem 5-m-Spiegel der Hale Observatories aufgenommen. Entfernung etwa 1600, Durchmesser etwa 50 Lichtjahre. Eine Gasmasse, die durch die UV-Strahlung heißer Sterne zu eigenem Leuchten im sichtbaren Bereich angeregt wird (Emissionsnebel) (Hale Observatories).

Abb. F 18. Der Kugelsternhaufen NGC 104 im Sternbild Tukan, meist als 47 Tucanae bezeichnet (im Messier-Katalog nicht aufgeführt), ein imposantes Gebilde, 14 000 Lichtjahre entfernt. Der Durchmesser beträgt über 100 Lichtjahre. 47 Tucanae ist nach dem Haufen Omega Centauri der zweithellste am Himmel. Der Haufen spielt eine wesentliche Rolle bei der gegenwärtig laufenden Erforschung der dynamischen Verhältnisse in Kugelhaufen.

Abb. F 19. Das Sternsystem in der Andromeda, benannt M 31 oder NGC 224, das unserer Milchstraße nächstgelegene Spiralsystem von vergleichbarer Größe, Durchmesser etwa 150 000, Entfernung von uns etwa 2,2 Millionen Lichtjahre (Hale Observatories).

Abb. F20. Eine Spiralgalaxie vom Typ Sc im Sternbild Dreieck (Triangulum), häufig einfach »Dreiecksnebel« genannt; von Charles Messier unter Nummer 33 in seinen Katalog aufgenommen, deshalb auch als M 33 bekannt; im New General Catalogue von J. L. Dreyer unter Nr. 598 verzeichnet (NGC 598). Mit einer Entfernung von 2,3 Millionen Lichtjahren gehört das System noch zur Lokalen Gruppe. Da der irdische Beobachter senkrecht auf die Hauptebene des Systems blickt, ist die Spiralstruktur gut zu erkennen. Allerdings ist das System vermutlich kleiner (erscheint darum auch viel weniger hell) als die Riesengalaxie M 31 (Andromeda-System); sein Durchmesser wird mit 3400 Lichtjahren angegeben (Milchstraße 100 000). Aufnahme: Hale Observatories.

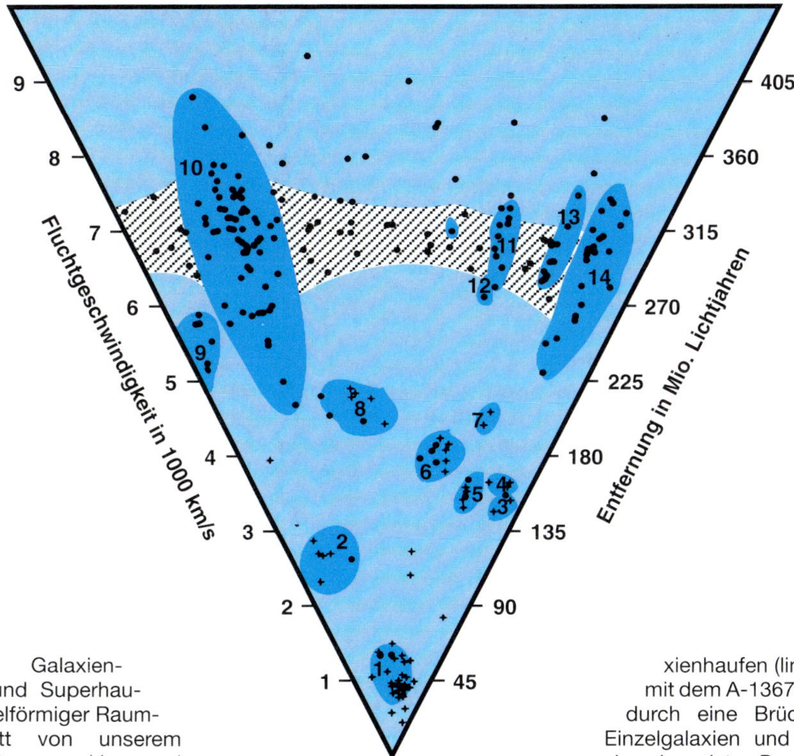

Abb. 9 s. Galaxienhaufen und Superhaufen. Kegelförmiger Raumausschnitt von unserem Sternsystem aus (das an der unteren Spitze des Dreiecks zu denken ist) in ungefährer Richtung auf den Coma-Haufen. Die Hubble-Zahl ist hier angenommen mit 75 km/s pro Mpc Entfernung.
Zweierlei tritt deutlich hervor: 1. Die Galaxien (durch Punkte dargestellt) sind nicht gleichmäßig verteilt. Sie bilden Gruppen, zwischen denen große Leerräume oder nur vereinzelte Feldgalaxien liegen. 2. In rd. 300 Mio. Lichtjahren Entfernung befindet sich der gewaltige Coma-Galaxienhaufen (links), der mit dem A-1367-Haufen durch eine Brücke aus Einzelgalaxien und Haufen verbunden ist. Das durch Schraffierung markierte Gebilde nennt man Coma-A 1367-Superhaufen.
Erläuterung: 1 = Coma I-Wolke, 2 = NGC-4793-Wolke, 3–7 = kleinere Galaxiengruppen, 8 = NGC-4615-Wolke, 9 = NGC-5056-Gruppe, 10 = Coma-Haufen, 11–13 = kleinere Gruppen, 14 = A-1367-Haufen.
(Darstellung nach Gérard de Vaucouleurs, beruhend auf Messung von St. A. Gregory, L. A. Thompson u. a.)

So zeichnet sich allmählich ein Bild ab, nach welchem das Universum eine waben- oder blasenförmige Struktur aufweist: Leerräume, umgeben von Wänden oder (besonders wo diese zusammenstoßen) Filamenten, die aus Galaxienhaufen bestehen. Ein so gebautes Universum haben u. a. auch estnische Astronomen in Tartu vorgeschlagen.

In dieses Bild fügt sich gut eine Entdeckung, die im Jahre 1989 Aufsehen erregte. Der schon genannte John Huchra und Margaret Geller gaben bekannt, daß sie eine Massierung von Galaxienhaufen und Galaxien gefunden hatten, der die größte bisher bekannte zusammenhängende Konzentration von Massen im Universum darstellt. Die Entdecker nannten dieses Gebilde »Große Mauer« (engl. Great Wall). Auch hier ist auffällig, wie auch der gewählte Name andeutet, daß es sich um ein Gebilde handelt, das im großen und ganzen die Form einer Scheibe hat bei einer Länge von 500 Millionen, einer Breite von 200 Millionen und einer Dicke von nur 15 Millionen Lichtjahren.

Es gibt einen Superhaufen, dessen Länge sogar auf 1 Milliarde Lichtjahre geschätzt worden ist. Die These, daß das Universum homogen sei, schränkt sich danach ein auf die Frage, ob vielleicht in der Dimension von 1 Milliarde Lichtjahren oder mehr doch von einer gleichmäßigen Verteilung der Materie gesprochen werden könnte. Oder sollte es eine noch höherrangige Struktur geben: Super-Super-Haufen? Der Gedanke ist schon ausgesprochen worden. Beantwortet werden kann die Frage erst dann, wenn es gelingen sollte, die Verteilung der Sternsysteme und Haufen auch in Tiefen von 1 bis mehreren Milliarden Lichtjahren zu erforschen.

Der hier geschilderte Befund ist auch darum schwerwiegend, weil andere Feststellungen, die ich im Abschnitt 10.3 behandeln will, im Gegensatz hierzu auf eine weitgehende Homogenität hindeuten. Da es unerhört mühsam ist, mit heutigen Mitteln eigentlich undurchführbar, die Strukturen in den Tiefen des Alls durch Einzelmessungen zu orten, ist auch versucht worden, mit statistischen Methoden und Computersimulationen Anhaltspunkte für das Auffinden von Materieballungen zu gewinnen. Das ergab Hinweise auf nicht weniger als 100 Superhaufen, und da sich unter diesen auch diejenigen befinden, die schon durch Beobachtung als solche identifiziert sind, scheint diese Methode erfolgversprechend.

10. Das Weltganze in Raum und Zeit

10.1 Warum ist es nachts dunkel?

Als Prolog zu diesem Schlußkapitel möge ein erdachtes Zwiegespräch dienen.

A: Warum ist es nachts dunkel?

B: Das ist – ich will nicht sagen, eine dumme, aber jedenfalls eine simple Frage! Jedes Kind weiß doch: Da die Erde rotiert, und zwar in 24 Stunden einmal, so ist in jedem Augenblick ihre eine Hälfte der Sonne zugekehrt – von der sie ihr Licht empfängt – und die andere Hälfte hat Nacht.

A: Es ist stets genau die Hälfte der Eroberfläche hell und die andere dunkel?

B: Natürlich – von der Übergangszone abgesehen, in der Dämmerung herrscht. Das ergibt sich doch aus der Kugelgestalt: Von welcher Seite immer Sie eine Kugel anleuchten, stets liegt genau die Hälfte im Licht.

A: Warum sind dann nicht Tag und Nacht stets genau gleich lang, nämlich 12 Stunden? Jetzt ist es 19 Uhr und noch hell; morgen früh um sieben wird es längst wieder hell sein!

B: Jetzt im Sommer – ja. Die Ungleichheit rührt daher, daß die (gedachte) Achse der Erdrotation mit der Ebene, die durch die Bahn der Erde um die Sonne bestimmt ist, einen Winkel bildet, rund $66^1/_2$ Grad. So ist in einem Teil des Jahres die Nordhalbkugel länger beleuchtet, und ein halbes Jahr später die Südhalbkugel.

A: Ganz klar ist mir das noch nicht.

B: Stellen Sie sich zwei hypothetische Fälle vor. Fall 1: Die Erdachse stünde genau senkrecht auf der Ekliptik. Dann wäre es in der Tat so, daß praktisch jeder Ort der Erde das ganze Jahr hindurch genau 12 Stunden Tag und 12 Stunden Nacht hätte.

A: Ja – vorausgesetzt, daß wir das, was wir einen Tag nennen, an der Sonne orientieren und nicht an weiter entfernten Fixsternen . . . Oder?

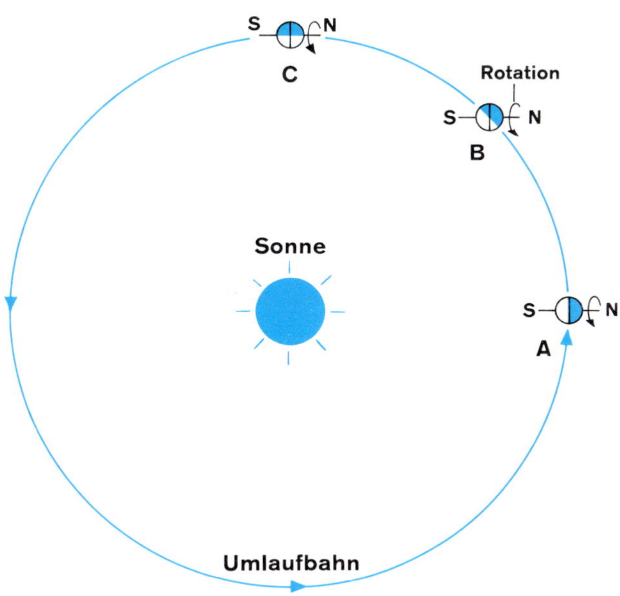

Abb. 10 a. Der im Text (S. 244) diskutierte Fall eines Planeten, dessen Rotationsachse in der Umlaufebene (Ekliptik) liegt (annähernd beim Uranus verwirklicht). Draufsicht auf die als kreisförmig angenommene Umlaufbahn. Die Zeichnungen unten stellen den Planeten in den drei Stellungen A, B und C dar. Von einer Atmosphäre ist der Einfachheit halber abgesehen. Die Rotationsdauer sei mit 24 Stunden angenommen. In Stellung A hat die Südhalbkugel des Planeten gerade Tag. Nach der Hälfte der Umlaufzeit hat sie Nacht.

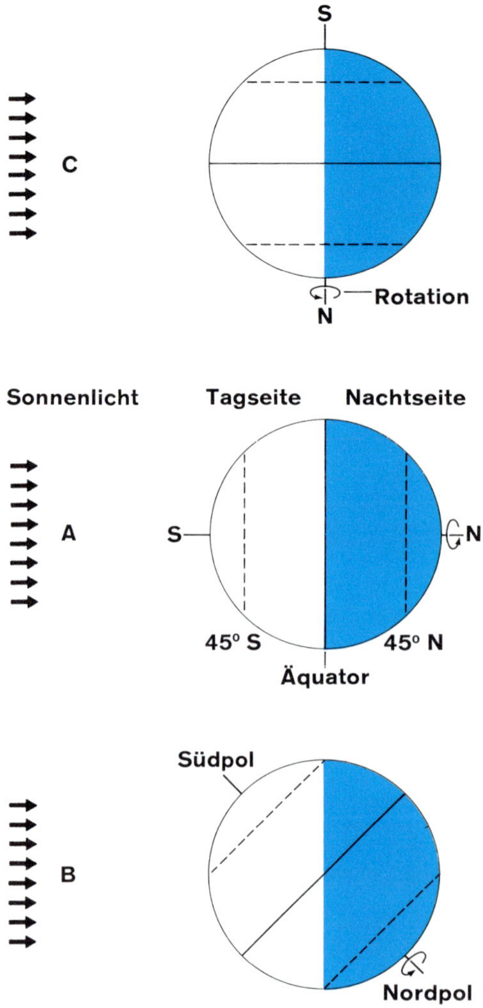

Abb. 10 b. Stellung A: Rotationsachse in Richtung zur Sonne. Alle Orte der südlichen Halbkugel haben 24 Stunden lang nur Tag, alle Orte der nördlichen haben 24 Stunden Nacht.
Stellung B: Alle Punkte mit mehr als 45° südl. Breite haben noch immer 24 Stunden lang Tag. Alle Punkte mit mehr als 45° nördl. Breite haben noch immer 24 Stunden Nacht. Alle Orte auf dem Äquator haben 12 Stunden Tag und 12 Stunden Nacht. Für alle Orte bis 45° nördl. und südl. Breite gelten entsprechende Zwischenwerte.
Stellung C: Rotationsachse senkrecht zum Lichteinfall. Alle Orte des Planeten haben Tagundnachtgleiche.

B: Jetzt das andere Extrem! Fall 2: Die Erdachse läge genau in der Ebene der Ekliptik. Dieser für unsere Erfahrung fremdartige Fall läßt sich am besten anhand eines Modells oder einer Zeichnung studieren. Die Achse des Planeten behält ihre Richtung stets bei. Auf einem solchen Planeten gibt es an den Polen Gebiete, in denen die Sonne bis zu einem halben Jahr ohne Unterbrechung scheint. Die Zone ununterbrochener Besonnung nimmt von Tag zu Tag etwas ab, während auf der Gegenseite die Zone, in der dauernd Nacht herrscht, immer weiter abnimmt. Zweimal im Jahr aber kommt es zu einer Tagundnachtgleiche für die gesamte Oberfläche des Planeten.

A: Schon gut. Unsere Realität liegt zwischen diesen beiden Extremen. Akzeptiert! Doch nun zurück zu meiner Frage: Warum ist es nachts dunkel?

B: Wollen Sie mit mir spaßen?

A: Keineswegs! Ich meine es so: Es scheinen doch Tausende oder Zehn-, nein Hunderttausende von Sternen auf uns herab, von allen Seiten und (vom Einfluß der Bewölkung natürlich abgesehen) in jedem Augenblick, wie uns auch die Erde dreht. Warum schaffen die es nicht, den ganzen Himmel gleichmäßig zu erhellen?

B: Im ersten Augenblick klingt das verblüffend. Es wird halt daran liegen, daß die näher gelegenen Sterne eben mehr Licht schicken als die entfernten?

A: Ich will meine These etwas präzisieren. Stimmen Sie mit mir darin überein, daß das Weltall als Ganzes genommen isotrop und homogen ist? Weniger hochtrabend ausgedrückt: daß der Punkt im Weltall, an dem wir uns mit unserer Erde gerade befinden, prinzipiell vor keinem anderen Punkt ausgezeichnet ist; daß jede Richtung, in die wir von hier aus blicken, im Prinzip ebenfalls durch nichts vor anderen ausgezeichnet ist; und schließlich darin, daß die leuchtende Materie, im großen gesehen, den Weltraum gleichmäßig erfüllt?

B: Es gibt zwar hier Sterne und dort riesige leere Räume, es gibt Sternhaufen und Sternsysteme – aber wenn Sie vom Weltraum im ganzen sprechen wollen, so scheint mir die Annahme, er sei durchschnittlich gleichmäßig mit leuchtender Materie erfüllt, vernünftig zu sein.

A: Bezeichnen wir die Zahl der Fixsterne, die sich in einer angenommenen Entfernung von uns – z. B. 10 pc – befinden, mit x: Wie groß ist die Zahl der Sterne, die gerade doppelt so weit, also 20 pc, entfernt sind? Da die Formel für die Kugeloberfläche den Ausdruck r^2 enthält, ist die Kugelschale mit dem Radius 20 pc genau viermal so groß wie die mit dem Radius 10 pc. Die Zahl der Sterne nimmt also, wenn wir alle Richtungen zusammennehmen, im Quadrat der Entfernung zu. Andererseits nimmt die Strahlung, die wir empfangen, wie allgemein bekannt, im Quadrat der Entfernung ab – das ist ja nichts anderes als die Kehrseite der eben beschriebenen Gesetzmäßigkeit.

Die beiden Faktoren heben sich also gerade auf! Daß heißt: Wir empfangen aus jeder Entfernung die gleiche Menge an Strahlung, und da wir die Schalen bis in Millionen Lichtjahre Entfernung fortgesetzt denken dürfen, so addiert sich die empfangene Strahlung – und zwar nicht ins Unendliche, aber doch so lange, bis ein Stern den anderen verdeckt.

B: Das kommt mir vor wie der berühmte Beweis, daß Achilles die Schildkröte niemals einholen kann (er stammt von dem antiken Denker Zenon): Man weiß nicht recht, wie es zu widerlegen ist, aber man sieht sofort: Stimmen kann das nicht.

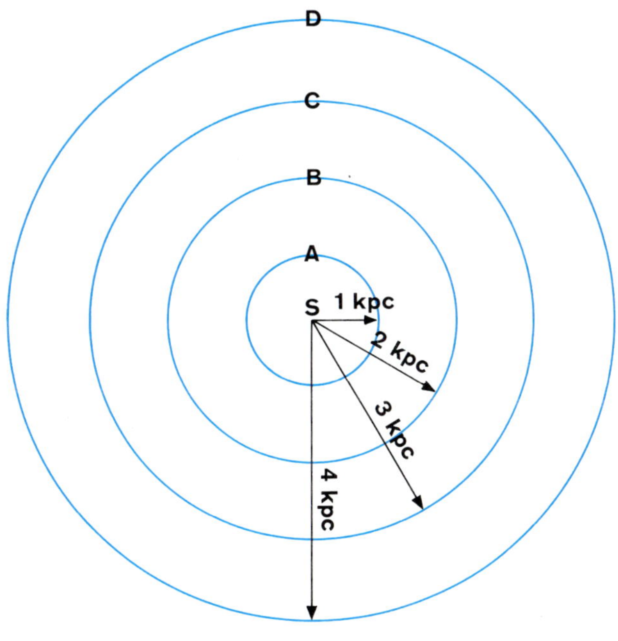

Abb. 10c. Zu Olbers Paradoxon: Im Zentrum die Sonne als Ausgangspunkt unserer Beobachtung (da die Entfernung Erde–Sonne hier vernachlässigt werden kann). Wir denken uns um dieses Zentrum in gleichmäßigen Abständen – in unserem Beispiel von je 1 kpc – konzentrische Kugelschalen gelegt. In der Zeichnung erscheinen sie zwecks Vereinfachung nur im Schnitt, also als Kreise. Olbers Argument lautet: Die Formel für die Kugeloberfläche ist: $O = 4\pi r^2$, $4\pi \approx 12{,}56$. Die Oberfläche der Schale A ist 12,56 kpc, die der Schale B 12,56 · 4 kpc, Schale C 12,56 · 9 kpc, Schale D 12,56 · 16 kpc usw. bis ins Unendliche; allgemein: die Kugelschalen wachsen von innen nach außen im Quadrat ihrer Radien. Unter der Voraussetzung, daß die Verteilung der Sterne im Universum durchschnittlich eine gleichbleibende Dichte zeigt, verhält sich die Zahl der Sterne, deren Mittelpunkt genau durch eine der gedachten Kugelschalen geschnitten wird, ebenfalls wie 1 : 4 : 9 : 16 : 25 usw., also wie die Reihe der Quadratzahlen. Da andererseits die Helligkeit, mit der ein Stern uns erscheint, mit dem Quadrat seiner Entfernung abnimmt, empfangen wir (bei angenommener durchschnittlich gleicher absoluter Leuchtkraft) aus jeder Schale denselben Betrag an Gesamthelligkeit. Wäre das Weltall unendlich ausgedehnt, so müßte sich auch das gesamte Sternenlicht zu einem unendlich großen Betrag aufsummieren.

A: Ja, ein echtes Paradoxon, aufgestellt vor 150 Jahren, von dem Bremer Arzt und Amateurastronomen Wilhelm Olbers (1758–1840), der unter anderem auch mehrere Kometen entdeckt hat. Auch Johannes Kepler und Edmond Halley haben schon darüber gegrübelt.

B: Vielleicht läßt es sich auf folgendem Wege auflösen. Dürfen wir uns die Kugelschalen wirklich bis in beliebige Entfernungen aneinandergeschichtet denken – eine Zwiebel mit unendlichem Radius sozusagen? Es ist doch bekannt, daß die Sterne und auch die Sternsysteme ein endliches Alter haben. Irgendwo hört die Zwiebel also doch auf. Tatsächlich hat jemand ausgerechnet, daß es bei einem Alter der Welt in der Größenordnung von 15 Milliarden Jahren (wie es manche Gelehrten annehmen) immer noch nicht genug Sterne gibt, um den von Olbers postulierten Tatbestand zu erfüllen. Für den Laien ist das schwer nachvollziehbar, wenn er hört, daß nicht nur die Sterne, sondern sogar die Sternsysteme nach Milliarden zählen sollen.

A: Mir ist noch aus anderem Grunde bei diesem Argument nicht ganz wohl. Verfallen wir Menschen nicht immer wieder in den Fehler, daß wir Dimensionen des Alls in Raum und Zeit von unserem engeren Bereich aus beurteilen und damit zu kurz ansehen? Haben nicht die Menschen jahrhundertelang geglaubt (unter Berufung auf die Bibel), die Welt sei 6000 Jahre alt? Und dann, als Lyell, Darwin und andere die Geschichte der Erde und die Evolution des Lebendigen entschleierten, ging man auf einige 10000, dann auf einige 100000 Jahre, dann Millionen, und das war immer noch zu wenig! Haben wir nicht jahrhundertelang die Erde für den Nabel der Welt gehalten, dann die Sonne, und bis ins 20. Jahrhundert hinein zumindest noch unsere Milchstraße? Ist es nicht ein ähnlicher Schluß, wenn wir jetzt meinen, das Weltganze sei nicht älter als die Sonne und ihre nähere kosmische Umgebung?

B: Beachten Sie aber, daß nicht nur das Studium der Sonne und vieler anderer Sterne in unserer Milchstraße Werte von 15 und mehr Milliarden Jahren ergeben hat. Ähnliche Zahlen ergeben sich als Rückschluß auch aus der sogenannten Expansion des Weltalls. Vielleicht läßt sich aber gerade hieraus das Paradoxon noch von einer anderen Seite angreifen! Die Entfernungen innerhalb der Milchstraße scheinen zwar konstant. Aber die Entfernungen der fernen Nebel – wenn wir den Astronomen glauben dürfen – wachsen doch ununterbrochen an, bis zu unvorstellbaren Geschwindigkeiten. So entfernt sich der sogenannte Hydra-Haufen, mehr als zwei Milliarden Lichtjahre von uns entfernt, bereits mit 60000 km/s, und wenn wir die Reichweite unserer größten Teleskope nur verdoppeln würden, so wären wir bereits an der Grenze angelangt, wo die Galaxien sich mit Lichtgeschwindigkeit entfernen. Und von denjenigen, die sich mit 30 % oder 50 % der Lichtgeschwindigkeit entfernen, dürfte das Licht zumindest stark geschwächt bei uns eintreffen. So könnte man Olbers mit dem Hinweis auf die Expansion des Weltalls widerlegen? Die Nacht ist dunkel, weil die fernen Lichtquellen von uns wegfliegen!

A: Lehrt aber nicht Einstein, die Lichtgeschwindigkeit von 300000 km/s sei konstant in der Weise, daß sie von der Geschwindigkeit der Lichtquelle völlig unabhängig sei? Ergab sich dies nicht im Grunde schon aus dem berühmten Versuch von Michelson und Morley, der Einstein anregte? Dies bedeutet, daß das Licht auch von Galaxien, die sich mit 180000 km/s von uns entfernen, bei uns mit unverminderter Geschwindigkeit von 300000 km/s eintrifft.

B: Ja, aber mit verminderter Energie! Und doch – mir schwankt der Boden unter den Füßen.

A: So wollen wir das Gespräch für heute abbrechen.

Der offene Ausgang dieses Dialogs wird nicht alle meine Leser zufriedenstellen. Mancher wird fragen. Wie ist es denn nun wirklich? Was sagt die heutige Astronomie zu der von Olbers gestellten Frage? Dieser selbst glaubte übrigens, der Schlüssel zur Auflösung seiner Rätselfrage liege in der interstellaren Materie, die bekanntermaßen Licht streut und schluckt. (Nur an Licht hat Olbers wohl gedacht und kaum an Strahlung anderer Frequenzbereiche; von denen wußte man damals wenig oder nichts, Radiowellen waren ebenso unbekannt wie Röntgenstrahlen.)

Die Antwort, welche die heutige Astronomie geben könnte, wird erst dem verständlich, der die heutigen Vorstellungen vom Bau des Weltganzen und seiner Entwicklung in den Grundzügen kennt. Ungeduldige Leser muß ich deshalb bitten, mir erst noch ein Stück weit durch dieses Kapitel zu folgen.

10.2 Vorbereitende Gedanken zur Kosmologie

Kosmologie ist die wissenschaftliche Beschäftigung mit dem Universum im großen Maßstab, wobei dies für die räumliche wie die zeitliche Dimension gilt. Zu unterstreichen ist zunächst das Wort »wissenschaftlich«.

Die Frage nach dem Weltganzen, seinem Ursprung, seiner Ordnung, seinen Gesetzen ist so alt wie die denkende Menschheit. Die Weltreligionen, die Mythen der Völker, Philosophen aller Zeitalter haben sie zu beantworten unternommen. Von einer wissenschaftlichen Kosmologie kann man jedoch erst im 20. Jahrhundert sprechen. Kosmologie als Naturwissenschaft konnte erst entstehen, als die Menschheit die wahre Dimension des Kosmos in Raum und Zeit zu erkennen und die Prozesse zu verstehen begonnen hatte, die in der interstellaren Materie, in Sternen und Sternsystemen ablaufen; übrigens auch erst, nachdem die Menschheit gelernt hatte, ihre Erde nicht länger für den Nabel der Welt zu halten.

Die Frage nach dem Weltganzen schließt die Frage nach der Entstehung unserer Welt unvermeidlich ein. Kosmogonie – Lehre von der Entstehung des Kosmos – ist deshalb ein Zweig der Kosmologie. Die Frage nach der Entstehung kann dabei sowohl für das Weltganze aufgeworfen wer-

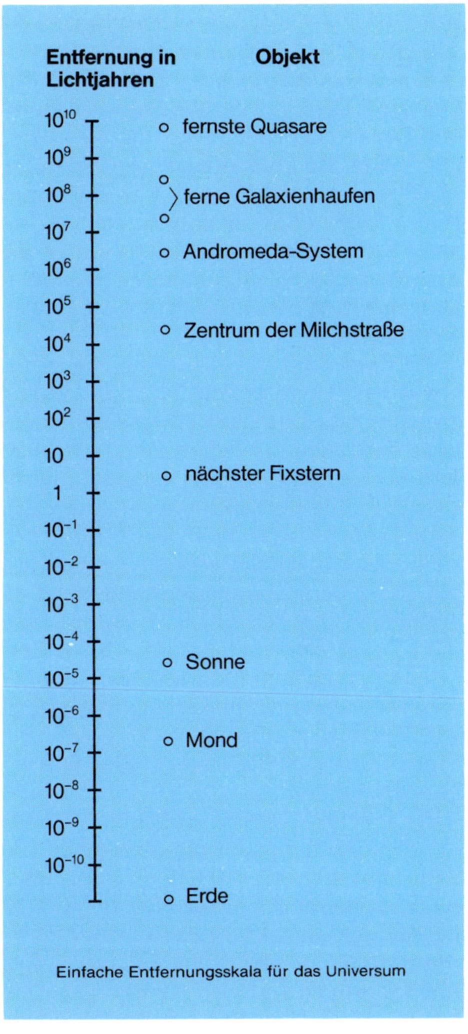

Abb. 10d. Einfache Entfernungsskala für das Universum

den wie auch für seine Teile: die Galaxien, die Sternhaufen, die Sterne, die Planeten. Die Frage »Wie ist die Welt beschaffen?« führt ferner auf die Frage »Warum ist die Welt so beschaffen, wie sie ist?«.

Ist es vermessen, so zu fragen? Der Mensch kann nicht anders, als sein Fragen stets bis zu den äußersten Grenzen vorzutreiben. Natürlich kann man skeptisch sein und zweifeln, ob der Mensch überhaupt berufen und befähigt sei, solche Fragen zu stellen oder gar zu beantworten.

Ein gewisses Quantum solcher Skepsis wäre dem Leser bei diesem Kapitel anzuraten. Die Größenordnungen, um die es hier geht, sind atemberaubend, die Theorien sind faszinierend. Wer sich von ihnen mitreißen läßt, sollte ab und zu eine Besinnungspause einlegen und sich fragen, ob die Theorien alle bisher bekannten Tatsachen abdecken und ob sie sich aus diesen zwingend ergeben.

Theorien sind unentbehrlich, wenn wir etwas verstehen wollen. Nur sie können zwischen den Tatsachen einen Zusammenhang herstellen. Zwischen den Tatsachen! Was ist eine Tatsache? Ein kluger Mann hat gesagt: Es gibt nichts Problematischeres als eine Tatsache. Was heißt das? Tatsachen stellt man fest durch Beobachten und Messen. Einer Beobachtung liegt aber eine Fragestellung zugrunde (auch als Motiv). Und diese Frage erwächst aus einer manchmal bewußt, manchmal bloß als Ahnung oder ganz unbewußt vorhandenen Erwartung, wie die Dinge sein könnten. Also steckt ein Stück Theorie häufig schon in dem, was wir Tatsache nennen.

Ich möchte diesen Ausblick auf Probleme der Erkenntnistheorie nicht über Gebühr ausweiten. Er soll lediglich den Blick schärfen dafür, daß zwar eine empirische Feststellung als solche nicht wegzudiskutieren ist, daß aber über ihre Interpretation, ihre Einordnung in einen theoretischen Zusammenhang gestritten werden darf und soll. Theorien sind widerlegbar, meist nicht in dem Sinne, daß sie schlicht falsch sind, wohl aber in dem Sinne, daß sie Zusammenhänge nicht richtig sehen oder deuten. Auch kann eine Theorie, die hundertfach durch Beobachtung oder Experiment untermauert ist (das Experiment ist dem Astronomen im allgemeinen versagt, und das ist zu begrüßen: Wie sähe die Welt aus, wenn die Menschen mit Sternen hantieren und experimentieren könnten?), durch eine einzige ihr widersprechende Beobachtung »falsifiziert« (Karl Popper) werden.

Wir müssen, wenn wir Theorien kennenlernen, nicht unbedingt so fest an sie glauben wie ihre Schöpfer. Wer eine neue Theorie entwirft, sei es über die gesellschaftliche Entwicklung (Marx), über geschichtliche Abläufe (Spengler), über die Tiefen der Seele (Freud) oder das Universum, glaubt nicht nur an sie, er meint sogar, das Weh und Ach der Welt (wie Mephisto das der Weiber) aus einem Punkte kurieren zu können. Nur läßt sich die komplexe Wirklichkeit kaum jemals über einen Leisten schlagen.

Behalten wir also im Auge, daß der Versuch des Menschen, die Welt als Ganzes zu verstehen, ein unerhörtes Unterfangen ist, fehlbar, riskant, vielleicht utopisch. Der Verfasser dieses Buches ist in der Astronomie kein studierter Fachmann, sondern ein Amateur (im wörtlichen Sinne: ein Liebhaber). Er steht staunend und ehrfürchtig vor der Fülle der Erscheinungen, die die Forschung entschleiert. Was die Fähigkeit des Menschen anlangt, ihrer geistig Herr zu werden, so neigt er zur Bescheidenheit und rät diese auch seinen Lesern an. Auch ist zu vermuten, daß die kosmologischen Theorien aufgrund neuer Beobachtungsmöglichkeiten in wenigen Jahren revidiert werden.

10.3 Die 3-K-Hintergrundstrahlung

Man suchte, und man fand, man fand etwas sehr Wichtiges, allerdings war es etwas, nach dem man nicht gesucht hatte. So ist es öfter bei epochemachenden Entdeckungen der Wissenschaftsgeschichte zugegangen, z.B. bei der Entdeckung der Radioaktivität durch Henri Becquerel (1896). So war es auch bei der jetzt zu schildernden Entdeckung, die zu den wichtigsten des 20. Jahrhunderts gehört.

Die Geschichte spielt im Jahre 1965 im US-Staat New Jersey auf dem Versuchsgelände der Bell Telephone Laboratories in Holmdel, also da, wo auch Karl Jansky 1931 die erste außerirdische Radiostrahlung empfangen hatte (vgl. Abschnitt 6.4). Auch er hatte übrigens etwas entdeckt, nach dem er nicht gesucht hatte. Jansky war es um die Beseitigung von Störungen beim irdischen Funkverkehr gegangen. Arno Penzias und Robert W. Wilson ging es um die Verbesserung des inzwischen möglich gewordenen Funkverkehrs mit bzw. über Fernmeldesatelliten, die man außerhalb der Erdatmosphäre postiert, und zwar in der Höhe, bei der ihre Umlaufzeit um die Erde deren Rotationsperiode gleicht, so daß sie immer über demselben Punkt der Erdoberfläche bleiben.

Dieser Verkehr war durch Störgeräusche beeinträchtigt. Es galt, die Quelle herauszufinden, um die Störung beseitigen oder dämpfen zu können. Für diese Aufgaben mußten die beiden Forscher erst ihre Antenne eichen. Um die Entdeckung zu verstehen, muß man sich klarmachen, was das bedeutet.

Störungen des Funkverkehrs können verschiedenste Ursachen haben. Sie können aus der Nachbarschaft stammen, aus weiter entfernten irdischen Quellen, aber

Abb. 10e. Mit dieser imposanten Antenne, die von den Bell Telephone Laboratories ursprünglich für den Funkverkehr mit Satelliten gebaut wurde, empfingen A. A. Penzias und R. W. Wilson die 3-K-Hintergrundstrahlung.

auch aus fernen, z. B. der Sonne. Praktisch wirken bei jeder Störung mehrere Störquellen mit. Und wenn man es genau nimmt, lassen sich solche Störungen niemals bis auf Null eliminieren. Denn jeder Körper, ob Mensch, ob Tier, ob Gebäude oder Stern, auch das im Einzelfall benutzte Empfangsgerät, gibt elektromagnetische Strahlung ab: Strahlung in allen Frequenzbereichen, sogenannte thermische Strahlung, damit auch stets einen meist winzigen Anteil im Radiobereich. Aufhören würde das nur, wenn schlechthin alles bis zum absoluten Nullpunkt abgekühlt wäre.

Wenn man eine Störung nicht ausschalten kann, muß man versuchen, sie zu messen und dann rechnerisch zu berücksichtigen. Zur weitgehenden Abschirmung gegen störende Strahlung aus irdischen Quellen benutzten Penzias und Wilson eine große trichterförmige Antenne (Abb. 10e). Wie aber den Anteil messen, der aus der Antenne selbst stammt? Man baute eine Hilfsantenne und tauchte sie in flüssiges Helium. Dessen Temperatur liegt nur um 4° über dem absoluten Nullpunkt (–273 °C). Man bestimmte anhand diverser Quellen die Differenz im Störpegel zwischen Hauptantenne und Hilfsantenne. Schließlich mußte man auch den Anteil ermitteln, der von der Erdatmosphäre ausgeht. Dieser schwankt im Lauf einer längeren Beobachtungszeit, weil der »Blick« der Antenne, sofern man sie auf einen bestimmten Punkt

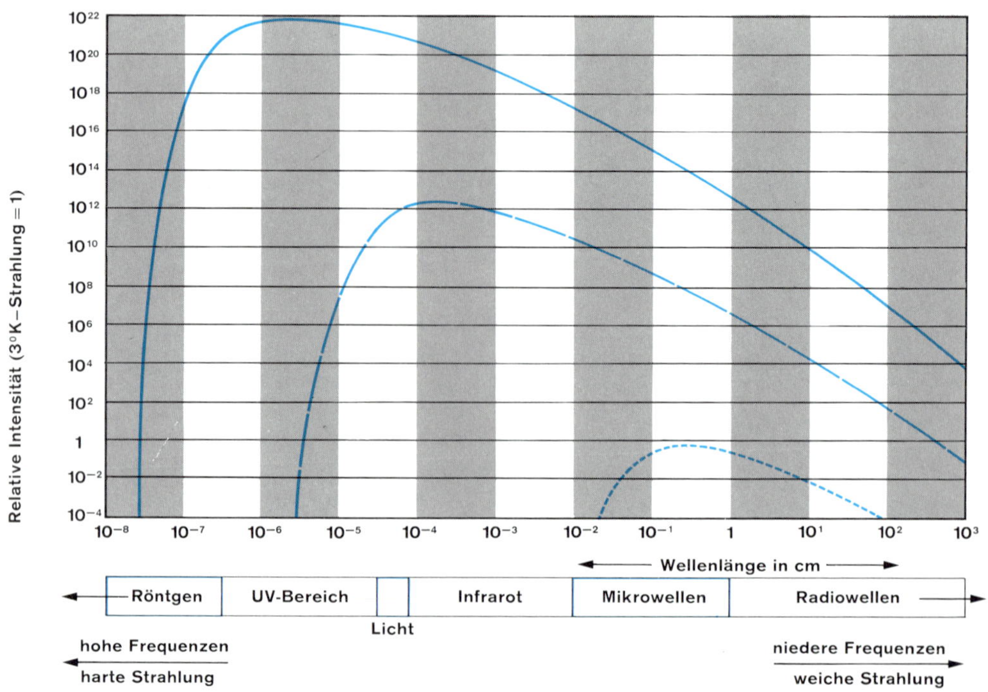

Abb. 10f. Verteilung der Energie in der Strahlung eines »Schwarzen Körpers«. Große Kurve: bei 1 000 000 K, mittlere Kurve: bei 5600 K (Oberfläche der Sonne), kleine Kurve: bei 3 K. Bei steigender Temperatur wächst die abgestrahlte Energie für sämtliche Frequenzen; das Maximum verlagert sich immer weiter in den kurzwelligen Bereich.

am Himmel gerichtet hält, durch Luftschichten wechselnder Dicke hindurchgeht.

Auch unter diesen Vorsichtsmaßnahmen blieb ein unerklärter Rest von störender Strahlung übrig. In ihrem Bericht sprachen die beiden Forscher allerdings nicht von Störstrahlung, sondern von einer »erhöhten Antennentemperatur«. Damit hat es folgende Bewandtnis: Die Radioastronomen bezeichnen eine empfangene Strahlung häufig dadurch, daß sie die Temperatur angeben, bei der ein Körper diese Strahlung erzeugen würde; genauer gesagt: ein sogenannter Schwarzer Körper. Das ist ein Hohlkörper, mit dessen Hilfe die Strahlungsgesetze formuliert sind. Die Innenwände dieses Hohlkörpers sind durch Ruß geschwärzt, sie reflektieren also nicht. Der Körper hat eine kleine Öffnung, und aus dieser tritt Strahlung aus, sobald man den Körper erhitzt. Jeder Temperatur des Körpers entspricht eine bestimmte Energieverteilung bei der ausgesandten Strahlung. Die Abb. 10f macht das deutlich. Empfängt man eine Strahlung, wie sie ein Schwarzer Körper von 1000 K Temperatur aussendet, so sagt man: Wir haben hier eine 1000-K-Strahlung vor uns.

Jetzt die Zahlen! Die empfangene Strahlung entsprach einem Körper von 6,7 K. Für das »atmosphärische Rauschen« zog man 2,3 K ab und für die Antenne noch einmal 0,9 K. Der nicht erklärbare Rest der Strahlung entsprach dann der eines Schwarzen Körpers von 3,5 K.

Diese Strahlung kam in völlig gleicher Stärke aus jeder beliebigen Richtung. Sie erwies sich als völlig isotrop.

Die beiden Entdecker, die 1978 den Nobelpreis erhielten, konnten zunächst keine Erklärung für dieses Phänomen geben. Dies konnten aber andere Forscher, die nicht weit von Holmdel, nämlich in Princeton saßen und sich mit der Grundfrage der Kosmologie »Wie ist das Weltall entstanden?« beschäftigten. Diese Gruppe, der Robert H. Dicke angehörte, erklärte, kaum daß sie von der Entdeckung erfahren hatte: Dies ist die Strahlung, die wir suchen und deren Existenz wir vorausgesagt haben! Dies ist der heute verbliebene Rest einer extrem starken Strahlung aus den Anfangszeiten des Universums! Sie entstand relativ kurze Zeit, nachdem das Universum in einer gigantischen Explosion (Urknall, Big Bang) vor Milliarden Jahren seinen Anfang genommen hat.

Die These vom Urknall wurde damals (1965) lebhaft diskutiert, war aber keineswegs allgemein anerkannt. Die eben geschilderte Entdeckung wurde in der Folgezeit zu einer ihrer stärksten Stützen. Georg Gamow, der aus Rußland stammte, in Göttingen studierte und dann in den USA wirkte und zu dieser These Entscheidendes beigetragen hat, hatte schon 1948 die Existenz einer solchen Reststrahlung vermutet. Anscheinend haben sowohl Penzias und Wilson wie auch die Gruppe um Dicke von den Überlegungen Gamows und seiner Mitarbeiter nichts gewußt.

Die These vom Urknall will ich im Abschnitt 10.6 näher behandeln. Ob die hier entdeckte Strahlung der Voraussage Ga-

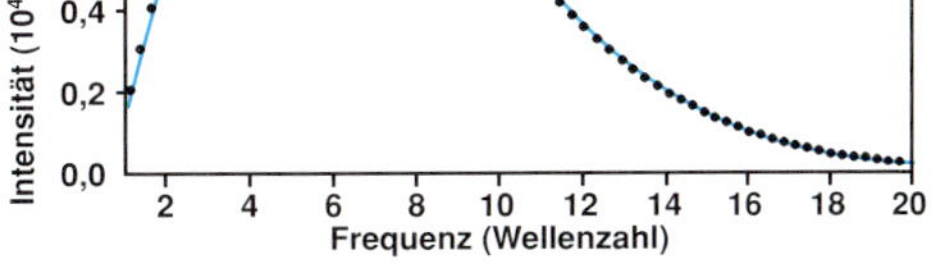

Abb. 10g. Spektrum der kosmischen (3K) Hintergrundstrahlung, aufgenommen vom Satelliten COBE (Cosmic Background Explorer) 1990. Blaue Linie: Spektrum einer perfekten Schwarzkörper-Strahlung bei 2,74 K. Schwarze Punkte: gemessene Werte. Es ergibt sich eine sehr gute Übereinstimmung bei einer Unsicherheit von weniger als 1%.

mows und anderer entsprach, war zunächst noch die Frage. Man mußte erst ihre Energie bei verschiedenen Frequenzen messen, denn die Entdecker hatten nur auf einer Wellenlänge gearbeitet. Dies ist seither mit immer zunehmender Genauigkeit geschehen, und die gemessenen Werte entsprechen der Temperatur eines Körpers von knapp 3 K (letzter Wert 2,735 K).

In der Folgezeit ist auch mit zunehmender Präzision untesucht worden, ob die Strahlung wirklich ganz isotrop ist, also aus jeder Richtung in gleicher Stärke ankommt. Es sind eigene Satelliten für solche Untersuchungen eingesetzt worden, vor allem COBE (Abkürzung für Cosmic Background Explorer). Dabei hat sich eine bemerkenswerte Isotropie dieser »kosmischen Hintergrundstrahlung« ergeben – aber auch eine winzige und vielleicht bedeutungsvolle Abweichung. Sie beträgt nur einige tausendstel Kelvin. In einer bestimmten Richtung ist die Strahlung um einen geringen Betrag heißer, in der entgegengesetzten Richtung um denselben Betrag kühler als der Durchschnittswert. (Man muß natürlich die bekannten Bewegungen der Erde um die Sonne und der Sonne um das galaktische Zentrum herausrechnen.) Anders ausgedrückt, die kosmische Hintergrundstrahlung zeigt in einer Richtung eine minimale Rotverschiebung, in der Gegenrichtung eine entsprechende Blauverschiebung.

10.4 Großräumige Bewegungen im Universum

Scharfdenkende Leser ahnen vielleicht, daß die Deutung der »Anisotropie« bei der kosmischen Hintergrundstrahlung eine Brücke zum Thema dieses Abschnitts bildet. Es erhebt sich nämlich die Frage: Wenn die Hintergrundstrahlung, aus den Anfangszeiten des Universums herrührend, dieses vollkommen gleichmäßig erfüllt, zeigt dann nicht eine solche geringe Abweichung, daß »wir« uns relativ zum gesamten Universum in einer bestimmten Richtung bewegen? Eine einfache Frage ist das nicht! Was heißt »wir«? Die Erde bewegt sich auf ihrer Bahn um die Sonne mit 30 km/s, ein halbes Jahr in der einen, das andere Halbjahr in der entgegengesetzten Richtung. Die Sonne bewegt sich ihrerseits mit rund 230 km/s auf ihrer Bahn um das galaktische Zentrum.

Aber auch, wenn man diese Eigenbewegungen berücksichtigt, bleibt von der Anisotropie der 3-K-Strahlung noch ein beträchtlicher Teil übrig. »Wir« bedeutet nunmehr »die Milchstraße als Ganzes«. Diese bewegt sich mit 600 km/s (so jedenfalls die erste Interpretation) durch das Weltall. Diese Richtung steht ungefähr senkrecht auf der Verbindungslinie zwischen uns und dem galaktischen Zentrum. Oder sollen wir lieber gleich vermuten, daß die Milchstraße mitsamt ihren Nachbargalaxien, die die Lokale Gruppe mit ihr bilden, sich in dieser Richtung bewegt?

Kurz bevor die Abweichungen in der Isotropie der Hintergrundstrahlung genau gemessen wurden (ab 1977), hatten amerikanische Astronomen, insbesondere Vera C. Rubin und W. Kent Ford Jr., einen Versuch unternommen, um zu klären, ob unser Milchstraßensystem als Ganzes eine Eigenbewegung gegenüber dem übrigen Universum aufweist. Sie stützten sich dabei auf ein Beszugssystem aus Galaxien in verschiedenen Richtungen und in großer Entfernung. Sie fanden eine Eigenbewegung von 500 km/s heraus, übrigens in einer anderen Richtung als die, die man aus der Hintergrundstrahlung ableiten muß. Das Ergebnis fand damals wenig Anklang und wurde angezweifelt.

Hypothetisch kann man fragen, was die Ursache einer solchen Bewegung, falls sie bewiesen wird, sein könnte. Die Gravitation ist die beherrschende Kraft im Universum, sobald es um große Entfernungen geht. Sollte die ganze Milchstraße von einer noch unbekannten gewaltigen Massenansammlung angezogen werden? Oder die ganze Lokale Gruppe? Oder ein noch größeres Gebilde?

Ausgehend von dieser Hypothese, hat eine Gruppe von sieben Astronomen, die man häufig als die »Sieben Samurai« bezeichnet, in der jüngsten Zeit, beginnend 1986, aufwendige Untersuchungen durchgeführt. Das Ergebnis mußte die Fachwelt schockieren. Nicht nur die Milchstraße, nicht nur die Lokale Gruppe, nicht nur der Galaxienhaufen, dessen Mitglied wir sind, sondern ein ganzer Superhaufen bewegt sich gemeinsam mit mehreren benachbarten Superhaufen, und zwar mit einer Geschwindigkeit, die auf jeden Fall mehrere hundert Kilometer pro Sekunde beträgt! Die Richtung dieser Bewegung liegt leider so, daß ihr mutmaßliches Ziel durch die Gas- und Staubmassen in der Hauptebene des Milchstraßensystems verdeckt und damit schwer beobachtbar ist, jedenfalls mit optischen Mitteln. Es muß angenommen werden, daß sich in dieser Richtung etwas befindet, das man nun den »Großen Attraktor« genannt hat. Eine gigantische Masse, größer als alles, was bisher im Universum beobachtet wurde, eine Masse, deren Gravitationswirkung Zehntausende von Galaxien veranlaßt, sich mit gewaltigen Geschwindigkeiten auf sie zuzubewegen!

Gegenwärtig wird untersucht, wie weit hinaus (von uns aus gesehen) diese gleichgerichtete Bewegung sich feststellen läßt. Dann hofft man, den Attraktor zu finden. Das Vorgehen ist dabei wie folgt: Man nimmt sich vor, Galaxien innerhalb einer Kugel von bestimmtem Radius, z.B. 50 Millionen Lichtjahre, daraufhin zu prüfen, ob sie alle an dieser allgemeinen Bewegung teilnehmen. Sollte dies der Fall sein – und bei einer Kugel mit dem genannten Radius ist es in der Tat der Fall –, so muß man einen größeren Kugelraum auswählen und von neuem beobachten und messen. Erst wenn die äußersten, am weitesten entfernten Galaxien oder Galaxienhaufen in einer bestimmten Richtung diese Bewegung

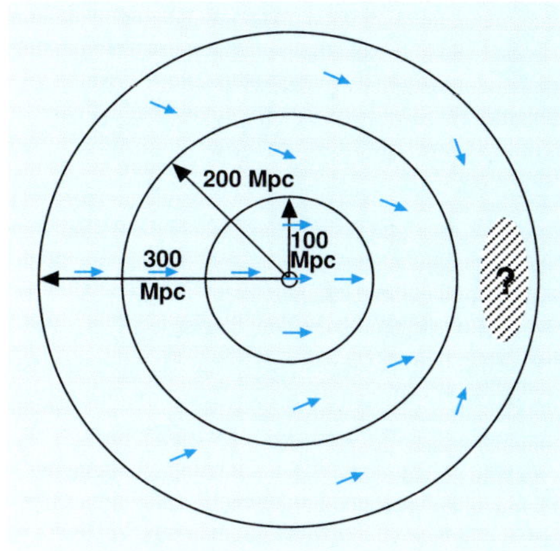

Abb. 10 h. Die Suche nach dem großen Attraktor (hier schraffiert). Man versucht zu ermitteln, ob die Galaxien innerhalb einer Raumkugel von bestimmtem Radius (z.B. 100 Mpc) um unser Sternsystem herum eine absolute Bewegung aufweisen. Das ist sehr schwierig, weil die Bewegung der Erde um die Sonne (mit 30 km/s), die Reise der Sonne um das Milchstraßenzentrum (mit über 200 km/s), andererseits die mit der Entfernung wachsende allgemeine Fluchtbewegung aller Galaxien (Hubble-Bewegung) rechnerisch berücksichtigt werden müssen.
Ergeben sich für alle Galaxien (einschließlich der Milchstraße) Bewegungen in dieselbe Richtung (wie beim Radius 100 Mpc), so muß der Attraktor außerhalb dieser Raumkugel liegen. Das zu untersuchende Raumgebiet muß dann erweitert werden (z.B. doppelter Radius), bis die Absolutbewegungen ausweisen, daß der Attraktor innerhalb der betreffenden Raumkugel liegt. Dies ist bei Radius 300 Mpc der Fall. (Darstellung nach Alan Dreßler.)

nicht mehr aufweisen, dann muß sich der gesuchte Attraktor innerhalb der untersuchten Kugel befinden.

Nach jüngsten Forschungen von Alan Dressler und Sandra Faber soll sich in etwa 110 Millionen Lichtjahren Entfernung eine Ansammlung von etwa 10000 Galaxien befinden, und zwar in der bisher schon vermuteten, durch die Staubschicht der Milchstraße verdeckten Richtung. Die zwischen uns und diesem Gebilde befindlichen Galaxien bewegen sich – aufgrund seiner Gravitation – etwas schneller von uns weg, als nach dem allgemeinen Hubble-Fluß zu erwarten. Bei Galaxien, die von uns aus gesehen »hinter« diesem Gebilde liegen, ist es umgekehrt, weil dessen Gravitation sie abbremst. Es bleibt abzuwarten, ob damit der »Große Attraktor« (falls es ihn denn gibt) dingfest gemacht ist.

An dieser Stelle halten wir für einen Augenblick inne. In dieser Besinnungspause wollen wir uns vergegenwärtigen, was der eben skizzierte Befund bedeutet.

Blicken wir auf die Geschichte, so müssen wir feststellen: Das Bedürfnis des Menschen, sich auf irgendeinem festen Platz in der Welt zu wissen, ist durch die Entdeckungen der Astronomie immer erneut und immer stärker erschüttert worden. Den Menschen des Altertums erschien die Erde noch als Mittelpunkt des Alls. Um die Erde liefen Sonne und Planeten, und darüber drehte sich die Sphäre des Sternhimmels ebenfalls um die Erde. Kopernikus setzte die Sonne in den Mittelpunkt und ließ die Erde eine Bahn um sie beschreiben. Es hat schwere Erschütterungen gekostet und lange gedauert, bis die Menschen sich an diesen Sachverhalt gewöhnt hatten. Was in dem äußeren Raum um das System Sonne/Planeten herum lag, blieb dabei weitgehend ausgeblendet. Allerdings war klar, daß die Sterne sehr weit entfernt sein mußten, denn sie blieben der Erde bei ihrem jährlichen Lauf um die Sonne immer gleich fern.

Schon im 18. Jahrhundert dämmerte manchen Denkern und Forschern die Erkenntnis: Die Sonne ist ein Stern wie unzählige andere, und die weitere Erkenntnis, die Fixsterne (die man so genannt hatte im Unterschied zu den Planeten, den Wandelsternen) stünden in Wirklichkeit nicht still. Es folgten die Entschleierung des Baus der Milchstraße und damit die Erkenntnis, daß dieses ganze System rotiert und die Sonne mit Millionen anderen Sternen ihre Bahn um das Zentrum der Milchstraße beschreibt. Die Sonne ist also kein »ruhender Punkt«. Vielleicht die Milchstraße?

Die nächste Erschütterung: Die Milchstraße ist nur ein Sternsystem unter einer riesigen Anzahl ähnlicher, teilweise auch größerer Systeme. Es gibt keine Anhaltspunkte dafür, daß sie etwa eine bevorzugte oder zentrale Stellung einnähme. Man glaubte allerdings noch überwiegend an ein stationäres, an ein ruhendes Universum. Selbst Hubble, der an der Entdeckung der Expansion des Weltalls einen entscheidenden Anteil hatte, scheute davor zurück, einen solchen Weltbild ins Auge zu sehen. Nur zögernd und widerwillig hat er sich der Meinung angeschlossen, daß die beobachteten Rotverschiebungen wirklich die Expansion des Weltalls nach allen Richtungen anzeigen.

Der jüngsten Zeit blieb die Entdeckung vorbehalten, daß die Galaxien wiederum in Haufen gruppiert sind und diese in Superhaufen, und daß diese eigenartige Strukturen im Universum bilden. Die vorläufig letzte Erschütterung besteht in der Entdeckung, daß riesige Teile des Universums, die Zehntausende von Galaxien und Galaxienhaufen umfassen, sich in einer gerichteten Bewegung auf ein unbekanntes Ziel hin befinden. Angemerkt sei hier, daß auch der Gedanke an ein rotierendes Universum schon geäußert worden ist.

Noch ein Zweites soll die Besinnungspause vergegenwärtigen: Ist die aufgrund der gemessenen Rotverschiebungen angenommene Expansion des Universums durch die eben geschilderten großräumigen Bewegungen widerlegt? Das ist keineswegs der Fall. Diese Bewegungen bestehen neben der Expansion und überlagern sie. Im großen und ganzen, so könnte man sagen, bleibt es dabei, daß alle Sternsysteme sich voneinander entfernen, um so schneller, je weiter sie weg sind. Wo aber große Massen versammelt sind, führt ihre Gravitation zu Eigenbewegungen der beteiligten Massen. Die Sterne und alle übrigen Bestandteile einer großen Spiralgalaxie rotieren um ihr

Zentrum. Sie streben dabei nicht auseinander, sie bleiben durch die Gravitation gebunden. Ebenso führen die Sternsysteme innerhalb der Lokalen Gruppe gravitationsbedingte Bewegungen aus, auch solche der Annäherung, und vor allem in den großen Galaxienhaufen führen die Galaxien heftige Bewegungen in allen möglichen Richtungen aus. In unserer kosmischen Nähe, wo die Fluchtgeschwindigkeiten relativ gering sind, können die Eigenbewegungen sogar überwiegen und bewirken, daß zwei Galaxien sich aufeinander zubewegen. Einige Systeme innerhalb der Lokalen Gruppe zeigen ja auch im Spektrum eine Blauverschiebung.

Die riesigen Massen, die in Galaxienhaufen und Superhaufen vereint sind, durchkreuzen mit ihren Wirkungen das einheitliche Muster, das die Expansionsbewegung wohl in einem homogen von Materie erfüllten Universum aufweisen würde. Da nun das Universum nicht glatt und homogen ist, wie man lange Zeit annahm, sondern eher »klumpig«, so gibt es Verwerfungen in der gedachten Expansionsbewegung, Verwerfungen auch im Raum-Zeit-Gefüge der Welt. Die dynamischen Verhältnisse, die Bewegungen der großen Bestandteile des Universums, die sich daraus zwangsläufig ergeben, machen das Gesamtbild verwirrend und vielleicht für uns unentwirrbar.

Man könnte meinen, der Versuch des Menschen, das ganze Weltall zu erforschen und zu erfassen, gleiche der Aufgabe, welche die griechischen Götter dem korinthischen Königssohn Sisyphos gestellt hatten: Er hatte unaufhörlich einen schweren Felsblock auf einen Berg hinaufzuwälzen, doch entglitt ihm dieser jeweils im letzten Moment und rollte wieder ins Tal herunter. Die Kosmologie gleicht vielleicht noch eher einer verschärften Sisyphos-Strafe: Jedesmal, wenn der Gipfel bald erreicht scheint, entgleitet uns der Stein, und vor uns erhebt sich ein neuer Berg, der noch höher und steiler ist als der alte.

10.5 Was eine kosmologische Theorie erklären sollte

In älteren Büchern findet man Kosmogonie und Kosmologie als zwei deutlich unterschiedene Begriffe. Dabei verstand man unter Kosmogonie die Lehre von der Entstehung des Universums; bevor die Astronomie in extragalaktische Weiten vordrang, bezog sich Kosmogonie auf die Lehre von der Entstehung des Sonnensystems. Demgegenüber war Kosmologie die Lehre vom Bau, von den Strukturen des Universums im großen räumlichen und zeitlichen Maßstab. Es leuchtet aber ein, daß Überlegungen über die Anfänge des Universums nicht getrennt werden sollten von Gedanken über seinen gegenwärtigen Zustand. Beides muß aufeinander bezogen sein. Ich benutze den Begriff Kosmologie hier in dem weiteren Sinne, der Entstehung, Evolution und gegenwärtigen Bau des Universums umfaßt.

Eine kosmologische Theorie, die diesen Namen verdient, sollte die wesentlichen hierzu bisher bekanntgewordenen Tatsachen in einen sinnvollen und kohärenten Zusammenhang bringen. In diesem Abschnitt will ich diejenigen Befunde, die ich für die wichtigsten halte, in einer Übersicht zusammenstellen. Zuvor sind aber noch einige Überlegungen anzustellen, über das hinaus, das schon im Abschnitt 10.2 »Vorbereitende Gedanken zur Kosmologie« ausgesprochen wurde. Diese Überlegungen beziehen sich auf die Probleme und Methoden eines solchen Unterfangens und haben insofern einen philosophischen Charakter, als Erkenntnistheorie und Wissenschaftstheorie Zweige der Philosophie sind.

Ein grundsätzlicher Einwand gegen jeglichen Versuch einer umfassenden Theorie könnte lauten: Was berechtigt uns, die Naturgesetze, vor allem der Physik und Chemie, die wir hier auf Erden, also in einem winzigen kosmischen Winkel, erkannt haben, auch immer wieder bestätigt finden und die wir in der Technik mit einigem Erfolg praktisch »anwenden« – was berechtigt uns, sie beliebig weit zu extrapolieren und anzunehmen, daß sie auch für ferne Sternsysteme und über Milliarden von Jahren hinweg gleichmäßig gelten?

Diesem Einwand läßt sich einiges entgegenhalten. Bisher sind wir mit solchem Extrapolieren recht erfolgreich gewesen! Die Gravitation, die Galilei an Kugeln beobachtete, die über eine schiefe Ebene rollen, und Newton (jedenfalls der Legende nach) an einem vom Baum fallenden Apfel, ist offenbar tauglich, auch die Bewegungen künstlicher Satelliten und Raumsonden zu berechnen und zu lenken. Prozesse in der Welt der Elementarteilchen, die wir in Labors und Beschleunigern beobachten, ebenso Spektren, die in optischen Labors erzeugt und vermessen werden, lassen sich benutzen, um interstellare Materie und die Atmosphären ferner Sterne zu analysieren. So scheint es gerechtfertigt, auch Kosmologie auf diesen Gesetzen aufzubauen, wohl eingedenk der Forderung, man solle solange und soweit wie irgend möglich in der Forschung von den uns bekannten Gesetzen ausgehen, negativ ausgedrückt: Man solle sich so lange wie möglich davor hüten, Ad-hoc-Hypothesen aufzustellen, d.h. neue Prinzipien einzig zu dem Zweck einzuführen, damit eine Klasse sonst unverstandener Phänomene zu erklären.

Es läßt sich auch darauf verweisen, daß die universale Gültigkeit für eine Reihe von Grunderkenntnissen gut gesichert ist. Konstanten wie die Elementarladung e (die Ladung des Protons und des Elektrons), die Lichtgeschwindigkeit c und das Plancksche Wirkungsquantum h gelten offenbar sowohl für heute stattfindende Laborversuche wie für Strahlung, die ein ferner Quasar vor Milliarden Jahren erzeugt hat. Die Stabilität der Elementarladung e läßt sich auch demonstrieren, wenn man die Häufigkeit verschiedener Isotope auf der Erde analysiert. Danach kann sie sich, wenn überhaupt, nur um weniger als ein Tausendstel ihres heutigen Wertes verändert haben – und die Erdgeschichte ist doch wohl ein wesentlicher Teil der Geschichte des Weltganzen.

Zwei andere Einwände gegen die Erfolgsaussichten wissenschaftlicher Kosmologie lassen sich nicht abweisen. Man muß sie im Auge behalten als Mahnung zu wohlüberlegtem kritischem Vorgehen. Der eine Einwand erinnert uns daran, daß wir eine Art Einfachheitspostulat in uns tragen, offenbar eine angeborene Eigenschaft unseres Denkapparates. Warum sollte aber die wirkliche Welt uns den Gefallen tun, einfach zu sein und Lösungen zu erlauben, die der Mathematiker als »elegant« bezeichnet? Der zweite Einwand erinnert uns daran, daß das Weltall etwas Singuläres ist. Wir kennen nur eines und haben keine Vergleichsmöglichkeiten. Normalerweise ist unsere Erkenntnis, um voranzukommen, immer auf Vergleiche angewiesen. Wie sollen wir das Unvergleichbare oder Unvergleichliche erkennen können?

Dem Einfachheitspostulat entspringt vielleicht das Prinzip, das alle ernstzunehmenden Kosmologen bisher festhalten: das Kosmologische Prinzip, die Annahme also, daß das Universum, jedenfalls in großem Maßstab, homogen sei (an jeder Stelle gleich) und isotrop (in jeder Richtung gleich aussehend). Die Isotropie scheint, wie wir heute wissen, erst in sehr großen Maßstäben, etwa bei Entfernungen über 1 Milliarde Lichtjahre, einzusetzen. Wir halten aber an ihm fest, und die These, das Universum könne aus grundverschiedenen Teilen bestehen, wobei in jedem ganz andere Gesetze herrschen, scheint uns absurd. Trotzdem: Das Kosmologische Prinzip ist im Grunde kein »Prinzip«, sondern eine Annahme, eine Arbeitshypothese.

Das Kosmologische Prinzip ist früher dahingehend erweitert worden, daß es auch für die zeitliche Dauer gilt: Das Universum sehe nicht nur in jeder Richtung gleich aus, sondern habe von jeher gleich ausgesehen. Dies war die Kernaussage der Steady-State-Theorie, die nach dem Zweiten Weltkrieg durch Thomas Gold, Hermann Bondi und Fred Hoyle vertreten wurde. Da die Expansion des Universums damals schon erkannt war, mußte diese Theorie fordern, daß in dem sich ausweitenden Universum beständig in einem allerdings minimalen Ausmaß neue Materie entsteht.

Jetzt zur Liste der Beobachtungstatsachen, die nach meiner Ansicht jede kosmologische Theorie berücksichtigen und integrieren sollte.

1. Das Weltalter. Vieles von dem, was in diesem Buch bisher zur Sprache gekommen ist, spricht dafür, daß wir nicht in einem statischen, ewig gleichen Universum leben. Sterne entstehen und vergehen. Der Anteil der schweren Elemente an der interstellaren Materie – und an den daraus neu entstehenden Sternen – nimmt beständig zu. Die Galaxien entfernen sich nach allen Richtungen. Dies und anderes weist deutlich darauf, daß das Universum einen Anfang in der Zeit gehabt haben muß. Von der Theorie erwarten wir eine Aussage darüber, wie lange dieser Zeitpunkt zurückliegt. Diese Aussage muß in Übereinstimmung sein mit anderen, bereits gut gesicherten Befunden. Die wichtigsten drei will ich nennen.

Die ältesten Gesteine, die man auf der Erde gefunden hat, haben ein Alter von 3,9 Milliarden Jahren. Dieser Wert ist abgeleitet mit Hilfe des radioaktiven Zerfalls des Uran-Isotops U^{238}. Dieses zerfällt mit einer Halbwertszeit von 4,5 Milliarden Jahren in ein Blei-Isotop, das dann stabil bleibt. Der Wert ergibt sich, wenn man Uranerze verschiedener Zusammensetzung vergleicht.

Die Materie sehr alter Meteoriten deutet auf ein Alter dieser Körper, auch der Sonne und ihrer Planeten, von 4,6 Milliarden Jahren.

Der dritte Markstein ergibt sich daraus, daß das vergleichende Studium der Sternentwicklung gute Abschätzungen des Alters bei verschiedenen Sternen ermöglicht. Die ältesten Sterne im Milchstraßensystem haben ein Alter von mindestens 12 Milliarden Jahren.

Als Edwin Hubble und andere begannen, die Rotverschiebung in den Spektren von Galaxien zu messen und daraus auf Fluchtgeschwindigkeit und Entfernung zu schließen, kam man zunächst zu Werten, die verglichen mit den eben angegebenen viel zu klein waren. Das Universum konnte aber doch nicht jünger sein als manche seiner Bestandteile! Nachdem die Hubble-Konstante H, die dieser selbst mit 500 ansetzte, heute nur noch mit etwa $^1/_8$ dieses Wertes angenommen wird, ergibt sich eine bessere Konvergenz.

2. Die hierarchische Struktur. Wir finden im All Materieballungen verschiedenster Größenordnung vor. Sie reichen vom Atom und Molekül bis zum Galaxien-Superhaufen. Bestimmte Größenordnungen sind dabei deutlich bevorzugt. Die Masse von Sternen schwankt zwischen $^1/_{10}$ der Sonnenmasse und mehreren Dutzend Sonnenmassen. Kleinere oder größere Sterne gibt es nicht. Die Größe der Galaxien schwankt zwischen 10 Millionen Sonnenmassen und etwa 1 Billion. Galaxienhaufen und Superhaufen haben wiederum bestimmte Dimensionen.

Die Theorie sollte verständlich machen, wie diese Strukturen entstanden sind und sich bis heute erhalten haben.

3. Rotverschiebung und Expansion. Mit Ausnahme einiger sehr nah gelegener Galaxien zeigen alle Sternsysteme in ihrem Spektrum eine Rotverschiebung. Diese wird immer größer, je weiter das Objekt entfernt ist. Die gängige und weithin akzeptierte Deutung besagt, daß sie sich alle von uns entfernen mit einer Geschwindigkeit, die mit zunehmender Entfernung proportional anwächst. Die Theorie sollte erklären, warum das so ist. Wir sollten auch bedenken, ob es für die Rotverschiebung vielleicht andere Erklärungen gibt als diejenige, die uns sagt: Der Raum expandiert und nimmt die in ihm befindlichen Materieansammlungen dabei gewissermaßen mit sich.

4. Die 3-K-Hintergrundstrahlung. Die

Theorie soll uns zeigen, wie und warum diese Strahlung entstanden ist, die offenbar das ganze All gleichmäßig erfüllt. Sie soll zugleich auch aufzeigen, was die zahlenmäßig geringe, aber doch wohl bedeutsame Abweichung von der Isotropie dieser Strahlung bedeutet.

5. Materie und Antimaterie. Vor der Quantentheorie wußte die Physik nichts davon, daß es zwei Arten von Materie gibt, die sich nur durch das Vorzeichen ihrer elektrischen Ladung unterscheiden. Die Existenz solcher Materie wurde dann theoretisch vorhergesagt und schließlich durch Beobachtung bewiesen. Dem Elektron steht das Positron gegenüber. Dieses gleicht dem Elektron in allen Punkten, nur hat es eine positive Ladung. Dem Proton steht das Antiproton gegenüber. Der Unterschied ist der gleiche. Zum Neutrino gibt es ein Antineutrino – usw. Es ist ohne Schwierigkeiten vorstellbar, daß ein Universum aus Antimaterie bestehen könnte. Es würde genauso aussehen wie das, das wirklich existiert. In diesem gibt es offenbar hauptsächlich Materie, Antimaterie dagegen nur in Spuren. Die Theorie sollte darlegen, warum das so ist.

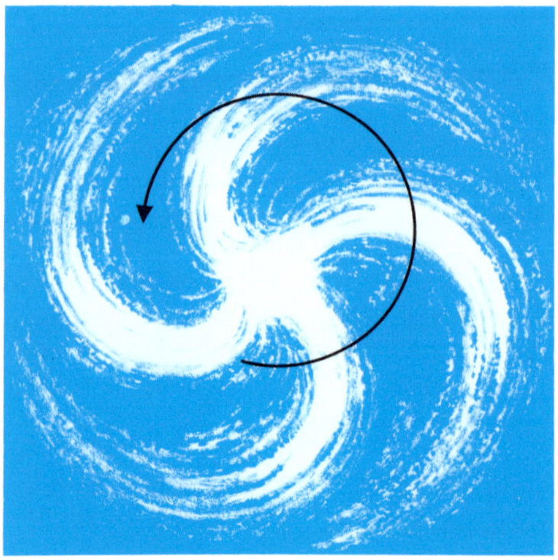

Abb. 10i. Wie rotieren Spiralsysteme? Nach herrschender Auffassung stets mit der konvexen Seite voran (wie Feuerräder).

6. Die Rotation. Durch Beobachtung ist erwiesen, daß die Sterne rotieren, die Planeten ebenso, ebenso Doppelsternsysteme und alle Galaxien. Jedenfalls ist bisher keine Ausnahme gefunden, soweit die Beobachtungsbedingungen eine Entscheidung erlauben. Ungeheuer sind die kinetischen Energien, die in den rotierenden Himmelskörpern, den Sternsystemen, den Umläufen von Galaxien in Haufen stecken. Die Annahme liegt nahe, daß schon die Urmaterie, aus der alle diese Phänomene entstanden sind, sich in heftiger Bewegung befunden haben muß. Woher stammt sie?

7. Elementhäufigkeit. Bisher ist im ganzen Universum noch kein Element entdeckt worden, das nicht auch auf der Erde vorkommt und seinen Platz im Periodensystem der Elemente gefunden hat. Dieser Satz ist so gut gesichert, daß seine Wahrscheinlichkeit an 100 % grenzt. Freilich gibt es im All Elemente in Zuständen, die auf der Erde nicht vorkommen, vor allem Materie bei sehr hohen Temperaturen in entsprechend ionisiertem Zustand sowie Materie extremer Dichte.

Aber auch die relative Häufigkeit der Elemente scheint im ganzen Kosmos erstaunlich ähnlich zu sein. Das ist nicht ganz so sicher wie die eben getroffene Feststellung, denn schließlich haben wir bisher nur Materie von der Erde, hier nur aus obersten Schichten, sowie von Meteoriten und vom Mond analysieren können. Die Spektralanalyse und die Radioastronomie haben uns aber umfassende Kenntnisse über die Verteilung der Elemente auch in fernen Regionen des Alls gebracht. Danach steht fest, daß mehr als die Hälfte des Universums aus Wasserstoff besteht und daß Helium, das zweitleichteste Elemente, das zweithäufigste ist. Alle übrigen Elemente zusammen machen nur einen kleinen Prozentsatz aus. Betrachtet man das Diagramm 10j, so wird deutlich, daß die häufigen Elemente über-

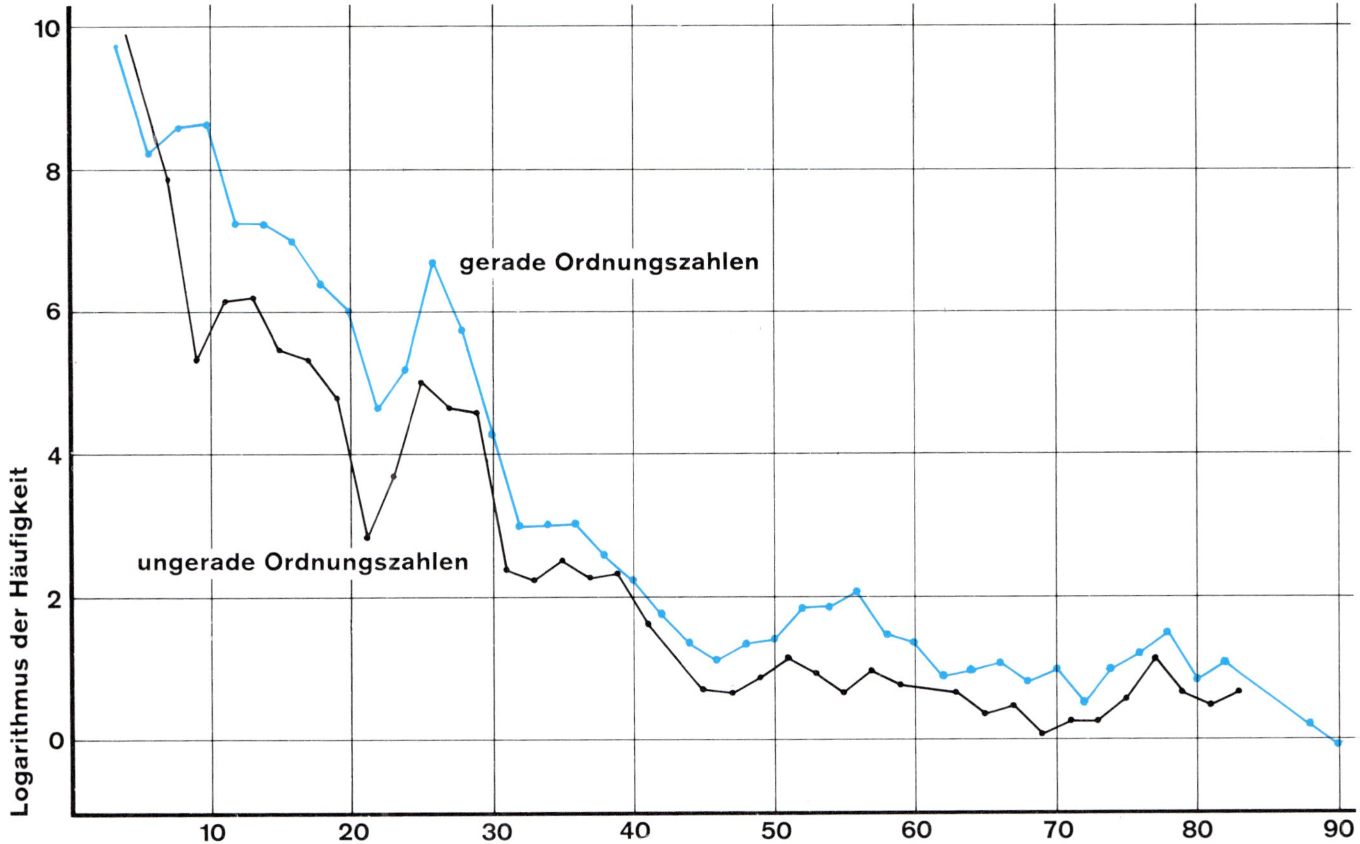

Abb. 10j. Die kosmische Häufigkeit der Elemente. Das Diagramm zeigt: 1. daß generell die leichtesten Elemente am häufigsten sind (dies gilt jedoch nicht für leichte Körper wie Kometen und Meteoriten), mittelschwere seltener, schwere noch seltener; 2. daß Elemente mit gerader Ordnungszahl (obere Kurve) allgemein häufiger sind als solche mit ungerader.

wiegend gerade Atomzahlen haben (abgesehen vom Wasserstoff natürlich). Offenbar bedeutet das eine bessere Bürgschaft für das Überleben.

Die Grafik zeigt darüber hinaus, daß die relative Häufigkeit von den leichten Elementen zu den mittelschweren stark abfällt; danach ist ein langsamerer Abfall zu bemerken. Es fällt noch auf, daß leichte Elemente wie Beryllium und Lithium auffallend spärlich vertreten sind. Das wird daran liegen, daß sie bei Kernumsetzungen häufig verbraucht werden, dabei also nur als Zwischenprodukt dienen.

Was die Theorie erklären sollte, ist nicht nur die relative Häufigkeit der Elemente insgesamt, sondern vor allem der außerordentlich hohe Anteil des Heliums. Kann es sein, daß ursprünglich nur Wasserstoff vorhanden war und daß alles Helium seither durch Kernverschmelzung im Innern von Sternen gebildet wurde? Jede Rechnung zeigt, daß das nicht sein kann. Es ist unmöglich, daß die Sonne alles in ihr enthaltene Helium durch Fusion erzeugt haben könnte. Sie müßte dann Dutzende von Milliarden Jahren existieren und leuchten. So deutet also vieles darauf hin, daß Helium schon vor der Entstehung von Sternen, vor der Bildung von Galaxien, vielleicht gleich in der Anfangsphase des Universums gebildet worden ist. Läßt sich das erklären?

8. Die Energie der Quasare und aktiven Galaxien. Wenn ein Quasar in einem äußerst kleinen Volumen Strahlung erzeugt, die so stark ist wie sonst diejenige eines ganzen Sternsystems von 100 Milliarden Sternen – welcher Prozeß liegt dem zugrunde? Ist es derselbe Prozeß, der auch vergleichsweise »schwächeren« Aktivitäten wie denen in Kernen von Seyfert-Galaxien zugrunde liegt?

Oder gibt es einen anderen, der Physik bisher nicht bekannten Prozeß? Der große britische Physiker Sir James Jeans hat 1929 (!) diesen bemerkenswerten Satz geschrieben: »Die Kerne der Sternsysteme [James sagte noch ›Nebel‹] stellen singuläre Punkte im Universum dar, Stellen, an denen Materie von einem anderen Universum in unser eigenes gegossen wird – oder auch aus irgendeiner ganz und gar außerhalb gelegenen anderen Dimension –, so daß sie dem Bewohner unseres Universums als Punkte erscheinen müssen, an denen Materie ständig neu geschaffen wird.« Wenn man an den Teilchenstrom denkt, »Jet« genannt, der aus den Kernen mancher Radiogalaxien seit 100000 Jahren mit höchstmöglicher Geschwindigkeit hervorbricht, möchte man Jeans recht geben.

Der Leser wird ahnen, daß hier eine der härtesten Nüsse für eine überzeugende kosmologische Theorie vorliegt.

9. Materie und Strahlung. Wir Menschen sind geneigt – und auch Physiker sind Menschen –, als Normalzustand der Materie das anzusehen, was wir in unserer unmittelbaren irdischen Umgebung vorfinden. Die Materie besteht hier größtenteils aus Atomen, in denen alle Elektronen auf dem niedrigsten Energieniveau sind. In kosmischer Perspektive wäre es eher berechtigt, diesen Zustand von Materie als extrem und äußerst selten anzusehen. Die Mehrzahl der Atome im All findet sich wohl eher in angeregtem Zustand (Atomkerne mit wenigen Elektronen) oder als Plasma (Atomkerne ohne alle Elektronen).

In einem kühlen Universum leben wir auch noch unter anderem Aspekt. Materie und Energie sind nach der Formel $E = m \cdot c^2$ ineinander überführbar. Da der Faktor c^2 riesengroß ist, läßt sich schon abschätzen, daß der ganz überwiegende Teil der Energie, die im Weltall vorhanden ist, in Gestalt von Materie existiert, sozusagen im eingefrorenen Zustand. Muß das so sein? War das immer so? Die meisten kosmologischen Theorien gehen davon aus, daß das Verhältnis zwischen Materie und Strahlung früher anders war und später vielleicht auch wieder anders sein wird.

Gegenwärtig wird die Dichte der Materie in den Galaxien auf 10^{-24} g/cm^3 geschätzt. Berücksichtigt man die riesigen intergalaktischen Räume, so wird die durchschnittliche Dichte noch niedriger.

Die durchschnittliche Energiedichte im Weltall wird angegeben mit 10^{-13} erg/cm^3. Die in Materie gebundene Energie ist um mehrere Zehnerpotenzen höher.

10. Die verborgene Masse. Dies ist ein Problem, das ich schon mehrmals berührt habe. Dichteangaben wie die eben gebrachte beziehen sich auf die sichtbare, also die leuchtende Materie. Ich habe schon dargelegt, daß manche Phänomene, so die Rotation der Spiralgalaxien oder auch der Zusammenhalt von Galaxienhaufen, unverständlich sind, wenn man annimmt, daß die gesamte Masse mit der sichtbaren Masse gleich oder annähernd gleich ist. Ein großer, ja der weitaus größere Teil der offenbar vorhandenen Masse bleibt uns verborgen, er strahlt nicht und ist nicht feststellbar. Woraus besteht die offensichtlich riesige Masse in der Korona unserer Milchstraße und vergleichbarer Systeme? Hat es vielleicht, bevor alle heute sichtbaren Sterne geboren wurden, schon eine Phase gegeben, in der in einem weit größeren Volumen, als heute die Kugelhaufen einnehmen, massive Sterne existierten, die alle erloschen oder explodiert sind? Neben dem Problem der Quasare und der Schwarzen Löcher ist hier mit Sicherheit eine weitere recht harte Nuß vorhanden.

Diese Aufzählung möchte ich mit einem allgemeinen Hinweis abschließen. Auch die beste kosmologische Theorie muß sich auf Fragen beschränken wie: Was ist geschehen? Wann ist das geschehen? Welche Arten und Mengen von Materie und Strahlung waren dabei im Spiel? Nach welchen Gesetzen liefen die Prozesse ab? Sie muß sich begnügen mit Aussagen über kausale (oder wahrscheinlichkeitstheoretische) Abläufe und Zusammenhänge und mit Angaben, die man in einem pauschalen Sinne als quantitativ bezeichnen kann. Wer Fragen stellt wie etwa: »Warum ist das alles entstanden, und warum hat es sich so entwickelt? Welcher Sinn wohnt dem Ganzen inne?«, der überschreitet den Bereich der Wissenschaft und damit den Bereich, in dem rationale und begründbare Aussagen möglich sind. Er überschreitet zugleich auch den Bereich, innerhalb dessen Aussagen durch Beobachtungen belegt – oder widerlegt – werden können.

Schlußbemerkung: Meinem letzten Satz liegt, wenn auch verborgen und nicht leicht erkennbar, wiederum das zugrunde, was ich als Einfachheitspostulat bezeichnet und als innere Wurzel des Kosmologischen Prinzips angesehen habe. Das läßt sich klarmachen an einem Gedanken, den ich einem Buch des britischen Kosmologen Herman Bondi entnehme. Was bedeutet es, wenn wir als selbstverständlich verlangen, ein Satz, der Gültigkeit beansprucht, müsse durch Beobachtungen und wenn irgend möglich durch Experimente gestützt oder belegt sein?

Man muß hier die Mehrzahl benutzen! Ein Satz, der nur durch eine einzige Beobachtung oder ein einziges Experiment belegt wäre, könnte kaum Gültigkeit beanspruchen. Ein Experiment muß also »wiederholbar« sein. Andere Forscher als der erste Urheber müssen es nachvollziehen können und zum gleichen Ergebnis kommen. Ist das eine Binsenwahrheit? Nicht ganz. Die Forderung, das Experiment müsse »wiederholbar« sein, ist im Grunde nicht zu erfüllen. Dasselbe Experiment kann gar nicht zweimal stattfinden. Wird es wiederholt, so findet diese Wiederholung zu einem anderen Zeitpunkt statt, und sie findet strenggenommen – wegen der unaufhaltsamen Bewegung der Erde, der Sonne, der Milchstraße usw. – auch an einem anderen Ort im Universum statt. Das gilt entsprechend auch für eine spätere Beobachtung, die das Ergebnis einer früheren bestätigen soll. Es zeigt sich, daß unsere Forderung nach Wiederholbarkeit stillschweigend davon ausgeht, Raum und Zeit seien in bestimmter Weise gleichförmig oder homogen. Nur dann kann nämlich die Veränderung von Zeitpunkt und Weltort für den Ausgang eines Experiments oder einer Beobachtung im Weltraum vernachlässigt werden.

10.6 Der Urknall

Dieser Abschnitt soll hauptsächlich die kosmologische Theorie vorführen, die heute breite Zustimmung findet: die Theorie vom Urknall (engl. Big Bang). Sie ist nicht abgeschlossen, eher unvollendet, sie läßt in manchen Fragen Alternativen zu, sie erklärt nicht alle beobachteten Phänomene, aber einen wesentlichen Teil davon. Man könnte meinen, die Theorie sei aufgestellt worden, um die seit 1929 entdeckte Galaxienflucht und Expansion des Alls zu erklären. Tatsächlich ist aber der Gedanke, das Universum sei nicht statisch, sondern in Expansion begriffen, schon vorher ausgesprochen worden, zuerst wohl durch den russischen Mathematiker Alexander Friedmann im Jahre 1922 und den belgischen Abbé Joseph Lemaître im Jahre 1927.

Beide gingen aus von der Allgemeinen Relativitätstheorie Albert Einsteins aus dem Jahre 1916 (vgl. Abschnitt 10.8). Einstein hielt den Gedanken eines nichtstatischen Universums zunächst für abwegig. Als die von ihm geschaffenen Gleichungen ein nichtstabiles Universum als Lösung nahelegten, schreckte er zurück und führte eine »kosmologische Konstante« ein, »um eine quasi statische Verteilung der Materie zu ermöglichen«. Friedmann und Lemaître – unabhängig voneinander – fanden elegante Lösungen für die Einstein-Gleichungen, die auf ein expandierendes Universum hinausliefen. Nach Hubbles Entdeckung hat Einstein diesen Gedanken akzeptiert und gemeinsam mit dem niederländischen Astronomen Willem de Sitter ein kosmologisches Modell ausgearbeitet, das dem Rechnung trägt. Ich habe schon erwähnt, daß auch Hubble lange Zeit gezögert hat, den Konsequenzen seiner eigenen Beobachtungen und Messungen ins Auge zu sehen.

Der Grundgedanke der Theorie ist ganz einfach: Das Universum expandiert, seit es besteht. Das Universum hat seinen Ursprung in einer gewaltigen Explosion. Diese markiert den Punkt Null unserer Zeitskala. Die Expansion geht allein auf diesen Urknall zurück. Eine andere Ursache oder Kraft, die das Auseinanderstreben der Galaxien bewirken könnte, gibt es nicht.

Im Gegenteil! Die Expansion vollzieht sich gegen den Sog der Gravitation, die alles zusammenzuziehen oder zusammenzuhalten trachtet. Das hat eine bedeutsame Konsequenz: Da die Gravitation über Milliarden Jahre hinweg gewirkt hat, muß die Expansionsgeschwindigkeit früher größer gewesen sein als heute. Die Gravitation bremst die Expansion. Sie verzögert die Expansion um einen Faktor, den man Brems- oder Verzögerungsparameter nennt. Deshalb dürfen wir nicht einfach von der jetzt gemessenen Expansion auf ihren zeitlichen Anfang zurückschließen, denn damit würden wir postulieren, daß die Expansionsrate immer gleichgeblieben ist. Den Wert der Hubble-Konstante im gegenwärtigen Zeitpunkt bezeichnet man mit H_0.

Damit kommt eine beträchtliche Unsicherheit in die Rechnung. Läßt sich denn bestimmen, wie groß H früher war? Im Prinzip ja: Wir sehen ja eine Galaxie, die 1 Milliarde Lichtjahre entfernt ist, in ihrem Zustand von damals. Doch sind die Bestimmungen von Geschwindigkeiten und Distanzen für so ferne Objekte mit einer großen Unsicherheit behaftet (etwa um den Faktor 2). Aus diesem Grunde läßt sich auch für das Alter des Weltalls auf dieser Basis nur eine ungefähre Zahl nennen: minimal 10 bis 15, maximal 20 bis 30 Milliarden Jahre.

Vielleicht drängt sich hier schon manchen Lesern eine wichtige Frage auf: Wenn die Wirkung des Urknalls das Universum bis heute expandieren läßt, die Gravitation ihr aber stets entgegenwirkt – welche von beiden Kräften wird am Ende Sieger sein? Wird die Gravitation obsiegen und bewirken, daß eines fernen Tages die Expansion zum Stillstand kommt und dann umschlägt in eine Kontraktion (bei der alle Galaxien in ihrem Spektrum dann eine Blauverschiebung zeigen würden)? Es ist klar, daß das Universum sich bei einer solchen Kontraktion immer weiter erhitzen müßte. Denkbar ist, daß es sich schließlich zu einem gigantischen Feuerball vereinigt entsprechend dem, von dem es nach der Urknall-Theorie seinen Ausgang genommen hat. Wir könnten dann auch ein pulsierendes Universum vor uns haben, denn aus diesem Feuerball könnte durch eine neue Explosion ein neuer Kosmos hervorwachsen.

Oder schafft die Gravitation das nicht, so daß die Expansion immer weiter fortschreitet – wenn auch immer langsamer – bis in alle Ewigkeit? In diesem Fall stünde der Welt wohl der Kältetod bevor. Alle Bewegung käme irgendwann zum Stillstand, alles Vorhandene wäre auf den absoluten Nullpunkt abgekühlt.

Beide Alternativen sind für unsere Vorstellung gleich abschreckend. Der amerikanische Lyriker Robert Frost hat allerdings in einem seiner Verse gesagt, daß er das glühende Weltende dem Erstarrungstod vorzöge.

Man kann das Universum im ersten Fall (Übergang in eine Kontraktionsphase) geschlossen nennen, im zweiten Fall (endlose Ausdehnung, Kältetod) offen. Was ist wahrscheinlich? Das hängt ab von der Dichte, mit der die Materie im All verteilt ist. (Die Strahlung können wir hier zur Vereinfachung vernachlässigen, da heute – wie schon früher gesagt – die Materie im All deutlich dominiert.)

Man kann zu errechnen versuchen, wo die Grenze liegt, die »kritische Dichte«, von der ab die gegenwärtige Expansion des Weltalls in Kontraktion umschlagen muß. Man kann andererseits abschätzen, wie dicht die Materie im All tatsächlich verteilt ist. Hierzu muß man eine Annahme machen über das Volumen des Weltraums, eine zweite über die insgesamt in ihm vorhandene Masse. Es leuchtet ein, daß solche Schätzungen unsicher bleiben müssen. So liegen denn auch die Angaben, die verschiedene Theoretiker machen, weit auseinander. Die Werte für die gegenwärtige Materiedichte liegen zwischen 10^{28} g/cm^3 und 10^{-31} g/cm^3 – also um mehrere Zehnerpotenzen auseinander. Aber auch die Berechnung der kritischen Dichte führt je nach Ausgangsannahmen (Weltmodell) zu abweichenden Werten. Eindeutig entscheidbar ist die Frage »Ist das Universum offen oder geschlossen?« bis heute nicht. Übereinstimmung ergibt sich aber stets in einem Punkt: die kritische Dichte wird nicht erreicht.

Das wäre ein starkes Argument für ein offenes Universum, wenn wir davon ausgehen könnten, daß die leuchtende Materie, die wir in Sternen und Galaxien beobachten, den Löwenanteil der Materie im Universum ausmacht. Wie schon mehrfach erwähnt, sprechen aber die Rotationsgeschwindigkeiten von Galaxien wie auch die Bewegungen von Galaxien in Haufen dafür, daß es einen riesigen Anteil verborgener Masse (missing mass) geben muß. Dieser muß die Masse der leuchtenden Materie um ein Mehrfaches übertreffen. Damit könnte die Dichte doch an den kritischen Wert heranrücken, ihn aber wahrscheinlich nicht erreichen.

Ein starkes Argument für die Urknall-Theorie läßt sich aus der Häufigkeit der Elemente herleiten. Elemente, die schwerer sind als Helium, werden offenbar erst im Inneren von Sternen »erbrütet« und dann bei Supernova-Explosionen in den Raum geschleudert. Darauf deutet z. B. die Beobachtung, daß solche Elemente immer dort stärker vertreten sind, wo zahlreiche massive Sterne als Supernovae explodiert sind.

Ganz anders steht es mit der Häufigkeit des Heliums. Helium findet sich, soweit wir wissen, überall im Universum, in der Sonne ebenso wie in fernsten Sternsystemen, und zwar in ungefähr gleichbleibender Häufigkeit: 10%, gerechnet nach der Zahl der Atome. Es gibt also etwa 10 Wasserstoffatome auf ein Heliumatom (der Masse nach macht Helium 20 bis 30% aus). Wir wissen, daß Helim erzeugt wird bei der Fusion von Wasserstoff zu Helium im Innern aller Sterne. Es ist aber kaum denkbar, daß alles vorhandene Helium auf diese Weise entstanden sein sollte. Helium ist wahrscheinlich schon zu Beginn des Universums entstanden, und zwar in den allerersten Minuten.

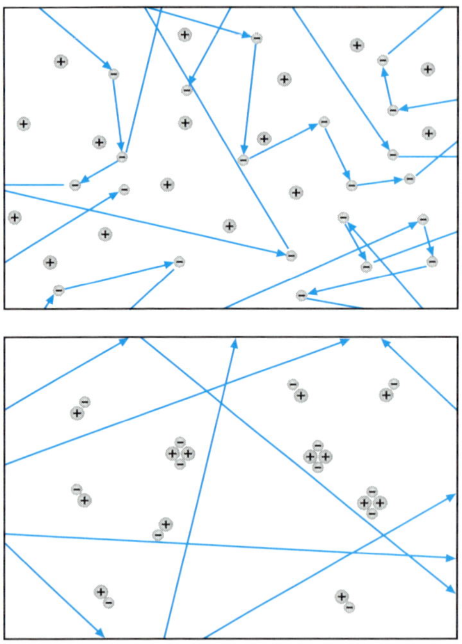

Abb. 10k. Das Entkoppeln von Materie und Strahlung. Oben: Die Photonen treffen bei ihren Bewegungen (blaue Pfeile) ständig auf Teilchen, insbesondere Elektronen (mit Minuszeichen). Unten: Nachdem sich die Elektronen mit Protonen (Pluszeichen) zu Atomen (Wasserstoff oder Helium) verbunden haben, können die Photonen sich freier bewegen. Das Weltall ist durchsichtig geworden. Zu beachten ist, daß Protonen und Elektronen in Wirklichkeit nicht stillstehen, sondern sich ebenfalls bewegen, nur viel langsamer als Photonen.

Ein ähnliches Argument bezieht sich auf die Häufigkeit von Deuterium (Isotop des Wasserstoffs, das ein Neutron im Kern hat; sogenanntes Schweres Wasser). Deuterium ist allerdings recht selten. Es wird bei der Fusion von Wasserstoff zu Helium in den Sternen erzeugt, aber auch wieder verbraucht. Starke Indizien sprechen jedoch dafür, daß auch Deuterium durch Kernverschmelzung gleich beim Urknall erzeugt wurde.

Die 3-K-Hintergrundstrahlung fügt sich gut in das von der Urknall-Theorie entworfene Bild. (Dieses Bild will ich erst anschließend genauer skizzieren.) Die Beweisführung lautet vereinfacht so: Bei Temperaturen von Milliarden Graden, wie sie zuerst geherrscht haben müssen, können keine Atome entstehen oder bestehen. Sie werden, sollten sie entstehen, sofort wieder auseinandergerissen. Erst wenn die Temperatur auf 3000 bis 4000 K abgesunken ist, können sich Elektronen und Protonen dauerhaft zu Wasserstoffatomen vereinigen. Dies war etwa 300000 Jahre nach dem Urknall der Fall.

Man spricht für diesen Zeitpunkt vom »Entkoppeln« von Materie und Strahlung. Zunächst war die Strahlung gleichsam eingesperrt. Jedes Photon stieß jeden Augenblick mit irgendeinem Teilchen, vor allem einem Elektron, zusammen, die Strahlung wurde abgelenkt und immer wieder gestreut. Nunmehr, als Atome entstanden waren, konnte die Strahlung, die inzwischen auf eine Schwarzkörper-Temperatur von 3000 bis 4000 K abgekühlt war, frei strömen. In der seither vergangenen Zeit hat sie sich auf $^{1}/_{1000}$ der damaligen Temperatur abgekühlt. Diese beträgt nun noch knapp 3 K.

Hier ist die früheste Phase des Universums erreicht, die wir noch »sehen« können – wenn auch nur in Form von Radiowellen. Erst seit jenem Zeitpunkt ist das Universum durchsichtig, von da ab kann Strahlung bis zum heutigen Beobachter gelangen.

Was vorher geschah, werden wir nie beobachten können, hier besteht eine absolute Schranke für unseren Wissensdurst. Wohl aber können die Physiker mit Hilfe der Kenntnisse, die sie insbesondere in der Physik der Elementarteilchen gewonnen haben, ein Modell (oder Modelle) des Anfangs entwerfen.

Auf dieses Modell in seiner einfachsten Form wollen wir jetzt einen Blick werfen.

Der Außenstehende schaut halb bewundernd, halb ungläubig, wenn die Physiker ihm ihr Szenario vorführen. Es erinnert ihn an eine äußerst kühn konstruierte Brücke über einen gähnenden Abgrund (in diesem Fall des Nichtwissens). Wer es verstehen will, muß tief eintauchen in die verwirrende Welt der Elementarteilchen. Ich begnüge mich mit einigen Andeutungen, die hoffentlich einen ersten Eindruck von diesem imposanten Gedankengebäude vermitteln.

Das Szenario setzt nicht ein beim Zeitpunkt Null, also mit dem Urknall selbst. Bei diesem handelt es sich um eine Singularität. Diesen Begriff haben wir schon beim Schwarzen Loch kennengelernt. Er bezeichnet eine Stelle im Raum-Zeit-Kontinuum, an der die Gesetze der Physik nicht mehr gelten, weil ein oder mehrere Parameter (hier z. B. die Dichte) ins Unendliche anwachsen.

Die vorwitzige Frage, was denn vor dem Zeitpunkt Null, also vor dem Urknall gewesen sei, kann man etwa so beantworten wie der Kirchenvater Augustinus die Frage: Was Gott gemacht habe, bevor er die Welt erschuf? Seine Antwort war: Er saß in seinem Paradiesgarten und schnitt Ruten für Leute, die so dumme Fragen stellen.

Die Frage ist berechtigt, ob es in der Kosmologie irgendeinen Sinn hat, die Frage nach dem Vorher zu stellen. Es könnte auch so gewesen sein, daß sowohl die Zeit wie der Raum mit dem Urknall ihren Anfang genommen haben. Wo nichts war, kann auch keine Zeit ablaufen! Vielleicht kann ein Vergleich diesen Gedanken erträglicher machen. Wenn ich den Satz ausspreche: »Das Universum wird endgültig im Kältetod erstarrt sein, wenn alle in ihm befindliche Materie bis zum absoluten Nullpunkt abgekühlt ist«, dann wäre die Gegenfrage, warum es nicht noch weiter abkühlen könne, sinnlos. Weniger als gar keine Wärme kann nicht vorhanden sein. In ähnlichem Sinne könnte man sagen: Wo sich nichts verändert, kann auch keine Zeit ablaufen.

Das kosmologische Szenario setzt unmittelbar nach dem Zeitpunkt Null ein, und zwar einen unvorstellbar winzigen Bruchteil einer Sekunde nach ihm. Dieser Bruchteil ist die sogenannte Planck-Zeit. Sie beträgt 10^{-43} Sekunden.

Wie heiß mag das Universum in diesem ersten dem Physiker faßbaren Augenblick seiner Entwicklung gewesen sein? Man spricht von $1^1/_2$ Billionen K. Die Abkühlung verläuft unfaßbar rasch. Nach $^1/_{100}$ Sekunde beträgt die Temperatur nur noch 100 Milliarden K. Das Universum enthält in diesem Augenblick eine »thermische Suppe«, bestehend überwiegend aus Strahlung (also aus Photonen), aber auch Neutrinos, dazu Elektronen und Positronen, und endlich in minimaler Beimischung auch Protonen und Neutronen. Das Universum ist unvorstellbar dicht, wenn man seine Energiedichte (es besteht ja im wesentlichen aus Energie) auf Massendichte umrechnet, ergibt sich eine Materiedichte (nach der Einstein-Formel), die die Dichte des irdischen Wassers um einen Faktor von mehreren Milliarden übertrifft.

Soll man sich eigentlich das Universum zu Beginn seiner Entfaltung punktförmig klein vorstellen? Darüber gehen die Meinungen auseinander. Es wird auch angenommen, daß es einen Durchmesser von einigen Lichtjahren hatte, vielleicht aber auch war es gleich zu Beginn schon unendlich groß. Dies ist für den »gemeinen« Menschenverstand ein Widerspruch. Für den Mathematiker und Physiker nicht. Auch ein unendlich großes Universum kann sich noch Milliarden Jahre lang ausdehnen.

Nach $^1/_{10}$ Sekunde ist die Temperatur bereits auf 30 Milliarden K abgesunken, nach 1 Sekunde auf 10 Milliarden, nach 13 Sekunden auf 3 Milliarden. In dieser Phase können Neutronen und Protonen sich zu stabilen Atomkernen vereinigen, insbesondere zu Helium. Helium macht von da ab (der Masse nach) 26 bis 28% der Materie im Universum aus. Die Abgabe bezieht sich zunächst nur auf die Kerne. Richtige Atome, also unter Aufnahme von Elektronen, können erst viel später entstehen, nämlich in dem Augenblick, da das Universum für Strahlung durchlässig wurde – wie auf S. 264 im Zusammenhang mit der Hintergrundstrahlung erwähnt.

Manchmal ist es lehrreich und erleichtert das Verständnis eines Vorgangs, wenn man seinen zeitlichen Verlauf auf den Kopf stellt und gewissermaßen den Film rückwärts ablaufen läßt. So kann man auch die Entwicklung des Universums mit umgedrehtem Zeitpfeil verfolgen. Man beginnt heute und geht immer weiter in die Vergangenheit zurück. Der Vorteil ist dabei, daß man vom relativ bekannten, eben dem gegenwärtigen Zustand ausgehen kann und dann schrittweise zurückgeht zu immer weiter zurückliegenden Zuständen, über die immer weniger bekannt ist und für deren Erklärung man immer mehr ungesicherte Hypothesen braucht.

Ein solches Gedankenexperiment hat auch Rudolf Kippenhahn gemacht, der Astrophysiker, der es besonders gut versteht, sozusagen im Plauderton die Geheimnisse seiner Wissenschaft zu erklären. Er geht davon aus, daß ein übermenschlicher Experimentator einen kugelförmigen Raum von der Größe unserer Sonne (Durchmesser 1,4 Millionen Kilometer) gleichmäßig mit Materie und Strahlung füllt, und zwar so, daß das Verhältnis von Materie und Strahlung dem heute beobachteten entspricht, daß also die Materie beherrschend ist. Nun wird die Kugel allmählich zusammengedrückt, und man sieht zu, was im Innern passiert. Man kann so demonstrieren, daß der Inhalt der Kugel mit wachsender Kompression immer heißer wird, ebenso, daß der Anteil der Strahlung gegenüber der Materie immer mehr zunimmt. Man kann so zurückgehen bis zu dem Augenblick, in dem die Dichte des Universums soweit abgenommen hatte, daß es strahlungsdurchlässig war (im Experiment: bis es ganz dicht und damit undurchsichtig wird).

Ich breche die bescheidene Skizze der These vom Urknall hier ab. Zwar ist es möglich, den Theorien der heutigen Kosmologie noch ein Stück weiter zu folgen, als wir es bis zu diesem Punkt getan haben. Das setzt aber voraus, daß wir uns vorher mit einigen Aspekten derjenigen Theorie vertraut machen, die man als Ausgangspunkt und theoretische Grundlage der Kosmologie im 20. Jahrhundert ansehen muß. Ich habe sie bisher noch aufgespart. Es handelt sich um die Relativitätstheorie. Im Abschnitt 10.8 wollen wir sie betrachten und danach noch einmal auf einige Grundfragen der Kosmologie zurückkommen.

Eingangs dieses Abschnitts sagte ich, daß die Urknall-Theorie nicht unbestritten sei. Damit ich mich nicht einseitiger Unterrichtung schuldig mache, möchte ich eine mit ihr konkurrierende Theorie nennen: die (im Abschnitt 10.5 bereits erwähnte) Steady-State-Theorie. Nach ihr expandiert das Weltall, aber die Materiedichte bleibt gleichwohl dieselbe, weil ständig neue Materie entsteht. Die »Neuschöpfung« von Materie (Wasserstoff) müßte übrigens, um der Theorie zu genügen, nur in einem minimalen Ausmaß stattfinden, es müßte jährlich »ein Atom im Raum einer Fabrikhalle« entstehen, wie einer ihrer Schöpfer gesagt hat. Den Einwand, es sei wenig einleuchtend, eine ständige Neuschöpfung von Materie zu postulieren, konnten die Vertreter der Steady-State-Theorie gut kontern mit dem Hinweis: die Behauptung, daß alle Materie im Universum in einem einzigen Augenblick, dem des Urknalls, entstanden sei, sei noch weniger einleuchtend.

Der jetzt in Deutschland arbeitende Halton C. Arp, in der Zunft der Kosmologen eher ein Einzelgänger, hält jedoch daran fest, daß man in der Kosmologie zu plausibleren Ergebnissen kommt, wenn man davon ausgeht, daß nicht jegliche Materie aus dem Urknall herrührt, daß vielmehr immer neue Materie entsteht (»continuous creation«) – allerdings nicht jeden Augenblick, sondern in Schüben (alle paar hundert Millionen Jahre). Neue Materie wird geboren in den Kernen aktiver Galaxien (vgl. Ambarzumian!). Der Zeitpunkt der Entstehung von Materie hat Einfluß auf ihre Masse und auch auf die ihr eigene Rotverschiebung. Die Rotverschiebung im Spektrum kosmischer Objekte enthält neben der allgemeinen Fluchtbewegung (Hubble) eine hieraus herrührende zweite Komponente. Auf den hiermit angedeuteten Prämissen läßt sich eine kosmologische Theorie aufbauen. Die weitere Diskussion darüber bleibt abzuwarten.

Als die 3-K-Hintergrundstrahlung entdeckt war, galt dies als eine endgültige Widerlegung der Steady-State-Theorie, denn diese wußte keine plausible Erklärung für diese Strahlung. Inzwischen haben jedoch Fred Hoyle und sein Kollege Chandra Wickramasinghe die kosmische Hintergrundstrahlung mit einer ganz neuen These erklärt.

Am Ende der Sternentwicklung besteht der Kern eines Sterns, jedenfalls eines massiven, weitgehend aus Eisen. Wird dieses durch Supernova-Explosion in den Raum hinausgeschleudert, kann es kondensieren zu winzigen Eisennadeln, die bis zu 1 mm lang, aber nur $^{1}/_{10000}$ mm dick sein sollen. Diese könnten Licht absorbieren und als Strahlung mit der Frequenz der 3-K-Strahlung wieder abgeben. Nach dieser Erklärung wäre die Hintergrundstrahlung nicht in einem frühen Entwicklungsstand des Universums entstanden, sie würde vielmehr kontinuierlich neu erzeugt. Die Diskussion hierüber kann nicht als abgeschlossen gelten.

Auf eine heute wichtige Modifikation der Urknall-Theorie gehe ich im Abschnitt 10.9 ein.

10.7 Darum ist es nachts dunkel!

Die von Wilhelm Olbers aufgeworfene Frage mußte ich am Anfang dieses Kapitels zunächst offenlassen. Jetzt ist es möglich, eine Antwort zu geben. Es handelt sich keineswegs um eine naive oder Fangfrage, dazu bestimmt, den Laien zu irritieren, sondern um ein ernstzunehmendes Problem. Unter Astronomen und Kosmologen kann man, sobald man es aufwirft, damit eine lebhafte Diskussion provozieren.

Olbers fragte: Da das gesamte All mit Sternen oder Sternsystemen erfüllt ist (wie viele es sind, ahnte man zu Zeiten des 1840 verstorbenen Olbers noch nicht einmal), so müßte doch unser Blick, in welche Richtung wir ihn auch wenden, immer auf eine leuchtende Sternoberfläche treffen! Ich gehe von einer Entfernung E aus und nehme an, daß in einer uns umgebenden Kugelschale mit dem Radius E gerade 1000 Sterne stehen. Diese erzeugen eine bestimmte Menge Licht. Von einem Stern, der in der doppelten Entfernung 2E von uns steht, empfangen wir nur $^{1}/_{4}$ der Strahlung, die ein Stern in der Entfernung E liefert. Aber zum Ausgleich dafür stehen in einer Kugelschale mit dem Radius 2E auch 4mal soviel Sterne! Und da es beliebig viele Kugelschalen gibt, so müßte es doch bei Nacht – und übrigens auch darüber hinaus im gesamten finsteren Weltraum – taghell sein?

In der Fachliteratur findet man verschiedene Antworten. Man hört vom Verrötungs- und Verdünnungseffekt: Das Licht entfernter Galaxien, die sich mit großer Geschwindigkeit entfernen, erscheint uns langwelliger (Rotverschiebung), als es an seiner Quelle war, und damit energieärmer. Es muß uns auch darum schwächer erscheinen, weil von einer sich entfernenden Quelle pro Sekunde weniger Photonen bei uns ankommen, als an der Quelle pro Sekunde abgeschickt wurden.

Dies letztere wird häufig veranschaulicht durch einen einfachen Vergleich: Ein Brieftaubenzüchter tritt eine weite Reise an. Er nimmt Tauben mit und verspricht den zurückbleibenden Angehörigen, er werde jeden Tag Punkt 12 Uhr mittags eine Taube nach Hause abschicken mit einer kurzen Nachricht über seinen Aufenthaltsort. Solange der Reisende sich von der Heimat entfernt, kommen die Tauben nicht im Abstand von 24 Stunden an. Der Abstand wird vielmehr immer länger. Jede Taube muß ja einen etwas weiteren Weg zurücklegen als die am Tag zuvor abgeschickte. Bei der Rückreise wird es sich dann umgekehrt verhalten.

Wenn das auch für Photonen gilt, so erhalten wir von einer sich entfernenden Quelle pro Sekunde immer weniger Photonen. Das ist der Verdünnungseffekt.

So weit, so gut. Diese Effekte hängen also mit der Fluchtbewegung der Galaxien zusammen. Hat also in dem von mir erfundenen Streitgespräch der Teilnehmer B recht, wenn er vermutet, das nächtliche Dunkel sei durch die Expansion des Weltalls verursacht?

Es wird noch ein anderer Erklärungsgrund angeführt: das endliche Alter des Universums. Dies hat zur Folge, daß der Raum eben nicht bis in beliebige Enfernungen mit Galaxien angefüllt ist. Blicken wir

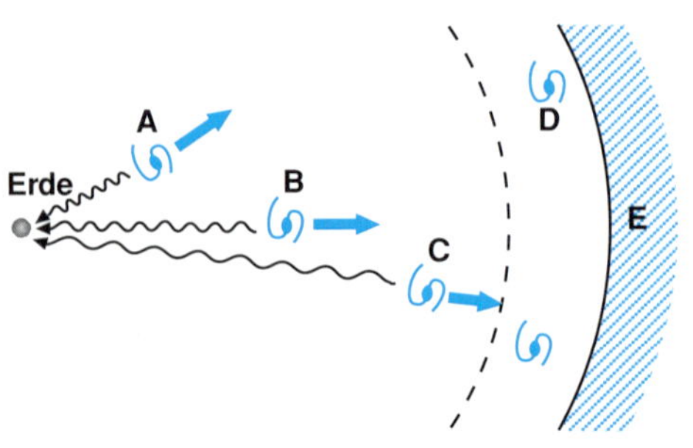

Abb. 101. Warum ist es nachts dunkel? Je weiter eine Galaxie entfernt ist, desto schneller ihre Hubble-Bewegung, desto langwelliger und damit energieärmer das Licht, das wir von ihr empfangen. Galaxie C befindet sich nahe unserem Beobachtungshorizont (gestrichelte Linie), D jenseits davon. E = undurchsichtiges Frühstadium des Weltalls.

10 bis 15 Milliarden Jahre zurück – und das tun wir, wenn wir die entferntesten Quasare wahrnehmen –, so dringen wir in ein Zeitalter vor, in dem sich die Galaxien gerade erst bildeten. Könnten wir noch weiter zurückblicken, so sähen wir das All in dem Zustand, den es vorher hatte: es wäre undurchsichtig. Es würde uns wie eine Wand erscheinen, die keine Strahlung durchläßt.

Nun haben wir gleich verschiedene Erklärungen in der Hand, aber wir möchten doch wissen: Welches ist der maßgebliche Faktor? Einige Astronomen, unter ihnen Paul A. Wesson, haben es unternommen, die Frage schlüssig zu beantworten. Ihre Lösung erschien im Jahre 1987 im »Astrophysical Journal«. Die umfangreichen Computersimulationen anhand einer großen Anzahl von Modellen, die man dazu benötigte, kann ich nicht referieren.

Soviel sei angedeutet, daß man in einem ersten Schritt eine überschlägige Rechnung vornahm: Das Alter der Galaxien wurde angenommen mit 15 Milliarden Jahren oder $5 \cdot 10^{17}$ Sekunden; die durchschnittliche Dichte der leuchtenden (nur der leuchtenden) Materie im Universum mit $2 \cdot 10^{-31}$ Gramm pro Kubikzentimeter; die durchschnittliche Energieproduktion pro Gramm mit 0,2 erg in der Sekunde. Dabei ergibt sich, unter Berücksichtigung der Lichtgeschwindigkeit, eine durchschnittliche Intensität des Lichts im ganzen Universum von etwa 10^{-4} erg auf den Quadratzentimeter in jeder Sekunde. Dabei ist die Expansion noch nicht berücksichtigt. In einem zweiten Rechenschritt versuchte man zu ermitteln, ob die Expansion oder das begrenzte Weltalter der Hauptfaktor ist.

Das Ergebnis ist eindeutig: Nicht die Expansion ist der Hauptfaktor. Das Universum wäre auch dunkel (nicht ganz so dunkel), wenn die Expansion nicht stattfände. Der Hauptfaktor ist die Tatsache, daß das Universum ein endliches Alter hat, zwar nach Milliarden zählend, aber endlich, und die Galaxien müssen 1 bis 2 Milliarden Jahre jünger sein als das Universum – das ist zu kurz, als daß die strahlenden Massen schon den ganzen Raum hätten erhellen können.

Man kann die Sache auch etwas anders wenden. Nicht nur das Weltalter ist endlich und damit auch die Zahl der vorhandenen Galaxien, auch die Lichtgeschwindigkeit ist – wiederum – riesengroß, aber endlich. Sie begrenzt unseren Horizont. Wir können nur Objekte sehen, deren Licht vom Moment seiner Aussendung an bis heute genug Zeit gehabt hat, um den Weg zu uns zurückzulegen...

Deutlich geworden ist hiermit gewiß, daß die Kenntnisse der Astronomen über Bau und Entwicklung des Alls zu Olbers' Zeiten nicht ausreichend waren, um eine schlüssige Lösung des Rätsels zu ermöglichen.

10.8 Raum, Zeit und Gravitation · Die Relativitätstheorie

Das astronomische Weltbild des 18. und 19. Jahrhunderts war, was seine physikalische Grundlagen betrifft, hauptsächlich geprägt durch die Theorie Isaac Newtons, die er 1687 in seinem Hauptwerk »Philosophiae naturalis principia mathematica« niedergelegt hat. (Der Titel bedeutet: Mathematische Grundlagen der Naturlehre. Newton schrieb, wie man sieht, noch Lateinisch, doch etwa zu seiner Zeit begann die gelehrte Welt das Latein aufzugeben und in der Muttersprache zu schreiben; auch Newton tat das später.)

Newtons Vorstellungen vom Raum und von der Zeit (und ihrem Verhältnis zueinander) entsprechen weitgehend denen, die uns unsere Alltagserfahrung und der »gesunde Menschenverstand« nahelegen. Sie lassen sich in einfacher Sprache etwa so ausdrücken:

Raum ist dasjenige, in dem sich alle Körper befinden und alle Naturvorgänge abspielen (vielleicht mit Ausnahme geistiger Prozesse? so jedenfalls manche großen Philosophen). Jeder Körper nimmt Raum ein. Auch zwischen den Körpern ist Raum. Strahlung und Gravitation pflanzen sich durch den Raum fort. Raum existiert unabhängig davon, ob Körper in ihm vorhanden sind. Auch leerer Raum ist Raum. Newton: »Der absolute Raum bleibt vermöge seiner Natur und ohne Beziehung auf einen äußeren Gegenstand stets gleich und unbeweglich.«

Schließlich: Der Raum erstreckt sich in 3 Dimensionen, die senkrecht aufeinanderstehen. Er erstreckt sich nach allen Seiten, immer weiter; eine Begrenzung des Raumes können wir nicht wahrnehmen, uns auch im Grunde nicht vorstellen.

Zeit ist ihrem Wesen nach – für unser natürliches Empfinden – etwas ganz anderes als Raum. Sie erstreckt sich linear (eindimensional) von der Vergangenheit durch den gleitenden, kaum faßbaren Moment des Jetzt ins Zukünftige. Jedes Ding und jeder Vorgang haben im zeitlichen Ablauf ihren unverrückbaren Platz. Alles, was vor einem Augenblick X geschah oder geschieht, ist Vergangenheit; alles, was auf ihn folgt, ist im Verhältnis zu X Zukunft. Daran können wir weder etwas ändern, noch können wir etwa – so wie wir uns im Raum willkürlich bewegen können – dies in der Zeit tun. (In Gedanken tun wir das jedoch ohne Unterlaß, ja, das bewußte Leben besteht großenteils gerade darin, daß unser Denken ständig in der Zeit vorläuft und zurückblickt.)

Raum und Zeit hängen für den Alltagsverstand nur vage zusammen. Zwar ist offenbar alles, was wir beobachten, zugleich im Raum und in der Zeit. Aber man meint doch, es könne vielleicht auch Raum ohne Zeit geben – etwa vor der Schöpfung oder Entstehung der Welt oder nach ihrem Kältetod, wenn jegliche Bewegung erstorben ist und wenn der Begriff der Zeit seinen eigentlichen Sinn (nämlich Veränderung) verloren hat.

Auch für Newton stehen Raum und Zeit je für sich. Es gibt für ihn nicht nur absoluten Raum, sondern auch absolute Zeit: »Die wahre, mathematische Zeit verfließt an sich und vermöge ihrer Natur gleichförmig und ohne Beziehung auf einen äußeren Gegenstand.«

Schließlich noch Newtons Meinung zu dem, was den Raum erfüllt, zur Materie. Die grundlegende Eigenschaft der Materie besteht darin, daß sie »Masse« hat, einerseits träge Masse (die spüren wir, wenn wir einen Körper in Bewegung versetzen, allgemeiner: seinen Bewegungszustand ändern wollen); andererseits schwere Masse (die spüren wir daran, daß der Körper ein »Gewicht« hat, also von der Erde angezogen wird).

Newtons hier zitierte Prinzipien waren für lange Zeit beherrschend, doch nicht völlig unbestritten. Sein Zeitgenosse Leibniz z.B. bezweifelte, ob es Raum geben könne, wenn keine Materie vorhanden ist. Der österreichische Physiker Ernst Mach ging um die Wende zum 20. Jahrhundert einen Schritt weiter. Er stellte die These auf, daß die Struktur des Raumes von der Verteilung der Massen im Kosmos abhängig sei.

Anmerkung: Mach ist heute breiteren Kreisen hauptsächlich bekannt durch seine Forschungen zur Strömungslehre, besonders im Zusammenhang mit Überschallgeschwindigkeiten; die Einheit »Mach« ist nach ihm benannt. »Mach 3« bedeutet dreifache Schallgeschwindigkeit, also rund 3600 km/h. So genießt Mach einen etwas einseitigen Ruhm.

Albert Einstein (1879–1955) hat die eben zitierte These Machs, die auch »Machsches Prinzip« genannt wird, in seine Theorie übernommen und ausgebaut. Die wichtigsten Teile dieser Theorie sind enthalten in der Speziellen Relativitätstheorie von 1905 und der Allgemeinen Relativitätstheorie von 1916; dazwischen liegen wichtige Arbeiten Einsteins vor allem zur Quantentheorie und zur Optik.

Einstein, in Ulm aus jüdischer Familie geboren, war nach Abschluß seines Studiums zuerst Angestellter am Eidgenössischen Patentamt in Bern, dann Professor in Zürich, Prag, schließlich in Berlin. 1921 erhielt er den Nobelpreis. Bei Hitlers Machtantritt mußte er Deutschland verlassen und wirkte bis zu seinem Tode in den USA. Der Name Relativitätstheorie stammt übrigens nicht von Einstein und hat ihm lange Zeit nicht gefallen.

Einstein war es, der die Newtonsche Physik in ihren Grundfesten erschütterte. Ich versuche, einige seiner Erkenntnisse zu skizzieren, die für die Kosmologie grundlegend sind. Eine Gesamtdarstellung seiner Theorie würde allerdings ein eigenes Buch füllen.

Gleich Einsteins erste These ist verblüffend, schockierend, ja auf den ersten Blick absurd. Die Lichtgeschwindigkeit ist nach ihm eine universelle Konstante. Sie ist im gesamten Universum gleich. Sie stellt die höchste Geschwindigkeit dar, mit der sich elektromagnetische Wellen fortbewegen können, und zwar (jetzt kommt die Pointe) unabhängig von der Eigengeschwindigkeit der Quelle, also des angeregten Atoms, von dem die Strahlung ausgeht. Das bedeutet: Wir empfangen Licht und andere Strahlung von Weltkörpern und Sternsystemen, die sich mit Riesengeschwindigkeiten von uns entfernen, mit dieser Lichtgeschwindigkeit, aber Licht, dessen Quelle sich auf uns zubewegt, mit derselben konstanten Geschwindigkeit. Und wenn sich zwei Lichtstrahlen irgendwo im All begegnen, so können ihre addierten Geschwindigkeiten niemals den Wert $c = 300\,000$ km/s überschreiten. Materielle Körper können sich niemals mit dieser Geschwindigkeit bewegen, sie können ihr höchstens nahekommen. Dies habe ich unter anderem bei der Rotverschiebung und bei den Fluchtgeschwindigkeiten von Galaxien und Sternsystemen mehrfach erwähnt.

Das ist doch absurd! möchte man ausrufen. Geschwindigkeit ist doch ein Maß für Ortveränderung im Raum in einer bestimmten Zeit. Sie ist doch nur ein Verhältnis zwischen einer räumlichen und einer zeitlichen Größe! Wie kann es da eine absolute Konstanz geben? Eines ist an diesem

Einwand richtig: Wer diese Behauptung aufrechterhalten will, der muß an unseren Vorstellungen von Raum und Zeit etwas ändern. Das tut Einstein.

Hier muß ich etwas einschalten. Einsteins These ist nicht etwa ein Einfall, ein Gedankenblitz, der ihm plötzlich gekommen wäre. Sie ist vielmehr hervorgegangen aus seiner Auseinandersetzung mit Problemen der damaligen Physik, mit denen er aufs beste vertraut war. Ein Anstoß kam von dem überraschenden Ausgang eines Experiments, das die beiden Amerikaner Michelson und Morley 1881 durchgeführt hatten. (Damals gab es noch keinen Nobelpreis, aber 1907 haben die beiden ihn dann erhalten.) Es ging darum, festzustellen, ob ein Lichtstrahl, den man im Sinne der Bewegung der Erde um die Sonne »nach vorn« losschickt, eine andere Geschwindigkeit hat als einer, der in einer anderen Richtung, etwa quer dazu, ausgesandt wird. Die Größe der Lichtgeschwindigkeit war damals schon recht genau bekannt, auch die Tatsache, daß die Erde sich mit etwa 30 km/s bewegt.

Man dachte sich damals den Weltraum erfüllt von einem Medium, das man »Äther« nannte. Diesen Äther hielt man für den Träger der elektromagnetischen Wellen, von denen man seit James Clark Maxwell (1864) und anderen eine gute Vorstellung hatte. Irgendein Medium, so glaubte man, müsse doch vorhanden sein, da Wellen sich doch nicht durch den völlig leeren Raum bewegen könnten.

Die raffiniert durchdachte Versuchsanordnung der beiden Amerikaner förderte keinen Unterschied in der Geschwindigkeit der beiden Strahlen zutage. An diesem Ergebnis änderte sich auch nichts, als man den Versuch ein halbes Jahr später wiederholte, also zu einer Zeit, da die Erde nun bei ihrem Lauf um die Sonne sich in entgegengesetzter Richtung bewegte. Der Versuch ist später noch oft wiederholt worden, immer mit demselben negativen Ausgang. Das konnte man sich schwer erklären.

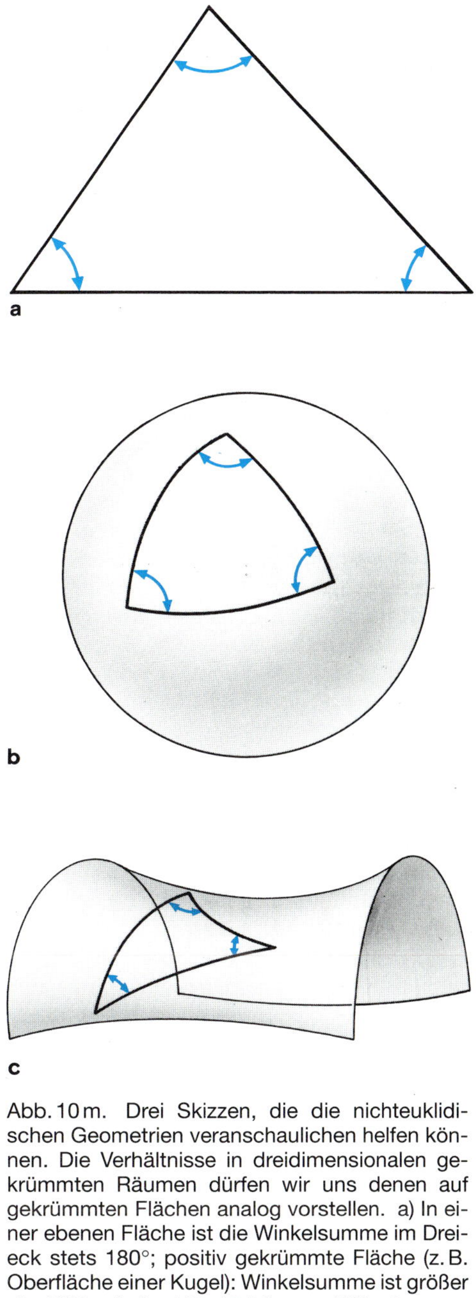

Abb. 10 m. Drei Skizzen, die die nichteuklidischen Geometrien veranschaulichen helfen können. Die Verhältnisse in dreidimensionalen gekrümmten Räumen dürfen wir uns denen auf gekrümmten Flächen analog vorstellen. a) In einer ebenen Fläche ist die Winkelsumme im Dreieck stets 180°; positiv gekrümmte Fläche (z. B. Oberfläche einer Kugel): Winkelsumme ist größer als 180°; c) die dritte Zeichnung läßt erkennen, daß in einer negativ gekrümmten Fläche die Winkelsumme kleiner ist als 180°.

Zurück zu Einstein! Ich sagte: Wer die Konstanz der Lichtgeschwindigkeit behauptet, muß die hergebrachten (Newtonschen) Begriffe von absolutem Raum und absoluter Zeit aufheben, jedenfalls modifizieren. Für Vorgänge indes, wie wir sie in unserem irdischen Alltag erleben oder veranstalten, ändert sich an Newtons Physik durch Einstein praktisch nichts, weil bei solchen Vorgängen keine Geschwindigkeiten ins Spiel kommen, die in die Größenordnung der Lichtgeschwindigkeit hineinreichen.

Kommen sie aber ins Spiel, dann wird alles anders. Einem Beobachter z. B. in einem Raumschiff, das mit $^{2}/_{3}$ Lichtgeschwindigkeit die Erde passiert, würden alle irdischen Vorgänge stark verlangsamt erscheinen. Beispiel: Der Pulsschlag eines auf der Erde lebenden Menschen betrage 60 Schläge pro Minute. Würde er durch ein Funksignal zum Raumschiff übertragen, würden dessen Insassen anhand ihrer Uhren nur etwa die halbe Anzahl von Schlägen pro Minute zählen. Zeitdehnung (Zeitdilatation) nennt man dieses Phänomen. Auf der anderen Seite kommt es bei solchen Geschwindigkeiten zu einer entsprechenden Verkürzung räumlicher Distanzen (in der Bewegungsrichtung).

Will man diese Zusammenhänge exakt erfassen, darf man Raum und Zeit nicht getrennt behandeln. Man muß vielmehr den dreidimensionalen Raum und die eindimensionale Zeit zu einem vierdimensionalen »Raum-Zeit-Kontinuum« zusammenfassen.

Soll man das glauben, muß man das glauben? mag ein Leser fragen. Ist es denn durch Beobachtungen oder Experimente bewiesen? Dies ist in der Tat der Fall, ich möchte aber erst die Darlegung noch fortsetzen.

Mit der Relativierung der Zeit ist eine weitere Aussage der Relativitätstheorie eng verbunden. Der Begriff der »Gleichzeitigkeit« zweier Ereignisse ist, jedenfalls für kosmische Dimensionen, nicht anwendbar, er ist sinnlos. Da kein Signal, keine Information schneller reisen kann als das Licht, lassen sich die Zeitpunkte zweier Ereignisse in weit auseinanderliegenden Regionen des Alls schon rein technisch nicht miteinander vergleichen. Aber der Begriff ist nicht wegen technischer Schwierigkeiten sinnlos, sondern prinzipiell. Zahlreiche Gedankenexperimente (reale Experimente sind in kosmischen Dimensionen nicht durchführbar), erdacht von Einstein wie von anderen, zeigen: Wenn zwei Beobachter in zwei verschiedenen Bezugssystemen, die sich gegeneinander sehr schnell bewegen, ein Ereignis wahrnehmen, so findet es für den einen zu einem anderen Zeitpunkt statt als für den anderen.

Nicht nur Raum und Zeit werden durch Einstein »aneinandergeschmiedet«, sondern auch das Raum-Zeit-Kontinuum mit der in ihm vorhandenen Materie. Es ist nicht so, wie wir glauben und Newton dachte, daß der leere Raum als solcher (»ohne Bezug auf einen äußeren Gegenstand«) existiert, daß es dem Raum gewissermaßen gleichgültig wäre, ob sich irgendwo große Massen oder gähnende Leere befinden. Das Vorhandensein von Materie strukturiert vielmehr die Raum-Zeit. Es »krümmt« sie.

Hier stoßen wir an eine Grenze unseres Vorstellungsvermögens. Jeder kennt eine krumme Linie, auch eine gekrümmte Fläche, z. B. die Oberfläche eines Hühnereis. Aber ein gekrümmter Raum? Hier können wir uns zunächst nur mit einem zweidimensionalen Analogon behelfen.

Bitte betrachten Sie für einen Augenblick die drei Zeichnungen 10 m. Dargestellt sind eine ebene Fläche, eine positiv gekrümmte (Oberfläche einer Kugel) und eine negativ gekrümmte (Sattelfläche). Man sieht sofort, daß der Satz »Die Winkelsumme im Dreieck beträgt 180°« nur für die ebene Fläche gilt, ebenso der Satz »Die kürzeste Verbindung zwischen zwei Punkten ist stets eine Gerade«. Stellen wir uns nun vor – dies ist ein im Schrifttum schon überstrapazierter Vergleich –, es gebe einen Weltkörper, sagen wir von der Größe der Erde, mit völlig glatter Außenhaut, und auf diesem lebten mikroskopisch kleine (aber intelligente) Wesen, viel dünner als das dünnste Seidenpapier – Wesen, die nur Länge und Breite, aber keine Dicke aufweisen, deren Sinnesorgane und Bewegungswerkzeuge nur auf ihre »zweidimensionale« Welt eingerichtet sind.

Bei dem Versuch, sich ein Bild von ihrer Welt zu verschaffen, in der sie leben, würden diese Wesen u. a. folgende Feststellungen machen: Die Winkelsumme in einem Dreieck ist größer als 180°. Unsere Welt hat nirgendwo eine Grenze, trotzdem aber hat sie eine endliche Größe. Wenn wir von irgendeinem Punkt aus in »gerader« Richtung losgehen, so kommen wir – nach langer, langer Zeit – schließlich an den Ausgangspunkt zurück.

Diese Betrachtung kann man auf den dreidimensionalen Raum übertragen. Indem er das tut, macht Einstein Gebrauch von einer Entdeckung, die drei Mathematiker des 19. Jahrhunderts, die kurz vor ihm wirkten, ein Russe, ein Ungar und ein Deutscher, gemacht hatten: die nichteuklidische Geometrie. Sie besagt in ihrem Kern: Es ist möglich, Geometrien zu entwerfen, die von der seit alters herrschenden, auf Euklid zurückgehenden Geometrie abweichen. Nach Euklid schneiden sich z. B. zwei parallele Geraden erst im Unendlichen. Nach Euklid beträgt die Winkelsumme im Dreieck stets 180°. Abweichende Geometrien sind möglich, ohne daß sie in sich den geringsten Widerspruch aufweisen.

Die Konsequenz lautet: Es kann theoretisch nicht ausgeschlossen werden, daß der reale Raum gar nicht durch die euklidische Geometrie richtig beschrieben wird, die wir natürlich in irdischen Maßstäben überall bestätigt finden. Dann könnte es sein, daß der Weltraum, ähnlich wie die Kugelfläche für die zweidimensionalen Wesen, nirgendwo eine Grenze hat, trotzdem aber kein unendliches, sondern ein endliches und damit prinzipiell ausmeßbares Volumen. Es könnte weiter sein, daß in diesem Raum in großen Dimensionen nicht die gerade Linie die kürzeste Verbindung zwischen zwei Punkten ist. Dann würde ein Lichtstrahl nicht eine gerade Strecke zurücklegen, er würde vielmehr der durch die vorhandenen Massen bedingten Krümmung des Raumes folgen, also sich selbst auf einer krummen Bahn bewegen, so daß diese, wenn er den ganzen Weltraum durcheilt, sich schließlich sogar in sich zurückkrümmen und der Lichtstrahl damit zu seinem Ausgangspunkt zurückkehren könnte ...

Die Frage, ob diese überraschende Theorie denn durch Beobachtungen belegt sei, ist rundweg zu bejahen. Man braucht im Grunde nur daran zu denken, daß das Licht von Sternsystemen, die sich mit riesigen Geschwindigkeiten von uns entfernen, trotzdem immer mit der Lichtgeschwindigkeit c bei uns eintrifft und nicht etwa mit einer Geschwindigkeit, welche die Differenz zwischen c und der Fluchtgeschwindigkeit darstellt. Eine spektakuläre Bestätigung erfuhr Einsteins Theorie im Jahre 1919. Dieses Jahr brachte eine totale Sonnenfinster-

Abb. 10n. Mit solchen Geräten hat der amerikanische Physiker J. Weber als erster versucht, Gravitationswellen nachzuweisen.

nis. Die Sternwarten von Greenwich und Cambridge rüsteten eigene Expeditionen aus, die feststellen sollten, ob ein von Einsteins Theorie vorhergesagter Effekt beobachtet werden könne. Nach der Theorie müßte nämlich das Licht von Sternen, das auf seinem Wege zu uns die Sonne passiert, durch deren Masse eine Ablenkung erfahren. Die Verfinsterung der Sonne ermöglichte eine Überprüfung, und die Relativitätstheorie behielt recht. Es gibt noch andere Bestätigungen der Theorie, u. a. durch den sogenannten Mößbauer-Effekt.

Einsteins Behauptung, daß Materie im Grunde eingefrorene Energie sei, daß für das Verhältnis beider die berühmte Gleichung $E = m \cdot c^2$ gelte, erfuhr eine tragische Bestätigung durch die Wirkung der ersten Atombomben.

Eine weitere Konsequenz von Einsteins Theorie ist noch kaum ins allgemeine Bewußtsein gedrungen: Gravitationswellen. Jeden elektrisch geladenen Körper umgibt ein elektrisches Feld. Sobald er bewegt wird, entsteht ein elektromagnetisches Feld, aus dem nach allen Seiten elektromagnetische Wellen abströmen. Analog ist es – nach Einstein – bei der Gravitation: Jeden Körper umgibt ein Schwerefeld. Wird der Körper bewegt, so entstehen auch hier Wellen, in diesem Falle Gravitationswellen. Und diese können sich – wie alles im Universum – nicht schneller im Raum ausbreiten als mit Lichtgeschwindigkeit.

Auch dies steht im Widerspruch zu Newtons Theorie der Gravitation. Zwar bleibt auch heute Newtons Grundgesetz bestehen, welches besagt: Alle Körper im Uni-

Abb. 10 o. Nachweis von Gravitationswellen mittels Laser-Interferometer. Von der im Text besprochenen Anlage existiert in Garching ein Prototyp. In den zwei Armen, je 30 m lang, wird der Strahl etwa 100mal hin- und herreflektiert, bevor die Teilstrahlen zur Interferenz gebracht werden. Im Bild ein Demonstrationsaufbau einer solchen »optischen Laufzeitleitung«.

versum üben aufeinander eine anziehende Kraft aus, Schwerkraft genannt, auch Gravitation oder Massenanziehung, deren Stärke proportional ist dem Produkt ihrer Massen, aber umgekehrt proportional dem Quadrat ihres Abstandes. Als Gleichung sieht das so aus: $F = G \cdot \frac{m_1 \cdot m_2}{r^2}$

Dabei bedeuten F die Gravitationskraft, m_1 und m_2 die beiden beteiligten Massen, r ihren Abstand und G eine allgemeine, d.h. universal gültige Gravitationskonstante. Während jedoch Newton der Gravitation eine Fernwirkung zuschrieb, also meinte, diese Kraft wirke augenblicklich bis in ferne Tiefen des Raumes, kann sie sich nach Einstein nur mit der (zwar riesigen, aber doch endlichen) Lichtgeschwindigkeit fortpflanzen. Nehmen wir an, die Sonne könnte explodieren und ihre gesamte Masse dabei in den Raum hinausgeschleudert werden. Wir könnten die Wirkungen (einerlei, welcher Art sie sein mögen) auf der Erde erst gut 8 Minuten später bemerken.

Unter den im All wirkenden Kräften ist die Gravitation zwar (zusammen mit der elektromagnetischen) die mit der größten Reichweite, jedoch bei weitem die schwächste. Die von der Theorie vorhergesagten Gravitationswellen sind daher für alle unter irdischen Maßstäben denkbaren Prozesse, sogar atomare Explosionen, zu schwach, als daß man sie nachweisen könnte.

Aber im kosmischen Maßstab müßten sie vielleicht doch nachweisbar sein? Um diesen Nachweis bemühen sich manche Astronomen seit zwanzig Jahren. 1969 erbaute der Amerikaner Joe Weber eine Apparatur, die als Kernstück, als »Detektor«, einen großen Aluminiumzylinder hatte, über 1 t schwer, gut abgeschirmt gegen mechanische und akustische Erschütterungen. Etwa eintreffende Schwerkraftwellen müßten diesen Körper, und zwar quer zur Richtung ihres Eintreffens, minimal dehnen und verformen. Webers Mitteilung, er habe in mehreren Fällen solche Wellen empfangen, erregte Aufsehen, doch konnten seine Ergebnisse durch andere Forscher nicht bestätigt werden. Die Frequenz der Wellen soll für Massen in der Größenordnung der Sonnenmasse bei 1 Kilohertz liegen. Das entspricht einer Wellenlänge von 300 km.

Heute verspricht man sich bessere Ergebnisse von Versuchsanordnungen nach dem Prinzip des Laser-Interferometers. Ein Laserstrahl wird durch einen schräg gestellten Spiegel (den »Strahlteiler«) in zwei zerlegt und in zwei um 90° verschiedene Richtungen geleitet. Beide Teilstrahlen werden mehrfach hin- und herreflektiert, dann wieder vereinigt. Die Störung durch eine Gravitationswelle würde den normalerweise exakt gleichen Lichtweg in beiden Armen verschieden lang machen. Das müßte in Form einer Interferenz in Erscheinung treten.

Das Prinzip dieser Anordnung entspricht übrigens dem, welches Michelson und Morley bei ihrem weltberühmten Versuch angewendet haben.

Im Augenblick wird ein Experiment dieser Art im Max-Planck-Institut für Quantenoptik in Garching bei München vorbereitet. Die beiden Arme sollen 3 km lang sein, so daß der Laserstrahl, mehrfach hin- und herreflektiert, einen relativ langen Weg zurücklegt. Versuche ähnlicher Art werden in den USA vorbereitet.

Als Quellen von Gravitationswellen hat man hauptsächlich im Auge: Gravitationskollaps eines Sterns zu einem Neutronenstern oder Schwarzen Loch; enge Doppelsternsysteme, bei denen ein Partner oder gar beide Neutronensterne oder Schwarze Löcher sind; vielleicht auch Vorgänge im Halo der Milchstraße, falls diese doch Überreste einer ganz frühen Sternpopulation (noch vor Baades »Population II«) in Gestalt Schwarzer Löcher oder gar von Doppelsystemen von zwei solchen Löchern enthalten sollte.

Es wird auch die Frage diskutiert, ob von den unermeßlichen Mengen von Neutrinos, die durchs All reisen, Gravitationswellen ausgehen (selbst wenn Neutrinos die Ruhemasse 0 haben – ein bewegtes Neutrino hat Energie und damit Masse).

Vielleicht findet man gar eine allgemeine Hintergrund-Strahlung aus Gravitationswellen, herrührend aus Vorgängen in der Frühzeit unseres Sternsystems. Jedenfalls besteht hier Aussicht, unser Wissen vom Universum durch ein weiteres »Fenster zum Weltall« zu erweitern: die Gravitationswellen-Astronomie.

Einsteins Theorie ist – das wird der Leser diesem Abschnitt entnommen haben – das Musterbild einer guten Theorie: Sie verknüpft, was vor ihr mehr oder weniger unverbunden nebeneinander stand: den Raum und die Zeit, die Masse und die Energie. Und nun auch die Gravitation!

Newton hat zwar deren Wirkungsweise genau beschrieben, sich aber mit Äußerungen über das Wesen, den tieferen Grund dieser Kraft sehr zurückgehalten. Wörtlich heißt es in seinem Hauptwerk: »Ich habe die Erscheinungen der Himmelskörper und die Bewegungen des Meeres durch die Kraft der Schwere erklärt, aber ich habe nirgends die Ursache der letzteren angegeben.« Wenig später folgt der berühmte Zusatz: »... und Hypothesen erfinde ich nicht« (hypotheses non fingo). Einige Jahre später, im Briefwechsel mit dem Theologen Bentley, heißt es ganz ähnlich: »Ich gebe nicht vor, die Ursachen der Schwerkraft zu kennen.«

Einstein hat die Gravitation mit der »Allgemeinen Relativitätstheorie« von 1916 einbezogen. Für ihn bedarf es keiner besonderen »Kraft« mehr. Die Gravitation ist eine Auswirkung von Raum und Zeit, genauer: der Struktur, die das Raum-Zeit-Kontinuum unter dem Einfluß der jeweils vorhandenen Massen annimmt. Ein Stein fällt nicht deshalb herunter, weil die Erde ihn »anzieht«. Er folgt einfach dem Weg, den das Schwerefeld der Erde ihm vorzeichnet. Er bewegt sich, so könnte man bildlich sagen, auf der Linie des geringsten Widerstandes.

Die Relativitätstheorie wirkt vereinheitlichend, sie verbindet und erklärt manches vorher Getrennte. Aber sie erklärt keineswegs alles! Sie umfaßt z.B. nicht die Phänomene, die mit den Stichworten Quantentheorie und Quantenmechanik angedeutet sind. Auch nach Einstein ist es noch nicht gelungen, diese mit der Relativitätstheorie zu einem überzeugenden einheitlichen Lehrgebäude zu vereinen. Insofern bleibt den Physikern und besonders den Astrophysikern noch ein ganzer Schwall von Problemen, die einer Lösung harren. Insofern ist Einsteins Lehre nicht »der Weisheit letzter Schluß«.

10.9 Neue Weltmodelle

Im Sommer 1990 fand in der Einsamkeit Nordschwedens ein Symposium über aktuelle Fragen der Kosmologie statt, zu dem das Nobelpreiskomitee eingeladen hatte. Der größere Teil der Gelehrten, die heute auf diesem Gebiet einen Namen haben, nahm daran teil. Da fast alle aktuellen Probleme zur Sprache kamen, bot die Veranstaltung einen Überblick über die heute in der Diskussion befindlichen Weltmodelle.

Unter »Weltmodell« im strengen Sinne versteht die Kosmologie ein System von Gleichungen, das die Entwicklung und den gegenwärtigen Zustand des Weltalls beschreibt. Die Gleichungen – Einsteins Feldgleichungen sind die berühmtesten – sollen den wichtigsten Beobachtungsdaten Rechnung tragen und gleichzeitig den Mathematiker befriedigen, indem sie (für ihn jedenfalls) durchsichtig und »elegant« sind. Da ich hier ohne Mathematik auskommen möchte, lege ich den Ausdruck »Weltmodelle« etwas freier aus und nenne so die Modellvorstellungen vom Weltall, die heute diskutiert werden, auch wenn sie nicht exakt mathematisch dargestellt, sondern nur mit Worten umschrieben werden.

Bei der Tagung wurde unter anderem lebhaft diskutiert über die »Dark-matter«-

These. Hinter diesem Ausdruck verbirgt sich das von mir mehrfach erwähnte Problem der fehlenden Masse. Dieser These war vorher – 1988 – eine eigene wissenschaftliche Tagung gewidmet. Ich sage »These«, denn es ist zweifelhaft, ob man schon von einer Theorie sprechen kann. Es handelt sich vorerst eher um einen Katalog offener Fragen. Offen ist schon die Grundfrage:

Da die Massen von Galaxien, die sich durch Gravitation bemerkbar machen, um ein Vielfaches (10- bis 20faches) größer sein müssen als die Materie, die sich durch Strahlung bemerkbar macht – existiert die fehlende Masse als »normale« (baryonische) Materie, also in Gestalt von Körpern, die zu klein waren, um zu echten Sternen zu werden (Riesenplaneten, Braune Zwerge), von heißen intergalaktischen Gasmassen, von Schwarzen Löchern u. ä. – oder in einer »exotischen Form«, etwa in Gestalt von Neutrinos (falls diese eine Masse besitzen) oder von gänzlich hypothetischen Teilchen (Axionen, Wimps, Gravitinos) u. ä.? Auf der genannten Tagung wurde intensiv nach Wegen gesucht, zwischen den verschiedenen theoretisch bestehenden Möglichkeiten durch Beobachtung zu unterscheiden.

Es gibt auch Forscher, die des Rätsels Lösung in ganz anderer Richtung suchen. Vielleicht, sagen sie, gibt es die unsichtbaren Massen, auf deren Existenz viele Indizien deuten und die doch nie beobachtet wurden, gar nicht? Vielleicht müssen wir vielmehr an den »Gesetzen«, mit denen wir hier operieren, z. B. dem 2. Keplerschen Gesetz, eine Korrektur vornehmen, wenn riesige kosmische Entfernungen im Spiel sind? Das muß einstweilen offenbleiben.

Als Grundlage wurde von den meisten Teilnehmern das Big-Bang-Modell, also die Theorie vom Urknall, akzeptiert – allerdings mit einer wichtigen Modifikation. Auf diese möchte ich meinen Bericht konzentrieren und andere Theorien nur kurz erwähnen. Das Stichwort für diese Theorie lautet »inflationäres Weltall« (Inflationary

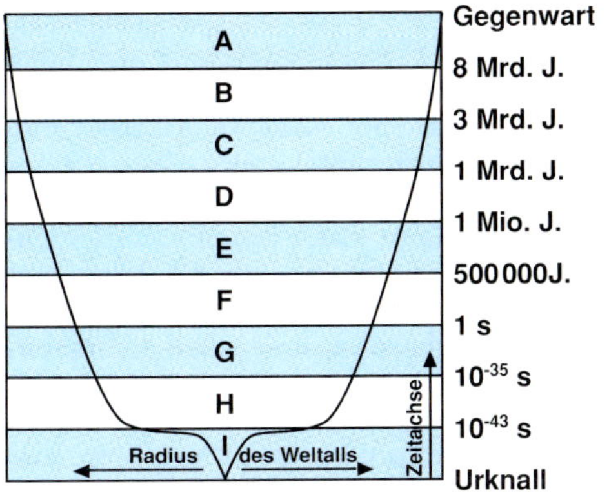

Abb. 10p. Der Werdegang des Weltalls nach dem Urknall – Modell mit inflationärer Phase. Es bleibt offen, ob der Radius immer weiter wächst oder später wieder schrumpft.

(A) Entstehung der Sonne und ihres Planetensystems
Evolution des Lebens auf der Erde
(B) Bildung der Galaxien, auch der Milchstraße
(C) Erste Quasare und Radiogalaxien
(D) Vorstufe der Galaxienbildung (Protogalaxien)
(E) Trennung von Materie und Strahlung.
Das All wird durchsichtig
(F) Schwache Wechselwirkung und Elektromagnetismus trennen sich.
Bildung von Protonen, Neutronen, von Wasserstoff- und Helium-Atomen
(G) Trennung der starken Wechselwirkung von der schwachen und vom Elektromagnetismus.
Ende der Aufblähung
(H) Trennung der Gravitation von den anderen Grundkräften. Gewaltige Inflation
(I) Alle 4 Grundkräfte vereinigt.
Radius gegen unendlich klein, Temperatur gegen unendlich hoch

Universe). Das lateinische Verbum »inflare« bedeutet aufblasen, aufblähen; darum bezeichnen wir im Geldwesen als Inflation einen Zustand, in dem die Geldmenge (im Verhältnis zum Angebot an Waren und Dienstleistungen) ungebührlich aufgebläht ist.

Unter den Urhebern der Theorie muß an erster Stelle der Amerikaner Alan H. Guth genannt werden; er hat selbst fairerweise darauf hingewiesen, daß die Theorie in ihrer heutigen Form Verbesserungen enthält, die auf den Russen Andrej D. Linde und Guths Landsleute Andreas Albrecht und Paul Steinhardt zurückgehen. Guth hat seine Theorie zuerst 1981 formuliert. Guth arbeitete zunächst in der Physik der Elementarteilchen. Dieses Forschungsgebiet geriet in den siebziger Jahren in heftige Bewegung durch die sogenannten »großen vereinheitlichenden Theorien«, nach der englischen Bezeichnung »Grand Unified Theories« kürzt man sie meistens mit GUT ab. Die Theorien beschäftigen sich mit dem Verhalten von Elementarteilchen, wenn diese Energien von etwa 10^{14} GeV erreichen. Das G ist eine Abkürzung für »Giga« und entspricht dem Faktor von einer Milliarde. Teilchen in einem solchen Energiezustand können in irdischen Laboratorien niemals erzeugt werden. Wollte man einen Beschleuniger bauen, in dem ein Teilchen in diesen Zustand gebracht wird, so müßte dieser (wie Guth selbst vorgerechnet hat) 1 Lichtjahr lang sein. Es war folgerichtig, daß Guth sich dann den Problemen der Entstehung des Universums zuwandte, denn nur hier, und zwar beim Urknall, könnten entsprechende Bedingungen realisiert sein. Die neue Theorie will, wie ich schon andeutete, nicht die These vom Urknall ersetzen. Sie setzt den Urknall vielmehr voraus, und auch die Entwicklung des Universums, die es von einem Zeitpunkt wenige Minuten nach dem Urknall an bis heute genommen hat, stimmt im wesentlichen mit dem »Standardmodell« der Urknall-Theorie überein. Die Änderung bezieht sich nur auf die ganz kurze Zeitspanne unmittelbar nach dem Urknall. Ich will versuchen, den Kern der neuen Theorie wenigstens andeutungsweise zu beschreiben.

Als das Universum 10^{-35} Sekunden alt war, hatte es eine Temperatur von 10^{27} Kelvin. Bei dieser Temperatur findet nach Aussage der als GUT zusammengefaßten Theorien ein Phasenübergang statt. Dieses Vorkommnis läßt sich in etwa vergleichen mit dem uns allen vertrauten Übergang in einen anderen Aggregatzustand, wie er z. B. vorliegt, wenn Wasser gefriert. Der Stoff »Wasser« nimmt dabei, da sich in ihm Kristalle bilden, eine ganz andere Struktur an.

Oberhalb der kritischen oder GUT-Temperatur von 10^{27} K sind drei von den vier bekannten Grundkräften der Natur noch vereinigt, noch ungeschieden: die starke Wechselwirkung, auch Kernkraft genannt (sie hält die Bestandteile des Atomkerns zusammen), die schwache Wechselwirkung (sie spielt beim radioaktiven Zerfall eine Rolle) und die elektromagnetische Wechselwirkung. Die vierte Kraft, die Gravitation, ist dabei nicht einbezogen. Unterhalb der kritischen Temperatur treten die drei Kräfte getrennt auf.

Bei dem Phasenübergang kann für einen winzigen Sekundenbruchteil ein Zustand entstehen, den der Physiker als falsches Vakuum bezeichnet. In ihm tritt etwas höchst Überraschendes auf: Die Gravitation ist hier statt einer anziehenden eine abstoßende Kraft. Ihre Wirkung ist so gewaltig, daß innerhalb von 10^{-32} Sekunden das entstehende Universum um einen Faktor von mindestens 10^{40} expandiert, aufgebläht wird (daher der Name der Theorie). Aus dieser Inflation resultiert die bis heute anhaltende Expansion des Universums. Nach dieser Theorie geht die Expansion also im wesentlichen auf die kurzfristig wirkende negative Gravitation zurück, nicht auf den Urknall selbst.

Wenn dieses Intermezzo abgeschlossen ist, verläuft die weitere Entwicklung des Universums so, wie sie auch nach dem Standard-Urknall-Modell anzunehmen ist.

Warum soll aber dieses extrem kurze Zwischenstadium, diese vorüberhuschende Episode für das Universum oder unser Bild von ihm einen so entscheidenden Unterschied machen? Die Urheber der Theorie führen dafür eine Reihe recht überzeugender Argumente ins Feld. Eines davon möchte ich kurz vorstellen.

Die 3-K-Strahlung weist einen hohen Grad von Isotropie auf (abgesehen von der winzigen Verschiebung, aus welcher die Bewegung unseres Milchstraßensystems und seiner Umgebung abgeleitet wird). Auch das Universum, wie wir es heute beobachten, ist, wenn wir große Dimensionen ins Auge fassen, homogen. Das erscheint auf den ersten Blick nicht erklärungsbedürftig, denn in jedem physikalischen System und demnach auch im Universum stellt sich allmählich ein Zustand gleicher Temperatur her, ein thermisches Gleichgewicht. Allmählich! Das braucht etwas Zeit. Nach dem Big-Bang-Modell aber, so wird argumentiert, entwickelt sich das Universum so rasend schnell, daß es gar keine Zeit für solchen Temperaturausgleich gehabt haben kann. Ein von Guth selbst gebrauchter Vergleich verdeutlicht das: Wäre das Universum bevölkert von lauter kleinen purpurfarbenen Geschöpfen, jedes ausgestattet mit einem Heiz- und einem Kühlgerät, die gemeinsam das Ziel verfolgen, im Universum eine einheitliche Temperatur herzustellen – sie hätten, um ihr Ziel in dem Augenblick, als die 3-K-Strahlung sich löste, zu erreichen, sich verständigen müssen durch Signale, die mit 90facher Lichtgeschwindigkeit reisen. Und das ist gänzlich auszuschließen . . .

Nach der Inflationstheorie geht das heute bestehende Universum auf einen ganz winzigen Raumteil zurück. In diesem konnte ein thermisches Gleichgewicht sofort entstehen, und es ist während der ganzen Inflation erhalten geblieben.

Andere Argumente arbeiten mit der heute im Weltall beobachteten Materiedichte; auch die Frage, warum das Weltall, wenn man kleinere Dimensionen in Betracht zieht, stark strukturiert und hierarchisch gebaut ist, glaubt die Theorie besser beantworten zu können als alle früheren.

Eine beachtliche Konsequenz der Theorie besteht schließlich in folgendem: In dem Augenblick, da das falsche Vakuum in das normale Vakuum übergeht, wird eine riesige Energie frei, und diese führt zur Erzeugung einer gewaltigen Zahl von Teilchen. Man ist also nicht gezwungen, sich vorzustellen, daß im Augenblick des Urknalls schlagartig unermeßliche Mengen von Materie entstehen. Die Materie wird vielmehr erst im Anschluß an die inflationäre Aufblähung erzeugt. Die Materie entsteht nicht im Big Bang als Schöpfungsakt, sondern das Universum erzeugt sie selbst aus dem Vakuum. Diese Konsequenz ist ironisch als »Münchhausen-Effekt« bezeichnet worden, bezogen auf die wunderschöne Erzählung des Lügenbarons, er habe sich mitsamt seinem Pferde dadurch vor dem sicheren Tod durch Versinken in einem Moor gerettet, daß er sich und das Pferd mit der Faust an seinem eigenen Haarschopf herausgehoben habe.

Vielleicht ist dieser Spott aber physikalisch nicht gerechtfertigt. Nach der Vorstellung der heutigen Physik, d.h. in diesem Fall der Quantentheorie, gibt es das, was ein physikalischer Laie sich unter einem vollständigen Vakuum vorstellt, überhaupt nicht. Nach der Vorstellung des Laien bliebe, wenn man jede Spur von Materie aus einem Raumgebiet entfernt, eine wirkliche Leere übrig, in der nichts mehr vorhanden ist und auch nichts mehr geschieht. Nach der heutigen Vorstellung ist ein Vakuum dagegen eine ziemlich komplexe Angelegenheit. Es enthält sogenannte Quantenfluktuationen, bei denen »virtuelle« Teilchen entstehen und auch miteinander wechselwirken können. Die uralte Weisheit, daß aus einem Nichts auch nichts entstehen kann, wird hier außer Kraft gesetzt.

Ich bitte meine Leser, zu beachten, daß die physikalischen Theorien, die hier ins Spiel gekommen sind, nicht etwa aufgestellt worden sind, um Erklärungen für Anfangszustände des Universums zu finden. Sie sind vielmehr entstanden aus den Bemühungen der Forschung um Grundlagen und Grundfragen der ganzen Physik, insbesondere dem Bemühen, Ordnung in die vorhandenen Elementarteilchen und ihr Zusammenwirken und Ordnung in die vorhandenen Grundkräfte und ihr Zusammenwirken zu bringen. Sobald die Theorien da waren, konnten sie aber auf Probleme des Weltalls, in diesem Fall seiner Entstehung, angewandt werden.

Dies ist ein allgemeines Kennzeichen der Entwicklung, in der wir heute stehen. Sie ist gekennzeichnet durch einen Zusammenschluß von beobachtender und theoretischer Astronomie und damit von Physik. Auf den ersten Blick könnte man meinen, es gäbe einerseits beobachtende Astronomen, also solche, die Instrumente ersinnen, bauen und dann benutzen, und auf der anderen Seite gäbe es Theoretiker, die nicht selbst ins Fernrohr schauen, sondern die Fülle der Beobachtungsergebnisse theoretisch zu verarbeiten suchen. Obwohl das nicht ganz falsch ist, wüßten doch die sogenannten beobachtenden Astronomen kaum, wie sie das Beobachtete verstehen sollen, wenn es nicht die Theorie gäbe, ja, sie wüßten vielleicht nicht einmal, wonach sie überhaupt zu suchen haben. Und daß auf der anderen Seite den Theoretikern alsbald die Luft ausginge, wenn keine Beobachtungen mehr gemacht würden, versteht sich von selbst.

Alles, was ich hier als Theorie bezeichnet habe, ist aber heute praktisch Physik. Sobald der Astronom über das reine Registrieren von Beobachtungsdaten hinaus fragt: Was beobachte ich hier eigentlich? Was geht da vor, wo die Strahlung herkommt? – braucht er die Physik. Und auf der anderen Seite wird jede neue Erkenntnis, die sich auf Grundfragen und Grundlagen der Physik bezieht, sehr schnell auf Astrophysik und Astronomie angewandt werden und zurückwirken. Dies gilt nicht nur für die hier genannten Theorien, sondern für nahezu alles, was an ganz neuen und überraschenden Theorien auftaucht. So beschäftigt man sich ernsthaft – um wenigstens noch ein Beispiel zu bringen – mit der Frage: »Warum spielt sich unser Wahrnehmen und Denken stets in drei (nur drei) räumlichen Dimensionen und einer zeitlichen Dimension ab?« Schon während Einstein seine Allgemeine Relativitätstheorie formulierte, schickte ihm ein junger in Königsberg wirkender Physiker namens Theodor Franz Eduard Kaluza eine Arbeit, in der sich zu den vier Dimensionen unserer Raumzeit eine fünfte gesellte. Heute werden sogar mehr als fünf Dimensionen in Betracht gezogen. Eine neue Theorie der Gravitation, auch Supergravitation genannt, arbeitet mit elf Dimensionen. Die Arbeit Kaluzas ist schließlich auf Empfehlung Einsteins 1921 in den Sitzungsberichten der Berliner Akademie veröffentlicht worden. Im Jahr 1926 hat der schwedische Physiker Oskar Klein Kaluzas Gedanken wieder ins Gespräch gebracht. Heute spricht man häufig von Kaluza-Klein-Theorien. Eine unter diesen geht davon aus, daß es elf Dimensionen gibt, von denen allerdings sieben »aufgerollt« sind.

Zwei ziemlich neue Theorien will ich noch erwähnen. Sie stammen nicht aus der theoretischen Physik, sondern aus der Astrophysik. Sie sind bezeichnet mit den Stichwörtern »Big Bounce« und »Cosmic Strings«.

Die erste Theorie stammt trotz ihres englischen Namens von zwei deutschen Forschern, nämlich Wolfgang Priester und H.-J. Blome. Da das englische Wort »bounce« ebenso wie das Wort »bang« auch Stoß oder Knall bedeuten kann, liegt die Bedeutung nicht weit von der Urknall-These entfernt; richtiger wird aber das Wort bounce hier wohl verstanden, wenn man daran denkt, daß es auch das Aufprallen und Zurückspringen eines luftgefüllten Balls bedeutet.

Tatsächlich benötigt die Theorie keinen Urknall, sie geht vielmehr von einem schon immer vorhandenen leeren Raum aus. Dieser soll zunächst geschrumpft sein bis zu einer minimalen Ausdehnung, um darauf wie ein eingedrückter Ball sich wieder aufzublähen und nun in alle Ewigkeit weiter zu expandieren. In dieser Theorie spielt die ursprünglich von Einstein angenommene, dann verworfene kosmologische Konstante eine Rolle. Sie wird hier gedeutet als Energiedichte des Vakuums.

Das englische Wort »string« bedeutet Schnur oder Faden, kann auch die Saite eines Streichinstruments bezeichnen. Diese Theorie ist der Inflationsthese insofern nah, als sie auch von einem Phasenübergang im frühen Universum bei einer Temperatur von 10^{27} K ausgeht. Dabei sollen sich fadenförmige Strukturen gebildet haben – ähnlich wie die Risse, die im Eis entstehen, wenn Wasser ungleichmäßig gefriert. Ein Teil dieser Strings hat sich bis heute gehalten. Strings bestehen nicht aus Materie. Sie sind leerer Raum, der mit Energie aufgeladen ist, unvorstellbar dünn (Durchmesser 10^{-30} cm), aber gewaltige Energiemengen enthaltend. Strings können Schleifen bilden oder sich bis ins Unendliche erstrecken.

Die Existenz solcher Strings ist durch Beobachtung bisher nicht erwiesen. Die in ihnen vorhandene geballte Energie – 1 km String soll soviel Energie enthalten, wie der Masse der Erde entspricht, wenn man sie nach der Formel $E = m \cdot c^2$ umrechnet – hätte eine starke Gravitationswirkung.

Deshalb liefert die Annahme solcher Strings eine gute Basis für die Erklärung der heutigen Materieverteilung im Universum: Sie hat sich um die Strings als Kondensationskerne angesetzt (so wie Wasserdampf, der mit Hilfe von Staubteilchen zu Nebel kondensiert); daraus sind schließlich Galaxien geworden, Galaxienhaufen und Superhaufen, deren jetzige blasen- oder wabenförmige Anordnung auf die Lage der Strings zurückgeht.

»Und wie geht es weiter?« Dieser Frage wenden wir uns jetzt zum Schluß zu.

Mancher denkt bei dieser Frage zuerst an die Zukunft der Menschheit. Hier sieht die Prognose, die der Kosmologe geben kann, recht günstig aus. Zwar ist eine Katastrophe wie der Zusammenstoß der Erde mit einem größeren Asteroiden jederzeit möglich, aber doch höchst unwahrscheinlich. Läßt man diesen Fall außer Betracht, so dürften die Bedingungen, die der Menschheit ihr Entstehen und Überleben auf der Erde durch Milliarden Jahre gesichert haben, noch lange bestehenbleiben, so lange nämlich, bis die Sonne in das Stadium eines Roten Riesen übergeht und die Erde verglühen läßt. Bis dahin sind es noch mehrere Milliarden Jahre! Fraglich ist dagegen, ob die Menschheit nicht schon sehr viel früher durch ihr eigenes Verhalten, besonders durch ihre hemmungslose Vermehrung, ihre eigenen Lebensgrundlagen auf der Erde zerstört haben wird.

Bezieht man die Frage auf die ferne Zukunft des Universums im ganzen, so melden sich sofort die vielerlei Bedenken, die gegen kosmologische Theorien überhaupt geltend gemacht werden können und die ich auch wiederholt erwähnt habe. Dürfen wir über Milliarden Jahre hinweg in die Zukunft hinein extrapolieren? Wissen wir überhaupt genug über das gegenwärtige Universum, um damit eine Basis für sinnvolle Prognosen zu besitzen? Ich erinnere daran, daß wir nur von dem kleinen Ausschnitt des Universums, der sich in unserer unmittelbaren Umgebung befindet, gewissermaßen eine Momentaufnahme haben, die den Zustand in einem bestimmten Zeitpunkt wiedergibt. Je weiter wir blicken, um so weiter blicken wir auch zurück in vergangene Zustände des Universums, und wir sind bisher nicht sicher, in welcher Form und in welchem Ausmaß wir das in unseren Weltmodellen berücksichtigen müssen.

Immerhin aber: Solange man sich darüber im klaren ist, daß alle Erwägungen um so spekulativer werden, je weiter sie in die Zukunft vorauseilen, kann man doch sinnvoll – und auf jeden Fall interessant – über so weitreichende Fragen nachdenken. Ich folge hier großenteils einem Bericht, den vier amerikanische Physiker (Dicus, Letaw, Doris und Vigdor Teplitz) im Jahre 1983 verfaßt haben.

Bisher ist nicht entschieden, ob das Universum offen oder geschlossen ist. Liegt die Dichte der Materie unterhalb eines kritischen Grenzwertes, so wird die Expansion unserer Welt zwar durch die Gravitation immer mehr abgebremst, sie kommt aber niemals zum völligen Stillstand. Liegt die Dichte dagegen über der kritischen Schwelle, so wird die Expansion irgendwann in Kollaps umschlagen. Das endet dann vielleicht in einem »Big Crunch«. Dieser Ausdruck ist vor kurzem aufgekommen. Wörtlich genommen bedeutet »crunch« soviel wie Knirschen. Vielleicht könnte man es hier auch mit »Kladderadatsch« übersetzen. Man kann dieses Ende in Anlehnung an den Begriff des Urknalls auch als »Schlußknall« bezeichnen. Da die Entscheidung zwischen beiden Varianten heute nicht getroffen werden kann, müssen Überlegungen für die Zukunft für beide Fälle getrennt angestellt werden.

Die erste einschneidende Veränderung gegenüber dem gegenwärtigen Weltzustand kann darin bestehen, daß ein großer Teil des vorhandenen Wasserstoffs durch Fusion in Sternen in schwere Elemente, insbesondere Eisen, umgewandelt ist und daß nur noch wenig Wasserstoff vorhanden ist, so daß sich keine neuen Sterne mehr bilden können. Das ist ein unumkehrbarer Vorgang! Geschätzt wird, daß er erst abläuft, wenn das Alter der Welt ein Vielfaches des jetzt erreichten beträgt, etwa 10^{14} oder 100 Billionen Jahre.

Ein zweites einschneidendes Ereignis soll nach etwa 10^{17} Jahren abgelaufen sein: Alle Sterne, die Planetensysteme haben (wieviel das sein mögen, wissen wir nicht), haben dann als Folge naher Begegnungen mit anderen Sternen ihre Planeten eingebüßt. Als drittes Ereignis wird ein »Verdampfen« von Galaxien ins Auge gefaßt. Kommt es zu nahen Begegnungen von zwei Sternen (und die sind unvermeidlich, wenn genug Zeit vergeht), so kann das dazu führen, daß einer der beiden beschleunigt wird auf eine Geschwindigkeit, die größer ist als die Entweichgeschwindigkeit für das betreffende Sternsystem. Das wäre ein Vorgang, der an die molekularen Vorgänge an der Oberfläche einer verdampfenden Flüssigkeit erinnert.

Was bleibt danach von den Galaxien übrig? Die verbliebenen Sterne, die nicht entwichen sind, und ein großer Teil der interstellaren Materie. Diese werden sich nun allmählich zum Zentrum des betreffenden Systems hin bewegen. Dort werden sie von einem Schwarzen Loch verschlungen, sei es, daß im Zentrum dieses Systems schon ein solches Loch existiert oder daß es sich erst in diesem späten Stadium bildet. Nun wäre überall, wo einst eine Galaxie war, nur noch ein supermassives Schwarzes Loch vorhanden. Dieses Stadium soll nach 10^{18} Jahren erreicht sein.

Die weitverstreuten Sterne, die dann noch übrig sind, könnten noch sehr lange existieren. Sie könnten vor allem der Erstarrung im endgültigen Kältetod noch lange widerstehen, wenn die Vorhersage mancher heutiger Theorien zutrifft, daß Protonen nicht ewigen Bestand haben, sondern nach unendlich langen Zeiträumen doch zerfallen. Man sagt den Protonen eine Lebensdauer von 10^{30} bis 10^{32} Jahren vorher. Ob diese Voraussage zutrifft, das könnte man übrigens auch dann prüfen, wenn man nicht bis dahin abwartet, sondern wenn man nur eine ausreichend große Anzahl von Protonen genau beobachtet. Es handelt sich nämlich bei der angegebenen Zahl um die durchschnittliche Lebensdauer. Man müßte dann eine Masse beobachten, die mindestens 10^{32} Protonen enthält; bei Wasser wären das etwa 160 t. Unter dieser Menge von Protonen sollte etwa eines pro Jahr zerfallen, und das ließe sich beobachten. Ein Dutzend aufwendiger Experimente mit dem Ziel, dies nachzuweisen, hat bisher noch keine eindeutigen Ergebnisse erbracht.

Wenn ein Proton zerfällt, dann entstehen energiereiche Teilchen, Elektronen, Photonen, Positronen und Neutrinos. Mit Ausnahme der Neutrinos werden sie von der Sternmaterie absorbiert und heizen diese auf. Es würde etwa 10^{32} Jahre dauern, bis ein Zustand erreicht ist, bei dem dieses Aufheizen schließlich ausläuft und alle Sterne endgültig ausgekühlt sind.

Jetzt wären im wesentlichen nur noch die Schwarzen Löcher vorhanden. Werden sie in alle Ewigkeit weiterbestehen? Nach theoretischen Erwägungen, die vor allem auf den berühmten Stephen W. Hawking in Cambridge zurückgehen, ist es möglich, daß ein Schwarzes Loch durch einen Tunneleffekt, wie ihn die Quantentheorie auch anderswo kennt, doch Energie und sogar Materie verliert. Schwarze Löcher können demnach ebenfalls »verdampfen«. Nur geht das unendlich langsam. Es soll erst nach 10^{100} Jahren passiert sein.

Für ein geschlossenes Universum unterscheidet sich die Prognose von der eben skizzierten im wesentlichen nur am Schluß. Von dem Augenblick an, da die Gravitation die Oberhand gewinnt, steigen die Dichte und die Temperatur. Nun könnte alles, was wir über die Entwicklung des Alls wissen, in umgekehrter Richtung ablaufen. Unklar ist dabei, ob das am Schluß auf ein einziges Schwarzes Loch hinauslaufen könnte, das dann das ganze bisherige Universum enthielte, oder ob es vielmehr hinauskäme auf einen erneuten Urknall, der die Expansion von neuem in Gang setzt.

Es gibt auch Spekulationen, ja sogar Berechnungen zu der Frage, wie in einem pulsierenden Universum, in welchem Expansion und Implosion einander ablösen, der neu einsetzende Zyklus sich von dem vorhergehenden unterscheiden würde; ebenso darüber, wie viele derartige Zyklen das Universum bereits durchlaufen haben könnte.

Der Gedanke, daß wir in einem pulsierenden Universum leben, läßt sich auch anders ausdrücken: Die Welt, in der wir leben, ist nur eine Welt aus einer unendlichen Kette von Welten, die in unermeßlichen Zeitabständen aufeinander folgen. Unsere Welt hat Vorgänger, und sie wird Nachfolger haben. Dieser Gedanke stellt unser Vorstellungsvermögen nicht vor unüberwindliche Schwierigkeiten. Er berührt sich mit dem Inhalt mancher Mythen. Auch der Gedanke an Nietzsches Lehre von der »ewigen Wiederkehr« liegt nahe. Allerdings sagt die Kosmologie nicht, daß es sich um eine genaue Wiederholung, eine gleiche Welt, handeln müsse. Schwerer nachvollziehbar ist für uns der Gedanke, unsere Welt sei nur eine von mehreren oder von vielen, die gleichzeitig existieren. Auch dieser Gedanke wird von den Kosmologen diskutiert, ja vertreten. Man geht dabei bis heran an die Grenze, die sich in der Redensart spiegelt: Unsere Welt ist nur ein Atom in der Teetasse eines Riesen. Man spricht auch von einem sich selbst reproduzierenden Universum.

Wenn unsere Welt aus einer Quantenfluktuation in einem anderen Universum entstanden ist, dann könnte eine solche »Geburt« eines neuen Universums auch in unserem passieren, vielleicht sogar mehrfach. Auf jeden Fall scheint – nach der Inflations-Hypothese – das uns zugängliche Universum nur ein bescheidener Teil eines weit größeren Ganzen zu sein.

Ein radikaler Vertreter solcher Gedanken ist der schon erwähnte Andrej D. Linde, der jetzt in den USA tätig ist. Er spricht von einer »von Ewigkeit her bestehenden, sich selbst erneuernden Wesenheit, eingeteilt in viele Teilwelten, von denen viele größer sind als der uns zugängliche Teil«. Linde gilt als Urheber einer Variante der Inflationstheorie, nach der die Welt aus einem chaotischen »Raum-Zeit-Schaum« entstanden ist. Aus einem solchen Anfang könnten mehrere Welten hervorgegangen sein, ohne daß eine die andere berührt oder beeinflußt, ja sogar unendlich viele. Unsere Raumzeit könnte in der Größenordnung von 10^{-23} cm »schaumig« sein (das erinnert an den manchmal ausgesprochenen Gedanken von einer Quantelung der Zeit) und neue Welten gebären.

10.10 Und der Mensch?

Was bedeutet das gigantische kosmische Drama, dessen Umrisse ich in diesem Buch nachzuzeichnen versucht habe, für den Menschen? Welche Stellung kommt ihm darin zu? Und was bedeutet er (falls er etwas bedeutet) in ihm und für den Ablauf dieses Dramas? Am Beginn dieses Buches habe ich versprochen, hierauf zurückzukommen.

Im Prinzip sind zwei diametral entgegengesetzte Antworten denkbar.

Die erste Antwort: Der Mensch bedeutet überhaupt nichts. Er ist kosmisch belanglos, so gut wie ein Nichts, eine Episode, ein unbedeutender Zufall der Natur. In dem turbulenten kosmischen Geschehen kann es zufällig passieren, daß in einem unbedeutenden kosmischen Winkel ein paar Milliarden Jahre lang gleichbleibende Bedingungen zustande kommen, die das Entstehen relativ komplexer Kohlenstoffverbindungen begünstigen. Auf einem kleinen Planeten können sich, wenn die Temperatur günstig ist und konstant bleibt, wenn eine Gashülle vorhanden ist, die hochenergetische Gamma-, Röntgen-, UV-Strahlung abschirmt, aus diesen Kohlenstoffverbindungen Lebewesen entwickeln, Wesen mit einem relativ gut ausgebildeten Zentralnervensystem. Vielleicht will es der Zufall obendrein, daß sie irgendeinen Überschuß an Vitalität entwickeln, daß sie anfangen, sich über die bloße Existenzerhaltung und Fortpflanzung hinaus mit Fragen an ihre nähere, d. h. irdische, und fernere, d. h. kosmische Umwelt zu beschäftigen. Sollte dies geschehen, so hat es keinerlei Bedeutung für den Weltlauf im großen. Es wird spurlos vergehen, ohne Konsequenzen.

Ein Gleichnis mag das noch ein wenig deutlicher machen. Die Mythologie der alten Griechen hat die schöne und tiefsinnige Vorstellung entwickelt, daß jeder aus dem Leben Geschiedene durch den Fährmann Charon über den Styx, den Strom des Vergessens, in das Reich der Schatten gefahren wird. Ein Wißbegieriger, der eben diese Reise antritt, fragt den Fährmann: Was bedeutet es denn, daß dieser Strom »Strom des Vergessens« genannt ist? Heißt es, daß ich, sobald ich ihn überquert habe, alles vergesse – oder heißt es, daß ich dann von allen und für immer vergessen bin? – Beides, mein Lieber – gibt der Fährmann zur Antwort: Erst wirst du alles vergessen, und dann wirst du von allen vergessen, und der Unterschied ist nur eine kleine Weile.

Das Gleichnis besagt: Der Mensch wird vergehen, wie dieser Planet vergehen wird, auf dem er haust, und es gibt nichts und es gibt niemand, der seine Spuren aufsuchen oder sich seiner erinnern wird.

Dies ist die Antwort, die den Menschen winzig und unbedeutend erscheinen läßt. Die andere aber macht ihn groß: Ist es nicht unfaßlich und zum Verwundern, ja zum Bewundern, daß dieser Erdenwurm seine Blicke und Gedanken zu fernsten Sternen schickt, ja bis an die Grenzen des Alls, daß er versucht, dessen Entstehung und Entwicklung zu begreifen, daß er sogar Fragen stellt nach dem Sinn des Ganzen und nach seiner eigenen Rolle in ihm?

Sehen wir die Sache so, so wäre das Große, das Einmalige am Menschen, daß er zu den Sternen aufschaut und sie zu erforschen trachtet. Dann wären die Menschen, die an Teleskopen und Antennen ins All hinausblicken oder -lauschen, diejenigen, die das eigentlich Wichtige und Sinngebende tun! Die Masse der Menschen und das, was sie tun, nach Macht streben, nach Geltung, nach Reichtum, nach Schönheit, Zufriedenheit, Familien aufziehen, menschliche Gesellschaft aufbauen oder auch umstürzen – sie alle täten demgegenüber etwas Zweitrangiges und nicht Wichtiges. Höchstens begnadete Künstler – ein Rembrandt, ein Bach, ein Mozart –, die auf unergründliche Weise etwas von dem kosmischen Geheimnis in menschliche Werke bannen und an andere Menschen weitergeben, wären vielleicht den Erforschern des Universums an die Seite zu stellen.

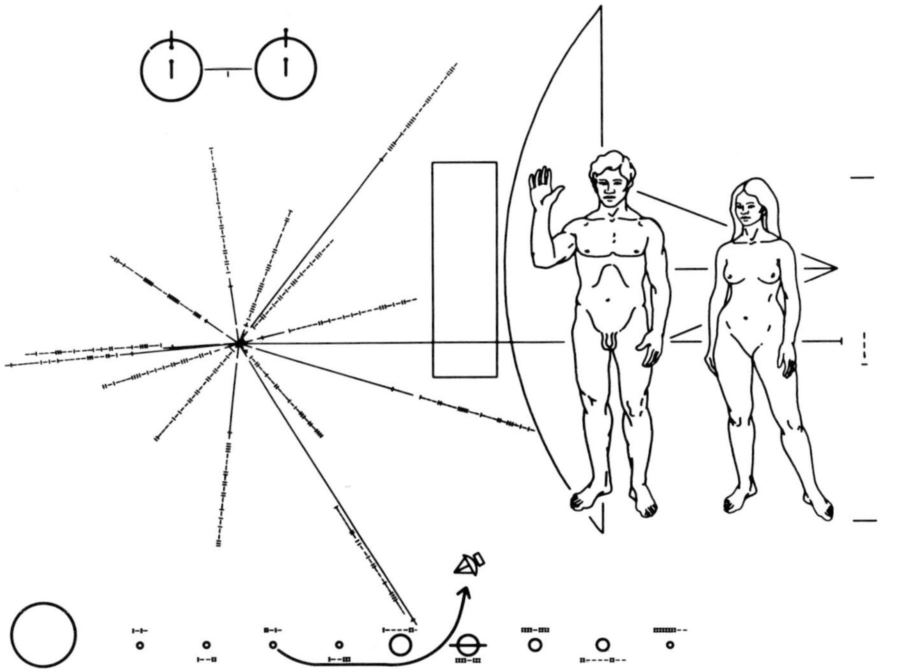

Abb. 10q. Eine 1972 gestartete amerikanische Weltraumsonde, die sich nach ihrem Vorbeiflug am Planeten Jupiter in die unbekannten Tiefen des Weltraums entfernt hat, trägt eine vergoldete Aluminiumtafel mit dieser von Linda Sagan entworfenen Zeichnung. Alle Zahlenangaben in binärer Schreibweise: – = 0; I = 1; I – = 2; II = 3; I – – = 4 usw. Links oben 2 Wasserstoffatome (Kern = I; Elektronenzahl = I). Die Wellenlänge des neutralen Wasserstoffs (ca. 20 cm) dient als Längeneinheit, die Frau des Menschenpaares rechts ist also 8 (= I – – –)mal so groß wie diese Einheit = 1,60 m. Am unteren Rand Schema unseres Sonnensystems mit dem Weg der Sonde vom 3. Planeten (Erde) um den 5. (Jupiter) in den Raum hinaus. Als Orts- und zugleich Zeitangabe für den Start der Sonde das Strahlenbündel, das die Richtungen (von der Sonne aus) und die (derzeitigen) Frequenzen (in Wasserstoff-Einheiten) für einige Pulsare angibt. Die erste Botschaft der Menschheit, die außerirdische Intelligenz erreichen soll. Seither sind weitere ausgeschickt worden.

Eine Anwort, die zwischen diesen beiden Extremen liegt, werden viele Leser fast unbesehen akzeptieren können. Sie lautet: Dies alles – der Kosmos, die Entwicklung der Welt im größten Maßstab – mag faszinierend sein und unsere menschliche Welt klein erscheinen lassen. Aber nichts entbindet uns doch von der Verpflichtung, hier und jetzt das uns Aufgegebene zu tun, und das ist: für den Frieden zu sorgen, unseren Mitmenschen zu helfen, gegen Diskriminierung, Ausbeutung, Unterdrückung zu kämpfen, eine menschenwürdige Gesellschaft aufzubauen und die natürlichen Lebensgrundlagen zu bewahren.

Immanuel Kant hat den Blick zu den Sternen hinauf und den Blick in das Herz des Menschen und das sein Verhalten regierende sittliche Gesetz großartig verknüpft in seinem berühmten Wort von den zwei Dingen, die uns mit immer neuer Bewunderung und Ehrfurcht erfüllen: dem bestirnten Himmel über uns und dem moralischen Gesetz in uns.

Eine religiöse Antwort auf unsere Frage wird, so scheint mir, durch die Erkenntnisse der Astronomie und Astrophysik weder ausgeschlossen noch bestätigt. Statistisch gesehen scheint es zwar, wenn man so sagen darf, unwahrscheinlich, daß der Schöpfer den Jahrmilliarden währenden, risikoreichen und umständlichen Weg der Evolution benutzt, um schließlich ein Wesen zu schaffen, das er haben will, um ihm dann etwas von seinem Odem einzuhauchen und ihm einen gewissen Grad von Freiheit (einen sehr begrenzten, genaugenommen) zu gewähren, von dem der Mensch bisher (dies mein Eindruck) fast den schlechtestmöglichen Gebrauch macht.

In derselben statistischen Betrachtungsweise erscheint es auch unwahrscheinlich, daß der Schöpfer und Herr der Welten seinen eingeborenen Sohn ausgerechnet auf diesen kleinen, im Kosmos nur staubkorngroßen Planeten in einem unter Millionen Sternsystemen schickt! Oder hat er viele Söhne . . .?

Und doch: Wer hat den geschundenen Menschen mehr geliebt als dieser Jesus Christus, wer hat ihm mehr geopfert, wer hat ihn Besseres gelehrt für sein Verhalten zum Mitmenschen? Kann er für so viel Unrecht, das auch in seinem Namen geschehen ist?

Sollte ein Schöpfer und Lenker der Welten existieren – die Wissenschaft, wie gesagt, sieht ihn nicht, »Je n'ai pas besoin de cette hypothèse . . .« (so der große Astronom und Mathematiker Laplace zu Napoleon I.) – und sich wirklich für jedes einzelne Geschöpf hinieden interessieren und zu ihm hinabneigen? Doch gibt es viele Menschen, denen nichts und niemand ihre Überzeugung, ihren Glauben nehmen kann, daß dies so sei, daß Gott (oder ein Gott?) durch die Stimme des Gewissens zu ihnen, in ihnen spricht und sie gnädig leitet.

Fast jeder, der ein Leben lang in die Geheimnisse der Natur hineinlauscht, gelangt früher oder später zu einer Demut, die man als Grundgefühl jeglicher Religion bezeichnen kann: »Das Staunen ist der Menschheit bestes Teil.« Albert Einstein, einer der ganz großen Naturforscher unseres Jahrhunderts, hat die Vorstellung von einem anthropomorphen (menschenartigen) Gott als primitiv von sich gewiesen; zugleich hat er aber als höchste Stufe, die ein Mensch erreichen kann, »kosmische Religiosität« genannt. Und er hat geschrieben:

»Das tiefste und erhabenste Gefühl, dessen wir fähig sind, ist das Erlebnis des Mystischen. Aus ihm allein kommt wahre Wissenschaft. Wem dieses Gefühl fremd ist und wer sich nicht mehr wundern und in Ehrfurcht verlieren kann, der ist seelisch bereits tot. Das Wissen darum, daß das Unerforschliche wirklich existiert und daß es sich als höchste Wahrheit und strahlendste Schönheit offenbart, von denen wir nur eine dumpfe Ahnung haben können – dieses Wissen und diese Ahnung sind der Kern aller wahren Religiosität.«

Kann es sein, daß ein Mensch, der etwas von den Geheimnissen des Alls erahnt hat, ein kleinlicher, egoistischer Mensch bleibt, rechthaberisch im Alltag, ohne Liebe zu seinen Mitmenschen und zur Kreatur? Ich meine, die kosmische Perspektive müßte ihn über derartiges hinausheben.

Ich beschließe dieses Buch mit dem Wunsch, daß dies ab und zu geschehe, und mit einem Zitat. Es ist der letzte Satz aus der deutschen Ausgabe (1977) von Steven Weinbergs Buch »Die ersten drei Minuten« (gemeint ist: des Universums). Er lautet: »Das Bestreben, das Universum zu verstehen, hebt das menschliche Leben ein wenig über eine Farce hinaus und verleiht ihm einen Hauch von tragischer Würde.«

Index

Zur Beachtung: Sachbegriffe und Namen von Personen, Sternen, Sternsystemen, Sternbildern sind in einem Abc zusammengefaßt. Magere Ziffern verweisen auf Erwähnung im Text, halbfette auf nähere Behandlung, kursive auf Abbildungen.

Danksagung und Nachweis der Bildquellen

Der Verfasser dankt Herrn Professor Dr. Rudolf Kippenhahn für die Erlaubnis, die Bibliothek des Max-Planck-Instituts für Astrophysik in Garching zu benutzen; den Herren Dr. Hans-Thomas Janka und Dr. Achim Weiß vom genannten Institut für ihre kritische Durchsicht seines Manuskripts. Verfasser und Verlag danken allen, die durch Hinweise und vor allem mit Bildvorlagen und Abdruckgenehmigungen zum Zustandekommen dieses Buches beigetragen haben.

Die Zeichnungen stammen von Klaus Bürkle und Astrid Birkl. Soweit sich die Zeichnungen an andere Darstellungen anlehnen, ist für ihre freundliche Genehmigung zu danken Prof. Icko Iben jr., MIT, Cambridge/Mass.; Prof. J. C. Mather, Goddard Space Flight Center der NASA und der COBE Science Working Group, Greenbelt, Maryland/USA; Prof. Kip. S. Thorne, Pasadena; der NASA und dem US Information Center, Bonn; besonders auch den Redaktionen und Verlagen der Zeitschriften ›The Astrophysical Journal‹ und ›Scientific American‹.

Die Sternkarten auf S. 90/91 sind wiedergegeben mit freundlicher Genehmigung der Deutschen Verlagsanstalt, Stuttgart. Die Fotos stammen zu einem wesentlichen Teil von den Hale-Observatories auf dem Mount Palomar und Mount Wilson: S. 37, 39, 77, 136, 138, 143, 170, 185, 211, 214, 215, 220, 222, 224, 238, 247 unten, 248 unten, 251, 252, 253 (2), 255, 256.

Weitere Fotos, großenteils ohne Honorarberechnung, haben liebenswürdigerweise zur Verfügung gestellt: Aldus Books Ltd., London 194 (Radiokarte); Prof. Halton C. Arp, Garching 235 (2); Associated Press, Frankfurt/Main 242; Dr. George E. Assousa, Carnegie Institution, Washington D. C. 173; Prof. John Bahcall, Princeton 163; Bell Telephone Laboratories, New York 265; Karl Brandl (Volkssternwarte München) 74; Universität Bristol, Physics Dept., 159; Deutsches Museum, München 191; Dornier/Deutsche Aerospace 154; Hermann Eisenbeiss, München 241; ESO, Garching 140 (2), 187, 236, 254; Prof. Herbert Friedman, Naval Research Laboratory 248 oben; Hamburger Sternwarte 38; Prof. Anthony Hewish, Cambridge 178; Herder Lexikon der Astronomie 235; Lick Observatories, Mount Hamilton/Calif. 219; Max-Planck-Institut für Radioastronomie, Bonn 145; Max-Planck-Institut für Quantenoptik, Garching 290; NASA 65, 245, 246, 247 oben; National Radio Astronomy Observatory, Green Bank, West Virginia 226; Rohde und Schwarz, München 243; Royal Astronomical Society, London 228; Prof. Joe Weber, Univ. of Maryland 289; Yerkes Observatory der Univ. Chicago 38; Carl Zeiß AG, Oberkochen 155.